中文版

Photoshop CC

从入门到精通

涵品教育◎编著

SPM 南方传媒 | 广东人民出版社

·广州·

图书在版编目（CIP）数据

中文版 Photoshop CC 从入门到精通 / 涵品教育编著 . —广州：广东人民出版社，2021.10（2023.1 重印）

ISBN 978-7-218-15182-3

Ⅰ. ①中… Ⅱ. ①涵… Ⅲ. ①图像处理软件－教材 Ⅳ. ① TP391.413

中国版本图书馆 CIP 数据核字（2021）第 159048 号

Zhongwenban Photoshop CC Cong Rumen Dao Jingtong

中文版 Photoshop CC 从入门到精通

涵品教育　编著

出 版 人：肖风华

责任编辑：李幼萍
文字编辑：吴瑶瑶
责任技编：吴彦斌
封面设计：汤韫怡
内文设计：鲍舒敏

出版发行：广东人民出版社
网　　址：http://www.gdpph.com
地　　址：广州市越秀区大沙头四马路 10 号（邮政编码：510199）
电　　话：（020）85716809（总编室）
传　　真：（020）83289585
天猫网店：广东人民出版社旗舰店
网　　址：https://gdrmcbs.tmall.com
印　　刷：三河市悦鑫印务有限公司
开　　本：787 毫米 ×1092 毫米　1/16
印　　张：24.5　**字　　数：**580 千
版　　次：2021 年 10 月第 1 版
印　　次：2023 年 1 月第 4 次印刷
定　　价：78.00 元

如发现印装质量问题，影响阅读，请与出版社（020-87712513）联系调换。
售书热线：020-87717307

前　言

Photoshop 是由 Adobe Systems 开发和发行的图像处理软件，主要处理以像素构成的数字图像，使用其众多的编修与绘图工具，可以有效地进行图片编辑工作。Photoshop 应用领域十分广泛，主要涉及数码照片领域、设计领域和绘画领域等。为了满足各种水平的读者需求，针对不同读者的接受能力，我们总结了多位 Photoshop 软件使用者的经验，精心编写了《Photoshop CC 从入门到精通》教程，本教程采用图文并茂的讲解方式，通俗易懂，学习起来效率会更高。

本教程共 15 章。第 1 ~2 章主要介绍 Photoshop CC 的基本操作，包括入门知识、图像的简单编辑、图层的操作、画板工具的使用及辅助工具的运用等。第 3 ~7 章主要介绍 Photoshop CC 工具的应用，如图像抠图中的应用、绘画中的应用、图像修饰中的应用、文字排版中的应用、矢量绘图中的应用等。第 8 ~13 章主要介绍 Photoshop CC 工具的高级应用，包括滤镜的使用、蒙版与合成、图层高级知识、自动处理、视频与动画、3D 功能等。第 14 章主要介绍用 Photoshop CC 设计的灵感来源。第 15 章是设计师市场的经验分享，主要针对刚入设计行业的新人。

一、本教程的优势

本教程的知识体系都经过巧妙的设计，力求将复杂问题简单化，将理论难点通俗化，让读者一看就懂，一学就会。

●针对不同读者的需求和接受能力，本教程采用图文并茂的方式讲解，让软件操作简单化。

●缩放：用来设置笔触的缩放程度。图 8 –58 所示为缩放 6 的效果。

图 8 –58

●硬毛刷细节：用来设置硬毛刷的细节程度，数值越大，硬毛刷纹理越清晰。图 8 –59 所示为硬毛刷细节 10 的效果。

●角度：勾选“光照”复选框后，可以设置光线的照射方向。

●闪亮：勾选“光照”复选框后，可以设置反射光线的强度。图 8 –62 所示为闪亮 6 的效果。

图 8 –62

图 0 –1

●本教程配套的案例多样丰富，深入浅出地讲解和分析，在基础上适当扩展知识点，提高学习效率。

5.2.2 污点修复画笔工具

素材文件 第5章\5.2\污点修复画笔工具.jpg

“污点修复画笔工具”可以快速去除图像小面积的瑕疵，它可以自动将需要修复像素的纹理、光照、透明度和阴影等元素与修复的像素相匹配，还可以自动从所修复像素的周围取样。

选择“污点修复画笔工具”，如图5－29所示，其工具选项栏如图5－30所示。

键，即可消除掉黑点，如图5－32所示。

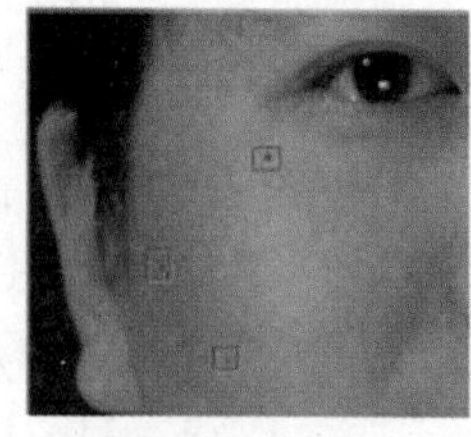
图5－31

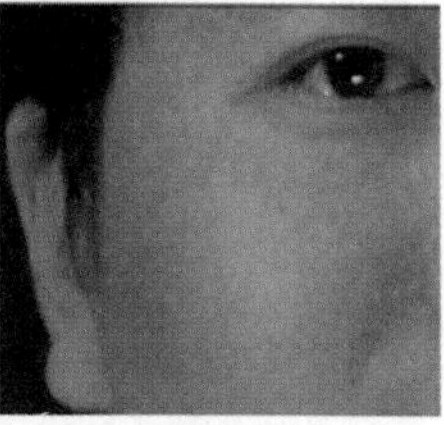
图5－32

5.2.3 修复画笔工具

素材文件 第5章\5.2\修复画笔工具.jpg

“修复画笔工具”也可以利用图像中的

图0－2

●本教程采用双栏排版和彩色印刷的形式，大大扩大了信息容量，从而给读者奉送更多的知识和实战案例。

●本教程章后的结课作业任务让读者对所学知识加以巩固，真正实现学以致用。

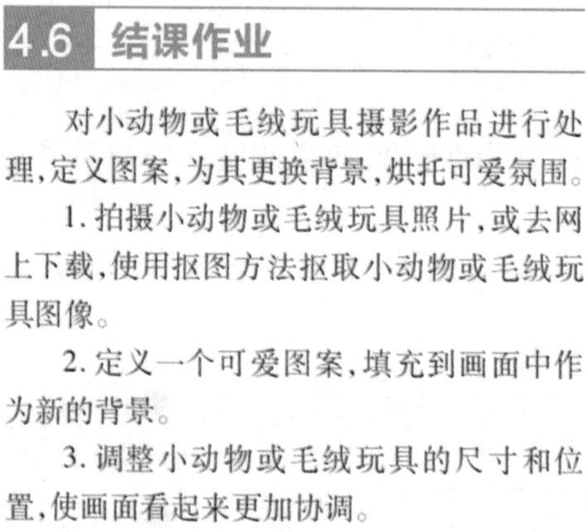

4.6 结课作业

对小动物或毛绒玩具摄影作品进行处理，定义图案，为其更换背景，烘托可爱氛围。

1. 拍摄小动物或毛绒玩具照片，或去网上下载，使用抠图方法抠取小动物或毛绒玩具图像。

2. 定义一个可爱图案，填充到画面中作为新的背景。

3. 调整小动物或毛绒玩具的尺寸和位置，使画面看起来更加协调。

图0－3

●本教程配套视频教学与书中的知识点紧密结合，帮助读者体验实际操作环境，更加全面地理解知识点。

二、视频教学特点

●20多小时同步视频教学

本教程配套的视频教学涵盖了所有知识点的同步教学，详细讲解每个实战案例的操作过程和关键步骤，通过互动教学帮助读者更加轻松地掌握教程所有的内容和操作技巧。

●同步案例素材文件

本教程还赠送所有知识点配套练习的素材文件（直接用手机微信扫封面的二维码，关注“涵品教育”微信公众号领取），让读者在学习的过程中能同步去练习，更加快速地掌握书中所有的内容。

●移动视频教学

用手机微信扫描下方二维码获取移动端视频教学课程，单击“免费订阅”按钮即可结合教程配套学习，或者下载腾讯课堂 App，随时随地学习。

图 0－4

三、“小贴士”栏目

本教程设计了“小贴士”栏目，主要提示读者在学习过程中容易忽视的问题。

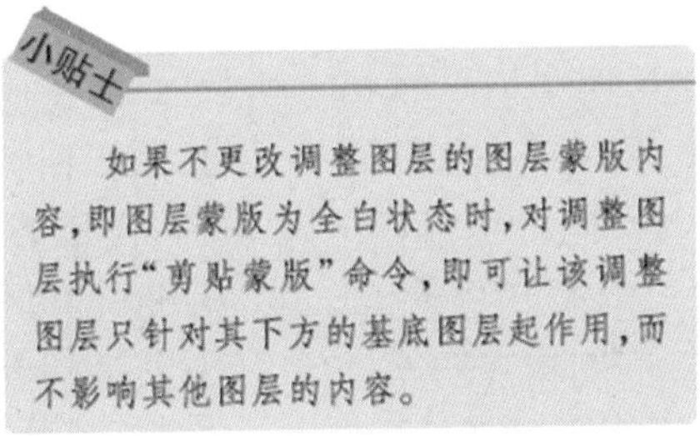

如果不更改调整图层的图层蒙版内容，即图层蒙版为全白状态时，对调整图层执行“剪贴蒙版”命令，即可让该调整图层只针对其下方的基底图层起作用，而不影响其他图层的内容。

图 0－5

四、超值赠送项目实战案例

本教程结合 Photoshop CC 的实际应用，从电商设计、UI 设计、平面设计、包装设计、插画设计和视觉设计等方面出发，提供了贴近实战的案例。从各个设计特点入手，分析产品需求，确定设计创意和思路，用多元化的元素描述勾勒，趣味性地展示精确的设计，达到最终表达诉求。

项目实战案例获取方式：直接用手机微信扫封面的二维码，关注“涵品教育”微信公众号领取。

本教程由涵品教育编写。在编写的过程中，我们竭尽所能地将最好的内容呈现给读者，但也难免有疏漏和不妥之处，敬请广大读者批评指正。读者在学习过程中有任何疑问或者建议，可发电子邮件至 3257741951@qq.com。

编者

目 录

CHAPTER 1

初识Photoshop

本章导读

1.1 认识Photoshop

1.2 熟悉Photoshop的工作界面

1.3 文件的基本操作

1.4 图像的查看

1.5 错误操作的撤销

1.6 预设工作区和常用首选项设置

1.1 认识 Photoshop

Photoshop 简称 PS，全称 Adobe Photoshop，是由 Adobe Systems 开发和发行的图像处理软件。Photoshop 主要处理以像素构成的数字图像，使用众多的编修与绘图工具，可以有效地进行图片编辑工作。Photoshop 有很多功能，在图像、图形、文字、视频等各方面都有涉及。

Photoshop 支持 Windows、Android 与 Mac OS 操作系统，Linux 操作系统用户可以通过使用 Wine 来运行 Photoshop。

Photoshop 的版本发展历史

1990 年 2 月，Photoshop 版本 1.0.7 正式发行；1991 年 6 月，Adobe 发布了 Photoshop 2.0；1993 年，Adobe 开发了支持 Windows 版本的 Photoshop，代号为 Brimstone，而 Mac 版本为 Merlin；从 1994 年到 2003 年，Photoshop 经历了 3.0 至 7.0 的版本更新。

2003 年 10 月，Adobe 发行 Photoshop CS 版本，也被称为 8.0 版本。自此开始，Photoshop 开启了 CS 版本时代。2005 年到 2012 年，Photoshop 的版本从 CS2，一步步更新到大家比较熟悉的 Photoshop CS6 版本，而这也是 CS 的最后一个版本。

2013 年 6 月 17 日，Adobe 在 MAX 大会上推出了 Photoshop CC（Creative Cloud），CC 版本的版本号以年份区分，比如 2013 年的第一版 CC 版本全称为 Photoshop CC 2013。而现在的最新版本是 Photoshop CC 2021。

1.1.1 Photoshop 应用领域

Photoshop 是一款专注于图像处理的软件。所谓图像处理，是指对已有的数字图像进行编辑或加工处理以及运用一些特殊效果，使其视觉呈现更加完美。

作为一款专业的图像处理软件，Photoshop 的应用十分广泛，除了大家比较熟悉的数码照片后期处理外，Photoshop 在各行各业中都发挥着十分重要的作用。

1 数码照片领域

在数码拍摄已经成为主流拍摄方式的今天，越来越多的人开始尝试使用照片后期处理软件对一些效果不好的照片进行处理。在专业的影楼或摄影机构里，都是由专业的人员使用 Photoshop 来处理数码照片，从而达到更好的视觉效果。如图 1－1 所示为未经处理的照片，图 1－2 所示为经过处理后的照片。

图 1－1

图 1－2

2 设计领域

在设计领域中，同样也离不开 Photoshop，无论是传统的平面设计、室内室外设计，还是在现今网络时代新兴的电商设计、UI 设计等。

小到服装吊牌，大到街上的广告招贴，凡是具有丰富图片的平面印刷品，都需要用 Photoshop 进行编辑处理；在建筑效果图中，为了节省渲染的时间并增加画面的美感，常常需要用 Photoshop 对其进行颜色上的调整。如图 1－3 所示为服装吊牌。

网络上那些大大小小的电商平台中所展示的各种漂亮的图片，都是在 Photoshop 中编辑加工处理后的效果；而所有网站和 APP 的整体样式，也都是在一定的规范下，在 Photoshop 中设计完成的。图 1－4 所示为电商设计图，图 1－5 所示为 APP 界面设计图。

图 1－3

图 1－4

图 1－5

3 绘画领域

在现今社会，电脑绘画已经成为最具有时代特色的表达艺术之一。由于 Photoshop 具有良好的绘画与调色功能，很多传统画家都纷纷转向电脑绘画，使用手绘板在 Photoshop 中直接绘画，而不用准备大量的画具和纸张。区别于一般的纸上绘画，电脑绘画是用计算机的技术手段和技巧进行创作完成的，其美观程度与传统绘画相差无几，如图 1－6 所示。

图 1－6

1.1.2　Photoshop 安装与启动

在使用 Photoshop 之前，必须先在电脑上安装该软件。不同版本的 Photoshop 安装方式略有不同，本教程是以 Photoshop CC 2020 版本来讲解的，所以这里介绍的是 Photoshop CC 2020 版本的安装方式。如果想要安装其他版本的 Photoshop，可以在网络上搜索具体的安装方法。

Photoshop CC 2020 版本只能安装在 win10 系统上，如果电脑系统低于 win10（如 win7 系统或者 win8 系统），请去网络上搜索安装其他低版本的 Photoshop。

1 下载 Photoshop CC 2020

从 CC 版本开始，Photoshop 开始了基于订阅的服务，需要通过 Adobe Creative Cloud 将 Photoshop CC 2020 下载下来。

步骤 01 首先打开 Adobe 官方网站（网址为 www. adobe. com/cn/），如图 1－7 所示，滑动鼠标滚动条向下滚动网页（由于版本更新，页面显示可能与下图有所不同）。单击网页左下角“产品”列表中的“Creative Cloud”按钮，如图1－8所示。

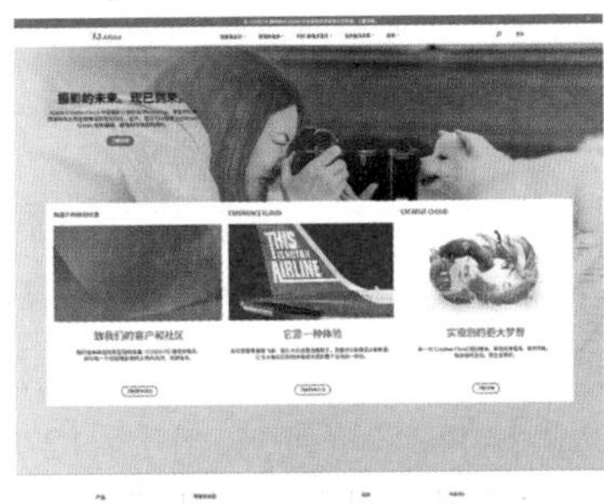

图 1－7

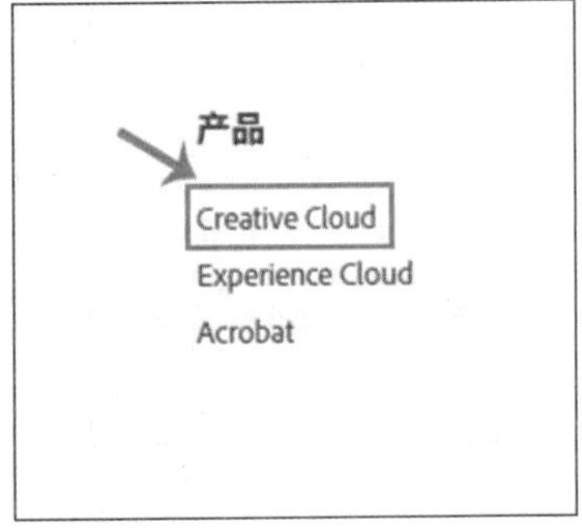

图 1－8

步骤 02 进入新的页面后，单击网页右上角的“下载应用程序”按钮，如图 1－9 所示。

图 1－9

步骤 03 在打开的新页面中，单击“个人产品”右侧“Photoshop”旁边的“下载”按钮，如图 1－10 所示。

图 1－10

步骤 04 在新页面中稍作等待，新页面如图 1－11 所示，会出现下载弹窗，选择保存位置后，等待下载完成。如未出现下载弹窗，单击下方“重新下载”按钮，如图 1－12 所示。

图 1－11

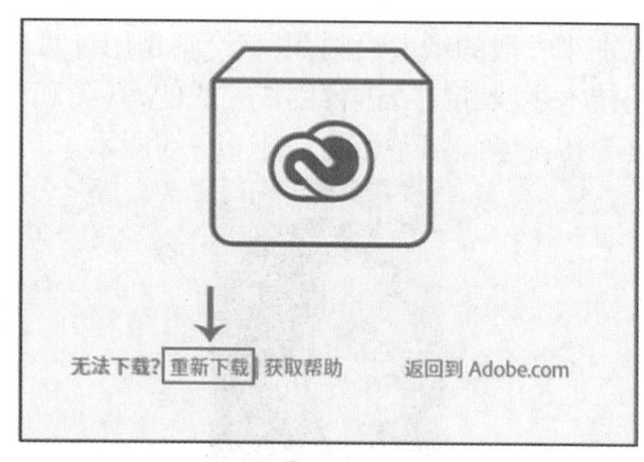

图 1－12

2 安装 Photoshop CC 2020

步骤 01 Photoshop CC 2020 安装包下载完成后，双击打开安装包，如图 1－13 所示。

图 1－13

步骤 02　等待安装程序加载完成，出现登录页面，如图 1－14 所示。如果有 Adobe 账户，则输入账户后，单击“继续”按钮；如果没有 Adobe 账户，则单击“创建账户”按钮进入注册页面，填写相关信息进行账户注册，如图 1－15 所示。

图 1－14

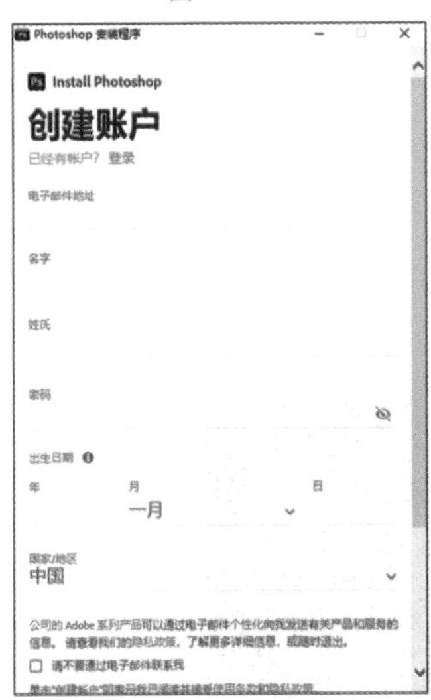

图 1－15

步骤 03　输入 Adobe 账户后进入验证页面，如图 1－16 所示，直接单击“继续”按钮。

图 1－16

步骤 04　登录 Adobe 账户邮箱去查看验证码，将收到的验证码填写到文本框内，如图 1－17所示。

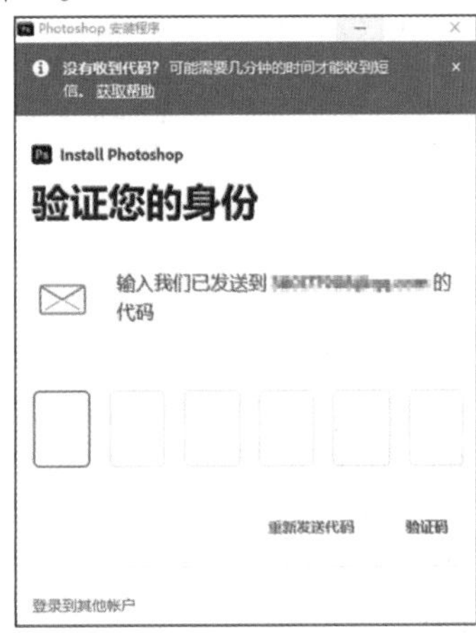

图 1－17

步骤 05　验证成功后进入下一个页面，如图 1－18 所示，输入密码。

图 1－18

步骤 06　正确输入密码后，进入授权页面，如图 1－19 所示，单击“接受并继续”按钮。

（如想了解完整的使用条款，单击下方“使用条款”按钮进行查看；如想了解使用条款更新的部分，单击右边“了解详情”按钮。）

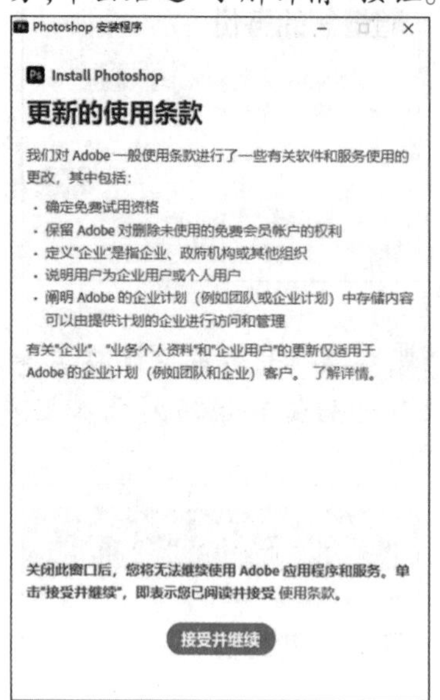

图 1－19

步骤 07 根据自己的实际情况选择 Photoshop 水平，如图 1－20 所示。如果从未接触过 Photoshop 则选择“新手”，单击“继续”按钮，如图 1－21 所示。

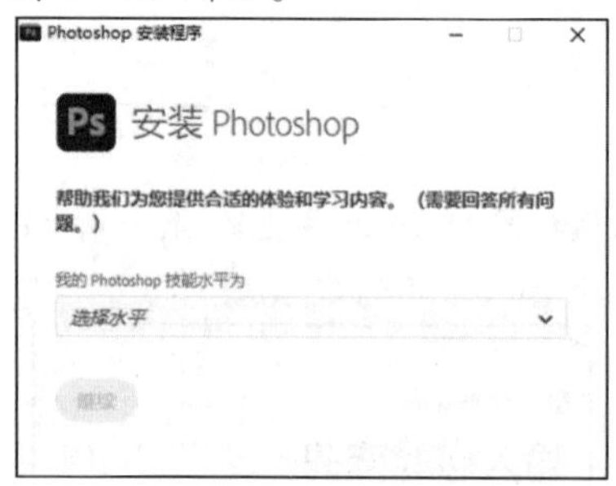

图 1－20

图 1－21

步骤 08 根据电脑配置及网速的不同，可能会出现安装程序正在加载的提示，等待加载完成后，如图 1－22 所示，耐心等待安装完成。（上边黑色底色部分会显示安装进度及剩余时间）

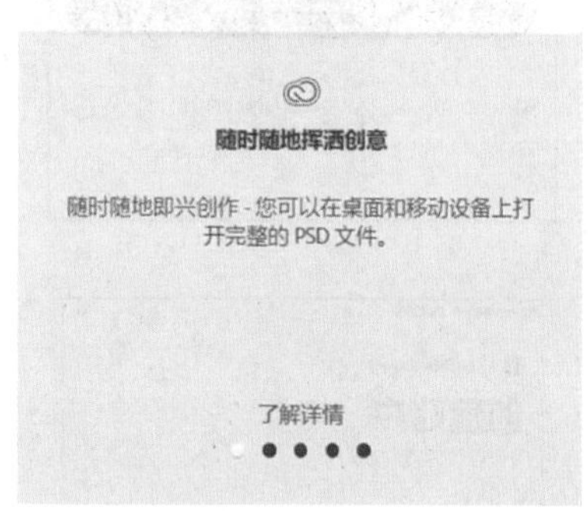

图 1－22

步骤 09 安装完成后，系统会自动启动 Photoshop，如图 1－23 所示，单击“免费开始试用”按钮，即可开始试用 Photoshop。

图 1－23

步骤 10 此时 Photoshop 为试用版本，只能免费试用 7 天，若想永久使用，可单击右上角的“立即购买”按钮进行购买，如图1 –24所示。

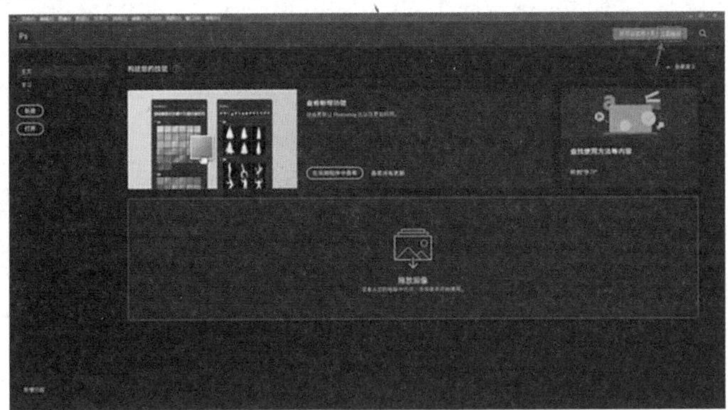

图 1 – 24

以上方法是在“试用”的前提下进行下载安装，在没有付费购买 Photoshop 前，可以免费使用 7 天，试用版和正式版功能上并没有区别。如果需要长期使用，则需要购买。

3 启动 Photoshop CC 2020

步骤 01 Photoshop 安装完成后，双击该软件的快捷方式，如图 1 –25 所示，或在“开始”菜单中找到该软件并单击启动，如图 1 –26 所示。

图 1 – 25

图 1 – 26

步骤 02 进入 Photoshop 启动界面，如图 1 –27所示，读取完成后，即可进入 Photoshop 软件界面，如图 1 –28 所示。

图 1 – 27

图 1 – 28

1.2 熟悉 Photoshop 的工作界面

Photoshop 的默认工作区由顶部的菜单栏和工具选项栏，左侧的工具箱，中间的文档窗口及右侧各式各样的面板等组成，如图 1 –29所示。

图 1－29

1.2.1 菜单栏

Photoshop 的菜单栏由 11 个主菜单组成，如图 1－30 所示。

文件(F) 编辑(E) 图像(I) 图层(L) 文字(Y) 选择(S) 滤镜(T) 3D(D) 视图(V) 窗口(W) 帮助(H)

图 1－30

每个主菜单中包含多个菜单项，单击菜单名即可打开该菜单，显示出其下属的菜单项。如果菜单项有对应的快捷键，则按快捷键也可以快速执行该命令。如图 1－31 所示，"文件"下拉列表中的"新建"命令右侧显示了"Ctrl＋N"，则按键盘上的快捷键"Ctrl＋N"就可以快速执行"新建"命令。

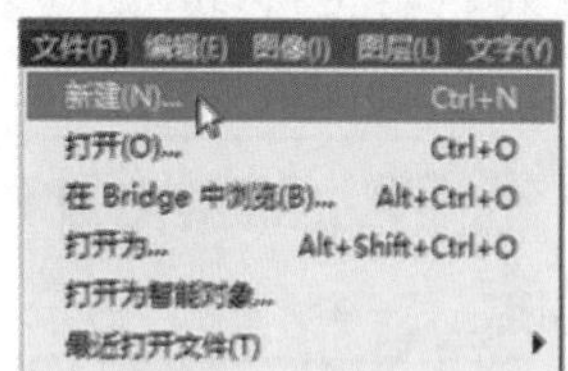

图 1－31

有些菜单项的后边有黑色三角标记，表示该菜单项还包含子菜单项，如图 1－32 所示。

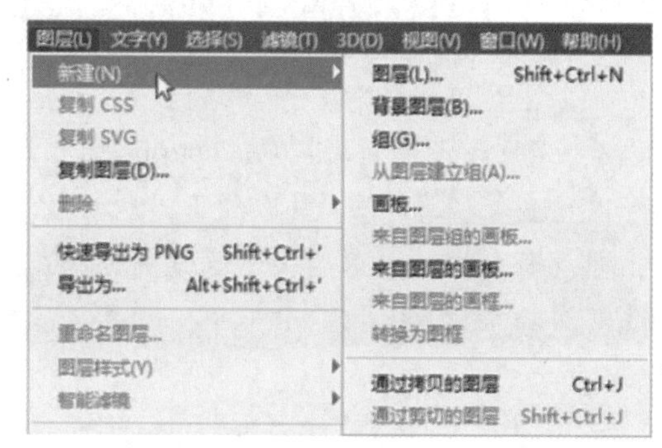

图 1－32

对于菜单命令，本教程采用"滤镜 > 模糊 > 高斯模糊"的表达方式，表示首先单击菜单栏中的"滤镜"菜单，然后将鼠标箭头移动到其子菜单"模糊"处，在弹出的下拉列表中选择"高斯模糊"命令。

1.2.2 工具箱

工具箱默认位于 Photoshop 的左侧，以小图标的形式提供了多种用于创建和编辑图像的工具，如图 1－33 所示。单击左上方的"》"按钮，可以将工具箱变为双排显示，如图 1－34 所示。在双排显示模式下，单击左上方的"《"按钮，可以将工具箱变回单排显示。

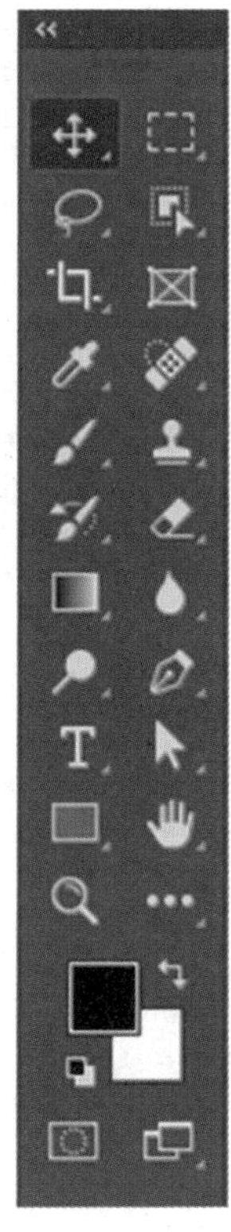

图 1 - 33　　图 1 - 34

单击工具箱中任何一个工具图标，即可选择该工具。若工具箱右下角有三角形图标，则表示这是一个工具组，其中包含多个工具。在该工具图标上长按鼠标左键或者单击鼠标右键，就可以看到工具组中的其他工具，如图 1 - 35 所示。

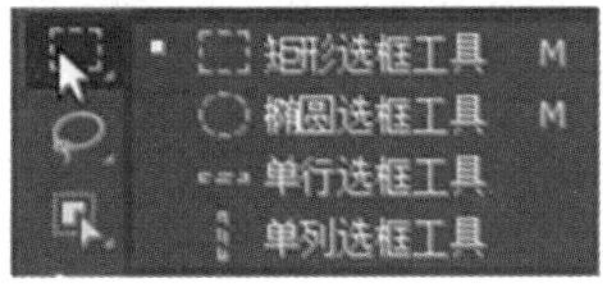

图 1 - 35

将鼠标箭头停留在工具图标上，即会显示该工具的名称及快捷键，通过单击图标或按对应的快捷键可以快速选择该工具。

将鼠标箭头放在工具箱上方，如图 1 - 36 所示，按住鼠标左键不放，即可将其拖出为浮动状态；若想将其放回原处，在同样的位置按住鼠标左键不放，拖动到Photoshop左侧，当出现蓝条时松开鼠标，如图1 - 37所示，即可将工具箱重新放回原处。

图 1 - 36　　图 1 - 37

如不小心关闭了工具箱，单击菜单栏中“窗口 > 工具”命令可显示工具箱。

1.2.3　工具选项栏

工具选项栏是用来设置工具的具体参数的，根据工具的不同，工具选项的具体内容也不相同。

如图 1 - 38 所示为文字工具的工具选项栏。

图 1 - 38

如图 1 - 39 所示为移动工具的工具选项栏。

图 1 - 39

将鼠标箭头放在工具选项栏左侧，如图 1 - 40 所示，按住鼠标左键不放，即可将其拖出为浮动状态。在浮动状态下，将鼠标箭头放在左边的黑色区域，按住鼠标左键不放，将其拖到菜单栏下，当出现蓝条时，如图 1 - 41 所示，松开鼠标即可将其重新放回原处。

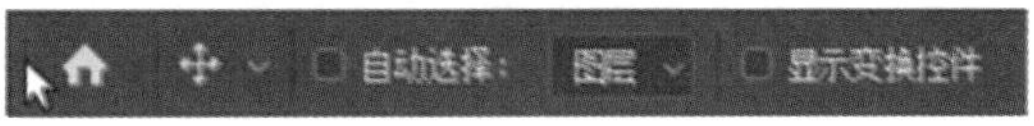

图 1 - 40

图 1－41

默认状态下，工具选项栏是正常显示的，如果想隐藏，可单击菜单栏“窗口 > 选项”命令。“选项”前显示√，即显示工具选项栏；如果不显示√，即隐藏工具选项栏。

1.2.4 面板

面板主要用来配合图像的编辑、调整参数、设置颜色以及控制操作等。默认状态下，面板以选项卡的形式成组出现，位于图像文档窗口的右侧。单击菜单栏“窗口”菜单，可以展开所有的面板，根据自己的需要打开相应的面板，如图 1－42 所示为部分面板选项。

图 1－42

为了节省操作空间，会将多个面板堆叠在一起，称为面板组。单击面板名称标签，可切换到相应的面板，如图 1－43 所示，拖动面板边界可以调整面板的宽度；按住鼠标左键将面板名称标签拖动至空白处，可使其从面板组中脱离出来，如图 1－44 所示；按住鼠标左键将面板名称标签拖动到另一个面板名称上，当出现蓝条时松开鼠标，即可将其与目标面板组合，如图 1－45 所示。

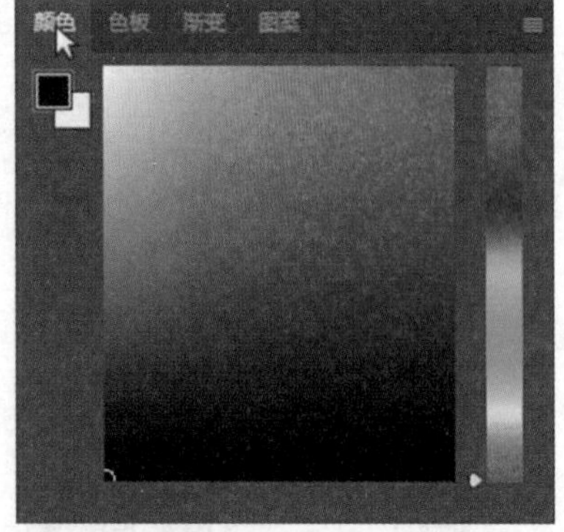

图 1－43

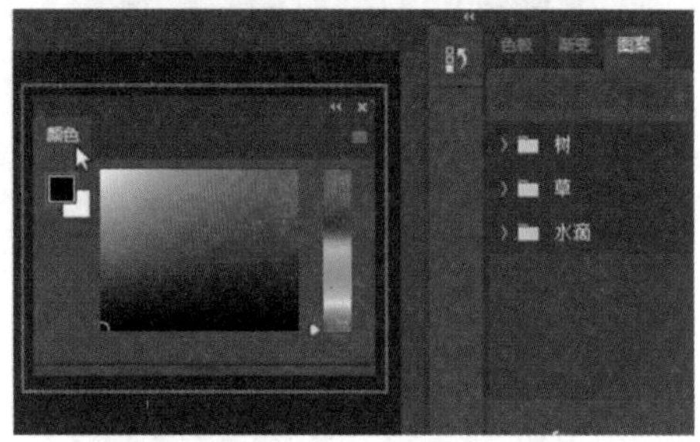

图 1－44

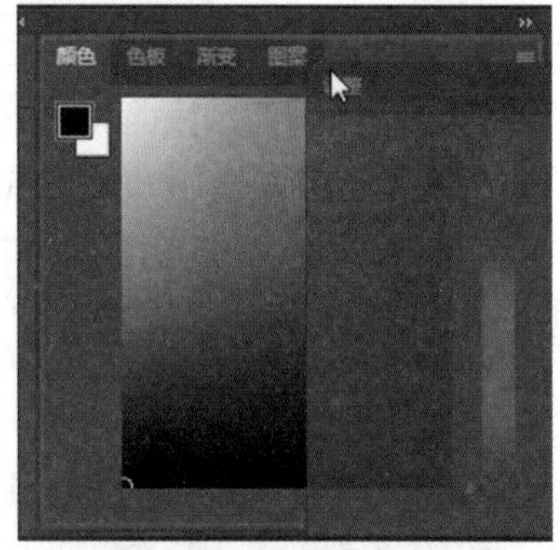

图 1－45

单击面板组右上角的“》”按钮，可将面板折叠为图标，如图 1－46 所示；再次单击“《”按钮，即可将面板恢复原状，如图1－47 所示。

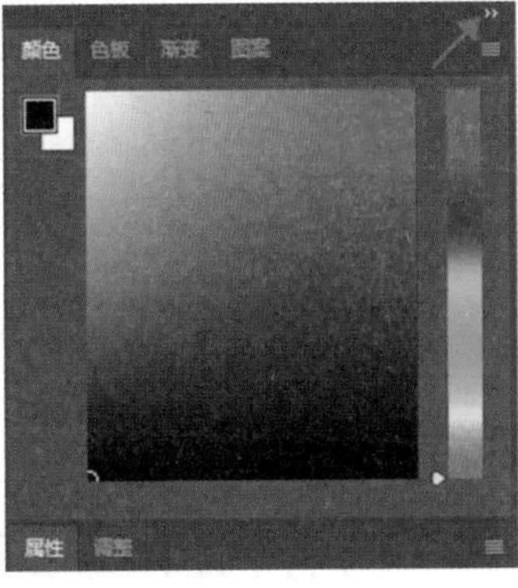

图 1－46　　　　图 1－47

单击面板右上角的多条横线按钮，可打开相应面板的面板菜单，如图 1－48 所示；单击面板菜单中的“关闭”可关闭相应的面板，单击“关闭选项卡组”可关闭当前的面板组；或在任意面板名称标签上单击鼠标右键，在打开的快捷菜单中选择相应的命令也可以关闭面板，如图 1－49 所示；如果是浮动面板，直接单击右上角的“×”按钮即可关闭该面板，如图 1－50 所示。

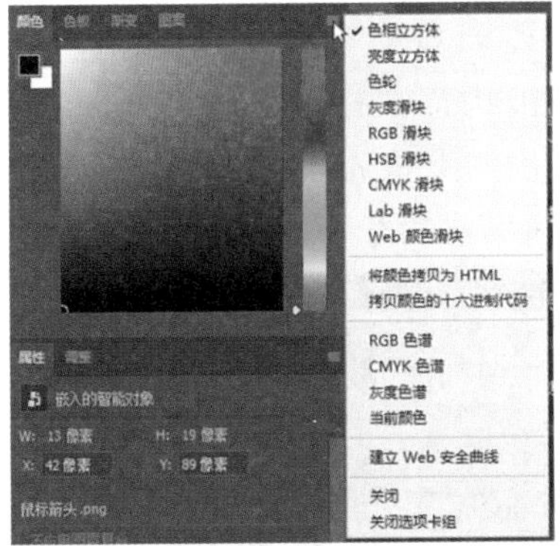

图 1－48

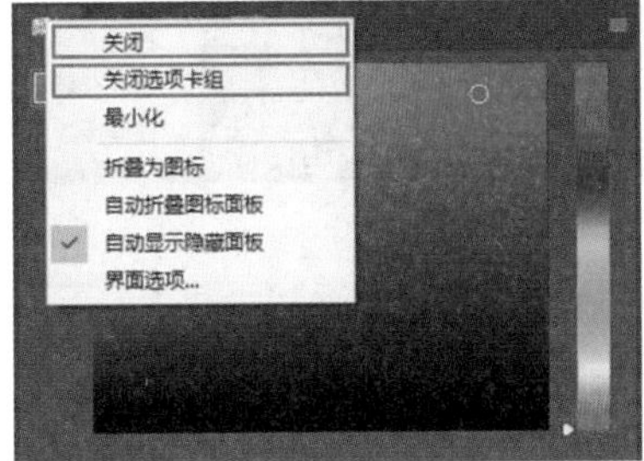

图 1－49

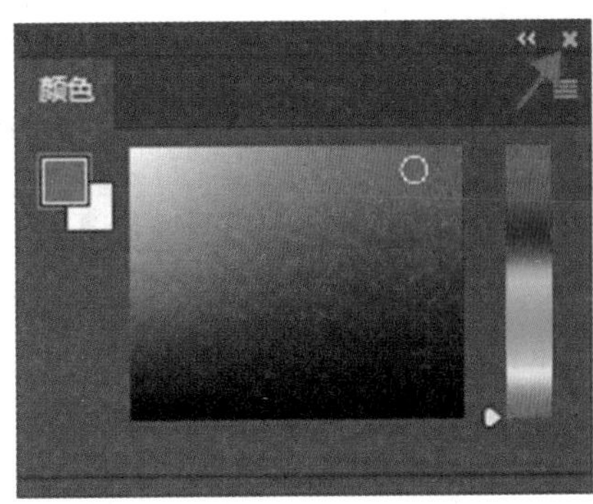

图 1－50

1.2.5　图像文档窗口

素材文件　第 1 章\1.2\1.jpg、2.jpg

图像文档窗口是显示已经打开图像的界面。在 Photoshop 中，每打开一个图像文件就会新创建一个图像文档及其对应的标题栏，标题栏中会显示该图像文件的名称、格式、缩放比例、颜色模式及当前选中图层名称等信息，如果同时打开多个图像文件，图像文档的标题栏就会显示为选项卡模式，如图 1－51 所示。单击图像文档的标题栏，即可将其对应的图像文档设置为当前操作窗口。

图 1－51

按住鼠标左键不放，左右拖动文档标题栏，可调整该图像文档在选项卡中的位置，或者按键盘上的快捷键 Ctrl＋Tab 从左到右切换图像文档，或按键盘上的快捷键 Ctrl＋Shift＋Tab 从右到左切换图像文档。如果开始的图像文档数量过多，标题栏不能显示所有文档时，可单击标题栏右侧的“》”按钮，如图1－52所示，在弹出的下拉列表中选择需要的文档。

图1－52

将鼠标箭头放在任意文档的标题栏上，按住鼠标左键不放，可将该图像文档拖出变为浮动窗口，如图1－53所示。将鼠标箭头放在浮动窗口的标题栏上，按住鼠标左键不放，将其拖动到工具选项栏下，当出现蓝框时松开鼠标左键，即可将该窗口放置在选项卡中，如图1－54所示。

图1－53

图1－54

1.2.6 状态栏

状态栏位于图像文档窗口的底部，可以显示当前文档的大小、文档尺寸、当前使用的工具和窗口缩放比例等信息，如图1－55所示。

图1－55

在文档信息区域上按住鼠标左键不放，可以显示当前图像的宽度、高度、通道等信息，如图1－56所示。

图1－56

单击状态栏右侧的“〉”按钮，可根据需求在弹出的下拉列表中选择要显示的内容，如图1－57所示。

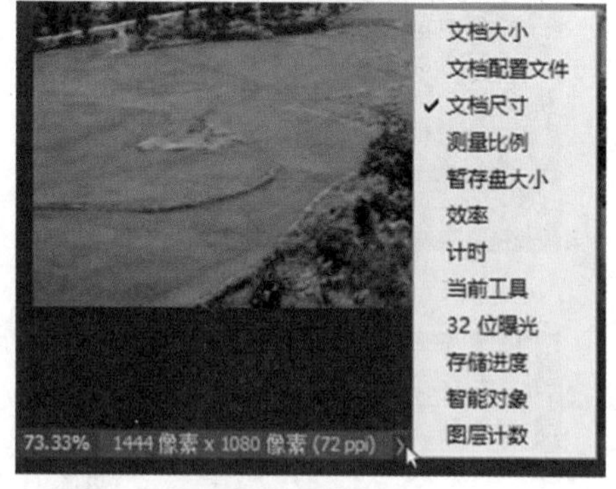

图1－57

1.3 文件的基本操作

在熟悉了 Photoshop 的工作界面后，本节开始学习文件的基本操作。打开 Photoshop 后，需要新建文件或者打开已有的文件。在文件的编辑过程中，有时会需要添加外部文件；在文件编辑完成后，需要存储和关闭文件。如何在 Photoshop 中完成上述操作，是本节主要的学习内容。

1.3.1 新建与保存文件

1 新建文件

启动 Photoshop 后，新建空白文档，可单击界面左侧的“新建”按钮，如图 1－58 所示。或单击菜单栏“文件 > 新建”命令，如图 1－59所示。也可按键盘上的快捷键 Ctrl + N 执行“新建”命令，打开“新建文档”对话框，如图 1－60 所示。

图 1－58

图 1－59

图 1－60

如果需要选用系统内置的预设文档尺寸，可以选择顶端的预设类型，单击任意预设类型按钮，即可看到该预设类型下属的多个预设尺寸，单击选择要用的尺寸。例如，可以选择打印类型下的 A4 尺寸，窗口右侧部分就是 A4 尺寸的详细参数，如图 1－61 所示。

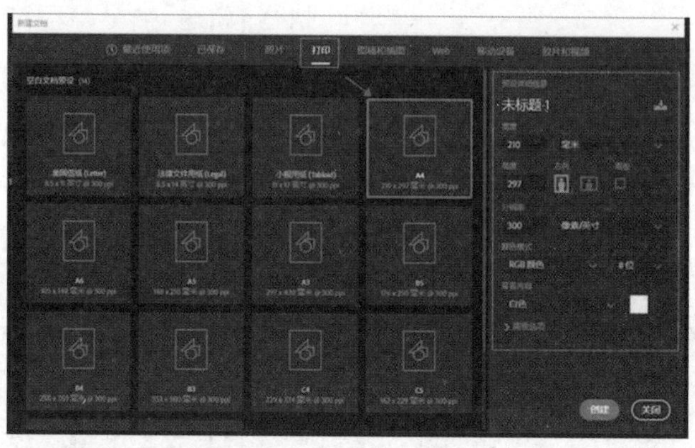

图 1－61

如需制作比较特殊的尺寸，直接在右侧输入所需数值的参数。

●名称：用来设置文件的名称，默认文件名为“未标题－1”，可直接输入文件名；如果在新建时没有更改默认文件名，可以在存储文件时重新命名文件。

●宽度/高度：用来设置文件的宽度和高度，单位有“像素”“英寸”“厘米”“毫米”等多种，要注意选中合适的单位。

●分辨率：用来设置文件的分辨率大小，单位有“像素/英寸”“像素/厘米”两种。多媒体的显示图像分辨率为 72 像素/英寸，而对于印刷品来说，一般情况下，分辨率越高，印刷出来的图像质量越好。在不同的情况下，需要对分辨率进行不同的设置。

●颜色模式：用来设置文件的颜色模式及相应的颜色深度。

●背景内容：用来设置文件的背景内容，有“白色”“黑色”和“背景色”3 个选项。

●高级选项：展开该选项组，可对“颜色配置文件”和“像素长宽比”进行设置。

2 保存文件

在对文档进行编辑后，单击菜单栏“文件 > 存储”命令，或按键盘上的快捷键 Ctrl + S，可将当前操作保存起来；也可以单击菜单栏“文件 > 存储为”命令，或按键盘上的快捷键 Shift + Ctrl + S，对存储位置、文件名、保存类型等进行更改，将其保存到其他位置或用另一文件名进行保存。

如果是在安装完 Photoshop CC 2020 后第一次执行“存储”命令，会出现如图 1－62 所示的提示框，提示框左侧的“云文档”是 Photoshop CC 2020 的新功能，低版本 Photoshop 在保存时没有这个提示框。为了方便操作，推荐保存在自己的计算机上。首先勾选左下角“不再显示”复选框，然后单击“保存在您的计算机上”按钮，这个提示框以后就不会再出现了。

图 1－62

如果是文档第一次执行“存储”命令，会

出现如图 1－63 所示的提示框（每个文档第一次执行“存储”命令时都会出现该提示框）。选择要保存的位置，设置要保存的文件名，选择保存类型后，单击“保存”按钮即可将该文档保存到电脑的相应位置。

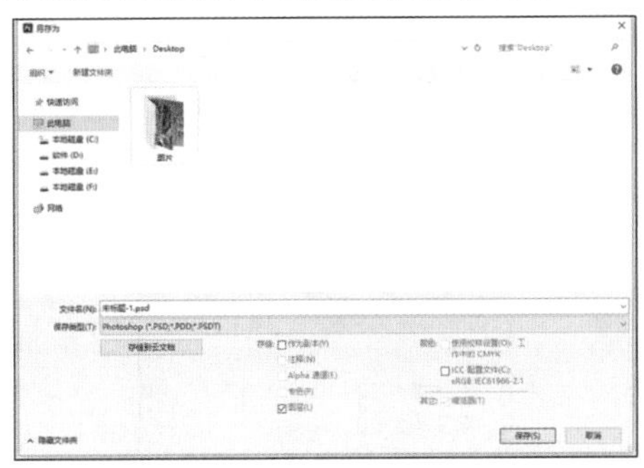

图 1－63

3 图像的存储格式

在保存文件时，“保存类型”下拉列表中有很多格式可供选择，如图 1－64 所示。

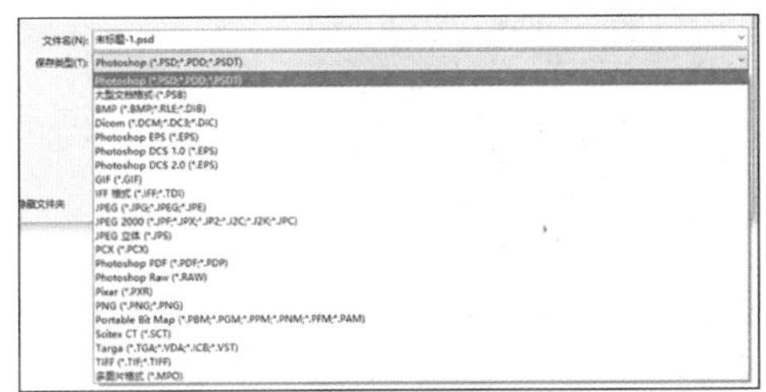

图 1－64

在选择“保存类型”格式中，并不是所有的格式都经常使用，下面介绍几种常用的图像格式。

●PSD 格式：PSD 格式是 Photoshop 的默认文件格式，能够保存所有的图层、蒙版、路径、图层样式等数据信息，以 PSD 格式保存的文件也称为 Photoshop 的“源文件”，可以将其在 Photoshop 中打开随意修改。在保存为 PSD 格式后会弹出“Photoshop 格式选项”对话框，如图 1－65 所示，勾选“最大兼容”复选框，可以保证在其他版本的 Photoshop 中也能正确打开该文档，单击“确定”按钮。如果以后每次都采用当前设置，可勾选左下角的“不再显示”复选框，以后保存 PSD 文件就不会再显示这个对话框了。

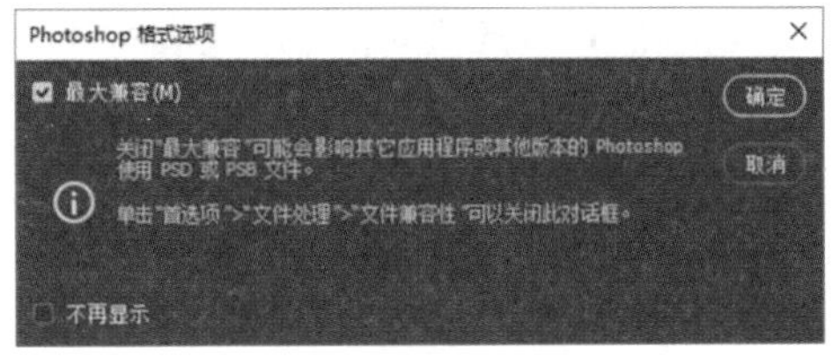

图 1－65

●BMP 格式：BMP 格式是微软开发出的一种图像格式，这种格式能够被大多数的软件所支持。它可以处理 24 位的颜色图像，主要用来存储位图图像，支持 RGB 模式、位图模式、灰度模式和索引模式，但不支持 Alpha 通道。

●GIF 格式：GIF 格式是网络上最常见的格式。它支持透明背景和动画，被广泛应用在网页文档中。GIF 格式压缩效果较好，但色彩不够丰富，只支持 8 位的图像文件。

●JPEG 格式：JPEG 格式是最常用的一种图片格式，存储时会将所有图层合并压缩，文件比较小，但是在压缩保存中，JPEG 格式会损失一些数据，保存后的图像没有原图的质量好。在选择此格式保存后，会出现“JPEG 选项”提示框，如图 1－66 所示，其品质数值越大，图像质量越高，文件大小也会越大。

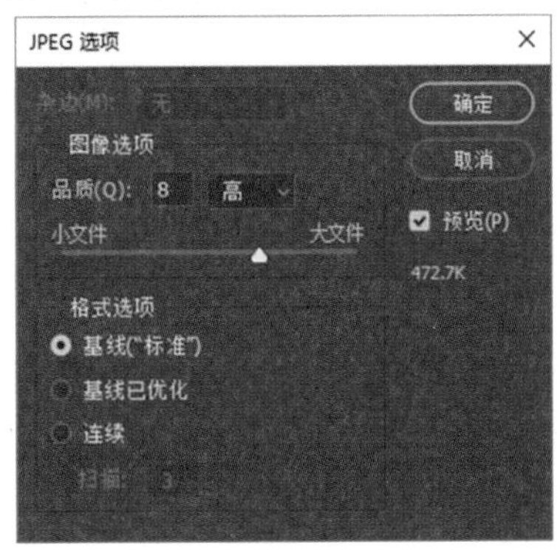

图 1－66

●PDF 格式：PDF 格式是 Adobe 公司创建的一种文件格式，可包含矢量图形、位图图像、分页信息等，PDF 格式的文件是我们常说的“PDF 电子书”。

●PNG 格式：PNG 格式是专门为 Web 开

发的一种图像格式。PNG 格式支持透明背景，色彩比 GIF 格式更加丰富，支持 24 位图像，可包含 Alpha 通道，采用无损压缩模式，不会破坏图像的质量。

●TIFF 格式：TIFF 格式能够最大程度保持图像质量不受影响，可以在许多图像软件和平台之间转换，但如调整图层、智能滤镜等 Photoshop 特有的功能不能被保存下来。

1.3.2 打开与关闭文件

素材文件 第 1 章\1.3\1.jpg

1 打开文件

如需对已有的图像文件进行编辑，可使用“打开”命令，在 Photoshop 中打开需要处理的图像文件。

第 1 种方法：

步骤 01 单击菜单栏“文件 > 打开”命令，如图 1－67 所示；或在启动 Photoshop 后单击界面左侧的“打开”按钮，如图 1－68 所示；或按键盘上的快捷键 Ctrl＋O 快速执行“打开”命令。

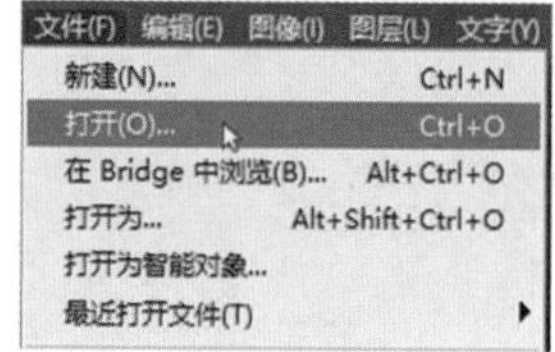

图 1－67

图 1－68

步骤 02 在弹出的“打开”对话框中选择要打开的图像文件，单击“打开”按钮，如图 1－69 所示。完成在 Photoshop 中打开该文件。

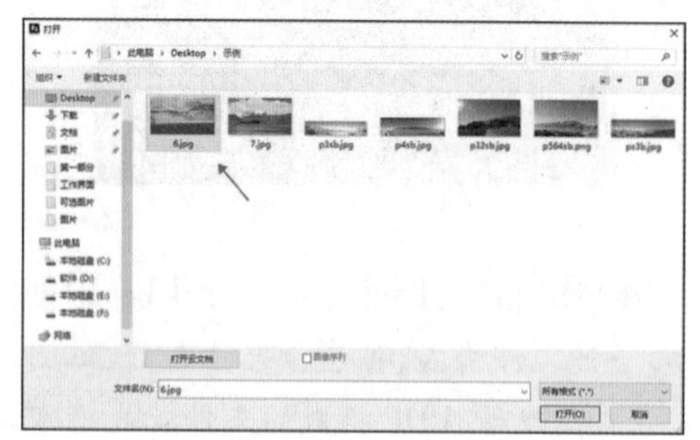

图 1－69

打开多个图像文件：在步骤 2 弹出的“打开”对话框中选择多个文件，单击“打开”按钮。

第 2 种方法：

如果已经打开了 Photoshop 但没有打开任何图像文档，可以将要打开的图像文件拖动到 Photoshop 的工作界面中去，如图 1－70 所示，松开鼠标左键即可打开该图片。

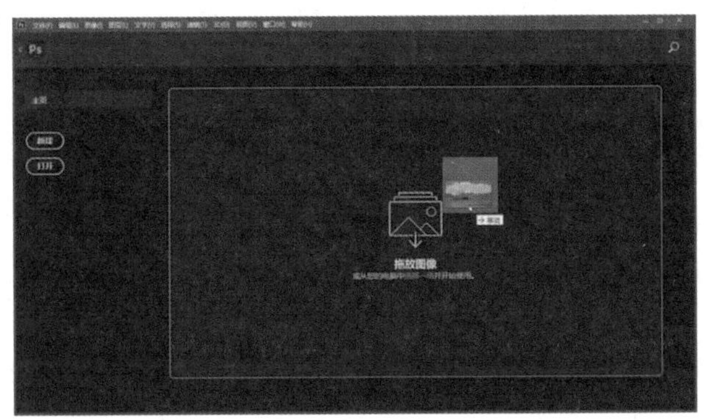

图 1－70

如果已经打开了 Photoshop 且已经打开其他图像文档，可将要打开的图像文件拖动到菜单栏位置，如图 1－71 所示，松开鼠标左键即可打开该图片。（注意：不要把图像文件拖动到已打开的文档窗口中，否则将会置入到已打开的图像文件中，而不是单独将其打开。）

图 1－71

打开多个图像文件：在文件夹里选中多个图像文件，按情况根据上述方法将图像文件拖动到 Photoshop 工作界面中。

2 打开扩展名不匹配的文件

如果需要打开的文件扩展名和实际格式不匹配，或者没有扩展名，可以单击菜单栏"文件 > 打开为"命令，如图 1－72 所示。在弹出的"打开"对话框中选择文件，单击右下角的下拉列表，为其指定正确的文件格式，如图 1－73 所示。如果文件不能被正确打开，表示选取的格式可能和文件的实际格式不匹配，或者文件已损坏。

文件(F)　编辑(E)　图像(I)　图层(L)　文字(Y)
新建(N)...　Ctrl+N
打开(O)...　Ctrl+O
在 Bridge 中浏览(B)...　Alt+Ctrl+O
打开为...　Alt+Shift+Ctrl+O
打开为智能对象...
最近打开文件(T)
关闭(C)　Ctrl+W
关闭全部　Alt+Ctrl+W
关闭其它　Alt+Ctrl+P

图 1－72

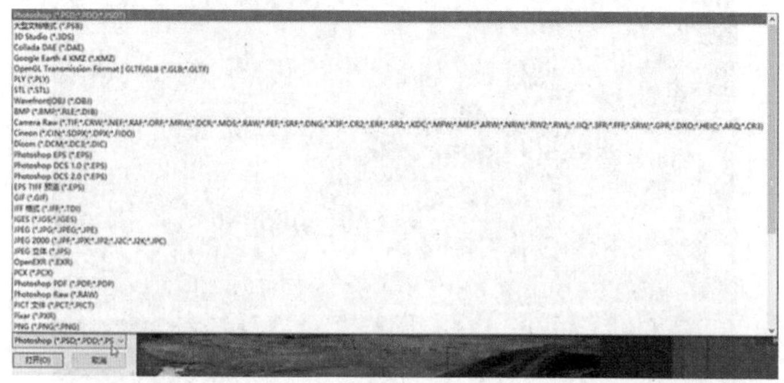

图 1-73

3 打开最近文件

方法 1：启动 Photoshop 软件后，在工作界面单击“最近使用项”下的图像文件即可打开最近使用的文件，如图 1-74 所示。

图 1-74

方法 2：单击菜单栏“文件 > 最近打开文件”下拉列表中选择要打开的文件名，如图 1-75所示。

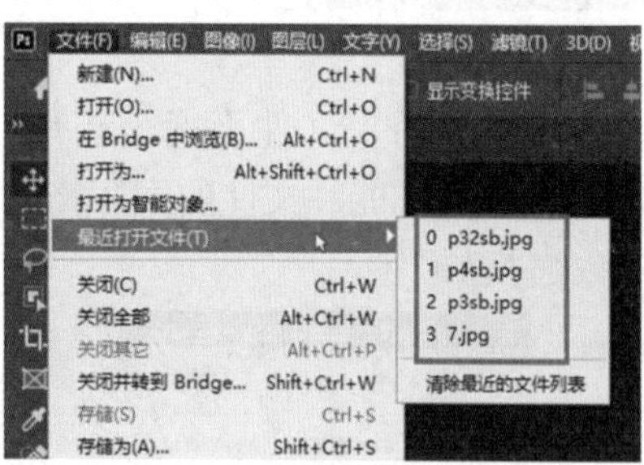

图 1-75

4 关闭文件

单击菜单栏“文件 > 关闭”命令，如图 1-76所示，或单击图像标题栏右侧的“×”按钮，如图 1-77 所示，关闭当前图像文档。

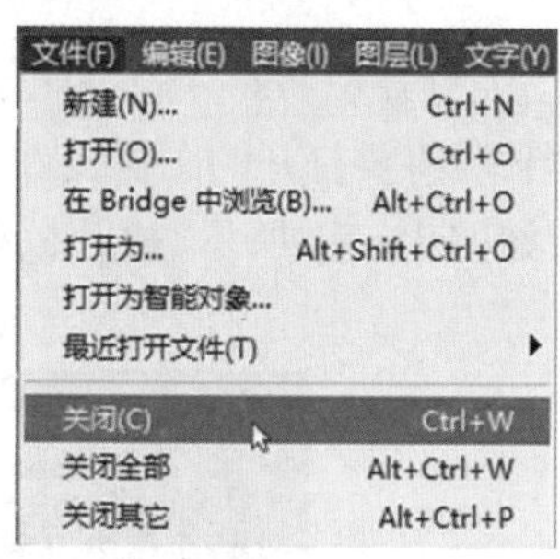

图 1-76

图 1-77

如需关闭所有文档，单击菜单栏“文件 > 关闭全部”命令，或在任意标题栏上单击鼠标右键，在弹出的快捷菜单中选择“关闭全部”命令。

1.3.3 置入文件

素材文件 第 1 章\1.3\2-1 背景.jpg、2-2 鹰.jpg

在使用 Photoshop 软件编辑图像时，经常需要使用其他的图像来丰富画面效果。使用“置入”命令可以将图片或其他 Photoshop 支持的文件添加到当前文档中。

photoshop 支持置入的文件类型有 jpg、png、gif、tiff 等。

在 Photoshop CC 2020 中，有“置入嵌入

对象”和“置入链接的智能对象”两种置入文件的方式，两个命令都是菜单栏“文件”的子菜单项。

1 置入嵌入对象

单击菜单栏“文件 > 置入嵌入对象”命令，如图 1－78 所示，在弹出的“置入嵌入的对象”对话框中选择要置入的文件，如图 1－79 所示，单击右下角的“置入”按钮，即可将选中的图像置入到当前的图像文档中。或者直接从电脑文件夹中将要置入的文件拖动至图像文档窗口内，松开鼠标即可将其置入当前图像文档中。

图 1－78

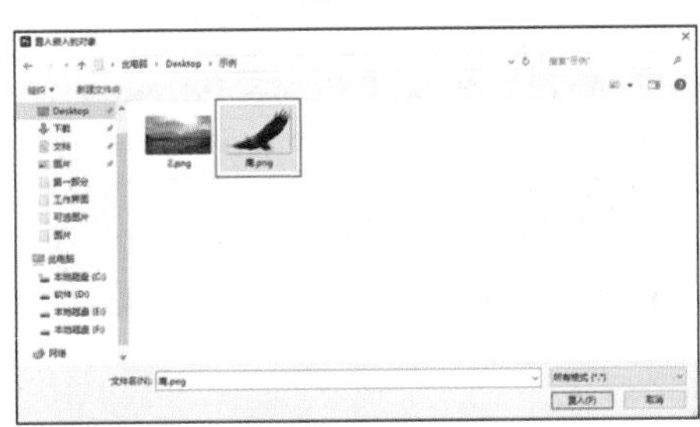

图 1－79

刚刚被置入的图像边缘带有定界框和控制点，如图 1－80 所示。按住鼠标左键拖动定界框上的控制点可以调整图像的尺寸或旋转图像，还可以调整置入图像的位置，具体的操作方法见 1.4.1 节。调整完成后，按键盘上的 Enter 键，即可完成置入操作，同时定界框消失，如图 1－81 所示。同时，在图层面板也可以看到新置入的图像变成了智能对象图层，如图 1－82 所示。

图 1－80

图 1－81

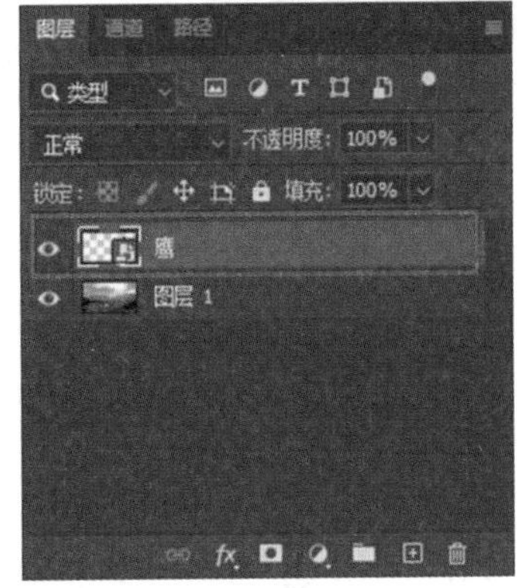

图 1－82

2 智能对象

图层右下角带有如图 1－83 所示的图标的，都是智能对象图层。

图 1－83

智能对象可以保留图像的源内容及其所

有原始特性，可以对其进行缩放、旋转、斜切、扭曲、透视变换或使图层变形，而不会丢失原始图像数据或降低品质，因为变换不会影响原始数据。但无法对智能对象图层直接执行会改变像素数据的操作，例如使用画笔在图像上进行绘画、使用仿制图章、减淡或加深等。如果想对智能对象的图像内容进行编辑，需要在智能对象图层上单击鼠标右键，在弹出的快捷菜单中选择“栅格化图层”命令，如图 1－84 所示，就可以将智能对象图层转换为普通图层，对其内容进行编辑。

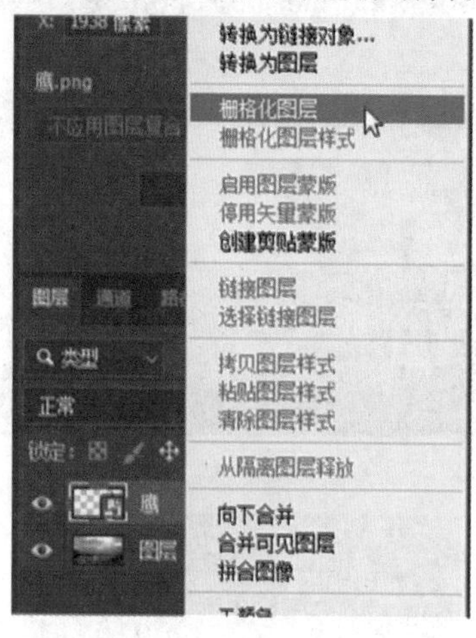

图 1－84

3 置入链接的智能对象

单击菜单栏“文件 > 置入嵌链接的智能对象”命令，如图 1－85 所示。在弹出的“置入链接的对象”对话框中选择要置入的文件，单击右下角的“置入”按钮，即可将选中的图像置入到当前的图像文档中。或者按住键盘上的 Alt 键，用鼠标从电脑文件夹中将要置入的文件拖动至图像文档窗口内，松开鼠标即可将其置入当前图像文档中。

和“置入嵌入对象”一样，调整置入图像的大小和位置，按键盘上的 Enter 键完成置入操作。在图层面板中，新置入的图像图层右下角会出现一个锁链的图标，如图 1－86 所示。

图 1－85

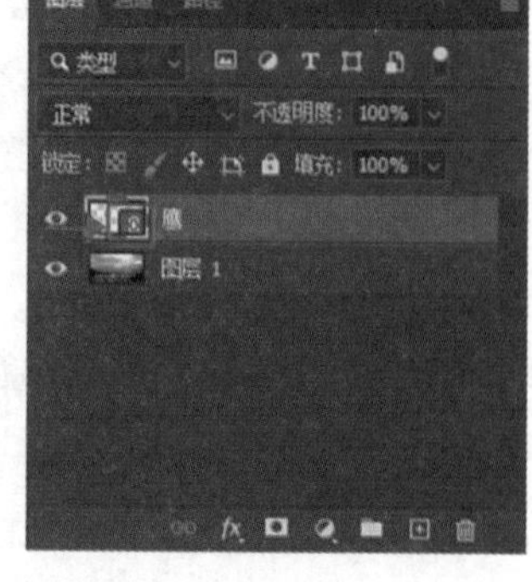

图 1－86

保持当前文档的打开状态，将刚才置入的文件在 Photoshop 软件中打开，对画面做一些变化，如图 1－87 所示，并将其保存（必须覆盖原图片文件保存）。

图 1－87

回到第一个有置入文件的文档窗口，会发现置入的图像内容更新成了刚刚保存的内容，如图 1－88 所示。

图 1－88

4 “置入嵌入对象”和“置入链接的智能对象”的区别

“置入嵌入对象”是将图像文件整个嵌入到当前文档中，只要在置入后按键盘上的 Enter 键，定界框消失，表示已经完成“嵌入”的行为。无论该图像文件是在电脑里的存放位置发生变化，还是被重新编辑或删除，都不会影响当前文档的图像内容。

"置入链接的智能对象"不同，它只是把图像文件"链接"到了当前文档中，只要图像文件的位置或本身的内容发生任何变化，当前文档中的图像内容就会发生相应的变化。如果需要换一台电脑对当前文档进行编辑，那么，就必须把所有的链接智能对象和当前文档的源文件一起移动到其他电脑上，这样就需要用到"打包"命令。

5 打包

"打包"命令可将在当前文档中所有以"链接"形式置入的图像文件收集到一个文件夹中，方便用户存储和传输文件。在文档中包含"链接"图像文件时，最好在文档制作完成后使用"打包"命令将电脑上所有的"链接"图像文件整理出来，防止文件丢失影响文档最终的效果。

①将有"链接"图像文件的文档保存为 PSD 格式。

②单击菜单栏"文件 > 打包"命令，在弹出的"选择打包目标"对话框中找到合适的位置存放链接图像文件，确定位置后单击"选择文件夹"按钮，如图 1－89 所示。

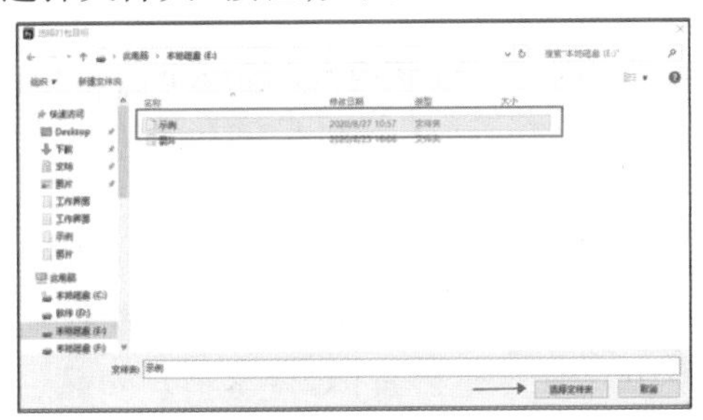

图 1－89

③"打包"完成后，在电脑上找到相应的文件夹，可看到已"打包"完成的链接图像文件夹和 PSD 文件，如图 1－90 所示。

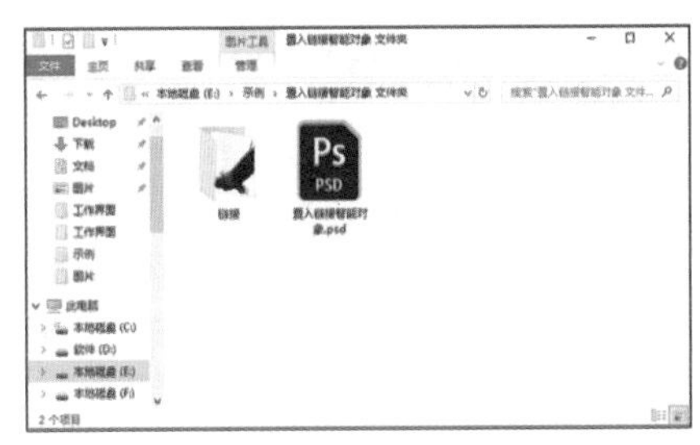

图 1－90

1.3.4　复制文件

素材文件　第 1 章\1.3\3.jpg

对已经在 Photoshop 中打开的图像文档执行菜单栏"图像 > 复制"命令，如图 1－91 所示。在弹出的"复制图像"对话框中设置图像名称，单击"确定"按钮，如图 1－92 所示，即可将当前图像文档复制一份出来，这样就能拥有一个可以用来做对比的原始效果图，在给图片做效果时，随时能与原始效果图做对比，如图 1－93 所示。

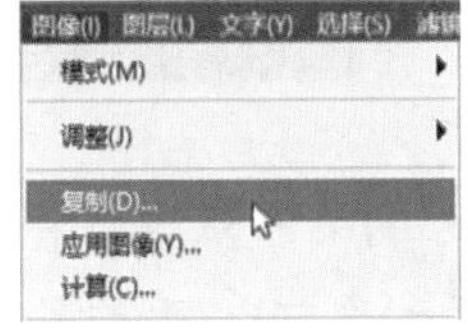

图 1－91

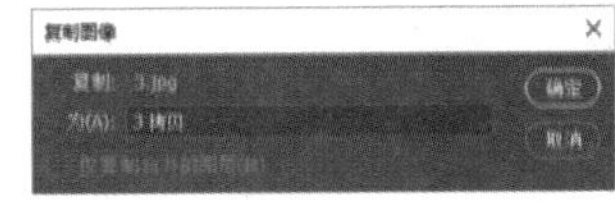

图 1－92

图 1－93

1.3.5 打印图像文件

大部分的平面设计图最终都要被打印出来使用，在进行大批量印刷之前，往往都需要单独打印一张出来查看效果。掌握正确的打印设置，才能让设计图能有一个较为完美的打印效果。

单击菜单栏“文件 > 打印”命令，如图 1－94 所示，会弹出“Photoshop 打印设置”对话框，可对“打印机”“份数”“打印设置”和“版面”等参数进行设置，如图 1－95 所示。

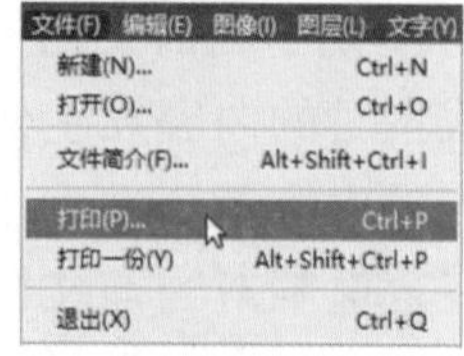

图 1－94

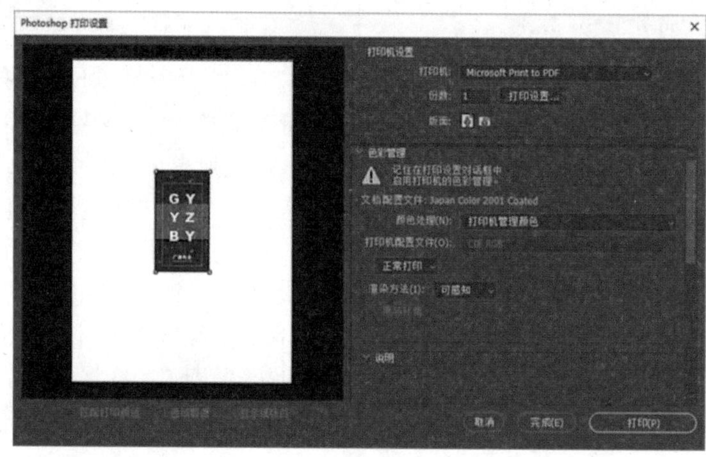

图 1－95

●打印机：可在下拉列表中选择打印机，有的打印机是彩色打印，有的只能黑白打印，所以打印之前需要确认打印机的名称。

●份数：用来设置需要打印的份数，需要打印几份就输入相应的阿拉伯数字，默认是 1。

●打印设置：单击该按钮，可在打开的对话框中设置纸张的大小和方向。

●版面：右侧两个按钮可以设置纸张的方向，第一个按钮是“纵向打印纸张”，第二个按钮是“横向打印纸张”，根据自己的需要选择，默认是“纵向打印纸张”。

●色彩管理：色彩默认是以打印机的颜色为主，也可以设置成 Photoshop 的管理颜色。默认是正常打印，也可以是印刷校样，用途不同，选择也不同，通常使用默认。

●渲染方法：用来指定颜色从图像色彩空间转换到打印机色彩空间的方式，有“可感知”“饱和度”“相对比色”和“绝对比色”4 个选项，通常使用默认。

●位置和大小：“位置”用来设置图片在纸张上的位置，勾选“居中”选项，可将图像定位于纸张中心，取消勾选“居中”选项，可以在“顶”和“左”文本框中输入数值进行微调，也可以直接移动图像进行自由定位。“缩放”可以缩放打印尺寸，默认是 100%，如果勾选“缩放以适合介质”选项，可自动缩放图像到适合纸张的区域，如果取消勾选“缩放以适合介质”选项，可以在“缩放”的文本框中自由设置图像尺寸。

●打印标记：用来指定页面标记和其他输出内容。

●函数：用来控制打印图像外观的其他选项。

1.4 图像的查看

素材文件 第 1 章\1.4 文件夹

1.4.1 图像的移动与变换

在 1.3.3 节中,我们学习了置入图像的方法,在本节中,将继续学习如何对图像进行移动、缩放、斜切、变形等变换操作。

图像的移动使用工具箱的“移动工具”,如图 1－96 所示,可以在图像文档中对图像图层或选区中的对象进行移动,是最常用的工具之一,默认快捷键是 V。

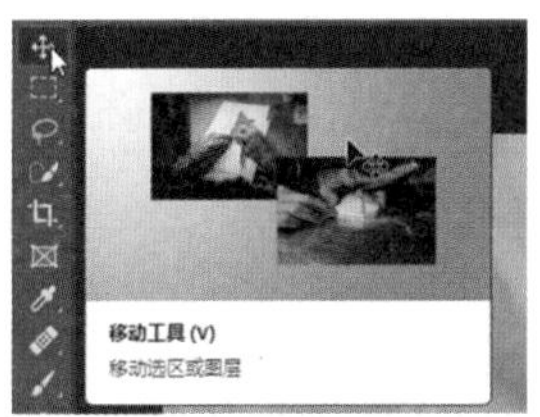

图 1－96

移动工具对应的工具选项栏中有很多不同的参数,如图 1－97 所示。

图 1－97

●自动选择:当图像文档包含多个图层或组时,勾选“自动选择”复选框,可以使用移动工具单击任意对象将其选中。如不勾选,则需要按住键盘上的 Ctrl 键,再使用移动工具单击要选中的对象,即可将其选中。关于图层的相关知识,会在第 2 章详细讲解。

●选择图层或组:选中对象时,可以选择被选中的是图层还是组。

●显示变换控件:勾选“显示变换控件”复选框,选中任意对象时,被选中的对象周围会显示定界框,可以通过拖动控制点对图像进行操作。

●对齐与分布:Photoshop CC 2020 和 Photoshop CC 2019 这两个版本与之前的版本有所不同,之前的版本都是把对齐分布的命令按钮全放在工具选项栏上,但这两个版本只把最常用的几个命令按钮放在工具选项栏上。如果要查看对齐分布的全部命令按钮,需要单击样式为“…”的按钮,在弹出快捷菜单中查看全部,如图 1－98 所示。

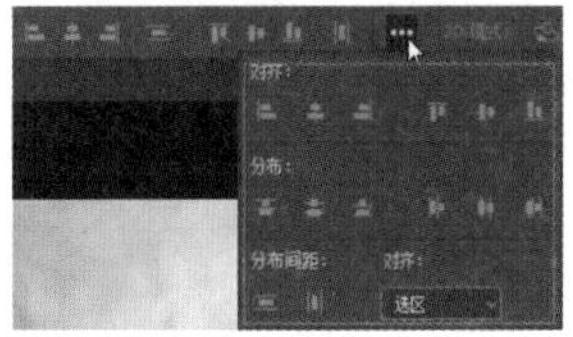

图 1－98

●全部对齐分布命令按钮。

在文档中包含 2 个或 2 个以上的图层时,可以使用“对齐”下的 6 个命令按钮,从左到右依次为“左对齐”“水平居中对齐”“右对齐”“顶对齐”“垂直居中对齐”和“底对齐”。

在文档中包含 3 个或 3 个以上的图层时,可以使用“分布”下的 6 个命令按钮和“分布间距”下的 2 个命令按钮。“分布”下的命令按钮从左到右依次是“按顶分布”“垂直居中分布”“按底分布”“按左分布”“水平居中分布”和“按右分布”;“分布间距”下的两个命令按钮分别是“垂直分布”和“水平分布”。

右下角的“对齐”下拉列表中包括“选区”和“画布”2 个选项,这里是选择对齐的依据。默认是“选区”选项,意思是按选中对象所在的位置来进行对齐分布;如果选择“画布”选项,则所有被选中的对象的对齐标准就变成了画布。例如,如果选择了左对齐,所有被选中对象的左边框都会和画布的左边对齐。

●3D 模式:该模式只有在 3D 操作下才能使用。详情参见 13.2 节。

单击工具箱的“移动工具”按钮,将鼠标箭头移动到要进行移动操作的对象上,将其选中,按住鼠标左键不放并拖动鼠标,即可改变被选中对象的位置,如图 1－99 和图

1－100所示。也可以在选中对象后，用键盘上的方向键对其进行位置的微调。

图1－99

图1－100

如果要移动选区中的内容，可以将鼠标箭头放在选区范围内要移动的对象上，按住鼠标左键不放进行拖动，可移动选区中的内容位置，如图1－101和图1－102所示。（在移动之前，一定要检查该对象是不是智能对象，如果是智能对象则需要将其栅格化之后再移动。）关于选区的相关知识，会在第3章进行详细讲解。

图1－101

图1－102

用鼠标移动选中对象时，如果按住键盘上的Shift键不放，再用鼠标去进行移动操作，就可以让选中对象进行水平移动或垂直移动了，即只能在以选中对象所在位置为准的水平线或垂直线上进行移动。

2 图像的变换

在图像的编辑过程中，经常需要对图像进行变换或变形操作。

自由变换

自由变换是最常用到的操作之一，单击菜单栏“编辑 > 自由变换”命令，或者按键盘上的快捷键Ctrl＋T，可让选中对象进入自由变换状态。在自由变换状态下，可以对选中的对象进行缩放、旋转、斜切、扭曲、透视、变形等操作。单击菜单栏“编辑 > 变换”命令查看变换方式，如图1－103所示；也可以在选中对象后按键盘上的快捷键Ctrl＋T，把鼠标箭头移动到选中对象上，单击鼠标右键进行查看变换方式，如图1－104所示。

为了操作方便，实际操作中一般都是使用快捷键Ctrl＋T，或单击鼠标右键查找选择要进行的变换方式。

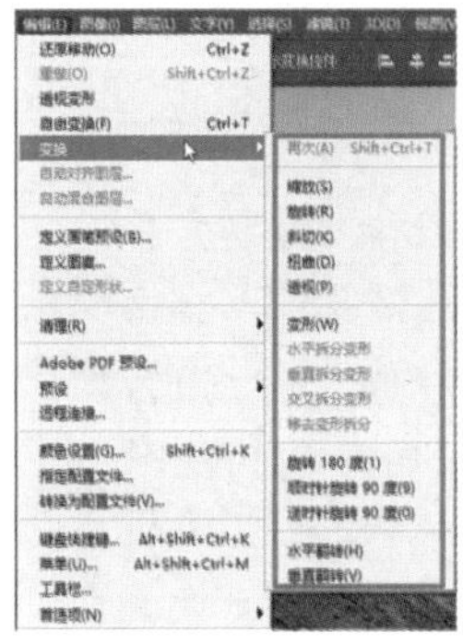

图 1－103

图 1－104

如果在打开图片后，发现无法使用自由变换，可以去图层面板检查一下，当前图层是不是带有小锁图标的背景图层，如图 1－105 所示。背景图层是无法进行自由变换的，可以双击背景图层，在弹出的“新建图层”对话框中单击“确定”按钮，如图 1－106 所示，背景图层就变成了普通图层；也可以按住键盘上的 Alt 键双击背景图层，背景图层就直接变成普通图层了。

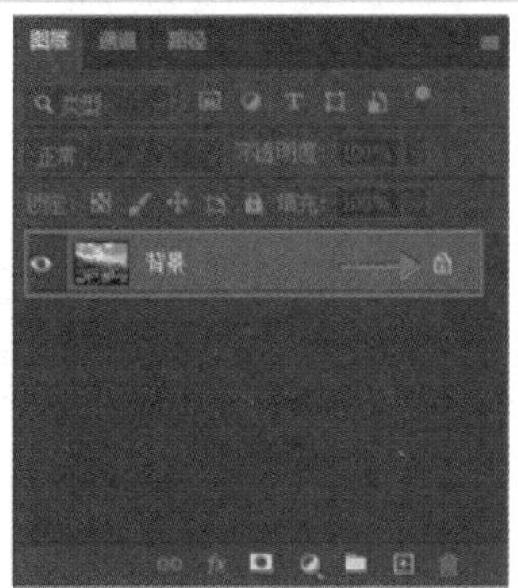

图 1－105

图 1－106

①自由变换的预设

在正式开始讲解自由变换前，需要预先设置几个关于自由变换的参数。关于自由变换，Photoshop CC 2020 和以前的版本有两个不同点。

在缩放时按住键盘上的 Shift 键可以让图像等比例缩放，但在 Photoshop CC 2020 版本中正好相反，不按任何按键直接缩放是等比例缩放，而按住键盘上的 Shift 键是任意缩放。鉴于其他大部分能够缩放图像的软件都是采用按住 Shift 等比例缩放的方法，所以我们需要统一操作方法。

单击菜单栏“编辑 > 首选项 > 常规”命令，如图 1－107 所示。或者按键盘上的快捷键 Ctrl + K 打开“首选项”对话框，勾选“使用旧版自由变换”复选框，如图 1－108 所示，单击“确定”按钮，即可恢复通用的等比例缩放方法。

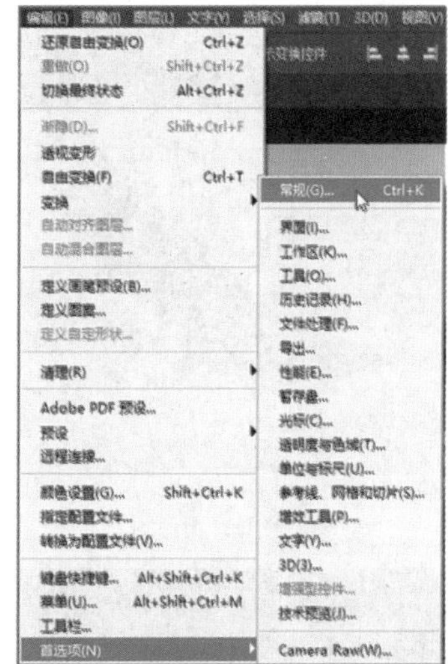

图 1－107

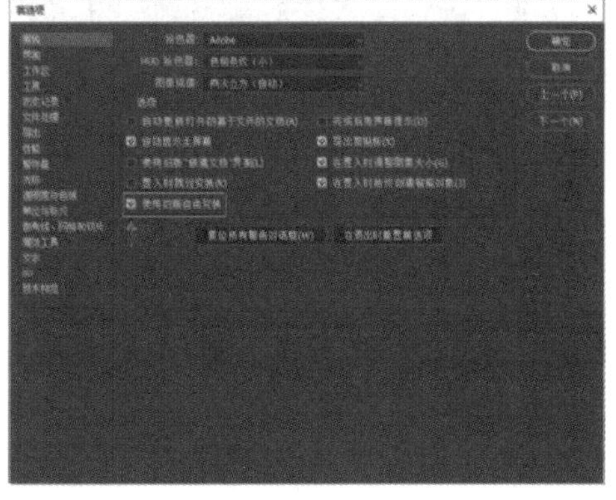

图 1－108

在以前的版本中，在图像进入自由变换模式后，会显示出图像的中心点，后期可以自由移动图像中心点的位置，做出更多的变化。而在 Photoshop CC 2020 和 Photoshop CC 2019 这两个版本中，图像进入自由变换模式后，并不显示其中心点，为了方便操作，需要使中心点显示出来。

显示中心点有 2 种方法：一种方法是在图像进入自由变换模式后，并没有显示中心点，在工具选项栏中勾选“参考点位置”复选框，如图 1－109 所示，即可显示出中心点。另一种方法是按键盘上的快捷键 Ctrl＋K 打开“首选项”对话框，左侧选择“工具”选项，然后勾选“在使用变换时显示参考点”复选框，如图 1－110 所示，单击“确认”按钮。

图 1－109

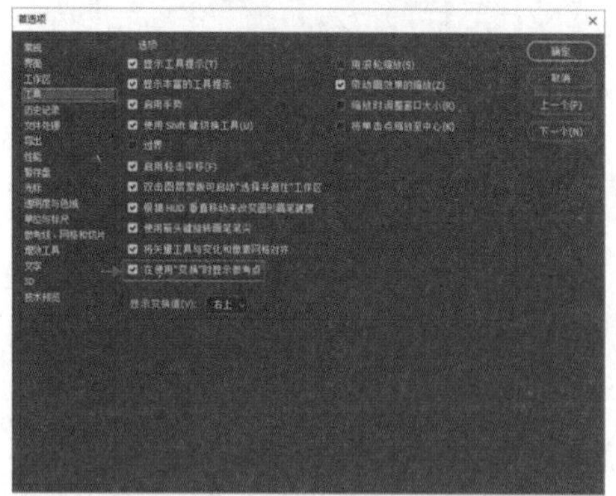

图 1－110

想要移动图像的中心点，需要先按键盘上的快捷键 Ctrl＋T 让图像进入自由变换模式，把鼠标箭头移动到中心点上，如图 1－111 所示，按住鼠标左键直接拖动即可，如图 1－112 所示。中心点默认位置在图像正中间，如果需要多次变换且都需要改变中心点的位置，那么每次自由变换都需要重新更改中心点位置。一些老版本的 Photoshop 软件需要同时按住键盘上的 Alt 键才能够移动中心点。

图 1－111

图 1－112

②缩放

按键盘上的快捷键 Ctrl＋T 让图像进入自由变换状态，将鼠标箭头移动到定界框的上边框或下边框上，当箭头变成上下箭头样式，如图 1－113 所示，按住鼠标左键不放，就可以拖动上下边框进行放大或缩小；将鼠标箭头移动到定界框的左边框或右边框上，当箭头变成左右箭头样式，如图 1 – 114 所示，按住鼠标左键不放，就可以拖动左右边框进行放大或者缩小。

图 1 – 113

图 1 – 114

将鼠标箭头移动到定界框 4 个角中任意一个角的控制点上，当箭头变成斜箭头样式，如图 1 – 115 所示，可以拖动控制点相邻的两个边框进行放大或者缩小，但不是等比例缩放；若要等比例缩放，同样将鼠标箭头放在定界框任意一个角的控制点上，按住键盘上的 Shift 键不放，就可以等比例放大或者缩小图像了，如图 1 – 116 所示；将鼠标箭头放在定界框任意一个角的控制点上，同时按住键盘上的 Alt 和 Shift 键不放，能够以中心点为缩放中心进行等比例放大或缩小。

图 1 – 115

图 1 – 116

③旋转

图像进入自由变换状态，将鼠标箭头移动到定界框 4 个角任意一个角的控制点外，当箭头变为圆弧形双箭头时，如图 1 – 117 所示，按住鼠标左键拖动可以旋转图像。按住键盘上的 Shift 键不放，同时按住鼠标左键拖动，每旋转一下，图像角度旋转 15°。

图 1 – 117

④斜切

图像进入自由变换状态，在图像上单击鼠标右键，在弹出的快捷菜单中选择“斜切”命令，将鼠标箭头移动到定界框的任意边框或 4 个角的控制点上，按住鼠标左键拖动即可看到变换效果，如图 1 – 118 所示。

图 1－118

⑤透视

图像进入自由变换状态，在图像上单击鼠标右键，在弹出的快捷菜单中选择“透视”命令，将鼠标箭头移动到定界框 4 个角任意一角的控制点上，按住鼠标左键进行拖动，即可看到变换效果，如图 1－119 所示。

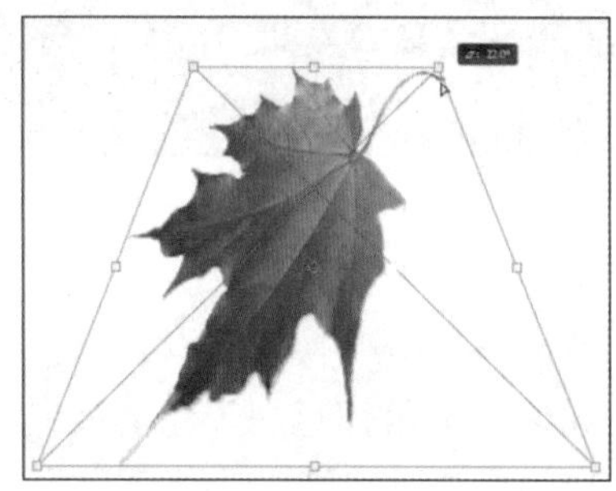

图 1－119

⑥扭曲

图像进入自由变换状态，在图像上单击鼠标右键，在弹出的快捷菜单中选择“扭曲”命令，将鼠标箭头移动到定界框任意边框或控制点上，按住鼠标左键进行拖动，即可看到变换效果，如图 1－120 所示。

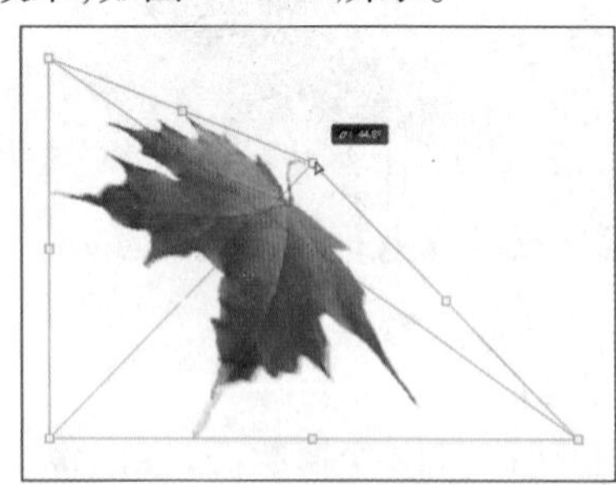

图 1－120

⑦变形

图像进入自由变换状态，在图像上单击鼠标右键，在弹出的快捷菜单中选择“变形”命令，直接用鼠标左键拖动 4 个角中任意一角的控制点进行变换，如图 1－121 所示。也可以拖动 4 个角中任意一角的手柄进行变换，还可以直接拖动图像进行变换。

图 1－121

在自由变换状态下或在变形的状态下，在图像上单击鼠标右键，还可以选择“水平拆分变形”“垂直拆分变形”“交叉拆分变形”和“移去变形拆分”几个变形专属命令。

选择“水平拆分变形”命令，鼠标箭头移动到图像上，会有一条横线跟着鼠标一起移动，如图 1－122 所示。单击鼠标左键，即可在画面上留下一条横线，可以拖动横线或横线左右两边的手柄进行变换，如图 1－123 所示，也可以拖动图像其他位置进行变换。可以发现被选中的被横线框住的部分是不会发生变化的。

图 1－122

图 1－123

“垂直拆分变形”和“交叉拆分变形”同理，只不过选择“垂直拆分变形”命令出现的是竖线，选择“交叉拆分变形”命令出现的是十字交叉线，变换方法与特性和“水平拆分变形”是一样的。

在图像上最少有一条由拆分变形命令产生的线时，选择“移去变形拆分”命令，即可将图像上所有的线清除掉。

变形拥有属于自己的工具选项栏，如图 1－124 所示。

图 1－124

“拆分”后边的 3 个图标按钮从左到右分别对应“交叉拆分变形”“垂直拆分变形”和“水平拆分变形”。

“网格”下拉列表中有 5 个选项，默认值为没有网格，如图 1－125 所示。默认值下边的 3 个选项为系统给出的网格预设值，例如“3×3”表示横向和纵向各有 3 个格子。选择“自定”选项会弹出“自定网格大小”对话框，如图 1－126 所示，可以根据需要分别设定每行和每列各有几个格子。

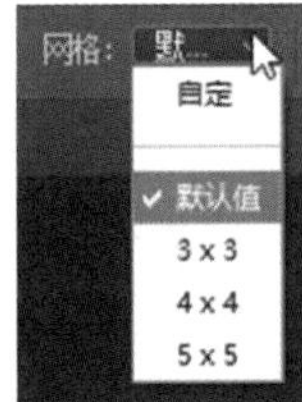

图 1－125

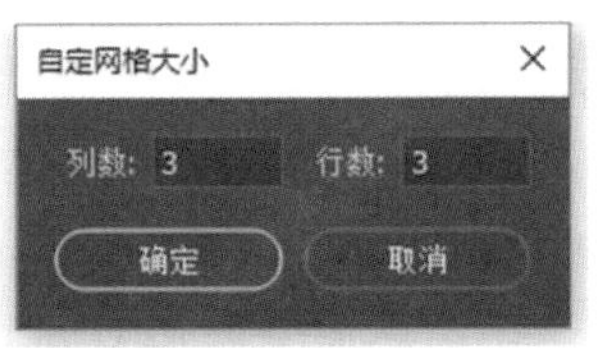

图 1－126

“变形”下拉列表中除了“自定”样式外，系统还提供了 15 个变形样式，如图 1－127 所示。选择任意样式即可实现特定的变形，可根据实际需要去选择使用。

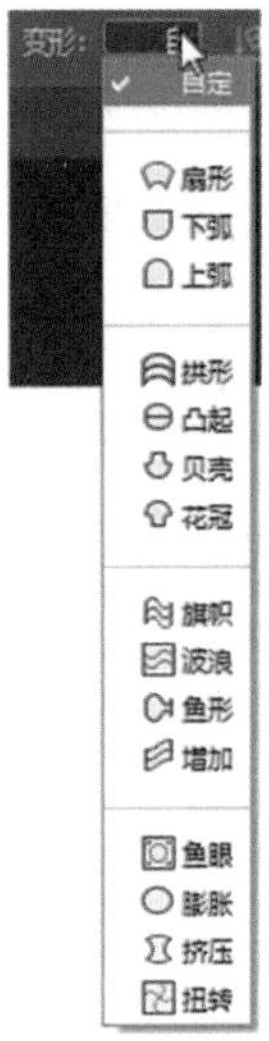

图 1－127

选择“变形”样式后，还可以设置“变形”样式的相关参数。例如选择“拱形”样式，如图 1－128 所示，单击“更改变形方向”按钮，即可实现变换效果，如图 1－129 所示。

图 1－128

图 1－129

在选择一个变形样式后，更改“弯曲”参数值，可以改变图像的弯曲度，“H”和“V”分别代表水平和垂直扭曲，通过输入数值改变其相应的扭曲度。

⑧旋转角度和水平垂直翻转

在自由变换状态下，在图像上单击鼠标右键，在弹出的快捷菜单中还可以选择如图1－130所示的命令，根据这些命令的名称，我们就能够判断出它们的用法。

图 1－130

复制并再次变换

如果要将某个图像文件按一定的变化规律进行复制变换，可以使用“复制并再次变换”命令来完成。

步骤 01 新建一个文档，将图像文件置入到当前文档中并栅格化图层，如图 1－131 所示。

图 1－131

步骤 02 按键盘上的快捷键 Ctrl＋J 复制当前图层。因为图像位置没有发生变化，所以两个图层是层叠关系，在图像文档窗口中看不出有两个相同的图像存在。关于图层的具体操作将在第 2 章进行详细讲解。

步骤 03 按键盘上的快捷键 Ctrl＋T 让图像进入自由变换状态，并将其中心点移动到右上角位置，如图 1－132 所示。

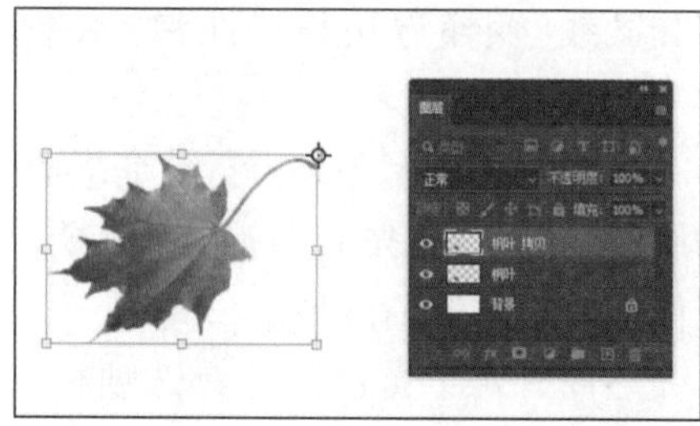

图 1－132

步骤 04 在工具选项栏“角度”文本框内输入“60”，此时可看到复制出来的图层位置发生了变化，如图 1－133 所示。

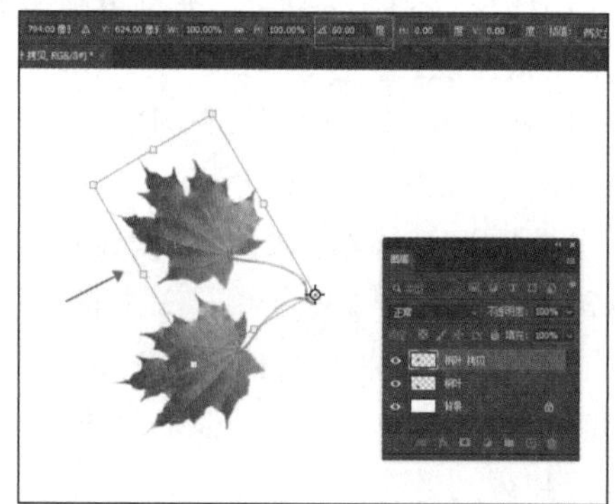

图 1－133

步骤 05 按键盘上的 Enter 键，定界框消失完成操作变换。按键盘上的快捷键 Ctrl＋Alt＋Shift＋T（也被称为“3 键＋T”），会在多出一个图像图层的同时，让多出来的图像按之前的操作变换，如图 1－134 所示。

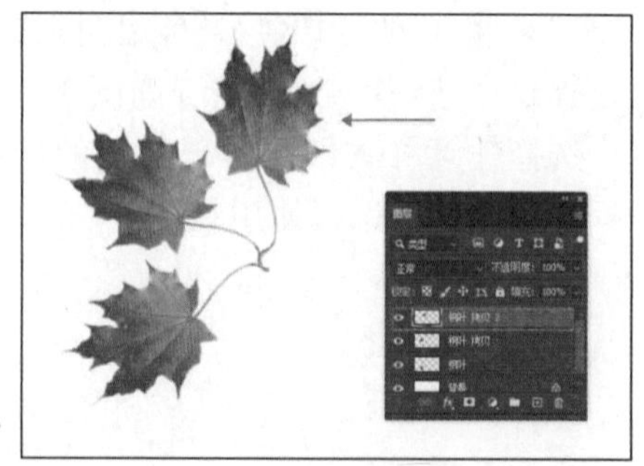

图 1－134

步骤 06 可多次按键盘上的快捷键Ctrl＋Alt

+Shift+T,最终的效果如图1-135所示。

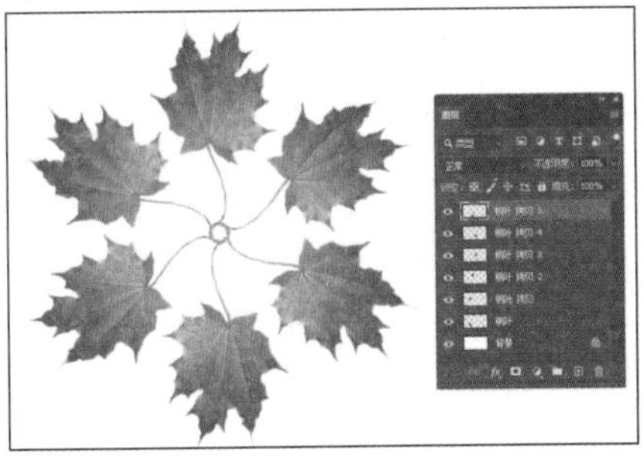

图1-135

内容识别缩放

常规的缩放会统一把图像内所有的内容一起放大或缩小,而内容识别缩放可以在不改变图像主体物的情况下缩放图像的大小。

例如把一张竖图更改为横图,只需要将图片背景填充满整个画布,不能改变里边主体物的尺寸,如图1-136所示。选中需要变换的图像(注意该图像图层不能是智能对象图层,如果是智能对象图层,需要将其栅格化后才可以继续变换),单击菜单栏"编辑>内容识别缩放"命令,在图像周围出现定界框。用鼠标拖动定界框边框,直到填满整个画布,按键盘上的Enter键即可完成操作,如图1-137所示。

图1-136

图1-137

操控变形

"操控变形"功能通过可视网格随意扭曲特定图像区域,可以快速改变人物或动物的动作。

选中需要处理的图像,注意图像所在图层不能是智能对象图层或背景图层,单击菜单栏"编辑>操控变形"命令,图像上会布满网格。在网格的交汇点单击鼠标左键添加"控制点",也称为"图钉",如图1-138所示。把关键点(比如人或动物的关节部位等)用"图钉"固定好后,用鼠标左键拖动图钉对图像进行变换,如图1-139所示。调整完成后,按键盘上的Enter键完成变换。

图1-138

图1-139

透视变形

"透视变形"可以根据控制点改变图像现有的透视关系。

步骤01 在Photoshop中打开一张图片,单击菜单栏"编辑>透视变形"命令,图片上会出现提示悬浮窗口,如图1-140所示。根据提示拖动鼠标框出两个平面,如图1-141所示，将平面调整好后，按键盘上的 Enter 键，图片上会再次出现提示悬浮窗口。

图 1 – 140

图 1 – 141

步骤 02 根据提示用鼠标左键拖动控制点对图像进行调整，如图 1 – 142 所示。调整完成后，按键盘上的 Enter 键完成变换。

图 1 – 142

自动对齐图层

在生活中，我们出去旅游时，经常会拍下漂亮的风景照，有时想要拍一张全景图，但由于设备或拍摄条件的限制而无法直接拍摄完成。此时，可以把想要的景色分多张依次拍摄下来，将所有照片放到 Photoshop 中，使用“自动对齐图层”命令快速合成一张漂亮的全景图。

步骤 01 新建一个空白文档，将所需的图像置入到文档中，并将置入的图层栅格化。适当调整图像的位置，图像之间须有重合的区域，如图 1 – 143 所示。

图 1 – 143

步骤 02 在图层面板，按键盘上的 Ctrl 键加选图层，将所需图像图层全部选中，如图 1 – 144 所示。单击菜单“编辑 > 自动对齐图层”命令，在打开的“自动对齐图层”对话框中选择“自动”选项，如图 1 – 145 所示，单击“确定”按钮，所有图像会自动拼合成一张全景图。

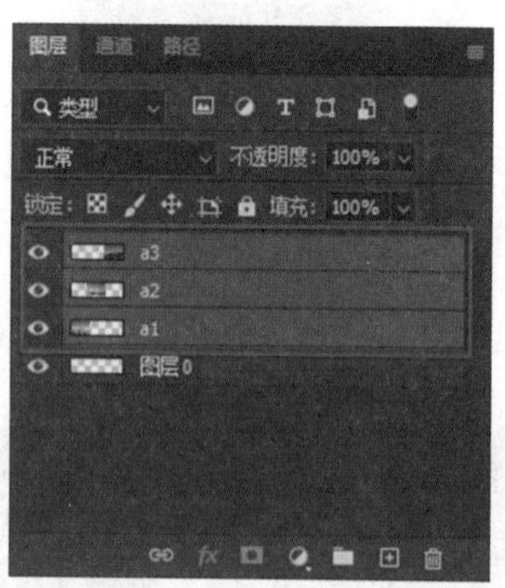

图 1 – 144

步骤 03 自动对齐图层后，可能会出现透明像素，使用“裁剪工具”进行裁剪即可。“裁剪工具”的具体使用方法会在 2.1.1 节中详细讲解。

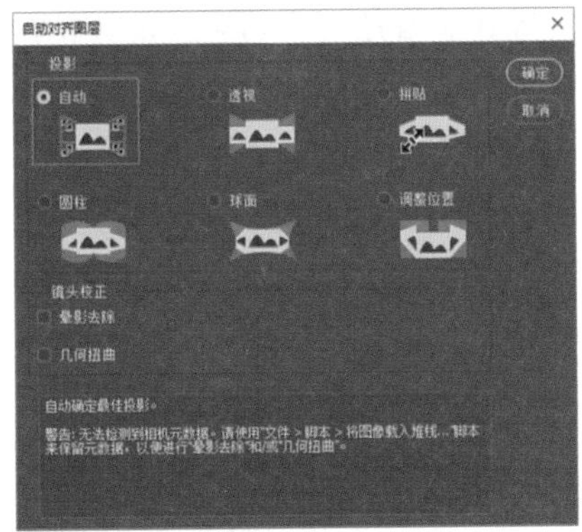

图 1－145

1.4.2　使用不同的屏幕模式查看图像

Photoshop 提供了不同的屏幕显示模式，来满足用户不同的制作需求。单击工具箱底部的“切换屏幕模式”按钮，在弹出的快捷菜单中可以选择 3 种屏幕显示模式，如图 1－146 所示。

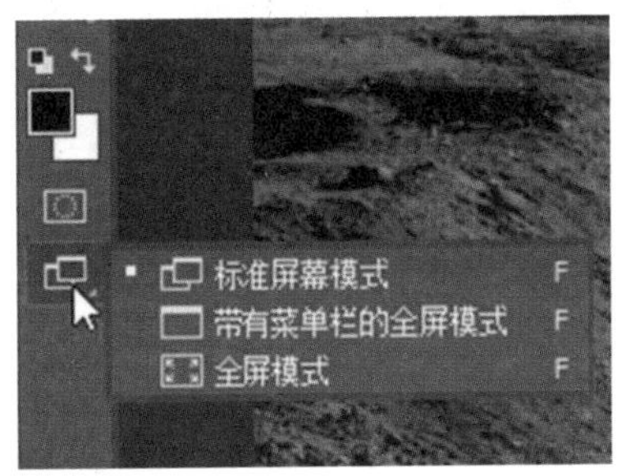

图 1－146

●标准屏幕模式：默认的屏幕显示模式，可显示菜单栏、标题栏、滚动条和其他屏幕元素，如图 1－147 所示。

图 1－147

●带有菜单栏的全屏模式：这种模式可以显示菜单栏、50% 的灰色背景、面板和滚动条的全屏窗口，如图 1－148 所示。

图 1－148

●全屏模式：又被称为“专家模式”或“大师模式”，只显示黑色背景的全屏窗口，菜单栏、工具箱、面板等全部被隐藏，如图1－149所示。

图 1－149

●按键盘上的 F 键可以在 3 种模式之间快速切换。

●在全屏模式下，可以按键盘上的 F 键或 ESC 键退出全屏模式。

●按键盘上的 Tab 键可以显示或隐藏工具箱、面板和工具选项栏。

●按键盘上的 Tab + Shift 键，可以显示或隐藏面板。

1.4.3　窗口图像的排列方式

在 Photoshop 中打开多个图像文档时，可以单击菜单栏“窗口 > 排列”命令，在弹出的快捷菜单中选择图像文档的排列方式，如图 1－150 所示。

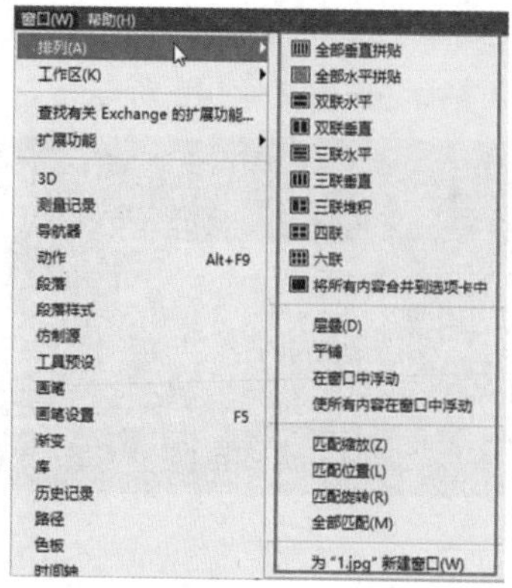

图 1－150

●层叠：从屏幕左上角到右下角一层层地堆叠文档，如图 1－151 所示。当前文档必须为浮动状态才能使用“层叠”排列。

图 1－151

●平铺：在窗口中将所有文档平铺显示，图像文档会根据窗口尺寸自动调整大小，如图 1－152 所示。

图 1－152

●在窗口中浮动：让当前图像在窗口上自由浮动，可以拖动其标题栏移动位置。

●使所有内容在窗口中浮动：让所有图像文档都浮动到窗口上，并能随意拖动其标题栏移动位置。

●匹配缩放：将所有图像文档的大小都匹配到与当前图像文档相同的缩放比例。

●匹配位置：将所有图像文档的显示位置都匹配到与当前图像文档相同的位置。

●匹配旋转：将所有图像文档中画布的旋转角度都匹配到与当前图像文档相同的角度。

●全部匹配：将所有图像文档的缩放比例、显示位置和画布旋转角度都与当前图像文档相匹配。

1.4.4 缩放工具的使用

使用工具箱里的“缩放工具”，如图 1－153 所示，可以放大或缩小图像在屏幕上的显示比例，对应的快捷键是 Z。“缩放工具”并没有改变图像的尺寸，如同它的图标，只是起到了放大镜的作用。

图 1－153

在“缩放工具”的工具选项栏中，如图 1－154所示，选中加号放大镜，可以放大图像，选中减号放大镜，可以缩小图像。

图 1－154

●调整窗口大小以满屏显示：在缩放图像的同时自动调整窗口的大小。

●缩放所有窗口：可同时缩放所有已打开的图像窗口。

●细微缩放：勾选复选框时，在图像上按住鼠标左键并进行拖动，能够以平滑的方式快速放大或缩小图像；如不勾选，拖动时会出现矩形选区，松开鼠标后，选区内的内容会被放大至整个窗口。

●100%：单击该按钮，图像会以实际像素在窗口中显示。

●适合屏幕：单击该按钮，可在窗口中最

大化显示完整的图像。

●填充屏幕：单击该按钮，可将当前图像填充整个屏幕。

选中“缩放工具”按钮，鼠标单击图像即可放大当前图像，按键盘上的 Alt 键并单击图像可以缩小图像；也可以使用键盘上的快捷键 Ctrl + + 放大图像，Ctrl + - 缩小图像；或者按住键盘上的 Alt 键不放，用鼠标滚轮控制图像放大或缩小。

在图像显示比例较大时，可使用工具箱的“抓手工具”将图像移动到特定区域进行查看。

选中“抓手工具”按钮，如图 1 - 155 所示，在图像中按住鼠标左键并拖动，即可调整画面显示的区域。

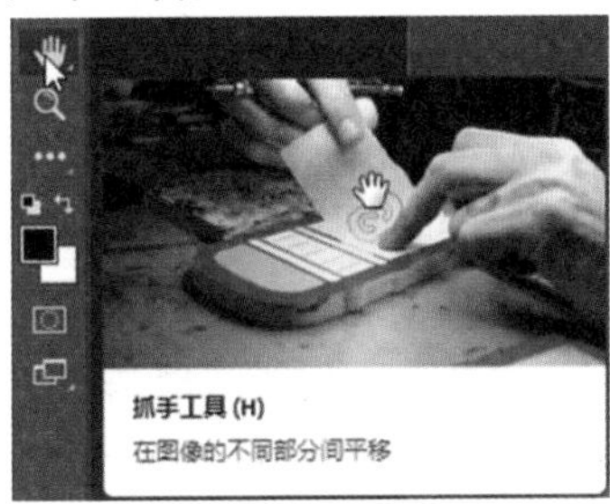

图 1 - 155

不过，我们平时并不会特意去选择“抓手工具”来使用。需要查看图像其他区域时，按键盘上的空格键不放，即可快捷使用“抓手工具”，按住鼠标左键在图像上拖动即可。

1.4.5　旋转视图工具的使用

“旋转视图工具”可以在不破坏原图像的前提下旋转画布，让用户可以从不同角度观察图像。

右键单击“抓手工具”按钮，如图 1 - 156 所示，在弹出的快捷菜单中选择“旋转视图工具”。

图 1 - 156

在图像上按住鼠标左键进行拖动，即可旋转当前图像，如图 1 - 157 所示。如需恢复图像的原始角度，双击工具箱上的“旋转视图工具”按钮。

图 1 - 157

“旋转视图工具”的工具选项栏可调整参数不多，如图 1 - 158 所示。

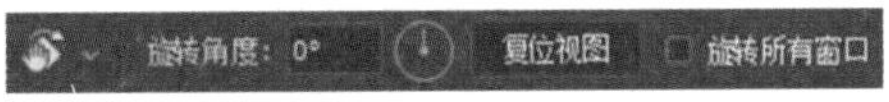

旋转角度：0°　复位视图　旋转所有窗口

图 1 - 158

●旋转角度：可以通过输入数值精确控制图像旋转的角度。可输入数值为“ - 180° ~ 180°”之间的整数。

●复位视图：单击该按钮，可恢复图像视图为原始角度。

●旋转所有窗口：如果当前打开了多个图像文档，勾选该复选框，在旋转视图时，会使所有图像文档一起旋转。

1.5　错误操作的撤销

1.5.1　错误操作的还原与重做

在使用 Photoshop 编辑图像的时候，经常会出现操作失误的情况。可以单击菜单栏“编辑 > 还原”命令，或使用快捷键 Ctrl + Z，撤销上一步的操作，多次单击可撤销多步操作。

如果一不小心撤销的步数过多，可以单击菜单栏“编辑 > 重做”命令，或使用快捷键 Shift + Ctrl + Z 取消撤销的动作，多次单击可还原多步撤销命令。

单击菜单栏“编辑 > 切换最终状态”命令，可以撤销最近一步的操作，再次单击则还原刚刚撤销的命令。

Photoshop CC 2020 版本及 Photoshop CC 2019 版本的撤销操作方法和其他低版本的 Photoshop 的操作方法正相反，按键盘上的快捷键 Ctrl + Z 是撤销最近一步的操作，再次使用是还原最近一步的操作，无法撤销多步操作。想要进行多步撤销操作，需要多次按键盘上的快捷键Ctrl + Alt + Z。

如果比较习惯低版本的操作方法，可以单击菜单栏“窗口 > 工作区 > 键盘快捷键和菜单”命令，在弹出的“键盘快捷键和菜单”对话框中勾选“使用旧版还原快捷键”复选框，然后单击“确定”按钮，如图 1 – 159 所示。

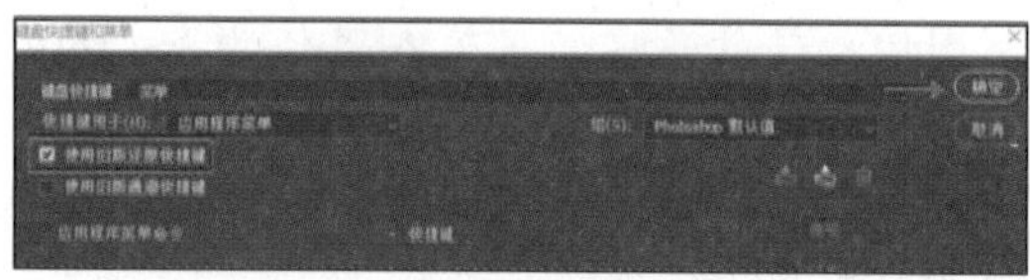

图 1 – 159

1.5.2 “历史记录”面板的使用

素材文件 第 1 章\1.5\历史记录.jpg

1 “历史记录”面板

在 Photoshop 软件中，对文档进行的操作都会被 Photoshop 记录下来，用来记录文档操作历史的面板，叫作“历史记录”面板。单击菜单栏“窗口 > 历史记录”命令，打开“历史记录”面板。Photoshop 默认历史记录面板在工作界面右侧以小图标的形式出现，单击即可打开“历史记录”面板，如图 1 – 160 所示。

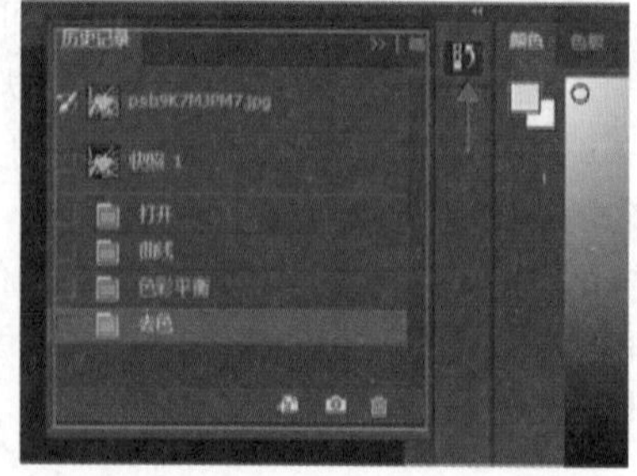

图 1 – 160

使用“历史记录”面板，用户可以通过单击任意一条历史记录操作，快速恢复到当时的操作状态，也可以通过“历史记录”面板创建快照或新文件，如图 1 – 161 所示。

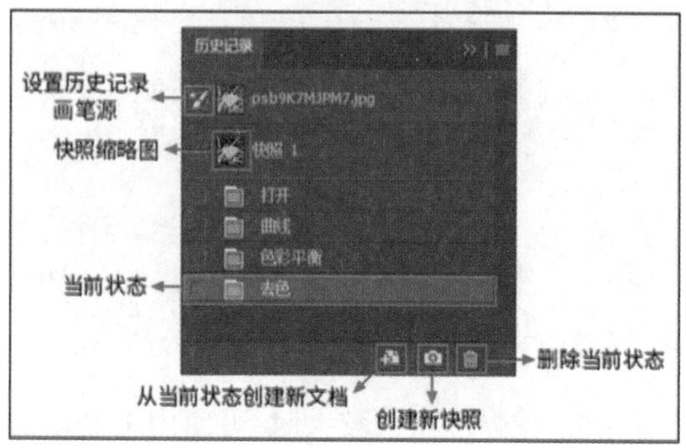

图 1 – 161

● 设置历史记录画笔源：使用历史记录画笔工具时，该图标所在的位置将作为历史记录画笔的原图像。

● 快照缩略图：被记录为快照的图像状态。

● 当前状态：图像当前的编辑状态。

● 从当前状态创建新文档：按当前操作的图像状态创建一个新文档。

● 创建新快照：在当前图像状态下创建一个快照。快照可以为某个操作状态快速拍照并留在“历史记录”面板中，可以在多个操作步骤后还能返回到之前的某个重要状态。

● 删除当前状态：选择一个操作步骤，单击该按钮，可将选中的操作步骤及之后的操作全部删除。

2 历史记录画笔工具

“历史记录画笔工具”是一个工具组，包含“历史记录画笔工具”和“历史记录艺术画笔工具”两种，如图 1 – 162 所示。配合“历史记录”面板使用可以给图像带来特别的效果。

“历史记录艺术画笔工具”极少使用，这里就不做讲解了，大家有兴趣可以自己去尝试使用查看效果。

图 1 – 162

步骤 01 在 Photoshop 中打开一张图片，进行简单处理后添加新快照，并将“历史记录画笔源”设置到快照缩略图上，如图 1－163 所示。处理图片的方法会在第 5 章进行详细讲解。

图 1－163

步骤 02 单击菜单栏“图像 > 调整 > 去色”命令，图像变成黑白模式，如图 1－164 所示。

图 1－164

步骤 03 在工具箱选择“历史记录画笔工具”，在中间的树叶上进行涂抹，键盘上的“[”键可以缩小画笔，“]”键可以放大画笔，随时调整画笔大小，将树叶涂满即可看到最终的效果，如图 1－165 所示。

图 1－165

1.6 预设工作区和常用首选项设置

1.6.1 使用预设工作区

在 1.1.1 节中我们了解到，Photoshop 的应用领域十分广泛，而不同的行业在使用 Photoshop 时，经常用到的功能也都不一样。针对这一点，Photoshop 提供了几种常用的预设工作区，供不同行业的用户进行选择使用。

单击菜单栏“窗口 > 工作区”命令，可以在弹出的下拉列表中选择预设工作区，如图 1－166 所示。单击工具选项栏右侧的“基本功能”按钮，在其下拉列表中也可以选择预设工作区，如图 1－167 所示。

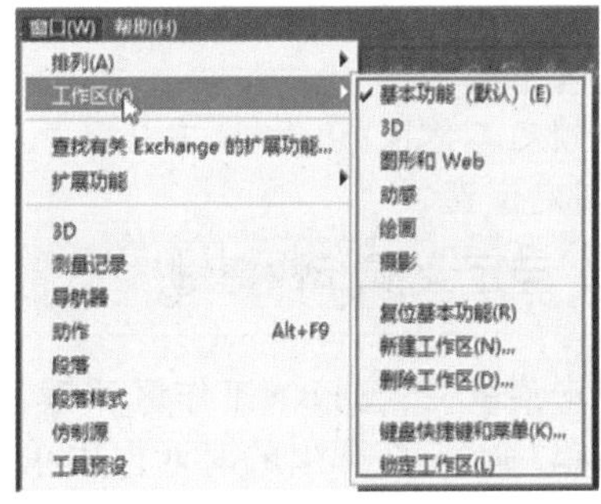

图 1－166

图 1－167

●基本功能：默认预设工作区，是最基本的工作区。

●3D：界面显示 3D 功能，为三维制作人员服务的工作区。

●图形和 Web：为制作图形和 Web 页面人员服务的工作区。

●动感：以制作动画为主的工作区，显示“时间轴”等面板。

●绘画：突出画笔预设面板，为绘画人员服务的工作区。

●摄影：为摄影行业提供的工作区。

●复位基本功能：执行此命令，将把当前工作区复位为基本功能工作区。

●新建工作区：根据自己的操作习惯，创建一个适合自己的工作区。

●删除工作区：删除一些不常用的工作区命令。

●键盘快捷键和菜单：自定义键盘快捷键，控制菜单显示或隐藏，还可以通过着色突出某些菜单。

●锁定工作区：让面板、工具箱等不能被移动，固定位置。

1.6.2 自定义操作快捷键

单击菜单栏“窗口 > 工作区 > 键盘快捷键和菜单”命令，在弹出的对话框中单击“键盘快捷键”选项卡，如图 1－168 所示。

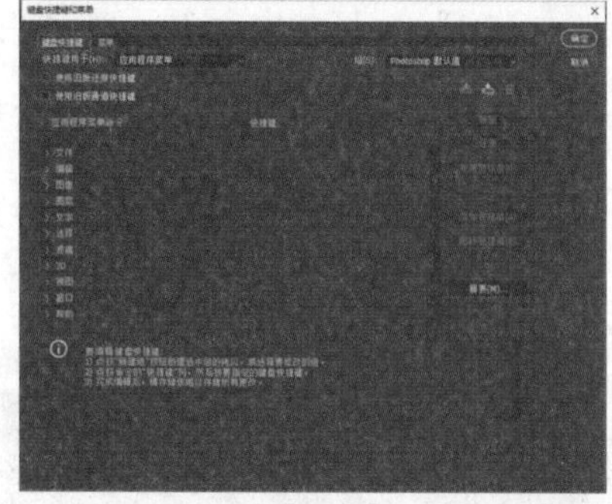

图 1－168

单击“文件”左侧的“〉”按钮，可以查看“文件”下属菜单所有操作的快捷键，如图 1－169所示。单击其他应用程序菜单命令左侧的“〉”按钮，都可以查看其下属所有操作的快捷键。

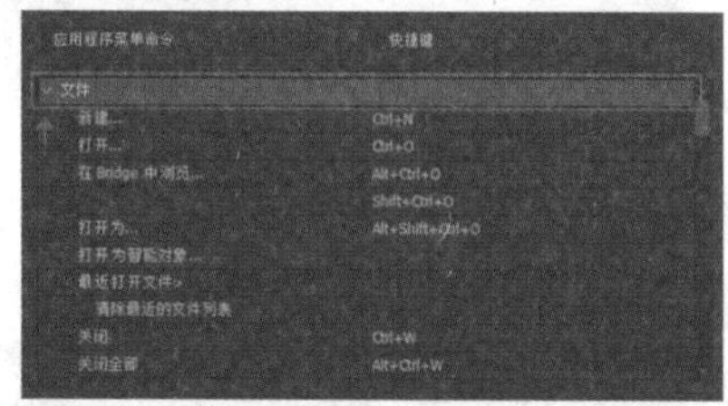

图 1－169

例如，要修改“新建”的快捷键，“新建”默认的快捷键是 Ctrl + N。单击“新建”所在行的任意位置，快捷键进入编辑模式，如图 1－170 所示。

图 1－170

在快捷键文本框中输入字母 D，出现如图 1－171 所示的错误提示。

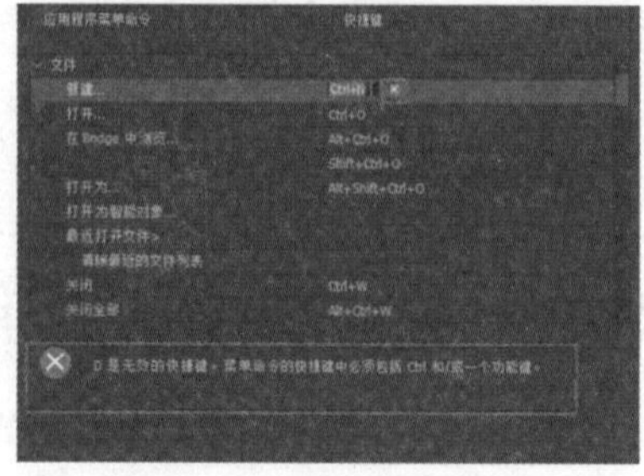

图 1－171

根据提示，在快捷键文本框中输入 Ctrl + D，出现如图 1－172 所示的冲突提示。

一般情况下建议单击“还原更改”按钮并重新设置一个不冲突的快捷键，如果单击“接受冲突并转到冲突处”按钮，就面临着给有冲突的操作重设快捷键或让其失去快捷键。

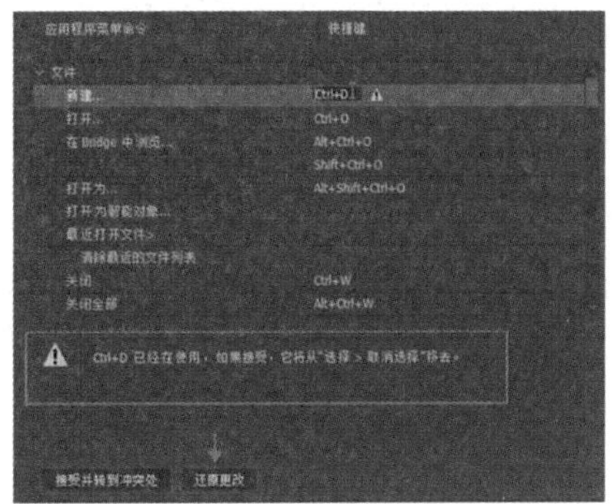

图 1－172

重新设定快捷键为 Ctrl＋Shift＋M，没有出现错误提示也没有出现冲突，单击右侧“接受”按钮，再单击右上角“确定”按钮，如图 1－173 所示。此时，“新建”的快捷键就变成了 Ctrl＋Shift＋M，如图 1－174 所示。

图 1－173

图 1－174

如果想要恢复为默认值，单击菜单栏“窗口＞工作区＞键盘快捷键和菜单”命令打开“键盘快捷键和菜单”对话框，单击“使用默认值”按钮，再单击“接受”按钮，最后单击“确定”按钮，如图 1－175 所示。

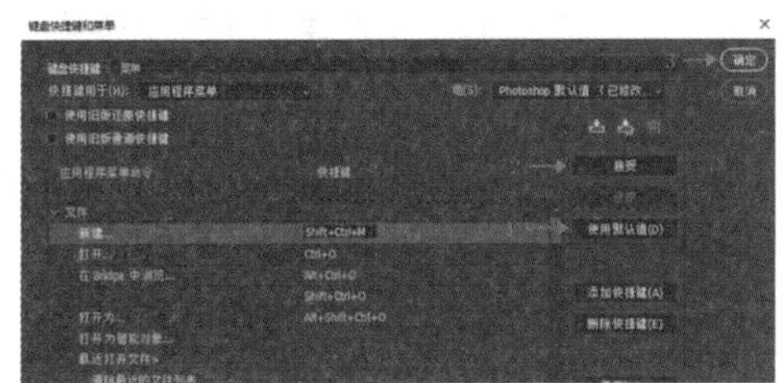

图 1－175

在使用 Photoshop 的过程中，偶尔会遇到快捷键无效的情况，有以下几种常见的解决快捷键无效的方法：

●检查一下输入法，输入法是中文需切换为英文输入法。

●查看一下当前文档是不是有处于自由变换状态的图像文件，如果有的话按键盘上的 Enter 键即可。

●查看是否曾经更改过快捷键，如果没有特殊需求或习惯，恢复快捷键的默认值即可。

1.6.3　常用首选项设置

在前面几节的讲解中，我们简单介绍了几个 Photoshop“首选项”的参数设置。“首选项”中有一系列针对 Photoshop 本身的设置和优化功能，“首选项”的参数设置选项非常多，日常操作中很少会全部用到，下面介绍一些常用的设置。

单击菜单栏“编辑＞首选项＞常规”命令，或直接按键盘上的快捷键 Ctrl＋K，即可弹出“首选项”对话框，如图 1－176 所示。在“自由变换”设置中勾选设置了“使用旧版自由变换”复选框。

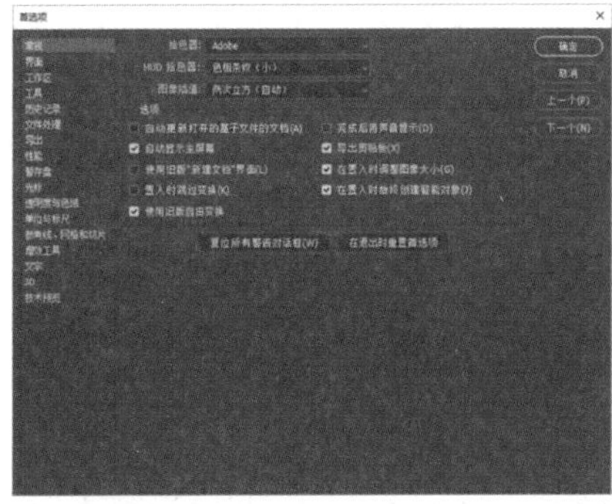

图 1－176

1　界面设置

单击“首选项”左侧的“界面”选项标签，进入“界面”相关参数的设置面板，如图 1－177所示。

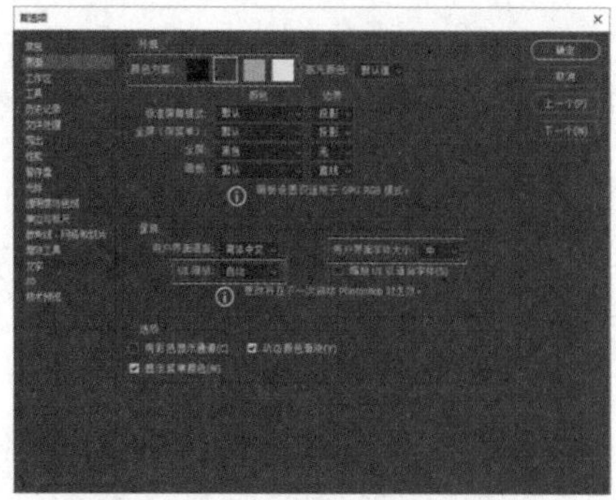

图 1-177

●颜色方案:Photoshop 可以对界面外观颜色进行设置,提供了黑色、深灰色、中灰色和浅灰色 4 种颜色方案,默认是“深灰色”颜色方案。如果不习惯深色界面,可以改成其他颜色。

●用户界面字体大小:Photoshop 提供了大、中、小和微小 4 种用户界面字体大小选项,默认是“中”选项,用户可根据自己的习惯去进行更改。此参数更改后需要重启 Photoshop 软件才会生效。

●UI 缩放:下拉列表有自动、100%、200% 共 3 个选项,默认是“自动”选项。如果屏幕分辨率高,可以选择“200%”选项,可以较大比例显示 Photoshop 界面。此参数更改后需要重启 Photoshop 软件才会生效。

2 文件处理

单击“首选项”左侧的“文件处理”选项标签,进入“文件处理”相关参数的设置面板,在此面板中,常用的设置是“自动存储恢复信息的间隔”参数,如图 1-178 所示,也就是自动保存功能。

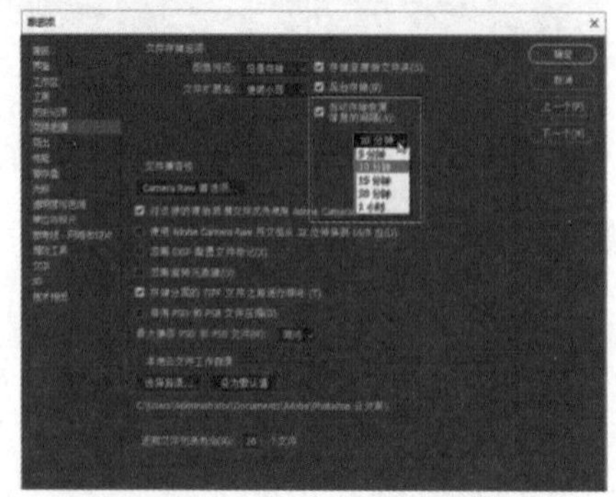

图 1-178

默认自动保存的间隔是 10 分钟,也可以根据需要进行选择。如果电脑配置不是很好,自动保存频率过高会出现操作卡顿现象。

3 性能

单击“首选项”左侧的“性能”选项标签,进入“性能”相关参数的设置面板,这个面板可以设置“让 Photoshop 使用的内存范围”和“历史记录状态”参数,如图 1-179 所示。

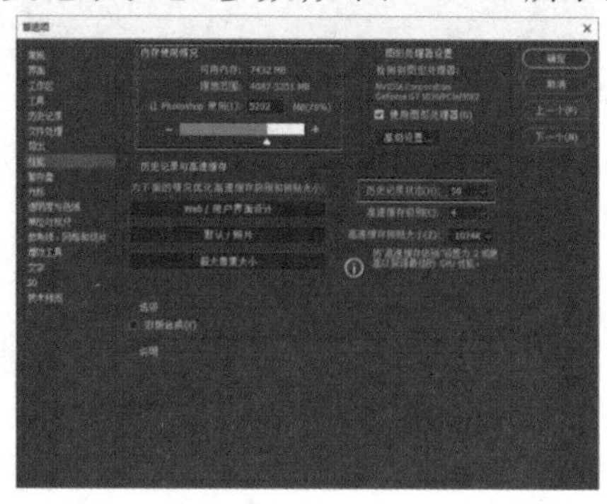

图 1-179

在运行 Photoshop 软件时,可能会出现卡顿的现象,造成这种情况的原因有很多,在不升级电脑配置的前提下,可以在“让 Photoshop 使用的内存范围”里增加 Photoshop 可使用的内存量,但是如果给 Photoshop 使用的内存量过大,可能会造成除 Photoshop 以外的软件运行卡顿的现象。

“历史记录状态”可以设置能退回的操作步数,按照自己的需要设置即可。

4 暂存盘

在 Photoshop 使用的过程中,有时候会出现“不能完成请求,因为暂存盘已满”的对话框,然后就无法进行任何操作了,这是因为 Photoshop 默认选择的暂存盘没有空间了。

单击“首选项”左侧的“暂存盘”选项标签,进入“暂存盘”相关参数的设置面板,如图 1-180 所示。Photoshop 默认的暂存盘是系统盘所在的 C 盘,最好将其改为空闲空间较大的非系统盘的其他磁盘,给系统盘腾出更多空间,可以选择一个或者多个磁盘。

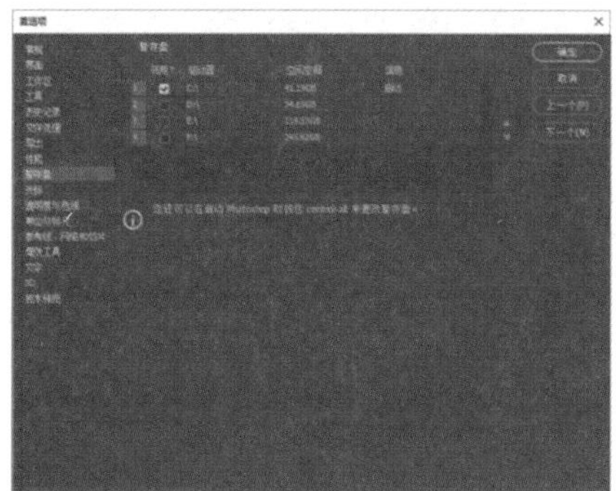

图 1－180

综合案例　完成文件处理流程

素材文件　第 1 章\1.6\综合案例文件夹

步骤 01 新建一个空白文档，具体的参数设置如图 1－181 所示。本案例为制作淘宝商品主图，图片只在多媒体屏幕上展示，所以分辨率设置为 72 像素/英寸，颜色模式为 RGB 颜色。

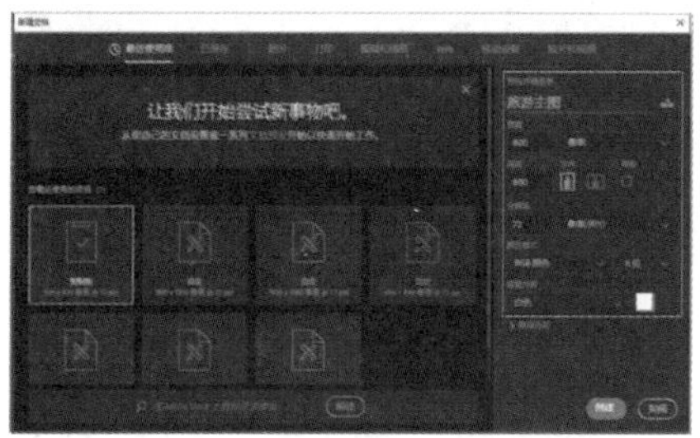

图 1－181

步骤 02 打开素材文件夹"第 1 章\综合案例"文件夹，将其中的"旅游素材"图片置入到文档中，调整大小及位置，如图 1－182 所示。

图 1－182

步骤 03 把"旅游装饰素材"图片置入到文档中，调整大小及位置，如图 1－183 所示，商品主图设计完成。

图 1－183

步骤 04 单击菜单栏"文件 > 存储"命令，或者按键盘上的快捷键 Ctrl＋S，在弹出的对话框中找到合适的保存位置，将文档保存为 PSD 格式的文件，方便以后可以对文档进行编辑更改。

步骤 05 单击菜单栏"文件 > 存储为"命令，或按键盘上的快捷键 Shift＋Ctrl＋S，在弹出的对话框中找到合适的保存位置，将文档保存为 JPEG 格式的文件，方便预览和上传至网络。

步骤 06 最后单击菜单栏"文件 > 关闭"命令，或单击标题栏右侧的"×"按钮关闭当前文档，如图 1－184 所示。

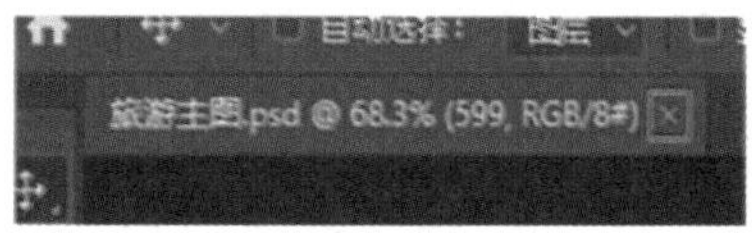

图 1－184

CHAPTER 2

Photoshop基本操作

本章导读

2.1 图像大小的调整方法

2.2 图像颜色模式之间的关系

2.3 图层的基本操作方法

2.4 图层的进阶知识

2.5 画板

2.6 图像的剪切/拷贝/粘贴/清除

2.7 辅助工具的运用

2.1 图像大小的调整方法

2.1.1 图像尺寸的调整

素材文件　第 2 章\2.1\蜜蜂.jpg

图像的主要属性是尺寸、大小和分辨率。想要修改图像的尺寸，单击菜单栏“图像 > 图像大小”命令，如图 2－1 所示。或按键盘上的快捷键 Ctrl + Alt + I，即可打开“图像大小”对话框进行设置，如图 2－2 所示。

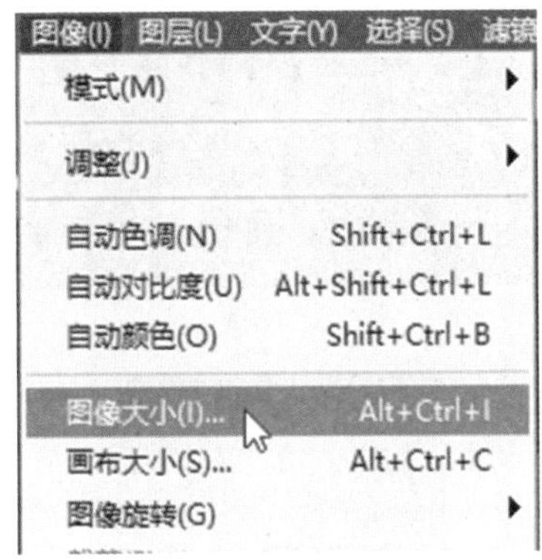

图 2－1

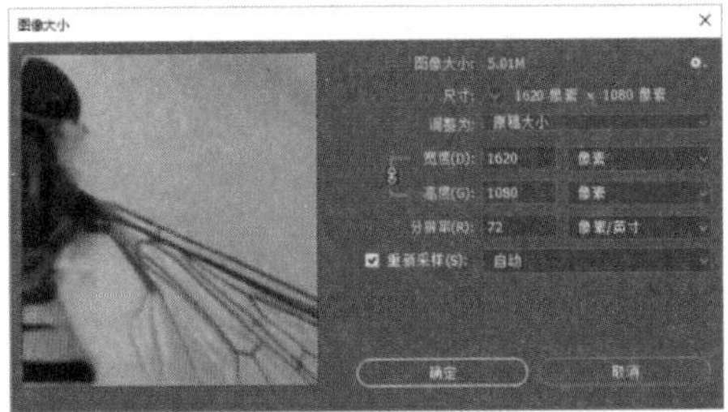

图 2－2

●图像大小：当前图像文件在电脑硬盘中占用的硬盘空间大小。例如，有些网站要求上传的图片大小不能超过 1MB，就是指这里的大小。

●尺寸：显示当前图像的尺寸。如有些网上报名的网站对证件照要求宽和高的尺寸，就是指这里的尺寸，具体尺寸可以在下方的“宽度”和“高度”中去设置。

●调整为：下拉列表中有多种预设尺寸供用户选择使用。

●宽度、高度：可输入具体数值设定当前图像的宽度或高度。在输入数值前，需要先在右侧的下拉列表中选择合适的单位。“宽度”和“高度”左侧的锁链图标按钮，选中代表锁定长宽比例，即修改一个数值，另一个数值会随之变动，保持同一个比例；不选中代表任意长宽比例，可以随意输入数值，但会导致图像变形失真。

●分辨率：用于设置分辨率大小。“分辨率”是指图像的细节精细度，测量单位是像素/英寸(ppi)，每英寸的像素越多，分辨率越高。

●重新采样：勾选“重新采样”复选框后，在右侧的下拉列表中可以选择重新取样的方式。

2.1.2 画布大小的调整

画布是指文档的工作区域，也就是图像的显示区域。调整画布大小，可以在不改变图像尺寸的情况下增大或缩小工作区域。在增加画布大小时，会在图像周围添加空白区域；减小画布大小时，会裁减掉部分图像内容。

1 修改画布大小

单击菜单栏“图像 > 画布大小”命令，如图 2－3 所示，或者按键盘上的快捷键 Ctrl + Alt + C，即可打开“画布大小”对话框进行设置，如图 2－4 所示。

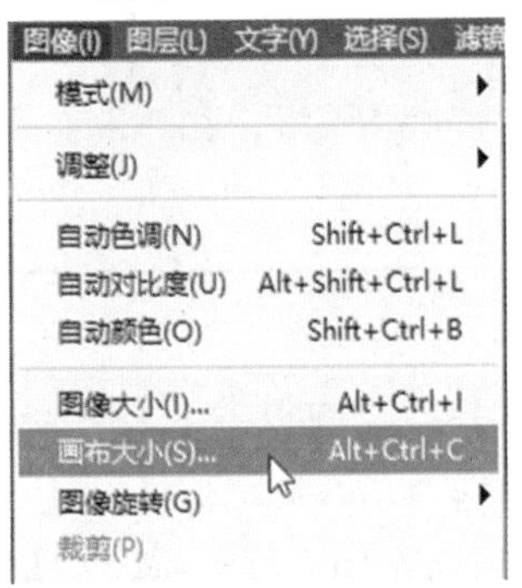

图 2－3

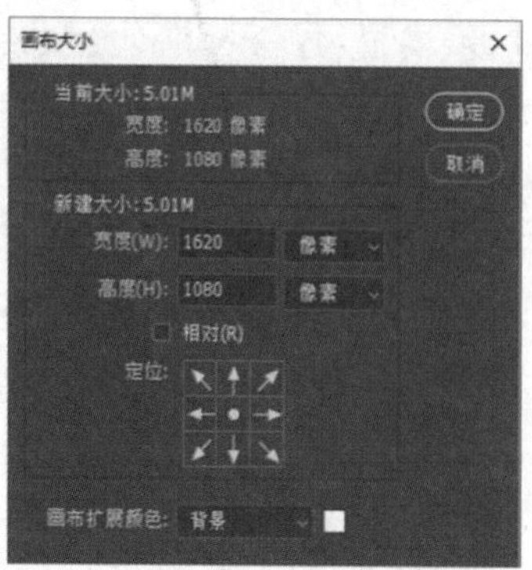

图 2－4

●当前大小：指当前图像的文件大小及宽高尺寸。

●新建大小：可以在“宽度”和“高度”文本框中输入要更改的画布尺寸的具体数值，在输入数值前需要先在右侧的下拉列表中选择合适的单位。当输入的数值大于原尺寸时，画布变大，反之则画布变小。在输入尺寸后，“新建大小”右侧的数值会显示修改后的大小。

●相对：勾选复选框，“宽度”和“高度”的数值就代表实际增加或减少的区域大小，而不再代表整个画布的大小。输入正值表示增加画布，输入负值表示减小画布。

●定位：单击不同的格子，可以设置当前图像在新画布上的位置。例如，单击左上方的格子，效果如图 2－5 所示。

图 2－5

2 显示画布外全部图像

素材文件	第 2 章\2.1\街景.jpg

在实际操作中，在将一个文档中的大图复制到另一个小画布文档中时，大图中的一些内容就会在小画布的外边而显示不出来，如图 2－6 所示。单击菜单栏“图像 > 显示全部”命令，如图 2－7 所示，Photoshop 会自动检测图像中像素的位置，自动扩大画布显示全部内容，如图 2－8 所示。关于文档间图像的复制，会在 2.3.3 节进行详细讲解。

图 2－6

图 2－7

图 2－8

3 裁剪图像

素材文件	第 2 章\2.1\蜜蜂.jpg

裁剪图像是为了调整图像的大小，删除不需要的内容，得到更好的构图。

使用“裁剪工具”

步骤 01 单击工具箱中的“裁剪工具”，如图 2 – 9 所示，或按键盘上的快捷键 C，画布四周会显示裁剪框。

图 2 – 9

步骤 02 拖动裁剪框的任意边或角，框住要保留的部分，如图 2 – 10 所示，或直接按住鼠标左键在画布中拖动，框出要保留的部分。拖动裁剪框内的图像部分，可以移动图像的位置对裁剪内容进行调整。调整完成后，按键盘上的 Enter 键，或在裁剪框内任意位置双击鼠标左键，即可完成裁剪。

图 2 – 10

步骤 03 将鼠标箭头放在裁剪框 4 个角任意一个角的旁边，当鼠标箭头变成弧形箭头，如图 2 – 11 所示，按住鼠标左键拖动可以旋转图像。

图 2 – 11

“裁剪工具”有自己专属的工具选项栏，如图 2 – 12 所示。

图 2 – 12

●比例：可在下拉列表中选择预设的裁剪长宽比。

●设置长宽比：“比例”右侧的 2 个文本框可以设置当前文档的宽度和高度，来约束比例数值。如不输入任何数值，则按自由比例裁剪图像。文本框中间的左右箭头按钮可以将 2 个文本框内的数值互换。

●清除：可以清除左侧“设置长宽比”2 个文本框中的数值。

●拉直：通过在图像上画一条直线来修改当前图像的垂直方向。

●设置裁剪工具的叠加选项：在下拉列表中可以选择裁剪参考线的显示方式及裁剪参考线的叠加显示方式，如图 2 – 13 所示。

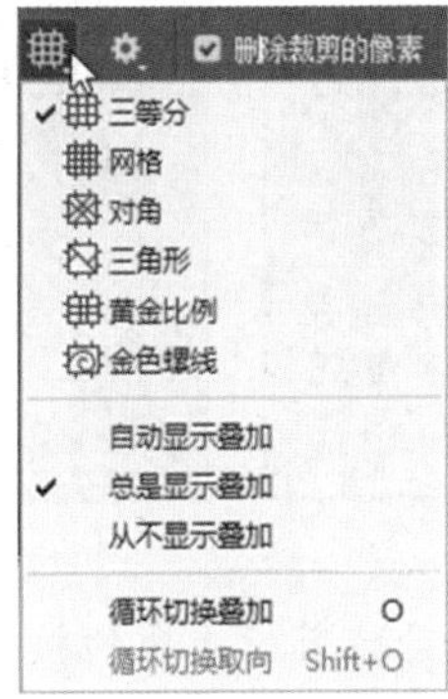

图 2 – 13

●设置其他裁剪选项：设置裁剪模式和裁剪屏蔽选项。

●删除裁剪的像素：勾选复选框后，直接会把裁剪掉的内容彻底删除；如不勾选，被裁剪掉的图像会被隐藏掉，再次选中“裁剪工具”时，会看到之前被裁剪掉的图像内容。

●内容识别：勾选复选框后，如果放大画布，Photoshop 会自动补全由于裁剪造成的画面空缺，调整完成后按键盘上的 Enter 键即可看到效果。

使用“透视裁剪工具”

素材文件　第2章\2.1\透视裁剪.jpg

“透视裁剪工具”可以在裁剪图像的同时调整图像的透视效果，帮助我们纠正图像中不正确的透视变形。

步骤01 打开一张图片，右键单击工具箱中的“裁剪工具”，在弹出的工具组中选择“透视裁剪工具”，如图2－14所示。

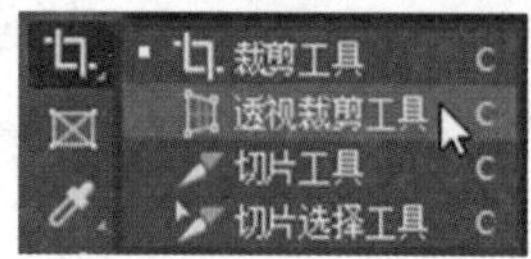

图2－14

步骤02 在图像中按住鼠标左键不放，拖动出一个框，如图2－15所示。松开鼠标左键，拖动出的框变成裁剪框，如图2－16所示。

图2－15

图2－16

步骤03 拖动裁剪框4角的控制点，让裁剪框完全框住要调整透视效果的部分，如图2－17所示。

图2－17

步骤04 按键盘上的Enter键或在裁剪框内双击鼠标左键，即可完成裁剪。

“透视裁剪工具”有自己专属的工具选项栏，如图2－18所示。

图2－18

●W/H：W表示宽度，右侧的文本框中可以输入具体的数值用于设置裁剪区域的宽度；H表示高度，右侧的文本框中可以输入具体的数值用于设置裁剪区域的高度。输入宽和高的具体数值后，裁剪后图像的尺寸由输入的数值决定，与裁剪区域无关。W和H中间的左右箭头按钮，可以交换2个文本框中输入的数值。

●分辨率：可设置裁剪后的分辨率。输入具体数值后，裁剪后的图像以此数值作为自己的分辨率。

●前面的图像：单击该按钮，在W、H和“分辨率”文本框中会显示当前图像的尺寸和分辨率。

●清除：单击该按钮，会清空W、H和“分辨率”3个文本框中的数值。

●显示网格：勾选复选框后，会显示裁剪框内的网格。

使用“裁切”命令

素材文件　第2章\2.1\枫叶.jpg、苹果.jpg

除了“裁剪”功能外，Photoshop还提供了一种叫作“裁切”的特殊裁剪方法。当图像底色颜色比较单一或为透明时，可以使用“裁切”直接将其去除。

步骤01 打开一张底色单一的图片，如图2－19所示。单击菜单栏“图像>裁切”命令，弹出“裁切”对话框，如图2－20所示。由于当前图片底色为纯白色，所以选择“左上角像素颜色”或“右下角像素颜色”，单击“确定”按钮即可看到裁切后的效果，如图2－21所示。

图 2 - 19

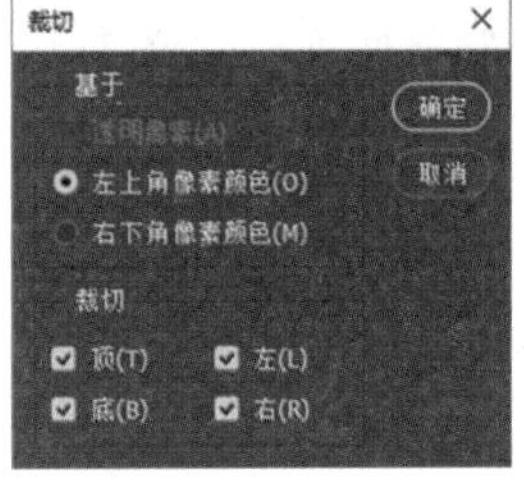

图 2 - 20

图 2 - 21

步骤 02 打开一张透明底色的图片，如图 2 - 22所示，单击菜单栏“图像 > 裁切”命令，即可弹出“裁切”对话框。选中“透明像素”按钮，单击“确定”按钮即可看到裁切后的效果，如图 2 - 23 所示。

图 2 - 22

图 2 - 23

2.2 图像颜色模式之间的关系

2.2.1 RGB 和 CMYK

RGB 和 CMYK 是 Photoshop 中最常用的两种颜色模式。RGB 是 Photoshop 中默认的颜色模式，用于在屏幕中展示，是显示器最佳显示模式；CMYK 是印刷用的颜色，在显示器中显示颜色不会很精准，会出现变色的情况。但直接打印用 RGB 模式制作出的图片，会出现颜色偏差。所以，在开始制图前，需要先确定图像最终是要在显示器中展示，还是需要打印出来使用，以实际需要来选择合适的颜色模式。

1 RGB

RGB 是一种屏幕显示发光的色彩模式，可以反映到人们的眼中，主要用于显示器上的显示。例如，我们在一间黑暗的房间内仍然可以看见屏幕上的内容。

RGB 颜色模式是以色光三原色为基础建立的色彩模式，色光三原色分别是红(Red)、绿(Green)、蓝(Blue)3 种颜色，如图 2 - 24 所示。当不等量的色光进行叠加混合时，即会在屏幕上出现各种各样的颜色。

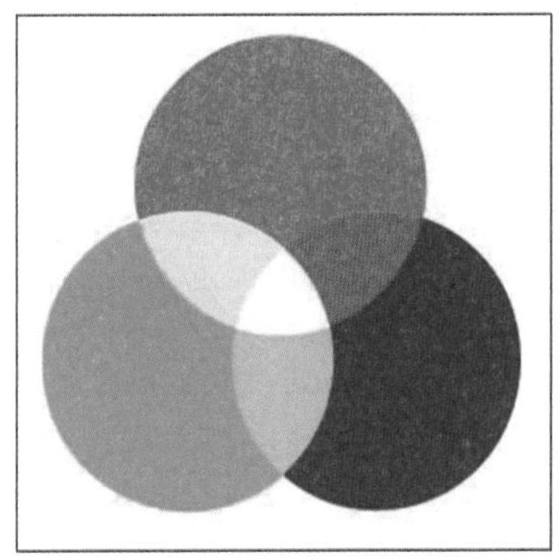

图 2 - 24

RGB 模式是电脑、手机、投影仪、电视等屏幕显示的最佳颜色模式。

2 CMYK

CMYK 也称作印刷色彩模式，是一种依靠反光的色彩模式，需要在有外界光源的情况下才可以看到，主要用于打印或印刷色泽连续的图像。例如，我们在一间黑暗的房间内是无法阅读报纸的。

CMYK 颜色模式由青色(Cyan)、品红色(Magenta)、黄色(Yellow)、黑色(Black)4 种颜色构成，如图 2 - 25 所示。其中，为了避免与蓝色混淆，黑色取用 Black 最后一个字母 K。当不等量的颜色在打印设备中进行叠加混合时，即会打印出各种各样的颜色。

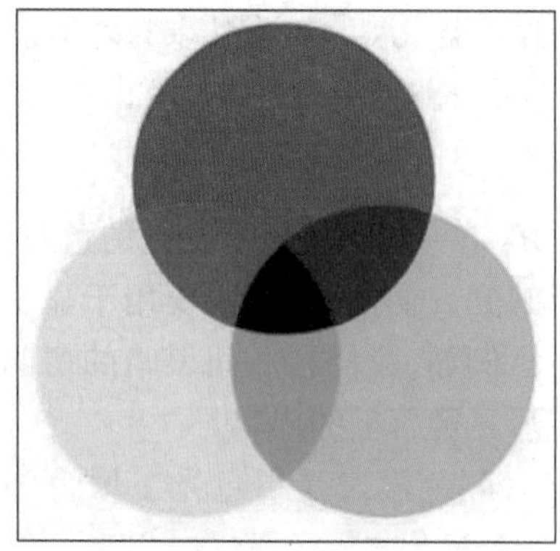

图 2－25

在印刷品上看到的图像就是 CMYK 模式表现的，如期刊、杂志、报纸、宣传画册等，都使用了 CMYK 模式。

2.2.2 图像像素/尺寸/分辨率之间的关系

1 概念

●图像像素：pixel，通常简写为 px。它不是自然界的长度单位，是一个虚拟长度单位，代表图像的最小单位，将像素进行组合，可以在显示器中显示完整的图像或视频。

●图像尺寸：图像尺寸是指图像的宽和高，单位通常是像素、厘米或者毫米等。

●图像分辨率：指单位面积内的像素数量，即像素密度，单位是 dpi。通常情况下，图像的分辨率越高，所包含的像素就越多，图像就越清晰，印刷的质量也就越好。同时，也会增加文件占用的存储空间。

2 关系

我们常会遇到类似“长 800，宽 600”这样的描述，而对于显示器中的图像来说，这里的长和宽并不是物理意义上的长度单位，而是在横轴和纵轴这两个维度上所包含的像素个数。例如，“长 800，宽 600”这个描述表示该图像在显示器上是由纵向 800 个像素和横向 600 个像素组成的。

图像包含的像素越多，尺寸就越大，但是分辨率却不一定会越高。决定图像分辨率的是图像单位面积里的像素数量，即像素密度，像素密度越高，图像分辨率越高。

对于电脑显示器或电视机来说，分辨率通常是指像素尺寸，如我们可以设置电脑显示器的分辨率为“1920 × 1080”。而在 Photoshop 中，分辨率是指每英寸的像素数，也就是像素密度，如我们在 Photoshop 中新建文档时可以把分辨率设置为“72 像素/英寸”。

2.3 图层的基本操作方法

2.3.1 认识图层面板

单击菜单栏“窗口 > 图层”命令，可以打开“图层”面板。在 Photoshop 默认基本功能工作区内，“图层”面板位于窗口的右下方。“图层”面板用来管理当前文档的图层操作和显示，如图 2－26 所示。

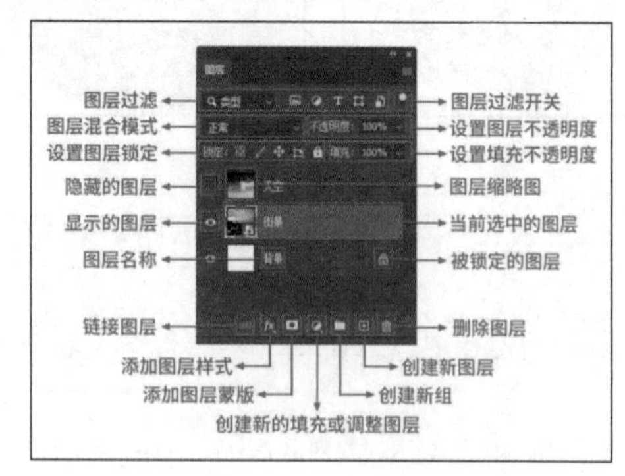

图 2－26

●图层过滤：用来筛选特定的图层类型，可在“类型”下拉列表中快速选择同类图层。

●图层过滤开关：开启或关闭图层过滤功能。

●图层混合模式：用来设置当前选中的图

层的混合模式，使之与下面等待图像产生混合。下拉列表中可以选择多种混合模式，具体的使用方法和效果会在第 10 章进行详细讲解。

●设置图层锁定：用于锁定图层，对图层中的内容进行保护。

●设置图层不透明度：用来设置当前图层的不透明度，100% 是不透明，0% 是完全透明。

●设置填充不透明度：用来设置当前图层的填充不透明度，与“设置图层不透明度”类似，但是如果当前图层添加了图层样式，使用“设置填充不透明度”不会对图层样式产生影响。

●显示/隐藏图层：如果图层缩略图左侧有一个“小眼睛”图标，说明该图层是处于显示状态的；如果没有“小眼睛”图标，那么该图层则处于隐藏状态。单击该图标可以切换“显示”或“隐藏”状态。

●图层缩略图：显示该图层中包含的图像内容，如果图层中的图像发生变化，缩略图也会随之变化。如果图层是透明的或部分内容透明，那么在缩略图中透明的部分会显示为浅灰色的“棋盘格”样式。

●图层名称：图层缩略图右侧是该图层的名称，如果将一张图片置入到 Photoshop 中，那么图片名称就是该图层的名称。如果想要修改图层名称，只需双击名称文字即可重新命名。

●当前选中的图层：鼠标左键单击“图层”面板中的任意图层，即可将其选中，或在画布中选中某个图像，该图像所在的图层也会处于被选中状态。

●被锁定的图层：图层右侧有一个“小锁”图标，表示该图层已经被锁定，不能被编辑或修改。

●链接图层：用来链接当前选中的 2 个或 2 个以上的图层，被链接的图层右侧会显示“锁链”图标。被链接的图层可以在只选中其中任意一个图层的情况下，对被链接的所有图层整体进行移动或变换。

●添加图层样式：单击该按钮，或者双击“图层缩略图”，或者双击图层名称右侧空白处都可以打开“图层样式”对话框。具体的使用方法及效果会在 10.2 节进行详细讲解。

●添加图层蒙版：单击该按钮，可以为当前图层添加一个蒙版。具体的使用方法及效果会在 9.3 节进行详细讲解。

●创建新的填充或调整图层：单击该按钮，可在弹出的快捷菜单中选择相应的命令创建填充图层或调整图层。具体的使用方法和效果在第 5 章进行详细讲解。

●创建新组：单击该按钮可以新建一个图层组。选中多个图层，按键盘上的快捷键 Ctrl + G，就可以把选中的所有图层都放置在一个图层组中。

●创建新图层：单击该按钮，即可新建一个图层。也可以按键盘上的快捷键 Ctrl + Shift + N 创建新图层。

●删除图层：选中一个图层或图层组，单击该按钮即可删除该图层或者图层组。也可以在选中图层或图层组后直接按键盘上的 Delete 键进行删除。

2.3.2　图层的概念

Photoshop 的图层，就如同一张张的透明纸，可以透过上面的透明纸看到下面纸上的内容，如图 2－27 所示。但是无论在上一层上如何涂画都不会影响到下面的透明纸，上面一层会遮挡住下面的图像。最后将透明纸堆叠起来，通过移动各层透明纸的相对位置或者添加更多的透明纸即可完成最后的效果制作。

图 2-27

图层可以将画面上的元素精确定位，在图层中可以加入文本、图片、表格、插件等。图层可以移动，可以复制，也可以调整堆叠顺序，还可以通过调整图层的不透明度让图像内容变透明。如果只是对图像做一些简单的调整，不一定会用到图层，但有效地使用图层，会大大提高我们的工作效率。

2.3.3 图层的基本操作

1 选中图层

若要单独选中一个图层，单击“图层”面板中的该图层，即可将其选中，如图 2-28 所示。单击“图层”面板空白处，可取消所有图层的选中状态，如图 2-29 所示。所有操作都是针对被选中的图层进行的，没有选中图层时，不能对图像做任何操作。

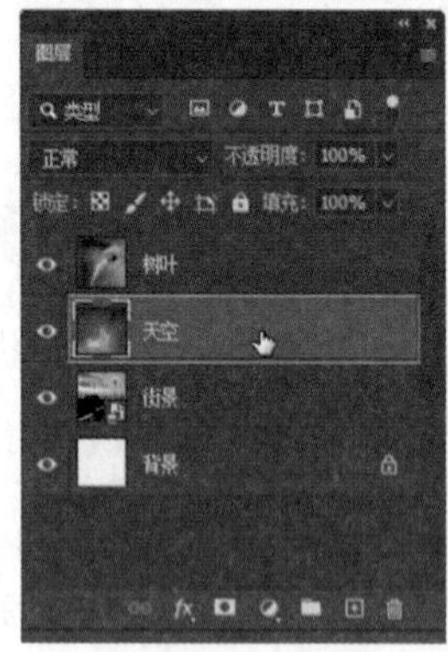

图 2-28

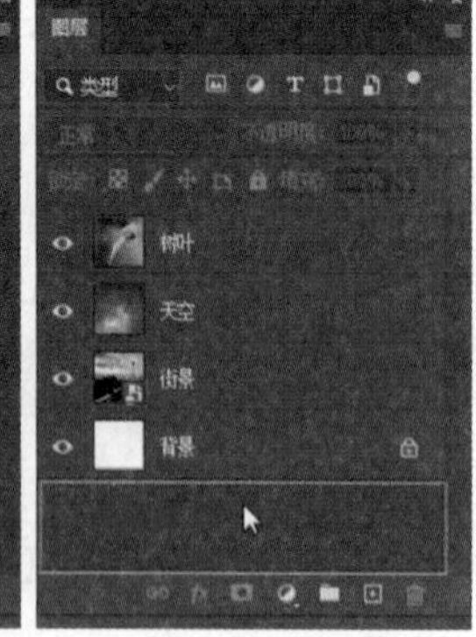

图 2-29

在 Photoshop 中选中多个图层的方法与在电脑文件夹中选择多个文件的方法是一样的。如果要选择多个挨在一起的图层，可选中第一个图层后，按住键盘上的 Shift 键不放，再单击最后一个图层，如图 2-30 所示；如果要选择多个没有挨在一起的图层，在选中一个图层后，按住键盘上的 Ctrl 键不放，再单击要选中的其他图层，如图 2-31 所示。（如果选中多个图层后发现有选错的图层，可以按住键盘上的 Ctrl 键不放，单击选错的图层，取消其选中状态。）

图 2-30

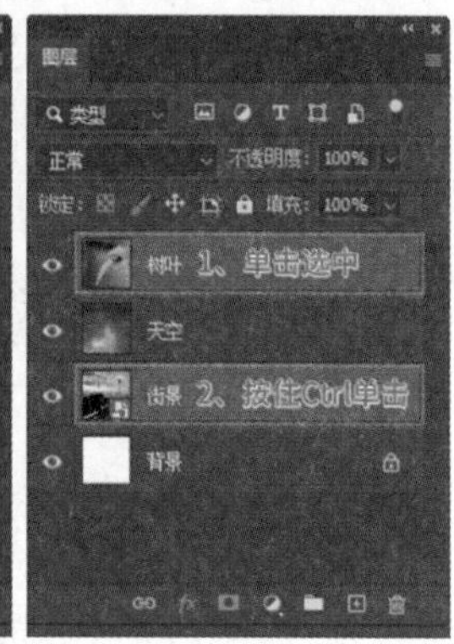

图 2-31

2 移动图层

如果要移动图层，可以使用工具箱中的“移动工具”来实现。在 1.4.1 节中，我们已经学习了“图像的移动”相关知识，对“移动工具”进行了简单讲解，本节我们继续使用“移动工具”对图层进行移动操作。

移动图层中图像的位置

和移动图像的方法一样，要先用“移动工具”选中要移动的图层。可以直接选中“图层”面板里的图层，也可以选中画布上的图像，此时图像对应的图层也会处于被选中的状态，如图 2-32 所示，然后按照移动图像的方法，将要移动的图层里的图像进行拖动即可，如图 2-33 所示。

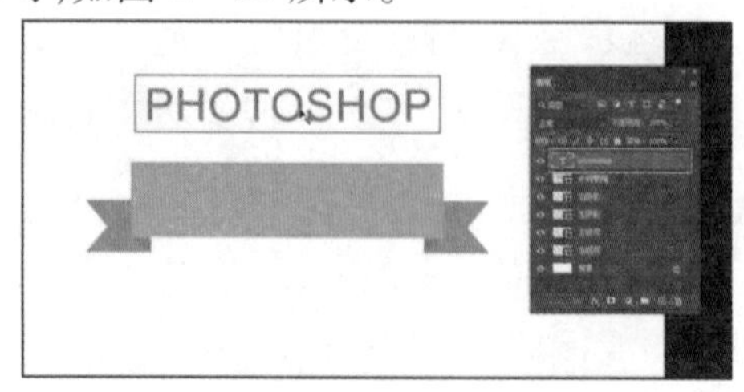

图 2-32

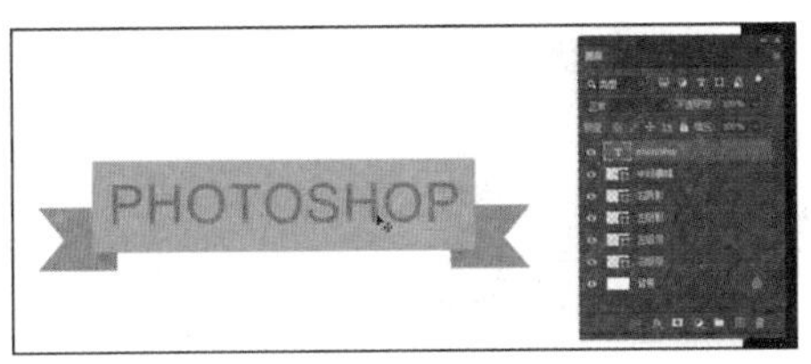

图 2－33

调整图层顺序

在“图层”面板中，上方图层里的图像会遮挡住下方图层里的图像内容。在制图的过程中，我们常需要调整图层的堆叠顺序。例如，在图 2－34 中“王冠”图层在“中间横幅”图层的下方，但我们需要将“王冠”图层放到最顶层，可以选中“王冠”图层，按住鼠标左键不放将其拖动到最顶层，如图 2－35 所示。拖动完毕松开鼠标左键即可，如图 2－36 所示。

图 2－34

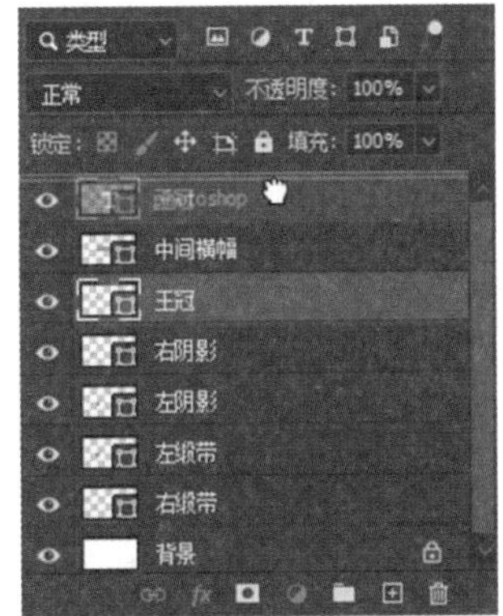

图 2－35

图 2－36

在选中要调整顺序的图层后，单击菜单栏“图层 > 排列”命令，根据需要选择其子菜单中的命令，如图 2－37 所示。或在选中图层后，按键盘上相应的快捷键对图层顺序进行调整：置为顶层为 Shift + Ctrl +]，前移一层为 Ctrl +]，后移一层为 Ctrl + [，置为底层为 Shift + Ctrl + [。

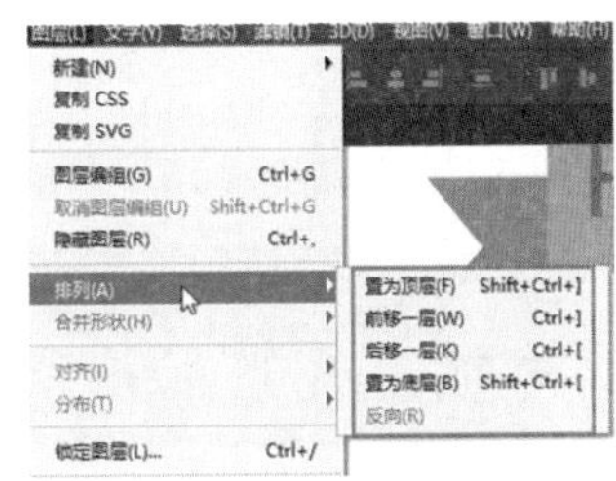

图 2－37

在不同文档间移动图层

使用“移动工具”可以将当前图层移动并复制到另一个文档中。

如果图像文档窗口是浮动状态，可以在选中一个图层后，按住鼠标左键将图层中的图像拖动到另一个文档中，如图 2－38 所示；拖动到另一个文档中的画布上后，松开鼠标左键即可，如图 2－39 所示。

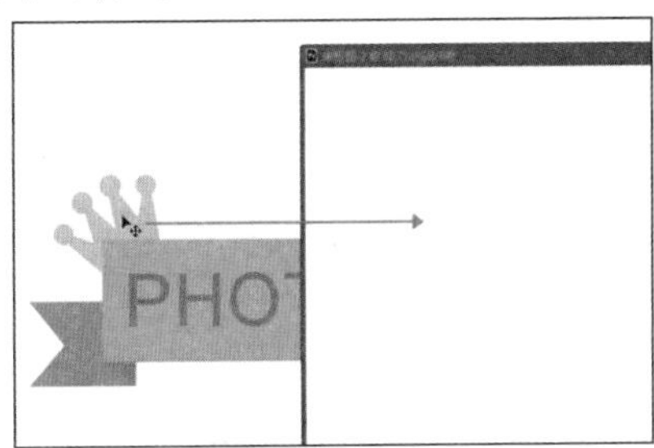

图 2－38

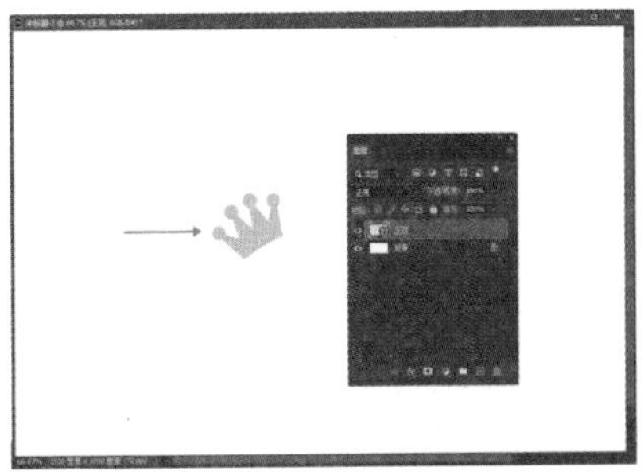

图 2－39

如果图像文档窗口是选项卡状态，可以在选中图层后，按住鼠标左键将图层中的图像拖动到另一个文档的标题栏上，如图2－40 所示，然后将鼠标箭头移动到该文档的画布上，松开鼠标左键即可，如图 2－41 所示。

图 2－40

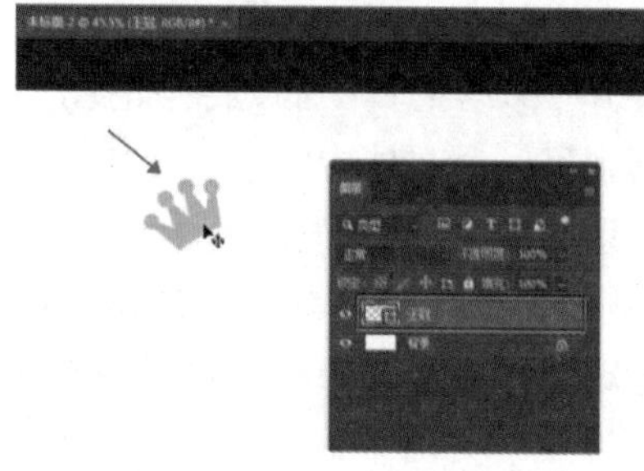

图 2－41

3 复制图层

在当前文档复制图层

①原位复制

想要复制图层，可以使用“移动工具”。选中要复制的图层后，按住鼠标左键不放，将其拖动到“图层”面板下方的“创建新图层”按钮上，如图 2－42 所示，松开鼠标左键即可。或者选中要复制的图层后，直接按键盘上的快捷键 Ctrl＋J。

在要复制的图层上单击鼠标右键，在弹出的快捷菜单中选择“复制图层”命令，如图 2－43 所示。在弹出的“复制图层”对话框中对复制的图层进行重命名，单击“确定”按钮完成图层的复制。

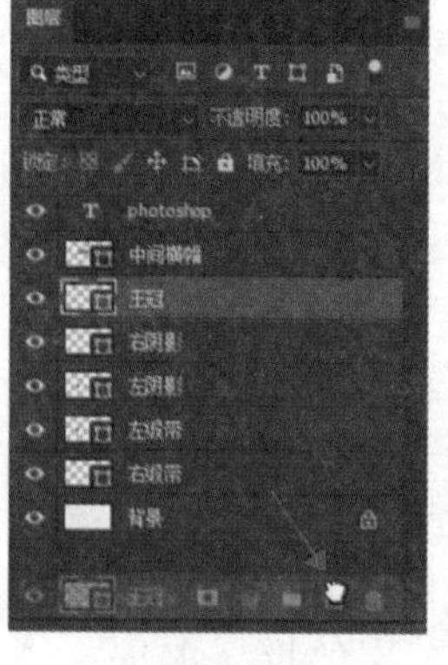

图 2－42

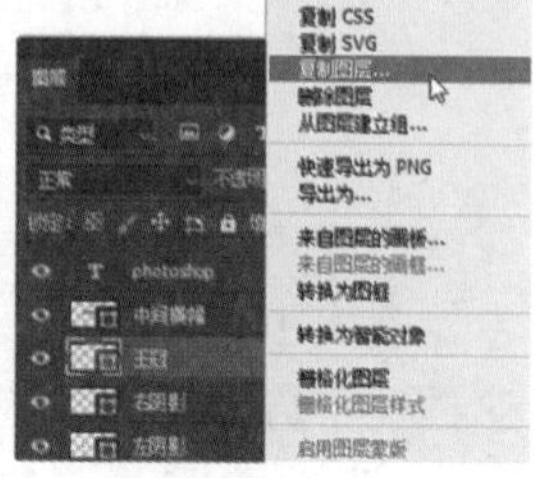

图 2－43

②移动并复制

选择工具箱中的“移动工具”，按住键盘上的 Alt 键不放，单击选中要复制的图层中的图像，将其拖动到画布中任意位置，松开鼠标左键完成图层的复制，如图 2－44 所示。

图 2－44

在不同文档间复制图层

在前面“移动图层”的内容讲解中，我们了解了如何在不同文档间移动并复制图层。在这里，我们将讲解如何在不同文档间原位复制图层。

选中要复制的图层并单击鼠标右键，在弹出的快捷菜单中选择“复制图层”命令，在弹出的“复制图层”对话框中的“目标”下的“文档”下拉列表中选择要复制的目标文档，如图 2－45 所示，单击“确定”按钮完成图层的复制。

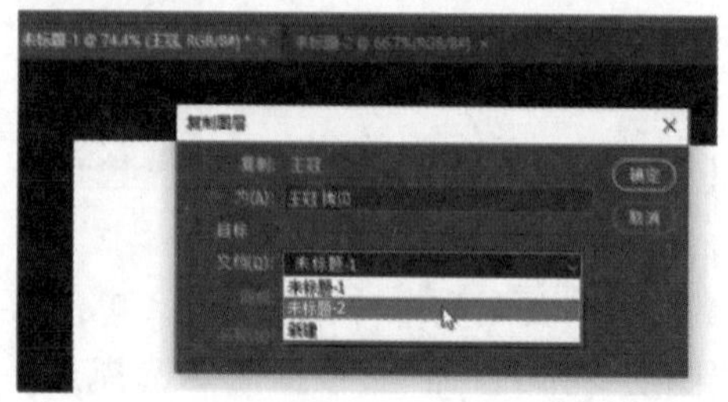

图 2－45

如果想要将图层复制到一个与当前文档尺寸一样的新文档中，可以在“文档”下拉列表中选择“新建”文档，在下方的“名称”文本框内为新建的文档命名，如图 2－46 所示，单击“确定”按钮完成图层的复制。

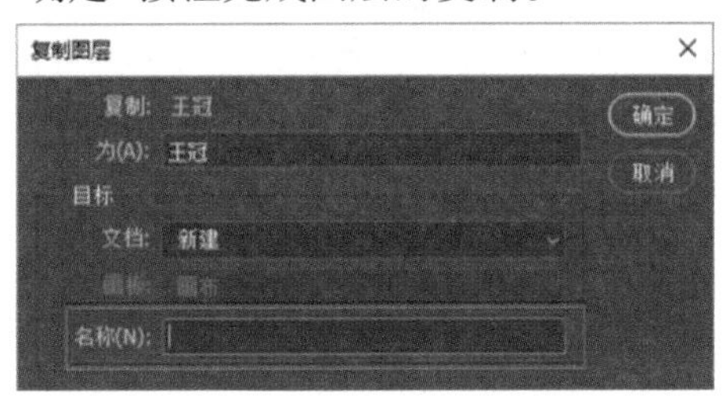

图 2－46

4 删除图层

如果想要删除不需要的图层，可以在“图层”面板中选中要删除的图层，单击“图层”面板右下角的“删除图层”按钮，如图 2－47 所示，在弹出的“Adobe Photoshop”提示框中单击“是”按钮，即可删除该图层。

将要删除的图层拖动到“图层”面板右下角的“删除图层”按钮处，如图 2－48 所示，或选中图层后按键盘上的 Delete 键，都可以删除该图层。

图 2－47

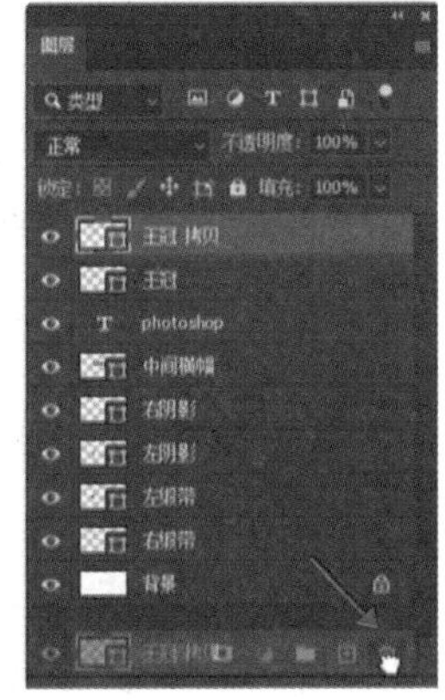

图 2－48

2.3.4　常见图层类型

Photoshop 中的图层可以分成很多种类型，如背景图层、文字图层、形状图层等。不同的图层类型能够实现的功能和使用方法也都各不相同，下面我们介绍几种常见的图层类型。

1 背景图层

背景图层是最常见的一种图层类型，每次新建一个文档或打开一张图片时，“图层”面板里都会默认有一个右侧带有小锁图标的“背景图层”，如图 2－49 所示。每个文档只能有一个“背景图层”。

图 2－49

背景图层不能调整其顺序，总是在底部，不能调整不透明度和添加图层样式以及遮罩。在修图时，通常会用“背景图层”作为图片的“底片”，在新复制的图层上去做编辑修改。如果在修图过程中出现了不可逆的失误，可以把“背景图层”再复制一层，重新开始调整。

如果在操作过程中将“背景图层”转换成了普通图层，若想要重新建立背景图层，可以选中想要转换为“背景图层”的任意图层，单击菜单栏“图层 > 新建 > 背景图层”命令，如图 2－50 所示，可将当前选中的图层转换为“背景图层”。被转换为“背景图层”的图层，无论之前在“图层”面板的哪个位置，在转换完成后会自动移动到图层最底部。

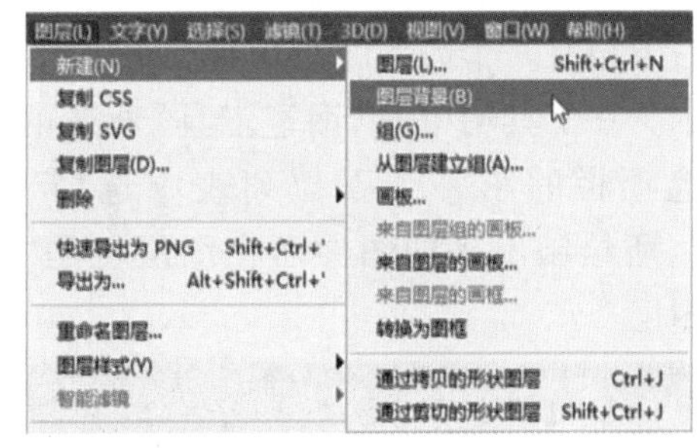

图 2－50

2 普通图层

“普通图层”也被称为“像素图层”，就是图层缩略图内实时展示该图层的图像缩略图，且图层缩略图内没有任何小图标标识的图层，如图 2－51 所示。

图 2－51

被栅格化的智能对象图层也是"普通图层"，在"普通图层"内可以进行一切操作。

3 文字图层

"文字图层"就是用工具箱中的"文字工具"创建的图层，如图 2－52 所示，可进行文字的编辑，调整文字的大小、颜色、形状、字体样式、间距等。

图 2－52

"文字图层"的图层缩略图显示为一个大写字母"T"，默认以当前输入的文字作为图层名称。不能在"文字图层"上进行着色或者绘图，也不能使用所有的"滤镜"命令。有关"文字工具"和"文字图层"的相关知识，会在第 6 章进行详细讲解。

4 形状图层

"形状图层"是由工具箱中的"矩形工具"及其所在工具组里的"圆角矩形工具""椭圆工具""多边形工具""直线工具""自定形状工具"绘制出来的图层，其图层缩略图右下角有一个方形的小图标，如图 2－53 所示。在工具箱中的"钢笔工具"所属的工具选项栏的第一个下拉列表中选择"形状"，所绘制出来的图像所在图层也是"形状图层"。

图 2－53

"形状图层"可以被反复修改和编辑，有关"形状图层"及其相关的工具，会在第 7 章进行详细讲解。

5 智能对象图层

在 1.3.3 节中，我们已经对"智能对象图层"进行过讲解，简单来说，就是智能对象图层可以保留图像的源内容及其所有原始特性，在对其进行变换时，不会丢失原始图像数据或降低品质。"智能对象图层"的图层缩略图右下角也有其专属的小图标标识，如图 2－54 所示。

图 2－54

双击图层缩略图右下角的小图标，可以新开启一个文档显示"智能对象图层"内的图像内容，对该文档中的图像内容可以做编辑修改，保存后相应的变化会体现在原文档中。如果智能对象中的图像内容是从其他软件（如 AI）中导入的，双击图层缩略图的小图标，会打开相应的软件。

6 调整图层

"调整图层"可以在不破坏原图的情况下，对图像进行色调或色彩的调整，如图 2－55 所示。"调整图层"的具体操作方法及效果会在第 5 章进行详细讲解。

图 2－55

7 填充图层

"填充图层"用来填充颜色或图案，并结合图层蒙版功能产生一种遮盖特效。可以单击"图层"面板下方的"创建新的填充或调整图层"按钮创建"填充图层"，如图 2－56 所示；也可以单击菜单栏"图层 > 新建填充图层"命令，在其下拉列表中选择相应命令进行创建，如图 2－57 所示。"填充图层"的使用场景和使用方法会在第 10 章进行讲解。

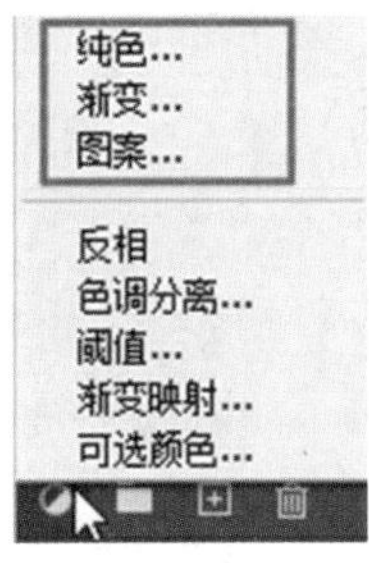

图 2－56

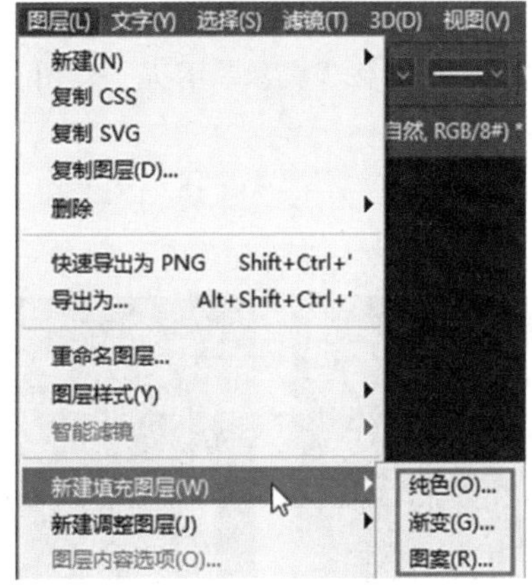

图 2－57

8 3D 图层

"3D 图层"是含有置入 3D 文件的图层。"3D 图层"的图层缩略图右下角有一个正方体小图标标识，如图 2－58 所示。关于"3D 图层"的相关知识会在 13.2 节进行讲解。

图 2－58

9 视频图层

"视频图层"是含有视频文件的图层。"视频图层"的图层缩略图右下角小图标和"智能对象图层"一样，如图 2－59 所示。

图 2－59

与"智能对象图层"不同的是，选中"视频图层"后，单击"时间轴"面板上的"创建时间轴"按钮，如图 2－60 所示，可以在"时间轴"面板上对视频内容进行编辑修改。有关"视频图层"的相关知识，会在第 12 章进行详细讲解。

图 2－60

2.3.5 图层面板设置

1 图层面板选项

单击"图层"面板右上角的横线按钮，在弹出的快捷菜单中选择"面板选项"命令，如图 2－61 所示，在弹出的"图层面板选项"对话框中可以对"图层"面板进行设置，如图 2－62 所示。

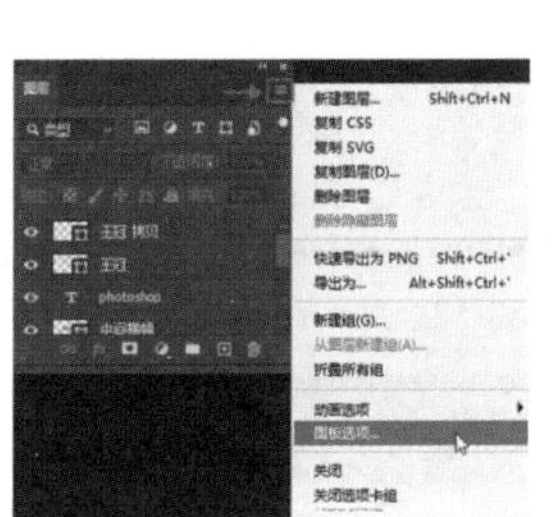

图 2－61 　　图 2－62

●缩览图大小：用来设置图层缩略图的大小。

●缩览图内容：用来设置图层缩略图内显示的内容，默认选择的是"整个文档"，即预览与文档相关的图层内容；如果选择"图层边界"，即只预览图层内容。

●在填充图层上使用默认蒙版：如勾选复选框，则在添加填充图层时，添加的填充图层会自带一个图层蒙版。

●扩展新效果：添加新的图层效果或滤镜效果时，默认为展开状态。

●将"拷贝"添加到拷贝的图层和组：在复制图层或组时，被复制的图层名称后会加上"拷贝"字样。

2 图层面板标记颜色

在制图的过程中，有时候需要经常使用或查看某个图层或某些图层，我们可以通过对“图层”面板里的图层标记颜色来快速找到它们。

标记颜色的方法很简单，只需要先找到需要标记颜色的图层，在该图层左侧的“小眼睛”图标处单击鼠标右键，在弹出的快捷菜单中会出现颜色选项，如图 2－63 所示。例如，我们想要把图层标记为“红色”，选择“红色”选项后可看到标记效果，如图 2－64 所示。如果要去掉标记颜色，选择“无颜色”选项即可。

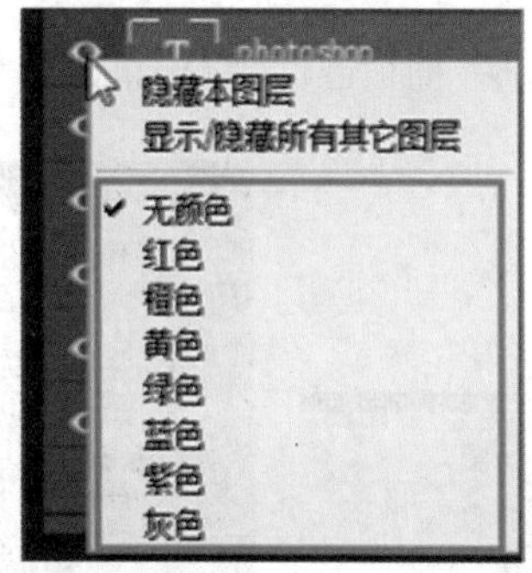

图 2－63

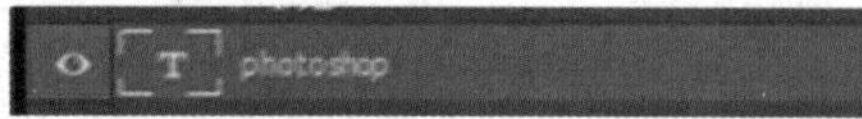

图 2－64

综合案例 移动复制变换制作漂亮背景图

素材文件 第 2 章\2.3\背景色.jpg、底纹.png、气泡.png

步骤 01 打开素材文件夹“第 2 章\2.3”，里边有 3 个素材图片，如图 2－65 所示。

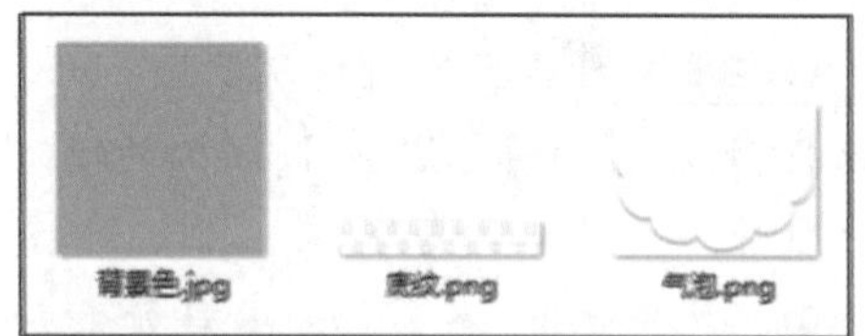

图 2－65

步骤 02 在 Photoshop 中打开“背景色.jpg”图片，并将“底纹.png”置入其中，然后将“底纹”移动到顶部，如图 2－66 所示。

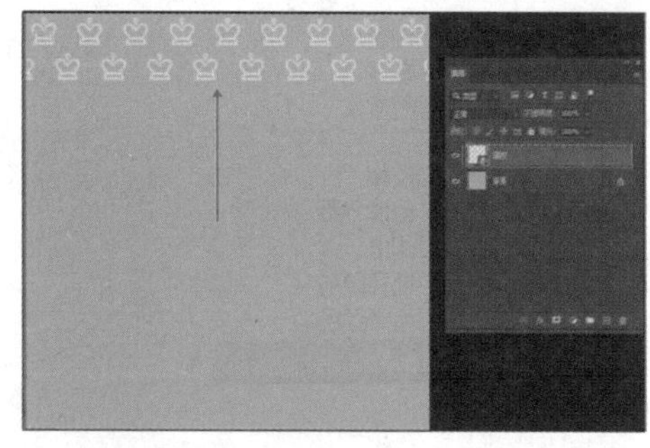

图 2－66

步骤 03 栅格化“底纹”图层，如图 2－67 所示。

步骤 04 选中“底纹”图层，按键盘上的快捷键 Ctrl＋J 复制一层，如图 2－68 所示。

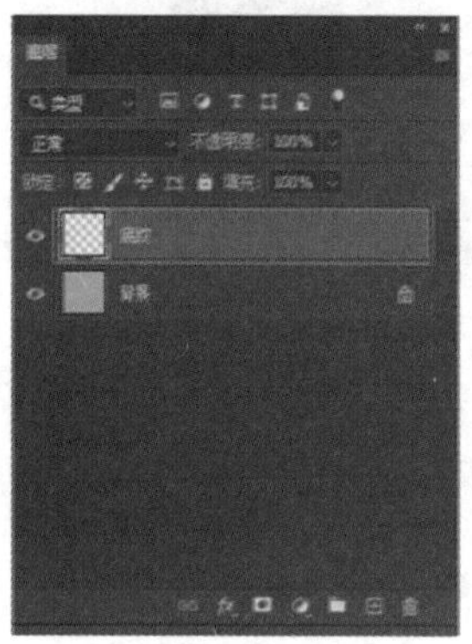

图 2－67

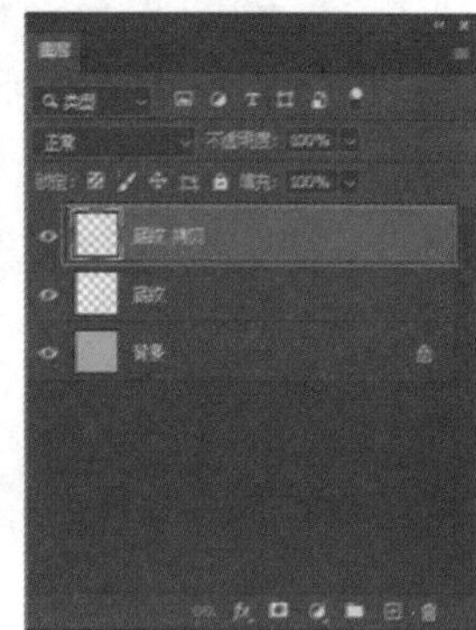

图 2－68

步骤 05 按键盘上的快捷键 Ctrl＋T 使“底纹拷贝”图层里的图像进入自由变换状态，并将其垂直向下移动到合适的位置，如图2－69所示。

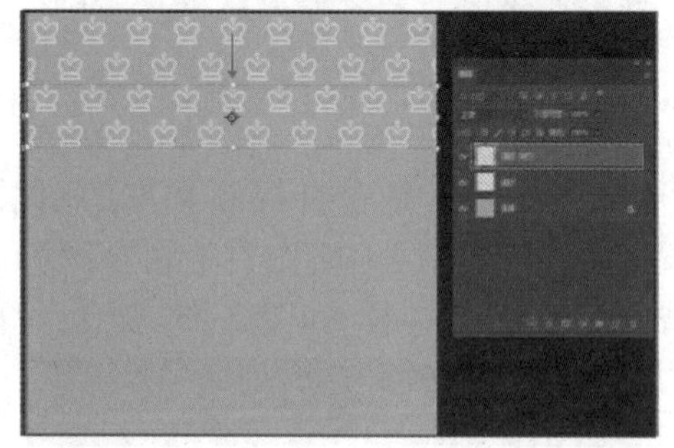

图 2－69

步骤 06 按键盘上的 Enter 键退出自由变换状态，再按快捷键 Ctrl＋Alt＋Shift＋T 执行“复制并再次变换”命令，将画面填满，如图 2－70 所示。

图 2－70

步骤 07 将素材文件“气泡. png”图片置入到当前文档中，如图 2－71 所示。

图 2－71

步骤 08 调整“气泡”的大小和位置，按 Enter 键退出自由变换状态，一张漂亮的背景图就完成了，如图 2－72 所示。

图 2－72

2.4 图层的进阶知识

2.4.1 图层过滤

素材文件　第 2 章\2.4\图层过滤. psd

“图层过滤”可以通过设置的条件对已有图层进行筛选，在“图层面板”中只展示被筛选出的一个或几个图层。Photoshop 提供的图层筛选方式如图 2－73 所示。

图 2－73

●类型：包含像素图层、调整图层、文字图层、形状图层、智能对象，任意选择其中一种，“图层面板”就会只展示该种类型的图层。例如，选择“文字图层”，“图层面板”就只会展示已有图层中的文字图层，如图 2－74 所示。可以同时选择多个筛选类型。若想要恢复显示所有图层，再次单击“文字图层”按钮即可。

●名称：在右侧的文本框中输入关键字，就可以通过图层名称进行筛选。例如，想要筛选出名称里带有“阴影”字样的图层，在文本框中输入“阴影”，即可完成筛选，如图 2－75 所示。若想要恢复显示所有图层，将文本框内的文字全部删除即可。

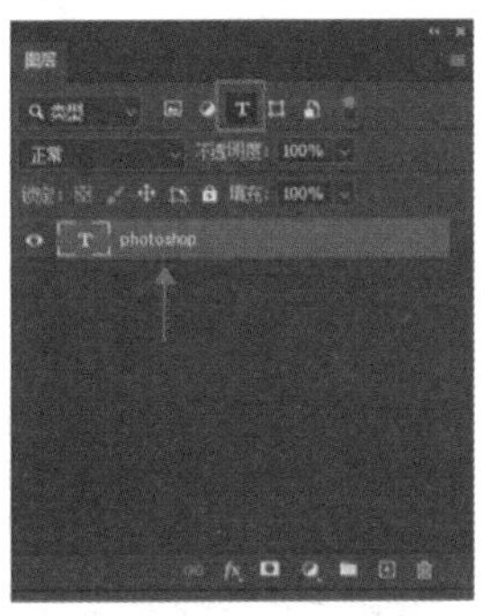

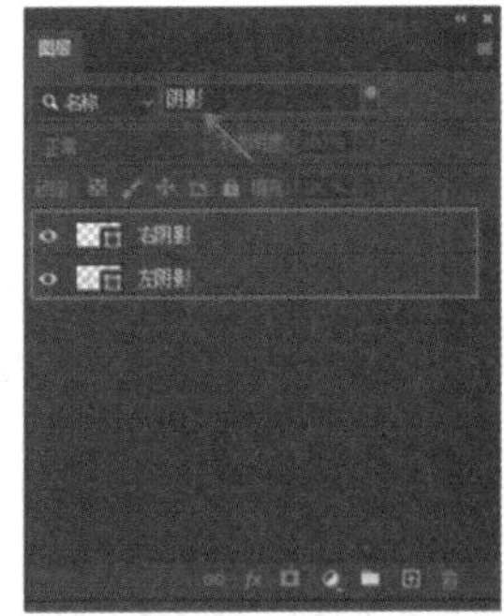

图 2－74　　图 2－75

●效果：根据图层样式的效果进行筛选。关于图层样式的相关内容，会在第 10 章进行详细讲解。例如，要筛选出有“描边”效果的图层，选择右侧下拉列表中的“描边”即可完成筛选，如图 2－76 所示。若想要恢复显示所有图层，将筛选条件选回“类型”即可。

●模式:根据图层的混合模式进行筛选。关于图层混合模式的相关知识,会在第 10 章进行详细讲解。例如,要筛选出混合模式为“溶解”的图层,选择右侧下拉列表中的“溶解”即可完成筛选,如图 2－77 所示。若想要恢复显示所有图层,将筛选条件选回“类型”即可。

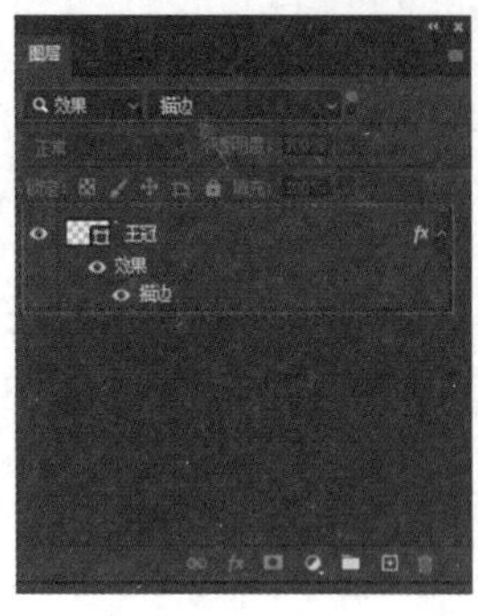

图 2－76

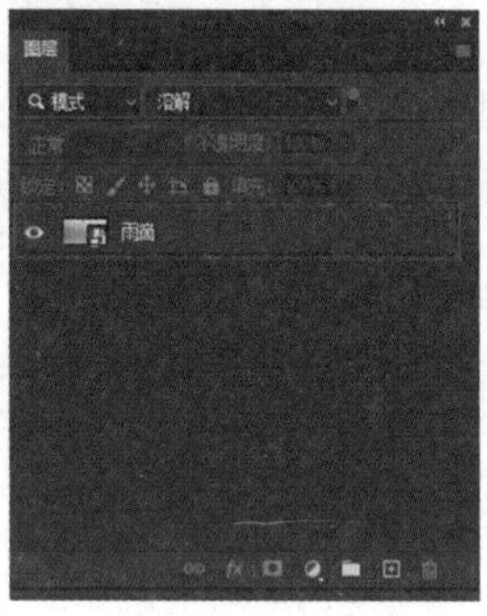

图 2－77

●属性:根据图层的单独属性或联合属性进行筛选,如可见图层、不可见图层、链接的图层等。例如,要筛选出处于“锁定”状态的图层,选择右侧下拉列表中的“锁定”即可完成筛选,如图 2－78 所示。若想要恢复显示所有图层,将筛选条件选回“类型”即可。

●颜色:根据给“图层面板”中图层所标记的颜色来筛选。例如,要筛选出所有被标记为“蓝色”的图层,选择右侧下拉列表中的“蓝色”即可完成筛选,如图 2－79 所示。若想要恢复显示所有图层,将筛选条件选回“类型”即可。

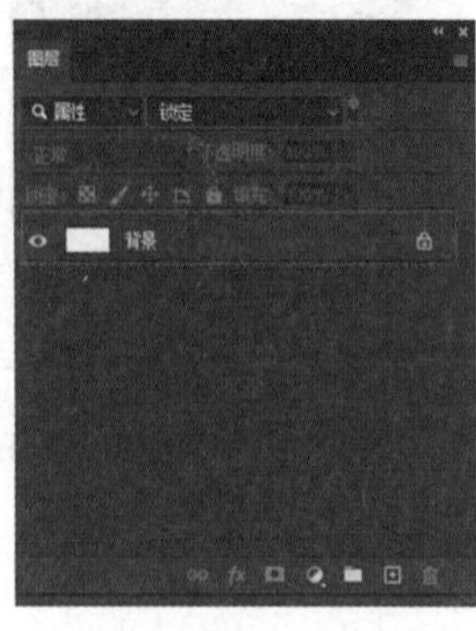

图 2－78

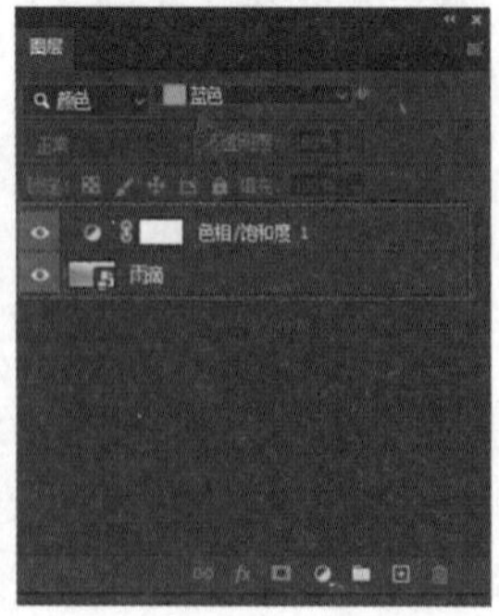

图 2－79

●智能对象:选中后,单击右侧按钮才能完成相关筛选,可以筛选出嵌入的智能对象图层,或过期缺失的智能对象图层,对其进行编辑修改。例如,要筛选出当前文档内所有嵌入的智能对象图层,单击右侧的“嵌入的智能对象”按钮即可完成筛选,如图 2－80 所示。可以选择多个筛选类型。若想要恢复显示所有图层,将筛选条件选回“类型”即可。

●选定:将所有处于选中状态的图层筛选出来,如图 2－81 所示。若想要恢复显示所有图层,将筛选条件选回“类型”即可。

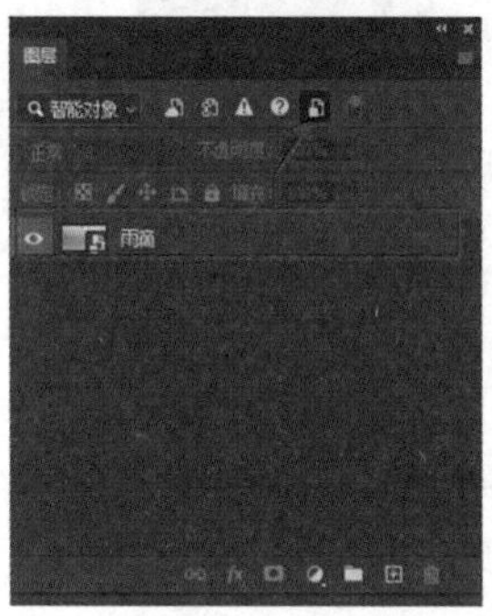

图 2－80

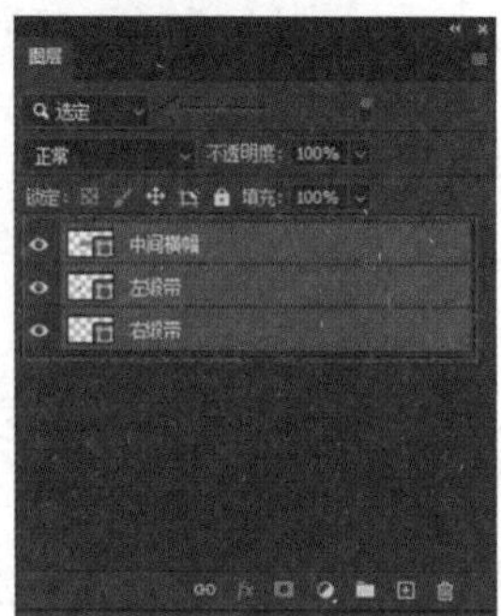

图 2－81

●画板:和 Photoshop 的“画板”功能结合使用,有关“画板”的相关知识,将在 2.5 节进行详细讲解。

2.4.2 图层锁定

“图层锁定”就是对图层或图层的某部分进行操作保护。可以把重要的东西锁起来,不允许进行编辑修改操作。“图层锁定”包含 5 种锁定方式:锁定透明像素、锁定图像像素、锁定位置、防止在画板和画框内外自动嵌套、锁定全部,如图 2－82 所示。

锁定:

图 2－82

●锁定透明像素:将编辑范围限制在图层的不透明部分,透明部分不可编辑。在全透明状态下进行锁定时,透明部分是不能编辑的；在半透明的状态下进行锁定时，半透明部分是可以编辑的，但是只能编辑被锁定的透明部分的颜色信息。

●锁定图像像素：禁止编辑图层中的图像部分，即不能使用类似画笔工具或仿制图章工具等对图像进行编辑修改，但可以对其进行移动变换。

●锁定位置：将图层中的图像部分位置固定，即不能进行移动变换操作，但是可以对其内容进行编辑修改。

●防止在画板和画框内外自动嵌套：可以在使用移动工具将画板内的图层或图层组移动出画板边缘时，不让被移动的图层或图层组脱离画板。此功能主要针对画板，一般不使用。

●锁定全部：可将图层全部锁定，当前图层禁止进行一切操作。

2.4.3　图层链接

“图层链接”功能，可以理解为将几个图层用链子锁在一起，这样即便只移动或变换一个图层，其他被链接的图层也会一起移动或变换。

1 创建图层链接

链接图层的方法有 2 种，但是都要先选中需要链接的所有图层。

然后单击“图层面板”下方的“链接图层”按钮，如图 2－83 所示，或右键单击任意被选中的图层，在弹出的快捷菜单中选择“链接图层”命令，将选中的图层链接起来，被链接起来的图层后面会有“小锁链”图标，如图 2－84 所示。

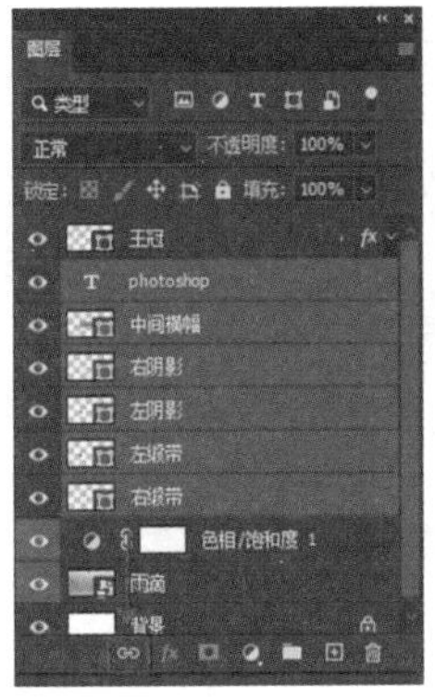

图 2－83

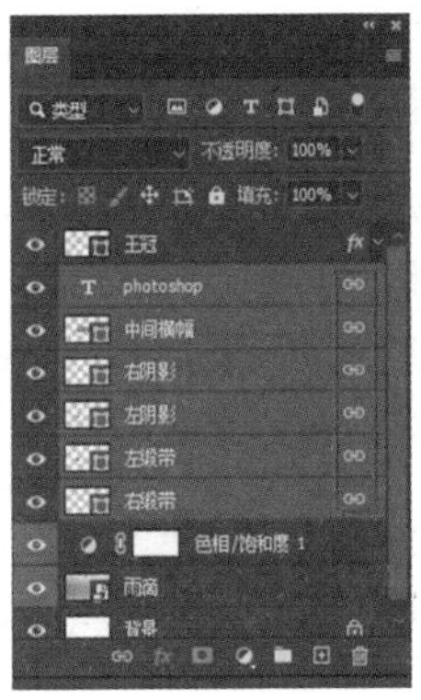

图 2－84

2 添加图层链接

如果想要把其他图层加入到现有的链接中去，需要先选中任意一个已链接的图层，然后按键盘上的 Ctrl 键单击需要加入链接的图层，如图 2－85 所示，然后单击下方“链接图层”按钮或右键单击选择“链接图层”命令完成链接。

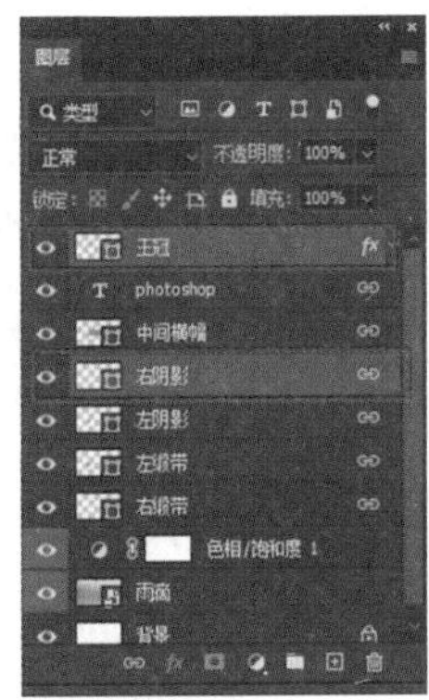

图 2－85

3 解除图层链接

»» 解除部分图层链接

如果只需要解除现有链接中的一个图层的链接关系，先选中需要解除链接关系的图层，单击“图层面板”下方的“链接图层”按钮，如图 2－86所示，或右键单击选中的图层，在弹出的快捷菜单中选择“取消图层链接”命令，如图 2－87 所示，即可将该图层从链接中解除。解除多个图层的链接同理，先选中需要解除链接的所有图层，再进行解除链接。

图 2 - 86

图 2 - 87

解除所有图层链接

右键单击任意被链接的图层，在弹出的快捷菜单中选择“选择链接图层”命令，如图 2 - 88 所示，即可选中当前图层所在链接内的所有图层，如图 2 - 89 所示。单击“图层面板”下方的“链接图层”按钮，或右键单击任意被选中的图层，在弹出的快捷菜单中选择“取消图层链接”命令，解除所有图层的链接。

图 2 - 88

图 2 - 89

临时解除图层链接

如果想要临时解除图层的链接关系，可以按住键盘上的 Shift 键不放，单击图层右侧的“小锁链”图标，在“小锁链”上会出现一个红色的叉号，如图 2 - 90 所示，即可将该图层临时从链接中解除出来。单独移动变换该图层不会对其他链接图层产生影响，移动变换其他处于链接状态的图层，也不会对该图层产生影响。如果要将该图层重新恢复到链接状态，按住键盘上的 Shift 键不放，单击画着红色叉号的“小锁链”图标，红色叉号消失，该图层即重新回到链接状态。

图 2 - 90

2.4.4 图层编组

使用“图层编组”功能，可以将图层分组进行管理，方便后期的查找和修改。图层编组有助于组织项目并保持“图层面板”整洁有序。

1 创建图层编组

素材文件	第 2 章\2.4\图层编组.psd

创建图层编组的方法有 3 种，下面依次进行讲解。

第 1 种方法：单击“图层面板”下方的“创建新组”按钮，“图层面板”中会出现一个带有文件夹图标的图层组，如图 2 - 91 所示。将需要编组的图层全部选中，拖动到图层组里，如图 2 - 92 所示。松开鼠标，图层就被编进组中了，如图 2 - 93 所示。单击图层组文件夹图标左侧的三角按钮，即可收起图层组，如图 2 - 94 所示，再次单击可将组展开。

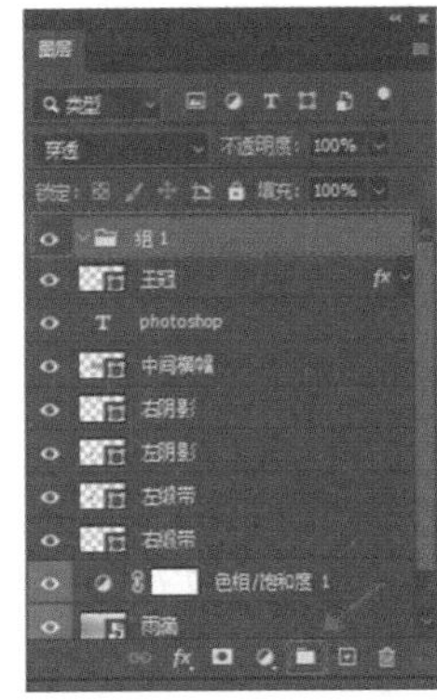

图 2 -91

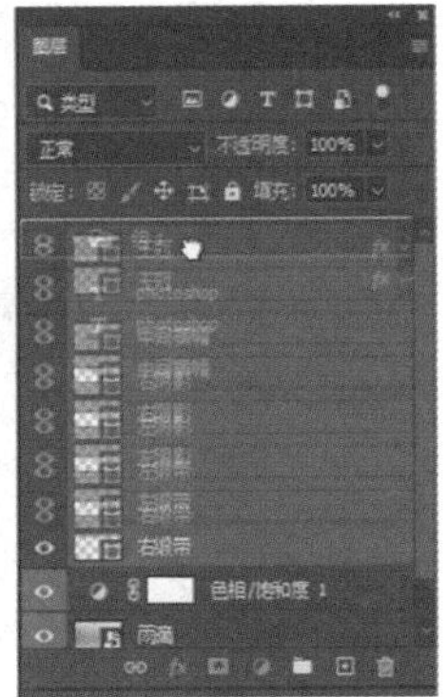

图 2 -92

图 2 -93

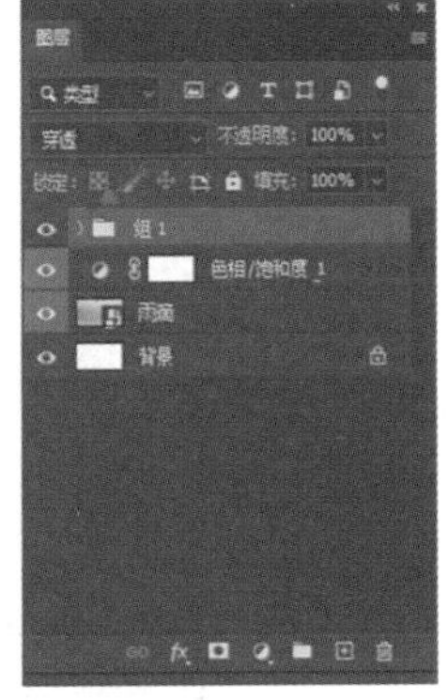

图 2 -94

第 2 种方法：选中所有需要编组的图层，单击“图层面板”下方的“创建新组”按钮，如图 2 -95所示，即可将被选中的图层进行编组。

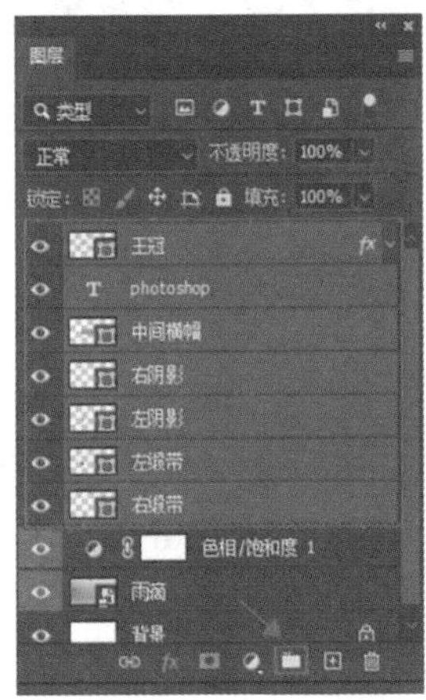

图 2 -95

第 3 种方法：选中所有需要编组的图层，按键盘上的快捷键 Ctrl + G，即可将被选中的图层进行编组。

2 取消图层编组

右键单击图层组，在弹出的快捷菜单中选择“取消图层编组”命令，如图 2 -96 所示，即可将图层组中的图层都解放出来。

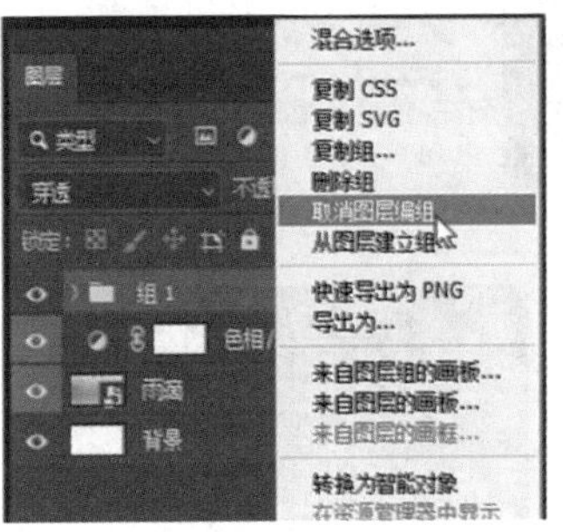

图 2 -96

在选中图层组后，单击“图层面板”下方的“删除图层”按钮，或右键单击图层组，在弹出的快捷菜单中选择“删除组”命令，然后在弹出的如图 2 -97 所示的提示框中单击“仅组”按钮，将图层组中的图层解放出来。

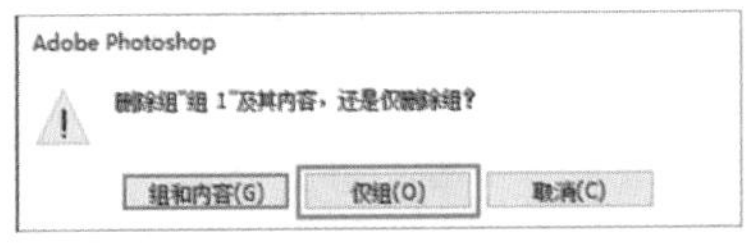

图 2 -97

如果想将图层从图层组中分离出来，将图层拖动出图层组即可。

2.4.5　图层拼合

1 拼合图像

右键单击任意图层，在弹出的快捷菜单中选择“拼合图像”命令，如图 2 -98 所示，或在选中任意图层后，单击菜单栏“图层 > 拼合图像”命令，如图 2 -99 所示，即可将所有图层拼合在背景层中，如图 2 -100 所示。如果有隐藏图层，会弹出“Adobe Photoshop”提示框，如图2 -101所示，提示是否要扔掉隐藏的图层。

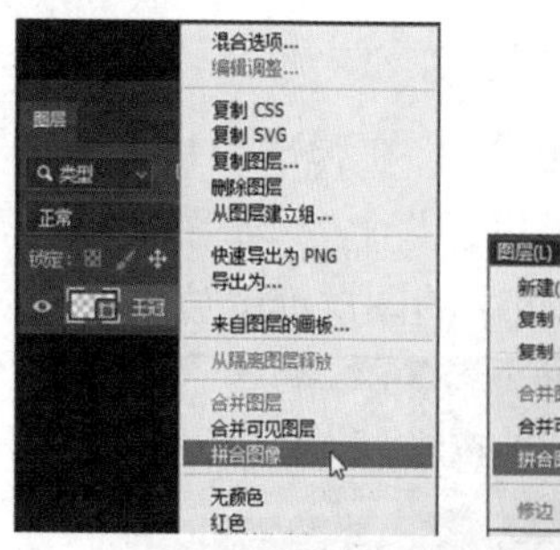

图 2－98

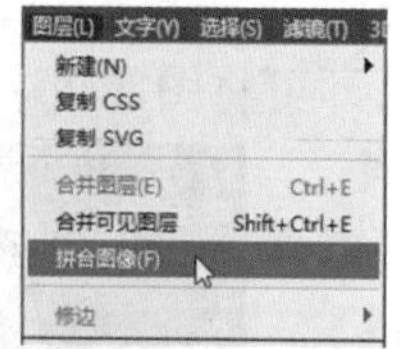

图 2－99

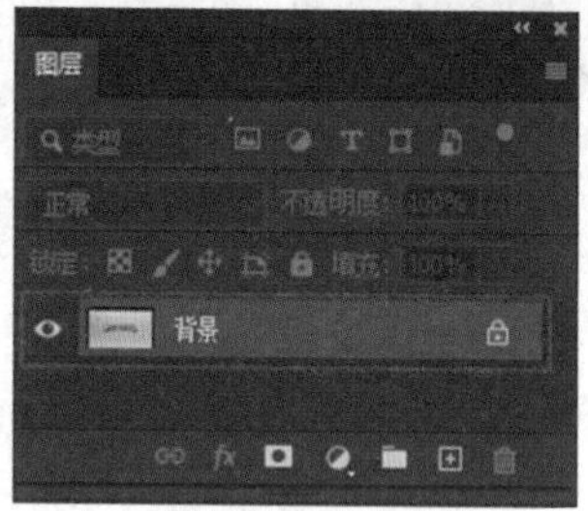

图 2－100

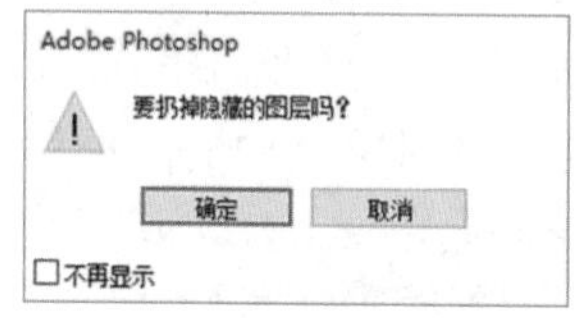

图 2－101

2 合并图层

如果要将多个图层合并成为一个图层，可以先选中需要合并的图层，右键单击任意图层，在弹出的快捷菜单中选择“合并图层”命令，如图 2－102 所示，或在选中图层后，单击菜单栏“图层 > 合并图层”命令，如图 2－103 所示，或在选中图层后按键盘上的快捷键 Ctrl＋E，即可将所选图层合并成一个图层，如图 2－104 所示，合并成的图层会以最上层的图层名称命名。

图 2－102

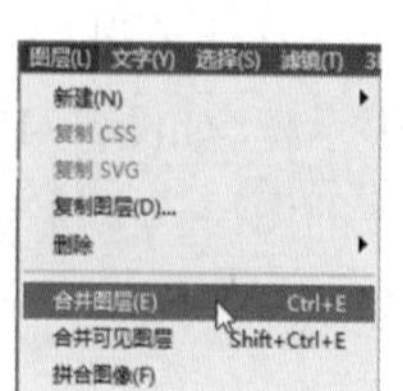

图 2－103

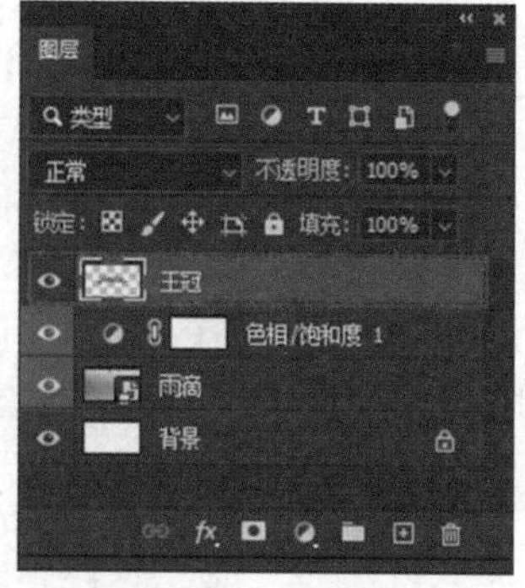

图 2－104

3 合并可见图层

右键单击任意可见图层，在弹出的快捷菜单中选择“合并可见图层”命令，或单击菜单栏“图层 > 合并可见图层”命令，或按键盘快捷键 Ctrl＋Shift＋E，即可将所有可见图层合并到背景图层中，如图 2－105 所示。若可见图层不包括背景图层，则所有可见图层将单独合并为一个图层。

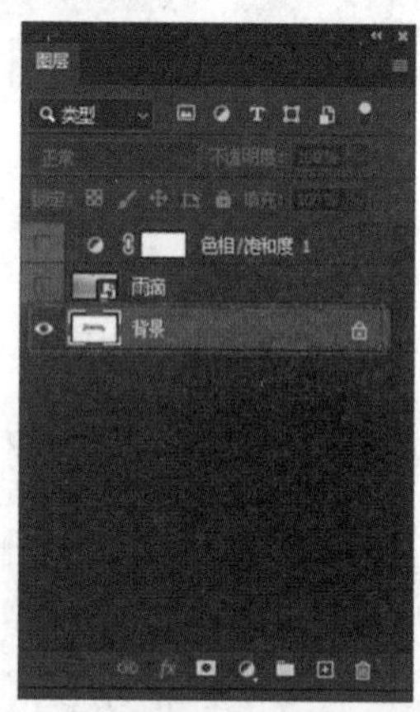

图 2－105

2.4.6 图层盖印

“图层盖印”可以将多个图层中的内容合并到一个新图层中，同时保持被合并的图层不变。如果对盖印图层不满意，也可以随时删除，不会破坏原图层。

如果只想盖印几个图层，先选中需要盖印的所有图层，按键盘上的快捷键 Ctrl＋Alt＋E，即可将所选图层合并成一个新图层，如

图 1－106 所示。

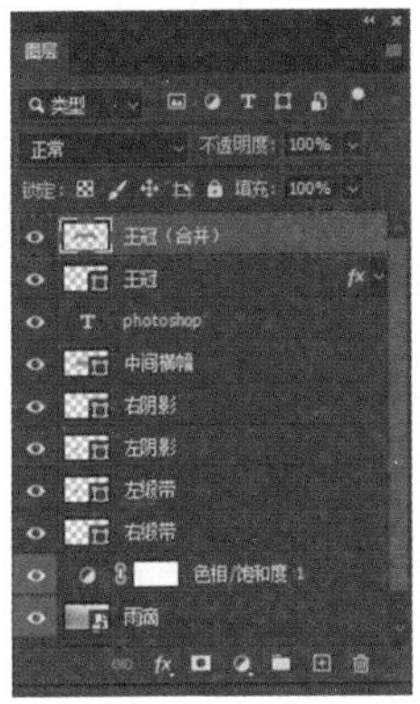

图 2－106

按键盘上的快捷键 Ctrl + Shift + Alt + E，可以将所有可见图层盖印到一个新图层中。

2.4.7　图层复合

“图层复合”是“图层面板”状态的快照，记录了当前文件中图层的可见性、位置和外观。通过“图层复合”，可以创建、管理和查看当前文档的多个版本。单击菜单栏“窗口 > 图层复合”命令即可打开“图层复合”对话框，如图 2－107 所示。

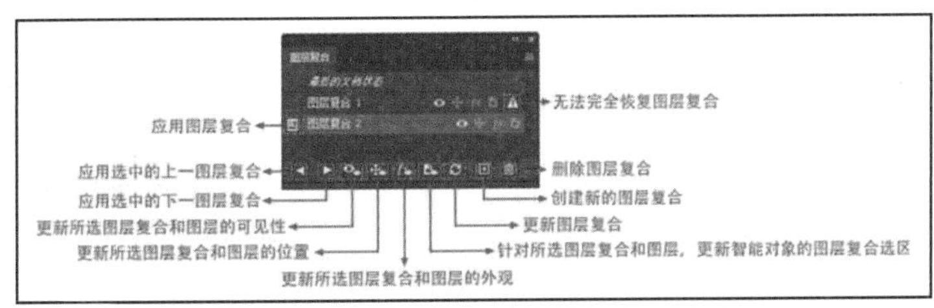

图 2－107

●应用图层复合：显示该图标的图层复合是当前所使用的图层复合。

●无法完全恢复图层复合：在“图层面板”进行了删除图层、合并图层、将图层转换为背景图层等操作后，可能会影响到其他图层复合所涉及的图层，甚至不能完全恢复图层复合。这种情况下，图层复合右侧会出现警告标志。单击该警告标志会弹出“Adobe Photoshop”提示框，如图 2－108 所示。单击“清除”按钮可以清除警告，并使其他图层保持不变。右键单击该警告标志会弹出快捷菜单，如图 2－109 所示，可以选择“清除图层复合警告”或“清除所有图层复合警告”。

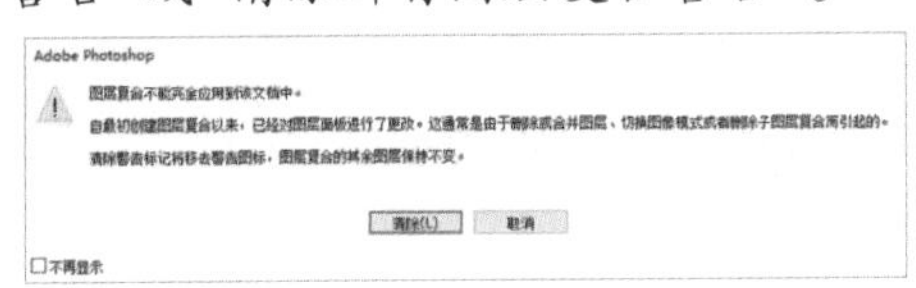

图 2－108

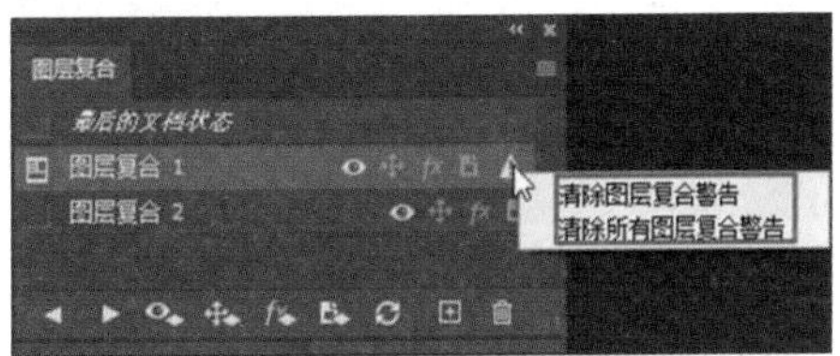

图 2－109

●应用选中的上一个图层复合：切换到上一个图层复合。

●应用选中的下一个图层复合：切换到下一个图层复合。

●更新所选图层复合和图层的可见性：对当前被选中的图层复合内的图层可见性做了更改后，单击该按钮可对该图层复合的可见性记录进行更新。

●更新所选图层复合和图层的位置：对当前被选中的图层复合内的图层位置做了更改后，单击该按钮可对该图层复合的位置记录进行更新。

●更新所选图层复合和图层的外观：对

当前被选中的图层复合内的图层样式做了更改后，单击该按钮可对该图层复合的图层样式记录进行更新。

●针对所选图层复合和图层，更新智能对象的图层复合选区：对当前被选中的图层复合内的图层智能对象做了更改后，单击该按钮可对该图层复合的智能对象记录进行更新。

●更新图层复合：对当前被选中的图层复合做了修改编辑后，单击该按钮可对该图层复合的所有修改记录进行更新。

●创建新的图层复合：创建一个新的图层复合。单击该按钮后，会弹出"新建图层复合"对话框，如图 2－110 所示。可根据需要，更改图层复合的名称及该图层复合应用于图层的记录类型。

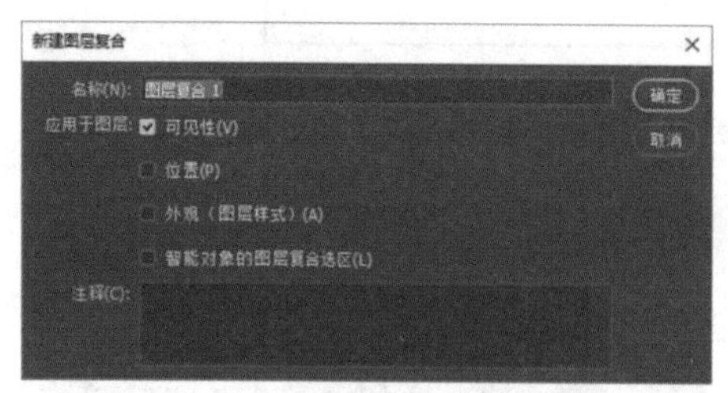

图 2－110

●删除图层复合：删除当前选中的图层复合。

2.4.8 图层的对齐方式

素材文件 第 2 章\2.4\图层的对齐方式.psd

在 1.4.1 节中介绍了"移动工具"工具选项栏中的"对齐与分布"，本节"图层的对齐方式"使用的就是"对齐与分布"中的命令。其中"对齐"和"分布间距"的相关命令按钮显示在工具选项栏上，单击"对齐与分布"按钮，可以打开"对齐与分布"的全部命令按钮面板，如图 2－111 所示。

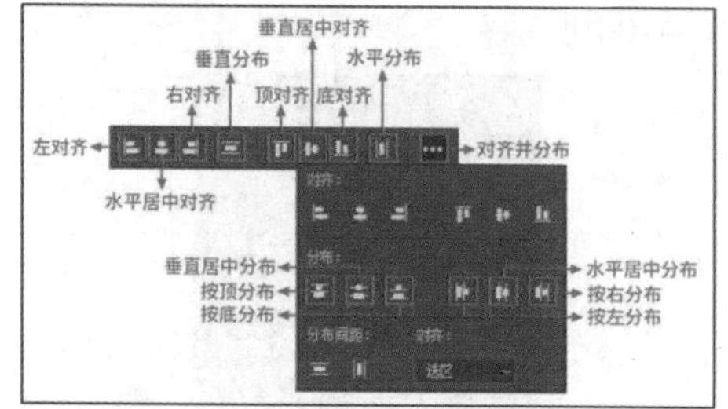

图 2－111

右下角"对齐"下方的下拉列表中有"选区"和"画布"2 个选项，如图 2－112 所示。此处选择执行"对齐"命令时的参照物，"选区"是以所选图层内的图像大小为参照，"画布"是以当前文档的画布作为参照物。

图 2－112

其他命令结合"对齐"下拉列表中的选项，可以做出不同的效果。

例如，"图层面板"中有 4 个图层，显示在画布上有 4 个图形，如图 2－113 所示。

图 2－113

选中 4 个图层，"对齐"下拉列表中选中"选区"选项，单击"底对齐"按钮，效果如图 2－114 所示。

图 2－114

"对齐"下拉列表中选中"画布"选项，单击"底对齐"按钮，效果如图 2－115 所示。

图 2－115

在 Photoshop 更新了“分布间距”命令按钮后，基本上很少使用“分布”下的命令按钮。制图时经常用到的“分布”命令，是让每个图层中的图像之间的距离相同，“分布间距”下的 2 个命令按钮就能完全实现该功能。

2.4.9　自动混合图层

素材文件	第 2 章\2.4\自动混合图层 1.jpg、自动混合图层 2.jpg

使用“自动混合图层”命令可缝合或组合图像，从而在最终复合图像中获得平滑的过渡效果。“自动混合图层”将根据需要对每个图层应用图层蒙版，以遮盖过度曝光或曝光不足的区域或内容差异。“自动混合图层”仅适用于 RGB 或灰度图像，不适用于智能对象、视频图层、3D 图层。

在 Photoshop 中打开一张图片，将需要混合的图片置入并栅格化，选中要进行混合的图层，如图 2－116 所示，单击菜单栏“编辑 > 自动混合图层”命令，如图 2－117 所示，在弹出的对话框中选择“堆叠图像”按钮，如图 2－118 所示，单击“确定”按钮即可看到混合效果。

图 2－116

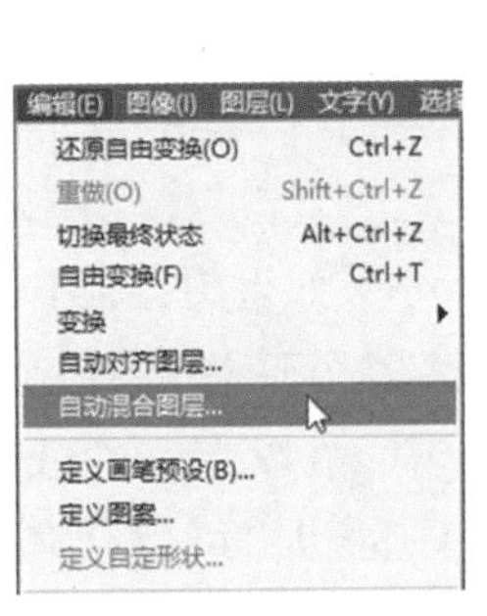

图 2－117

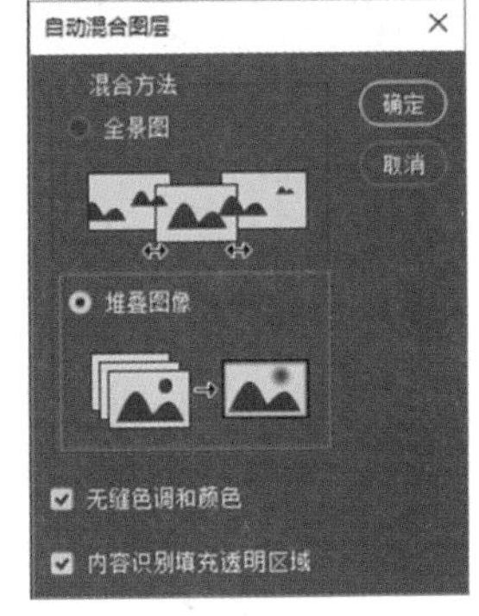

图 2－118

综合案例　使用“图层组”管理图层

在办公时，我们会把同一类型的文件放到一个文件袋中，并在文件袋中标识名称，方便以后查找。图层组就相当于文件袋，而图层就相当于能够装在其中的文件。图层组中可以包含无数个图层，但无论包含多少图层，这个组都可以在不使用时折叠起来，折叠后只占用相当于一个图层的空间，方便在后期操作中对图层进行查找编辑。

如图 2－119 所示，所有的图层都没有被归类，在经过分析后，我们可以将这些图层进行分类，然后编组在一起，并重新命名方便管理查找，还可以在组中嵌套组，如图 2－120 所示。

图 2－119

图 2－120

2.5 画板

从 Photoshop CC 2015 版本开始，Photoshop 新增了“画板”功能，在 Photoshop CC 2015 之前的旧版本中，是没有“画板”这一概念的。

在旧版本的 Photoshop 中，如果想要制作多页面的文档，需要创建多个文件。在有“画板”功能的 Photoshop 中，可以在一个文档中创建多个画板。创建画板时，可以从各种预设尺寸中进行选取，也可以自定义画板的大小。“画板”可以帮助设计人员简化设计过程，在多页面同步操作时能够同时观察整体效果。

在 Photoshop CC 2020 版本中，新建文档的时候可以选择是否使用“画板”功能，如图 2－121 所示。勾选“画板”复选框后，新建出的文档是包含“画板”功能的，如图 2－122 所示。

图 2－121

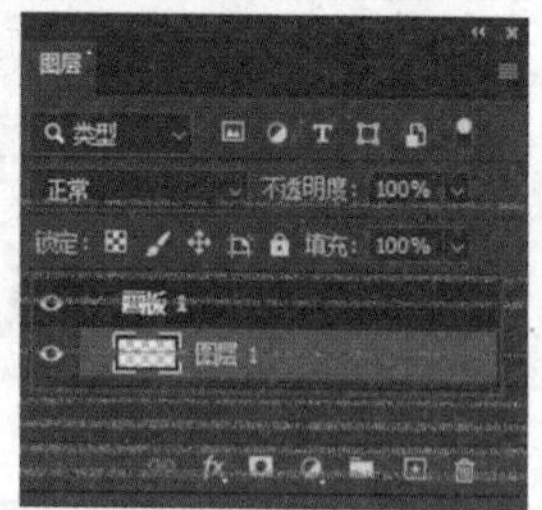

图 2－122

2.5.1 从图层中新建画板

素材文件 第 2 章\2.5\昆虫.jpg

在 Photoshop 中打开一张图片，默认该文档不具备“画板”功能，如图 2－123 所示。

图 2－123

若想要创建一个和当前画布等大的画板，需要先将背景图层转换为普通图层。如图 2－124 所示，右键单击该图层，在弹出的快捷菜单中选择“来自图层的画板”命令，如图 2－125 所示，或在选中图层后，单击菜单栏“图层 > 新建 > 来自图层的画板”命令，如图 2－126 所示。

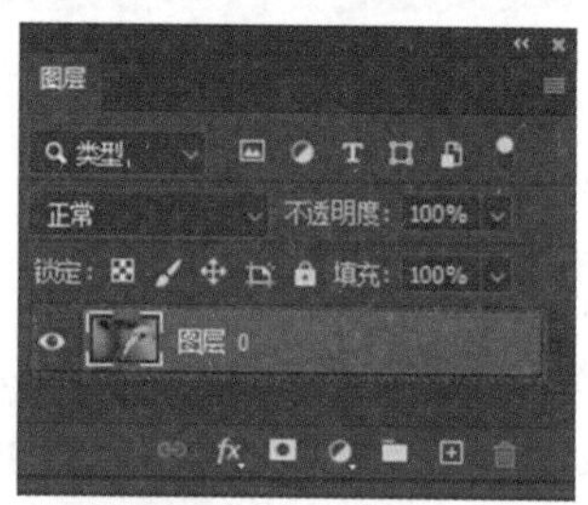

图 2－124

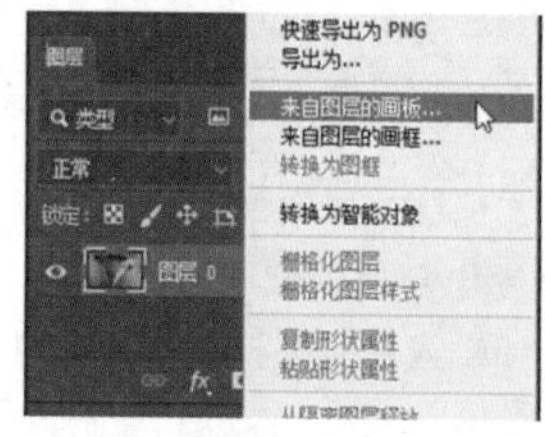

图 2－125

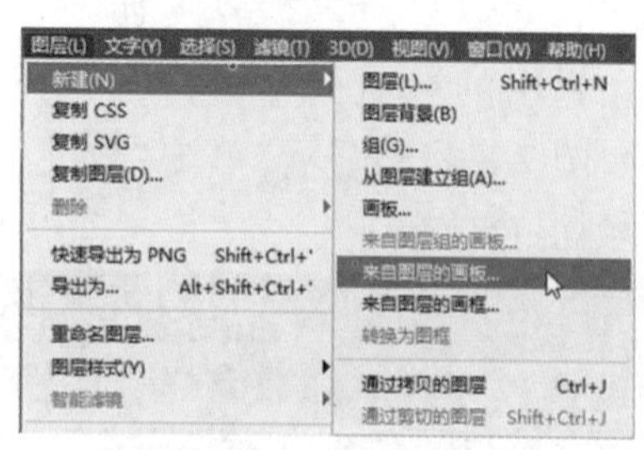

图 2－126

弹出“从图层新建画板”对话框，如图 2－127所示，在“名称”右侧的文本框中可为画板进行命名，在“将画板设置为预设”的下拉列表中可以为画板选择预设尺寸，也可以在最下方为画板自定义宽度和高度，单击

“确定”按钮即可新建一个画板。

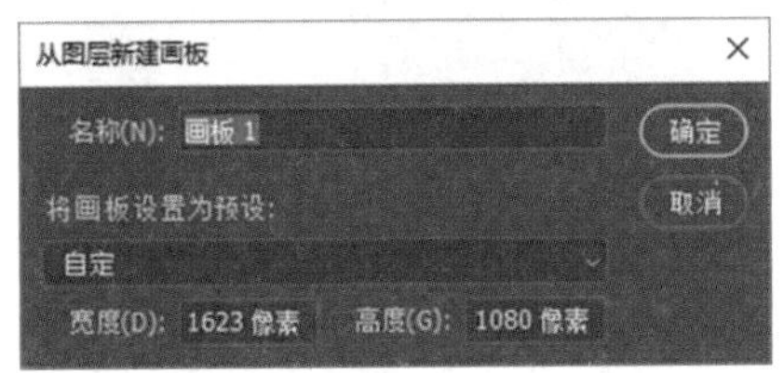

图 2－127

2.5.2　画板工具的使用

1 使用“画板工具”新建画板

“画板工具”在工具箱“移动工具”的子工具组中，如图 2－128 所示。

图 2－128

新建和当前画板等大的画板

选中“画板工具”后，在“画板”周围会出现 4 个“＋”按钮，如图 2－129 所示。

图 2－129

单击任意一个“＋”按钮，即可在对应的方向新建一个和当前画板等大的新画板。例如单击右侧的“＋”按钮，在当前画板右侧会出现新的画板，如图 2－130 所示。

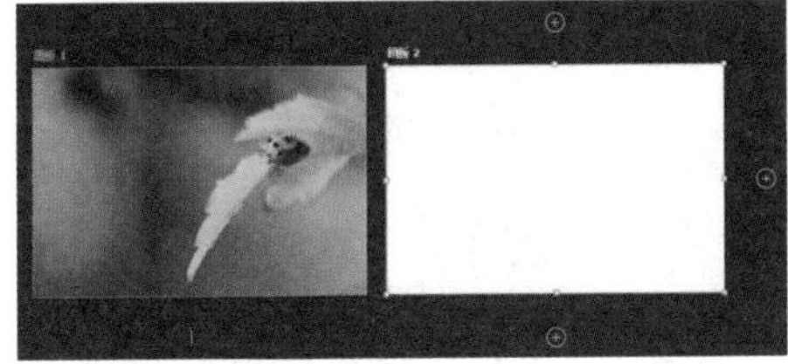

图 2－130

单击“画板工具”工具选项栏中的“新建画板”按钮，如图 2－131 所示，然后单击图像文档窗口的空白处，也可以新建出一个和当前画板等大的新画板。

图 2－131

新建自定义尺寸画板

选中“画板工具”，将鼠标箭头移动到图像文档窗口空白处，按住鼠标左键进行拖动，如图 2－132 所示，松开鼠标后即可创建出新画板。

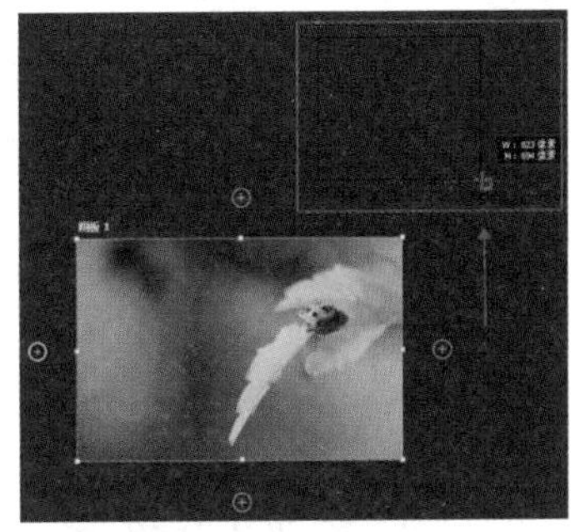

图 2－132

如果要新建特定尺寸和背景颜色的画板，需要先单击“图层面板”的空白处，取消当前画板的选中状态，如图 2－133 所示。

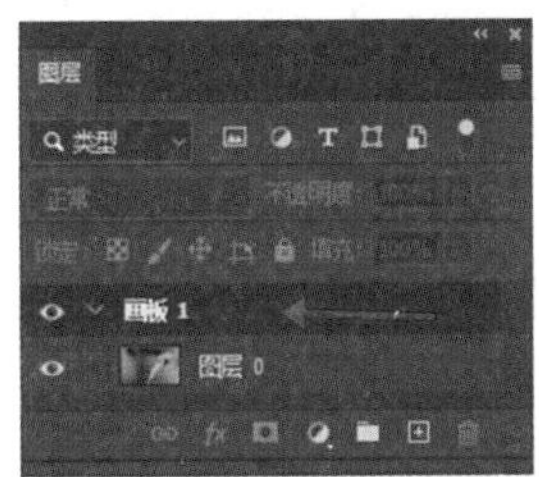

图 2－133

在“画板工具”工具选项栏中进行设置，如图 2－134 所示，“自定”下拉列表中有 Photoshop 提供的各种预设尺寸；“宽度”和“高度”文本框内的数字为当前画板的尺寸，可以在此输入新画板的具体尺寸；单击“高度”文本框右侧的白色方块，可以自定义新画板的背景颜色，也可以在其右侧“白色”下拉列表中选择背景颜色，白色方块的颜色会和右侧下拉列表选中的颜色对应显示。

图 2－134

设置完成后，单击工具选项栏右侧的“新建画板”按钮，单击图像文档窗口的空白处，即可新建画板。例如，将“宽度”和“高度”都设置为 800 像素，背景色设置为“透明”，新建出的画板如图 2－135 所示。

图 2－135

2 使用“画板工具”移动画板

首先在“图层面板”选中要移动的画板，如图 2－136 所示。

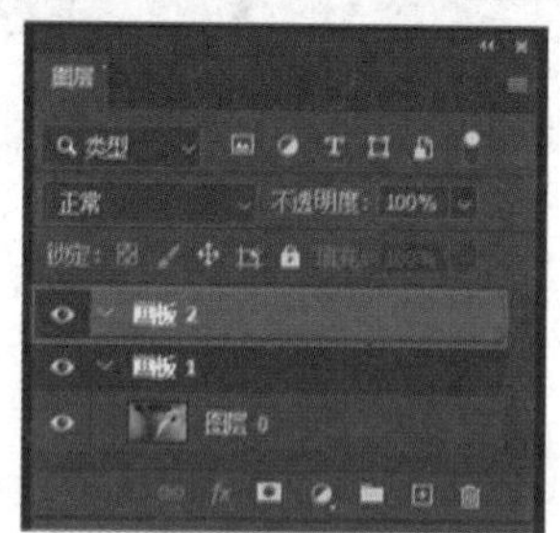

图 2－136

选中“画板工具”，将鼠标箭头移动到画板定界框的任意位置上，如图 2－137 所示。

图 2－137

按住鼠标左键进行拖动，即可移动画板，如图 2－138 所示。

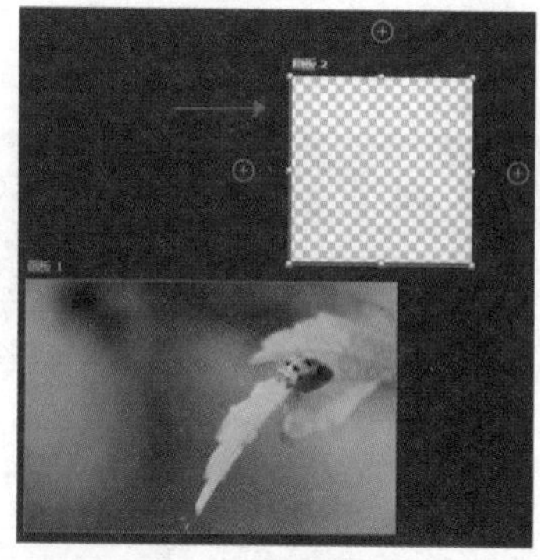

图 2－138

3 使用“画板工具”编辑画板

选中“画板工具”，按住鼠标左键拖动画板定界框上的任意控制点，可调整画板的大小，如图 2－139 所示。

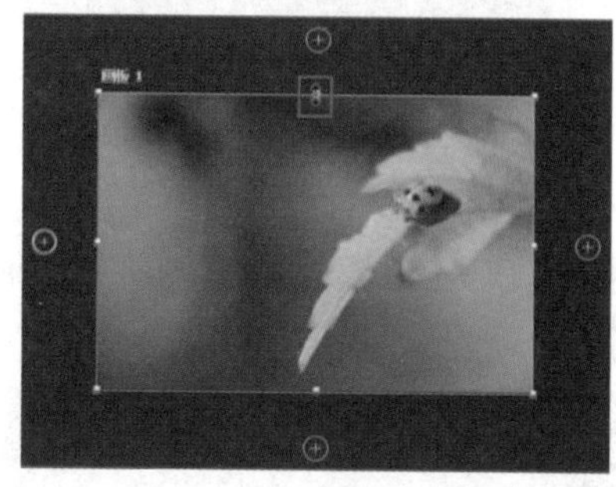

图 2－139

还可以先在“图层面板”选中画板，然后在“画板工具”工具选项栏中更改被选中画板的尺寸。除了直接在“宽度”和“高度”右侧的文本框内直接更改数字调整画板大小外，也可以单击背景色下拉列表右侧的“制作纵版”和“制作横版”按钮来更改当前画板的版式。例如，当前画板为横版，如图2－140 所示，单击“制作纵版”按钮，如图2－141 所示，即可将当前画板改为纵版显示。

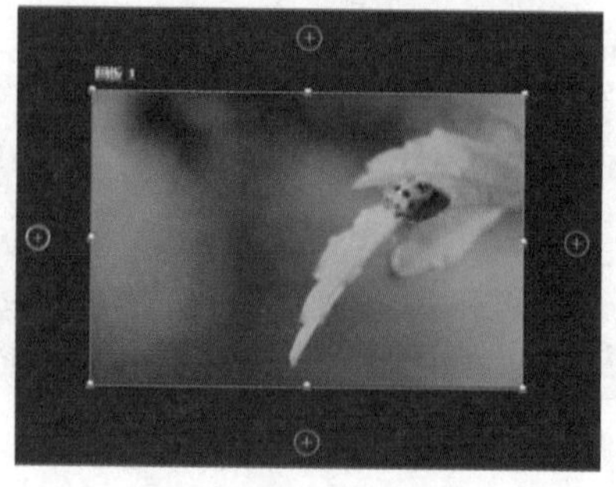

图 2－140

图 2 - 141

在当前画板为横版的时候，选择 Photoshop 预设尺寸中的纵版样式，如 iPhone X 的尺寸，更改出的画板尺寸依然会是横版，此时只需要单击“画板工具”工具选项栏中的“制作纵版”按钮即可，反之亦然。

4 多个画板的对齐与分布

单击“画板工具”工具选项栏右侧的“对齐和分布图层”按钮，会弹出如图 2 - 142 所示的下拉列表。

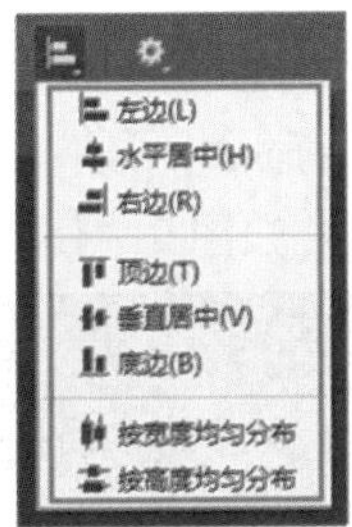

图 2 - 142

“对齐和分布图层”按钮列表中的内容是针对画板的，使用方法和针对图层的“对齐与分布”相同。

例如，图像文档窗口中共有 3 个画板，如图 2 - 143 所示。

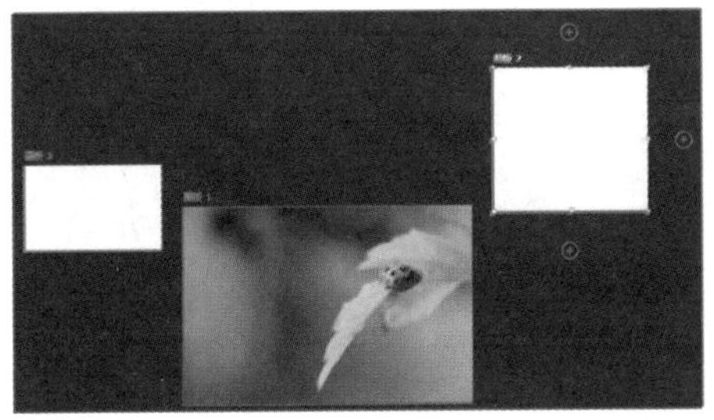

图 2 - 143

在“图层面板”中将 3 个画板全部选中，选择“对齐和分布图层”列表中的“顶边”命令，效果如图 2 - 144 所示。

图 2 - 144

2.6 图像的剪切/拷贝/粘贴/清除

剪切、拷贝和粘贴是日常电脑操作中经常会使用到的功能。剪切是将某个对象从原位删除，暂时存储到剪贴板中备用；拷贝是将某个对象复制到剪贴板中备用，但仍保留原始对象；粘贴是将剪贴板中的对象提取到当前的位置。

对于图像，也可以使用剪切、拷贝和粘贴命令来完成相关的修改编辑。剪切对应的快捷键是 Ctrl + X，拷贝对应的快捷键是 Ctrl + C，粘贴的对应快捷键是 Ctrl + V。

2.6.1 图像的剪切与粘贴

素材文件　第 2 章\2.6\昆虫.jpg

选中一个普通图层，选择工具箱中的“矩形选框工具”，在画板上按住鼠标左键拖动出一个选区，如图2 - 145所示。

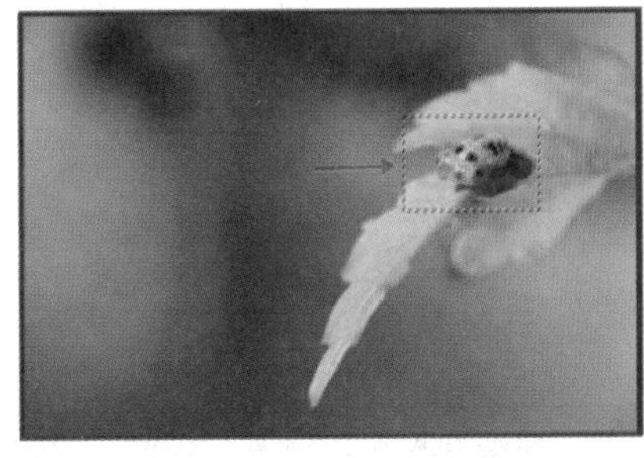

图 2 - 145

单击菜单栏“编辑 > 剪切”命令，或按键盘上的快捷键 Ctrl + X，可将选区中的内容剪切到剪贴板上，此时选区内的图像内容便会消失，如图 2 - 146 所示。

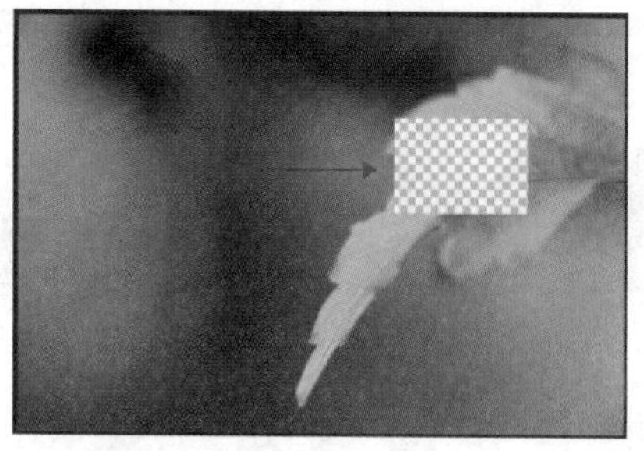

图 2-146

单击菜单栏"编辑 > 粘贴"命令或按键盘上的快捷键 Ctrl + V，可将剪贴板中的图像粘贴到当前文档中的新图层内，如图 2-147 所示。

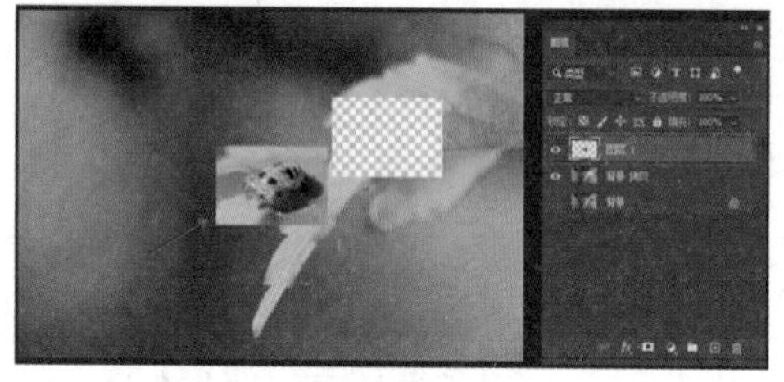

图 2-147

如果想要进行原位粘贴，可以在执行"剪切"命令后，单击菜单栏"编辑 > 选择性粘贴 > 原位粘贴"命令，如图 2-148 所示，或者按键盘上的快捷键 Ctrl + Shift + V，可将剪贴板中的图像原位粘贴到新图层中，如图 2-149 所示。

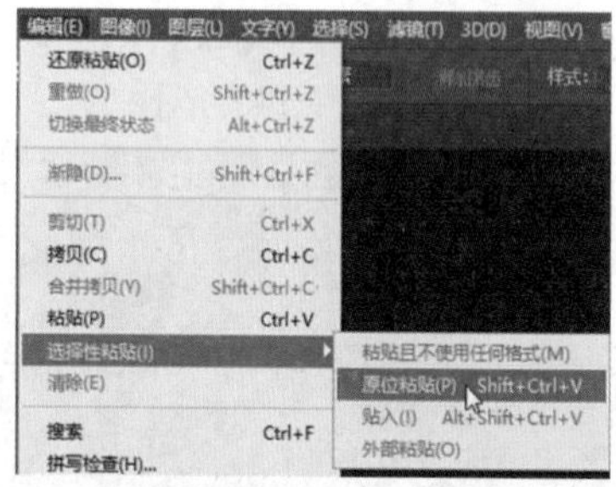

图 2-148

图 2-149

在普通图层中执行"剪切"命令时，被剪切掉的部分会变成透明区域。在背景图层中执行"剪切"命令时，被剪切掉的部分会变成当前背景色。智能图层、文字图层、3D 图层等特殊图层不能被剪切。

2.6.2 图像的拷贝与清除

1 图像的拷贝

使用"矩形选框工具"在画布上拖动出一个选区，单击菜单栏"编辑 > 拷贝"命令或按键盘上的快捷键 Ctrl + C，可将选区中的图像拷贝到剪贴板中，按键盘上的快捷键 Ctrl + V 执行"粘贴"命令，可将剪贴板中的图像粘贴到新图层中，如图 2-150 所示。

图 2-150

2 图像的清除

素材文件	第 2 章\2.6\树叶.jpg

使用"清除"命令可以删除选区中的图像。

如果使用"矩形选框工具"在普通图层中拖动出一个选区，如图 2-151 所示，单击菜单栏"编辑 > 清除"命令或按键盘上的"Delete"键，可看到选区中的内容消失，变成了透明区域，如图 2-152 所示。

图 2－151

图 2－152

如果使用“矩形选框工具”在背景图层中拖动出一个选区，单击菜单栏“编辑 > 清除”命令或按键盘上的“Delete”键，会弹出“填充”对话框，如图 2－153 所示。“内容”右侧的下拉列表中包含 9 个选项，如图 2－154所示。

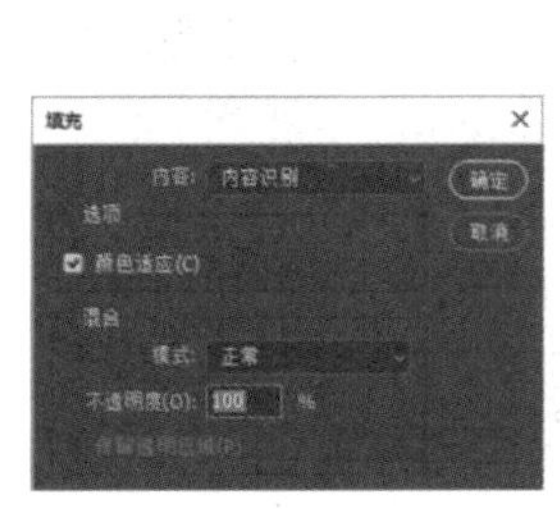

图 2－153

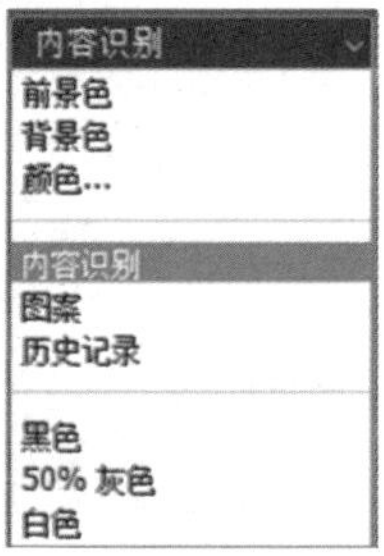

内容识别
前景色
背景色
颜色...
内容识别
图案
历史记录
黑色
50% 灰色
白色

图 2－154

“前景色”和“背景色”是指工具箱下方如图 2－155 所示的 2 个正方形内的颜色。例如，当前背景色是白色，选择“背景色”后单击“确定”按钮，选区内会被填充为白色，如图 2－156 所示。

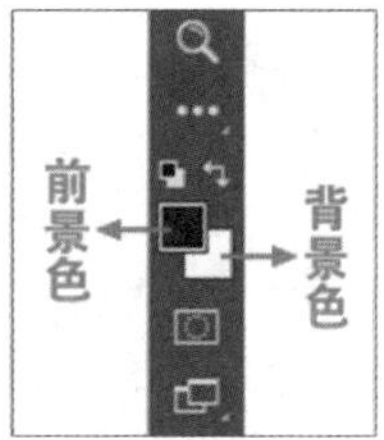

图 2－155

图 2－156

选择“颜色”选项，会弹出“拾色器”对话框，如图 2－157 所示，可在其中选择任意颜色，选择完毕后单击“确定”按钮，再单击“填充”对话框的“确定”按钮，可将选区填充为刚刚选择的颜色。

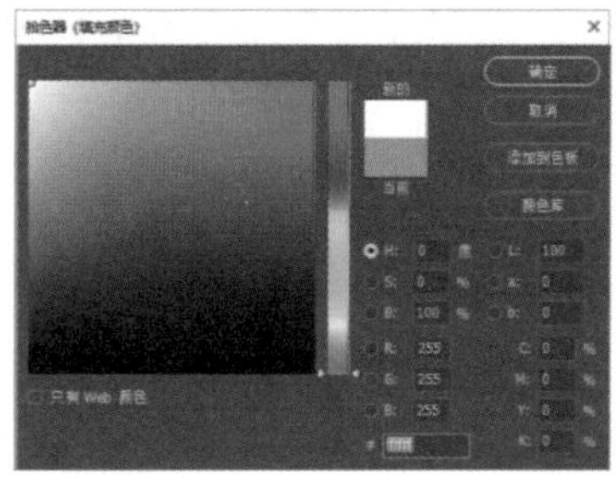

图 2－157

选择“内容识别”选项，Photoshop 会根据选区周围的像素进行计算，效果如图 2－158 所示。不同的图像通过“内容识别”得到的效果都不相同。

图 2 – 158

选择“图案”选项，可在“选项”部分选择要填充的图案和填充的方式，如图 2 – 159 所示，选择完成后单击“确定”按钮，可在选区内填充相应的图案。

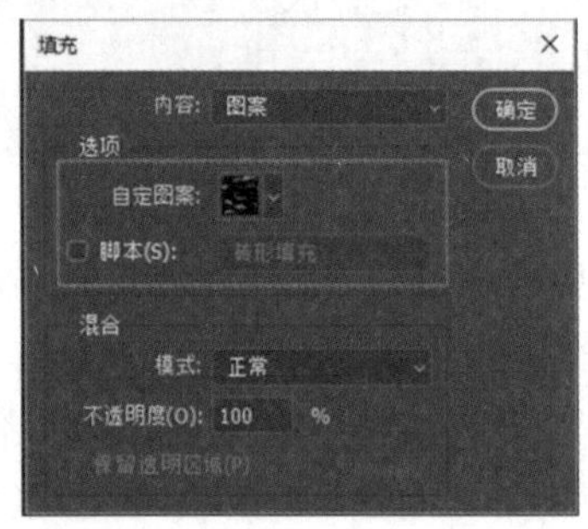

图 2 – 159

“历史记录”需要结合“历史记录面板”的快照使用；选择“黑色”“50% 灰色”和“白色”选项，即填充相应的颜色。

2.7 辅助工具的运用

2.7.1 标尺与参考线的运用

1 标尺

素材文件 第 2 章\2.7\标尺参考线.jpg

“标尺”常用于对图像进行精确处理。

在 Photoshop 中打开一张图片，单击菜单栏“视图 > 标尺”命令，如图 2 – 160 所示，或按键盘上的快捷键 Ctrl + R，在图像文档窗口的左侧和上方会出现标尺，如图 2 – 161 所示。

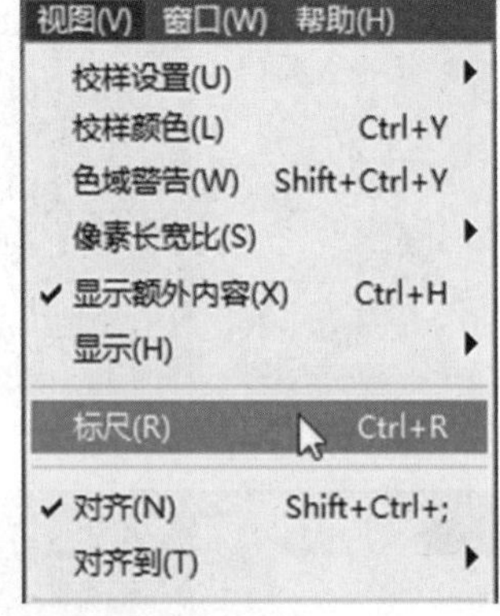

图 2 – 160

图 2 – 161

“标尺”的原点默认为当前画布的左上角，如图 2 – 162 所示。

图 2 – 162

如果想更改“标尺”原点的位置，将鼠标箭头移动到左上角两条标尺交汇的正方形内，如图 2 – 163 所示。按住鼠标左键进行拖动，画面中会出现十字线，如图 2 – 164 所示。松开鼠标左键的位置成为了新的原点位置，如图 2 – 165 所示。双击左上角两条标尺交汇的正方形可让“标尺”原点恢复为默认状态。

图 2 - 163

图 2 - 164

图 2 - 165

右键单击“标尺”上任意位置，在弹出的快捷菜单中可设置标尺的单位，如图 2 - 166 所示。

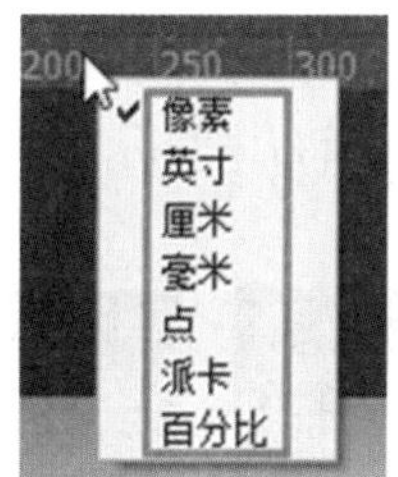

图 2 - 166

2 参考线

“参考线”也称为“辅助线”，是一种很常用的辅助工具，用于辅助在移动或变换中的精确定位。“参考线”是一种显示在图像上方的虚拟对象，在存储为图片格式或打印时不会显示出来。

在 Photoshop 中打开一张图片，按键盘上的快捷键 Ctrl + R 打开标尺，将鼠标箭头放在上方的水平标尺上，按住鼠标左键向下拖动，即可拖动出水平参考线，如图 2 - 167 所示；将鼠标箭头放在左侧的垂直标尺上，按住鼠标左键向右拖动，即可拖动出垂直参考线，如图 2 - 168 所示。

图 2 - 167

图 2 - 168

选择工具箱中的“移动工具”，将鼠标箭头移动到参考线上，即可移动参考线，如图 2 - 169所示。如果将参考线移动到图像文档窗口以外，即可删除该参考线。按键盘上的快捷键 Ctrl + H，可以显示或隐藏画面上所有的参考线。如果要删除所有参考线，单击菜单栏“视图 > 清除参考线”命令即可。

图 2 - 169

用鼠标左键按住一条参考线，按键盘上的 Alt 键不放，拖动鼠标，可以将横向参考线和纵向参考线互相转换，如图 2 - 170 所示。

图 2 - 170

在创建或移动参考线时，按住键盘上的 Shift 键不放，可以让参考线和标尺的刻度对齐；在使用其他工具时，按住键盘上的 Ctrl 键不放，可以临时将当前工具切换成“移动工具”去标尺上拖动参考线。

3 智能参考线

素材文件　第 2 章\2.7\智能参考线.psd

“智能参考线”是一种具有智能化特点的参考线，会在绘制、移动、变换等情况下自动出现，通过智能参考线可以对齐其他的图像、形状、选区等。

例如，使用“移动工具”移动某个图层上的图像，移动过程中与其他图像对齐时，会显示出洋红色的智能参考线，如图 2 - 171 所示。

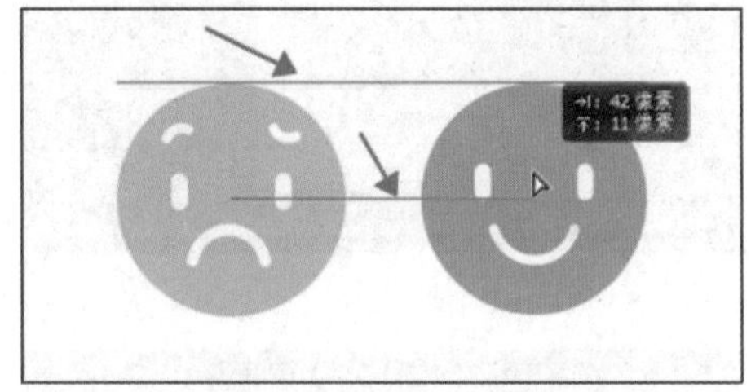
图 2 - 171

Photoshop CC 2020 版本中默认智能参考线处于显示状态，有些早期版本中需要手动开启自动参考线的显示状态，单击菜单栏“视图 > 显示 > 智能参考线”命令即可开启。

2.7.2 网格的使用

素材文件　第 2 章\2.7\网格.jpg

“网格”可以把画布平均分成若干块同样大小的区块，主要用来对齐对象，借助“网格”可以更加精准地确定绘制对象的位置。在默认状态下，“网格”显示为不打印出来的线条。

在 Photoshop 中打开一张图片，如图 2 - 172 所示，单击菜单栏“视图 > 显示 > 网格”命令，就可以在画布中显示出网格，如图 2 - 173 所示。

图 2 - 172

图 2 - 173

启用网格后，单击菜单栏“视图 > 对齐到 > 网格”命令，可以在执行创建选区或移动对象等操作时，将选区或对象自动对齐到网格上。

2.7.3　切片工具和切片选择工具的使用

在电商设计和 UI 设计工作中，设计师在完成版面的设计后，不能将整张图片上传到网络上，需要先将图片分区域“切片”。在 UI 设计中，需要将网页或 APP 界面设计图上的某些图片单独切割下来，交给程序员去进行编程工作；在电商设计中，需要将产品详情图分割成多个部分，再依次上传到网络上去，使浏览更加顺畅。

单击工具箱“裁剪工具”，在打开的工具组中选择“切片工具”如图 2 – 174 所示。“切片工具”可以根据需求切割出图片中的任何一部分，且在同一张图片上可以切割多个地方；“切片选择工具”是对已有的切片进行选择、调整顺序、对齐与分布等操作。

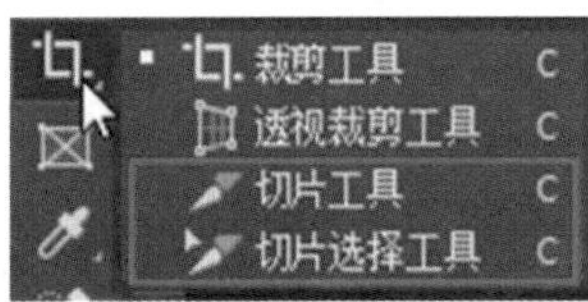

图 2 – 174

1　切片工具

如图 2 – 175 所示，“切片工具”的工具选项栏十分简单，可以设置“样式”“宽度”和“高度”，在有参考线的情况下还可以设置“基于参考线的切片”。

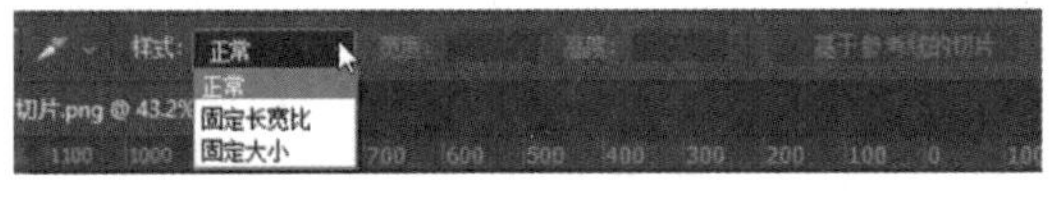

图 2 – 175

●样式/宽度/高度：选择“正常”选项，表示可以在画布中按住鼠标左键不放拖动出任意大小的切片；选择“固定长宽比”选项，可以在右侧的“宽度”和“高度”文本框中输入数字来设置切片的宽高比；选择“固定大小”选项，可以在右侧的“宽度”和“高度”文本框中输入数字来设置切片的具体尺寸。

●基于参考线的切片：在有参考线的情况下，可以单击该按钮，根据参考线创建切片。

2　切片选择工具

“切片选择工具”的工具选项栏如图 2 – 176所示。

图 2 – 176

●调整切片堆叠顺序：左侧 4 个按钮从左到右依次是“置为顶层”“前移一层”“后移一层”和“置为底层”。创建切片之后，最后创建的切片会处于堆叠顺序中的最顶层，如果需要调整切片的堆叠顺序，可以使用这 4 个按钮来完成，但只对用户切片起作用。

●提升：用于将选中的自动切片或图层切片提升为用户切片。

●划分：单击该按钮，会弹出“划分切片”对话框，如图 2 – 177 所示，可根据需要，将选中的切片划分为合适的等分切片。

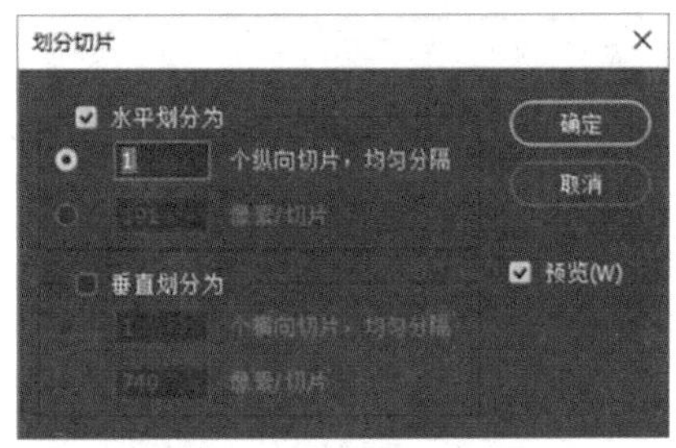

图 2 – 177

●对齐与分布切片：这里所有的“对齐与分布”命令，与图层的“对齐与分布”使用方法相同，不同的是这里的操作对象是切片。

●隐藏自动切片：单击该按钮，可以隐藏自动切片，即系统自动生成的切片。

●为当前切片设置选项：单击该按钮，会弹出“切片选项”对话框，如图 2 – 178 所示，可以在该对话框中设置当前被选中切片的名称、类型、URL 地址等。

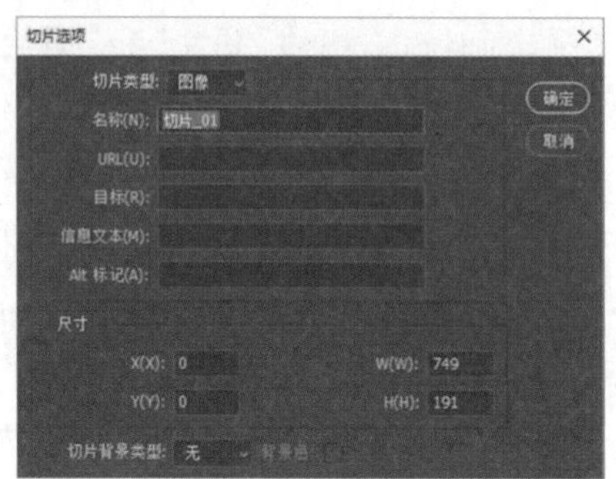

图 2－178

3 创建切片

素材文件	第 2 章\2.7\切片. jpg

在 Photoshop 中打开一张图片，选择工具箱中的“切片工具”，将工具选项栏中的“样式”设置为“正常”，在图像中按住鼠标左键进行拖动，可以拖动出一个矩形框，如图 2－179所示。松开鼠标左键就会创建一个用户切片，用户切片以外的部分会生成自动切片，如图 2－180 所示。

图 2－179

图 2－180

如果将“样式”设置为“固定长宽比”，在“宽度”和“高度”后的文本框内输入数字，在画面中按住鼠标左键拖动，拖动出的矩形框的长宽比始终会和输入的比例相同。

如果将“样式”设置为“固定大小”，在“宽度”和“高度”后的文本框内输入数字，在画面中单击鼠标左键，即可出现相应尺寸的切片；如果按住鼠标左键拖动，会有相应尺寸的矩形框跟着鼠标移动，松开鼠标左键后即可生成切片。

4 基于参考线创建切片

若当前文档中有参考线，如图 2－181 所示，单击“切片工具”工具选项栏中的“基于参考线创建切片”按钮，即可根据现有参考线创建出切片，如图 2－182 所示。

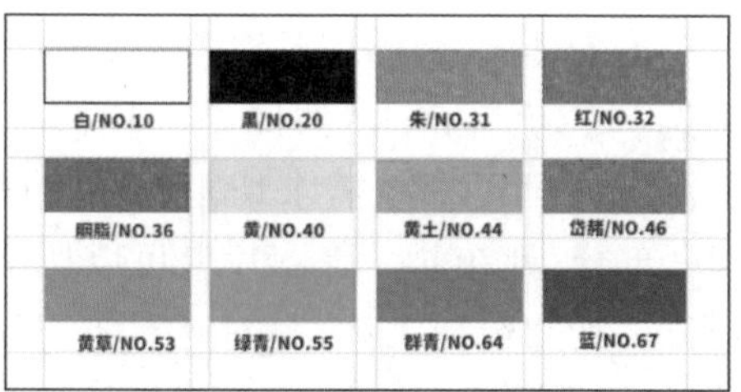

图 2－181

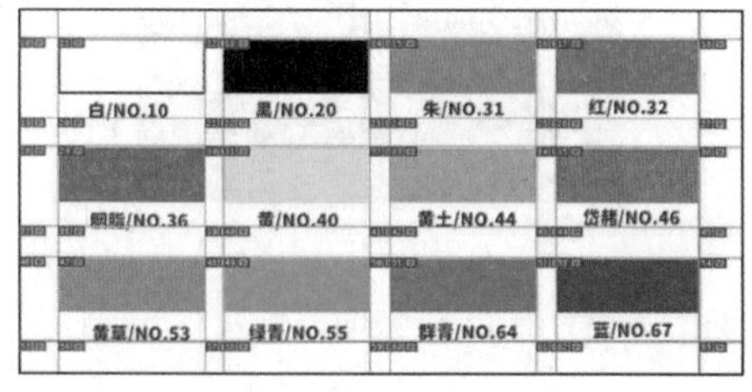

图 2－182

5 基于图层创建切片

若想基于图层创建切片，先选中要创建切片的图层，单击菜单栏“图层 > 新建基于图层的切片”命令，即可创建包含该图层的切片，如图 2－183 所示。

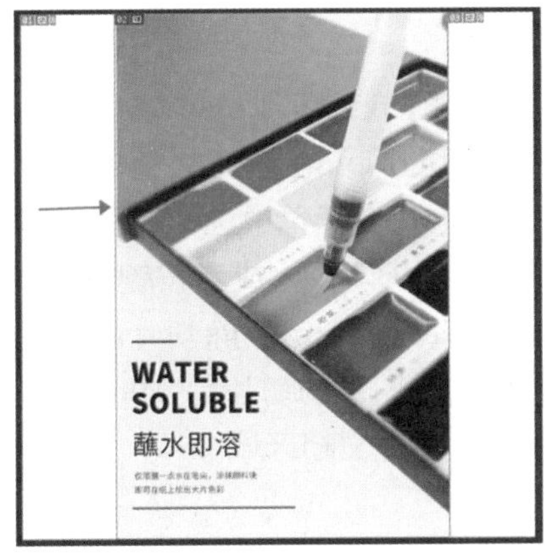

图 2－183

6 选择切片

选择工具箱中的“切片选择工具”，在图像中单击切片即可将其选中，选中状态的切片边框为金黄色，如图 2－184 所示。按住键盘上的 Shift 键不放，单击其他切片，即可选中多个切片，如图 2－185 所示。如果在多选时出现错选，可以按住键盘上的 Shift 键不放，单击选错的切片，即可取消其选中状态。

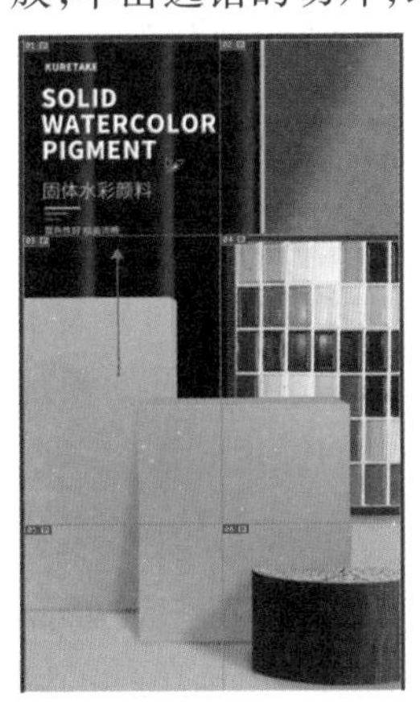

图 2－184

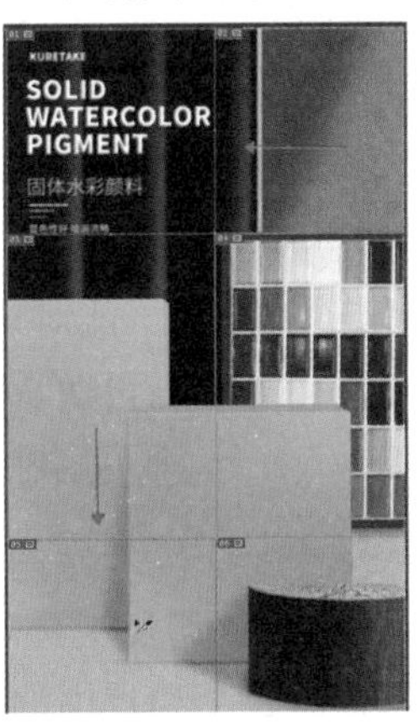

图 2－185

7 移动切片

若想要移动切片，选择工具箱中的“切片选择工具”选中要移动的切片，在切片上按住鼠标左键进行拖动，会有一个蓝色的边框随着鼠标移动，如图 2－186 所示。松开鼠标左键即可移动该切片的位置，如图 2－187 所示。

图 2－186

图 2－187

8 编辑切片

调整切片大小

如果想要调整切片的大小，选择工具箱中的“切片工具”或“切片选择工具”，将鼠标箭头移动到切片的任意边框处，如图 2－188 所示，按住鼠标左键拖动进行调整。

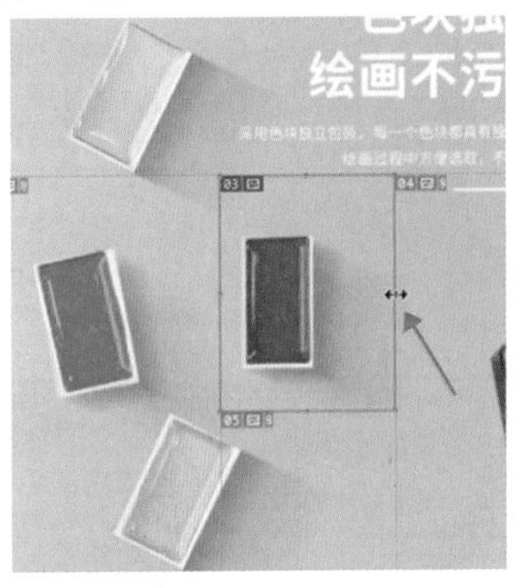

图 2－188

复制切片

选择工具箱中的“切片选择工具”，按住

键盘上的 Alt 键不放，在要复制的切片上按住鼠标左键向任意方向拖动，会出现一个随着鼠标一起移动的蓝框，如图 2－189 所示。拖动到合适的位置松开鼠标左键，即可完成复制，如图 2－190 所示。

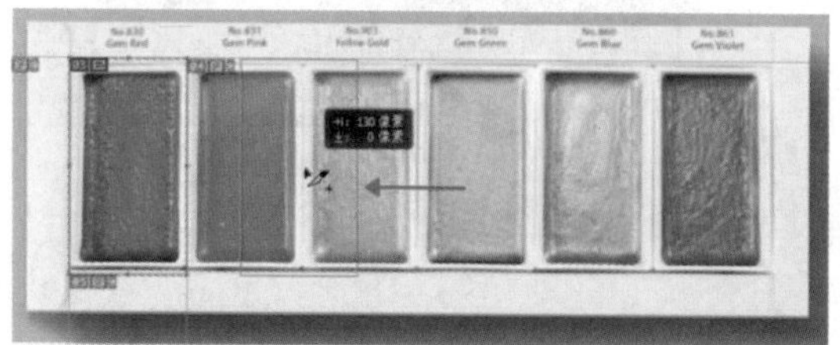

图 2－189

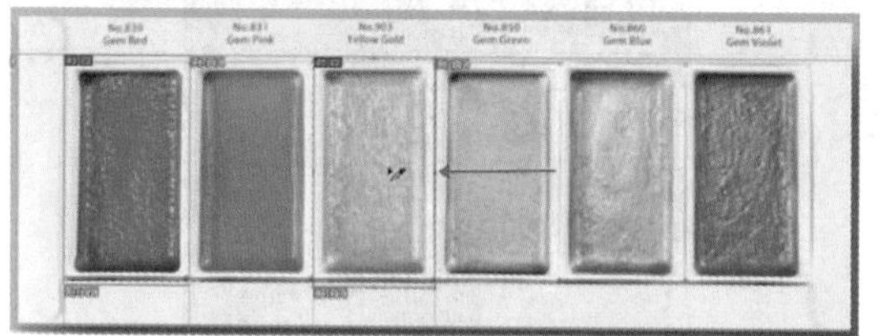

图 2－190

组合切片

选择工具箱中的“切片选择工具”，选中多个切片，如图 2－191 所示，右键单击被选中的切片，在弹出的快捷菜单中选择“组合切片”命令，如图 2－192 所示，即可将选中的所有切片组合为一个切片。

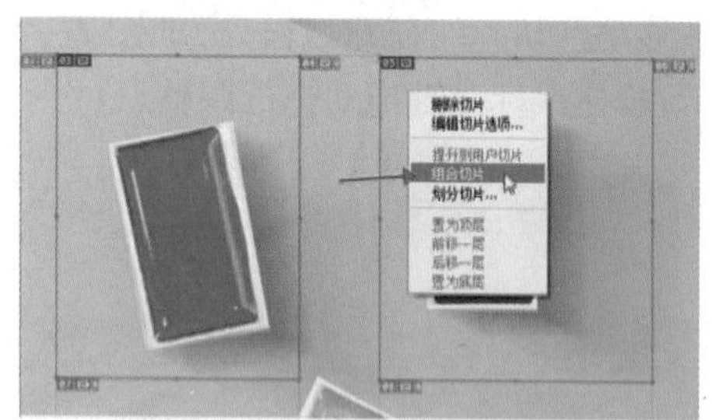

图 2－191

图 2－192

9 删除切片

若想删除单个切片，可以用“切片选择工具”选中切片后，在该切片上单击鼠标右键，在弹出的快捷菜单中选择“删除切片”命令，如图 2－193 所示，或者按键盘上的 Delete 键或 Backspace 键删除切片。删除了用户切片或基于图层的切片后，Photoshop 会生成自动切片填充文档区域。

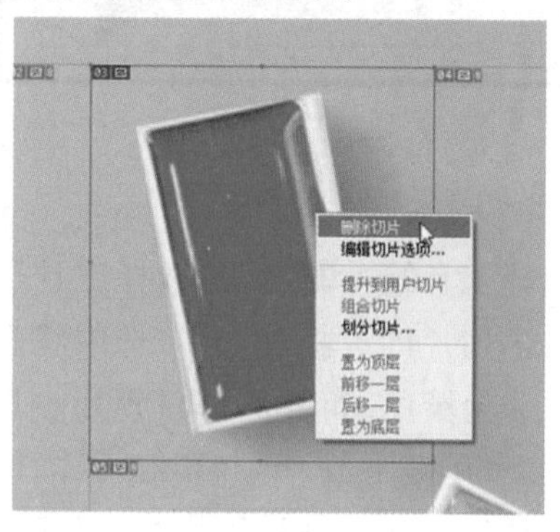

图 2－193

单击菜单栏“视图 > 清除切片”命令，即可删除所有用户切片和基于图层的切片。

10 锁定切片

单击菜单栏“视图 > 锁定切片”命令，可将所有的用户切片和基于图层的切片锁定。锁定切片后，不能对切片进行移动、调节大小等任何操作。再次单击菜单栏“视图 > 锁定切片”命令，即可解除切片的锁定状态。

11 导出切片

使用“切片工具”将设计图切割完成后，需要将每个切片中的图像都导出为单独的图片文件，以备后续使用。

单击菜单栏“文件 > 导出 > 存储为 Web 所用格式（旧版）”命令，如图 2－194 所示，或按键盘上的快捷键 Ctrl + Alt + Shift + S，打开“存储为 Web 所用格式”对话框，如图 2－195所示。

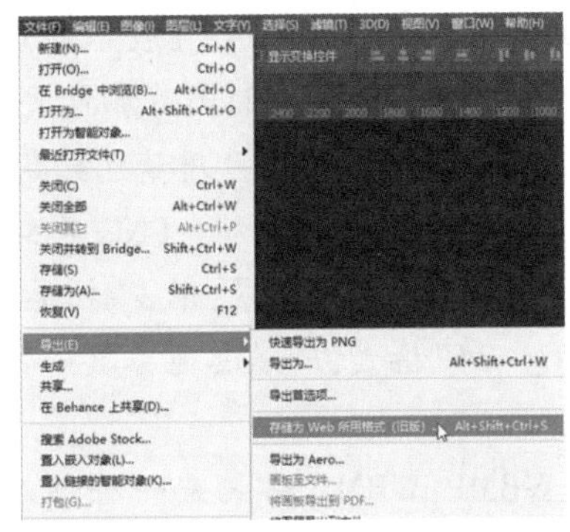

图 2－194

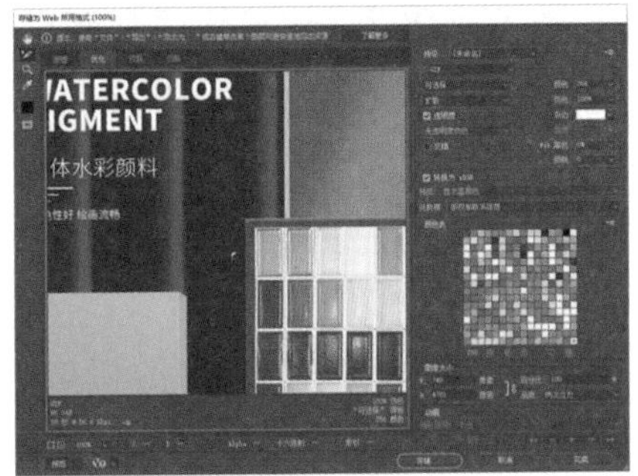

图 2－195

图像预览图

将鼠标箭头放在图像预览图上，按住键盘上的空格键不放，当鼠标箭头变为小手，按住鼠标左键拖动图像，可以移动图像的显示位置；按键盘快捷键 Ctrl ＋ ＋或 Ctrl ＋ －，或按住键盘上的 Alt 键不放滚动鼠标滚轮，即可放大或缩小图像预览图，窗口标题后的括号内和图像预览图下方会显示当前图像预览图相对于原图尺寸的百分比，如图 2－196 所示。

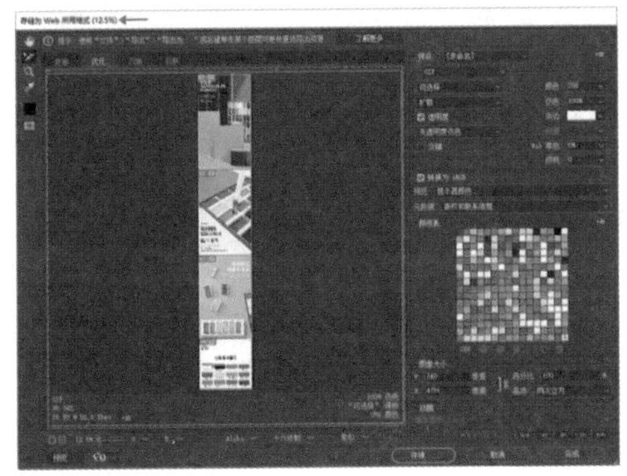

图 2－196

将图像预览图调整到合适大小，可看到画面中所有的切片，默认最后创建的切片为选中状态，边框是金黄色，如图 2－197 所示。被选中的切片为最终输出的图片，可按住键盘上的 Shift 键不放，对图像预览图中的切片进行多选，如图 2－198 所示。被选中切片中的图像颜色会加深显示。

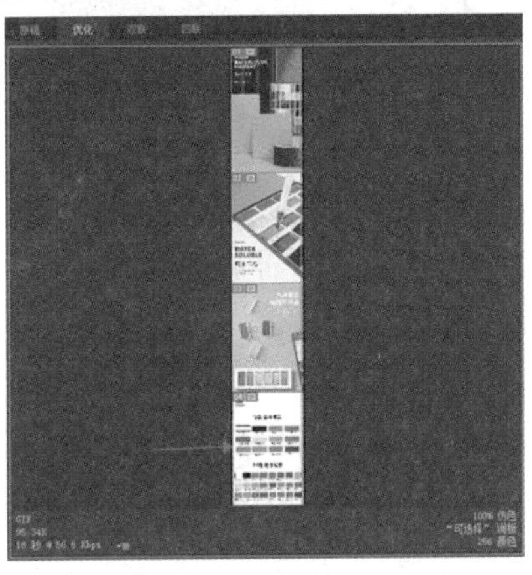

图 2－197

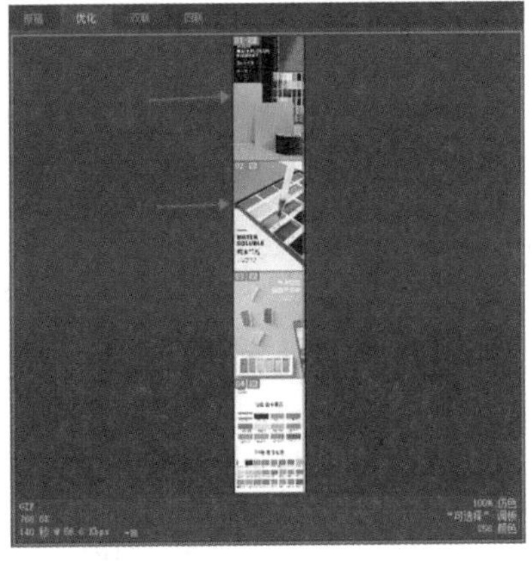

图 2－198

保存图片格式

图像预览图右侧可以选择导出的图片格式，Photoshop 包含 GIF、JPEG、PNG－8、PNG－24 和 WBMP 共 5 种图片格式，默认为 GIF 格式，如图 2－199 所示，根据需要选择要保存的图片格式即可。

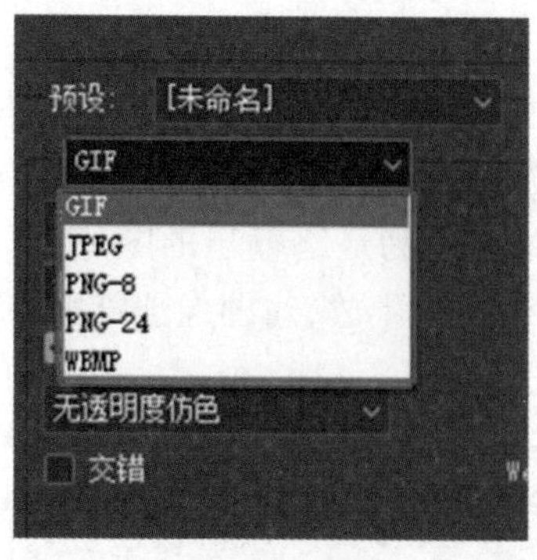

图 2－199

●GIF:GIF 格式是输出图像到网页最常用的格式,采用 LZW 压缩,支持完全透明的背景和动画,但支持的颜色较少,最多显示 256 种颜色。选择“GIF”格式,所属其他参数一般使用默认值。

●JPEG:JPEG 格式是一种图像有损压缩格式,虽然图片在转化为 JPEG 格式后会损失部分数据,但人眼几乎无法分辨出差别。JPEG 格式支持的颜色十分丰富,但是不支持透明背景和动画。

选择“JPEG”格式,需要注意“品质”和“模糊”2 个参数,其他参数一般使用默认值。“品质”的数值越高,图像的细节越丰富,文件也越大,反之同理。“模糊”类似于创建“高斯模糊”滤镜的效果,数值越大,模糊效果越明显,图片越小,但在实际工作中,“模糊”值最好不超过 0.5。

●PNG－8:PNG 文件采用 LZ77 算法的派生算法进行压缩,其结果是获得高的压缩比,不损失数据,可以使彩色图像的边缘能与任何背景平滑地融合,从而彻底地消除锯齿边缘。但 PNG－8 格式最多只能展示 256 种颜色,所以更适合那些颜色比较单一的图像。因为颜色数量少,所以生成的文件体积也比较小。PNG－8 支持完全透明的背景,不支持动画和半透明背景。选择“PNG－8”格式,所属其他参数一般使用默认值。

●PNG－24:PNG－24 可展示的颜色数量多达 1600 万,所展示的图片颜色更丰富,图片的清晰度也更好,图片质量也更高,当然图片的大小也会相应增加。PNG－24 支持完全透明和半透明的背景,不支持动画。选择“PNG－24”格式,所属其他参数一般使用默认值。

●WBMP:WBMP 格式是一种移动设备使用的标准图像格式。WBMP 格式只支持 1 位颜色,即 WBMP 图像只包含黑色和白色像素。文件不能过大,且并不是所有的移动设备都支持。选择“WBMP”格式,所属其他参数一般使用默认值。

导出切片

在图像预览图选中要保存的切片,选择设置好要保存的图片格式后,单击右下角的“存储”按钮,会弹出“将优化结果存储为”对话框,注意最下方“切片”右侧的下拉列表选项,默认为“所有切片”,如图 2－200 所示,即图像中所有的切片都会被保存下来。除了“所有切片”选项,还有“所有用户切片”和“选中的切片”2 个选项,“所有用户切片”即所有用户自己创建的切片,“选中的切片”即刚刚在图像预览图内选中的所有切片,根据需求选择合适的选项。选择合适的切片存储位置,单击“保存”按钮,会弹出如图 2－201 所示提示框,单击“确定”按钮。

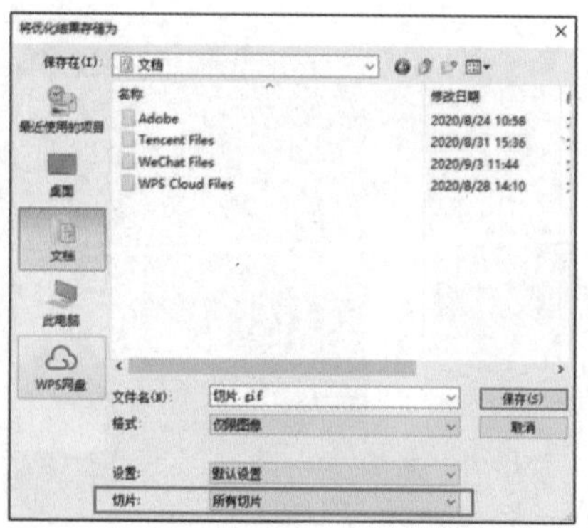

图 2－200

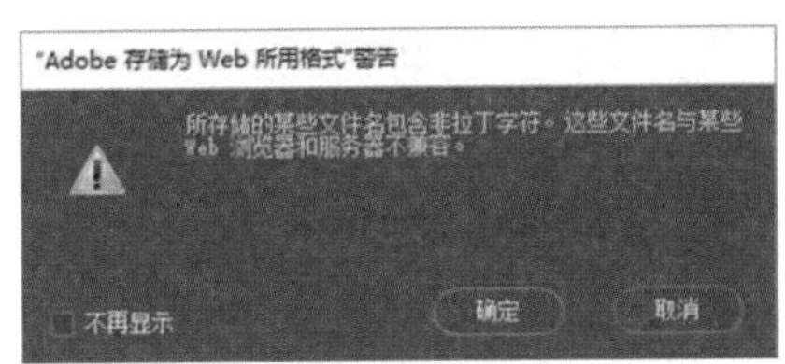

图 2－201

打开切片的存储位置进行查看，会发现 Photoshop 自动给导出的切片创建了"images"的文件夹，打开该文件夹，即可看到保存为图片格式的切片。

综合案例　海报图尺寸增大的方法

素材文件　第 2 章\2.7\涵品教育海报.jpg

步骤 01　在 Photoshop 中打开素材文件夹"第 2 章\2.7\涵品教育海报.jpg"文件，如图 2－202 所示。可以看到，该图的主体文字位置不在图片正中央，这里要做的是将图片下方切除一部分，图片右侧扩大一部分。

图 2－202

步骤 02　按住键盘上的 Alt 键不放，双击"图层面板"的背景图层，将其转换为普通图层。

步骤 03　单击菜单栏"图像 > 画布大小"命令，更改弹出"画布大小"对话框中的参数，如图 2－203 所示，单击"确定"按钮后，会弹出如图 2－204 所示的提示框，单击"继续"按钮，更改效果如图 2－205 所示。

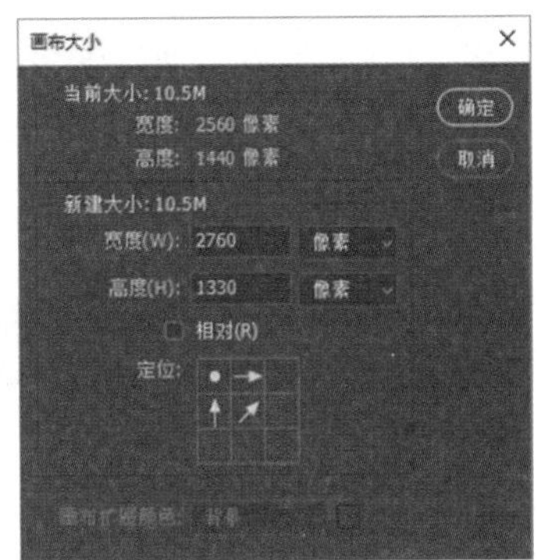

图 2－203

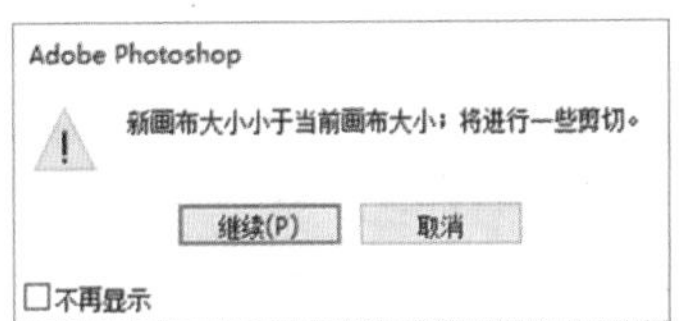

图 2－204

图 2－205

步骤 04　若直接执行"内容识别缩放"命令进行拉伸，会导致中间的正圆图形变扁，如图 2－206 所示。

图 2－206

步骤 05　为了保证中间的正圆不变形，在执行"内容识别缩放"命令前，先使用"矩形选框工具"将不需要拉伸的部分用选区框住，如图 2－207 所示，然后单击“通道”面板下方的“将选区存储为通道”按钮，如图 2－208 所示，“通道”面板会多出“Alpha 1”通道，如图 2－209 所示。

图 2－207

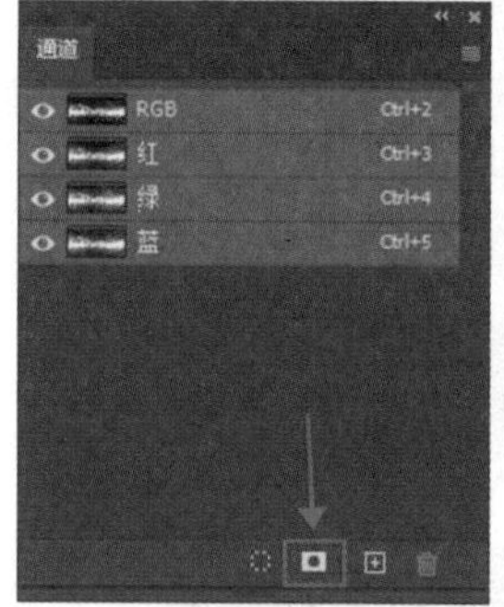

图 2－208

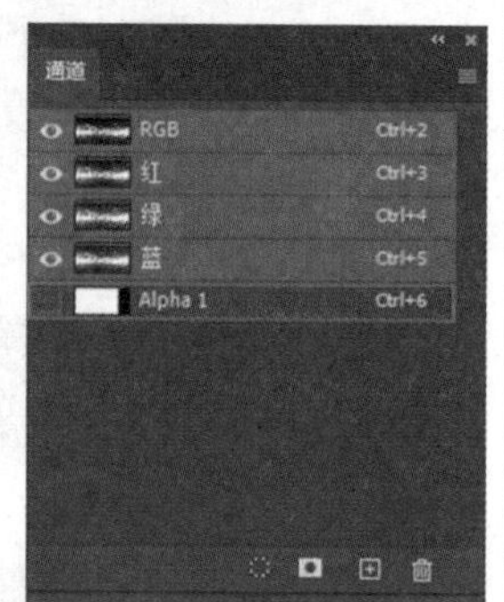

图 2－209

步骤 06 按键盘上的快捷键 Ctrl＋D 取消选区，单击菜单栏“编辑 > 内容识别缩放”命令，选择工具选项栏中“保护”右侧下拉列表中的“Alpha 1”选项，如图 2－210 所示。

图 2－210

步骤 07 将图像拉伸至填满整个画布后，按键盘上的 Enter 键完成操作，效果如图 2－211所示。

图 2－211

CHAPTER 3

Photoshop在图像抠图中的应用

本章导读

3.1 对选区的认知

素材文件　第 3 章\3.1\花朵. jpg、落叶. jpg、绿植. jpg

“选区”是用来限制图像上操作范围的选择区域。“选区”是由虚线包裹起来的一个封闭区域，由于虚线又像一群游动的蚂蚁，所以又被称为“蚂蚁线”，如图 3 – 1 所示。在一个图层内，被蚂蚁线包裹的区域，是可编辑区域，蚂蚁线之外的部分无法被编辑，如图 3 –2 所示，我们更改了选区内花朵的颜色，但花朵以外图像其他部分的颜色并没有发生变化。

图 3 –1

图 3 –2

“选区”的使用非常普遍，无论是对照片进行修饰还是在设计制图的过程中，经常需要对画面进行局部处理，或在特定的区域中进行颜色填充、复制、剪切、删除等操作，这些都可以通过创建“选区”并对“选区”内的区域进行操作来完成。“选区”只能对普通图层或背景图层上的图像进行编辑操作。

在 Photoshop 中，“抠图”是离不开“选区”的。选中某个对象之后，将它从图像里分离出来，这个过程就叫作“抠图”。在编辑图像的过程中，我们经常需要创建“选区”进行“抠图”，所以 Photoshop 提供了大量的选择工具和命令，以适应不同的对象。但是很多时候图像会比较复杂，比如人像、毛发等，需要多种工具配合使用。

3.1.1 选区的基本操作

1 创建“简单选区”

右键单击工具箱中的“矩形选框工具”，即可打开该工具组，如图 3 – 3 所示，里边包含“矩形选框工具”“椭圆选框工具”“单行选框工具”和“单列选框工具”。其中常用的是“矩形选框工具”和“椭圆选框工具”，“单行选框工具”和“单列选框工具”常用于制作网格。

图 3 – 3

2 使用“矩形选框工具”和“椭圆选框工具”

单击“矩形选框工具”，在工具选项栏上的“样式”中选择“正常”选项，按住鼠标左键在画布上进行拖动，即可创建矩形选区，如图 3 –4 所示。在画布上先按住鼠标左键，然后按住键盘上的 Shift 键不放，可以拖动出正方形选区，如图 3 –5 所示。

图 3 –4

图 3－5

“椭圆选框工具”和“矩形选框工具”的使用方法一样，按住鼠标左键在画布上拖动即可创建椭圆选区，如图 3－6 所示。在画布上先按住鼠标左键，再按住键盘上的 Shift 键不放，可以拖动出正圆形选区，如图 3－7 所示。

图 3－6

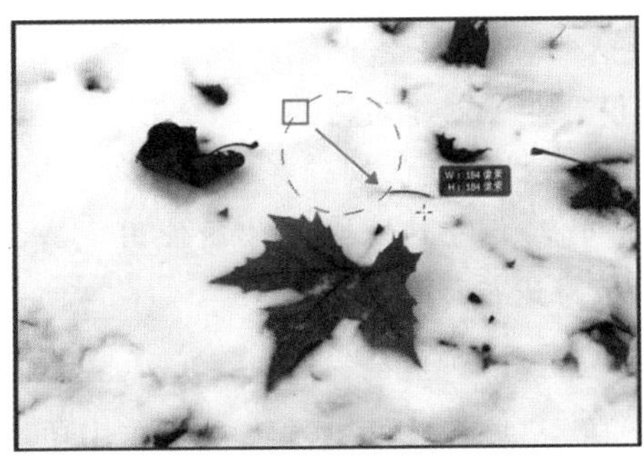

图 3－7

“矩形选框工具”的工具选项栏如图 3－8 所示，“椭圆选框工具”的工具选项栏如图 3－9 所示。这两个工具的工具选项栏只有“消除锯齿”这一项不同，因为矩形选框没有不平滑的状况，所以“矩形选框工具”的“消除锯齿”是不可用的，只有使用“椭圆选框工具”时，“消除锯齿”才可用。

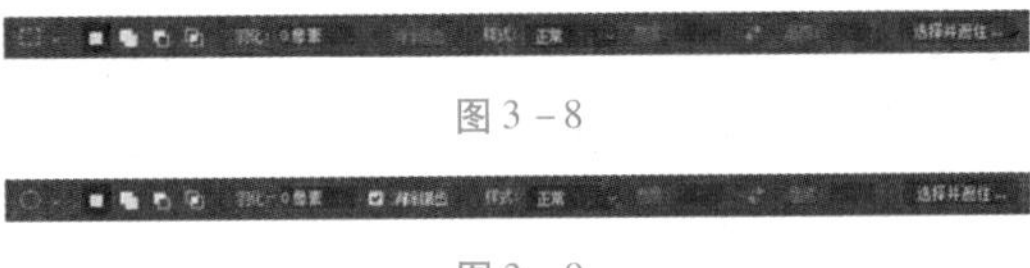

图 3－8

图 3－9

●选区运算按钮组：前边 4 个按钮都是用于设置选区运算方法的。

第 1 个是“新选区”按钮，选中该按钮，可以创建新选区，如果已经存在选区，则新创建的选区会替代原来的选区。

第 2 个是“添加到选区”按钮，选中该按钮，鼠标箭头右下角会出现“＋”，可以将新创建的选区添加到原来的选区中去，如图 3－10 所示，也可以按住键盘上的 Shift 键不放，然后拖动鼠标添加新选区。

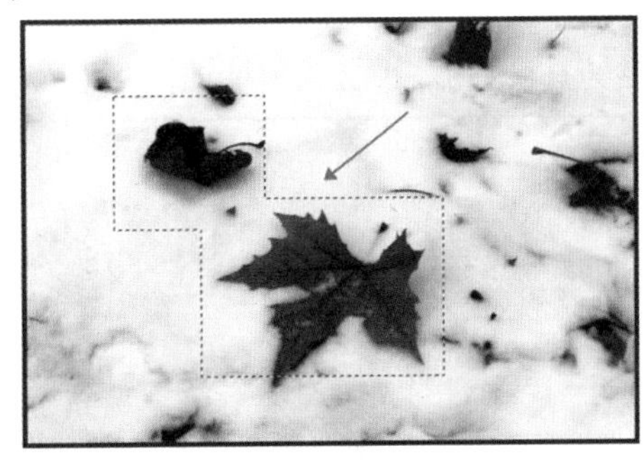

图 3－10

第 3 个是“从选区减去”按钮，选中该按钮，鼠标箭头右下角会出现“－”，可以将新创建的选区从原来的选区中减去，如图 3－11 所示，也可以按住键盘上的 Alt 键不放，然后拖动鼠标减去新选区。

图 3－11

第 4 个是“与选区交叉”按钮，选中该按钮,鼠标箭头右下角会出现“×”,再次创建选区时,只保留和原选区相交的部分,如图 3-12 所示,也可以同时按住键盘上的 Alt 键和 Shift 键不放,然后拖动鼠标交叉选区。

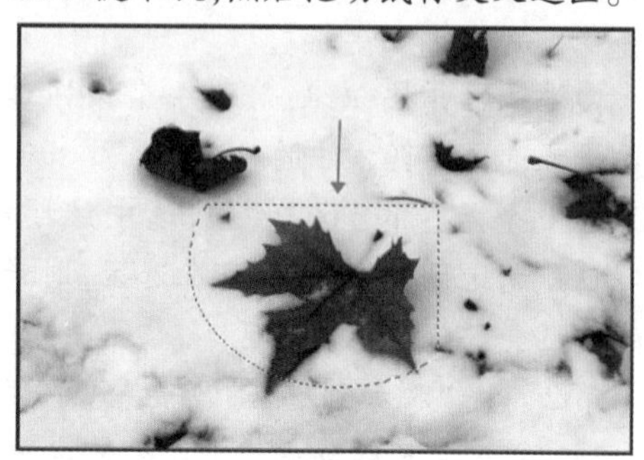

图 3-12

●羽化:用来设置选区边缘的虚化程度。羽化值越大,虚化的范围越大;羽化值越小,虚化的范围越小。例如,图 3-13 所示是羽化值为 0 时,删除选区内图像的效果。

图 3-13

●消除锯齿:像素是组成图像最小的元素,每个像素都是一个小正方形,所以在创建非矩形选区时,容易产生锯齿。勾选“消除锯齿”复选框后,Photoshop 会在选区边缘添加与图像相近的颜色,使选区看起来很光滑。例如,图3-14所示是没有勾选“消除锯齿”时在椭圆选区内填充颜色的效果,图 3-15 所示是勾选了“消除锯齿”后在椭圆选区内填充颜色的效果。

图 3-14

图 3-15

●样式/宽度/高度:“样式”是用来设置创建选区的方法,包括“正常”“固定比例”和“固定大小”3 种,“宽度”“高度”是和“固定比例”“固定大小”结合使用的。单击“宽度”和“高度”中间的左右箭头按钮,可以将宽高的数值互换。

正常:表示可以在画布中拖动鼠标创建任意大小的选区。

固定比例:可以在工具选项栏的“宽度”和“高度”文本框中输入数字来设置选区的宽高比,在画布中拖动鼠标创建固定比例的选区。

固定大小:可以在后边的“宽度”和“高度”文本框中输入数字来设置选区的具体尺寸,在画布上单击即可创建固定大小的选区,如果按住鼠标左键在画布中进行拖动,一个固定尺寸的选区会出现在鼠标箭头的右下角,松开即可创建该选区。

●选择并遮住:“选择并遮住”在早期版本中叫作“调整边缘”,具体的使用方法会在 3.3 节中进行详细讲解。

3 使用“单行选框工具”和“单列选框工具”

单击“单行选框工具”,在画布中单击鼠标左键,即可创建出高度为 1 像素,宽度为整个画布宽度的选区,如图 3-16 所示。

图 3－16

单击“单列选框工具”，在画布中单击鼠标左键，即可创建出宽度为 1 像素，高度为整个画布高度的选区，如图 3－17 所示。

图 3－17

4 选区的移动变换

移动选区

如果想要移动选区，先选择工具箱中任意可以创建选区的工具，确认工具选项栏里的选区运算方式为“新选区”，然后将鼠标箭头移动到选区内，鼠标箭头右下角出现矩形选框图标，如图 3－18 所示。按住鼠标左键拖动，即可移动选区，如图 3－19 所示。移动过程中鼠标箭头的颜色会在黑白之间变化，松开鼠标即可将选区放到新位置。按键盘上的上下左右方向键也可以移动选区。

图 3－18

图 3－19

如果选择“移动工具”，会使选区内的图像一起随着选区移动，如图 3－20 所示。

图 3－20

变换选区

创建选区后，单击菜单栏“选择 > 变换选区”命令，或在选区内单击鼠标右键，在弹出的快捷菜单中选择“变换选区”命令，即可对选区进行缩放、旋转等操作。

执行“变换选区”命令后，选区周围出现变换框，如图 3－21 所示，其操作方法和“自由变换”相同，只是操作的对象是选区而不是图像。例如可以旋转选区，如图 3－22 所示，其他操作方法参照“自由变换”。

图 3－21

图 3－22

注意：如果创建选区后按键盘上的快捷键 Ctrl + T，选区会进入“自由变换”状态，虽然看起来和“变换选区”没有区别，但是一旦进行操作，选区内的图像也会跟着一起变换。

5 取消选区和重新选择选区

创建选区后，单击菜单栏“选择 > 取消选择”命令，或按键盘上的快捷键 Ctrl + D，即可取消选区。如果要恢复刚刚被取消的选区，单击菜单栏“选择 > 重新选择”命令，或按键盘上的快捷键 Ctrl + Shift + D，可重新选择选区。

6 选区的全选与反选

全选

单击菜单栏“选择 > 全部”命令，或者按键盘上的快捷键 Ctrl + A，可选中整个画布，如图 3－23 所示。

图 3－23

反选

创建一个选区，如图 3－24 所示，单击菜单栏“选择 > 反选”命令，或者按键盘上的快捷键 Ctrl + Shift + I，可让选区以外的区域被选中，如图 3－25 所示。

图 3－24

图 3－25

7 载入当前图层选区

素材文件	第 3 章\3.1\载入当前图层选区.psd

在制图的过程中，有时会需要得到某一个图层的选区，在 Photoshop 中打开素材文件夹“第 3 章\3.1\载入当前图层选区.psd”文件，按住键盘上的 Ctrl 键不放，单击“图层面板”中形状图层的图层缩略图，如图 3－26 所示，即可载入该图层的选区，如图 3－27 所示。

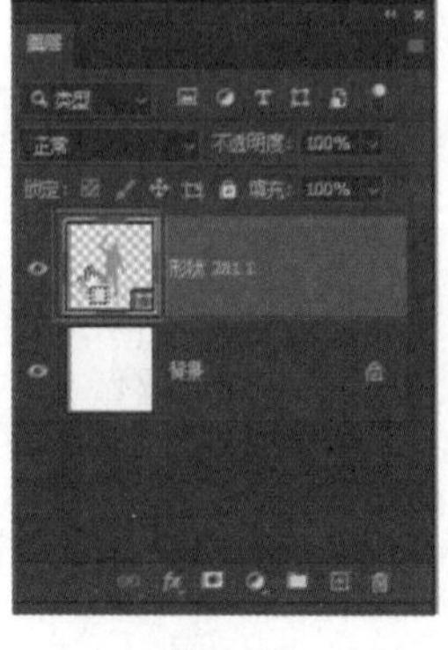

图 3－26

图 3－27

8 选区的隐藏与显示

在制图的过程中，有时候选区边缘的蚂蚁线会影响我们观察画面效果，可以单击菜单栏“视图 > 显示 > 选区边缘”命令，或按键盘上的快捷键 Ctrl + H，切换选区的显示与隐藏状态。

“取消选区”是指清除掉选区，即画布上不存在选区，而“隐藏选区”是指把选区的边缘显示暂时隐藏起来，但选区依然存在。

9 剪切、拷贝、粘贴、清除

Photoshop 中对选区进行剪切、拷贝、粘贴、清除操作，针对的是选区中的图像，而不是选区本身。在 2.6 节中，我们使用选区对图像的剪切、拷贝、粘贴和清除进行了讲解。本节关于选区的剪切、拷贝、粘贴和清除操作与 2.6 节内容一致。

10 选区和裁剪工具

在画布中创建一个选区，然后单击工具箱“裁剪工具”，选中的区域周围会出现裁剪框，如图 3－28 所示，按键盘上的 Enter 键后，选区边缘的蚂蚁线消失。再次按键盘上的 Enter 键，画布会被裁剪成之前选区选中的区域。

图 3－28

3.1.2 钢笔工具的应用

“钢笔工具”是 Photoshop 中最常用的工具之一，是一种矢量工具，使用“钢笔工具”可以绘制任意封闭或开放的路径或形状。“钢笔工具”绘制出的路径可控性极强，在绘制完毕后可以反复修改，非常适合精密复杂的路径。路径可以转换为选区，将路径转换为选区后可以对选中的对象进行精准抠图。“钢笔工具”还可以进行矢量绘图，具体的使用方法和效果会在第 7 章进行详细讲解。

1 锚点、路径和手柄

选择工具箱中的“钢笔工具”，如图 3－29 所示，将工具选项栏里的工具模式选为“路径”，如图 3－30 所示，再单击工具选项栏右侧“设置其他钢笔和路径选项”按钮，在弹出快捷菜单中勾选“橡皮带”复选框，如图 3－31 所示。

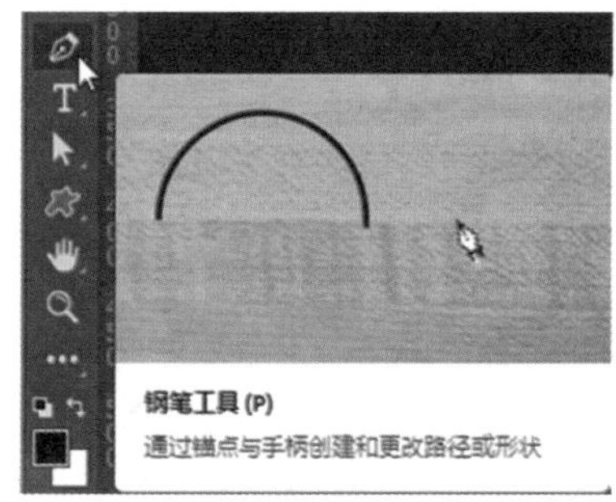

图 3－29

图 3－30

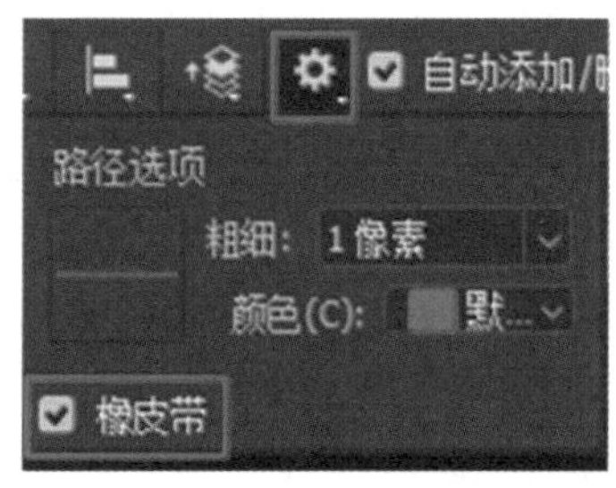

图 3－31

绘制折线路径

将鼠标箭头移动到画布中，单击鼠标左键，创建一个小正方形，这个小正方形就叫作“锚点”，如图 3－32 所示，这个锚点也是路径的起点。移动鼠标，会发现从第 1 个锚点延展出一条线,线的末端随着鼠标箭头移动,这就是刚刚设置的"橡皮带"。在画布中其他任意位置单击,就会创建第2个锚点,2个锚点之间自动生成一条线,这条线就叫作"路径",如图3-33所示。继续以单击的方式绘制,可以绘制出折线路径,最后将鼠标箭头放到第1个锚点上,箭头右下角会出现一个圆形,如图3-34所示。单击第1个锚点,可绘制出一个闭合路径,如图3-35所示。折线路径中的锚点被称为"角点"。

图3-32

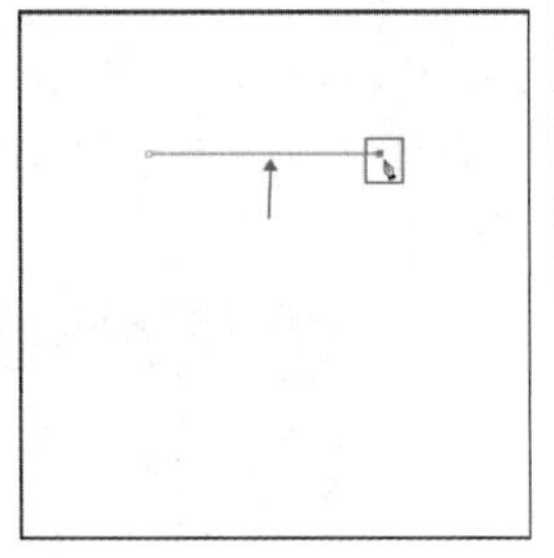

图3-33

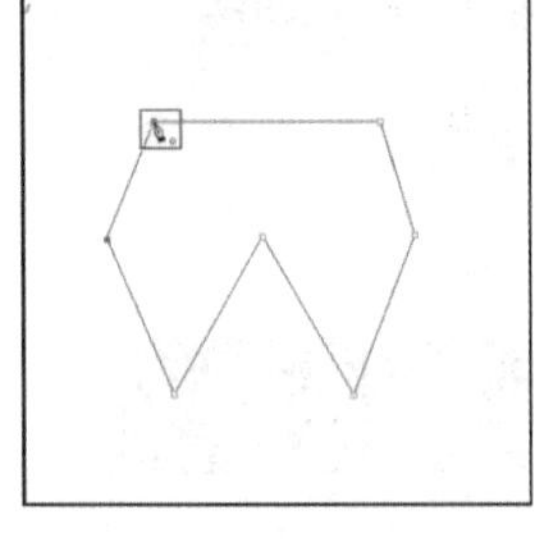

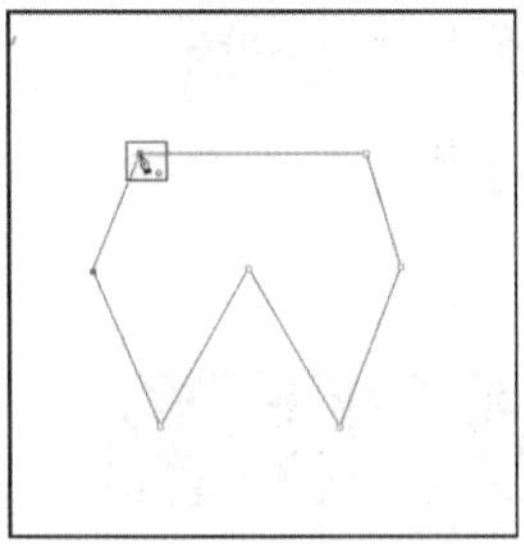

图3-34

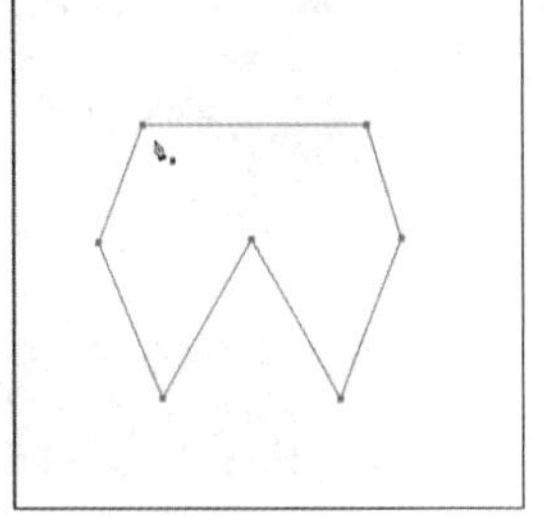

图3-35

按住键盘上的Shift键,可以绘制水平、垂直或以45°角为增量的直线路径。

绘制曲线路径

如果想要绘制曲线路径,在鼠标箭头移动到相应位置后,按住鼠标左键不放进行拖动,可在新创建的锚点中拖动出一条两端各有一个小空心圆的直线,这条直线就叫作"手柄",如图3-36所示。此时继续按住鼠标左键拖动手柄,可以调整手柄的角度,曲线的弧度也会随之发生变化,如图3-37所示。曲线路径中的锚点被称为"平滑点"。

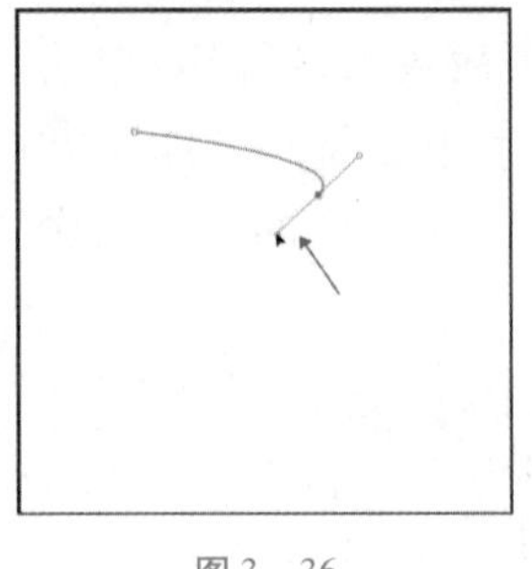

图3-36

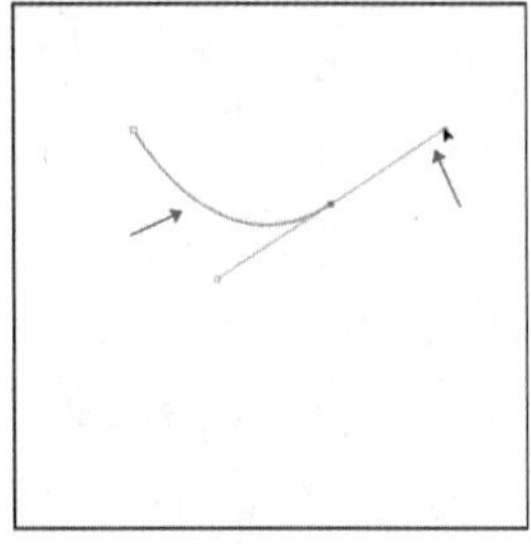

图3-37

终止绘制路径和继续绘制路径

在使用"钢笔工具"的状态下按键盘上的ESC键,或选择工具箱中的其他任何工具,即可终止路径的绘制。

如果想要继续绘制已经被终止的路径,选择"钢笔工具",将鼠标箭头移动到路径的起点或终点,也就是第一个或最后一个锚点的位置上,此时鼠标箭头右下角会多出一个小图标,如图3-38所示,单击该锚点,可继续绘制路径。

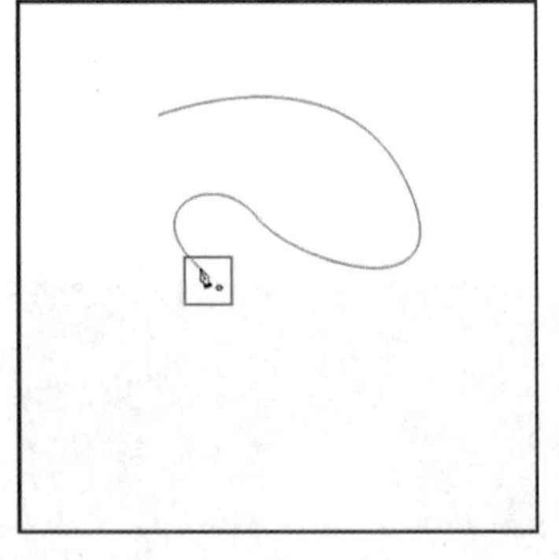

图3-38

2 钢笔工具

了解了使用"钢笔工具"绘制简单路径的方法后,我们继续学习"钢笔工具"工具选项栏的相关参数,如图3-39所示。

图3-39

●选择工具模式:下拉列表中包含了"钢笔工具"的3种工具模式,分别是"路径"

“形状”和“像素”。

路径：选择该选项可以创建工作路径，可以将路径转换为选区，或创建矢量蒙版，或进行填充和描边。

形状：选择该选项可以创建形状，即“矢量图”，且会单独新建一个形状图层来放置创建出的形状。

像素：选择该选项可以在当前图层绘制栅格化的图像，也称为“位图图像”。但由于“钢笔工具”只能用矢量填充，所以“像素”为灰色不可用。

●建立：“建立”后有 3 个按钮，分别是“选区”“蒙版”和“形状”。选择不同的按钮选项，可以将绘制出的路径转换为不同的对象类型。

选区：单击该按钮后，会弹出“建立选区”对话框，如图 3－40 所示，单击“确定”按钮后，可将路径转换为选区。

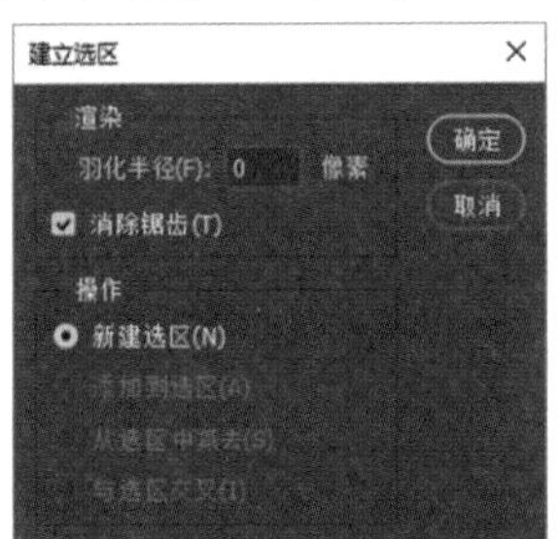

图 3－40

蒙版：单击该按钮后，可以按照路径轮廓为当前图层创建矢量蒙版。关于蒙版的相关知识，会在第 9 章进行详细讲解。

形状：单击该按钮后，可以按当前路径创建形状，并为该形状创建形状图层。

●路径操作：可以设置路径的运算方式，单击该按钮会弹出如图 3－41 所示的快捷菜单。

●路径对齐方式：选择 2 个以上的路径之后，可以对选中的路径进行对齐与分布的设置，单击该按钮会弹出如图 3－42 所示的快捷菜单。

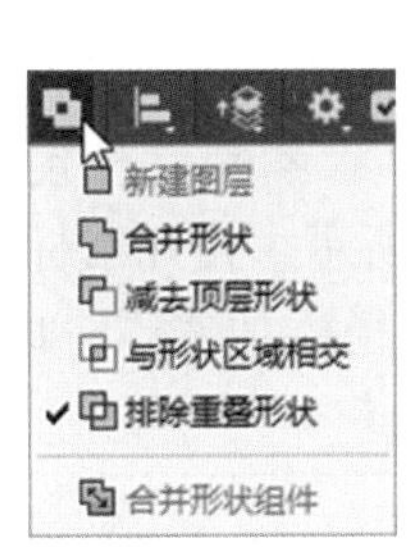

图 3－41

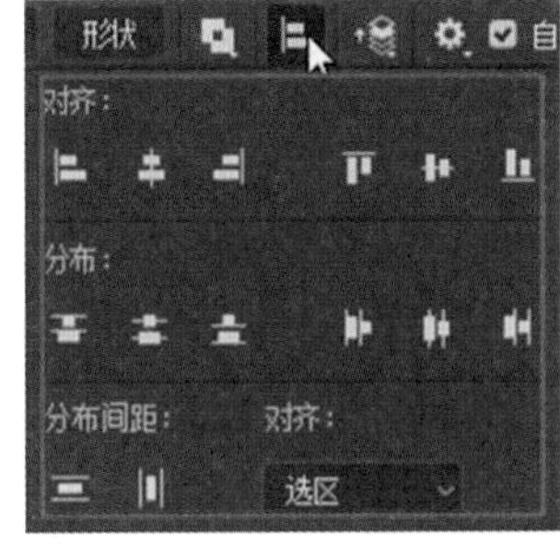

图 3－42

●路径排列方式：可以调整路径的堆叠顺序，单击该按钮会弹出如图 3－43 所示的快捷菜单。

●设置其他钢笔和路径选项：单击该按钮会弹出如图 3－44 所示的对话框，可以设置路径的粗细和颜色以及是否显示“橡皮带”。

图 3－43

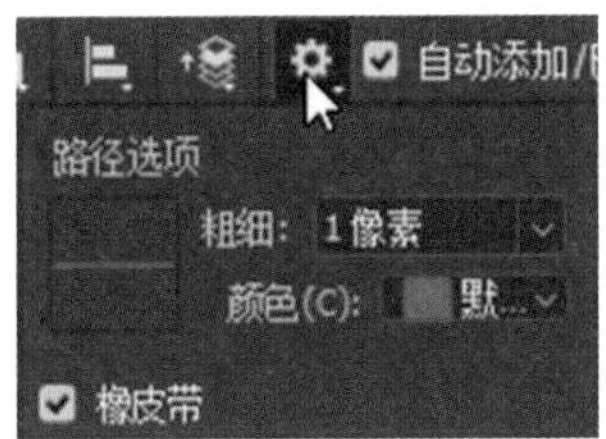

图 3－44

●自动添加/删除：勾选复选框，可以让“钢笔工具”具有直接添加/删除锚点的功能，将“钢笔工具”移动到路径上单击鼠标左键可以添加锚点，将“钢笔工具”移动到锚点上单击鼠标左键可以删除锚点；如果不勾选，则需要打开“钢笔工具”工具组，选择“添加锚点工具”和“删除锚点工具”去添加/删除锚点，如图 3－45 所示。

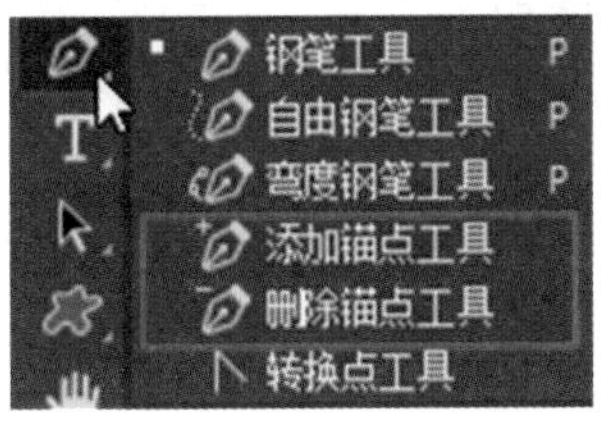

图 3－45

3 自由钢笔工具

素材文件	第 3 章\3.1\柠檬 1. jpg

选择“自由钢笔工具”，把工具选项栏

里的工具模式改为“路径”，将鼠标箭头移动到画布上，按住鼠标左键不放进行拖动，即可绘制出路径，路径的形状就是鼠标箭头运行的轨迹，如图 3－46 所示。松开鼠标左键，Photoshop 会自动为路径添加锚点，如图 3－47 所示。

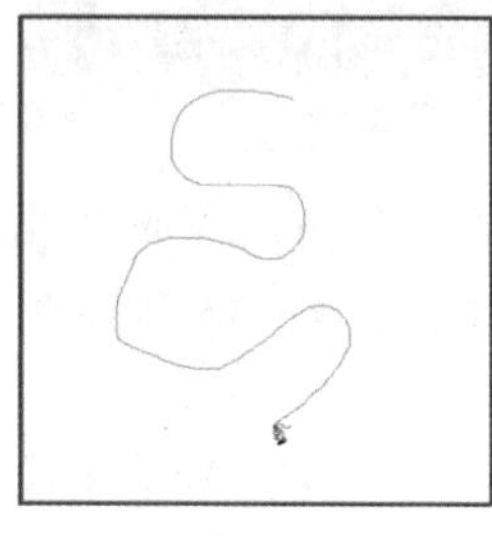

图 3－46

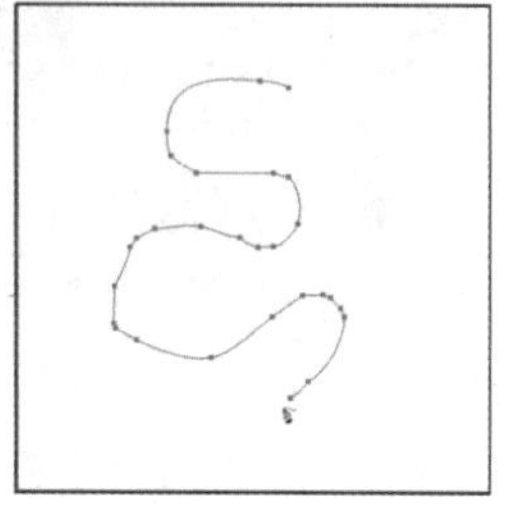

图 3－47

在 Photoshop 中打开素材文件夹“第 3 章\3.1\柠檬 1. jpg”文件，勾选工具选项栏里“磁性的”复选框，如图 3－48 所示，会让“自由钢笔工具”具有“磁性”功能，只需在对象边缘单击，如图 3－49 所示，沿边缘拖动即可创建路径，如图 3－50 所示。该功能和“磁性套索工具”非常相似，只是“自由钢笔工具”创建的是路径或形状，而“磁性套索工具”创建的是选区。

图 3－48

图 3－49

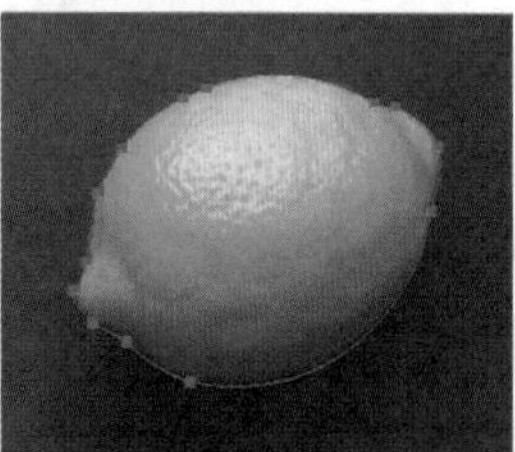

图 3－50

单击“自由钢笔工具”工具选项栏里的“设置其他钢笔和路径选项”按钮，弹出如图 3－51 所示的对话框。

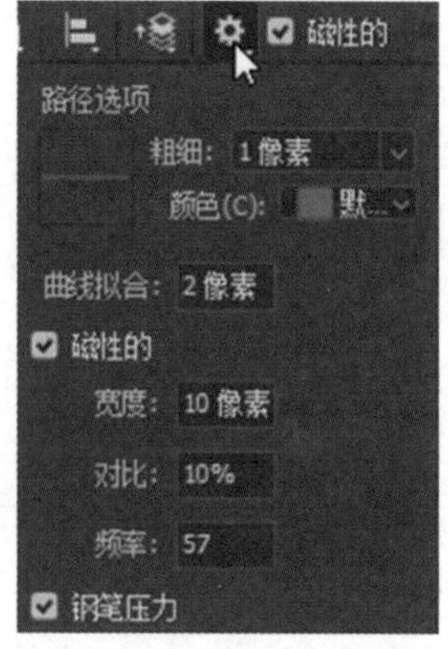

图 3－51

●曲线拟合：用来设置绘制的路径对鼠标箭头在画布中移动的灵敏度，取值范围在 0.5～10。数值越大，生成的锚点越少，路径越平滑；数值越小，生成的锚点越多，路径越粗糙。

●磁性的：勾选复选框后，下方的“宽度”“对比”“频率”和“钢笔压力”才可以设置。

●宽度：该值决定了以鼠标箭头为基准，其周围有多少个像素能够被检测到。如果对象边缘比较清晰，可以使用较大的宽度值；如果对象边缘不是很清晰，则需要使用较小的宽度值。

●对比：用来设置工具感应图像边缘的灵敏度。如果图像的边缘比较清晰，可以使用较大的对比值；如果图像的边缘不是很清晰，则需要使用较小的对比值。

●频率：该值决定了路径上锚点的数量。数值越大，生成的锚点越多，捕捉到的边缘越准确；数值越小，生成的锚点就越少。但是过多的锚点会造成路径的边缘不够光滑，要根据对象来设置数值。

●钢笔压力：如果电脑配有数位板或压感笔，勾选复选框后，Photoshop 会根据压感笔的压力自动调整工具的检测范围，增大或减少边缘宽度。

4 弯度钢笔工具

"弯度钢笔工具"能够使用 3 个点定位一个曲线，轻松绘制弧线路径，并快速调整弧线的位置、弧度等，方便创建线条比较圆滑的路径和形状。

选择"弯度钢笔工具"，将鼠标箭头移动到画布中，单击创建第 1 个锚点，接着将鼠标箭头移动到下一个位置，并单击创建第 2 个锚点，两个锚点之间会出现一条作为参照的直线，然后参照"橡皮带"调整曲线路径的走向，如图 3－52 所示，在合适的地方单击鼠标左键即可创建出一条圆滑的曲线，如图 3－53 所示。

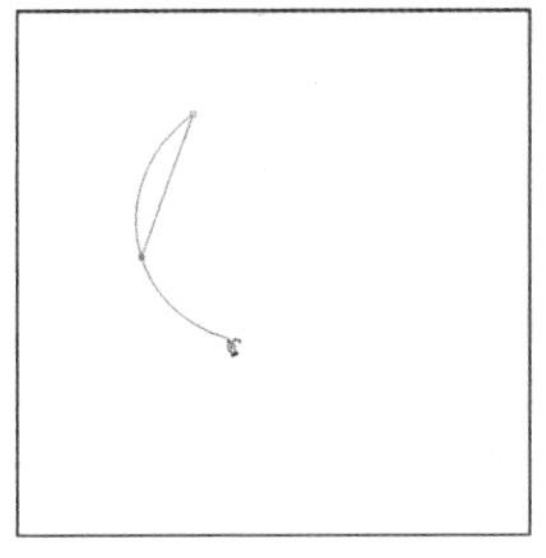

图 3－52

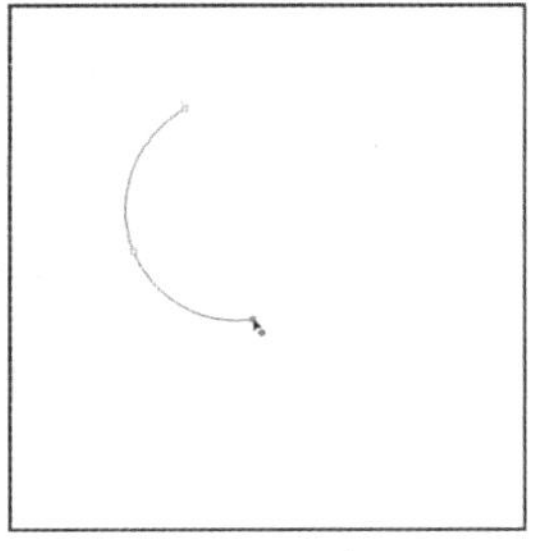

图 3－53

5 转换点工具

"转换点工具"可以将"平滑点"和"角点"互相转换。在使用"钢笔工具"绘制路径时，可以按住键盘上的 Alt 键不放，将鼠标箭头移动到平滑点上，箭头右下角出现小尖角图标，如图 3－54 所示，单击鼠标左键即可将平滑点转换为角点。

图 3－54

如果想将已经绘制完成的路径中的平滑点转换为角点，可以直接选择"转换点工具"，或在使用"钢笔工具"时按住键盘上的 Alt 键不放，鼠标箭头会变成"转换点工具"的样式，单击该锚点可将平滑点转换为角点，如图 3－55 所示；使用"转换点工具"选中角点，按住鼠标左键不放进行拖动，即可将角点转换为平滑点，如图 3－56 所示。

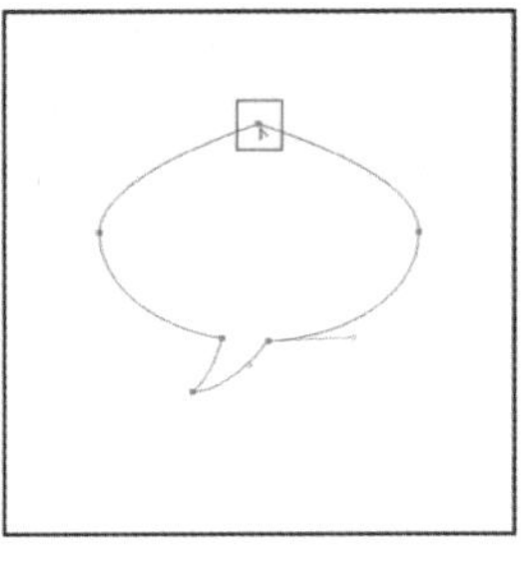

图 3－55

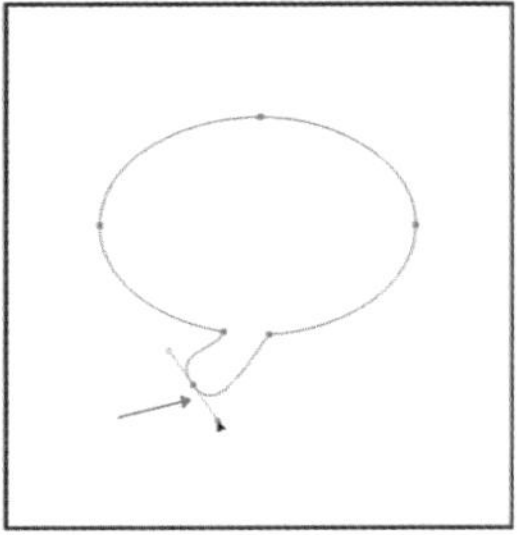

图 3－56

6 编辑路径形态

素材文件　第 3 章\3.1\柠檬 2.jpg、路径与锚点.psd

在 Photoshop 中，经常需要使用工具箱中的"路径选择工具"和"直接选择工具"来调整路径和锚点，如图 3－57 所示。

图 3－57

将路径转换为选区

在 Photoshop 中打开素材文件夹"第 3 章\3.1\柠檬 2.jpg"文件，沿柠檬边缘绘制完路径后，将路径转换为选区，就可以继续抠图。在使用"钢笔工具"的状态下，单击工具选项栏中的"选区"按钮，或在路径内单击鼠标右键，在弹出的快捷菜单中选择"建立选区"命令，如图 3－58 所示，会弹出"建立选区"对话框，如图 3－59 所示。"羽化半径"为 0，转换选区抠出的图像边缘会很清晰；"羽化半径"越大，转换选区抠出的图像边缘越模糊。单击"确定"按钮后可将路径转换为选区，如图 3－60 所示，执行复制、粘贴命令可抠出选区内的图像。在绘制完路径之后按键盘上的 Ctrl + Enter 键，也可以快速将路径转换为选区，但无法调整“羽化半径”的数值，默认“羽化半径”数值为 0。

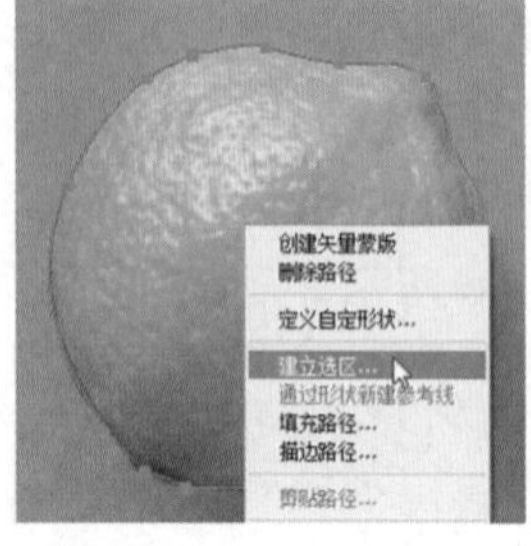

图 3 - 58

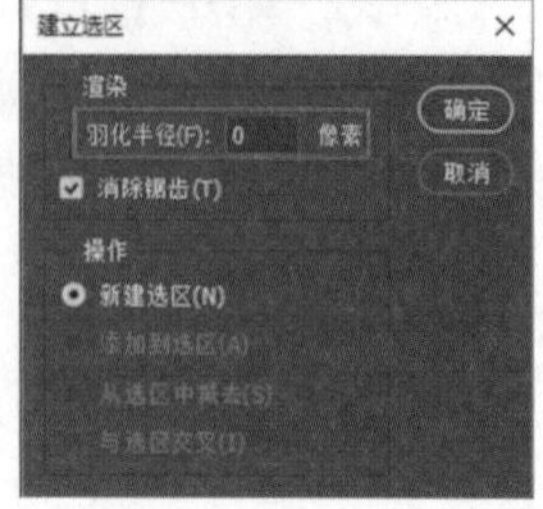

图 3 - 59

“羽化半径”为 20 的效果如图 3 - 61 所示。

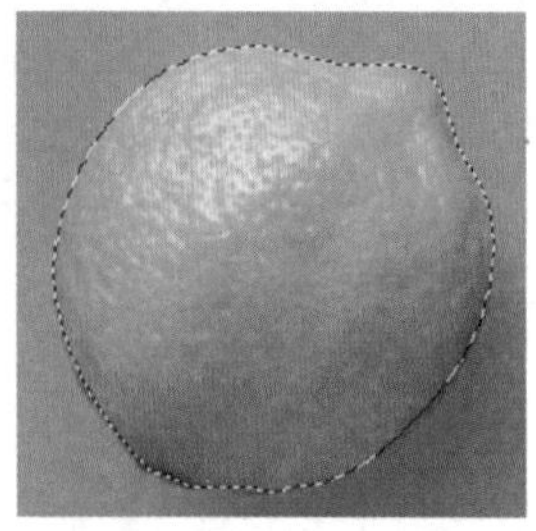
图 3 - 60

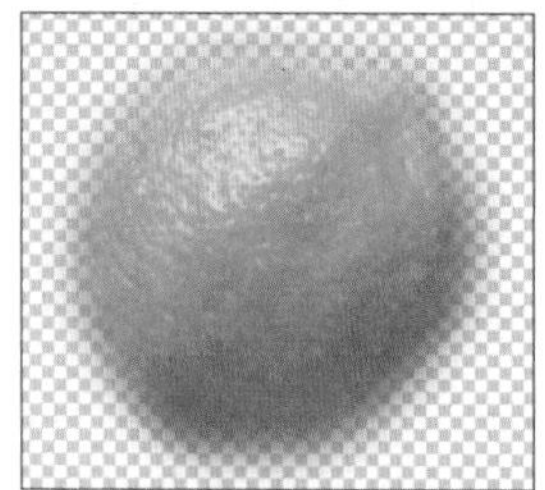
图 3 - 61

将路径转换为选区后，可以按键盘上的快捷键 Ctrl + C 进行复制，然后按键盘上的快捷键 Ctrl + V 将选区内的图像粘贴到新的图层中，也可以直接按键盘上的快捷键 Ctrl + J 将选区内的图像复制并粘贴到新图层中。

将选区转为路径

步骤 01 在 Photoshop 中打开素材文件夹“第 3 章\3.1\路径与锚点.psd”文件，按住键盘上的 Ctrl 键不放，单击“图层”面板里的“花”图层缩略图，载入当前图层选区，如图 3 - 62 所示。

图 3 - 62

步骤 02 单击菜单栏“窗口 > 路径”命令，打开“路径”面板，如图 3 - 63 所示。在 Photoshop“基本功能”的工作区中，“路径”面板默认在对话框的右下角。

图 3 - 63

步骤 03 双击“路径”面板中的路径缩略图，如图 3 - 64 所示，会弹出如图 3 - 65 所示的对话框，可在“名称”后的文本框中为路径命名，设置完成后单击“确定”按钮。

图 3 - 64

图 3 - 65

步骤 04 按键盘上的快捷键 Ctrl + D 取消选区，得到如图 3 - 66 所示的效果。

图 3－66

步骤 05 选中“花”图层单击右下角的“删除图层”按钮，或将“花”图层拖动到右下角“删除图层”按钮上，即可得到完整的路径，如图 3－67 所示。如果选中“花”图层后按键盘上的 Delete 键，会将路径一起删除。

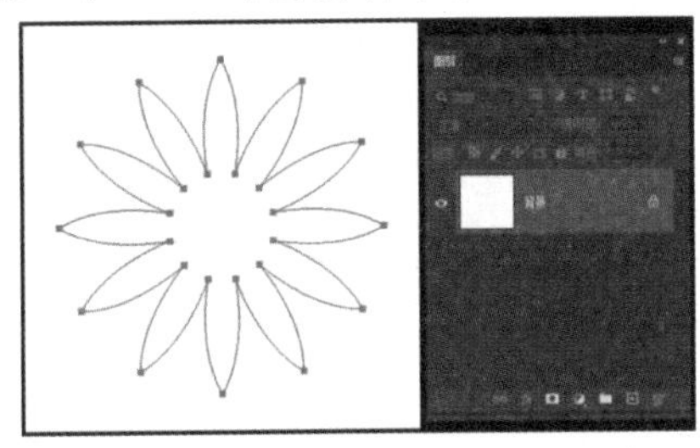

图 3－67

选择与移动路径、锚点

①选择与移动整个路径

“路径选择工具”可以选择和移动整个路径。使用“路径选择工具”单击路径或路径内的任意部位可选中该路径，路径的所有锚点变成实心小方块，为选中状态，如图 3－68 所示，将鼠标箭头移动到路径内按住不放进行拖动，可对整个路径进行移动操作。

图 3－68

②选择与移动锚点

使用“直接选择工具”可以单独选择一个锚点或同时选择多个锚点。

选择“直接选择工具”，将鼠标箭头移动到任意锚点上，单击可将其选中，同时与该锚点连接的路径手柄会显示出来，如图 3－69 所示。选中状态的锚点为实心小方块，未被选中的锚点为空心小方块。

图 3－69

如果想要选中多个锚点，可以按住鼠标左键拖动出选框将所需锚点框住，如图3－70 所示。松开鼠标左键可将被框住的锚点全部选中，如图 3－71 所示。

图 3－70

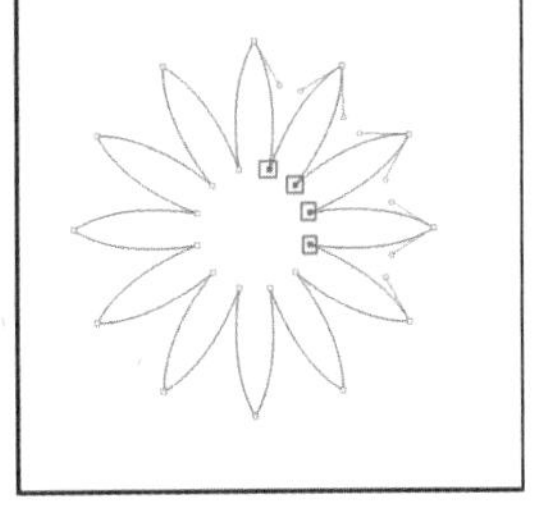

图 3－71

在选中一个锚点后，按住键盘上的 Shift 键不放，单击其他需要被选中的锚点，也可以实现锚点的多选。如果在多选过程中选错了锚点，可以按住键盘上的 Shift 键不放，单击选错的锚点，取消该锚点的选中状态。

③选择与编辑路径

选择“直接选择工具”，将鼠标箭头移动到任意路径上，单击可将其选中，被选中路径两端的手柄会显示出来。

直接按住鼠标左键拖动路径，可以编辑

路径，如图 3－72 所示。或者拖动路径两端的手柄也可以编辑路径，如图 3－73 所示。

图 3－72

图 3－73

选中路径一端的锚点，拖动锚点上的手柄也可以对路径进行调整。

删除锚点、路径

使用“删除锚点工具”，可以将锚点删除，但不会把和锚点相连的路径删掉，如图 3－74所示。如果要将锚点和与其相连的路径一起删除，可以在选中锚点后，按键盘上的 Delete 键，如图 3－75 所示。

图 3－74

图 3－75

如果想要删除路径，在选中一条路径后，按键盘上的 Delete 键，可删除被选中的路径。

变换路径

使用“路径选择工具”，选中整个路径，按键盘上的快捷键 Ctrl＋T，让路径进入自由变换状态对整个路径进行变换。

使用“直接选择工具”，选中部分路径，按键盘上的快捷键 Ctrl＋T，让被选中的路径部分进入自由变换状态，如图 3－76 所示。

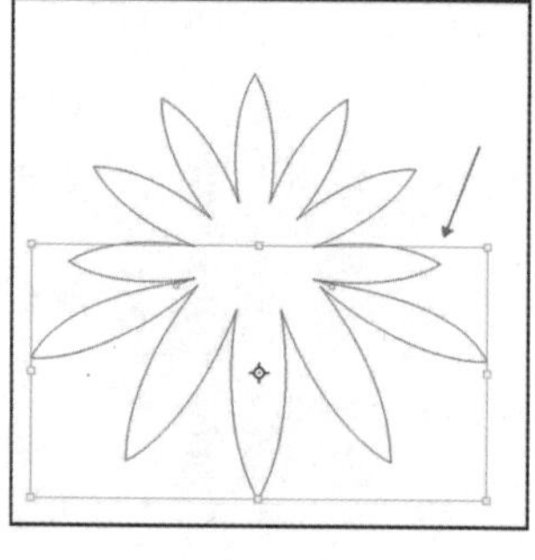
图 3－76

路径的变换方法与变换图像的方法一致。

3.1.3 多边形套索工具快速创建选区

素材文件　第 3 章\3.1\钟楼.jpg

“多边形套索工具”用于操作由直线构成的多边形选区。“多边形套索工具”是最精确的不规则选择工具，与放大图像这样的功能结合在一起，可以制作出非常复杂而精确的选区。

在 Photoshop 中打开素材文件夹“第 3 章\3.1\钟楼.jpg”文件，选择工具箱中的“多边形套索工具”，在画面中单击鼠标左键确定起点，沿着对象的边沿在每个折角单击鼠标左键创建出折线，最后将鼠标箭头移动到起点，鼠标箭头右下角出现圆形图标，如图 3－77 所示，在起点单击鼠标左键完成对选区的创建，如图 3－78 所示。

图 3－77

图 3－78

在使用“多边形套索工具”创建选区的过程中双击鼠标左键，在双击点和起点之间会生成一条直线将选区闭合。

在使用“多边形套索工具”创建选区时，按住键盘上的 Shift 键不放，即可绘制水平、垂直或以 45°角为增量的选区边线；按住键盘上的 Ctrl 键不放单击鼠标左键，相当于双击鼠标左键。

3.1.4　选区抠图、选区填充与描边的方法

1　选区抠图

素材文件	第 3 章\3.1\鸡块.jpg

之前介绍了如何创建选区，这里我们将介绍在创建选区后，如何将选区内的图像单独“抠”出来。

步骤 01　在 Photoshop 中打开素材文件夹“第 3 章\3.1\鸡块.jpg”文件，创建选区，选中图片中的蓝色盘子，如图 3－79 所示。

图 3－79

步骤 02　按键盘上的快捷键 Ctrl＋J，将选区中的图像复制到新图层中，如图 3－80 所示。

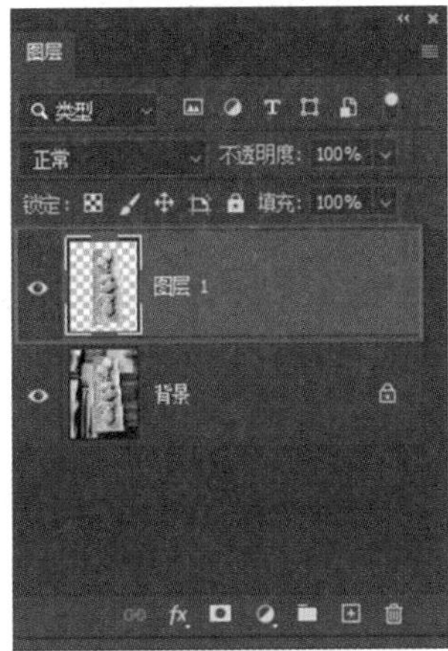

图 3－80

步骤 03　关闭背景图层前的“小眼睛”图标，可在画布中看到抠出的图像内容，如图 3－81 所示。

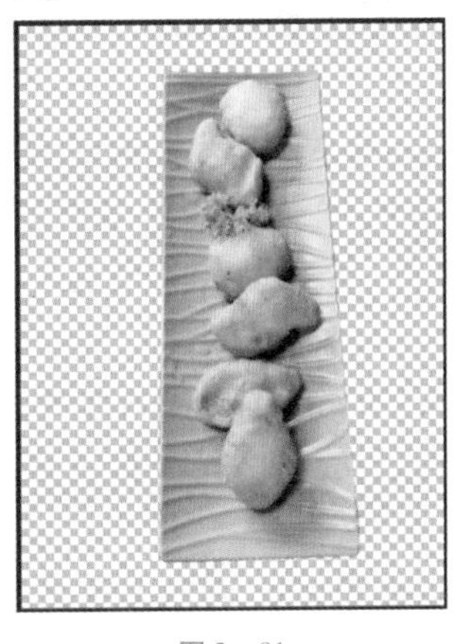

图 3－81

2 选区填充

素材文件 第 3 章\3.1\填充.jpg

利用“填充”命令，可以在当前图层的选区内填充颜色或图案，如果没有选区，则在当前图层中进行填充。

步骤 01 在 Photoshop 中打开素材文件夹“第 3 章\3.1\填充.jpg”文件，创建选区，选中要进行填充的图像内容，如图 3－82 所示。

图 3－82

步骤 02 单击菜单栏“编辑＞填充”命令，或选择任意可以创建选区的工具，在选区内单击鼠标右键，在弹出的快捷菜单中选择“填充”命令，或者按键盘上的快捷键 Shift + F5，打开“填充”对话框，如图 3－83 所示。

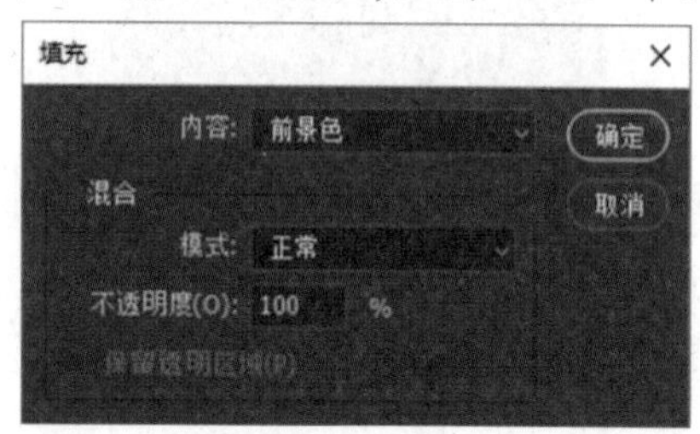

图 3－83

●内容：用来设置填充的内容，包含“前景色”“背景色”“颜色”“内容识别”“图案”“历史记录”“黑色”“50% 灰色”和“白色”选项。

●模式：用来设置填充内容的混合模式。

●不透明度：用来设置填充内容的不透明度。

●保留透明区域：勾选复选框后，只填充图层中非透明部分的区域。

小贴士

按键盘上的快捷键 Alt + Delete 可以快速填充前景色，Ctrl + Delete 可以快速填充背景色。关于前景色和背景色的具体设置方法，会在 4.1 节进行详细讲解。

步骤 03 选择填充内容“图案”选项，并在“选项”下的“自定图案”中选择相应图案，如图 3－84 所示，单击“确定”按钮，即可在选区中填充相应的图案，如图 3－85 所示。

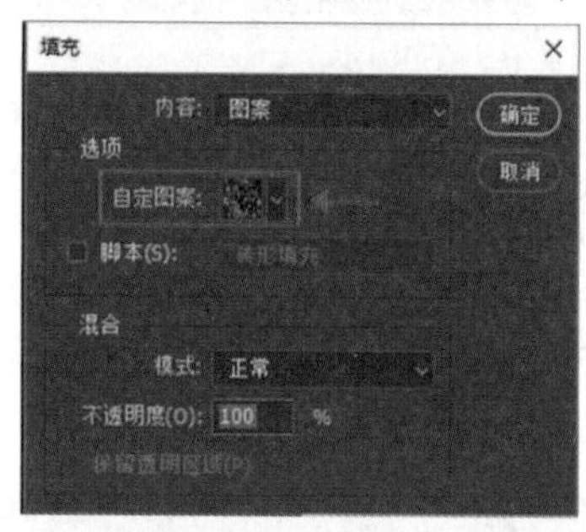

图 3－84

图 3－85

3 选区描边

素材文件 第 3 章\3.1\四叶草.jpg

“描边”命令可以为选区边缘添加一圈彩色的边线，常用于突出画面中的某些元素，或将某些元素与背景隔离开。

步骤 01 在 Photoshop 中打开素材文件夹“第 3 章\3.1\四叶草.jpg”文件，创建选区，选中要添加描边的图像内容，如图 3－86 所示。

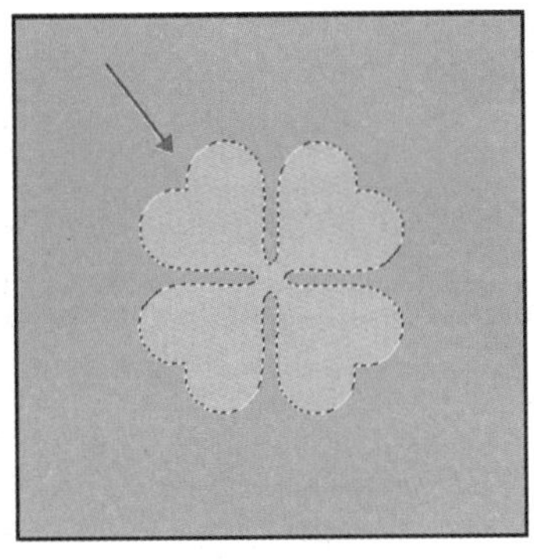

图 3－86

步骤 02 单击菜单栏“编辑 > 描边”命令，或选择任意可以创建选区的工具，在选区内单击鼠标右键，在弹出的快捷菜单中选择“描边”命令，打开“描边”对话框，如图 3－87 所示。

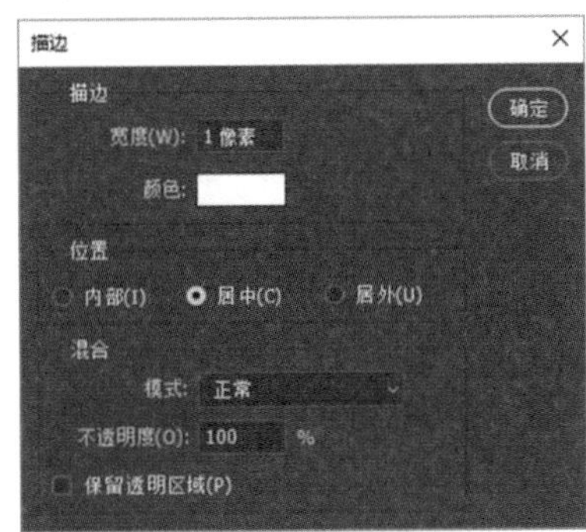

图 3－87

●宽度：用来设置描边的粗细。

●颜色：用来设置描边的颜色。

●位置：用来设置描边位于选区的位置。“内部”效果如图 3－88 所示，“居中”效果如图 3－89 所示，“居外”效果如图 3－90 所示。

图 3－88

图 3－89

图 3－90

●模式：用来设置填充内容的混合模式。

●不透明度：用来设置填充内容的不透明度。

●保留透明区域：勾选复选框后，只填充图层中非透明部分的区域。

步骤 03 将宽度设置为“8 像素”，位置选择“居外”选项，得到如图 3－91 所示的效果。实际工作中，可根据需要对各个参数进行设置。

图 3－91

3.2 颜色差异的抠图方法

如果图像主体和背景的颜色差别很大，可以使用特定工具来快速创建选区，选中主体进行抠图。

3.2.1 快速选择工具的使用

素材文件	第 3 章\3.2\美食.jpg

“快速选择工具”可以利用颜色的差异，使用可调整的圆形画笔快速创建选区，是一种比较常用的抠图工具。

“快速选择工具”工具选项栏如图3－92所示。

图3－92

●选区运算按钮：前3个按钮为“选区运算按钮”。

第1个是“新选区”按钮，可创建一个新选区。

第2个是“添加到选区”按钮，可在原有选区基础上添加选区。

第3个是“从选区减去”按钮，可在原有选区基础上减去当前创建的选区。

●画笔：可以调整圆形画笔的大小。在创建选区时，按键盘上的“[”键可以减小画笔的大小，按键盘上的“]”键可以增加画笔的大小。

●设置画笔角度：可以设置画笔的角度。

●对所有图层取样：勾选复选框后，Photoshop会基于所有图层的颜色进行取样，而不只针对当前图层。

●自动增强：勾选复选框后，可减少选区边缘的粗糙度和块效应。

●选择主体：单击该按钮后，Photoshop会自动计算选中画面中的主体物。

●选择并遮住：将在3.3节进行详细讲解。

步骤01 在Photoshop中打开素材文件夹“第3章\3.2\美食.jpg”文件。

步骤02 选择“快速选择工具”，在工具选项栏“选区运算按钮”中单击“添加到选区”按钮，沿着画面中的盘子边缘按住鼠标左键拖动创建选区，如图3－93所示。

图3－93

步骤03 继续在图像中拖动鼠标，将整个盘子选中，如图3－94所示。如果在创建选区的过程中多选了图像，按住键盘上的Alt键不放，圆形画笔中间的加号会变成减号，在多选部分单击鼠标左键进行减选操作即可去除多选区域。

图3－94

步骤04 按键盘上的快捷键Ctrl＋J，关掉背景图层前的“小眼睛”图标，可看到如图3－95所示的最终抠图效果。

图 3－95

3.2.2 魔棒工具的使用

素材文件 第 3 章\3.2\夕阳.jpg

“魔棒工具”可以选中图像中色彩相近的区域。“魔棒工具”是在工具箱“快速选择工具”下的工具组中。

“魔棒工具”工具选项栏如图 3－96 所示。

图 3－96

●选区运算按钮组：使用方法和“矩形选框工具”一样，具体的使用方法见 3.1.1。

●取样大小：可以设置“魔棒工具”取样的最大像素数。选择“取样点”则表示只对鼠标箭头所在位置的颜色进行取样；选择“3×3 平均”则表示对鼠标箭头所在位置 3 个像素区域内的平均颜色进行取样。其他选项以此类推。

●容差：用来设置“魔棒工具”选取的颜色范围，取值范围为 0～255。数值越小，选取的颜色相似度要求越高，可选颜色范围就越小；数值越大，选取的颜色相近度要求越低，可选的颜色范围就越大。如图 3－97 所示为容差值是 32 的效果。

图 3－97

●消除锯齿：勾选复选框后，可以让选区的边缘更加圆滑。

●连续：勾选复选框后，只选择颜色相连的区域；如不勾选，可以选择与所选像素颜色接近的所有区域，包括没有连接的区域。

●对所有图层取样：勾选复选框后，Photoshop 会基于所有图层的颜色进行取样，而非只针对当前图层。

3.2.3 磁性套索工具的使用

素材文件 第 3 章\3.2\红辣椒.jpg

“磁性套索工具”可以快速选择与背景颜色对比强烈的对象，使用方法与勾选了“磁性”的“自由钢笔工具”一样，只是“磁性套索工具”创建的是选区而不是路径。

“磁性套索工具”在工具箱“套索工具”下的工具组中。

在 Photoshop 中打开素材文件夹“第 3 章\3.2\红辣椒.jpg”文件，选择“磁性套索工具”，在要选取的对象边缘单击鼠标左键，松开鼠标左键后沿着对象的边缘拖动鼠标，如图 3－98 所示，鼠标箭头右下角会出现圆形图标，如图 3－99 所示，单击鼠标左键完成创建选区。

图 3－98

图 3－99

3.2.4 色彩范围抠图的应用

素材文件 第 3 章\3.2\红花.jpg

“色彩范围”用来选择整个图像内指定的颜色，若在图像中创建了选区，则该命令只作用于选区内的图像。

“色彩范围”和“魔棒”的原理相似，都是根据图像的颜色范围来创建选区，但“色彩范围”提供了更多的控制选项，选择精度比“魔棒”要高一些。

步骤 01 在 Photoshop 中打开素材文件夹“第 3 章\3.2\红花.jpg”文件。

步骤 02 单击菜单栏“选择 > 色彩范围”命令，弹出“色彩范围”对话框，如图 3－100 所示。

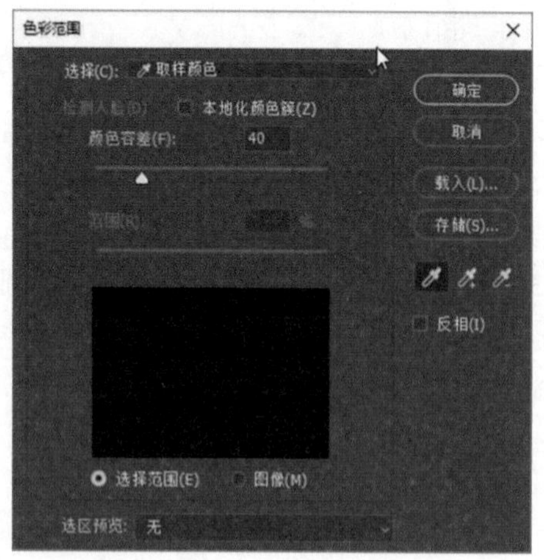

图 3－100

●选择：用于定义图像中选择的颜色，配合右侧“存储”按钮下的 3 个吸管工具使用。使用第 1 个“吸管工具”可以在图像中单击进行颜色取样；使用第 2 个“添加到取样”可以在原先选择的颜色基础上，通过单击图像或预览区选择需要增加的颜色；使用第 3 个“从取样中减去”可以在图像或预览区上单击已选择的颜色，从而减去选择的颜色。

●检测人脸：如果当前图像为人像，勾选复选框后可以启用人脸检测功能，更准确地选择肤色。

●本地化颜色簇：勾选复选框后可以连续选择颜色。使用“范围”滑块可以控制包括蒙版中的颜色与取样点的最大和最小距离。

●颜色容差：用来控制颜色的选择范围，该值越大，包含的颜色范围越广。如图 3－101 所示为容差值为 40 的效果，如图 3－102 所示为容差值为 150 的效果。

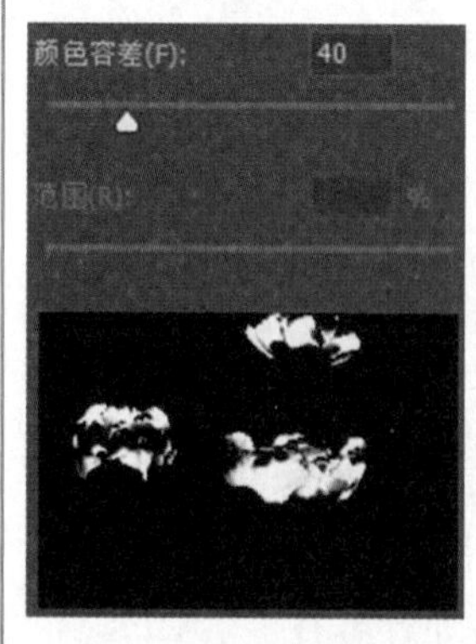

图 3－101

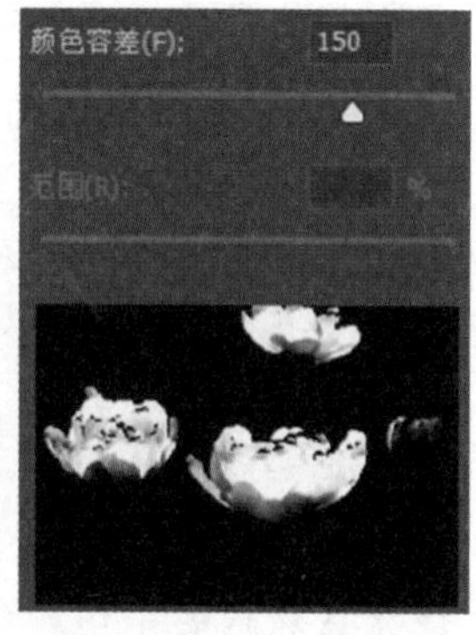

图 3－102

●选择范围/图像：用来指定预览区域中的显示内容。选择“选择范围”时，预览区域中白色部分为被选中的图像内容，黑色部分为未被选中的图像内容，灰色部分为部分被选中的图像内容。选择“图像”时，预览区域显示彩色图像。

●选区预览：用来设置图像文档窗口画布中图像的显示方式。下拉列表里有“无”

“灰度”“白色杂边”“黑色杂边”和“快速蒙版”5 个选项。

●反相：勾选复选框后可反转选区。

步骤 03　根据需要选择合适的“颜色容差”，单击“确定”按钮创建选区，如图3－103 所示。

图 3－103

3.2.5　选区的扩展收缩和羽化功能

1　扩展选区

素材文件　第 3 章\3.2\橙子.jpg

在 Photoshop 中打开素材文件夹“第 3 章\3.2\橙子.jpg”文件，创建一个选区，如图 3－104 所示，单击菜单栏“选择 > 修改 > 扩展”命令，打开“扩展选区”对话框，如图 3－105 所示。

图 3－104

图 3－105

通过设置“扩展量”的数值来控制选区向外扩展的距离，数值越大，扩展的距离越大。将扩展量设置为 20，设置完成后单击“确定”按钮，看到如图 3－106 所示的选区扩展效果。

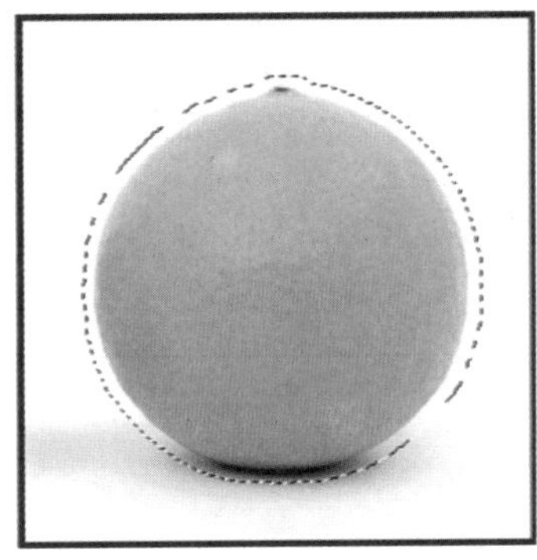

图 3－106

2　收缩选区

素材文件　第 3 章\3.2\牛油果.jpg

在 Photoshop 中打开素材文件夹“第 3 章\3.2\牛油果.jpg”文件，创建一个选区，如图 3－107 所示。单击菜单栏“选择 > 修改 > 收缩”命令，打开“收缩选区”对话框，如图 3－108 所示。

图 3－107

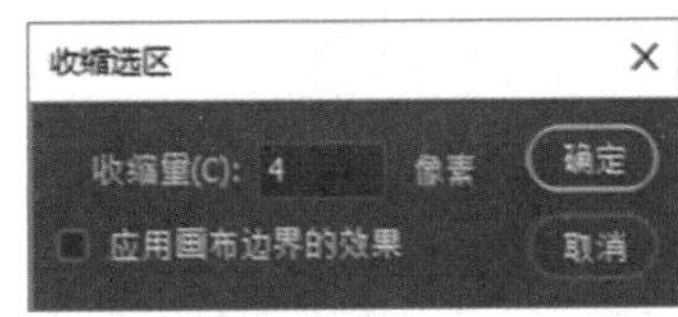

图 3－108

通过设置“收缩量”的数值来控制选区向内收缩的距离，数值越大收缩的距离越大。将收缩量设置为 20，设置完成后单击

“确定”按钮，看到如图 3 – 109 所示的选区收缩效果。

图 3 – 109

3 羽化

素材文件　第 3 章\3.2\苹果. jpg

“羽化”命令可以柔化选区边缘。

在 Photoshop 中打开素材文件夹“第 3 章\3.2\苹果. jpg”文件，创建一个选区，如图 3 – 110 所示，单击菜单栏“选择 > 修改 > 羽化”命令，或选择任意可以创建选区的工具在选区内单击鼠标右键，在弹出快捷菜单中选择“羽化”命令，或者按键盘上的快捷键 Shift + F6，打开“羽化选区”对话框，如图 3 – 111 所示。

图 3 – 110

图 3 – 111

通过设置“羽化半径”的数值来控制边缘模糊的强度，数值越高，边缘模糊范围越大。将羽化半径设置为 20，单击“确定”按钮，效果如图 3 – 112 所示。

图 3 – 112

按键盘上的快捷键 Ctrl + J 复制选区内容到新图层，关掉背景图层前的“小眼睛”图标，看到图像羽化后的效果如图 3 – 113 所示。

图 3 – 113

3.3 选择并遮住和主体的抠图方式

“快速选择工具”工具选项栏最右侧有“选择主体”和“选择并遮住”2 个按钮，如图 3 – 114 所示。

图 3 – 114

单击“选择主体”按钮，可以快速选中图像中的主体，但会存在选择不完整的现象，需要进行调整。“选择并遮住”在早期版本中称为“调整边缘”，可以智能细化选区，常用于头发、动物毛发及细密植物的抠图。

“选择并遮住”和“选择主体”结合使用，

可以快速完美地抠取出人像照片的发丝和动物图像的毛发。

综合案例 美女凌乱头发的抠图方法

素材文件 第 3 章\3.3\综合案例.jpg

步骤 01 在 Photoshop 中打开素材文件夹“第 3 章\3.3\综合案例.jpg”文件。

步骤 02 按键盘上的快捷键 Ctrl + J 复制一层，选中新复制出的图层，并关掉背景图层前的“小眼睛”图标，如图 3 – 115 所示。这样可以保证如果在操作过程中万一出现不可逆的情况，还可以继续复制背景层重新开始。

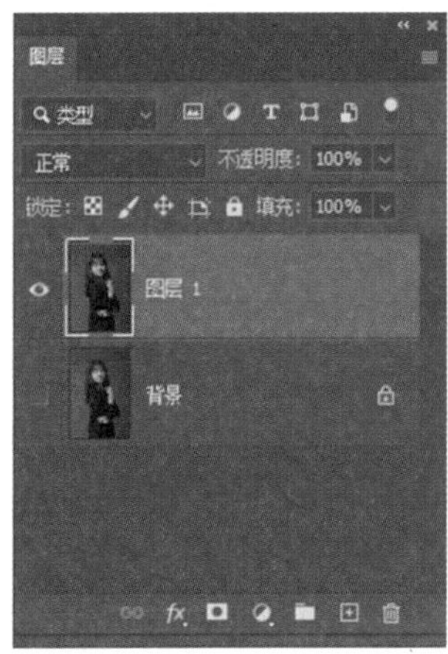

图 3 – 115

步骤 03 选择工具箱中的“快速选择工具”，单击工具选项栏里的“选择主体”按钮，即可快速选出主体，如图 3 – 116 所示。

图 3 – 116

步骤 04 单击“选择并遮住”按钮，进入如图 3 – 117 所示窗口。

图 3 – 117

步骤 05 为了方便观察，将视图模式改为“叠加”，此时在画面中可以看到选区内的显示，选区外的部分被红色遮挡，如图 3 – 118 所示。

图 3 – 118

步骤 06 单击界面左侧的“调整边缘画笔工具”按钮，在人物头发边缘部分按住鼠标左键进行涂抹，人物的发丝渐渐变得清晰精准，如图 3 – 119 所示。

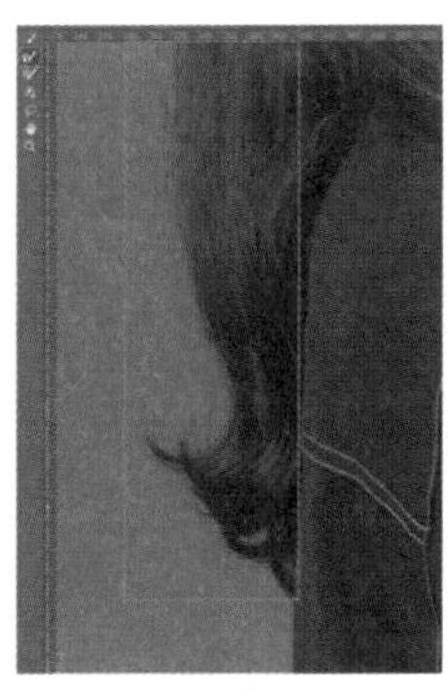

图 3 – 119

步骤 07 将所有发丝调整完成后，单击“确定”按钮，即可得到发丝选区，如图 3 – 120 所示。按键盘上的快捷键 Ctrl + J 复制一层，即可将选区内的人物抠取到新的图层，如图 3－121 所示。新建一层添加底色，可以看到如图 3－122 所示效果，人物的发丝已经完美地抠出来了。

图 3－120

图 3－121

图 3－122

3.4 通道抠图

“通道抠图”是 Photoshop 中一种常用的专业抠图方法，相较于其他抠图方法，适用于更为精准、复杂的抠图对象，如边缘复杂的树枝、毛发等，或者半透明的如烟、火、水等图像，都可以使用通道抠图。

3.4.1 通道的认知

1 通道的概念

在 Photoshop 中，不同图像模式下的通道是不一样的。通道层中的像素颜色是由一组原色的亮度值组成的，通道实际上可以理解为选择区域的映射，其根本作用在于记录颜色信息。

通道的概念是由蒙版演变而来的，也可以说通道就是选区。在通道中，用白色代替透明表示要处理的部分（选择区域）；用黑色表示不需处理的部分（非选择区域）。因此，通道也与蒙版一样，只有在依附于其他图像（或模型）存在时，才能体现其功能。通道与蒙版的最大区别，也是通道最大的优越之处，在于通道可以完全由计算机来进行处理，也就是说，通道是完全数字化的。

图像的颜色模式决定了为图像创建颜色通道的数目。

①位图模式的图像有一个通道，通道中有黑色和白色 2 个色阶。

②灰度模式的图像有一个通道，该通道表现的是从黑色到白色的 256 个色阶的变化。

③RGB 模式的图像有 4 个通道，1 个复合通道（RGB 通道），3 个分别代表红色、绿色、蓝色的通道。

④CMYK 模式的图像由 5 个通道组成：一个复合通道（CMYK 通道），4 个分别代表青色、洋红、黄色和黑色的通道。

⑤LAB 模式的图像有 4 个通道：1 个复合通道（LAB 通道），1 个明度分量通道，2 个色度分量通道。

2 通道的功能

通道和图层有些相似，图层显示的是不同图层上的像素信息，而通道显示的是不同通道中的颜色信息或选区。通道的功能主要有以下几点。

①通道可建立精确的选区，使用蒙版和选区或滤镜功能，可以为对象建立白色区域，代表选择区域的部分。

②通道可以存储选区和载入选区备用。

③通道可以制作其他软件，如 Illustrator 需要导入的“透明背景图片”。

④在通道中，可以看到精确的图像颜色信息，有利于调整图像颜色。

⑤通道可以方便印刷出版的传输和制版。CMYK 颜色模式的图像文件可以把 4 个通道拆开分别保存成 4 个黑白文件。同时将它们打开，按 CMYK 的顺序再放到通道中，就可以恢复成 CMYK 色彩的原文件了。

3 通道的分类

通道是存储不同类型信息的灰度图像，包括颜色信息通道、Alpha 通道、专色通道 3 类。

颜色信息通道是在打开新图像时自动创建的。图像的颜色模式决定了所创建的颜色通道的数目。例如，RGB 图像的每种颜色（红色、绿色和蓝色）都有一个通道，并且还有一个用于编辑图像的复合通道。

Alpha 通道是将选区存储为灰度图像，可以添加 Alpha 通道来创建和存储蒙版，创建的蒙版用于处理或保护图像的某些部分。

专色通道指定用于专色油墨印刷的附加印版。

3.4.2 通道的实战“抠图”方法

通道抠图的功能非常强大，其主体思路是在各个通道中进行对比。找到一个主体物与背景反差最大的通道，将其复制一层（如果在原通道直接操作，会改变图像的颜色），进一步强化通道的黑白反差，其中通道的白色部分为选区内部，黑色部分为选区外部，灰色为半透明选区，最后将通道转换为选区，返回原图即可完成抠图。

之前我们介绍了很多抠图方法，但抠取出来的对象都是不透明的，这里我们将介绍如何使用通道抠取半透明的对象。

1 通道抠图——云

素材文件	第 3 章\3.4\云.jpg

步骤 01 在 Photoshop 中打开素材文件夹“第 3 章\3.4\云.jpg”文件，按键盘上的快捷键 Ctrl + J 复制一层，并关掉背景图层前的“小眼睛”图标，如图 3 – 123 所示。

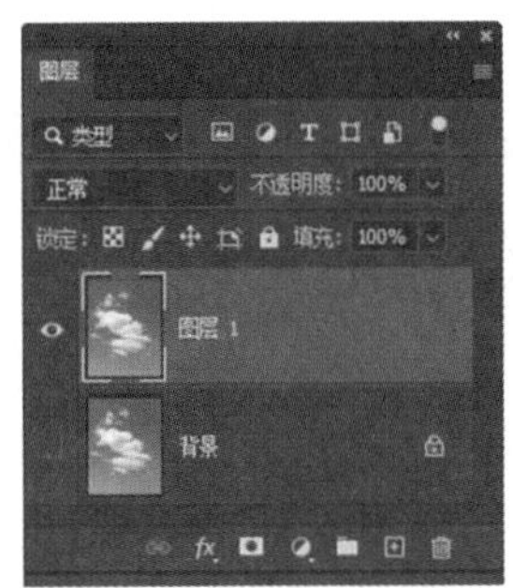

图 3 – 123

步骤 02 单击菜单栏“窗口 > 通道”打开“通道”面板，如图 3 – 124 所示。“通道”面板在 Photoshop“基本功能”工作区中默认在窗口的右下角。图片颜色模式为 RGB 模式，所以有 4 个通道，“RGB”是复合通道，以及分别代表红色、绿色、蓝色的 3 个颜色信息通道。

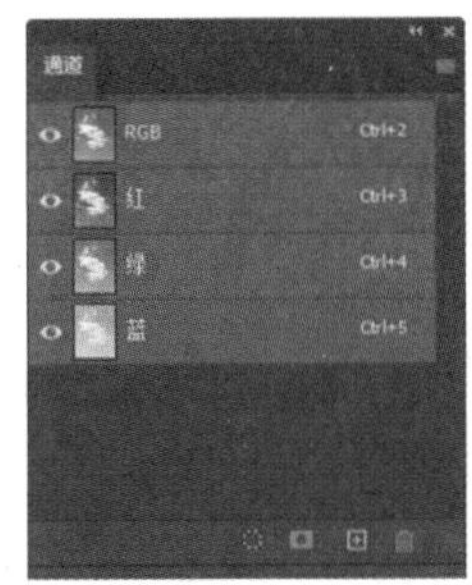

图 3 – 124

步骤 03 最终的目的是抠出云彩，云彩的边缘十分柔和，且本身有一定的透明度，所以需要天空是黑色，云彩是白色和灰色。通过观察每个通道的黑白对比效果可以发现，“红”通道的对比效果最明显，如图 3 – 125 所示。

图 3 – 125

步骤 04 将“红”通道拖动到下方的“新建通道”按钮上，如图 3 – 126 所示，创建出“红拷贝”通道，如图 3－127 所示。

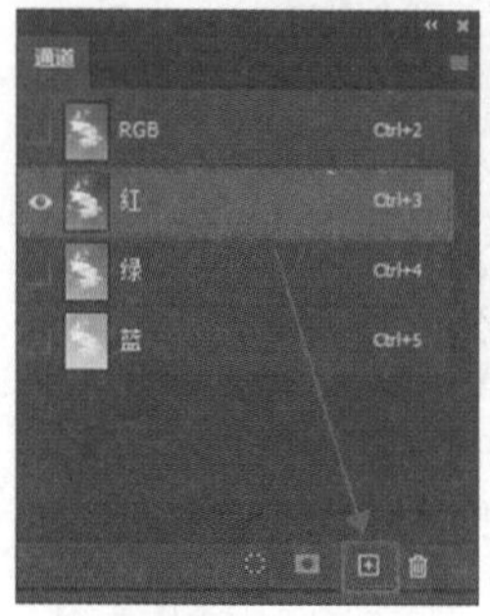

图 3－126

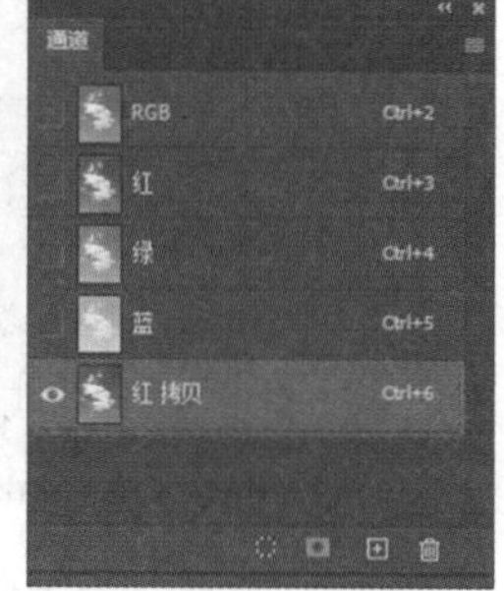

图 3－127

步骤 05 为了让云彩和背景产生强烈的对比，选择“红 拷贝”通道，单击菜单栏“图像 > 调整 > 曲线”命令，或按键盘上的快捷键 Ctrl＋M，打开“曲线”对话框，单击对话框中的“在画面中取样以设置黑场”按钮，如图 3－128 所示。将鼠标箭头移动到画布中单击天空的灰色部分，使云彩以外的部分都变成黑色，单击“确定”按钮完成设置。

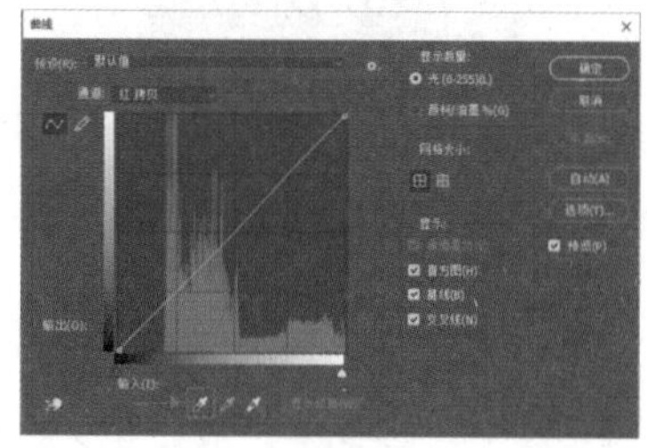

图 3－128

步骤 06 单击“通道”面板下方的“将通道作为选区载入”按钮，或者按住键盘上的 Ctrl 键不放，单击“红 拷贝”通道的缩略图，即可载入选区，如图 3－129 所示。

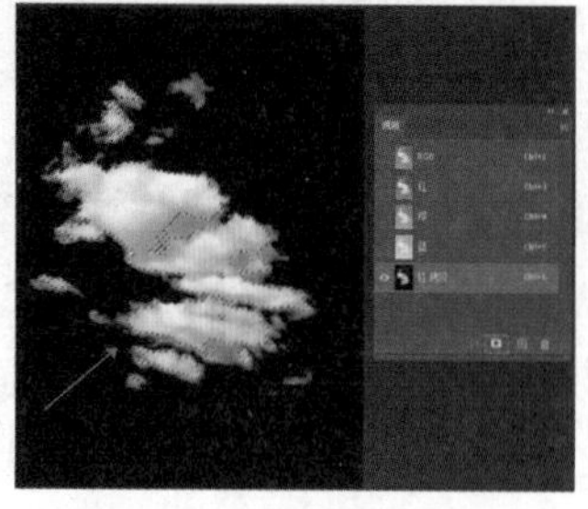

图 3－129

步骤 07 单击“RGB”复合通道，显示出完整的图像，按键盘上的快捷键 Ctrl＋J 复制选区内容即可将云彩抠出。关掉其他图层前的“小眼睛”图标，可看到如图 3－130 所示的效果。新建一层填充其他颜色，即可看到如图3－131所示的效果。

图 3－130

图 3－131

2 通道抠图——酒杯

素材文件 第 3 章\3.4\酒杯.jpg

步骤 01 在 Photoshop 中打开素材文件夹“第 3 章\3.4\酒杯.jpg”文件，按键盘上的快捷键 Ctrl＋J 复制一层，并关掉背景图层前的“小眼睛”图标，利用选区工具将酒杯选中，如图 3－132 所示。

图 3－132

步骤 02 进入“通道”面板，通过观察每个通道的黑白对比效果可以发现，“绿”通道的对比效果最明显，复制“绿”通道，创建出“绿 拷贝”通道，如图 3－133 所示。

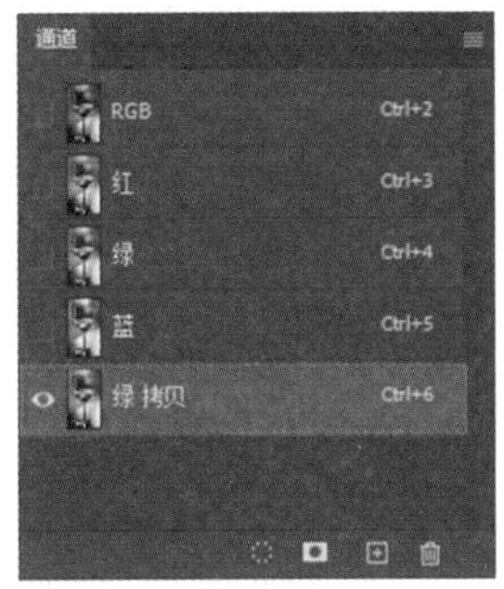

图 3－133

步骤 03 选中“绿 拷贝”通道，按键盘上的快捷键 Ctrl ＋ Shift ＋ I 对选区进行反选，如图 3－134所示。将选区填充为白色，如图3－135所示。

图 3－134

图 3－135

步骤 04 按键盘上的快捷键 Ctrl＋D 取消选区，然后按键盘快捷键 Ctrl＋I 将颜色反相，得到如图 3－136 所示的效果，载入“绿 拷贝”通道选区，得到如图 3－137 所示的效果。

图 3－136

图 3－137

步骤 05 单击“RGB”复合通道，显示出完整的图像，按键盘上的快捷键 Ctrl＋J 复制选区内容即可将酒杯抠出。关掉其他图层前的“小眼睛”图标，可看到如图 3－138 所示的效果。新建一层填充其他颜色，即可看到如图 3－139 所示的效果。

图 3－138

图 3－139

综合案例　毛绒动物抠图换背景

素材文件	第 3 章\3.4\综合案例.jpg、综合案例背景.jpg

步骤 01 在 Photoshop 中打开素材文件夹“第 3 章\3.4\综合案例.jpg”文件，按键盘上的快捷键 Ctrl＋J 复制一层，并关掉背景图层前的“小眼睛”图标，利用选区工具将小狗选中，如图 3－140 所示。

图 3－140

步骤 02 单击“选择并遮住”按钮，进入窗口后将“视图”改为“叠加”，如图 3－141 所示。

图 3－141

步骤 03 使用“调整边缘画笔”工具在小狗边缘的绒毛处涂抹，直至绒毛清晰，如图 3－142 所示。

图 3－142

步骤 04 调整完成后，单击“确定”按钮，按键盘上的快捷键 Ctrl＋J 复制选区到新图层，关闭其他图层前的“小眼睛”图标，得到如图 3－143 所示的效果。

图 3－143

步骤 05 将素材文件夹“第 3 章\3.4\综合案例背景.jpg”图片置入到当前文件中，把该图层放到小狗图层的下面，调整大小位置后可以得到如图 3－144 所示的效果。

图 3－144

3.5 结课作业

素材文件　第 3 章\结课作业\猫.jpg

打开素材文件夹“第 3 章\结课作业”中的“猫.jpg”文件，将图片中的猫使用本章学习过的抠图方法单独抠取出来。

CHAPTER 4

Photoshop在绘画中的应用

本章导读

4.1 颜色的设置

4.2 画笔工具的应用

4.3 动态画笔的设置方法

4.4 橡皮擦工具的应用

4.5 渐变背景与油漆桶工具的运用

4.6 结课作业

4.1 颜色的设置

任何图像都离不开颜色，在绘制一幅精美的画作前，需要先掌握基本工具的使用方法和颜色的选择方法，而颜色的选择更是绘画的关键所在。使用 Photoshop 提供的各种绘画工具进行绘制时，不可避免地需要选择设置合适的颜色。

4.1.1 前景色和背景色的设置方法

1 前景色和背景色

在工具箱的底部，可以看到前景色和背景色的设置按钮，如图 4－1 所示。在默认情况下，前景色为黑色，背景色为白色。

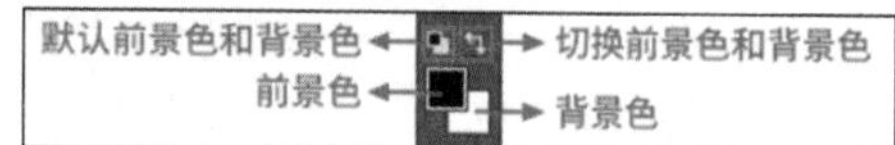

图 4－1

●默认前景色和背景色：单击该按钮，可以将前景色和背景色恢复为默认状态，即黑色前景色和白色背景色。对应的快捷键是 D。

●切换前景色和背景色：单击该按钮，可以交换当前前景色和背景色的颜色。快捷键是 X。

●前景色/背景色：当前的前景色/背景色颜色。单击相应的颜色块，可以在弹出的“拾色器”对话框中设置需要的前景色/背景色。前景色用于设置使用绘画工具绘制图像及使用文字工具创建文字时的颜色，背景色用于设置背景图像区域为透明时显示的颜色及增大画布时的颜色。一些特殊的滤镜需要前景色和背景色配合使用，如纤维滤镜和云彩滤镜等。

2 拾色器

单击前景色或背景色的颜色块，会弹出“拾色器”对话框，如图 4－2 所示。先拖动颜色滑块选择颜色区域，再到颜色区域中单击或拖动鼠标左键选择颜色，选定后单击“确定”按钮即可设置相应的前景色或背景色。

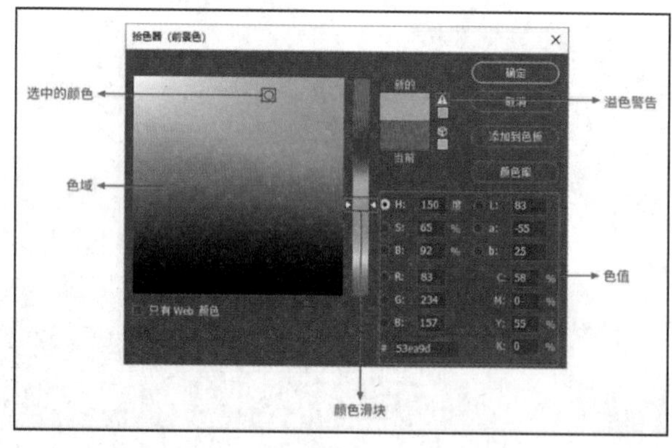

图 4－2

●色域/选中的颜色：在此处单击或拖动鼠标左键可以为前景色或背景色选取颜色，黑色空心圆圈中的是当前被选中的颜色。

●只有 Web 颜色：勾选复选框后，色域内只显示 Web 安全颜色。

●颜色滑块：上下拖动此滑块，可以选择颜色的范围。

●新的：当前色域中被选中的颜色。

●当前：当前前景色/背景色的颜色。

●溢色警告：出现此图标，表示当前选中的颜色无法被准确打印出来。

●色值：可在文本框中输入具体数字来精确设置颜色。

●添加到色板：单击该按钮，可将当前选

中的颜色添加到“色板”面板中。

●颜色库:单击该按钮,可切换到“颜色库”对话框。

3 颜色面板

单击菜单栏“窗口 > 颜色”命令,即可打开“颜色”面板。“颜色”面板默认位于 Photoshop“基本功能”工作区的右上角。默认情况下,“颜色”面板提供的是 RGB 颜色模式的滑块,如果想要使用其他模式的滑块,可在其面板菜单中进行设置,如图 4－3 所示。单击左侧前景色或背景色的颜色块,即可使用滑块对其颜色进行调整,也可以在滑块右侧的文本框中输入具体数字设置精准颜色。

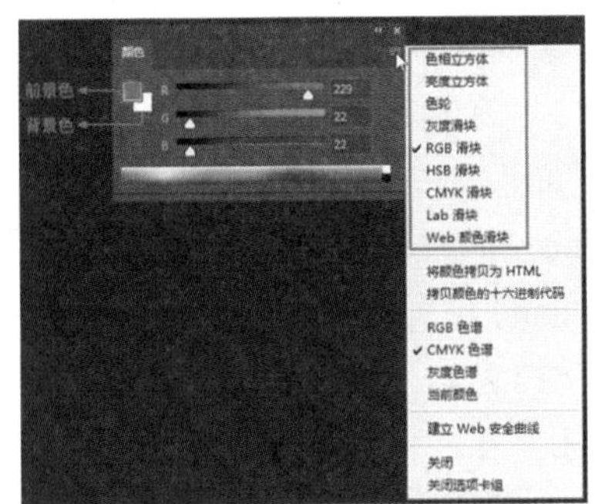

图 4－3

在不同的滑块模式下,其选色方法也不相同,可以根据需要选择合适的滑块选色方法来设置颜色。

●色相立方体:如图 4－4 所示,使用右侧的颜色滑块选择颜色范围,在左侧的色域中单击或拖动鼠标左键选择颜色。

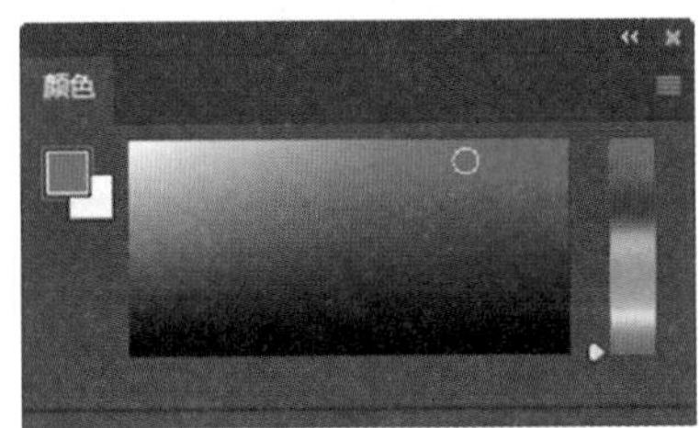

图 4－4

●亮度立方体:如图 4－5 所示,在左侧色域中选择颜色,使用右侧滑块选择颜色的亮度。

图 4－5

●色轮:如图 4－6 所示,下方色轮的圆环用来选择颜色的色相,中间的三角用来选择颜色的亮度和饱和度。通过调整上边的 H(色相)、S(饱和度)和 B(亮度)滑块进行设置,或在其右侧的文本框中输入具体数值进行精确设置。

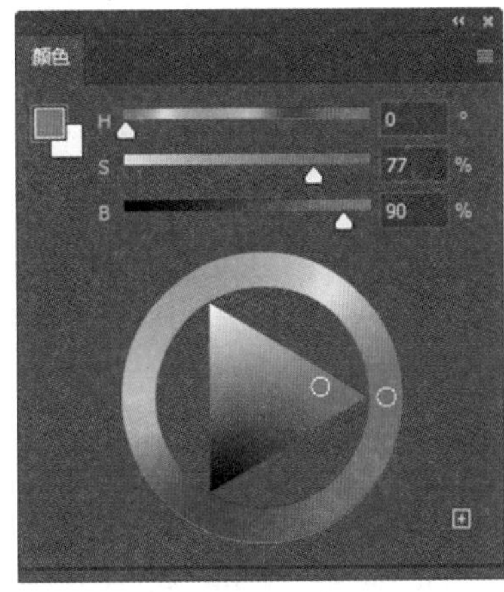

图 4－6

●灰度滑块:如图 4－7 所示,面板中只有一个“K”滑块,只能选择从白到黑的颜色。

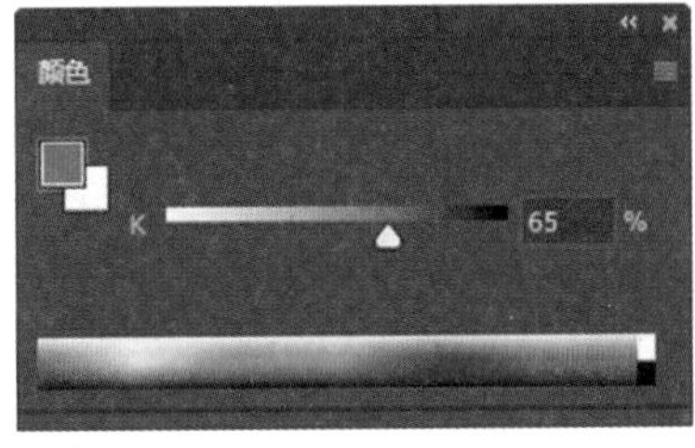

图 4－7

●RGB 滑块:如图 4－8 所示,面板中显示 R(红色)、G(绿色)和 B(蓝色)3 个滑块,其范围均在 0～255,拖动滑块或在其右侧文本框中输入数值,即可通过 R、G、B 的不同色调进行选色。

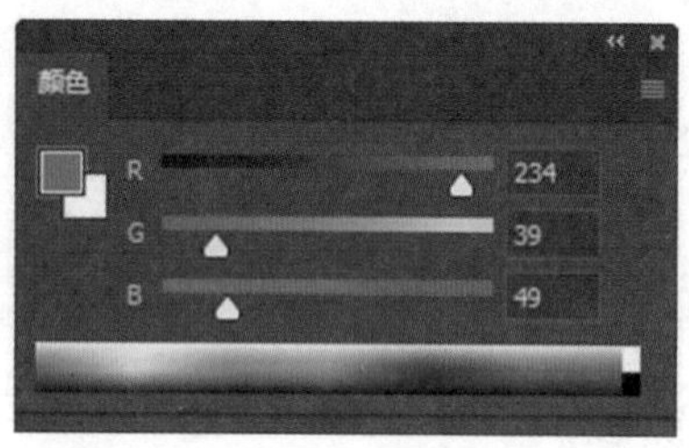

图 4－8

●HSB 滑块：如图 4－9 所示，面板中显示 H(色相)、S(饱和度)、B(亮度)3 个滑块，拖动滑块或在其右侧的文本框中输入数值，即可分别设置 H、S、B 的值。

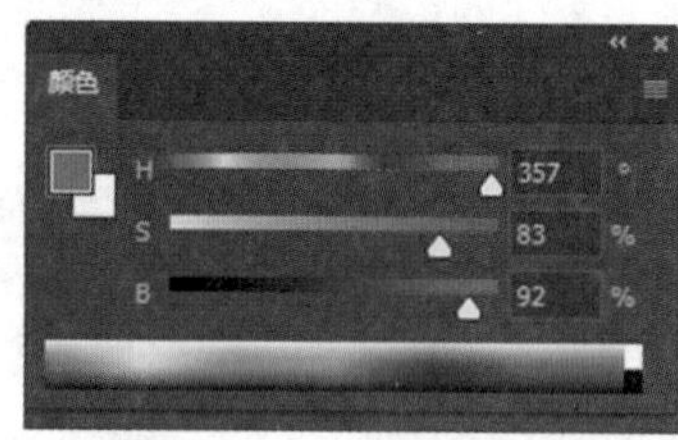

图 4－9

●CMYK 滑块：如图 4－10 所示，面板中显示 C(青色)、M(洋红色)、Y(黄色)、K(黑色)4 个滑块，拖动滑块或在其右侧的文本框中输入数值，即可分别设置 C、M、Y、K 的值。

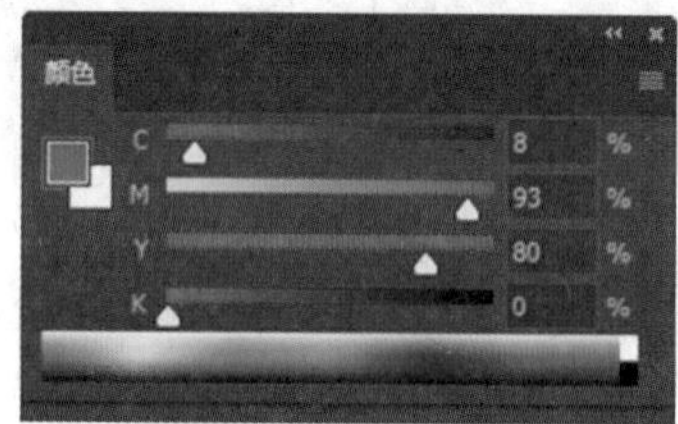

图 4－10

●Lab 滑块：如图 4－11 所示，面板中显示 L、a、b 3 个滑块，L 用于调整亮度，a 用于调整由绿到红的色谱变化，b 用于调整由黄到蓝的色谱变化。拖动滑块或在其右侧的文本框中输入数值，即可分别设置 L、a、b 的值。

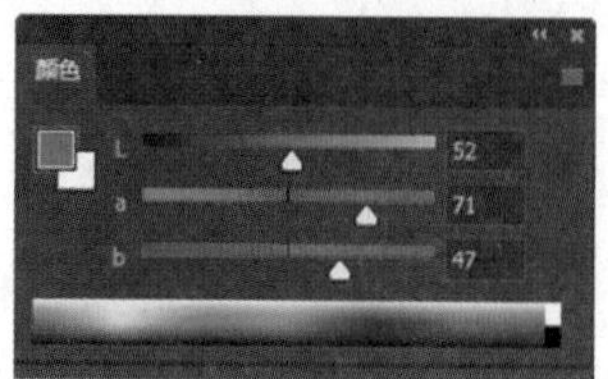

图 4－11

●Web 颜色滑块：如图 4－12 所示，面板中显示 R、G、B 3 个滑块。与 RGB 滑块不同的是，Web 颜色滑块主要用来选择 Web 上使用的颜色，每个滑块上分为 6 个颜色段，所以共能调配出 216 种颜色。

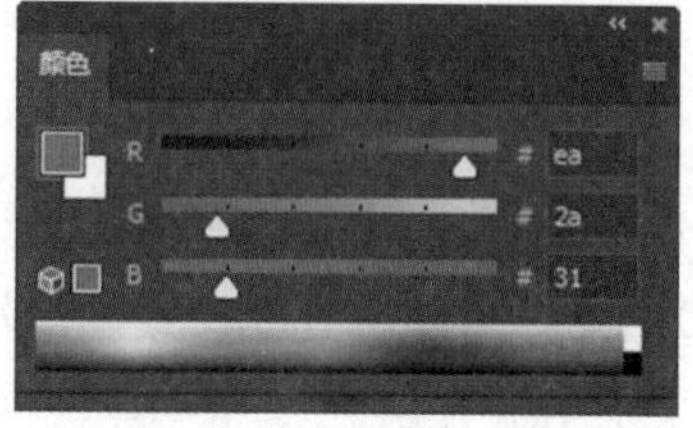

图 4－12

4 色板面板、渐变面板、图案面板

Photoshop CC 2020 的“色板”面板和以往其他版本的 Photoshop 都不一样，增加了很多预设，并将预设都进行了分组，还新增了“渐变”面板和“图案”面板。这 3 个面板默认在 Photoshop“基本功能”工作区的右上角，以选项卡的方式展示，如图 4－13 所示。单击菜单栏“窗口 > 色板”命令，即可打开“色板”面板。

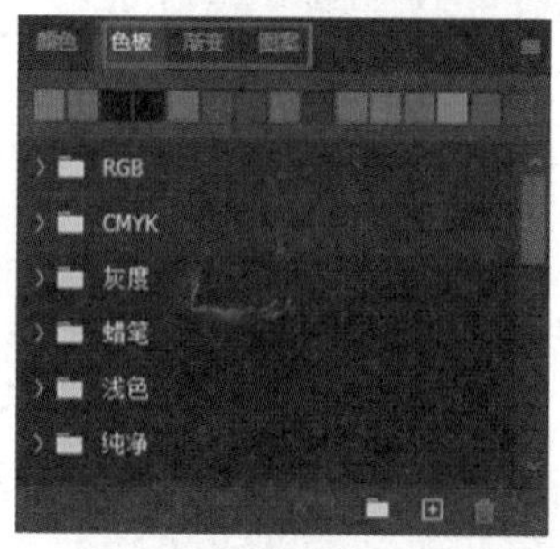

图 4－13

色板面板

“色板”面板如图 4－14 所示，将鼠标箭头移动到任意颜色色块上，箭头会变成“吸管”样式，单击左键即可将当前颜色设置为前景色。

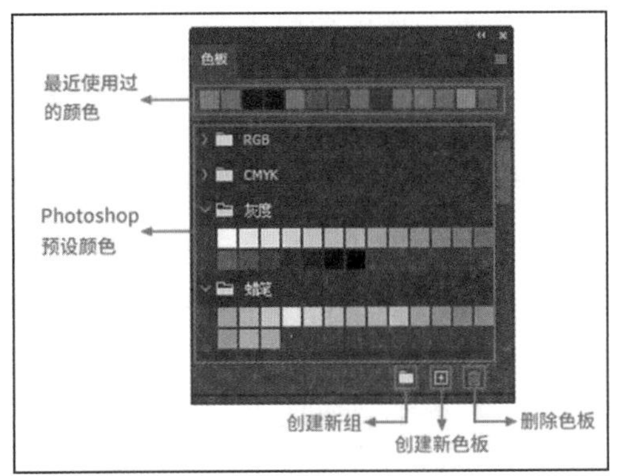

图 4－14

●最近使用过的颜色：无论是前景色还是背景色设置过的颜色，都会更新显示到这里，最左侧的颜色色块为最新设置过的颜色。

●Photoshop 预设颜色：此处显示的是 Photoshop 给出的预设颜色，并自动进行了分组，单击“文件夹”图标前的“小三角”图标，即可展开或收起分组。

●创建新组：单击该按钮后，会弹出如图 4－15 所示对话框，在“名称”右侧的文本框中可以对新创建的组进行命名，单击“确定”按钮后，即可新建一个组，如图 4－16 所示，但这个新建的组里没有任何预设的颜色色块。

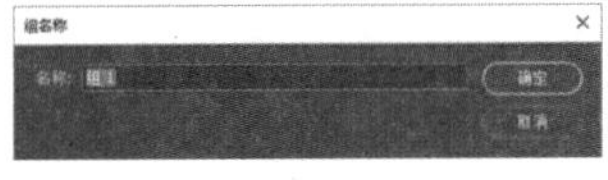

图 4－15

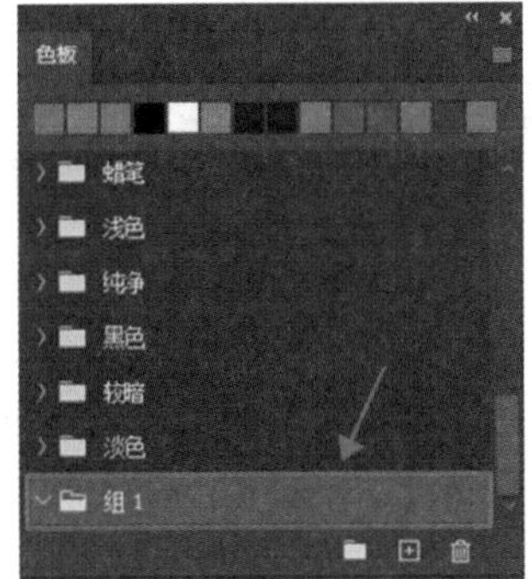

图 4－16

●创建新色板：单击此按钮后，会弹出如图 4－17 所示的对话框，该颜色为当前的前景色颜色，可以在“名称”右侧的文本框中对新的颜色进行命名，勾选“添加到我的当前库”复选框可将颜色添加到“库”中（“库”中的内容会被上传至网络，主要用于团队协作），单击“确定”按钮，即可新建一个预设颜色色块，如图 4－18 所示。

图 4－17

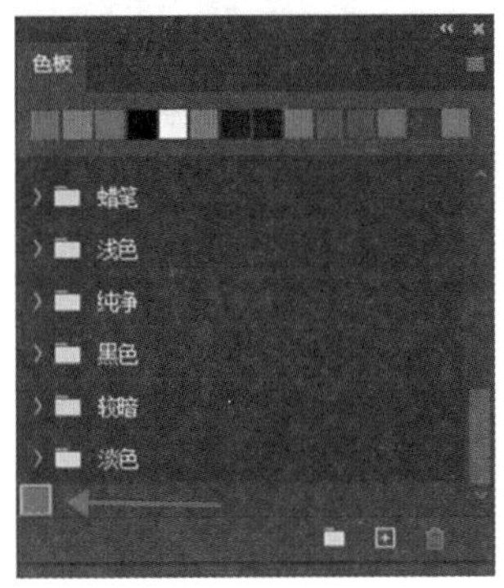

图 4－18

●删除色板：选中预设颜色色块或预设颜色组后，单击该按钮，即可删除。

如果在新建组之后执行“创建新色板”命令，新创建的颜色将会自动被收纳进刚刚新建的组中，如图 4－19 所示。使用鼠标拖动颜色色块，即可将其加入组或从组中去除。

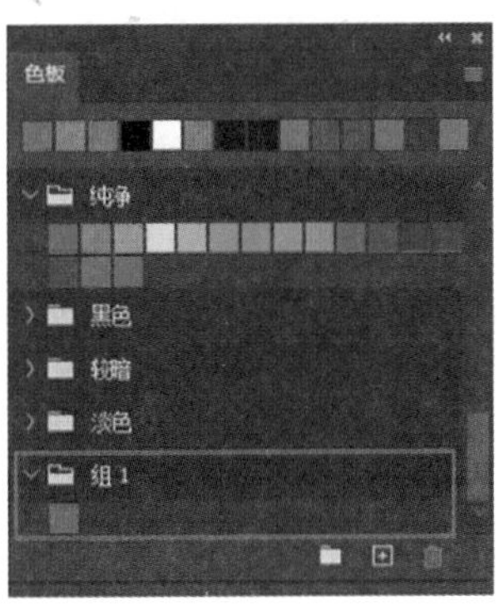

图 4－19

渐变面板

“渐变”面板如图 4 – 20 所示，在低版本的 Photoshop 中没有此面板。

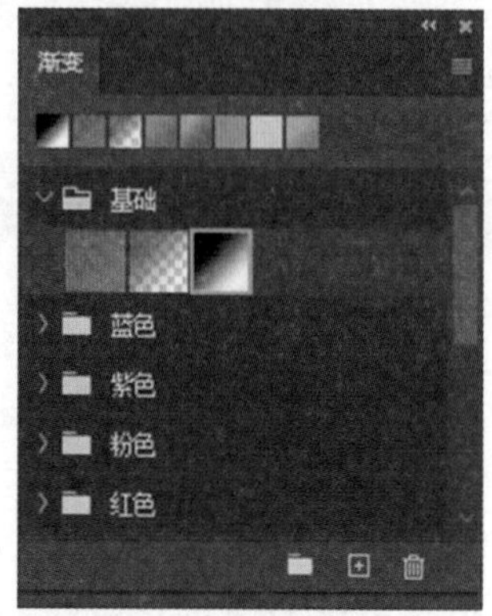

图 4 – 20

“渐变”面板和“色板”面板使用方法基本相同，其中新建渐变和第一次使用渐变预设的方法略有不同。

单击“创建新渐变”按钮，会弹出如图 4 – 21所示的对话框。

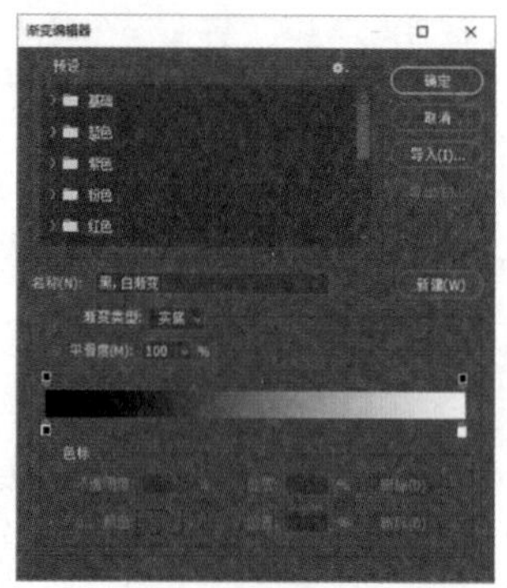

图 4 – 21

●预设：Photoshop 自带的渐变预设。

●名称：在右侧的文本框中输入文字对新渐变进行命名，设置完渐变后，单击右侧“新建”按钮，可以在“渐变编辑器”对话框中完成新建，然后继续新建其他渐变，而不用多次单击“创建新渐变”按钮去打开对话框。

●渐变类型：下拉列表中有“实底”和“杂色”2 个选项。选择“实底”选项，可以设置平滑度、颜色滑块和色标。

“平滑度”是指渐变过程中的流畅程度，数值越大渐变中颜色交界处越流畅。

“颜色滑块”和“色标”是配合使用的，单击上边的滑块，可以设置不透明度，如图 4 – 22 所示，单击下方的滑块，可以设置具体的颜色，如图 4 – 23 所示。拖动中间的菱形小图标，可以设置渐变的位置，上边是设置透明度渐变的位置，下边是设置颜色渐变的位置。

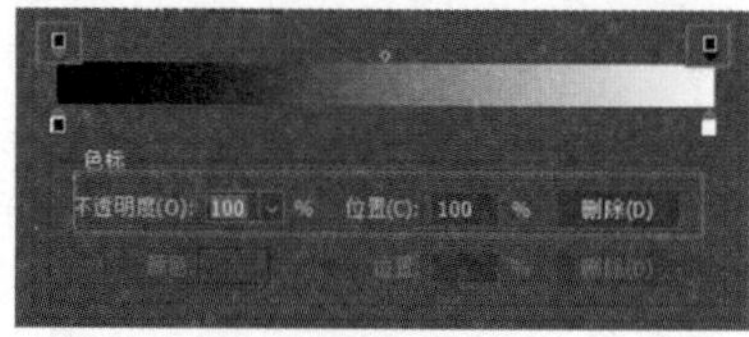

图 4 – 22

图 4 – 23

选中一个滑块后，将鼠标箭头移动到中间的颜色条中，鼠标箭头会变成“吸管”样式，单击左键将被选中滑块的颜色或透明度设置为单击点的颜色或透明度。

在颜色条的上方或下方单击鼠标左键，可以创建新的滑块，如图 4 – 24 所示，选中滑块并向外拖动，即可删除该滑块。

图 4 – 24

第一次使用“渐变”面板中的渐变预设时，需要将要使用的渐变色块拖动到画布中去，同时“图层”面板会自动新建一个渐变填充层，如图 4 – 25 所示。如果要使用其他渐变预设，选中“图层”面板中的颜色填充层，单击其他渐变色块可更改该图层中的渐变。

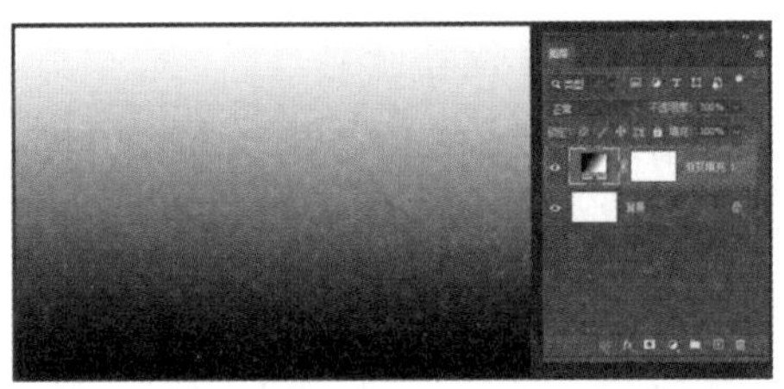

图 4－25

选择“杂色”选项，如图 4－26 所示。

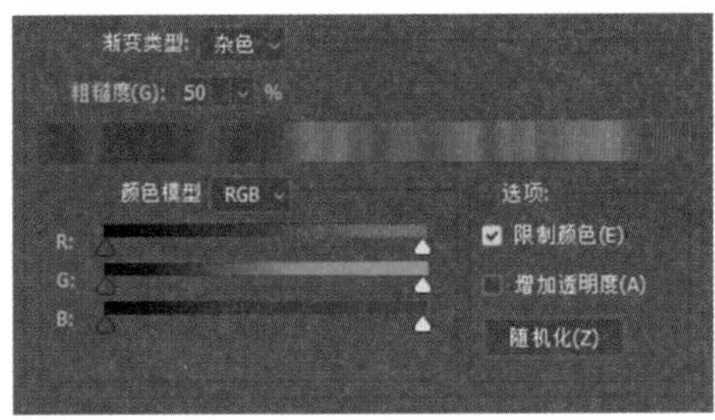

图 4－26

●粗糙度：调整渐变的粗糙度，数值越大，渐变越粗糙。粗糙度为 20% 的效果如图 4－27 所示，粗糙度为 80% 的效果如图 4－28 所示。

图 4－27

图 4－28

●颜色模型：下拉列表中有“RGB”“HSB”和“LAB”3 个选项，具体的使用方法可参考“颜色”面板中的相关模式介绍。

●限制颜色：勾选复选框后，可以防止颜色过于饱和。

●增加透明度：勾选复选框后，可向渐变添加透明杂色，如图 4－29 所示。

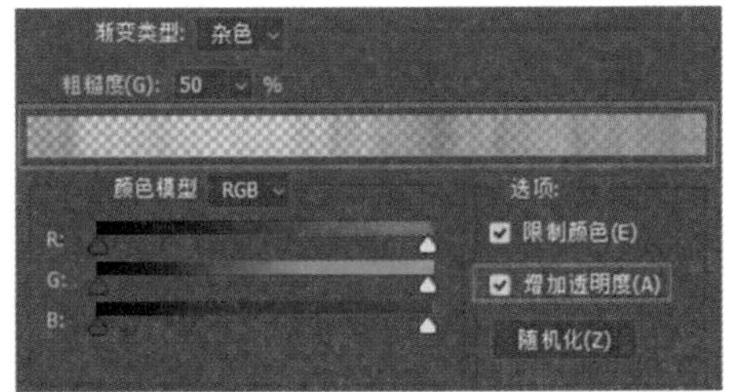

图 4－29

●随机化：单击该按钮，可随机更改渐变的颜色。

图案面板

“图案”面板如图 4－30 所示，低版本的 Photoshop 中没有该面板。“图案”面板和“渐变”面板的使用方法基本相同。

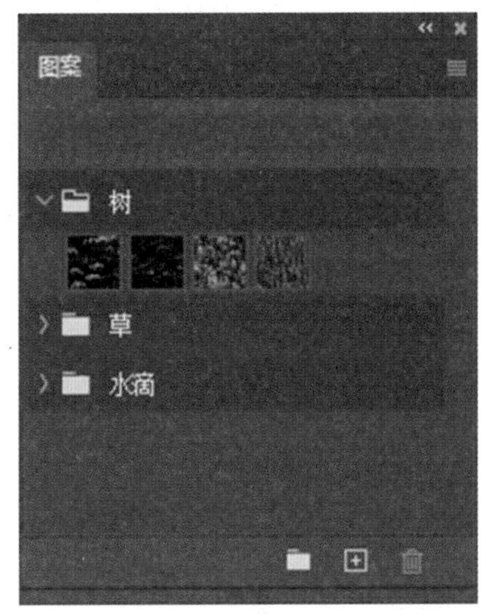

图 4－30

第一次使用图案预设时需要将要使用的图案拖动到画布中去，同时“图层”面板自动新建一个图案填充层，如图 4－31 所示。

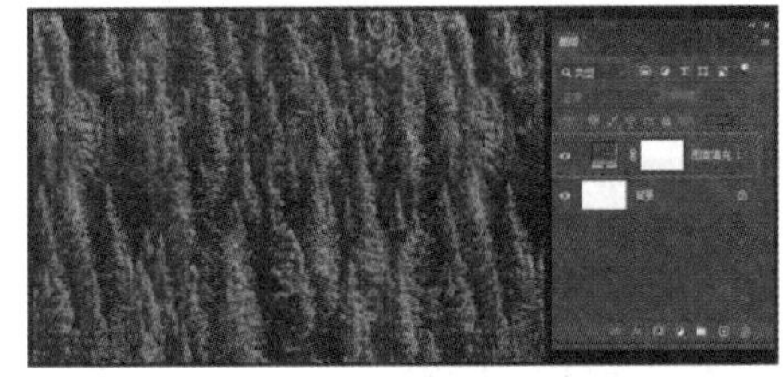

图 4－31

单击“创建新图案”按钮，会弹出如图 4－32所示的对话框，可在“名称”右侧的文本框中命名新图案。“创建新图案”会将画布中显示的图像作为新图案的内容。

图 4－32

小贴士

单击色板面板、渐变面板和图案面板右上角的"横线"小图标，可以设置缩略图的尺寸以及是否显示最近使用过的项目色块，如图4－33所示。

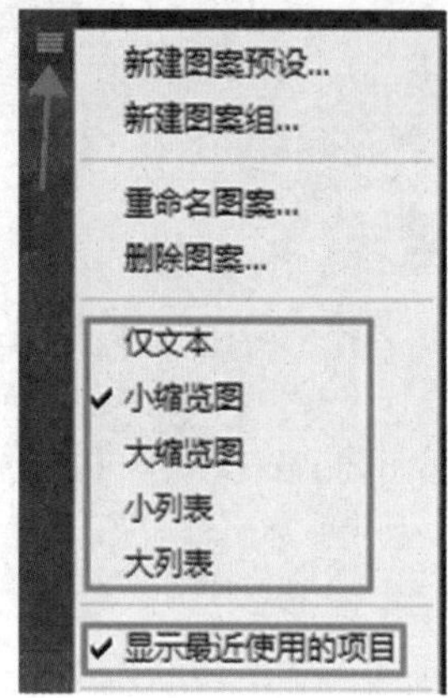

图4－33

单击"图层"面板下的"创建新的填充或调整图层"按钮，可在弹出的快捷菜单中选择新建"纯色""渐变"或"图案"填充层，如图4－34所示。选择填充层后，可以使用相应面板中的预设内容对其进行修改。

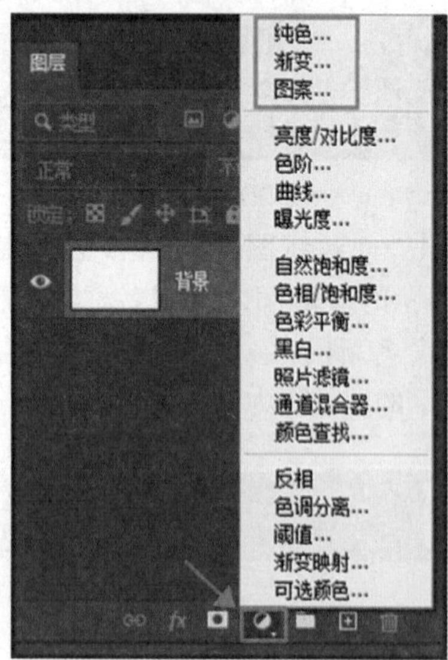

图4－34

5 色相、亮度和饱和度

色相、亮度和饱和度是色彩的3要素。其中亮度又被称为明度，饱和度又被称为纯度。

● 色相：指色彩的种类和名称。自然界中色彩的种类很多，比如：红、橙、黄、绿、青、蓝、紫等。

● 亮度：指色彩的明暗程度和深浅程度。比如：紫红、深红、玫瑰红、大红、橘红等表示同色系红颜色的不同明度，而柠檬黄、中黄、宝石蓝、葡萄紫等不同色系的颜色在明度上也不一样。

● 饱和度：指图像颜色的浓度，即颜色的鲜艳程度。饱和度越高，颜色越饱满；饱和度越低，颜色就会显得越陈旧、惨淡；饱和度为0时，图像为灰度图像。

4.1.2 快速应用吸管工具选取颜色

素材文件 第4章\4.1\吸管工具.jpg

选择工具箱中的"吸管工具"，如图4－35所示，可以在Photoshop打开图像的任意位置采集色样作为前景色或背景色。"吸管工具"的快捷键是I。

图4－35

在Photoshop中打开素材文件夹"第4章\4.1\吸管工具.jpg"文件，在图像中单击鼠标左键，可将鼠标箭头所在位置的颜色设置为前景色,如图 4－36 所示。按住键盘上的 Alt 键不放,单击图像可将鼠标箭头所在位置的颜色设置为背景色,如图 4－37 所示。

图 4－36

图 4－37

在使用“画笔”等绘画工具时,按住键盘上的 Alt 键,可以临时将工具切换为“吸管工具”,在画面上单击鼠标左键可以将鼠标箭头所在位置的颜色设置为前景色,松开 Alt 键后可恢复到之前使用的工具。

“吸管工具”的工具选项栏如图 4－38 所示。

取样大小: 取样点　样本: 所有图层　显示取样环

图 4－38

●取样大小:设置“吸管工具”取样范围的大小。选择“取样点”选项,可以选取鼠标箭头当前所在位置像素的精确颜色;选择“3×3 平均”选项,可以选取鼠标箭头所在位置 3 个像素区域内的平均颜色,其他选项以此类推。

●样本:可以选择从“当前图层”或是从“所有图层”中拾取颜色。

●显示取样环:勾选复选框后,可以在拾取颜色时显示取样环,如图 4－39 所示。按下鼠标左键会出现取样环,内圈上半部分的黄色为当前拾取的颜色,下半部分的黑色为按下鼠标左键之前的颜色。

图 4－39

4.2 画笔工具的应用

4.2.1 画笔工具的应用

在 Photoshop 中,“画笔工具”的应用十分广泛,可以使用它绘制出各种线条,也可以使用它修改通道和蒙版。

在 Photoshop 中新建一个空白文档,选择工具箱中的“画笔工具”,如图 4－40 所示,对应的快捷键是 B,设置合适的前景色,将鼠标箭头移动到画布上,单击鼠标左键,可绘制出一个圆点,如图 4－41 所示;按住鼠标左键进行拖动,可绘制出线条,如图 4－42 所示。

图 4－40

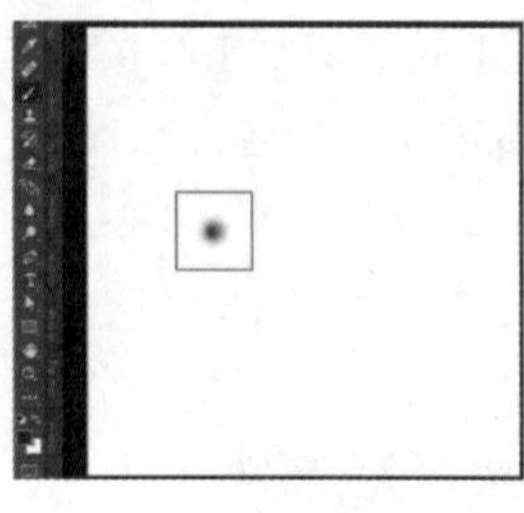

图 4 – 41

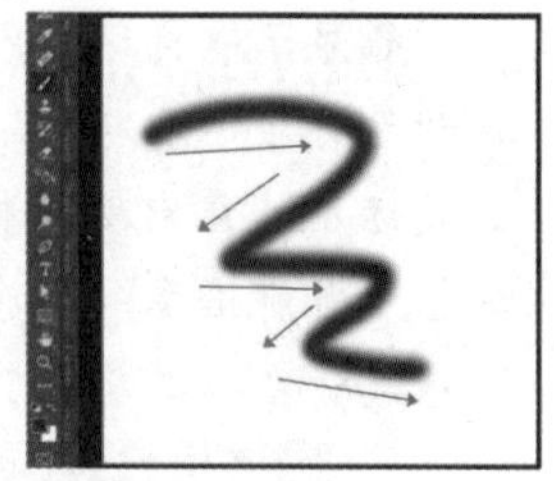

图 4 – 42

“画笔工具”的工具选项栏如图 4 – 43 所示。

图 4 – 43

●画笔预设选取器：单击该按钮，会弹出“画笔预设”选取器，如图 4 – 44 所示，可以设置笔尖的大小、硬度和画笔角度，还可以选取不同类型的笔尖。在英文输入法的状态下，按键盘上的左中括号“[”可以缩小笔尖，右中括号“]”可以增大笔尖。

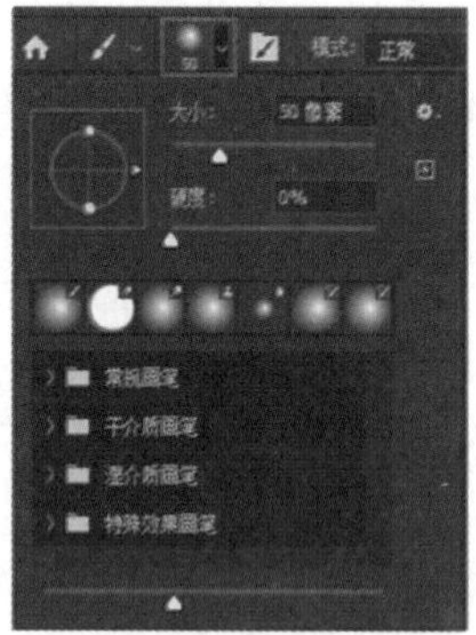

图 4 – 44

●模式：用来设置绘画颜色和下方现有像素的混合模式。

●不透明度：设置画笔绘制出的颜色的不透明度。数值越小，绘制出的颜色越透明。

●始终对“不透明度”使用压力：单击该按钮，连接手绘板后，可以使用压感笔的压力控制“不透明度”。若没有连接手绘板，该按钮不起任何作用。

●流量：用于设置当鼠标箭头移动到某个区域上方时应用颜色的速率。在某个区域上方进行绘画时，如果一直按住鼠标左键，颜色量将根据流动速率增大，直到达到“不透明度”的设置。

●启用喷枪样式：单击该按钮后，会启用喷枪模式，Photoshop 会根据鼠标左键的单击时间来确定画笔笔迹的填充数量。关闭喷枪功能后，每单击一次鼠标左键都会绘制一个笔迹；启用喷枪功能后，按住鼠标左键不放，可以持续填充绘制笔迹。

●平滑：用于设置绘制的线条的流畅程度，数值越大，线条越流畅。

●平滑选项：单击“平滑选项”右侧的按钮后，会打开如图 4 – 45 所示的快捷菜单。

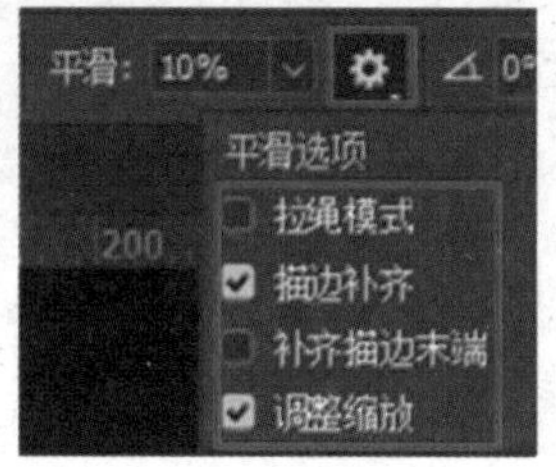

图 4 – 45

勾选“拉绳模式”复选框后，仅在绳线拉紧时绘画，在平滑半径之内移动光标不会留下任何标记，默认不显示“拉绳”。按键盘上的快捷键 Ctrl + K 打开“首选项”对话框，选择左侧的“光标”选项栏，如图 4 – 46 所示，勾选“进行平滑处理时显示画笔带”复选框，可以单击“画笔带颜色”右侧的颜色块更改画笔带的颜色，单击“确定”按钮后，绘制的线条如图 4 – 47 所示。

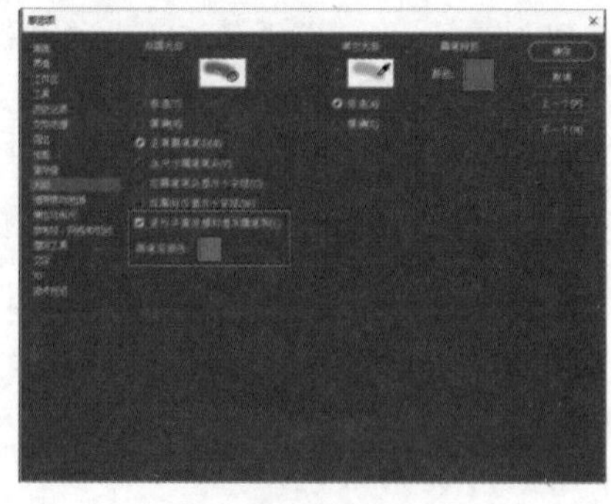

图 4 – 46

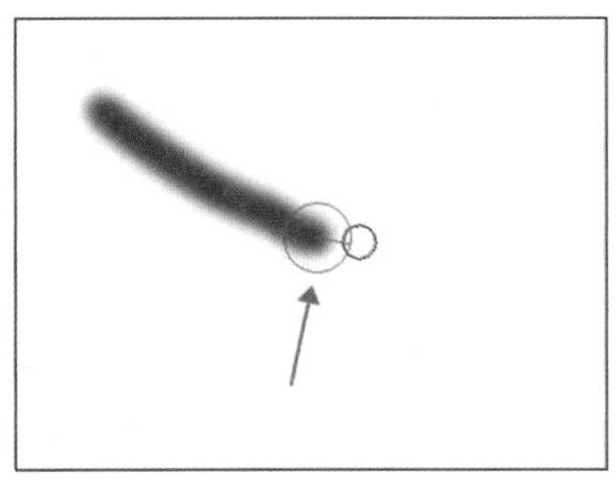

图 4－47

勾选“描边补齐”复选框，暂停描边时，允许在暂停绘画时继续补齐描边。

勾选“补齐描边末端”复选框，自动完成从上一绘画位置到结束绘画位置所在点的描边。

勾选“调整缩放”复选框，会自动调整平滑量，防止抖动描边。在放大文档时减小平滑；在缩小文档时增加平滑。

●设置画笔角度：画笔的角度用于指定画笔的纵轴在水平方向旋转的角度。使用默认圆形笔尖时设置角度看不出变化，选择其他形态的笔尖时，更改画笔角度，可以看到如图 4－48 所示的效果。关于笔尖的设置方法，会在 4.3.2 节中详细介绍。

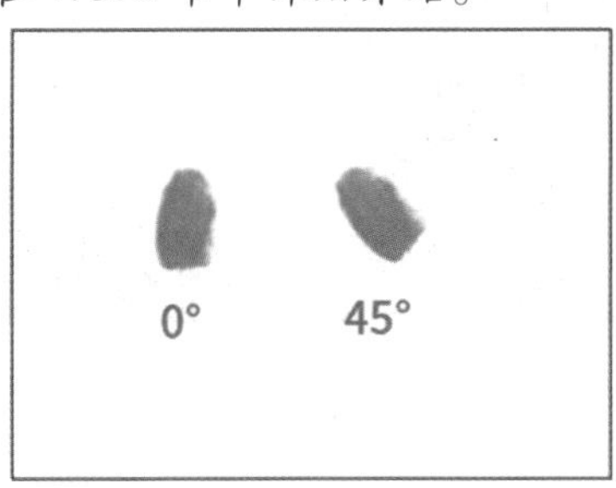

图 4－48

●始终对“大小”使用“压力”：单击该按钮，连接手绘板后，可以使用压感笔的压力控制画笔的“大小”。若没有连接手绘板，该按钮不会起任何作用。

●设置绘画的对称选项：单击该按钮，弹出如图 4－49 所示的快捷菜单。选择其中任意选项，画布中会出现对称轴，设置好对称轴的位置和尺寸后，在对称轴的一侧进行绘制，另一侧也会出现相同的线条。例如选择“垂直”选项后，设置好垂直对称轴，在对称轴的左边随意绘制线条，右边也会同时出现相同的线条，如图 4－50 所示。

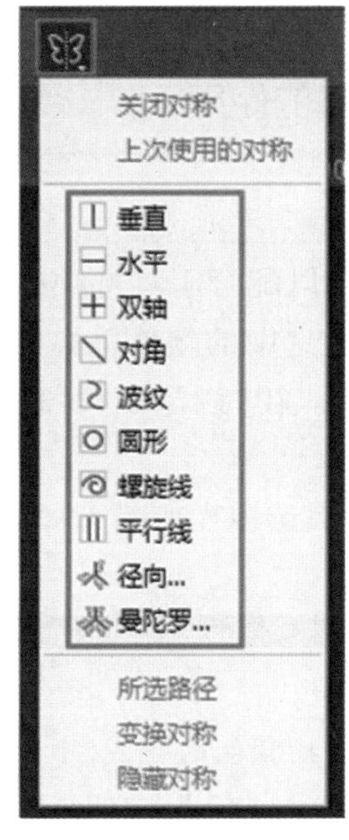

图 4－49

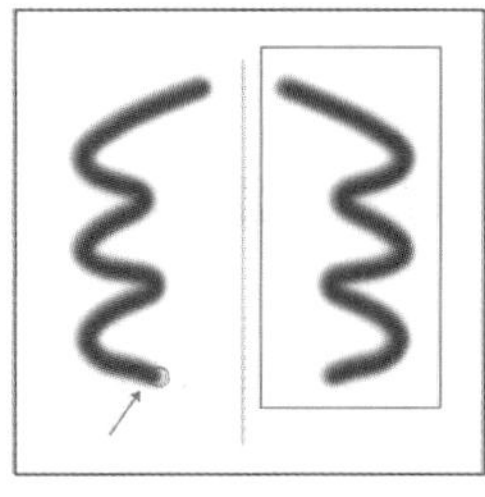

图 4－50

4.2.2　铅笔工具的应用

使用“铅笔工具”，可以绘制出硬边的线条。“铅笔工具”在“画笔工具”的子工具组中，如图 4－51 所示。

图 4－51

“铅笔工具”的工具选项栏和“画笔工具”的工具选项栏几乎相同，只是“铅笔工具”多了“自动涂抹”功能，如图 4－52 所示。

图 4－52

●自动涂抹：勾选复选框后，如果在不包含前景色的区域内按下鼠标左键进行拖动，绘制出的线条颜色为前景色颜色；如果在包含前景色的区域内按下鼠标左键进行拖动，绘制出的线条颜色则为背景色颜色。

“铅笔工具”和“画笔工具”的使用方法也十分相似，区别在于：使用“画笔工具”既可以绘制柔边线条又可以绘制硬边线条，而“铅笔工具”只能绘制硬边线条。

4.2.3 颜色替换工具的使用

素材文件 第4章\4.2\颜色替换工具.jpg

“颜色替换工具”可以配合工具选项栏上的参数设置，将图像上选中的颜色替换为前景色。“颜色替换工具”在“画笔工具”的子工具组中。

“颜色替换工具”工具选项栏如图4－53所示。

图4－53

●模式：用来设置替换颜色的模式，下拉列表中包含“色相”“饱和度”“颜色”和“明度”。默认模式为“颜色”模式，在“颜色”模式下可以同时替换色相、饱和度和明度。

●取样：“模式”右侧的3个按钮，可以设置颜色的取样方式。选择“取样：连续”按钮，可以在拖动鼠标时对颜色进行连续取样；选择“取样：一次”按钮，只替换包含第一次单击的颜色区域中的目标颜色；选择“取样：背景色板”按钮，只替换包含当前背景色的区域。

●限制：下拉列表中包含“不连续”“连续”和“查找边缘”。选择“不连续”选项，表示替换出现在鼠标箭头下任何位置的样本颜色；选择“连续”选项，表示替换与鼠标箭头下的颜色接近的颜色；选择“查找边缘”选项，表示替换包含样本颜色的连接区域，同时保留形状边缘的锐化程度。

●容差：用来设置容差，容差数值越大，可替换的颜色范围越广。

●消除锯齿：勾选复选框后，可以消除颜色替换区域内边缘的锯齿，使图像更加平滑。

接下来，使用“颜色替换工具”来改变花朵的颜色。

步骤01 在Photoshop中打开素材文件夹“第4章\4.2\颜色替换工具.jpg”文件。

步骤02 按键盘上的快捷键Ctrl＋J复制背景图层，选择工具箱中的“颜色替换工具”，“模式”选择“颜色”模式，“取样”选择“取样：连续”选项，使用选区工具将花朵选中，如图4－54所示，前景色选择花朵本身颜色以外的颜色，这里选择红色，在选区内进行涂抹，将选区涂满后取消选区，最终得到如图4－55所示的换色效果。

图4－54

图4－55

或者在复制图层后，将“颜色替换工具”的“模式”选择“颜色”模式，“取样”选择“取样：背景色板”选项，前景色设置为要替换的颜色，背景色选择花朵的颜色，如图4－56所示，使用“颜色替换工具”在花朵上进行涂抹，会发现花朵上有些颜色并没有被替换掉，如图4－57所示。此时可以加大容差值再继续涂抹，或单击“背景色”颜色块，弹出“拾色器”对话框，将鼠标箭头移动到图像上没有被改变颜色的区域进行取色，如图4－58所示，然后继续涂抹，直到将花朵的颜色全部替换为止。

图 4－56

图 4－57

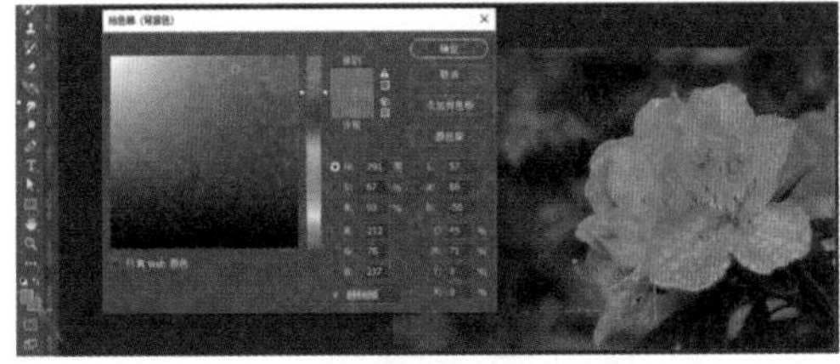
图 4－58

4.2.4　混合器画笔工具的使用

素材文件　第 4 章\4.2\混合器画笔工具.jpg

“混合器画笔工具”可以混合画布的颜色和使用不同的绘画湿度，模拟绘画的笔触感效果。“混合器画笔工具”在“画笔工具”的子工具组中。

“混合器画笔工具”工具选项栏如图 4－59 所示。

图 4－59

●当前画笔载入：单击该按钮可弹出下拉列表，如图 4－60 所示，在此列表中选择相应的选项，可以对载入的画笔进行设置。

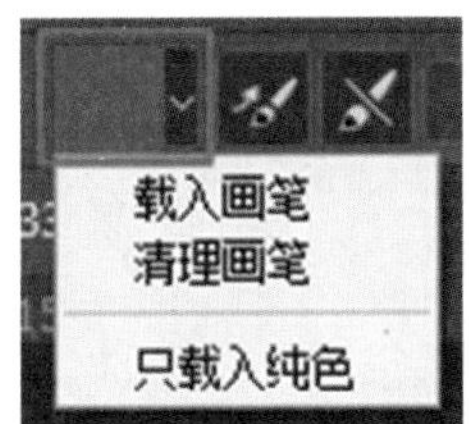

图 4－60

●每次描边后载入画笔/每次描边后清理画笔：使用真实的画笔在画布中涂抹后，画笔上保留的油彩色会变淡或是完全用完，此时需要再次使用画笔吸取颜色。这两个按钮就是模拟现实中画笔吸取油彩的过程，默认为不选中状态。

每次描边后载入画笔：使用鼠标在画布中涂抹完成后，会再次载入油彩色。

每次描边后清理画笔：每次使用鼠标涂抹完成后，清除当前画笔的油彩色，类似于用水清洗画笔这一过程。

●有用的混合画笔组合：可以设置画笔的属性，下拉列表中提供了多个预设的混合画笔，如图 4－61 所示，选择其中任何一个选项，在画布中涂抹即可混合颜色。

图 4－61

●潮湿：控制画笔从画布中摄取的油彩量。取值范围在 0%～100%，较高的潮湿值，在涂抹时会产生较长的条痕。

●载入：设置画笔上的油彩量。取值范围在 1%～100%，载入值越小，油彩干燥越快，即使用“混合器画笔工具”在画布中进行涂抹时距离越短。

●混合：控制画布中的油彩量与设置的油彩量之间的比例。比例为 100% 时，所有油彩将从画布中拾取；比例为 0 时，所有油彩都来自于设置的油彩色。如果潮湿值为 0，“混合”选项无法设置，默认所有油彩都来自于设置的油彩色。

●流量：控制画笔的流量大小。

●对所有图层取样：拾取所有可见图层中的画布颜色。

步骤 01 在 Photoshop 中打开素材文件夹“第 4 章\4.2\混合器画笔工具.jpg”文件。

步骤 02 选择“混合器画笔工具”，挑选合适的混合画笔，按照纹路走向在花瓣上进行涂抹，最后得到如图 4－62 所示的效果。

图 4－62

4.3 动态画笔的设置方法

4.3.1 “画笔面板”的基本认知

1 画笔预设面板

在 Photoshop 中新建一个空白文档，选择工具箱中的“画笔工具”，单击工具选项栏的“画笔预设”按钮，可弹出如图 4－63 所示的对话框。

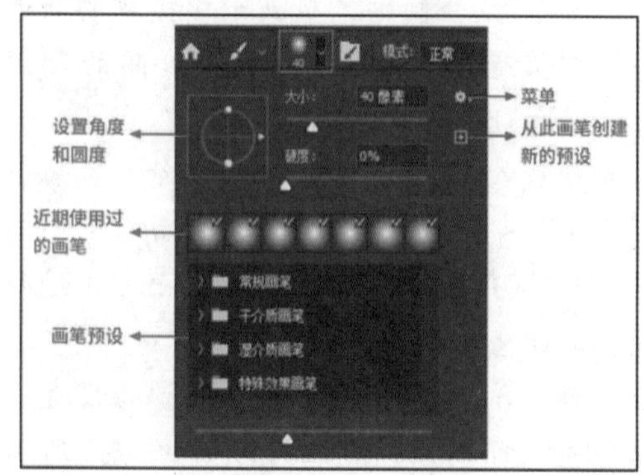

图 4－63

●设置角度和圆度：可以通过拖动圆形边框，通过调整角度来设置当前画笔的形状。

●大小：可以通过拖动滑块或输入具体数值控制画笔的大小。

●硬度：可以通过拖动滑块或输入具体数值控制画笔的硬度。

●近期使用过的画笔：此处显示的是近期使用过的画笔，越往左越近。

●画笔预设：此处显示的是 Photoshop 自带的预设画笔。低版本的 Photoshop 中，这里直接显示所有画笔，Photoshop CC 2020 版本更新为将所有画笔装到文件夹中分类显示。

●菜单：单击该按钮，可弹出如图 4－64 所示的快捷菜单。

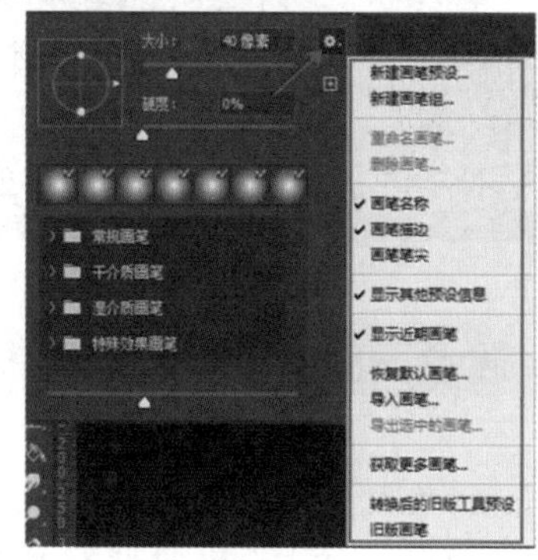

图 4－64

●新建画笔预设：可以将当前使用的画笔保存为新的画笔预设。

●新建画笔组：可以新建一个用来放置画笔的文件夹。

●重命名画笔：选中一个画笔或画笔组后，可以对其进行重新命名。

●删除画笔：选中一个画笔或画笔组后，可以将其删除。

●画笔名称/画笔描边/画笔笔尖：设置画笔预览的显示方式，默认为只显示画笔名称和画笔描边，3 项全部勾选后，画笔预览如图 4－65 所示。

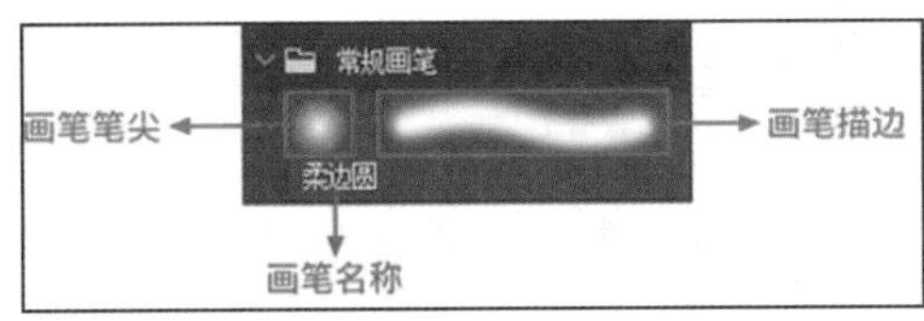

图 4－65

●显示其他预设信息：勾选复选框后，会显示该画笔适用于哪个工具，如图 4－66 所示，不勾选则不会显示适用工具图标。

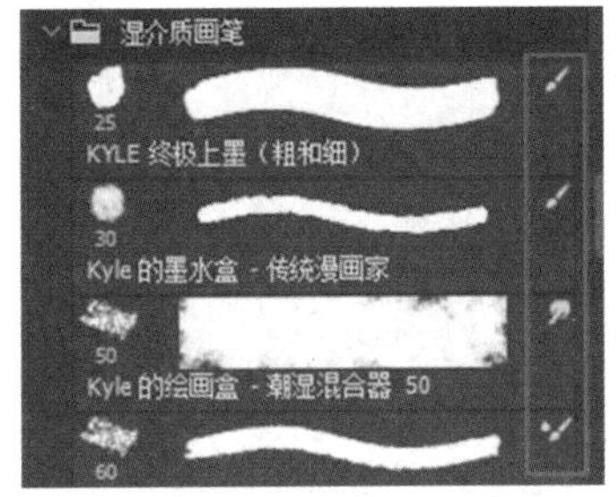

图 4－66

●显示近期画笔：取消勾选后，将会隐藏“近期使用过的画笔”。

●恢复默认画笔：可以恢复画笔预设的默认状态。

●导入画笔：如果在网上下载了 Photoshop 专用的画笔笔刷，可以将其导入使用。

●导出选中的画笔：可以将选中的画笔导出到电脑中。

●获取更多画笔：单击该命令，将会连接到 Adobe 官网中下载画笔，也可在相关网站自行下载。

●转换后的旧版工具预设/旧版画笔：单击该按钮后，可以添加旧版的工具预设或画笔。

2 画笔面板

单击菜单栏“窗口 > 画笔”命令，打开“画笔”面板，如图 4－67 所示。“画笔”面板和“画笔设置”面板将同时被打开。

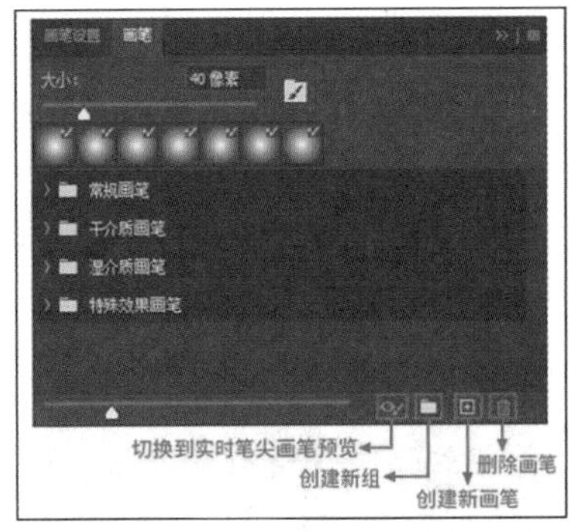

图 4－67

“画笔”面板和“画笔预设”面板的功能相似，使用方法也相同，不同之处在于，“画笔”面板上“大小”右侧多出了一个“切换到画笔设置面板”的按钮，单击该按钮可直接切换到“画笔设置”面板。右下角的“切换到实时笔尖预览”按钮，只有在选中特定的画笔时才可用，选中普通画笔时该按钮将处于灰色不可用状态。例如添加了“转换后的旧版工具预设”后，选择其中的画笔，可以看到“切换到实时笔尖预览”按钮处于选中状态，如图 4－68 所示，同时 Photoshop 文档窗口左上角出现如图 4－69 所示的预览图。如果单击“切换到实时笔尖预览”按钮将其处于未被选中状态，则该预览图将被隐藏。

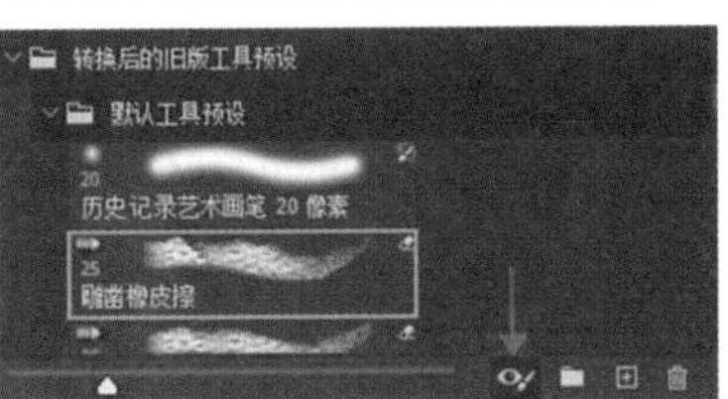

图 4－68

图 4－69

3 画笔设置面板

单击菜单栏“窗口 > 画笔设置”命令，即可打开“画笔设置”面板，如图 4 – 70 所示。在此面板中，可以对画笔笔尖的属性进行更加丰富的设置。

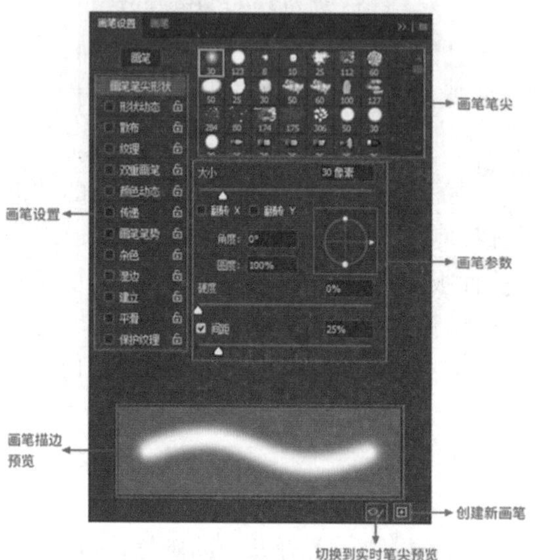

图 4 – 70

在“画笔设置”面板左侧的列表中，显示了可供画笔设置的选项，勾选所需效果即可启用该设置，单击该选项的名称将其选中，即可对该选项的详细参数进行设置，如图 4 – 71 所示。

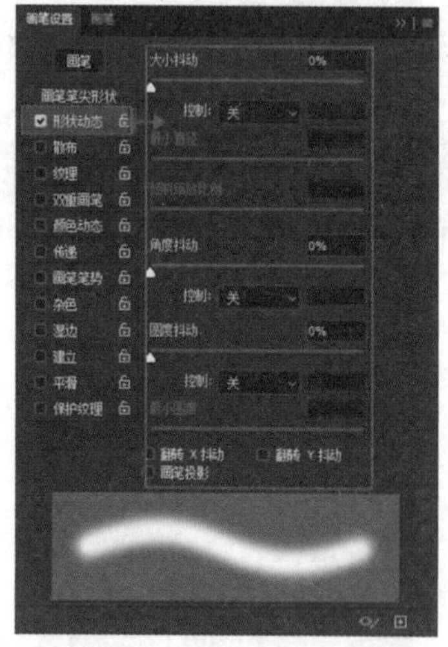

图 4 – 71

4.3.2 笔尖形状的设置方法

“画笔笔尖形状”选项是“画笔设置”面板的默认显示界面，如图 4 – 72 所示，在该界面可以对画笔的大小、形状、硬度、间距等基本参数进行设置。设置好所需参数后，可以在底部的“画笔描边预览”中看到当前画笔的效果。

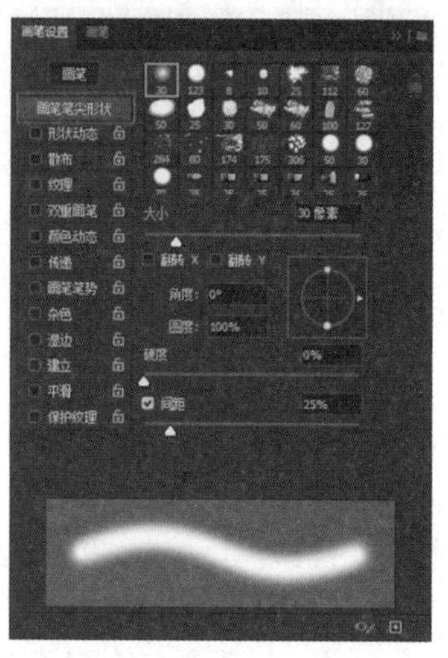

图 4 – 72

●大小：拖动滑块或直接输入具体数值，即可调整画笔的大小。可以按键盘快捷键“[”缩小画笔，“]”放大画笔。

●翻转 X/翻转 Y：将画笔笔尖在 X 轴或 Y 轴上进行翻转，翻转效果如图 4 – 73 所示。因为默认画笔看不出翻转效果，所以这里使用的是 74 号“散布枫叶”画笔笔尖，添加“旧版画笔”后即可找到该笔尖。

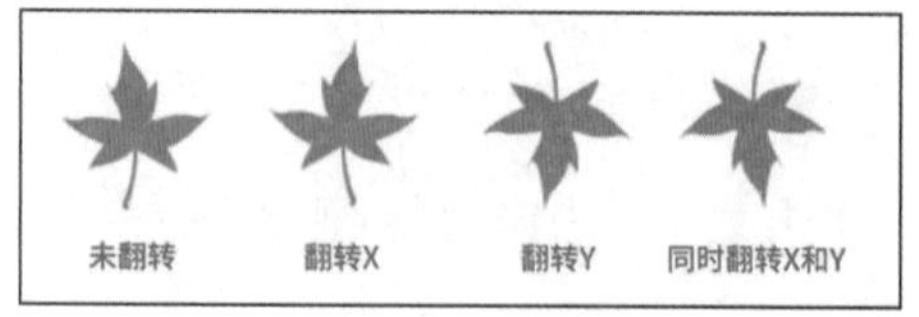

图 4 – 73

●角度：设置画笔笔尖的旋转角度，如图 4 – 74 所示。

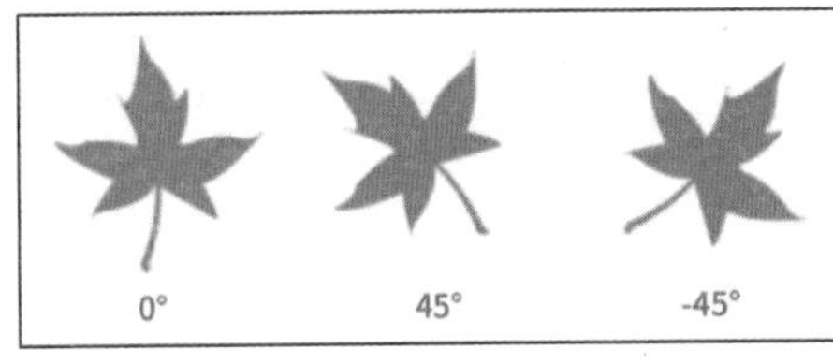

图 4－74

●圆度：设置画笔笔尖的长宽比，也可以理解为画笔笔尖被压扁的程度，效果如图 4－75 所示。

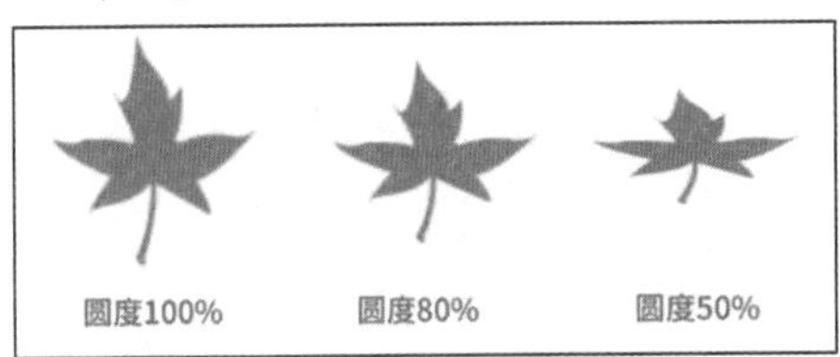

图 4－75

●硬度："硬度"只在使用圆形画笔时可用，用来控制画笔中心硬度的大小。数值越小，画笔笔尖的柔和度越高。同等大小，不同硬度的画笔效果如图 4－76 所示。

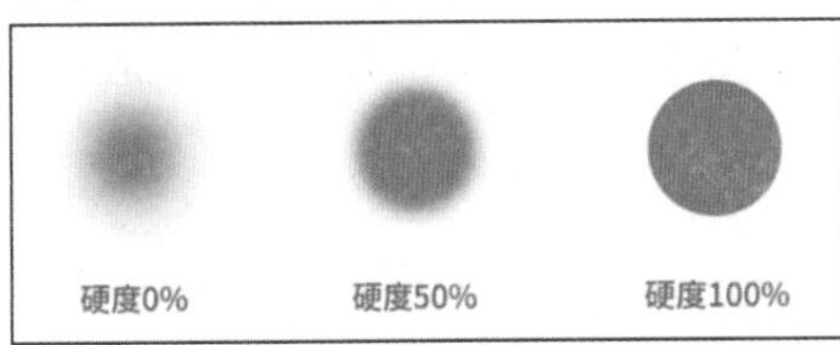

图 4－76

●间距：用来设置画笔笔迹之间的距离，数值越大，笔迹之间的间距越大。数值最小为 1%，最大为 1000%。例如，如图 4－77 所示为间距 100% 的效果。

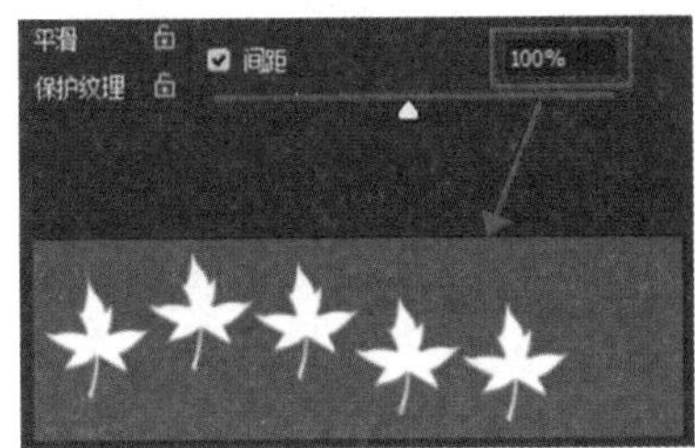

图 4－77

4.3.3　形状动态设置

"形状动态"界面可以调整画笔的大小抖动、圆度抖动、角度抖动等特性，如图 4－78 所示。此处的"抖动"是指某项参数在一定范围内的随机变化，数值越大，变化也就越大。

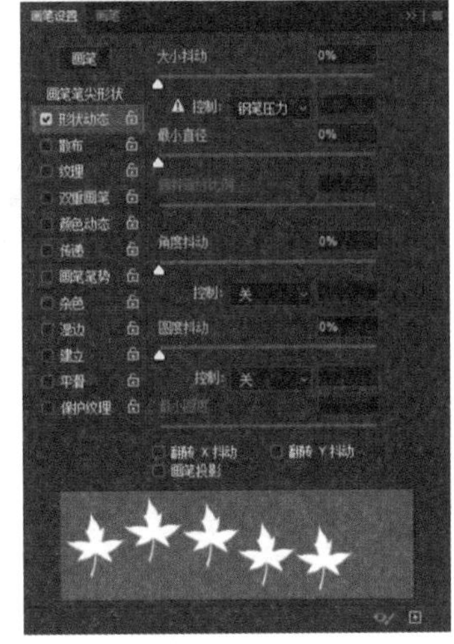

图 4－78

●大小抖动：用来设置画笔笔迹大小的改变方式，数值越高，变化效果越明显。例如"大小抖动"为 100% 时的效果如图 4－79 所示。

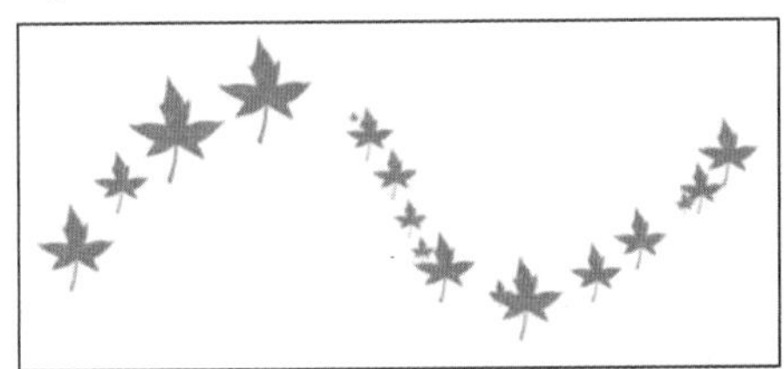

图 4－79

●控制：用来设置"大小抖动"的变化方式。"关"表示不控制画笔笔迹的大小变化；"渐隐"表示按照指定数量的步长在初始直径和最小直径之间渐隐画笔笔迹的大小，使笔迹产生逐渐淡出的效果；"Dial"表示在进行画笔描边的同时，可以使用 Surface Dial 转动转盘来对画笔笔迹的大小进行动态调整；"钢笔压力""钢笔斜度"和"光笔轮"选项，必须在电脑连接手绘板时才起作用，可以根据压感笔的压力、斜度或所在位置来改变初始直径和最小直径之间的画笔笔迹大小。

●最小直径：启用"大小抖动"以后，可以通过该选项设置画笔笔迹缩放的最小缩放百分比。数值越高，笔尖的直径变化越小。例如大小抖动100%，最小直径100%的效果如图4-80所示。

图4-80

●倾斜缩放比例：当将“大小抖动”下方的“控制”设置为“钢笔斜度”时，可以设置在旋转前应用于画笔高度的比例因子。

●角度抖动：用来设置画笔笔迹的角度变化。如果要设置“角度抖动”的变化方式，可以在“角度抖动”下方的“控制”下拉列表中进行选择。例如角度抖动60%，控制为“方向”的效果如图4-81所示。

图4-81

●圆度抖动：用来设置画笔笔迹的圆度变化。如果要设置“圆度抖动”的变化方式，可以在“圆度抖动”下方的“控制”下拉列表中进行选择。例如圆度抖动100%的效果如图4-82所示。

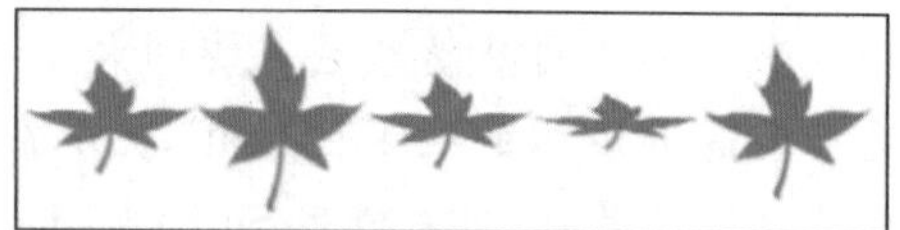

图4-82

●最小圆度：用来设置画笔笔迹的最小圆度。

●旋转X抖动/旋转Y抖动：将画笔笔迹在其X轴或Y轴上进行翻转。

●画笔投影：使用手绘板绘图时，勾选该选项，可以根据压感笔的压力改变笔迹的效果。

4.3.4 散布与纹理

1 散布

“散布”界面如图4-83所示，用来设置描边中笔迹的数量和位置，使画笔笔迹沿着绘制的线条扩散。通过配合“形状动态”可以做出一些随机性很强的类似星光、光斑等效果。本节使用18号“圆形1”画笔笔尖进行示范。

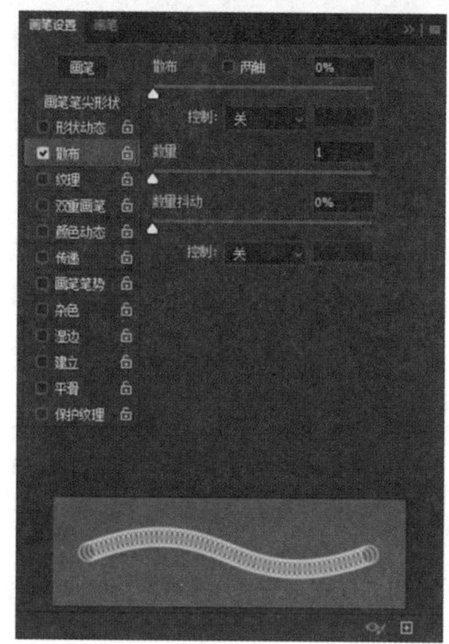

图4-83

●散布/两轴：用来设置画笔笔迹的分散程度，数值越高，分散的范围越广。当勾选“两轴”复选框时，画笔笔迹将以中心点为基准，向两侧分散。如果要设置画笔笔迹的分散方式，可以在“散布”下方的“控制”下拉列表中进行选择。例如散布为1000%的效果如图4-84所示。

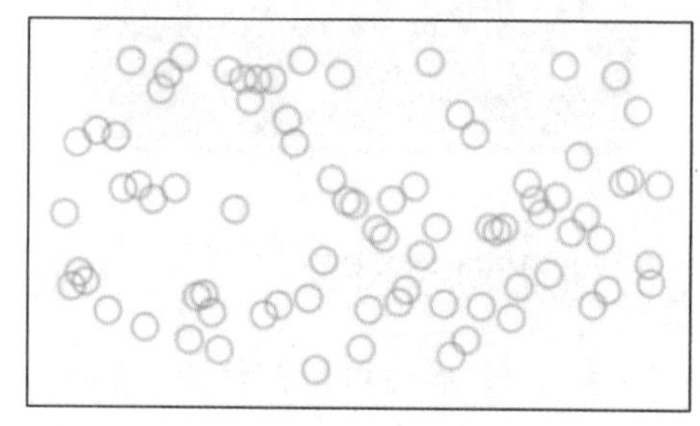

图4-84

●数量:用来设置在每个间距间隔应用的画笔笔迹数量,数值越大,画笔笔迹重复的数量越多。数量为 3 的效果如图 4－85 所示。

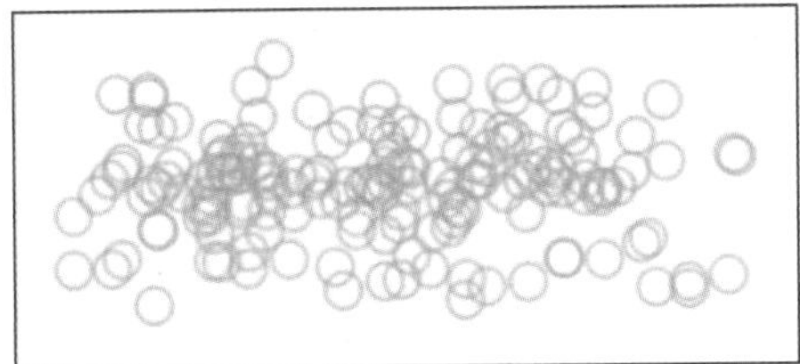

图 4－85

●数量抖动:用来设置画笔笔迹在一个笔触点的数量,数量的值在设置的范围内随机选取。如果要设置"数量抖动"的变化方式,可以在"数量抖动"下方的"控制"下拉列表中进行选择。例如数量抖动为 100% 的效果如图 4－86 所示。

图 4－86

2 纹理

在介绍"纹理"界面之前,我们可以先在"图案"面板添加一些旧版图案。Photoshop CC 2020 版本的图案只有如图 4－87 所示的几种,这些图案数量太少,所以需要添加旧版的图案来丰富图案的数量和种类。如图4－88所示,单击"图案"面板右上角的图标,在弹出的快捷菜单中选择"旧版图案及其他"命令。

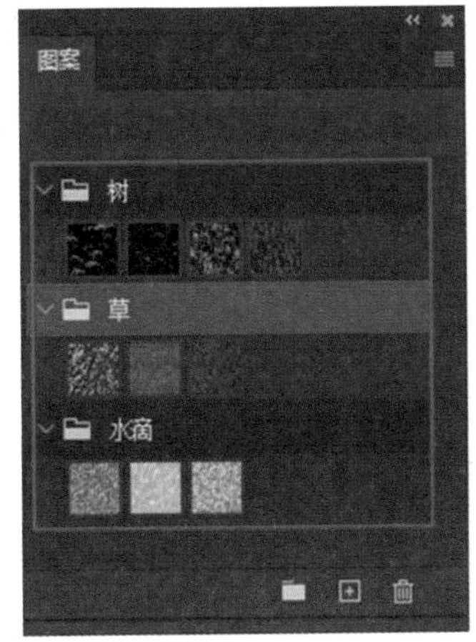

图 4－87

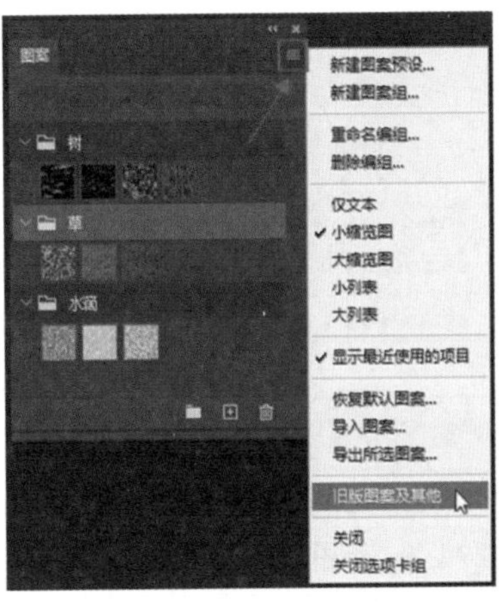

图 4－88

"纹理"界面可以设置画笔笔迹的纹理,绘制出带有纹理质感的画笔笔迹,并可以对图案的大小、亮度、对比度等参数进行设置,如图 4－89 所示。本节使用 95 号"散布叶片"画笔笔尖进行示范。

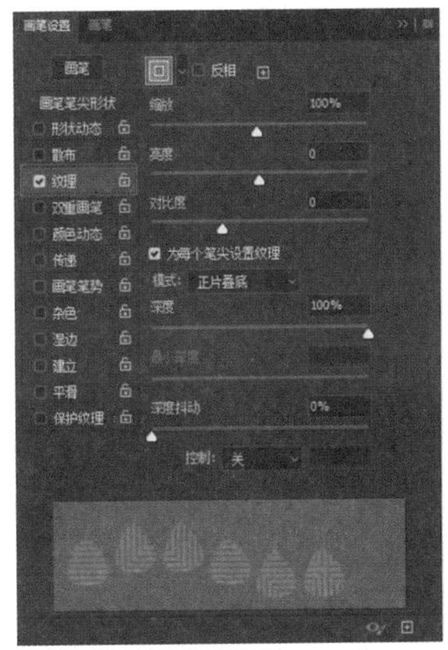

图 4－89

●设置纹理/反相:单击图案缩略图或右侧的倒三角按钮,在弹出的"图案"拾色器中选择一个图案,将其设置为纹理,绘制出的画笔笔迹就会有纹理的效果。如果勾选"反相"复选框,会基于图案中的色调来反转纹理中的亮点和暗点,如图 4－90 所示。

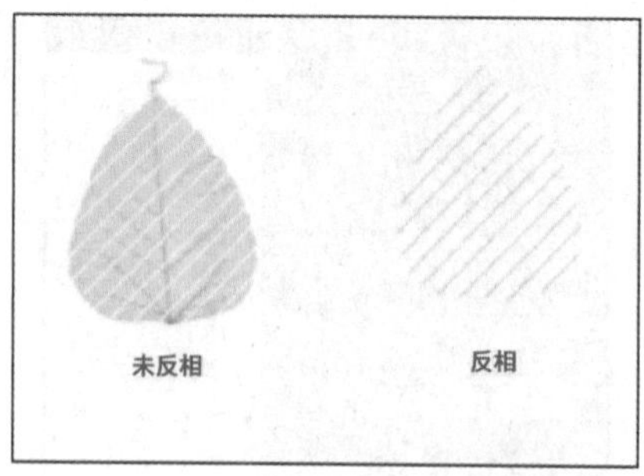

图 4－90

●缩放：设置图案的缩放比例，数值越小，纹理越多，如图 4－91 所示。

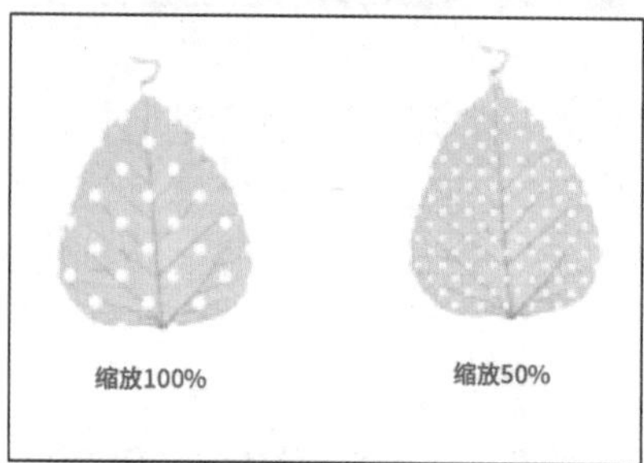

图 4－91

●亮度：用来设置纹理的亮度，效果如图 4－92 所示。

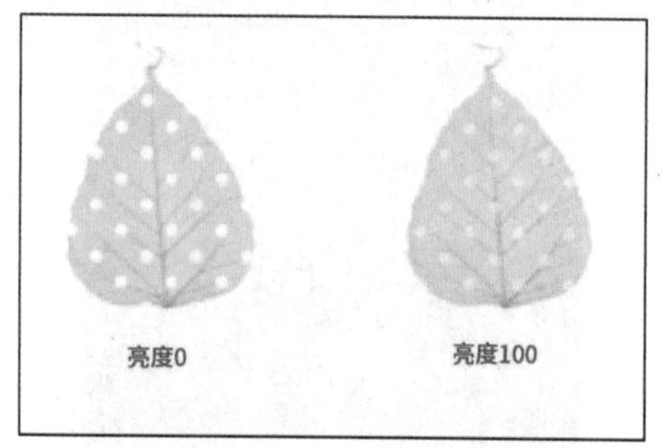

图 4－92

●对比度：用来设置纹理的对比度，效果如图 4－93 所示。

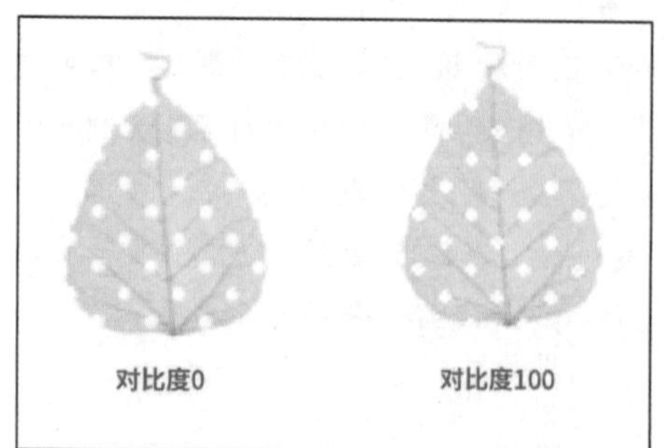

图 4－93

●为每个笔尖设置纹理：勾选复选框后，将选定的纹理单独应用于画笔描边中的每个画笔笔迹，而不是作为整体应用于画笔描边。如果不勾选，“抖动深度”则不可用。

●模式：用来设置画笔和图案的混合方式。例如，正片叠底和叠加的效果如图 4－94 所示。

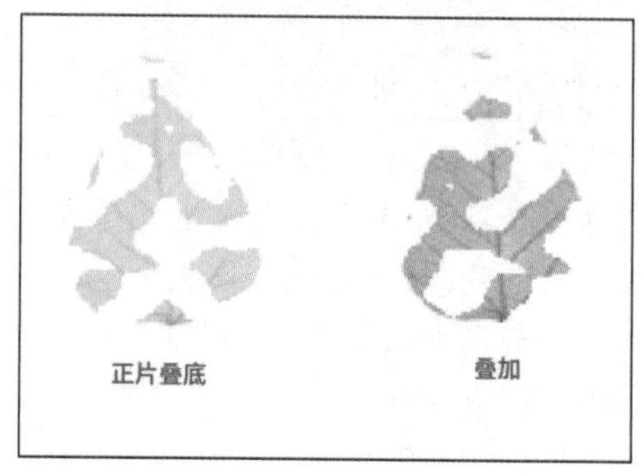

图 4－94

●深度：用来设置油彩渗入纹理的深度，数值越高，渗入的深度越大。如图 4－95 所示。

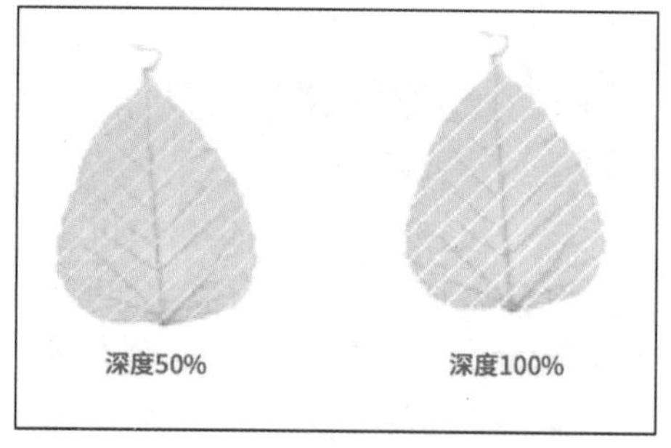

图 4－95

●最小深度：当在“深度抖动”下方的“控制”下拉列表中选择了“渐隐”“钢笔压力”“钢笔斜度”或“光轮笔”选项，且勾选了“为每个笔尖设置纹理”复选框时，“最小深度”用来设置油彩可以渗入纹理的最小深度。

●深度抖动：当勾选了“为每个笔尖设置纹理”复选框时，“深度抖动”用来设置深度的变化。如果要设置画笔笔迹的深度变化方式，可以在“深度抖动”下方的“控制”下拉列表中进行选择。效果如图 4－96 所示。

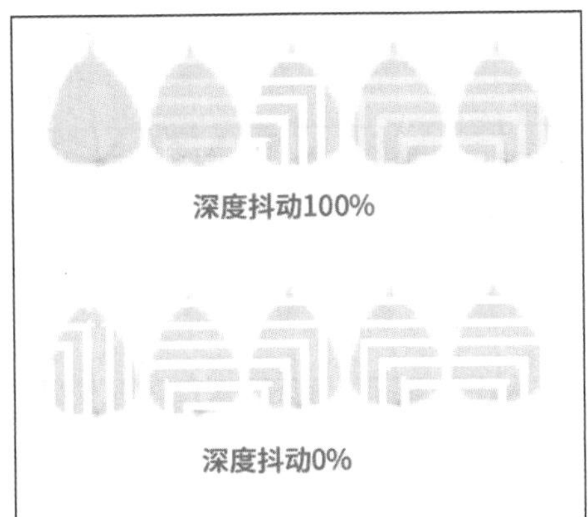

图 4－96

4.3.5　双重画笔的应用

“双重画笔”可以让绘制的线条呈现两种画笔的效果。使用“双重画笔”时，需要先设置“画笔笔尖形状”主画笔参数属性，然后在“双重画笔”界面中选择另外一个笔尖。“双重画笔”界面如图 4－97 所示。

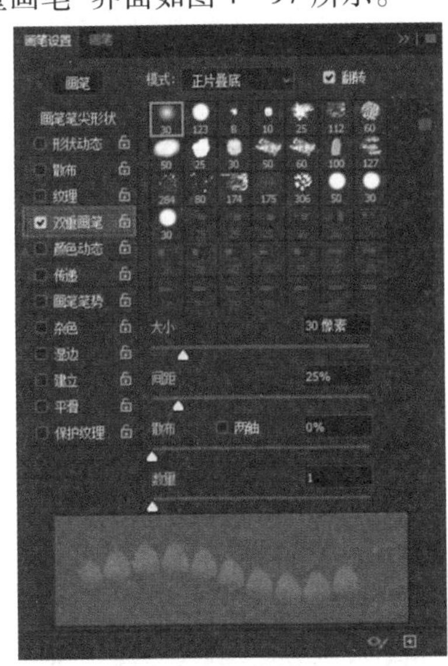

图 4－97

●模式：用来设置主画笔和双重画笔之间的混合方式。

●翻转：勾选复选框后，会启用随机画笔翻转效果。

●大小：用来设置笔尖的大小。

●间距：用来设置描边中双笔尖笔迹之间的距离。

●散布：用来设置描边中双笔尖画笔笔迹的分布样式。如果勾选“两轴”复选框，双笔尖画笔笔迹按径向分布；如果不勾选，双笔尖画笔笔迹则垂直于描边路径分布。

●数量：用来设置在每个间距间隔应用的双笔尖画笔笔迹的数量。使用双重画笔的绘制效果如图 4－98 所示。

图 4－98

4.3.6　颜色动态的应用

“颜色动态”用于设置颜色变化的效果，“颜色动态”界面如图 4－99 所示。本节使用 19 号“雪花”画笔笔尖进行示范。

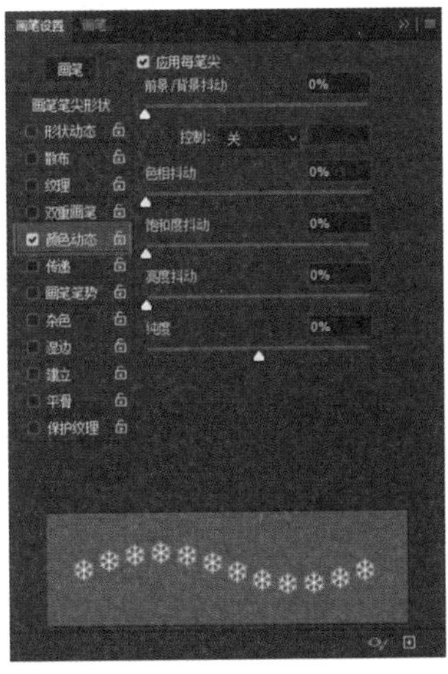

图 4－99

●应用每笔尖：勾选复选框后，每个笔迹

都会带有颜色。若要设置“颜色动态”形状，就必须要勾选“应用每笔尖”复选框。

●前景/背景抖动：用来设置前景色和背景色之间的颜色变化。数值越低，变化后的颜色越接近前景色；数值越高，变化后的颜色越接近背景色。如果要设置画笔笔迹的颜色变化的方式，可以在“前景/背景抖动”下方的“控制”下拉列表中进行选择。具体的效果如图 4－100 所示。

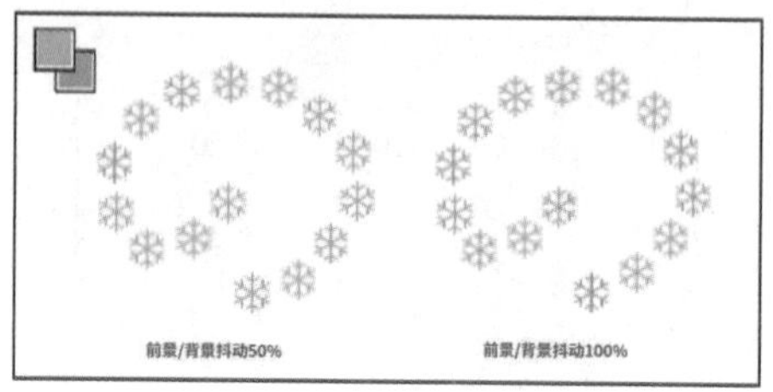

图 4－100

●色相抖动：用来设置画笔笔迹的色相变化范围。数值越高，色相变化越丰富；数值越低，色相越接近前景色。具体的效果如图 4－101所示。

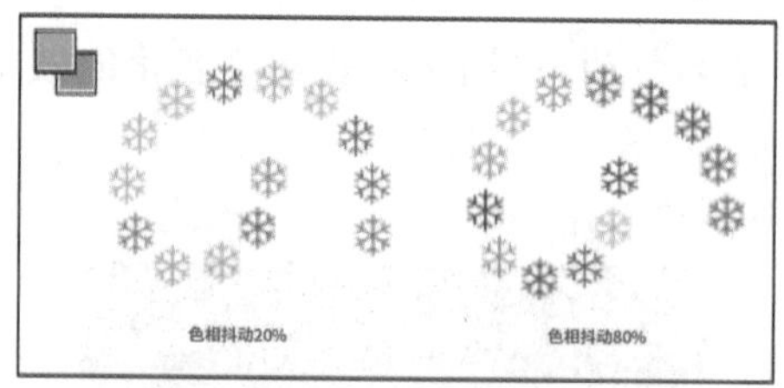

图 4－101

●饱和度抖动：用来设置画笔笔迹的饱和度变化范围。数值越高，饱和度变化越大；数值越低，饱和度变化越小。具体的效果如图 4－102 所示。

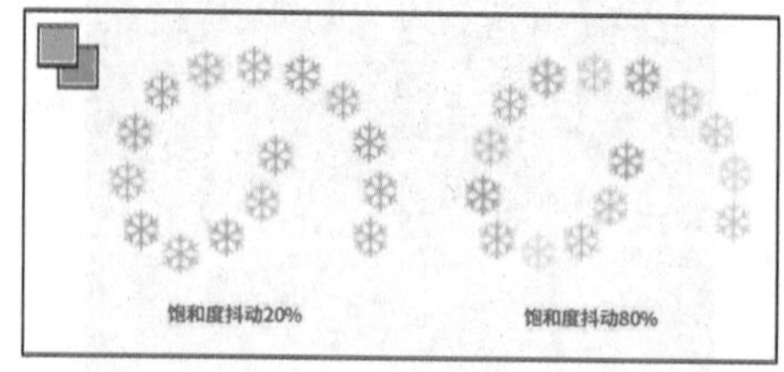

图 4－102

●亮度抖动：用来设置颜色亮度的变化范围。数值越高，亮度变化越大；数值越低，亮度变化越小。具体的效果如图 4－103 所示。

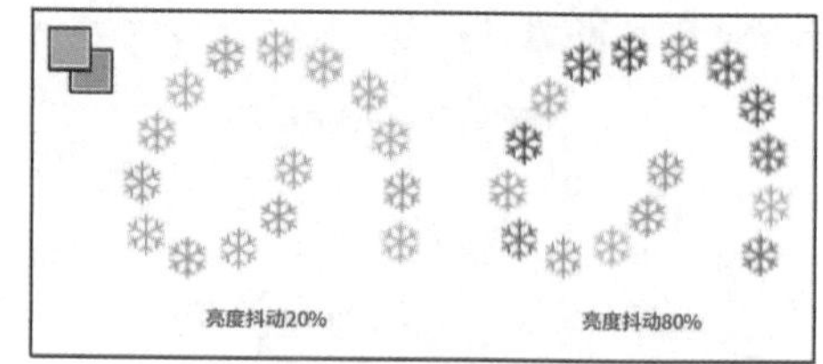

图 4－103

●纯度：用来设置颜色的纯度。数值越高，颜色饱和度越高；数值越低，颜色越接近于黑白色。效果如图 4－104 所示。

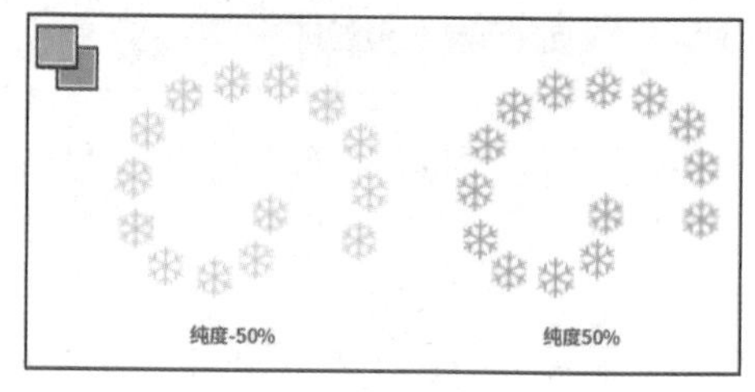

图 4－104

4.3.7 画笔传递

“传递”用于控制画笔笔迹的不透明度、湿度、流量、混合等数值的变化方式。“传递”界面如图 4－105 所示。

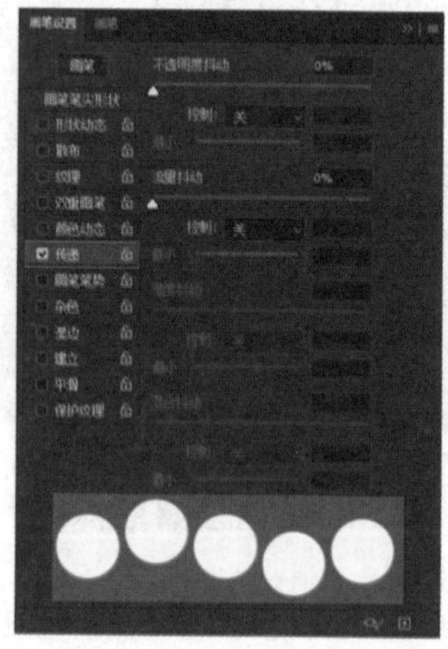

图 4－105

●不透明度抖动/最小：用来控制画笔笔迹不透明度的变化，数值越高，变化越大。如果要设置画笔笔迹的不透明度变化方式，可以在“不透明度抖动”下方的“控制”下拉列表中进行选择。“控制”中选择“关”以外的其他选项时，可使用“最小”来设置画笔笔迹的最小不透明度。

●流量抖动/最小：用来控制画笔笔迹油彩流量的变化，数值越高，变化越大。如果要设置画笔笔迹的流量变化方式，可以在“流量抖动”下方的“控制”下拉列表中进行选择。“控制”中选择“关”以外的其他选项时，可使用“最小”来设置画笔笔迹的最小流量。

●湿度抖动/最小：用来设置画笔笔迹中油彩湿度的变化，数值越高，变化越大。此参数是针对“混合器画笔”工具，需要将工具切换到“混合器画笔”才能进行调整。如果要设置画笔笔迹的湿度变化方式，可以在“湿度抖动”下方的“控制”下拉列表中进行选择。“控制”中选择“关”以外的其他选项时，可使用“最小”来设置画笔笔迹的最小湿度。

●混合抖动/最小：用来设置画笔笔迹中油彩混合程度的变化，数值越高，变化越大。此参数是针对“混合器画笔”工具，需要将工具切换到“混合器画笔”才能进行调整。如果要设置画笔笔迹的混合程度变化方式，可以在“混合抖动”下方的“控制”下拉列表中进行选择。“控制”中选择“关”以外的其他选项时，可使用“最小”来设置画笔笔迹的最小混合程度。

4.3.8　画笔笔势讲解

“画笔笔势”用于设置毛刷画笔笔尖、侵蚀画笔笔尖的角度。“画笔笔势”界面如图4－106所示。“毛刷画笔”是指在选中后，左上角会出现笔刷预览图的画笔笔尖，如图4－107所示。

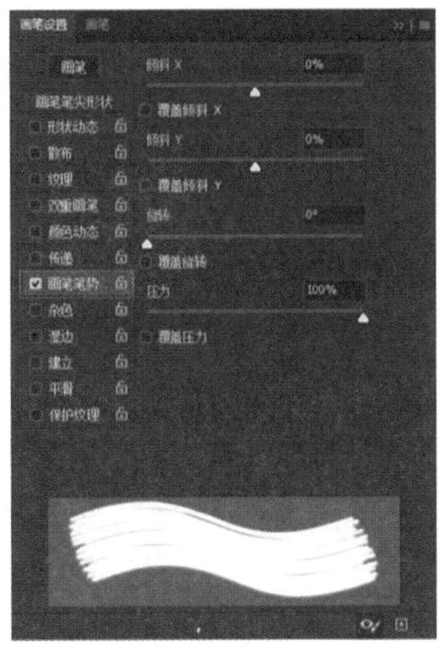

图 4－106

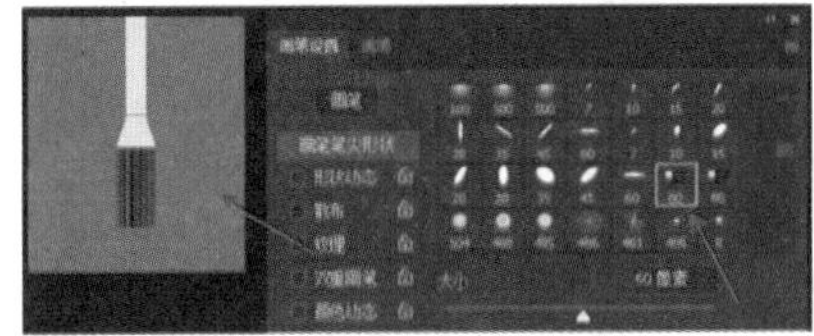

图 4－107

●倾斜 X/覆盖倾斜 X：使画笔笔尖沿 X 轴（横轴）倾斜。勾选“覆盖倾斜 X”复选框，则会覆盖压感笔的倾斜 X 数据。

●倾斜 Y/覆盖倾斜 Y：使画笔笔尖沿 Y 轴（纵轴）倾斜。勾选“覆盖倾斜 Y”复选框，则会覆盖压感笔的倾斜 Y 数据。

●旋转/覆盖旋转：用来设置默认画笔压感笔的旋转角度。勾选“覆盖旋转”复选框，则会覆盖压感笔的旋转数据。

●压力/覆盖压力：用来设置默认画笔压感笔的压力。勾选“覆盖压力”复选框，则会覆盖压感笔的压力数据。

4.3.9　其他选项讲解

“杂色”“湿边”“建立”“平滑”和“保护纹理”这 5 个选项，没有各自对应的参数设置界面，只需要勾选选项左侧的复选框即可启用，如图4－108所示。

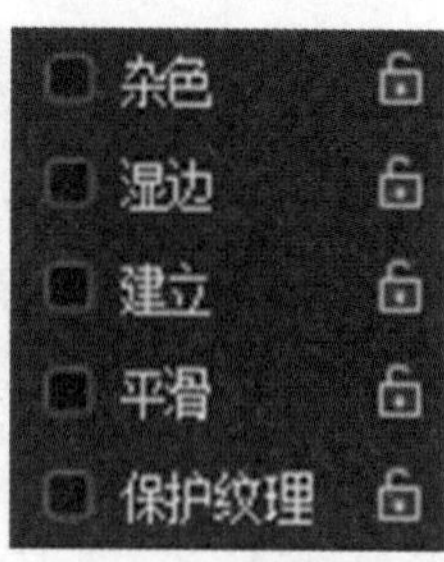

图 4-108

●杂色：为个别画笔笔尖增加额外的随机性，使用柔边画笔时效果最明显，如图 4-109所示。

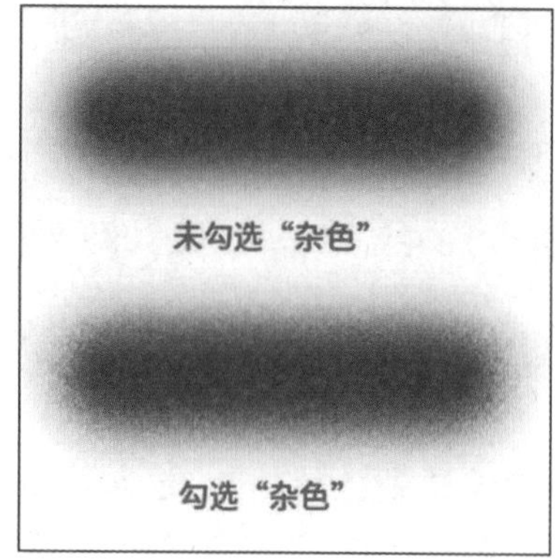

图 4-109

●湿边：可以沿画笔描边的边缘增大油彩量，创建水彩效果。如图 4-110 所示。

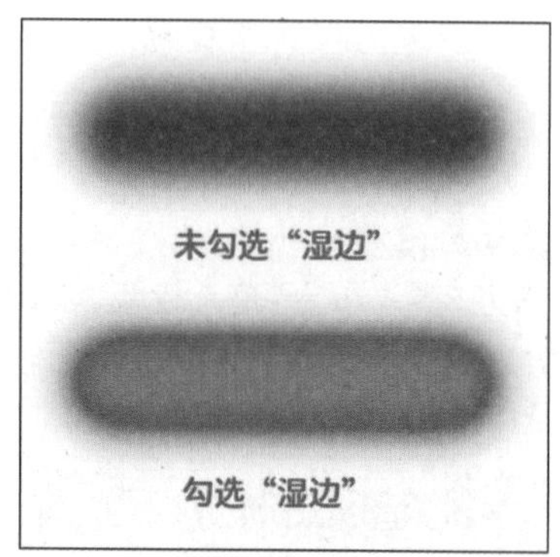

图 4-110

●建立：模拟传统的喷枪技术，根据鼠标左键按下的时间来确定画笔线条的填充数量。

●平滑：在画笔描边中生成更加平滑的线条。使用压感笔进行快速绘画时效果最明显。

●保护纹理：将相同图案和缩放比例应用于具有纹理的所有画笔预设。勾选复选框后，在使用多个纹理画笔进行绘画时，可以模拟出一致的画布纹理。

4.3.10 画笔描边路径

素材文件　第 4 章\4.3\画笔描边路径. psd

前面第 3 章介绍了关于创建路径和将选区转换为路径的方法，在了解了"画笔工具"的使用方法后，我们可以通过设置"画笔工具"的各项参数对路径进行描边，制作出各种不同的效果。

步骤 01 在 Photoshop 中打开素材文件夹"第 4 章\4. 3\画笔描边路径. psd"文件。

步骤 02 载入"新月"图层的选区，按照 3.1.2 节中"将选区转换为路径"的方法，将"新月"转换为路径，并在删除"新月"图层后，新建一个图层，如图 4-111 所示。

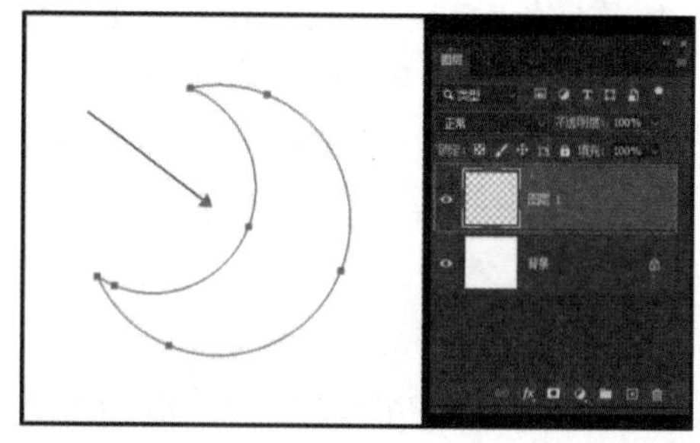

图 4-111

步骤 03 选择工具箱中的"画笔工具"，并在"画笔设置"面板中对画笔笔尖进行设置。这里使用的是 49 号"星爆 - 大"画笔笔尖，调整了间距、形状动态和散布中的相关参数，具体参数值可随意设置，不同的参数值能带来不同的效果。这里将前景色颜色设置为蓝色，设置完画笔后，单击"路径面板"下方的"用画笔描边路径"按钮，如图 4-112 所示。

图 4－112

步骤 04 单击“用画笔描边路径”按钮后，可得到如图 4－113 所示的效果。如果效果不够明显，可以多次单击“用画笔描边路径”按钮。

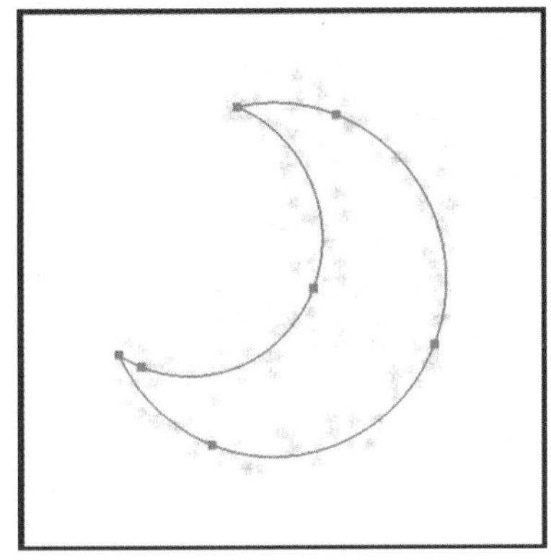

图 4－113

步骤 05 单击“路径”面板空白处，如图 4－114 所示，即可看到如图 4－115 所示的效果。

图 4－114

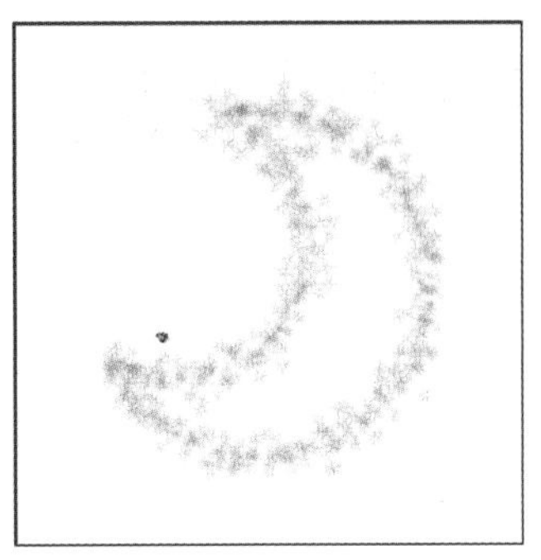

图 4－115

新建图层是为了防止画笔将图像绘制到背景图层上。将内容绘制到新图层后，可以随时选中该图层，并对图层中的图像内容进行移动、复制和变形等操作。

4.3.11　定义画笔笔尖和载入画笔笔尖

1 定义画笔笔尖

素材文件	第 4 章\4.3\气泡.png，玻璃碎痕、玻璃撞击破碎纹理、冰层、透明塑料撞击纹理 PS 笔刷素材.abr

Photoshop 允许用户将画布中的图像或者图像的一部分定义为画笔笔尖，方便后期画笔、橡皮擦等工具的使用。

Photoshop 自定义画笔的方法很简单，但需要特别注意的是，只有黑色图案做成画笔是不透明的，而其他颜色定义的图案是半透明的，不能用纯白色，因为纯白色是完全透明的。

步骤 01 在 Photoshop 中打开素材文件夹“第 4 章\4.3\气泡.png”文件。

步骤 02 单击菜单栏“编辑 > 定义画笔预设”命令，弹出“画笔名称”对话框，在“名称”右侧的文本框中对画笔进行命名，如图 4－116 所示，命名完成后单击“确定”按钮完成对画笔的定义。在预览图中，可以看到定义的画笔笔尖变成了黑白色。

图 4－116

步骤 03 定义好画笔笔尖后，在"画笔预设选取器"中可以看到新定义的画笔，如图 4－117 所示。选择新定义的笔尖后，就可以开始绘制了。通过绘制可以发现，原先图像中黑色的部分为不透明部分，白色部分为透明部分，灰色部分为半透明部分，如图 4－118 所示。

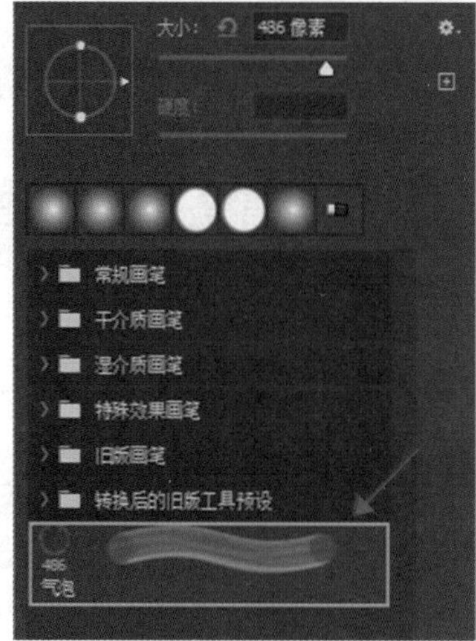

图 4－117

图 4－118

2 载入画笔笔尖

网络上有丰富的 Photoshop 专用笔刷资源，"笔刷"指的就是"画笔笔尖"，格式为".abr"。

通过 2 种方法可以将下载好的笔刷载入到 Photoshop 中，首先介绍第 1 种方法。

步骤 01 在 Photoshop 中新建一个文档，选择工具箱中的"画笔工具"，在工具选项栏单击"画笔预设面板"按钮，在弹出的对话框中单击右上角的"菜单"按钮，在下拉列表中选择"导入画笔"选项，如图 4－119 所示。

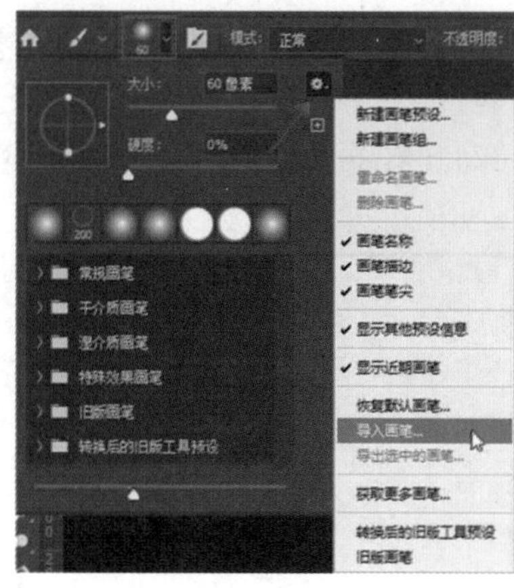

图 4－119

步骤 02 在弹出的对话框中找到素材文件夹"第 4 章\4.3\玻璃碎痕、玻璃撞击破碎纹理、冰层、透明塑料撞击纹理 PS 笔刷素材.abr"文件，选中后单击"载入"按钮，如图 4－120 所示。

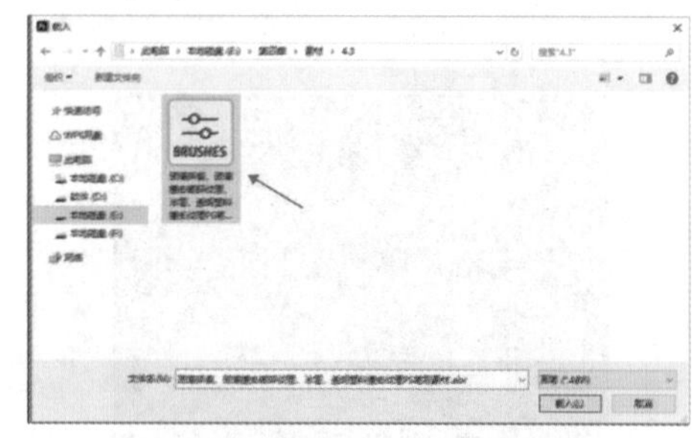

图 4－120

步骤 03 在工具选项栏单击"画笔预设面板"，可以看到刚刚被添加进来的笔刷，如图 4－121 所示。

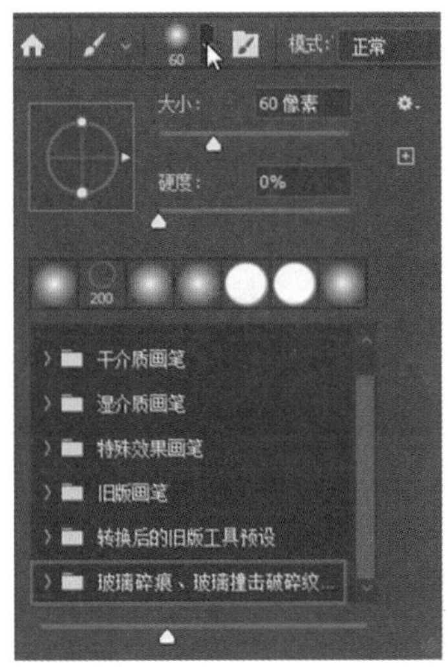

图 4－121

第 2 种方法十分简单，直接双击笔刷文件，即可将笔刷载入到 Photoshop 中。如果载入笔刷时已经打开了 Photoshop，笔刷会直接添加到 Photoshop 中；如果载入笔刷时没有打开 Photoshop，系统将自动打开 Photoshop 并将笔刷添加进去。

4.4　橡皮擦工具的应用

Photoshop 提供了 3 种擦除工具，分别是“橡皮擦工具”“背景橡皮擦工具”和“魔术橡皮擦工具”。“橡皮擦工具”可以擦除画面的局部图像，“背景橡皮擦工具”和“魔术橡皮擦工具”可以快速擦除颜色相近的区域。

4.4.1　橡皮擦工具

素材文件　第 4 章\4.4\橡皮擦工具.jpg

“橡皮擦工具”是最基础、最常用的擦除工具，可以擦除鼠标经过位置的图像像素。如果在背景图层或锁定了透明区域的图像中使用“橡皮擦工具”，被擦除的部分会显示为背景色，如图 4－122 所示；在普通图层使用“橡皮擦工具”，被擦除的部分会变为透明状态，如图 4－123 所示。

图 4－122

图 4－123

选择工具箱中的“橡皮擦工具”，如图 4－124 所示。在图像上按住鼠标左键不放进行拖动，即可将鼠标箭头经过位置的图像擦除掉。“橡皮擦工具”的工具选项栏如图 4－125 所示，部分参数与“画笔工具”相同，使用方法也是相同的，下面我们只介绍其中不同的几个参数。

图 4－124

图 4－125

●模式：用于选择橡皮擦的种类。选择“画笔”选项时，可以创建柔边擦除效果；选择“铅笔”选项时，可以创建硬边擦除效果；选择“块”选项时，擦除的效果为块状。

●抹到历史记录：勾选复选框后，“橡皮擦工具”的作用相当于“历史记录画笔工具”。在“历史记录”面板上选择一个状态或快照，在擦除时可以将图像恢复为指定状态。

4.4.2 背景橡皮擦工具

素材文件 第 4 章\4.4\背景橡皮擦工具.jpg

“背景橡皮擦工具”是一种基于色彩差异的智能化擦除工具，当按下鼠标左键时自动采集光标中心的色样，按住鼠标左键不放进行拖动，即可删除在光标内出现的这种颜色。在“背景橡皮擦工具”的光标中有一个“+”图标，该图标的位置就是采集颜色的位置，如图 4－126 所示。

图 4－126

“背景橡皮擦”在工具箱“橡皮擦工具”的子工具组中，如图 4－127 所示。

图 4－127

“背景橡皮擦工具”工具选项栏如图 4－128 所示。

图 4－128

●取样：前 3 个按钮用来设置取样的方式。第 1 个是“取样：连续”按钮，在拖动鼠标时可以连续对颜色进行取样，凡是出现在光标中心“+”以内的图像都会被擦除；第 2 个是“取样：一次”按钮，只擦除包含第一次单击处图像的颜色；第 3 个是“取样：背景色板”按钮，只擦除包含背景色的图像颜色。

●限制：设置擦除图像时的限制模式。选择“不连续”选项，会擦除出现在光标下任何位置的样本颜色；选择“连续”选项，只擦除包含样本颜色且相互连接的区域；选择“查找边缘”选项，会擦除包含样本颜色的连接区域，同时更好地保留边缘的锐化程度。

●容差：用来设置颜色的容差范围。

●保护前景色：勾选复选框后，可以防止擦除与前景色匹配的颜色。

接下来，我们使用“背景橡皮擦工具”擦除掉素材图片中的天空背景。

步骤 01 在 Photoshop 中打开素材文件夹“第 4 章\4.4\背景橡皮擦工具.jpg”文件，将背景图层转换为普通图层。

步骤 02 选择工具箱中的“背景橡皮擦工具”，将光标中间的“+”对准蓝色的天空单击鼠标左键，可删除光标范围内蓝色的部分，如图 4－129 所示。

图 4－129

步骤 03 重复上一步可将所有的蓝色天空部分都擦除掉，如图 4－130 所示。

图 4－130

4.4.3　“魔术橡皮擦工具”快速换背景

素材文件　第 4 章\4.4\魔术橡皮擦工具.jpg

“魔术橡皮擦工具”用来擦除图像中的颜色，可以擦除一定容差内的相邻颜色。“魔术橡皮擦”在工具箱“橡皮擦工具”的子工具组中，如图 4－131 所示。“魔术橡皮擦工具”相当于“魔棒工具”加上“背景橡皮擦”的功能，但如果要擦除的图像颜色在背景图层，使用“魔术橡皮擦工具”会直接将背景图层转换为普通图层，被擦除的部分会变成透明状态。

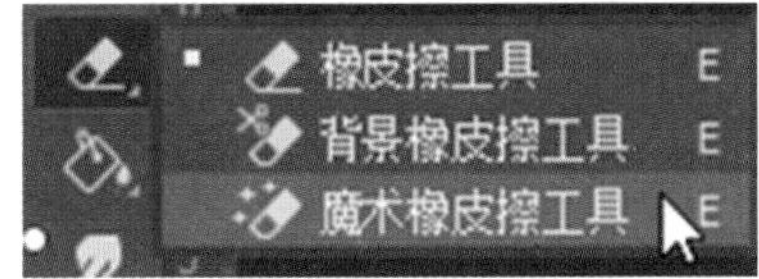

图 4－131

“魔术橡皮擦工具”工具选项栏如图 4－132 所示。

图 4－132

●容差：用来设置可擦除的颜色范围。

●消除锯齿：可以将擦除区域的边缘变平滑。

●连续：勾选复选框后，只会擦除与单击点像素邻近的像素；如果不勾选，可以擦除图像中所有相似的像素区域。

●对所有图层取样：勾选复选框后，将对当前文档的所有图层像素颜色进行取样；如果不勾选，只对当前选中图层的像素颜色进行取样。

●不透明度：用来设置擦除的强度。数值越高，擦除的像素越多；数值越低，擦除的像素越少。

步骤 01 在 Photoshop 中打开素材文件夹“第 4 章\4.4\魔术橡皮擦工具.jpg”文件。

步骤 02 选择工具箱中的“魔术橡皮擦工具”，在图像背景上进行单击，效果如图 4－133所示。

图 4－133

步骤 03 设置合适的容差值，在画面背景上反复单击，直到把背景完全擦除，最终效果如图 4－134 所示。

图 4－134

4.5 渐变背景与油漆桶工具的运用

Photoshop 提供了两种可用于图像填充的工具，分别是“渐变工具”和“油漆桶工具”，如图 4－135 所示。通过这两种填充工具，可以为指定区域或整个画布填充渐变、纯色或者图案等内容。

图 4－135

4.5.1　渐变工具的应用

使用“渐变工具”可以创建出由多种颜色过渡而成的混合效果，渐变是设计制图中常用的一种填充方式。“渐变工具”不仅可以填充图层和选区，还可以用来填充图层蒙版、快速蒙版和通道等。

选择“渐变工具”后，在工具选项栏的“渐变颜色条”设定好渐变的颜色，在画布上按住鼠标左键进行拖动，松开鼠标后完成渐变填充的操作。

“渐变工具”工具选项栏如图 4 – 136 所示。

图 4 – 136

●渐变颜色条：单击左侧的颜色条，会弹出“渐变编辑器”对话框，如图 4 – 137 所示，这个对话框和 4.1.1 节中“渐变面板”的“创建新渐变”面板是一样的，使用方法也相同。单击右侧倒三角按钮，会弹出如图 4 – 138 所示的面板，在这里可以选择使用 Photoshop 的预设渐变，展开文件夹，单击其中的颜色块将其选中，如图 4 – 139 所示。

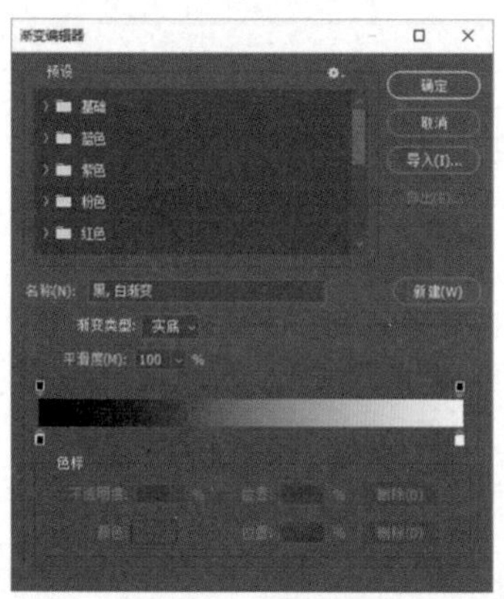

图 4 – 137

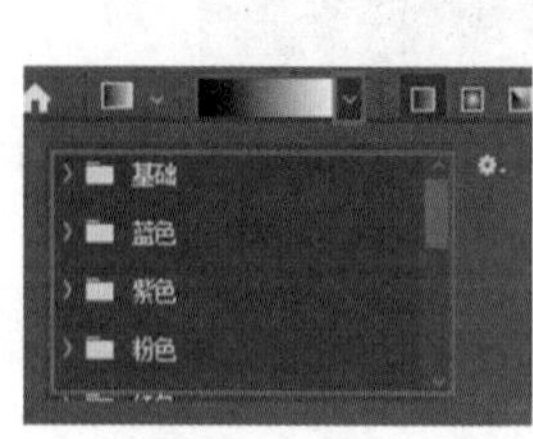

图 4 – 138

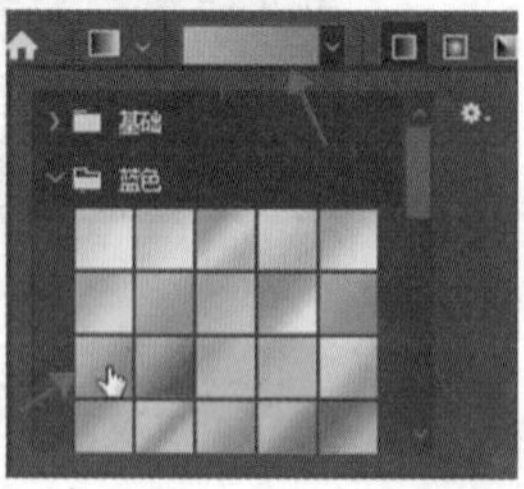

图 4 – 139

●渐变类型：“渐变颜色条”右侧有 5 个按钮，依次是“线性渐变”“径向渐变”“角度渐变”“对称渐变”和“菱形渐变”。

线性渐变：选中该按钮，可以绘制以直线为方向从起点到终点的渐变，如图 4 – 140 所示。

径向渐变：选中该按钮，可以绘制以圆形图案从起点到终点的渐变，如图 4 – 141 所示。

图 4 – 140

图 4 – 141

角度渐变：选中该按钮，可以绘制围绕起点以逆时针旋转的方式渐变，如图 4 – 142 所示。

对称渐变：选中该按钮，可以绘制在起点的两侧对称的线性渐变，如图 4 – 143 所示。

图 4 – 142

图 4 – 143

菱形渐变：选中该按钮，可以绘制沿着菱形图案从中心向外侧的渐变，如图 4 – 144 所示。

图 4 – 144

●模式：用来设置应用渐变时的混合模式。

●不透明度：用来设置渐变色的不透明度。

●反向：勾选复选框后，创建出的渐变颜色会和设定的颜色相反。

●仿色：勾选复选框后，可以使渐变效果变得更加平滑。

●透明区域：勾选复选框后，可以创建包含透明像素的渐变。

4.5.2　油漆桶工具的应用

素材文件　第 4 章\4.5\油漆桶工具.jpg

“油漆桶工具”可以在画布或选区中填充前景色或图案。“油漆桶工具”工具选项栏如图 4－145 所示。

图 4－145

●设置填充区域的源：可在下拉列表中选择填充内容，包含“前景”和“图案”2 个选项。选择“前景”选项，设置合适的前景色后，在画布中单击鼠标左键，可将前景色填充到画布中，如图 4－146 所示；选择“图案”选项，在“图案”面板中选择合适的图案，在画布中单击鼠标左键，即可将选中的图案填充到画布中，如图 4－147 所示。

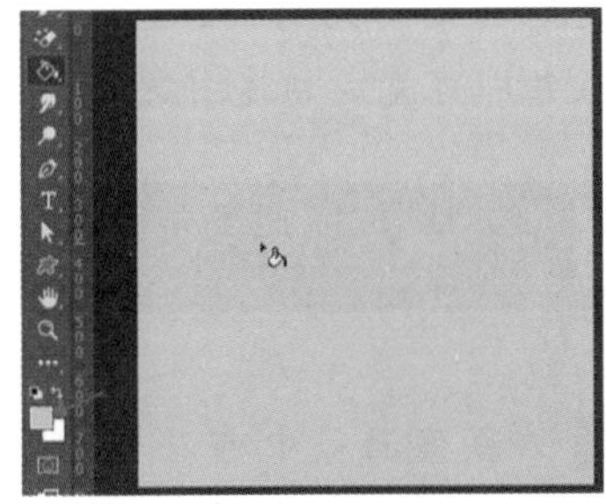

图 4－146

图 4－147

●模式：用来设置填充内容的混合模式。

●不透明度：用来设置填充内容的不透明度。

●容差：用来定义必须填充的像素颜色的相似程度。数值越高，填充的像素颜色范围越大；数值越低，填充的像素颜色范围与鼠标单击处像素颜色越相似。

例如，在 Photoshop 中打开素材文件夹“第 4 章\4.5\油漆桶工具.jpg”文件，如图 4－148 所示，选择工具箱中的“油漆桶工具”，容差值为 10 时填充效果如图 4－149 所示。

图 4－148

图 4－149

●消除锯齿：勾选复选框后，可以使填充的边缘更加平滑。

●连续的：勾选复选框后，只会填充与单击点像素颜色邻近的像素颜色；如果不勾选，可以填充图像中所有相似的像素颜色区域。

●所有图层：勾选复选框后，可以填充所有可见图层中的合并颜色数据像素；如果不勾选，只填充当前选中的图层像素。

综合案例 卡通可爱背景制作（定义图案）

在 Photoshop 中可以将打开的图片或绘制的图像定义为可供调用的图案。

步骤 01 打开 Photoshop，新建一个正方形的文档，这里新建的是分辨率为 72 像素/英寸，宽和高都是 50 像素的空白文档。新建一个图层，使用矩形选框工具在画布左侧创建一个矩形选区，并填充为淡粉色，如图 4－150 所示。

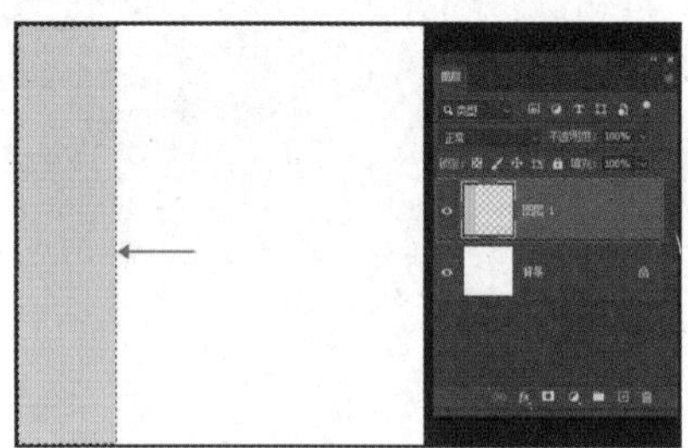

图 4－150

步骤 02 再新建一个图层，在画布右侧创建一个圆形选区，并填充上和左侧矩形一样的淡粉色，如图 4－151 所示。

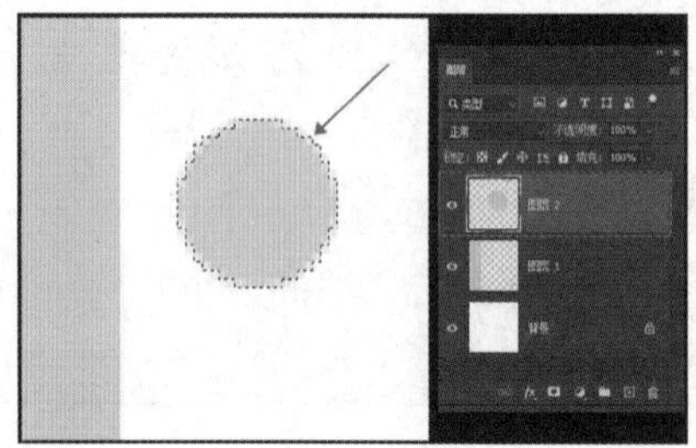

图 4－151

步骤 03 载入矩形图层的选区，按键盘上的快捷键 Ctrl＋Shift＋I 执行反选，然后选中圆形图层，如图 4－152 所示。

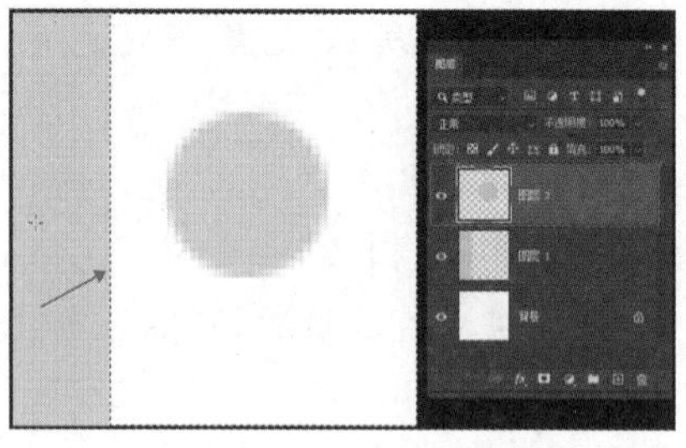

图 4－152

步骤 04 选择工具箱中的“移动工具”，单击工具选项栏中的“水平居中对齐”和“垂直居中对齐”按钮，如图 4－153 所示，即可使圆形在矩形选框内居中，如图 4－154 所示。

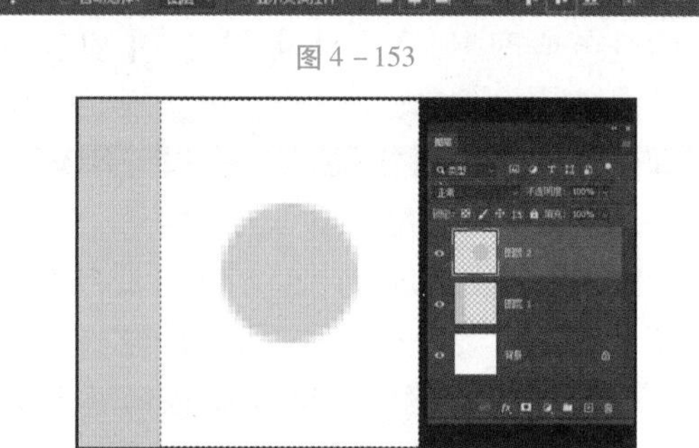

图 4－153

图 4－154

步骤 05 按键盘上的快捷键 Ctrl＋D 取消选区，单击菜单栏“编辑＞定义图案”命令，如图 4－155 所示，在弹出的“图案名称”对话框中设置图案的名称，设置完成后，单击“确定”按钮即可完成创建图案。

图 4－155

步骤 06 在图案面板中可以看到新添加的图案，如图 4－156 所示，图案面板当前的显示方式为“大列表”。需要注意的是，如果在创建图案之前，图案面板中展开了某个文件夹，新创建的图案会自动放置在该文件夹中。如果不想让新图案放在该文件夹中，将图案色块拖动出文件夹即可。

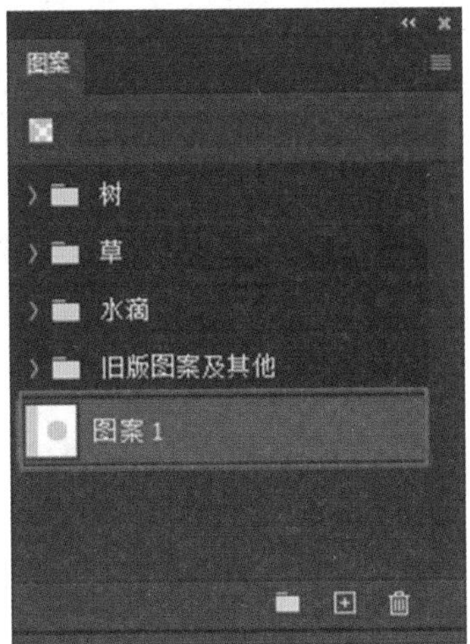

图 4－156

步骤 07 新建一个空白文档，这里新建的是分辨率为 72 像素/英寸，宽和高都是 800 像素的文档。选择工具箱中的“油漆桶工具”，在工具选项栏中的“设置填充区域的源”选择“图案”选项，在“图案拾色器”中选择刚刚创建的新图案，如图 4－157 所示。

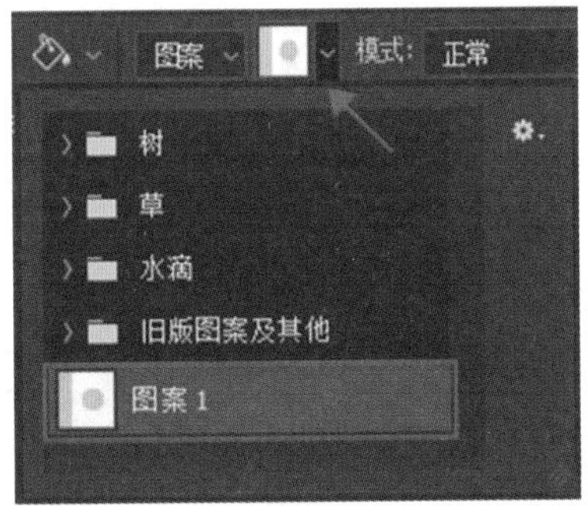

图 4－157

步骤 08 新建一个图层，将鼠标箭头移动到画布中，鼠标左键单击画布，即可将图案填充满整个画布，如图 4－158 所示。

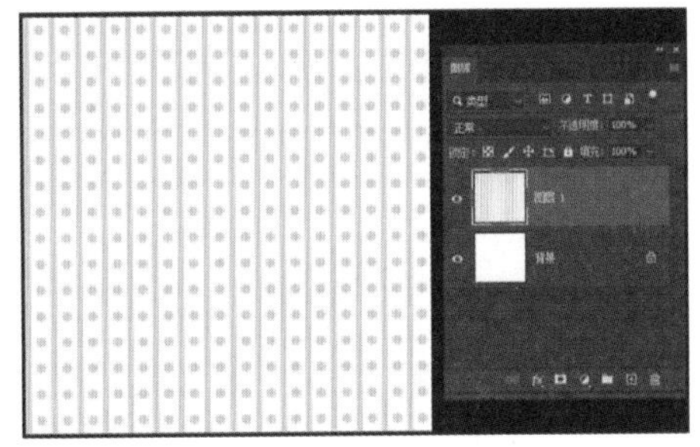

图 4－158

在执行步骤 5 定义图案之前，将背景图层填充为其他颜色，可以得到不同背景颜色的图案；把背景图层前的“小眼睛”图标关掉，即可得到透明底的图案。

4.6 结课作业

对小动物或毛绒玩具摄影作品进行处理，定义图案，为其更换背景，烘托可爱氛围。

1. 拍摄小动物或毛绒玩具照片，或去网上下载，使用抠图方法抠取小动物或毛绒玩具图像。

2. 定义一个可爱图案，填充到画面中作为新的背景。

3. 调整小动物或毛绒玩具的尺寸和位置，使画面看起来更加协调。

CHAPTER 5

Photoshop在图像修饰中的应用

本章导读

5.1 简单修饰图像

5.2 修复瑕疵图像

5.3 图像调色基础知识

5.4 自动调色

5.5 图像明暗的调整方法

5.6 图像颜色的调整方法

5.7 将图片转为单色

5.8 图像的特殊调色方法

5.9 结课作业

5.1 简单修饰图像

在日常生活中，往往会遇到一些整体美观，但是局部有些瑕疵的图片。Photoshop 中提供了一些修饰图像局部细节的工具，操作起来十分方便快捷，只需在画面中按住鼠标左键进行拖动即可完成操作。

5.1.1 模糊锐化工具

1 模糊工具

素材文件　第 5 章\5.1\模糊工具.jpg

"模糊工具"可以柔化、模糊图像中的边缘或者某部分区域，减少图像中的细节，从而达到模糊图像的效果。利用"模糊工具"，可以柔化图片中的次要图像，从而凸显主体物，也可以用来修正扫描图像，将扫描图像中的杂点和折痕与周围的图像融合在一起，使其看起来比较平顺。

在 Photoshop 中打开素材文件夹"第 5 章\5.1\模糊工具.jpg"文件，如图 5－1 所示。可以看到，图片的主体物是一朵花，但是由于拍摄时存在聚焦问题，没有突出主体物，这里需要对叶子部分进行模糊操作。

图 5－1

在对图像进行调整前，先复制背景图层，将背景图层作为原始图像保存下来，在复制的图层上进行编辑修改。当在编辑过程中出现不可逆的情况时，可以再次复制背景图层重新操作。

选择工具箱中的"模糊工具"，如图 5－2 所示，选中"背景 拷贝"图层，将鼠标箭头移动到画面中叶子的部分，按住鼠标左键在画面上涂抹，使其变得模糊，如图 5－3 所示，反复涂抹可以使画面更加模糊。在英文状态下，按键盘上的左右中括号"［"和"］"可以调整光标的大小。

图 5－2

图 5－3

为防止涂抹到主体物上，可以利用"快速选择工具"选中花，然后按键盘上的快捷键 Ctrl + Shift + I 反选，将花以外的部分选中，然后再利用"模糊工具"进行涂抹，如图 5－4 所示。最终效果对比如图 5－5 所示。

图 5－4

图 5－5

“模糊工具”工具选项栏如图 5 - 6 所示。

图 5 - 6

●模式：用来设置“模糊工具”的混合模式。

●强度：用来设置“模糊工具”的模糊程度。数值越大，涂抹时画面的模糊程度越高。

2 锐化工具

素材文件　第 5 章\5.1\锐化工具.jpg

“锐化工具”可以增强图像中相邻像素之间的颜色对比，提高图像的清晰度。“锐化工具”在工具箱“模糊工具”的子工具组中，如图 5 - 7 所示。

图 5 - 7

“锐化工具”和“模糊工具”的使用方法相同，工具选项栏如图 5 - 8 所示，其大部分参数也和“模糊工具”相同。

图 5 - 8

●保护细节：勾选复选框后，可以在锐化的过程中更好地保护图像细节。

在 Photoshop 中打开素材文件夹“第 5 章\5.1\锐化工具.jpg”文件。复制背景图层，选择工具箱中的“锐化工具”，在蝴蝶上进行涂抹，使其更加清晰。最终效果对比如图 5 - 9 所示。

图 5 - 9

使用“模糊工具”时，按住键盘上的 Alt 键可以将“模糊工具”临时切换到“锐化工具”；使用“锐化工具”时，按住键盘上的 Alt 键可以将“锐化工具”临时切换到“模糊工具”。

要适度使用“模糊工具”和“锐化工具”。反复使用“模糊工具”，会使图像模糊不清；反复使用“锐化工具”，会使图像颜色失真。

5.1.2 加深减淡工具

1 减淡工具

素材文件　第 5 章\5.1\减淡工具.jpg

“减淡工具”可以通过对图像的“高光”“中间调”和“阴影”分别进行处理，提高曝光度，使图像变亮。使用方法和模糊锐化工具一样，按住鼠标左键在画面上涂抹，即可使画面变亮。

在 Photoshop 中打开素材文件夹“第 5 章\5.1\减淡工具.jpg”文件。复制背景图层，选择工具箱中的“减淡工具”，如图 5 - 10 所示，在树叶上进行涂抹，使其变亮，最终效果对比如图 5 - 11 所示。

图 5 - 10

图 5－11

“减淡工具”工具选项栏如图 5－12 所示。

图 5－12

●范围：可以选择不同色调进行修改，其右侧的下拉列表中有“高光”“中间调”和“阴影”3 个选项，默认为“中间调”。选择“中间调”时，可以更改灰色的中间范围；选择“阴影”时，可以更改暗部区域；选择“高光”时，可以更改亮部区域。

●曝光度：用于设置减淡的强度。

●保护色调：勾选复选框后，可以保护图像的色调不受影响。

2 加深工具

素材文件　第 5 章\5.1\加深工具.jpg

和“减淡工具”相反，“加深工具”可以通过对图像的“高光”“中间调”和“阴影”分别进行处理，降低曝光度，使图像变暗。使用方法和“减淡工具”相同，按住鼠标左键在画面上涂抹，即可使画面变暗。

在 Photoshop 中打开素材文件夹“第 5 章\5.1\加深工具.jpg”文件。复制背景图层，选择工具箱中的“加深工具”，“加深工具”在“减淡工具”的子工具组中，如图 5－13 所示，在画面背景上进行涂抹，使其变暗，最终效果对比如图 5－14 所示。

图 5－13

图 5－14

“加深工具”工具选项栏如图 5－15 所示，其参数和使用方法与“减淡工具”完全相同。

图 5－15

5.1.3　涂抹工具

素材文件　第 5 章\5.1\涂抹工具.jpg

“涂抹工具”可以通过拾取鼠标单击点的颜色，沿着拖动的方向展开这种颜色，模拟出类似手指拖过湿油漆时的效果。“涂抹工具”在工具箱“模糊工具”的子工具组中，如图 5－16 所示。

图 5－16

“涂抹工具”工具选项栏如图 5－17 所示。

图 5－17

●模式：用来设置“涂抹工具”的混合模式。

●强度：用来设置“涂抹工具”的涂抹强度。

●手指绘画：勾选复选框后，可以使用前景色进行涂抹绘制。

在 Photoshop 中打开素材文件夹“第 5 章\5.1\涂抹工具.jpg”文件。

复制背景图层，选择工具箱中的“涂抹

工具”，在画面上按住鼠标左键进行涂抹，不同强度数值涂抹出的效果不同。强度 50% 的效果如图 5－18 所示。

图 5－18

5.1.4　海绵工具

素材文件　第 5 章\5.1\海绵工具.jpg

“海绵工具”可以增强或减弱彩色图像的颜色饱和度。如果是灰度图像，“海绵工具”可以增加或降低图像的对比度。“海绵工具”在工具箱“减淡工具”的子工具组中。

“海绵工具”工具选项栏如图 5－19 所示。

图 5－19

●模式：可以选择更改色彩的方式，其右侧的下拉列表中有“去色”和“加色”2 个选项。选择“去色”选项时，可以降低色彩的饱和度；选择“加色”选项时，可以增加色彩的饱和度。

●自然饱和度：勾选复选框后，可以在增加饱和度时，防止颜色过度饱和而出现溢色。

在 Photoshop 中打开素材文件夹“第 5 章\5.1\海绵工具.jpg”文件。

复制背景图层，选择工具箱中的“海绵工具”，“模式”选择“去色”选项，涂抹花朵，效果如图 5－20 所示；模式选择“加色”选项，涂抹花朵，效果如图 5－21 所示。

图 5－20

图 5－21

5.2　修复瑕疵图像

Photoshop 有强大的去除瑕疵功能，利用相应的工具可以快速修复照片、复制局部图像、去除图像中的多余部分等。

5.2.1　仿制图章工具

素材文件　第 5 章\5.2\仿制图章工具.jpg

“仿制图章工具”可以将图像的一部分复制到同一图像或其他图像的另一个位置上。选择工具箱中的“仿制图章工具”，如图 5－22 所示，其工具选项栏如图 5－23 所示。

图 5－22

图 5－23

●切换仿制源面板："模式"左侧的按钮就是"切换仿制源面板"，单击后可打开"仿制源"面板，如图 5－24 所示。

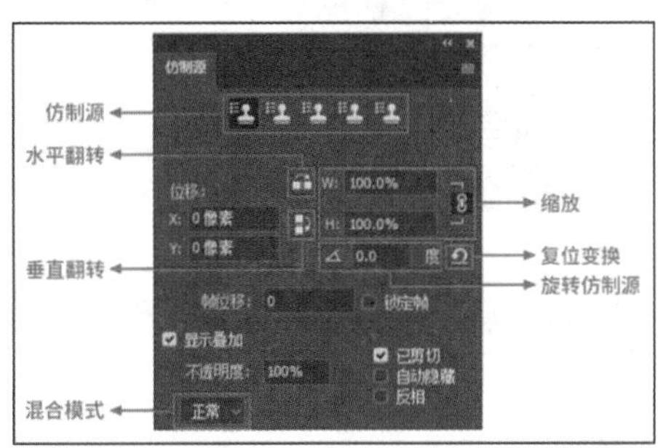

图 5－24

●仿制源：在使用"仿制图章工具"或"修复画笔工具"时，按住键盘上的 Alt 键不放，在图像上单击鼠标左键，可以设置取样点。单击不同的"仿制源"按钮，可以设置不同的取样点，最多可以设置 5 个。关闭文档之前，"仿制源"面板会存储样本源。

●位移：指定 X 轴（水平方向）和 Y 轴（垂直方向）的像素位移，可以在相对于取样点的精确位置进行仿制。

●水平翻转：可以水平翻转仿制源。

●垂直翻转：可以垂直翻转仿制源。

●缩放：输入 W（宽度）或 H（高度）的数值，可以缩放仿制源。单击右侧的"小锁链"图标，可以锁定长宽比。

●旋转仿制源：在文本框中输入数值，可以将仿制源旋转相应角度。

●复位变换：将 W、H、旋转角度值和翻转方向恢复到默认状态。

●帧位移：在文本框中输入帧数，可以使用与初始取样的帧相关的特定帧进行仿制。输入正值，要使用的帧在初始取样的帧之后；输入负值，要使用的帧在初始取样的帧之前。

●锁定帧：勾选复选框后，总是使用初始取样的相同帧进行仿制。

●显示叠加：勾选复选框后，可以直观地预览复制后的图像大小和位置。

●不透明度：用来设置叠加图像的不透明度。

●混合模式：用来设置叠加图像的混合模式。

●已剪切：勾选复选框后，可以将叠加剪切到画笔大小。

●自动隐藏：勾选复选框后，可以在应用绘画描边时隐藏叠加。

●反相：可以反相叠加选中的颜色。

●对齐：勾选复选框后，可以连续对像素进行取样，在仿制过程中，取样点会随着仿制位置的移动而变化；如果不勾选，在仿制过程中，取样点总是最初的取样点，不会随着仿制位置的移动而变化。

●样本：选择"当前图层"时，只会从当前图层进行取样；选择"当前和下方图层"时，会从当前图层和其下方的可见图层进行取样；选择"所有图层"时，会从所有可见图层进行取样。

下面，我们使用"仿制图章工具"将飞机的机翼去除掉。

步骤 01 在 Photoshop 中打开素材文件夹"第 5 章\5.2\仿制图章工具.jpg"文件。

步骤 02 复制背景图层，单击工具箱中的"仿制图章工具"，勾选工具选项栏中的"对齐"和"仿制源"面板中的"叠加"，按键盘上的左右中括号键调整合适的笔尖大小，将鼠标箭头移动到机翼上方，按住键盘上的 Alt 键并单击鼠标左键进行取样，如图 5－25 所示。

图 5－25

步骤 03 将鼠标光标移动到机翼部分，可以看到取样点覆盖住了机翼，如图 5－26 所示。单击鼠标左键，或按住鼠标左键进行拖动，即可用取样点将机翼覆盖，如图 5－27 所示。

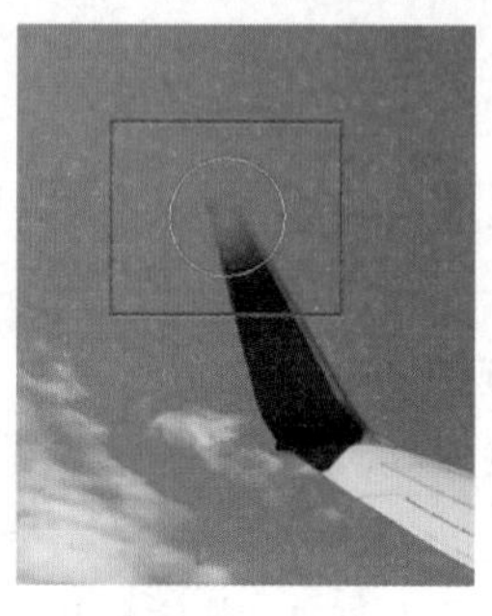

图 5－26

图 5－27

步骤 04 考虑到图像周围的环境，需要根据实际情况随时进行取样，对机翼进行覆盖后，调整"不透明度"或"流量"的数值，将天空的颜色进行柔和过渡，使效果看起来更加自然，最终效果如图 5－28 所示。

图 5－28

5.2.2 污点修复画笔工具

素材文件 第 5 章\5.2\污点修复画笔工具.jpg

"污点修复画笔工具"可以快速去除图像小面积的瑕疵，它可以自动将需要修复像素的纹理、光照、透明度和阴影等元素与修复的像素相匹配，还可以自动从所修复像素的周围取样。

选择"污点修复画笔工具"，如图 5－29 所示，其工具选项栏如图 5－30 所示。

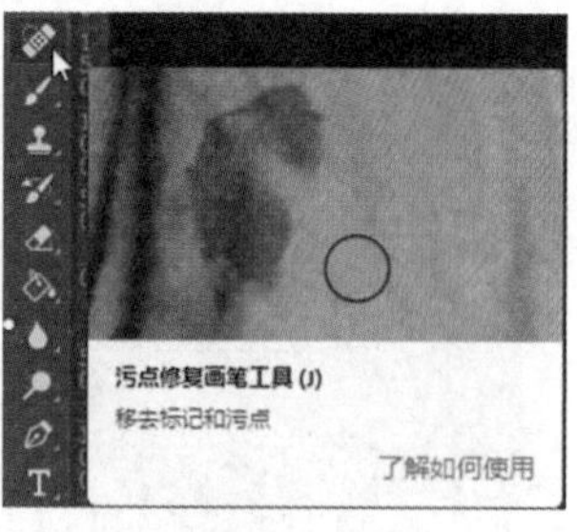

图 5－29

图 5－30

●模式：用来设置修复图像时使用的混合模式。除了常见的"混合"模式外，还有一个"替换"模式，通过这个模式可以保留画笔描边边缘处的杂色、胶片颗粒和纹理。

●类型：用来设置修复的方法。选择"近似匹配"选项时，可以使用选区边缘周围的像素来查找要用作选定区域修补的图像区域；选择"创建纹理"选项时，可以使用选区中的所有像素创建一个用来修复该区域的纹理；选择"内容识别"选项时，可以使用选区周围的像素进行修复。

在 Photoshop 中打开素材文件夹"第 5 章\5.2\污点修复画笔工具.jpg"文件。复制背景图层，选择工具箱中的"污点修复画笔工具"，调整合适的画笔大小，"模式"选择"正常"模式，"类型"选择"内容识别"选项，将鼠标移动到人物脸上的黑点上，如图 5－31 所示，单击鼠标左键，即可消除掉黑点，如图5－32 所示。

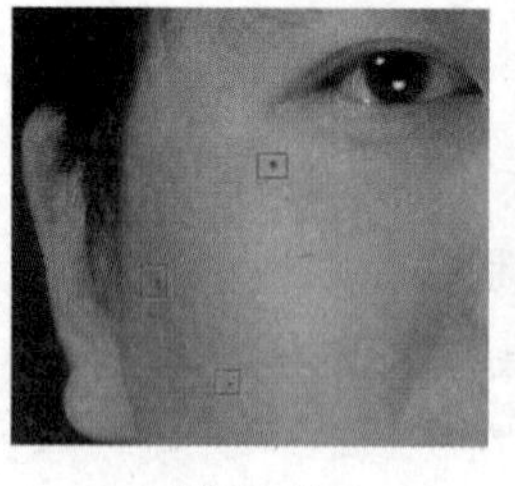

图 5－31

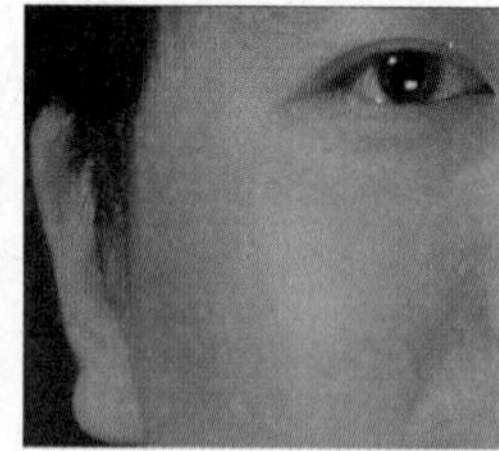

图 5－32

5.2.3 修复画笔工具

素材文件 第 5 章\5.2\修复画笔工具.jpg

"修复画笔工具"也可以利用图像中的

像素作为样本来进行复制。但与“仿制图章工具”不同的是,“修复画笔工具”是将样本像素的纹理、光照、透明度和阴影与所修复的像素进行匹配,从而使修复后的像素不留痕迹地融入图像的其他部分。

“修复画笔工具”在工具箱“污点修复画笔工具”的子工具组中,其工具选项栏如图 5 –33所示。

图 5 –33

●源:设置用于修复画笔的源。选择“取样”选项,可以从当前图像的像素上取样;选择“图案”选项,可以使用某个图案作为取样点。

●使用旧版:勾选复选框后,Photoshop 会使用旧版(Photoshop CC 2014 及以前版本)“修复画笔”的算法。

●扩散:可以调整扩散程度。

接下来,我们使用“修复画笔工具”来去除掉画面中多余的内容。

步骤 01 在 Photoshop 中打开素材文件夹“第 5 章\5.2\修复画笔工具.jpg”文件。

步骤 02 复制背景图层,选择工具箱中的“修复画笔工具”,设置合适的画笔大小,“源”选择“取样”选项,“模式”选择“正常”模式,将鼠标箭头移动到远处小枫叶的左侧,按住键盘上的 Alt 键不放,单击鼠标左键进行取样,如图 5 –34 所示。

图 5 –34

步骤 03 将鼠标光标移动到小枫叶上,会看到取样点覆盖了小枫叶,如图 5 –35 所示。对齐画面中的直线,单击鼠标左键,可以看到小枫叶的一部分已经完全被取样点所替代,如图 5 –36 所示。

图 5 –35

图 5 –36

步骤 04 根据实际情况随时进行取样,直到画面中的小枫叶全部被覆盖,最终的效果如图 5 –37 所示。

图 5 –37

5.2.4 修补工具

素材文件　第 5 章\5.2\修补工具.jpg

“修补工具”可以将图像中其他部分的像素或图案作为样本,来修复图像区域中不理想的部分。在使用“修补工具”时,需要先用选区框选出需要修复的区域,然后将该选区拖动到画面其他用来取样的区域进行覆盖。“修补工具”通常用于去除画面中多余的部分。

“修补工具”在工具箱“污点修复画笔工具”的子工具组中，其工具选项栏如图 5－38 所示。

图 5－38

●选区创建方式：左侧 4 个按钮用来设置选区范围，与创建选区的用法相同。

●修补：用来设置修补的方式，包括“正常”和“内容识别”2 个选项。

●源：单击该按钮，将选区拖动到需要修补的区域，会修补原来的区域。

●目标：单击该按钮，将选区拖动到其他区域，可以将原选区内的图像复制到该区域。

●透明：单击该按钮，可以使修复区域和原图像产生透明的叠加效果。

●使用图案：在下拉列表中选择一个图案后，单击该按钮，可以使用选中的图案来覆盖选区内的图像内容。

下面，我们使用“修补工具”对图片中不理想的部分进行修复。

步骤 01 在 Photoshop 中打开素材文件夹“第 5 章\5.2\修补工具.jpg”文件。

步骤 02 复制背景图层，选择工具箱中的“修补工具”，“修补”选择“正常”选项，单击“源”按钮，按住鼠标左键进行拖动，将图像中需要修复的部分框住，创建选区，如图 5－39 所示。

图 5－39

步骤 03 将鼠标箭头移动到选区内，按住鼠标左键向右拖动，如图 5－40 所示，将选区内的栏杆对齐后即可松开鼠标左键，按键盘上的快捷键 Ctrl＋D 取消选区，最终的效果如图 5－41 所示。

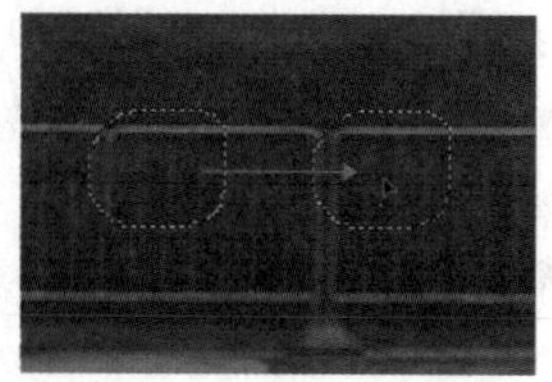

图 5－40

图 5－41

5.2.5 内容感知工具

素材文件 第 5 章\5.2\内容感知工具.jpg

“内容感知工具”可以将图像中的部分内容从原位置去除，并移动到画面中的其他位置。被移动的图像部分会自动和周围的图像进行融合，原始位置会进行自动智能填充。“内容感知工具”的使用方法和“修补工具”的使用方法相似，也需要先将要修改的图像内容框选出来，然后移动选区完成操作。

“内容感知工具”在工具箱“污点修复画笔工具”的子工具组中，其工具选项栏如图 5－42所示。

图 5－42

●模式：用来设置选区内图像内容的移动方式，包括“移动”和“扩展”2 个选项。“移动”是指将原位置的图像内容剪切到其他位置，“扩展”是指将原位置的图像内容复制到其他位置。

●结构：可以调整原结构的严格程度。数值越大，被移动的图像内容和背景融合得越自然。

●颜色：可以修改源色彩的程度。数值越大，被移动的图像内容和背景融合得越自然。

●投影时变换：勾选复选框后，可以旋转或缩放选区。

下面，我们使用“内容感知工具”移动画面中帆船的位置。

步骤 01 在 Photoshop 中打开素材文件夹“第 5 章\5.2\内容感知工具.jpg”文件。

步骤 02 选择工具箱中的“内容感知工具”，“模式”选择“移动”选项，“结构”选择最高数值“7”，“颜色”选择最高数值“10”，将画面中间蓝色的帆船框选出来，如图 5－43 所示。

图 5－43

步骤 03 将鼠标箭头移动到选区内，按住鼠标左键将其向左拖动，在勾选了“投影时变换”复选框的情况下，可以调整帆船的尺寸以及选择合适的角度，如图 5－44 所示。调整完成后按键盘上的 Enter 键完成移动，如图 5－45 所示。这里是没有勾选“投影时变换”得到的效果。

图 5－44

图 5－45

步骤 04 按键盘上的快捷键 Ctrl＋D 取消选区，最终的效果如图 5－46 所示。

图 5－46

当“模式”选择“扩展”选项时，最终的效果如图 5－47 所示。

图 5－47

5.2.6 红眼工具

素材文件　第 5 章\5.2\红眼工具.jpg

“红眼工具”可以快速修复因闪光灯出现的“红眼”问题，还可以调整瞳孔的大小和变暗数量。

“红眼工具”在工具箱“污点修复画笔工具”的子工具组中，其工具选项栏如图 5－48 所示。

瞳孔大小:	50%	变暗量:	50%

图 5－48

●瞳孔大小：设置眼睛的瞳孔或中心黑色部分的比例大小。

●变暗量：设置瞳孔的变暗量。

下面，我们使用“红眼工具”来修复人像

照片中的“红眼”问题。

步骤 01 在 Photoshop 中打开素材文件夹“第 5 章\5.2\红眼工具.jpg”文件。

步骤 02 复制背景图层，选择工具箱中的“红眼工具”，“瞳孔大小”设置为“50%”，“变暗量”设置为“10%”，将鼠标箭头移动到人物的眼睛上，单击鼠标左键将红眼去除，如图 5－49 所示。最终完成的效果如图 5－50 所示。

图 5－49

图 5－50

综合案例 修复人物照片的瑕疵

素材文件	第 5 章\5.2\综合案例.jpg

步骤 01 在 Photoshop 中打开素材文件夹“第 5 章\5.2\综合案例.jpg”文件，如图 5－51 所示。可以看到人像存在“红眼”问题，且脸上有一些小黑点和痘印。

图 5－51

步骤 02 选择工具箱中的“红眼工具”，单击人物眼睛的瞳孔位置，去除红眼，效果如图 5－52 所示。

图 5－52

步骤 03 选择工具箱中的“污点修复画笔工具”，单击人物面部黑点位置，去除黑点，效果如图 5－53 所示。

图 5－53

步骤 04 选择工具箱中的“修补工具”，按照 5.2.4 节介绍的方法去除痘印，效果如图 5－54 所示。

图 5－54

5.3　图像调色基础知识

“调色”即“调整色彩”，在数码照片的编辑与修改中占有重要的地位，不同的图像色彩会带来不同的感受。正确使用色彩对设计作品来说至关重要。

5.3.1　认识调色

素材文件　第 5 章\5.3\野花.jpg

Photoshop 中的“调色”是指改变特定的色调，使当前图像呈现出不同的感觉。图像色调和色彩控制是编辑图像的关键，只有控制好色调和色彩，才能制作出高品质的图像。Photoshop 的调色功能十分强大，不仅可以对错误的颜色进行校正，如曝光过度、亮度不足、画面偏灰等，还可以通过调色功能增强画面视觉效果，丰富画面情感，打造出风格化的色彩。如图 5－55 所示。

图 5－55

5.3.2　图像的颜色模式

“颜色模式”是将某种颜色表现为数字形式的模型，或者说是一种记录图像颜色的方式。在 Photoshop 中有多种颜色模式，单击菜单栏“图像 > 模式”命令，在其下拉列表中可以更改当前图像的颜色模式，如图 5－56 所示。Photoshop 支持的图像模式有：位图模式、灰度模式、双色调模式、索引颜色模式、RGB 颜色模式、CMYK 颜色模式、Lab 颜色模式和多通道模式。

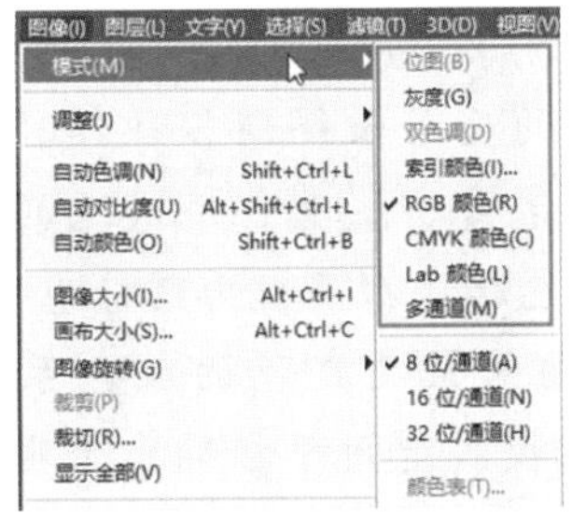

图 5－56

●位图模式：位图模式使用黑和白 2 种颜色来表示图像中的像素。位图模式的图像也叫作黑白图像。因为其深度为 1，也称为一位图像。当彩色图像转换为位图模式时，需要先将图像转换为灰度模式，删除掉图像像素中的色相和饱和度信息后，才能将其转换为位图模式。

●灰度模式：灰度模式使用单一的色调来表现图像，将彩色图像转换为灰度模式后，会去除图像中的颜色信息。灰度模式可以使用多达 256 级灰度来表现图像，使图像的过渡更加平滑细腻。

●双色调模式：双色调模式采用 2～4 种彩色油墨来创建由双色调（2 种颜色）、3 色调（3 种颜色）和 4 色调（4 种颜色）混合其色阶来组成图像。当将彩色图像转换为双色调模式时，需要先将图像转换为灰度模式。在将灰度图像转换为双色调模式的过程中，可以对色调进行编辑，产生特殊的效果。

●索引颜色模式：索引颜色模式是网络和动画中常用的图像模式，当彩色图像转换为索引颜色模式后，包含近256种颜色。索引颜色图像包含一个颜色表。当原图像中颜色不能用256色表现时，Photoshop会从可使用的颜色中选出最相近的颜色来替代，这样可以减小图像文件的尺寸。常见的图像模式有GIF和PNG-8等。

●RGB颜色模式：RGB颜色模式是工业界的一种颜色标准，通过对红(R)、绿(G)、蓝(B)3个颜色通道的变化以及它们相互之间的叠加来得到各种各样的颜色。RGB即代表红、绿、蓝3个通道的颜色，该标准几乎包括了人类视力所能感知的所有颜色，是运用最为广泛的颜色系统之一。RGB颜色模式适用于在屏幕上观看，该颜色模式包含大约1677万种颜色，是一种真彩色颜色模式。

●CMYK颜色模式：CMYK颜色模式是一种印刷模式。其中4个字母分别指青(Cyan)、洋红(Magenta)、黄(Yellow)、黑(Black)，在印刷中代表4种颜色的油墨。CMYK模式在本质上与RGB模式没有区别，只是产生色彩的原理不同，在RGB模式中由光源发出的色光混合生成颜色，而在CMYK模式中，是由光线照到有不同比例C、M、Y、K油墨的纸上，部分光谱被吸收后，反射到人眼的光产生颜色。

●Lab颜色模式：Lab颜色是由RGB三元色转换而来的，它是由RGB模式转换为CMYK模式的桥梁。L表示发光率Luminance，相当于亮度；a表示从红色到绿色的范围；b表示从黄色到蓝色的范围。

●多通道模式：多通道模式图像在每个通道中包含256个灰阶，该模式多用于特定的打印或输出。

5.4 自动调色

“自动色调”“自动对比度”和“自动颜色”命令不需要进行参数设置，用于快速调整图像的偏色、对比度过低、颜色暗淡等常见问题。

5.4.1 自动色调

素材文件　第5章\5.4\自动色调.jpg

“自动色调”命令用于调整图像的偏色。

在Photoshop中打开素材文件夹“第5章\5.4\自动色调.jpg”文件，如图5-57所示，单击菜单栏“图像 > 自动色调”命令，或按键盘上的快捷键Ctrl + Shift + L，效果如图5-58所示。

图5-57

图5-58

5.4.2 自动对比度

素材文件　第5章\5.4\自动对比度.jpg

“自动对比度”命令用于调整图像亮部和暗部偏低的对比度。

在Photoshop中打开素材文件夹“第5章\5.4\自动对比度.jpg”文件，如图5-59所示，单击菜单栏“图像 > 自动对比度”命令，或按键盘上的快捷键 Ctrl + Alt + Shift + L，效果如图 5－60 所示。

图 5－59

图 5－60

5.4.3　自动颜色

素材文件　第 5 章\5.4\自动颜色.jpg

“自动颜色”命令用于调整图像颜色偏差。

在 Photoshop 中打开素材文件夹“第 5 章\5.4\自动颜色.jpg”图片，如图 5－61 所示，单击菜单栏“图像 > 自动颜色”命令，或按键盘上的快捷键 Ctrl + Shift + B，效果如图 5－62 所示。

图 5－61

图 5－62

5.5　图像明暗的调整方法

Photoshop 有多种调色命令，其中一部分针对图像的明暗关系进行调整。提高图像的明度可以让图像变亮，降低图像的明度可以让图像变暗；增强亮部区域的亮度并降低暗部区域的亮度可以增强画面对比度，反之亦然。

5.5.1　亮度/对比度

素材文件　第 5 章\5.5\亮度对比度.jpg

“亮度/对比度”命令可以调整图像整体的亮度和对比度，快速校正图像“偏灰”的问题。打开一张图片，单击菜单栏“图像 > 调整 > 亮度/对比度”命令，打开“亮度/对比度”对话框，如图 5－63 所示。将相应的参数设置完成后，单击“确定”按钮即可完成操作。

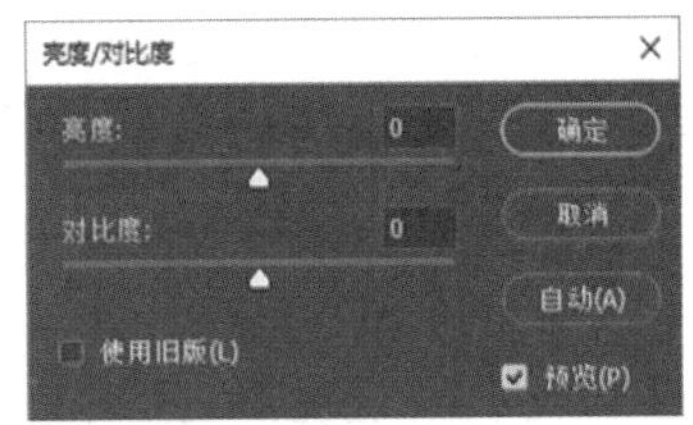

图 5－63

● 亮度：用来设置图像的整体亮度。数值为正值时，表示提高图像的亮度；数值为负值时，表示降低图像的亮度。

● 对比度：用来设置图像明暗对比的强烈程度。数值为正值时，图像明暗对比会变得强烈；数值为负值时，图像明暗对比会被减弱。

● 使用旧版：勾选复选框后，会得到与 Photoshop CS 3 以前版本相同的调整结果。

● 自动：单击该按钮，Photoshop 会根据画面自动进行亮度和对比度的调整。

● 预览：勾选复选框后，在调节具体亮度或对比度的参数时，会在文档对话框中看到图像的实时变化。

在 Photoshop 中打开素材文件夹“第 5 章\5.5\亮度对比度.jpg”文件，单击菜单栏“图像 > 调整 > 亮度/对比度”命令，可以看到当前图像的亮度和对比度的数值都为 0，如图 5－64 所示。

图 5－64

当对比度为 0 时，将亮度设置为 50，效果如图 5－65 所示。

图 5－65

当亮度为 0 时，将对比度设置为 100，效果如图 5－66 所示。

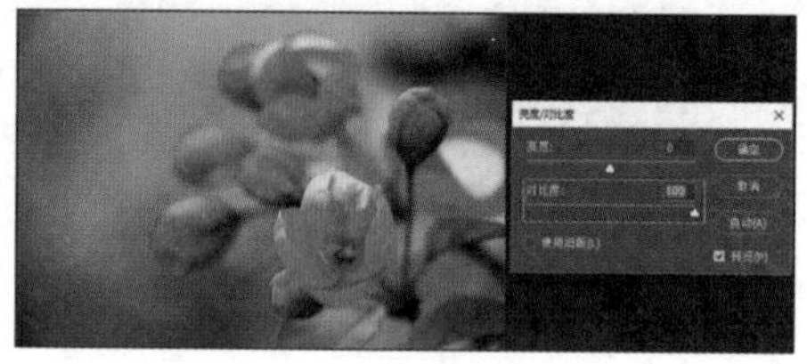

图 5－66

5.5.2 色阶

素材文件 第 5 章\5.5\色阶.jpg

“色阶”命令可以调整图像的阴影、中间调和高光的强度级别，从而校正图像的色调范围和色彩平衡。打开一张图片，单击菜单栏“图像 > 调整 > 色阶”命令，或按键盘上的快捷键 Ctrl + L，打开“色阶”对话框，如图 5－67所示。将相应的参数设置完成后，单击“确定”按钮即可完成操作。

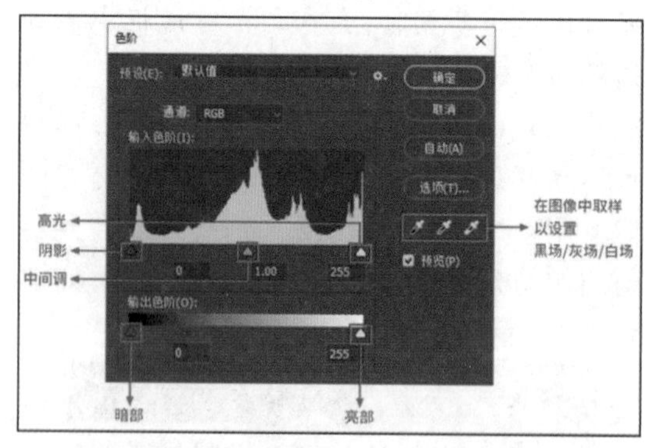

图 5－67

●预设：在“预设”右侧的下拉列表中，包含了 Photoshop 提供的预设调整选项，选择其中的任意选项，即可按照预设对图像进行调整。

●预设菜单：“预设”下拉列表右侧的按钮为“预设菜单”。单击该按钮，可以将当前的调整参数保存为预设，或载入其他外部预设。

●通道：可以在右侧下拉列表中选择一个通道对其进行调整。

●输入色阶：用来调整图像的阴影、高光和中间调，可以通过拖动对应的滑块进行调整，也可以在下方的文本框中输入具体数值进行调整。

●输出色阶：用来调整图像的亮度范围，从而降低对比度。可以通过拖动对应的滑块或在下方的文本框中输入具体数值来调整图像的对比度。

●自动：单击该按钮，Photoshop 会自动调整图像的色阶。

●选项：单击该按钮，会弹出“自动颜色校正选项”对话框，在对话框中可以设置颜色的算法。

●在图像中取样以设置黑场：使用该吸管工具在图像中单击取样，可以将单击点的像素调整为黑色，同时图像中比该单击点暗的像素也会变成黑色。

●在图像中取样以设置灰场：使用该吸管工具在图像中单击取样，可以根据该单击点的像素的亮度来调整图像中其他中间色调的平均亮度。

●在图像中取样以设置白场：使用该吸管工具在图像中单击取样，可以将单击点的像素调整为白色，同时图像中比该单击点亮的像素也会变成白色。

在 Photoshop 中打开素材文件夹“第 5 章\5.5\色阶.jpg”文件，单击菜单栏“图像 > 调整 > 色阶”命令，或按键盘上的快捷键 Ctrl + L，可以看到当前图像的色阶参数如图5－68 所示。

图 5－68

将“阴影”滑块向右拖动，可以使图像变暗，效果如图 5－69 所示；将“高光”滑块向左拖动，可以使图像变亮，效果如图 5－70 所示。

图 5－69

图 5－70

将“暗部”滑块向右拖动，效果如图5－71 所示；将“亮部”滑块向左拖动，效果如图 5－72 所示，都可以降低图像的对比度。

图 5－71

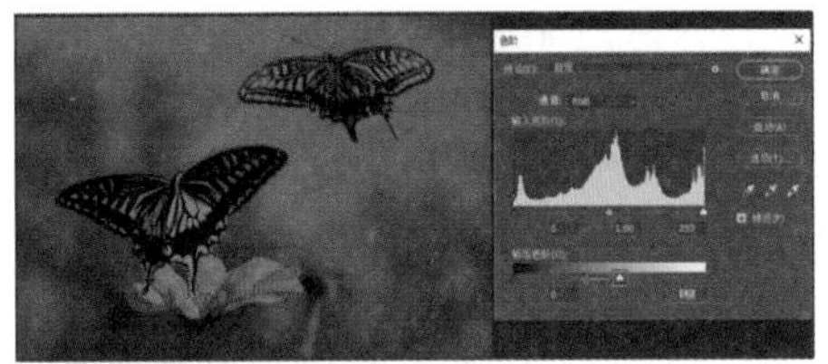

图 5－72

选中“在图像中取样以设置黑场”选项，单击图像，效果如图 5－73 所示；选中“在图像中取样以设置灰场”选项，单击图像，效果如图5－74 所示；选中 “在图像中取样以设置白场” 选项，单击图像，效果如图 5－75 所示。

图 5－73

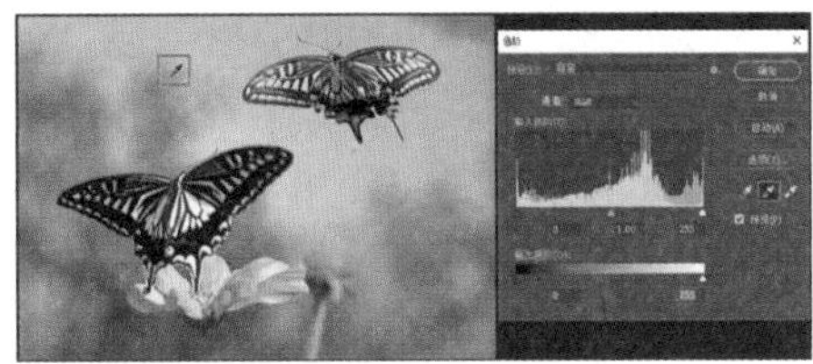

图 5－74

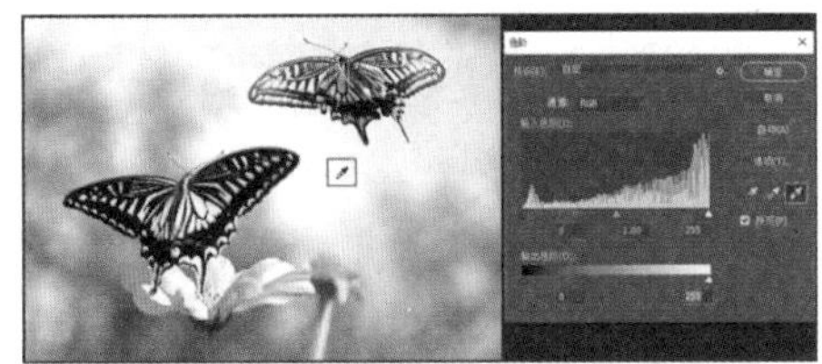

图 5－75

5.5.3　曲线

素材文件　第 5 章\5.5\曲线.jpg

“曲线”和“色阶”类似，也是用于调整图像色彩色调的工具。但“曲线”比“色阶”的功能更加强大，“色阶”只有“黑场”、“灰场”和“白场”3 个点可供调整，“曲线”允许在图像中从阴影到高光的整个色调范围内最多调整 14 个点。

单击菜单栏“图像 > 调整 > 曲线”命令，或按键盘上的快捷键 Ctrl + M，打开“曲线”对话框，如图 5－76 所示。将相应的参数设置完成后，单击“确定”按钮即可完成操作。

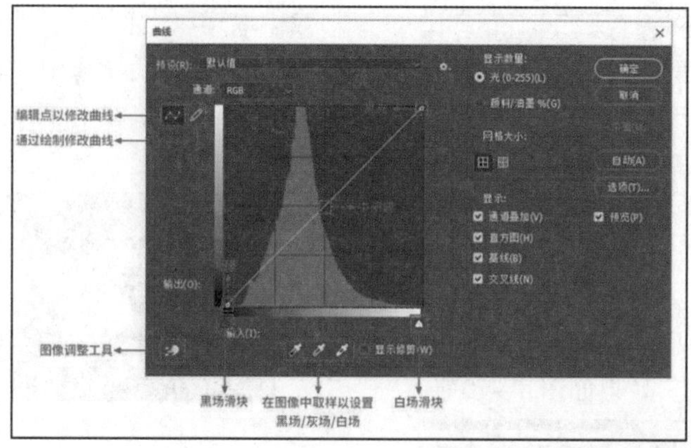

图 5－76

在 Photoshop 中打开素材文件夹“第 5 章\5.5\曲线.jpg”文件。单击菜单栏“图像 > 调整 > 曲线”命令，或按键盘上的快捷键 Ctrl + M，可以看到当前图像的曲线参数如图 5－77 所示。

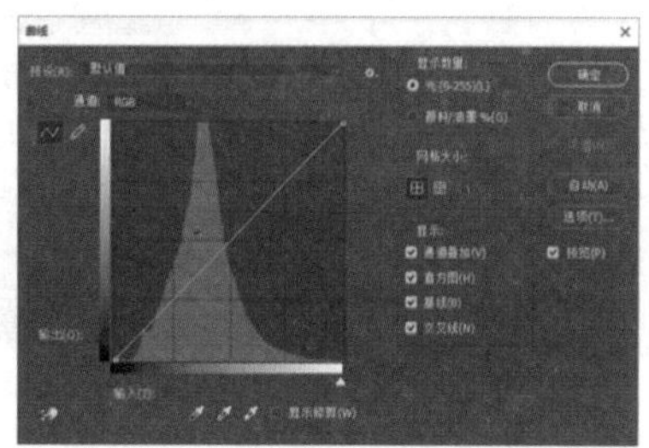

图 5－77

单击曲线添加控制点，将控制点向左上方拖动，提高图像整体的亮度，效果如图 5－78 所示；将控制点向右下方拖动，降低图像整体的亮度，效果如图 5－79 所示。

图 5－78

图 5－79

在曲线的上半部分添加控制点向左上方拖动，在曲线的下半部分添加控制点向右下方拖动，如图 5－80 所示，可以让图像的亮部更亮，暗部更暗，从而增加对比度，如图5－81所示。

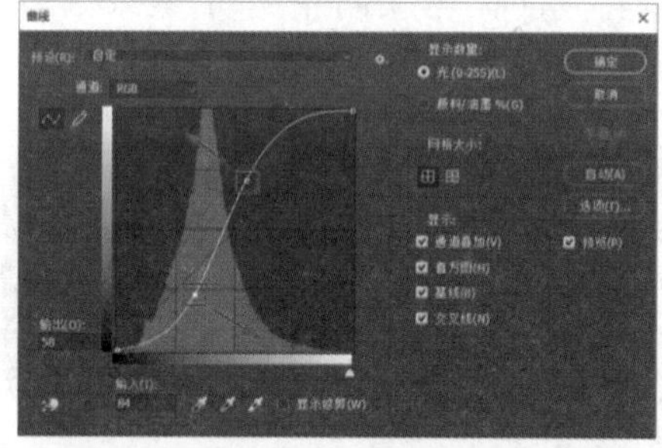

图 5－80

图 5－81

还可以对单独的通道进行调整。

例如，选择“通道”下拉列表中的“绿”选项，选中“绿”通道，如图 5－82 所示。在曲线上单击添加控制点向左上方拖动，增加图像中绿色像素的数量，如图 5－83 所示；在曲线上添加控制点向右下方拖动，减少图像中绿色像素的数量，效果如图 5－84 所示；在曲线上半部分添加控制点向左上方拖动，在曲线下半部分添加控制点向右下方拖动，如图 5－85 所示，会使图像中亮部增加绿色像素，暗部减少绿色像素，如图 5－86 所示，其他通道同理。

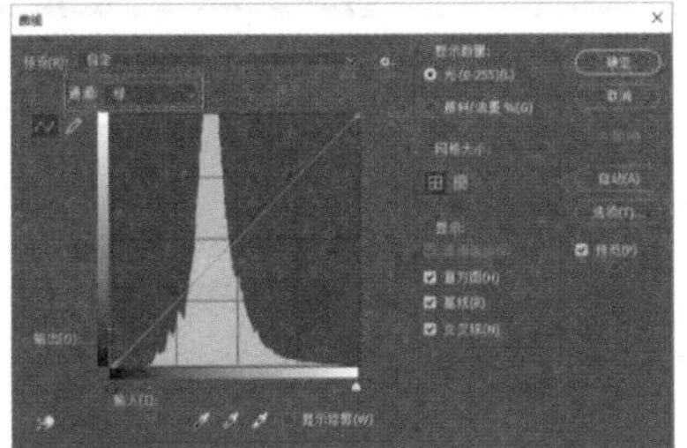

图 5－82

图 5－83

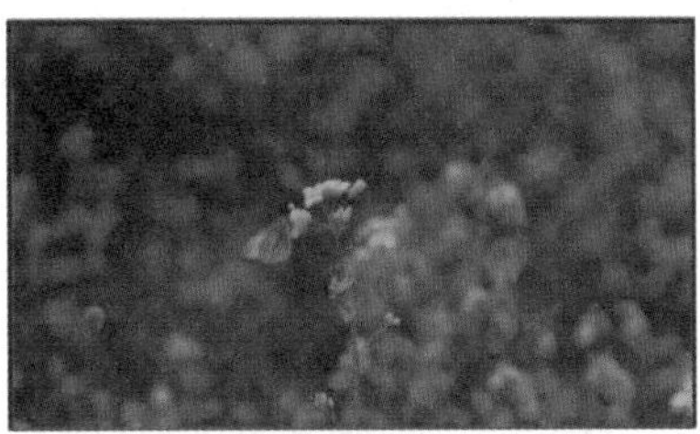

图 5－84

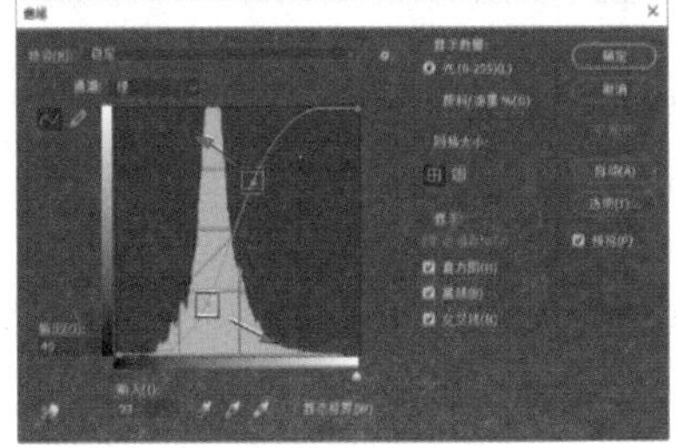

图 5－85

图 5－86

如果想要删除控制点，将控制点拖动出曲线即可。

5.5.4　曝光度

素材文件　第 5 章\5.5\曝光度.jpg

“曝光度”命令用来校正图像曝光过度、对比度过高或过低的问题。“曝光度”可以通过调整“曝光度”“位移”和“灰度系数校正”3 个参数调整图像的对比反差，修复数码照片中常见的曝光过度或曝光不足等问题。

在 Photoshop 中打开素材文件夹“第 5 章\5.5\曝光度.jpg”文件，单击菜单栏“图像 > 调整 > 曝光度”命令，可以看到当前图像的曝光度参数如图 5－87 所示。

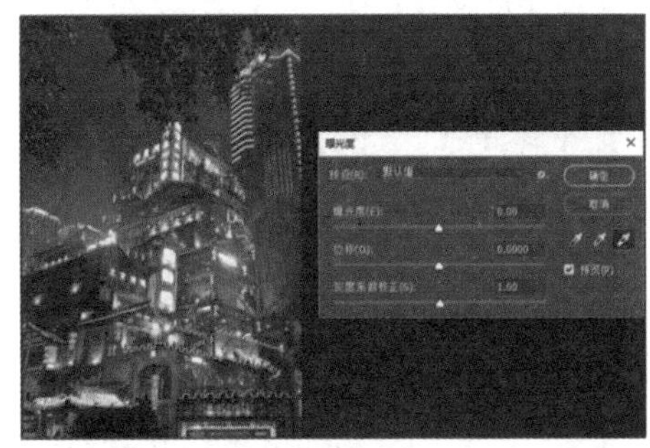

图 5－87

向左拖动“曝光度”滑块，数值为负数，可以减弱曝光效果，如图 5－88 所示；向右拖动“曝光度”滑块，数值为正数，可以增强曝光效果，如图 5－89 所示。

图 5-88

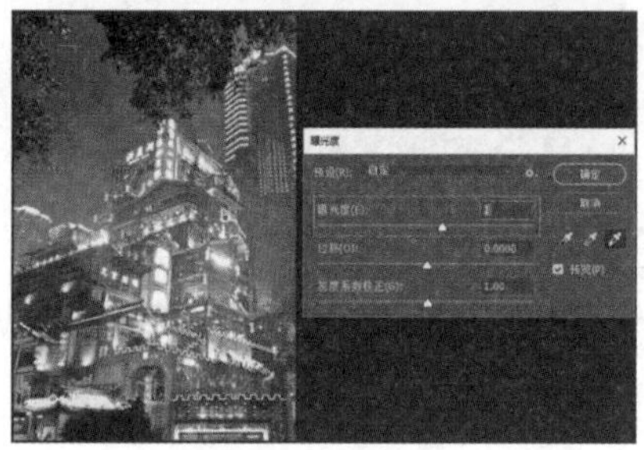

图 5-89

“位移”主要的作用域是阴影和中间调，对高光影响微弱。向左拖动“位移”滑块，数值为负数，会使阴影和中间调变暗，如图 5-90 所示；向右拖动“位移”滑块，数值为正数，会使阴影和中间调变亮，如图 5-91 所示。

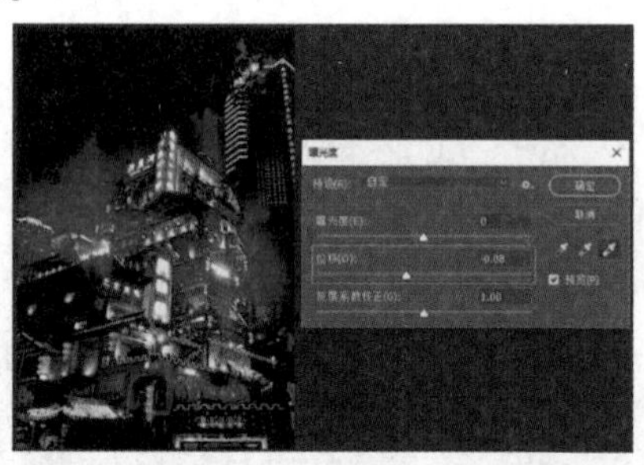

图 5-90

图 5-91

“灰度系数校正”用来调节图像灰度系数的大小，即曝光颗粒度。向左拖动“灰度系数校正”滑块，数值增大，会减淡图像的灰色部分，如图 5-92 所示；向右拖动“灰度系数校正”滑块，数值减小，会加深图像的灰色部分，如图 5-93 所示。

图 5-92

图 5-93

5.5.5 阴影/高光

素材文件 第 5 章\5.5\阴影高光.jpg

“阴影/高光”命令可以基于阴影/高光中的局部相邻像素来校正每个像素，常用于恢复由于图像过暗造成的暗部细节缺失及图像过亮导致的亮部细节不明确等问题。

在 Photoshop 中打开素材文件夹“第 5 章\5.5\阴影高光.jpg”文件，单击菜单栏“图像 > 调整 > 阴影/高光”命令，可以看到当前图像的“阴影/高光”参数如图 5-94 所示。

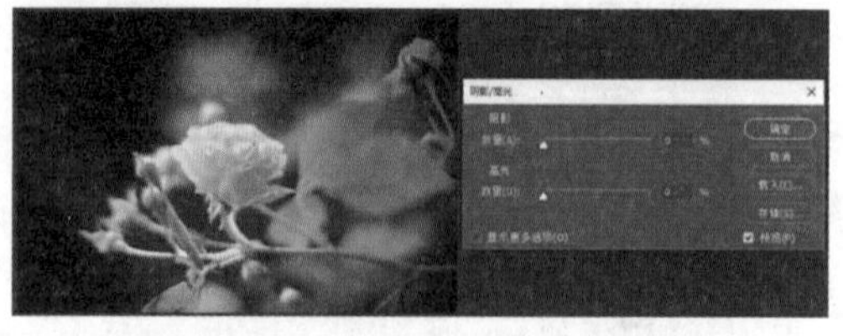

图 5-94

将“阴影”下方的“数量”滑块向右拖动，数值变大，会增加阴影的细节，如图 5－95 所示。

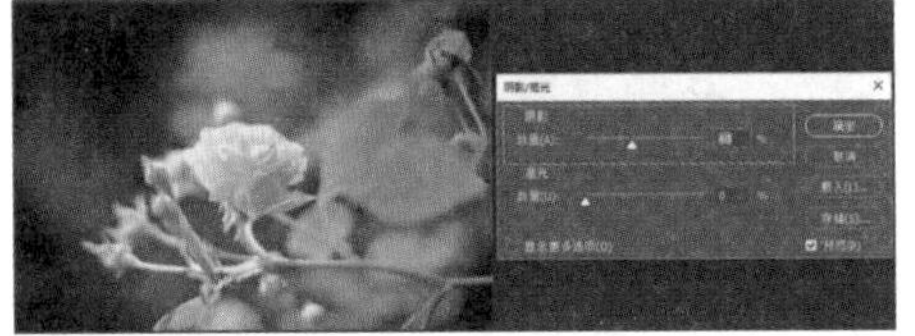

图 5－95

将“高光”下方的“数量”滑块向右拖动，数值变大，会增加高光的细节，如图 5－96 所示。

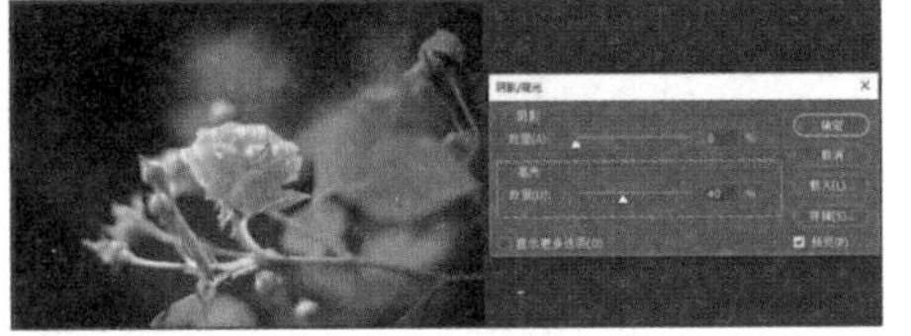

图 5－96

5.6 图像颜色的调整方法

对图像“调色”，除了需要对图像明暗关系进行调整外，还需要对图像的色彩进行调整。通过对图像色彩的调整，既可以校正图像的偏色问题，还可以为图像打造出各种色彩风格。

5.6.1 自然饱和度

素材文件　第 5 章\5.6\自然饱和度.jpg

“自然饱和度”命令可以针对图像颜色的鲜艳程度，即图像的饱和度进行调整，在调整的过程中，可以有效地控制溢色现象。

在 Photoshop 中打开素材文件夹“第 5 章\5.6\自然饱和度.jpg”文件，单击菜单栏“图像 > 调整 > 自然饱和度”命令，可以看到当前图像的“自然饱和度”参数如图5－97所示。

图 5－97

“自然饱和度”可以智能调整画面中比较柔和（即饱和度低）的颜色，其他颜色保持原状。“自然饱和度”为 +100 时，效果如图 5－98 所示，“自然饱和度”为－100 时，效果如图 5－99 所示。

图 5－98

图 5－99

“饱和度”会调整所有颜色的强度，过度增强可能会导致图像颜色过饱和，局部细节消失。“饱和度”为 +100 时，效果如图 5－100 所示，“饱和度”为－100 时，效果如图 5－101所示。

图 5－100

图 5－101

5.6.2 色相/饱和度

素材文件　第 5 章\5.6\色相饱和度.jpg

“色相/饱和度”命令可以调整图像整体或特定颜色范围内色彩的色相、饱和度和明度。在 Photoshop 中,单击菜单栏“图像 > 调整 > 色相/饱和度”命令,或按键盘上的快捷键 Ctrl + U,打开“色相/饱和度”对话框,如图 5 – 102 所示。

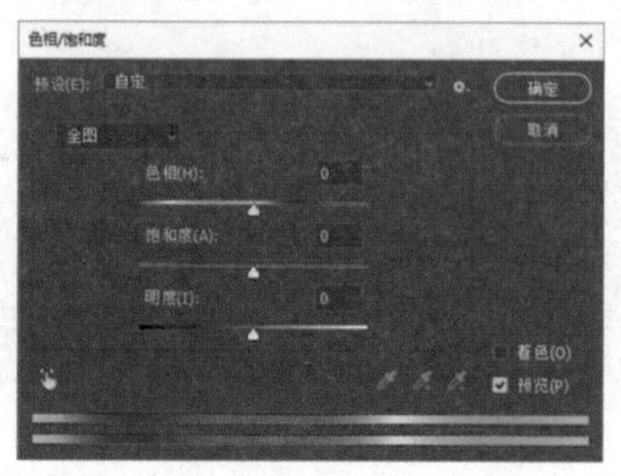

图 5 – 102

●预设:Photoshop 提供了 8 种色相/饱和度预设选项,不同选项会给图像带来不同的效果,可以根据需要在下拉列表中进行选择。

●通道下拉列表:“预设”下方的下拉列表为“通道下拉列表”。在“通道下拉列表”中可以选择“全图”“红色”“黄色”“绿色”“青色”“蓝色”和“洋红”通道选项。选择相应的选项,通过拖动下方“色相”“饱和度”和“明度”的滑块,可以调整该选项对应通道的色相、饱和度和明度。

●色相:拖动该滑块,可以更改选中通道的颜色色相。

●饱和度:拖动该滑块,可以调整选中通道的饱和度。数值越大,颜色越鲜艳。

●明度:拖动该滑块,可以调整选中通道的明度。数值越大越接近于白色,数值越小越接近于黑色。

●着色:勾选复选框后,图像会整体偏于单一的红色调,可以通过拖动“色相”“饱和度”和“明度”3 个滑块来调节图像的色调。

在 Photoshop 中打开素材文件夹“第 5 章\5.6\色相饱和度.jpg”文件,单击菜单栏“图像 > 调整 > 色相/饱和度”命令,或按键盘上的快捷键 Ctrl + U,可以看到当前图像的“色相/饱和度”参数如图 5 – 103 所示。

图 5 – 103

在“通道下拉列表”中选择“全图”选项,拖动“色相”滑块,可以看到全图的颜色会随之变化,如图 5 – 104 所示。如果在“通道下拉列表”中选择“黄色”选项,拖动“色相”滑块,会发现只有图像中的黄色部分发生变化,如图5 – 105所示。其他通道同理。

图 5 – 104

图 5 – 105

在“通道下拉列表”选择“绿色”选项,将其“饱和度”调到最低,“明度”调到最高,在不对叶子做模糊效果的情况下,可以突出主体物向日葵,如图 5 – 106 所示。

图 5 – 106

5.6.3　色彩平衡

素材文件　第 5 章\5.6\色彩平衡.jpg

“色彩平衡”命令可用于校正图像中的颜色缺陷，还可以更改图像的整体色彩混合创建出生动的效果。在 Photoshop 中，单击菜单栏“图像 > 调整 > 色彩平衡”命令，或按键盘上的快捷键 Ctrl + B，打开“色彩平衡”对话框，如图 5 – 107 所示。

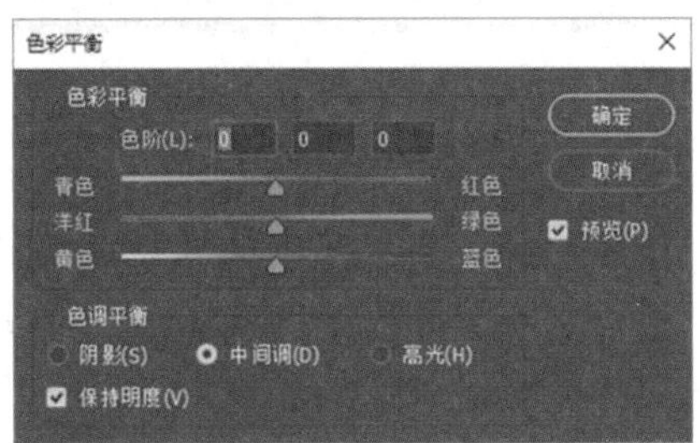

图 5 – 107

●色彩平衡：用于调整“青色 – 红色”“洋红 – 绿色”“黄色 – 蓝色”在图像中所占的比例。可以通过拖动滑块进行调整，也可以在“色阶”右侧的文本框中输入具体数值进行调整。例如，将“青色 – 红色”滑块向左拖动，可以在图像中增加青色，减少红色。

●色调平衡：选择调整色彩平衡的范围，包含“阴影”“中间调”和“高光”3 个选项。勾选“保持明度”复选框，可以保证图像的色调不变，防止图像的亮度随着颜色的变化而变化。

在 Photoshop 中打开素材文件夹“第 5 章\5.6\色彩平衡.jpg”文件，单击菜单栏“图像 > 调整 > 色彩平衡”命令，或按键盘上的快捷键 Ctrl + B，可以看到当前图像的“色彩平衡”参数如图 5 – 108 所示。

图 5 – 108

选择“色调平衡”下方的“中间调”选项，将“黄色 – 蓝色”滑块向右拖动，可以看到图像中的黄色减少，蓝色增加，如图 5 – 109 所示。

图 5 – 109

选择“色调平衡”下方的“阴影”选项，将“洋红 – 绿色”滑块向左拖动，可以看到图像中阴影部分的整体颜色偏向于洋红色，如图 5 – 110所示。

图 5 – 110

选择“色调平衡”下方的“高光”选项，将“青色 – 红色”滑块向左拖动，可以看到图像中高光部分的整体颜色偏向于青色，如图 5 – 111所示。

图 5 – 111

完成“高光”选项的参数调整，取消勾选“保持明度”复选框，效果如图 5 – 112 所示。

图 5 – 112

5.6.4 可选颜色

素材文件 第 5 章\5.6\可选颜色.jpg

“可选颜色”命令可以更改图像中每个颜色通道中印刷色的数量，也可以在不影响其他颜色的情况下有选择地更改主要颜色中印刷色的数量。在 Photoshop 中，单击菜单栏“图像 > 调整 > 可选颜色”命令，打开“可选颜色”对话框，如图 5－113 所示。

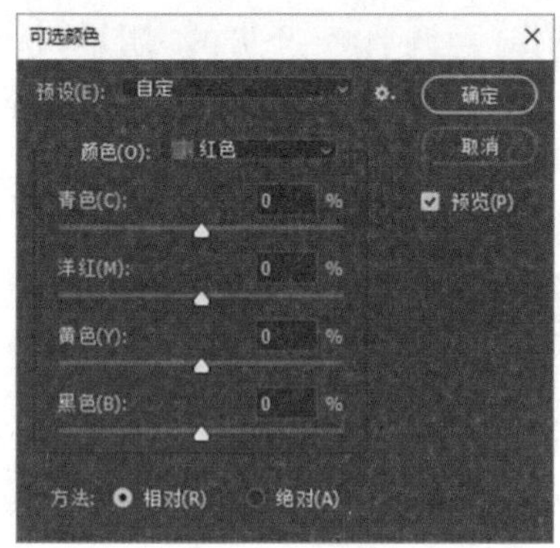

图 5－113

●颜色：在右侧的下拉列表中选择需要修改的颜色，然后使用下方的颜色滑块进行调整，可以调整“青色”“洋红”“黄色”和“黑色”(即印刷色 CMYK)所占的百分比。

●方法：选择“相对”选项时，可以根据颜色总量的百分比来修改青色、洋红、黄色和黑色的数量；选择“绝对”选项时，采用绝对值的方式来调整颜色。

在 Photoshop 中打开素材文件夹“第 5 章\5.6\可选颜色.jpg”文件，单击菜单栏“图像 > 调整 > 可选颜色”命令，可以看到当前图像的“可选颜色”参数如图 5－114 所示。

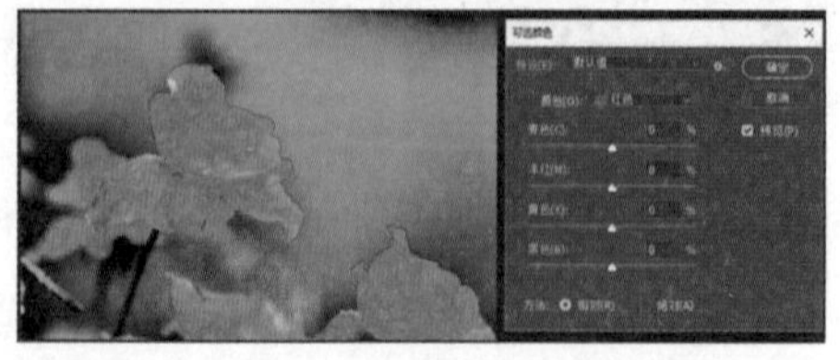

图 5－114

例如，在调整花朵的颜色时，“方法”选择“相对”选项，“颜色”选择“红色”，其他参数如图 5－115 所示，可将红色的花朵调整为粉色。如果“方法”选择“绝对”选项，按照如图5－116所示参数进行设置，可将花朵调整为粉色。

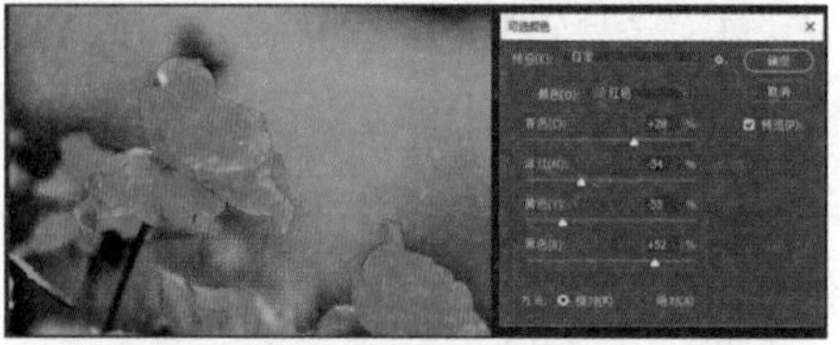

图 5－115

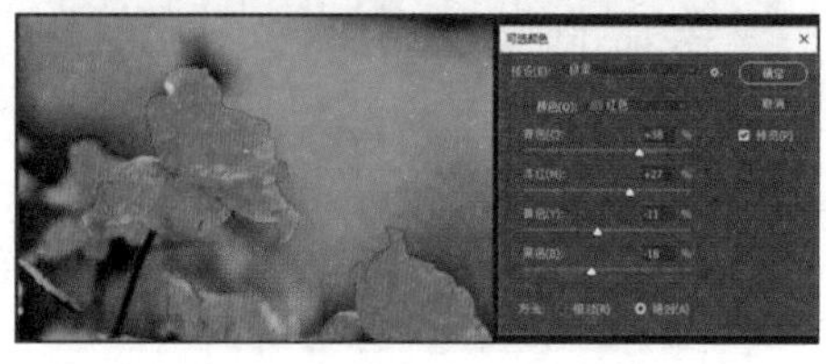

图 5－116

5.6.5 颜色查找

素材文件 第 5 章\5.6\颜色查找.jpg

数字图像的输入或输出设备都有自身特定的色彩空间，这就导致了色彩在不同的设备之间传输时会出现不匹配的现象。通过“颜色查找”命令，可以使画面颜色在不同的设备之间精确传递和再现。

在 Photoshop 中打开素材文件夹“第 5 章\5.6\颜色查找.jpg”文件。单击菜单栏“图像 > 调整 > 颜色查找”命令，打开“颜色查找”对话框，如图 5－117 所示。可以从“3DLUT 文件”“摘要”和“设备链接”右侧的下拉列表中选择颜色查找的方式。

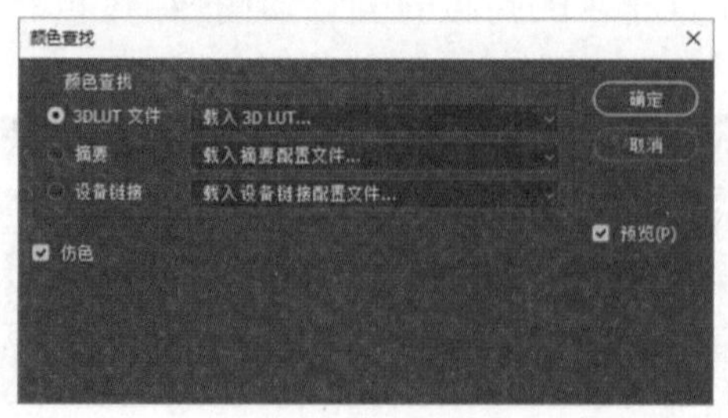

图 5－117

例如，选择“3DLUT 文件”右侧下拉列表的“2Strip. look”选项，效果如图 5－118 所示。

图 5－118

5.6.6　通道混合器

素材文件　第 5 章\5.6\通道混合器. jpg

“通道混合器”命令可以将其他颜色通道的颜色混合到目标颜色通道中，对目标颜色通道进行调整和修复。在 Photoshop 中，单击菜单栏“图像 > 调整 > 通道混合器”命令，打开“通道混合器”对话框，如图 5－119 所示。

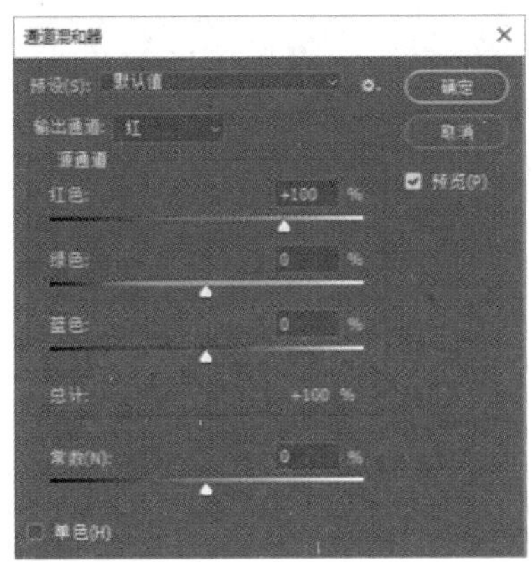

图 5－119

●预设：Photoshop 提供了 6 种制作黑白图像的预设效果，在其右侧下拉列表中选择任意选项即可看到相应的图像效果。

●输出通道：在其右侧下拉列表中可以选择需要调整的颜色通道。

●源通道：可以调整“源通道”在“输出通道”中所占的百分比。“总计”用来显示“源通道”的计数值，当计数值大于 100% 时，有可能会丢失图像一部分阴影或高光的细节。

●常数：用来设置“输出通道”的灰度值。数值为负数时会在通道中增加黑色，数值为正数时会在通道中增加白色。

●单色：勾选复选框后，图像会变成黑白效果。可以通过调整各通道的数值来调整图像的黑白关系。

在 Photoshop 中打开素材文件夹“第 5 章\5.6\通道混合器. jpg”文件，单击菜单栏“图像 > 调整 > 通道混合器”命令，可以看到当前图像的“通道混合器”参数如图5－120所示。

图 5－120

“输出通道”选择“红”选项，增加“源通道”的“红色”值，效果如图 5－121 所示；减小“红色”值，效果如图 5－122 所示。

图 5－121

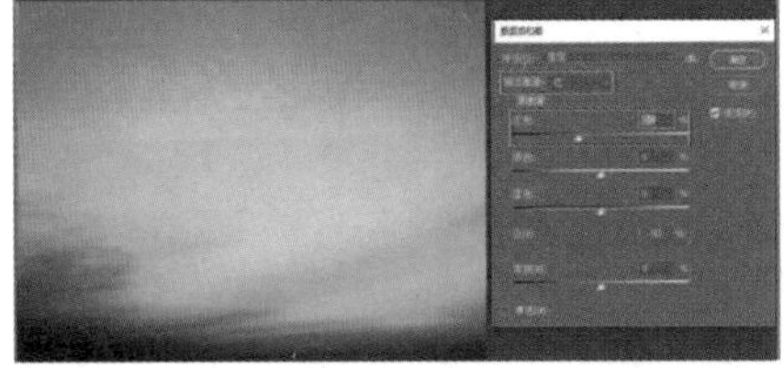

图 5－122

勾选“单色”复选框，效果如图 5－123 所示。

图 5－123

5.6.7 渐变映射

素材文件 第5章\5.6\渐变映射.jpg

“渐变映射”命令的主要功能是将预设的渐变模式作用于图像，其工作原理是先将图像转换为灰度图像，然后设置一个渐变填充，然后将渐变填充中的颜色按照图像的灰度范围映射到图像中去。

在 Photoshop 中打开素材文件夹“第5章\5.6\渐变映射.jpg”文件。单击菜单栏“图像 > 调整 > 渐变映射”命令，打开“渐变映射”对话框，默认渐变填充为黑白渐变，效果如图 5－124 所示。

图 5－124

单击“灰度映射所用的渐变”下“渐变条”的右侧下三角按钮，可以选择预设的渐变，单击“渐变条”可以打开“渐变编辑器”对话框，使用方法和“渐变工具”相同。例如，选择预设渐变中“红色”文件夹下的第一个渐变，效果如图5－125所示。

图 5－125

选择“仿色”渐变选项，Photoshop 会添加一些随机的杂色来平滑渐变效果。

选择“反向”渐变选项，可以反转渐变的填充方向，映射出的渐变效果也会随之改变，效果如图 5－126 所示。

图 5－126

综合案例 调整照片整体色调

素材文件 第5章\5.6\综合案例.jpg

步骤 01 在 Photoshop 中打开素材文件夹“第5章\5.6\综合案例 jpg”文件。

步骤 02 按键盘上的快捷键 Ctrl + J 复制背景图层，使用“污点修复画笔工具”将图像中间的白色原点消除掉，消除过程中，注意调整“污点修复画笔”的大小。修复完成后的效果如图 5－127 所示。

图 5－127

步骤 03 使用“曝光度”命令调整图像整体的明暗关系，“曝光度”参数及调整完成后的效果如图 5－128 所示。

图 5－128

步骤 04 调整完明暗关系后，可以发现右上角的草叶过于抢眼，继续使用修复瑕疵的工具将其消除。因为旁边的草叶有毛绒边缘，可以先使用“矩形选区工具”将右上角框选出来，如图 5－129 所示，再单击“矩形选框工具”工具选项栏中的“选择并遮住”将草叶部分选中，如图 5－130 所示，然后使用“仿制图章工具”将草叶去除掉。完成效果如图 5－131 所示。

图 5－129

图 5－130

图 5－131

步骤 05 将前景色设置为“#ffc471”，如图 5－132所示。单击“图层”面板下方的“创建新的填充或调整图层”按钮，在弹出的快捷菜单中选择“渐变”填充，在“渐变填充”对话框中设置的参数如图 5－133 所示。单击“确定”按钮，创建出渐变填充图层，将图层不透明度设置为 70%，如图 5－134 所示。

图 5－132

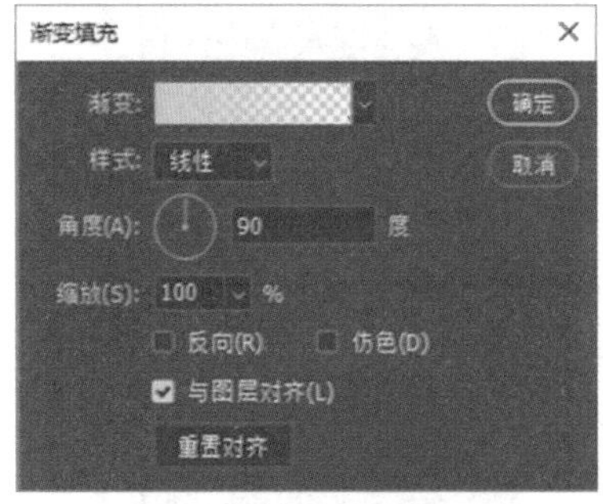

图 5－133

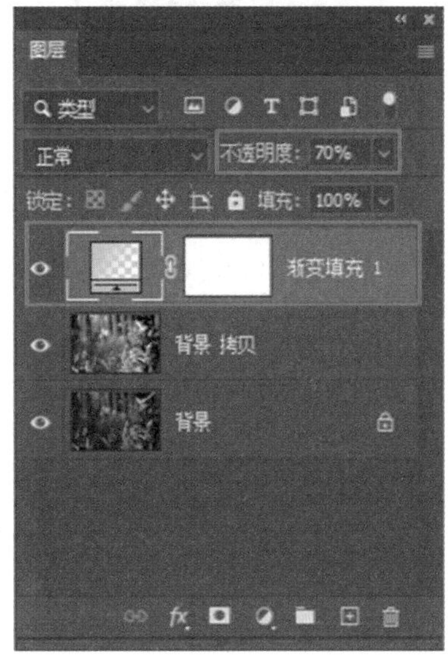

图 5－134

步骤 06 单击“图层”面板下方的“创建新的填充或调整图层”按钮，选择“渐变”填充，在弹出的对话框中勾选“反相”复选框，如图 5－135 所示。单击“确定”按钮，创建出第二个渐变填充图层，将其图层不透明度设置为 30%，如图 5－136 所示。

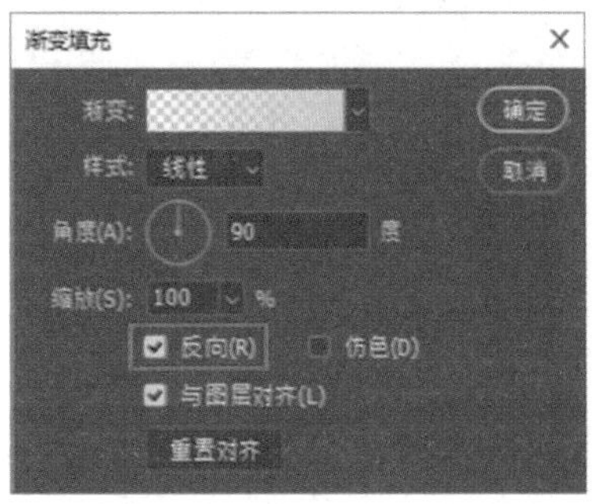

图 5－135

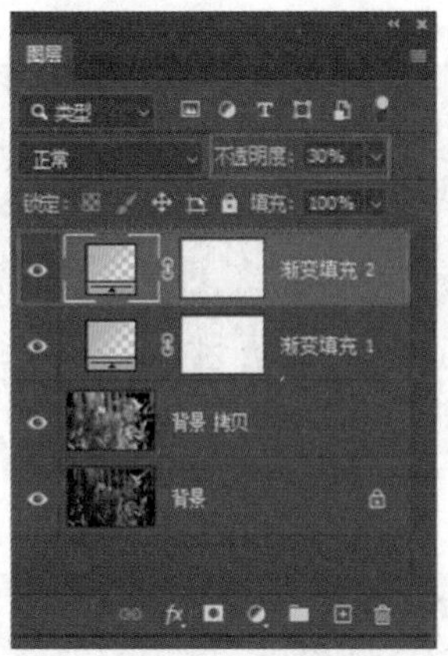

图 5 – 136

步骤 07 单击“图层”面板下方的“创建新的填充或调整图层”按钮，在弹出的快捷菜单中选择“色彩平衡”填充，在“属性”对话框中的参数设置如图 5 – 137 所示。

图 5 – 137

步骤 08 单击“图层”面板下方的“创建新的填充或调整图层”按钮，在弹出的快捷菜单中选择“色阶”填充，在“属性”对话框中的参数设置如图 5 – 138 所示。图像最终的效果如图 5 – 139 所示。

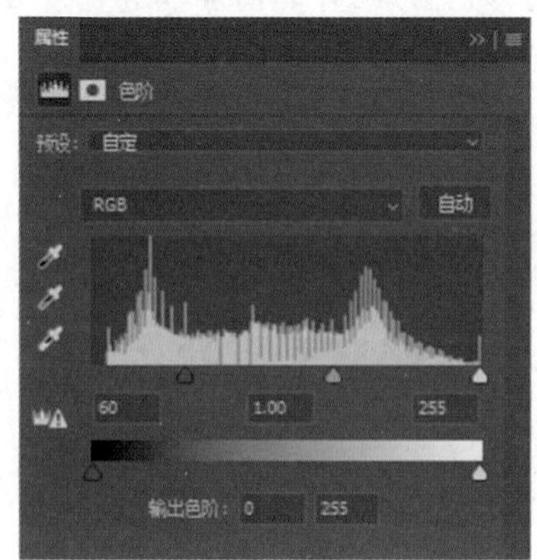

图 5 – 138

图 5 – 139

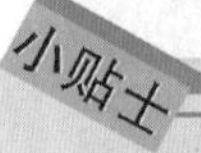

调整图层的处理效果和在菜单栏“图像 > 调整”中调整命令的处理效果是一样的，但是调整图层是以一个附加效果图层的形式出现的，是一个自带蒙版的独立图层。调整图层的独立性更有利于保护原图层，自带蒙版则可以用来对处理效果进行局部控制，独立的图层也可以进行图层的个性化操作，比如图层不透明度控制，图层样式以及图层混合模式等等。

调整图层可以随时进行再编辑，如对调整图层的效果不满意，可以随时双击调整图层的缩略图，进行再次编辑。编辑过程中出现失误可以按键盘上的快捷键 Ctrl + Z 撤销上一步操作而不影响其他操作，若操作过程中错误太多，修改时将会影响其他操作。

5.7 将图片转为单色

5.7.1 去色

素材文件　第 5 章\5.7\去色.jpg

“去色”命令可以将图像中的颜色去除掉，转换为灰度图像。如果图像中存在选区，“去色”命令可以只将选区内的图像内容转换为灰度图像。

在 Photoshop 中打开素材文件夹“第 5 章\

5.7\去色.jpg”文件。单击菜单栏“图像 > 调整 > 去色”命令，或按键盘上的快捷键 Ctrl + Shift + U，可将图像转为灰度图像，效果如图 5 – 140 所示。

图 5 – 140

在图像中创建一个选区，如图 5 – 141 所示，单击菜单栏“图像 > 调整 > 去色”命令，或按键盘上的快捷键 Ctrl + Shift + U，将选区中的图像内容转为灰度图像，效果如图 5 – 142 所示。

图 5 – 141

图 5 – 142

5.7.2 黑白

素材文件 第 5 章\5.7\黑白.jpg

“黑白”命令也可以将图像中的颜色去除掉，转为灰度图像。但“黑白”命令在将彩色图像转换为灰度图像的同时，还可以控制图像中每一种颜色的量，将彩色图像转换为单色图像。

在 Photoshop 中打开素材文件夹“第 5 章\5.7\黑白.jpg”文件。单击菜单栏“图像 > 调整 > 黑白”命令，或按键盘上的快捷键 Ctrl + Alt + Shift + B，打开“黑白”对话框，此时图像已经转换为灰度图像，如图 5 – 143 所示。

图 5 – 143

在“预设”右侧的下拉列表中，Photoshop 提供了 12 种黑白效果，可以直接选择其中的选项来创建黑白图像。“预设”下方的 6 个颜色滑块可以用来调整图像中特定颜色的灰色调,例如,减少黄色值,可以将图像中包含黄色的区域颜色变深,如图 5 - 144 所示,反之亦然。其他颜色同理。

图 5 - 144

如果想要创建单色图像,就需要勾选“色调”复选框,通过调整“色调”右侧的颜色块及下方的“色相”和“饱和度”得到所需要的效果,如图 5 - 145 所示。

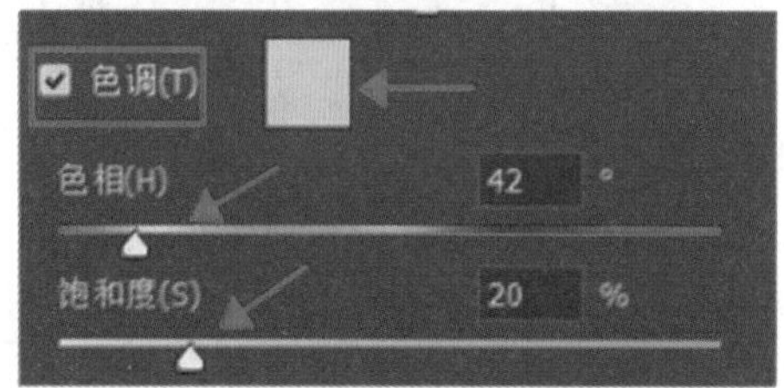

图 5 - 145

单击“色调”右侧的颜色块,可以在弹出的“拾色器”对话框中选择颜色,或者可以拖动下方“色相”滑块选择颜色,然后拖动“饱和度”滑块调整颜色的饱和度。例如,可以将图像做出泛黄老照片的效果,如图 5 - 146 所示。

图 5 - 146

5.7.3 阈值

素材文件 第 5 章\5.7\阈值.jpg

“阈值”命令可以删除图像中的色彩信息,将其转换为只有黑白两色的图像。

在 Photoshop 中打开素材文件夹“第 5 章\5.7\阈值.jpg”文件。单击菜单栏“图像 > 调整 > 阈值”命令,打开“阈值”对话框,此时图像已经转换为黑白两色的图像,如图 5 - 147 所示。

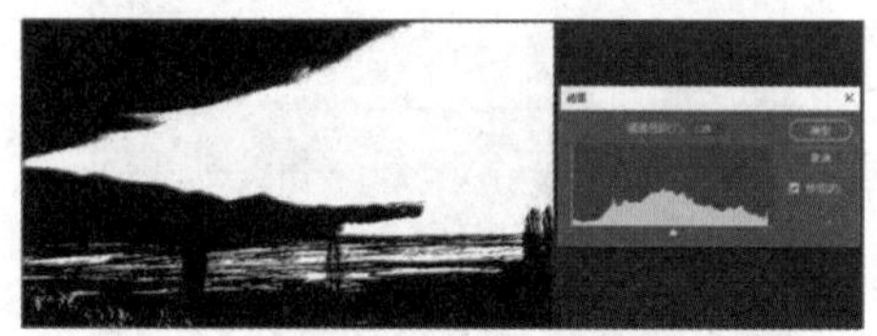

图 5 - 147

调整“阈值”对话框中“阈值色阶”的数值,或调整下方的滑块,可以指定一个色阶作为阈值。高于当前色阶的像素都会变成白色,低于当前色阶的像素都会变成黑色,如图 5 - 148 所示。

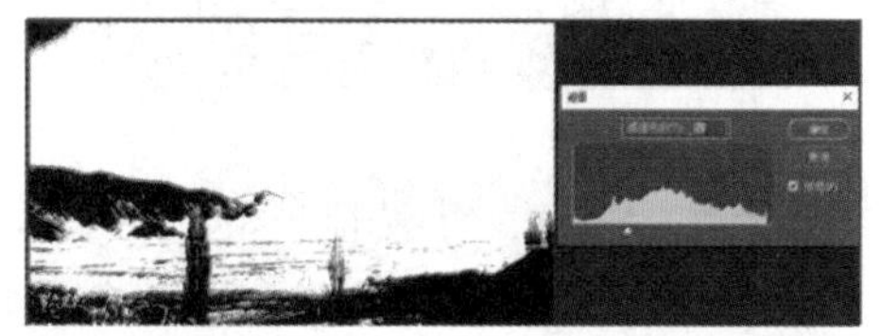

图 5 - 148

5.8 图像的特殊调色方法

5.8.1 反相

素材文件 第 5 章\5.8\反相.jpg

“反相”命令可以将图像中的颜色变为它们的补色,如白变黑、黑变白等,从而创建负片效果。“反相”命令是唯一不会损失图像色彩信息的命令。

“反相”命令不仅可以作用于整个图像,还可以针对选区中的图像内容、图层和通道产生效果。

在 Photoshop 中打开素材文件夹“第 5 章\5.8\反相.jpg”文件。单击菜单栏“图像 > 调整 > 反相”命令,或者按键盘上的快捷键 Ctrl + I,得到反相效果,如图 5 - 149 所示。

图 5－149

5.8.2　色调分离

素材文件　第 5 章\5.8\色调分离.jpg

“色调分离”命令可以指定图像中每个通道的色阶数目，即亮度值，然后将这些像素映射为最接近的匹配色调。

在 Photoshop 中打开素材文件夹“第 5 章\5.8\色调分离.jpg”文件。单击菜单栏“图像＞调整＞色调分离”命令，打开“色调分离”对话框，此时“色阶”默认为 4，图像效果如图 5－150 所示。“色阶”数值越大，保留的图像细节就越多；“色阶”数值越小，分离出来的色调就越多。

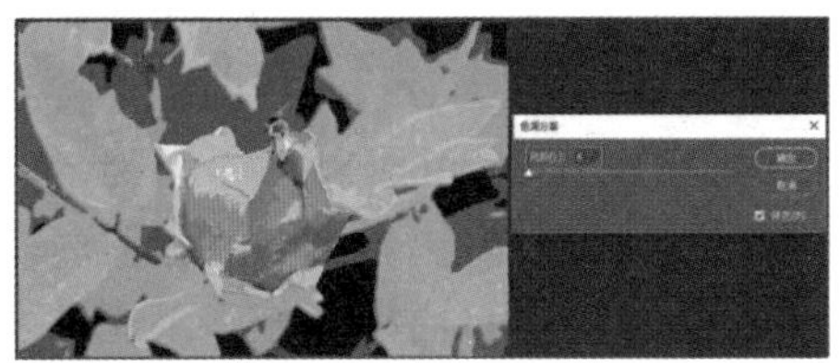

图 5－150

5.8.3　HDR 色调

素材文件　第 5 章\5.8\HDR 色调.jpg

“HDR 色调”命令可以让图像中的亮部更亮，暗部更暗，且细节和颜色感会被保留下来，使图像更有视觉冲击力。

在 Photoshop 中打开素材文件夹“第 5 章\5.8\HDR 色调.jpg”文件。单击菜单栏“图像＞调整＞HDR 色调”命令，在打开的“HDR 色调”对话框中，“HDR 色调”的默认值已经增强了图像的细节和颜色感，图像效果如图 5－151 所示。

图 5－151

●预设：在下拉列表中提供了预设效果选项，不同的预设效果选项可以为图像带来不同的效果。

●方法：用来选择调整图像的 HDR 方法。

●边缘光：用于调整图像边缘光的强度。“半径”用来控制边缘光效果的大小；“强度”用来控制边缘光效果的对比度；勾选“平滑边缘”复选框，用来提升细节，保持边缘的平滑。

●色调和细节：用于调整图像的色调和细节。“灰度系数”用来调整图像灰度系数的大小，即曝光颗粒度；“曝光度”用来调整图像的曝光情况；“细节”用来调整图像细节的保留程度。

●高级：用于控制图像的整体阴影、高光和饱和度。“阴影”用来调整图像的阴影部分；“高光”用来调整图像的高光部分；“自然饱和度”用来调整图像中不饱和的颜色，并防止颜色溢出；“饱和度”用来调整图像的颜色鲜艳程度。

●色调曲线和直方图：单击左侧的三角按钮，打开曲线和直方图，使用方法和“曲线”相同。

利用“HDR 色调”可以将图像模拟出手绘的风格，如图 5－152 所示。

图 5－152

5.8.4 匹配颜色

素材文件 第5章\5.8\匹配颜色1.jpg、匹配颜色2.jpg

“匹配颜色”命令可以让一张图像的颜色与另一张图像的颜色相匹配，也就是将图像A的色彩关系映射到图像B中，使图像B的色彩和图像A一致。两张图像可以是两个独立的图像文档，也可以是一个图像文档中的两个图层。

当两张图像是两个独立的图像文档时。

在Photoshop中打开素材文件夹“第5章\5.8\匹配颜色1.jpg”文件和“匹配颜色2.jpg”文件，选中“匹配颜色1”图像文档，单击菜单栏“图像 > 调整 > 匹配颜色”命令，打开“匹配颜色”对话框，将“源”选为“匹配颜色2.jpg”，即可看到“匹配颜色1”图像已经发生了变化，如图5－153所示。

图5－153

当两张图像是一个图像文档中的两个图层时。

在Photoshop中打开素材文件夹“第5章\5.8\匹配颜色1.jpg”文件，将“匹配颜色2.jpg”文件置入，并将“匹配颜色2”图层左侧的“小眼睛”图标关闭，如图5－154所示。选中背景图层，单击菜单栏“图像 > 调整 > 匹配颜色”命令，打开“匹配颜色”对话框，将“源”选为本图像文档名“匹配颜色1.jpg”，将“图层”选为“匹配颜色2”，如图5－155所示，此时看到背景图层已经发生了变化，如图5－156所示。

图5－154

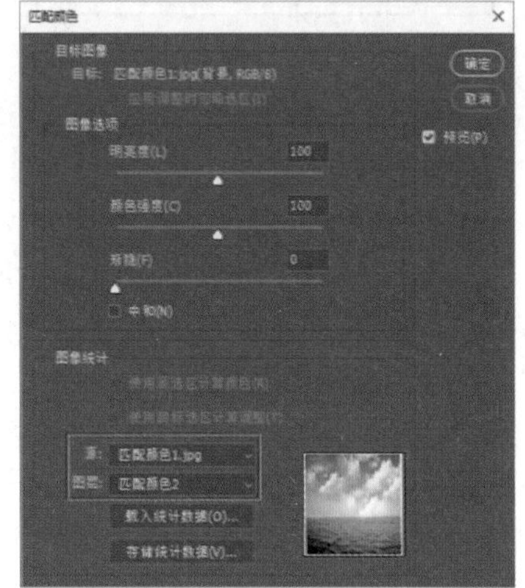

图5－155

图5－156

“匹配颜色”对话框中的“明亮度”可以调整图像的明度，“颜色强度”可以调整色彩的饱和度，该值为1时会生成灰度图像；“渐隐”可以设置使多少源图像的颜色匹配到目标图像中去；勾选“中和”复选框可以去除图像中的偏色现象。

5.8.5 替换颜色

素材文件 第5章\5.8\替换颜色.jpg

“替换颜色”命令可以修改图像中选中的特定颜色的色相、饱和度和明度，将选中的颜色替换为其他颜色。

在Photoshop中打开素材文件夹“第5章\

5.8\替换颜色.jpg”文件。单击菜单栏“图像 >调整 >替换颜色”命令，打开“替换颜色”对话框，如图 5－157 所示。

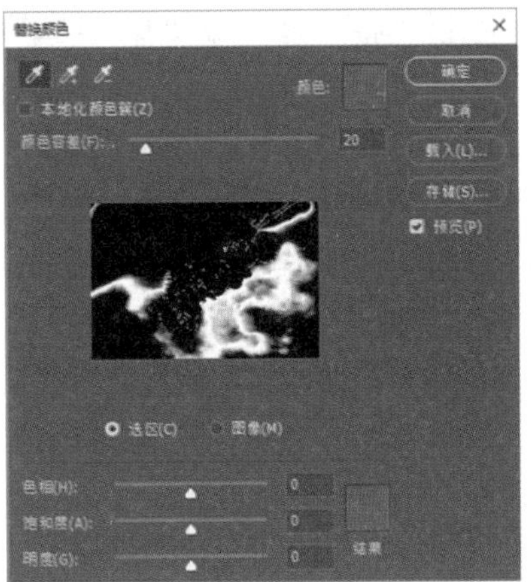

图 5－157

“替换颜色”对话框的使用方法和“色彩范围”类似，需要使用左上角的吸管工具组在图像上拾取要被替换颜色的部分，直到将要替换颜色的部分全部选中（在缩览图中为白色），如图 5－158 所示。在拾取颜色的过程中，可以切换缩览图的“选区”和“图像”显示方式，在“图像”缩览图中也可以执行拾取颜色命令。

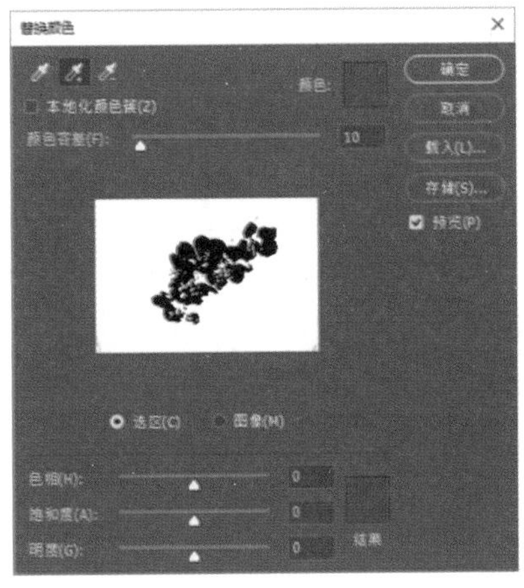

图 5－158

将图像要替换颜色的部分选中后，调整下方“色相”“饱和度”和“明度”滑块或在其右侧的文本框中输入相应的数值，或者单击右侧“结果”颜色块，在弹出的“拾色器”对话框中选择颜色，即可看到画面的变化，如图 5－159所示。

图 5－159

5.8.6　色调均化

素材文件　第 5 章\5.8\色调均化.jpg

“色调均化”命令可以让图像中像素的亮度值进行重新分布，将图像中最亮的值变成白色，最暗的值变成黑色，中间的值分布在整个灰度范围内，更均匀地呈现所有范围的亮度级。

在 Photoshop 中打开素材文件夹“第 5 章\5.8\色调均化.jpg”文件。单击菜单栏“图像 >调整 >色调均化”命令，看到的效果如图 5－160 所示。

图 5－160

如果图像中存在选区，在执行“色调均化”命令时，会弹出如图 5－161 所示的对话框。

图 5－161

当选择“仅色调均化所选区域”选项时，仅处理选区内的部分，如图 5－162 所示；当选择“基于所选区域色调均化整个图像”选项时，会按照选区内的像素均化整个图像的像素，如图 5－163 所示。

图 5－162

图 5－163

5.9 结课作业

为自己或他人制作“最美证件照”。

1. 拍摄一张半身人像照片，从网络上查询相关证件照的尺寸，如 1 寸、2 寸证件照尺寸，在 Photoshop 中新建一个空白文档，按查到的证件照尺寸设置文档的尺寸。

2. 将人像抠出置入到刚刚新建的空白文档中，注意调整人像的位置和大小。

3. 修复人像皮肤上的瑕疵。

4. 调整人像的明暗关系和颜色，使人像五官清晰，肤色均匀。

5. 将图像保存为 JPG 或 PNG 格式，存放在电脑中。

CHAPTER 6

Photoshop在文字排版中的应用

本章导读

6.1 文字工具基本用法

文字是设计作品时的常见元素，在很多版面制作中都需要添加文字元素。文字既可以用来传达信息，也可以起到美化版面的作用。Photoshop 提供了多种创建文字的工具，并且有多个参数设置面板，可以对文字的各种属性进行精确的设置。Photoshop 的文字工具由基于矢量的文字轮廓组成，所以文字也具有部分矢量图形的特征，如任意放大或缩小文字都不会产生模糊现象。

6.1.1 认识文字工具

在 Photoshop 中创建一个空白文档，单击工具箱中的“文字工具”，如图 6－1 所示，或按键盘上的快捷键 T，也可以选中“文字工具”。右键单击“文字工具”，弹出如图 6－2 所示的工具组，其中包含“横排文字工具”“直排文字工具”“直排文字蒙版工具”和“横排文字蒙版工具”4 种文字工具。

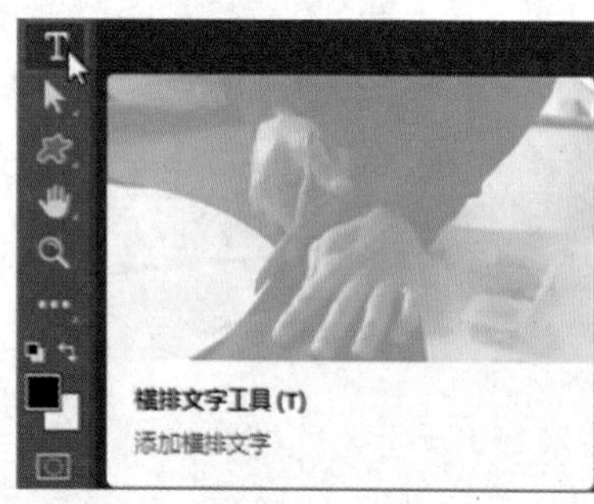

图 6－1

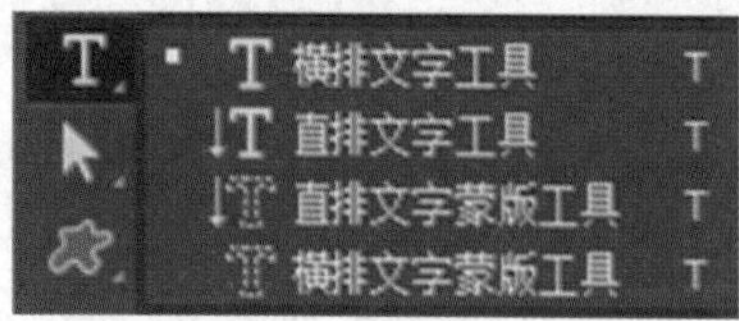

图 6－2

“横排文字工具”和“直排文字工具”用来创建实体文字，例如点文字、段落文字、路径文字和区域文字。“直排文字蒙版工具”和“横排文字蒙版工具”用来创建文字形状的选区。

这 4 种文字工具的工具选项栏参数几乎完全相同，只有“文本对齐方式”不同，“横排文字工具”和“横排文字蒙版工具”的对齐方式是“左对齐文本”“居中对齐文本”和“右对齐文本”；“直排文字工具”和“直排文字蒙版工具”的对齐方式是“顶对齐文本”“居中对齐文本”和“底对齐文本”。下面以“横排文字工具”为例，介绍工具选项栏的相关参数，如图 6－3 所示。

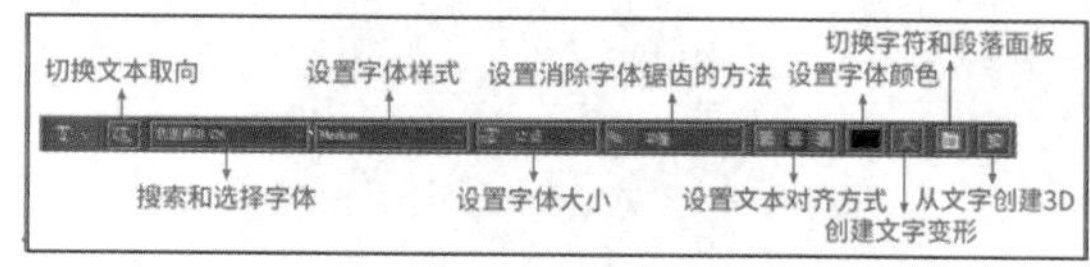

图 6－3

●切换文本取向：单击该按钮，可以切换文本的输入方向，即横排文字变成直排文字，或直排文字变成横排文字。该功能与菜单栏中的“文字 > 文本排列方向 > 横排/竖排”命令相同。

●搜索和选择字体：单击右侧的下拉按钮，可以选择使用已经安装在本机上的字体；或者在下拉按钮左侧的文本框输入字体名称进行查找选择。例如，查找“黑体”，可以在该文本框中输入“黑体”，可以看到包含“黑体”两个字的所有字体，如图 6－4 所示。

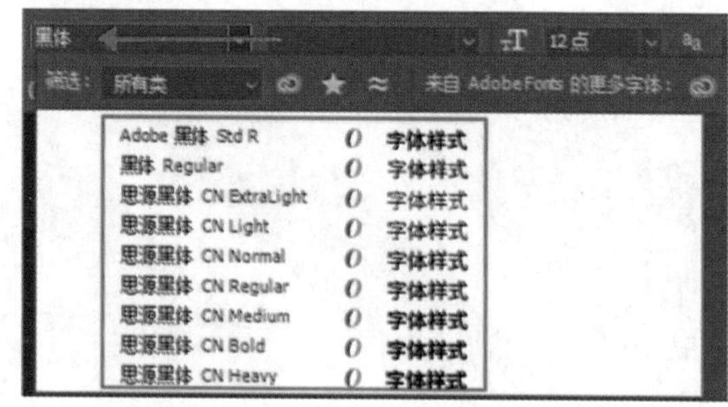

图 6－4

●设置字体样式：单击右侧的下拉按钮，可以选择当前选中字体的字体样式；或者在下拉按钮左侧的文本框中输入字体样式的关键字进行查找选择。并非所有的字体都有多种字体样式可供选择，下拉列表随着所选字体的不同而变化。例如，"黑体"只有一种字体样式，所以"字体样式"中显示"－"如图6－5所示；"思源黑体"有多种字体样式可供选择，默认样式为"Regular"，如图6－6所示。

图6－5

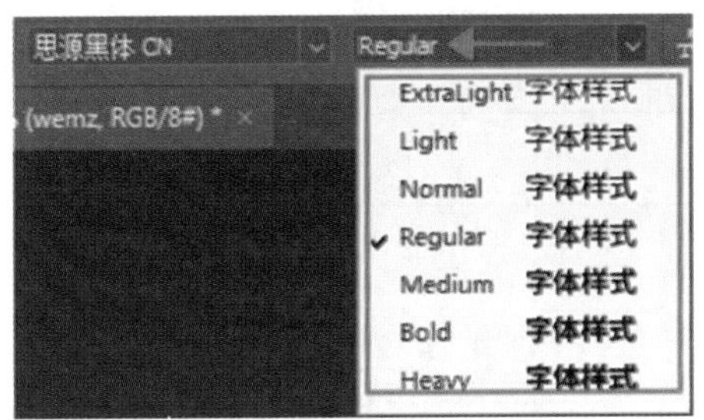

图6－6

●设置字体大小：用来设置文字的大小。可以直接输入数值，也可以单击右侧下拉按钮去选择预设的字体大小，或者将鼠标箭头移动到"设置字体大小"图标处，按住鼠标左键不放，左右拖动设置字体大小。

●设置消除字体锯齿的方法：输入文字后，可以在该下拉列表中选择一种为文字消除锯齿的方法。选择"无"选项，Photoshop 不会消除文字的锯齿，文字边缘会出现不平滑的现象。其他选项都可以消除文字的锯齿，可以根据需要进行选择使用。

●设置文本对齐方式：可以根据输入字符时光标的位置来设置文本的对齐方式。

●设置字体颜色：单击该颜色块，可以在弹出的"拾色器"对话框中为文字选择颜色。

●创建文字变形：选中文字，单击该按钮，可以在弹出的对话框中为文字设置变形效果。具体的使用方法将在6.1.6节中详细介绍。

●切换字符和段落面板：单击该按钮，可以打开或关闭"字符"面板和"段落"面板。"字符"面板和"段落"面板的使用方法将在6.2节中详细介绍。

●从文本创建3D：单击该按钮，可以将文本对象转换为3D对象。3D相关知识将在第13章进行介绍。

6.1.2　点文本

"点文本"是最常用的文本形式，常用于较短文字的输入，可以创建水平或垂直的文本行。在"点文本"输入状态下，输入的文字会一直沿着横向或竖向进行排列，输入过多会超出画面显示区域。按键盘上大键盘区的 Enter 键换行，按小键盘区的 Enter 键会结束文本的输入。

1　创建点文本

创建"点文本"的方法十分简单，选择工具箱中的"横排文字工具"，在其工具选项栏中设置字体、字体大小、字体颜色等属性，然后单击画布，会出现闪烁的光标，同时"图层"面板会出现一个新的文字图层，如图6－7所示。输入文字，文字会沿横向排列，如图6－8所示。

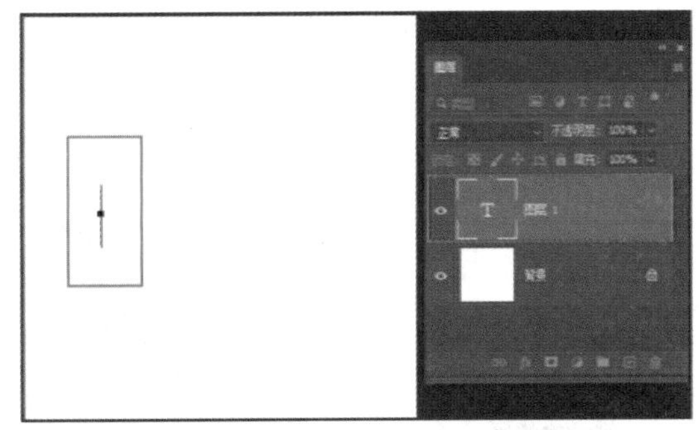

图6－7

图6－8

如果想要结束文字输入，可以单击工具选项栏中的“√”按钮，如图6－9所示，也可以按键盘上的快捷键 Ctrl＋Enter，或按小键盘区的 Enter 键。此时，“图层”面板的文字图层名称会变成刚刚在画布中输入的文字，如图6－10所示。

图6－9

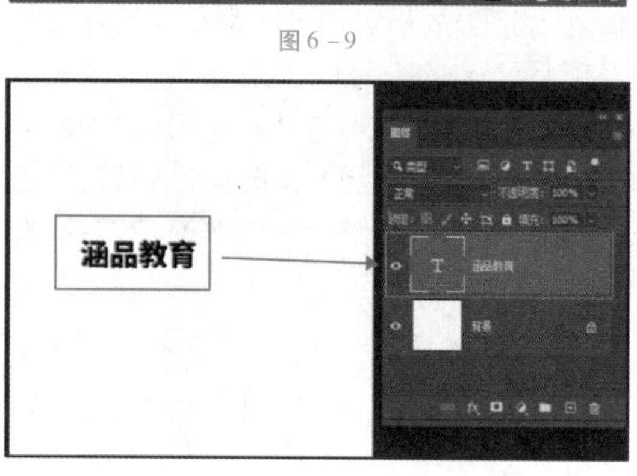

图6－10

2 编辑点文本

当想要编辑已经结束输入的文字时，直接双击文字图层的缩略图，可快速进入文字编辑状态，并将当前工具切换为文字工具，如图6－11所示。若当前使用的是“移动工具”，可以直接双击画布上的文字，即进入文字编辑状态；若当前使用的是文字工具，在文字上单击鼠标左键即可编辑文字。

图6－11

当想要修改部分文字的属性，如字体、字体大小、字体颜色等，可以在文字编辑状态下，在文字上按住鼠标左键进行拖动，选中要修改属性的文字，如图6－12所示，然后在工具选项栏对其进行修改，如改变其颜色，修改完成后，被选中的文字会发生变化，如图6－13所示。

图6－12

图6－13

如果想要移动“点文本”，需要先结束文字输入，选中该文字图层，选择工具箱中的“移动工具”，将鼠标箭头移动到文字上，按住鼠标左键拖动即可移动。

如果不在意“字体大小”中的数字是否为整数，可以按键盘上的快捷键 Ctrl＋T 自由变换调整文字的大小。在 UI 设计中，“字体大小”最好是整数。

“直排文字工具”的使用方法和“横排文字工具”相同，只是文字沿着纵向排列。单击工具选项栏中的“切换文本取向”按钮，将当前的横排文字转换为竖排文字，再次单击可以把竖排文字转换回横排文字。

6.1.3 段落文本

“段落文本”是用来制作大段文字的常用方式。“段落文本”可以将文字限制在一个矩形文本框中，其中的文字可以自动换行，且文本框可以随意调整大小。配合“设置文本对齐方式”，可以制作出整齐排列的效果。

1 创建段落文本

选择工具箱中的“横排文字工具”，在其工具选项栏中设置字体、字体大小、字体颜色等属性，然后在画布上按住鼠标左键进行拖动，即可拖动出一个矩形的文本框，如图 6－14所示。松开鼠标后，就可以在文本框内输入文字，文字会在文本框中自动排列，如图 6－15 所示。

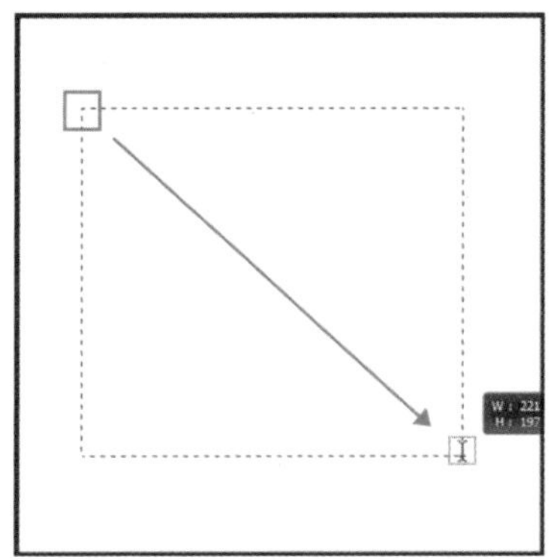

图 6－14

图 6－15

换行和结束文字输入的方法与“点文本”相同，此处就不再赘述。

2 编辑段落文本

进入文字编辑状态和编辑文字的方法及移动方法与“点文本”相同。不同的是，在进入文字编辑状态后，“段落文本”将鼠标箭头移动到文本框的边框位置，按住鼠标左键拖动，可以调整文本框的大小，如图 6－16所示；将鼠标箭头移动到文本框的定界点外侧，可以旋转文本框，如图 6－17 所示。文本框变换大小及旋转的方法与“自由变换”相同。

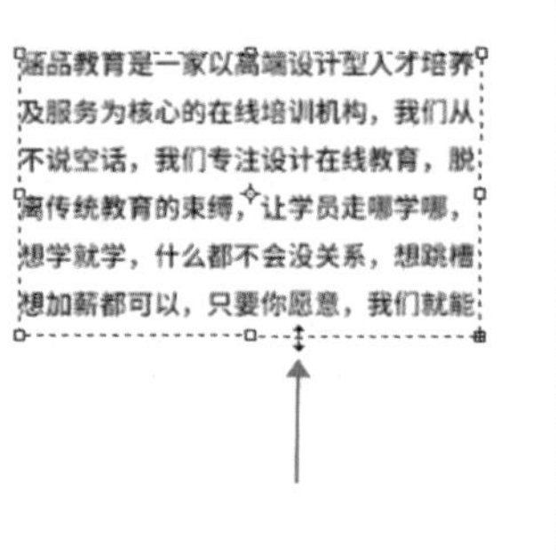

图 6－16

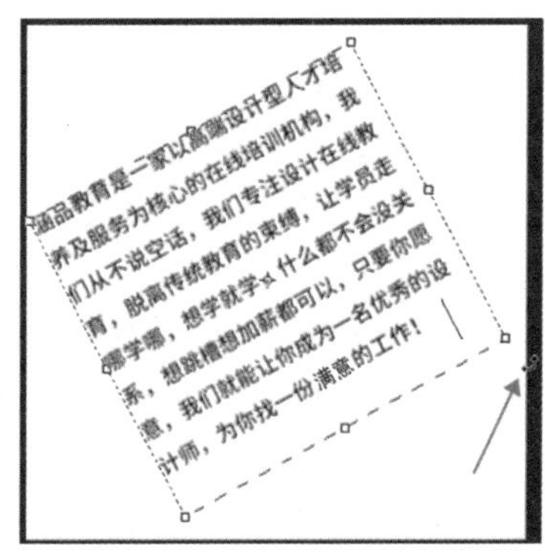

图 6－17

随着文本框大小的改变，框内的文字排列也会随之改变，如图 6－18 所示。当文本框缩小到不能显示所有文字时，其右下角的控制点会变成如图 6－19 所示的图标样式。

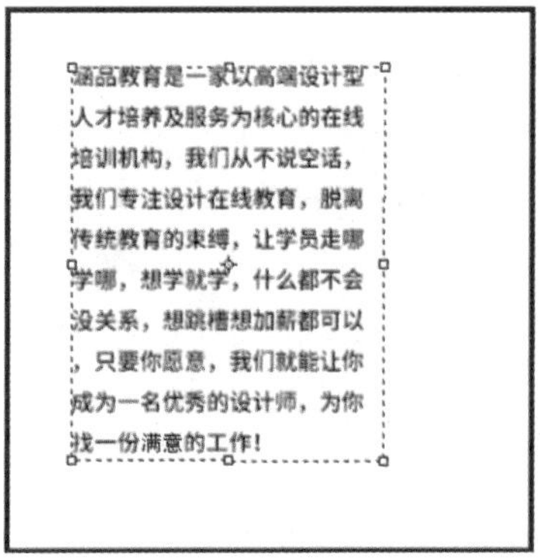

图 6－18

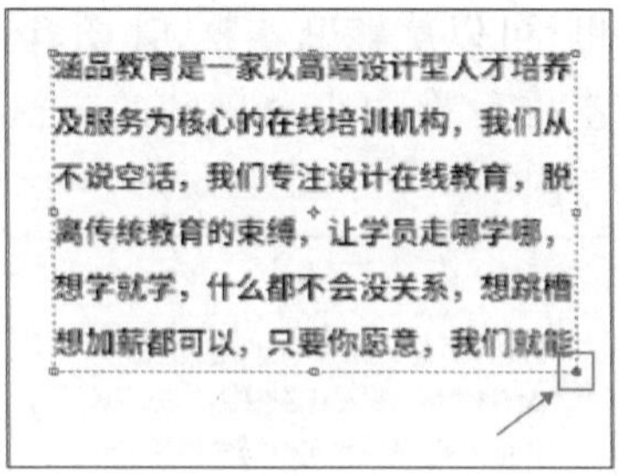

涵品教育是一家以高端设计型人才培养
及服务为核心的在线培训机构，我们从
不说空话，我们专注设计在线教育，脱
离传统教育的束缚，让学员走哪学哪，
想学就学，什么都不会没关系，想跳槽
想加薪都可以，只要你愿意，我们就能

图 6 – 19

当按键盘上的快捷键 Ctrl + T 对“段落文本”执行“自由变换”操作时，文本框和框内的文字会一起变换。如果执行的不是等比例变换，会导致文本框内的文字变形。

小贴士

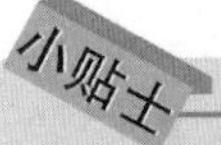

“点文本”和“段落文本”是可以互相转换的。若当前文字为“点文本”，右键单击“图层”面板中该文字图层非图层缩略图部分，在弹出的快捷菜单中选择“转换为段落文本”命令，将“点文本”转换为“段落文本”；若当前文字为“段落文本”，在快捷菜单中选择“转换为点文本”命令，可将“段落文本”转换为“点文本。”

6.1.4 路径文字

“路径文字”是指创建在路径上的文字，这种文字会沿着路径排列，并会随着路径的变化而变化。

1 创建路径文字

素材文件 第 6 章\6.1\路径文字. psd

在 Photoshop 中打开素材文件夹“第 6 章\6.1\路径文字. psd”文件。选择工具箱中的“钢笔工具”，在其工具选项栏的“工具模式”下拉列表中选择“路径”选项，在横幅中央沿着弧度绘制一条路径，如图 6 – 20 所示。

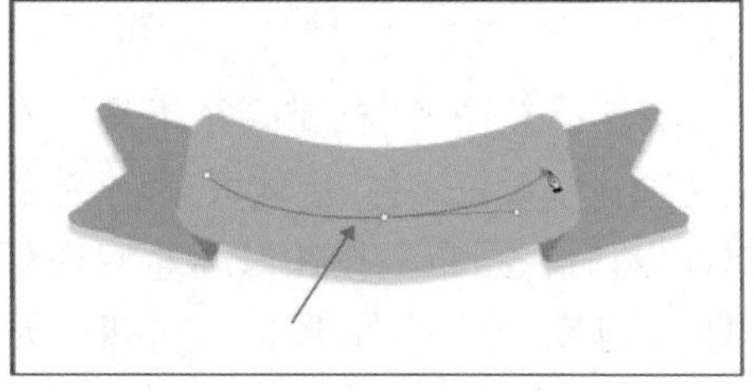

图 6 – 20

选择工具箱中的“横排文字工具”，在工具选项栏将字体设置为 Arial，字体大小设置为 22，字体颜色设置为白色，然后将鼠标箭头移动到路径上，此时箭头样式如图 6 – 21 所示。在路径左侧单击鼠标左键，输入 PHOTOSHOP，即可创建路径文字，效果如图6 – 22所示。

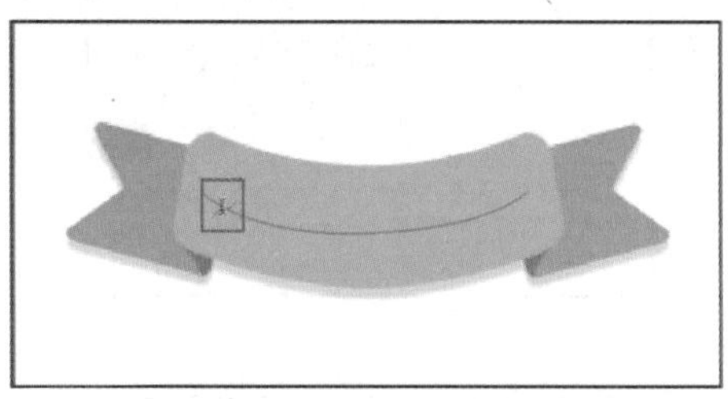

图 6 – 21

PHOTOSHOP

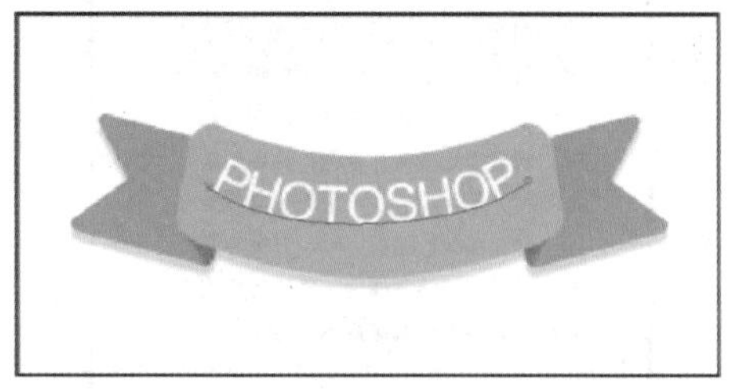

图 6 – 22

按照“点文本”的操作结束当前的文字输入，效果如图 6 – 23 所示。

PHOTOSHOP

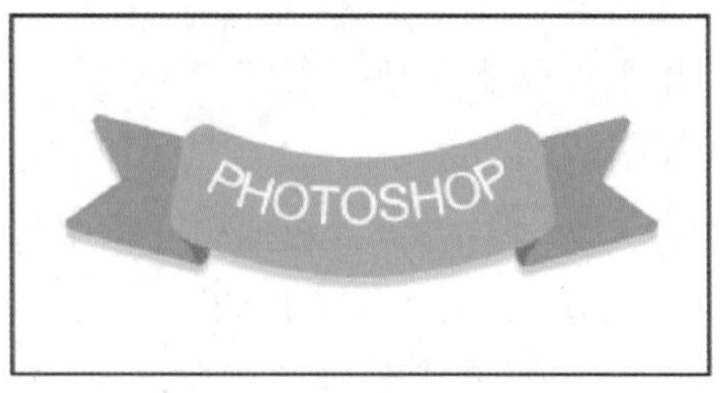

图 6 – 23

2 编辑文字路径

在结束文字输入后，若发现之前创建的

路径存在问题，可以选中该文字图层，选择工具箱中的“文字工具”，即会显示出路径，如图 6－24 所示。也可以按照“点文本”进入文字编辑状态的方法使路径显示。

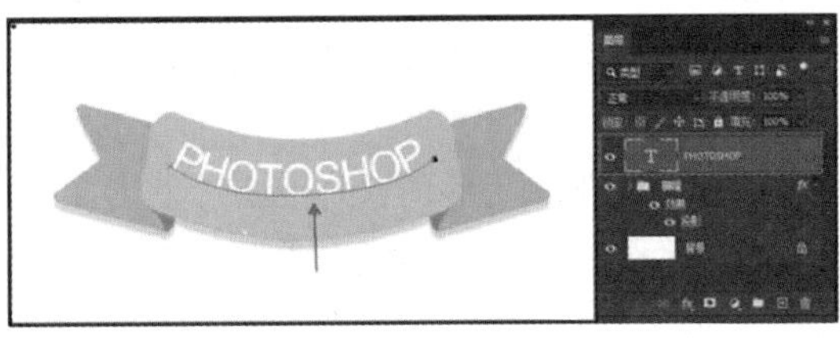

图 6－24

选择工具箱中的“直接选择工具”，单击路径即会显示出路径和锚点，如图 6－25 所示。移动锚点或调整手柄可以调整路径，文字将沿着调整后的路径重新排列，如图6－26 所示。

图 6－25

图 6－26

3 设置路径文字的起始点

路径显示后，选择工具箱中的“直接选择工具”或“路径选择工具”，将鼠标箭头移动到文字上，鼠标箭头会变为如图 6－27 所示的样式，按住鼠标左键不放沿着路径拖动，就可以完成对文字显示起点的设置，如图 6－28所示。

图 6－27

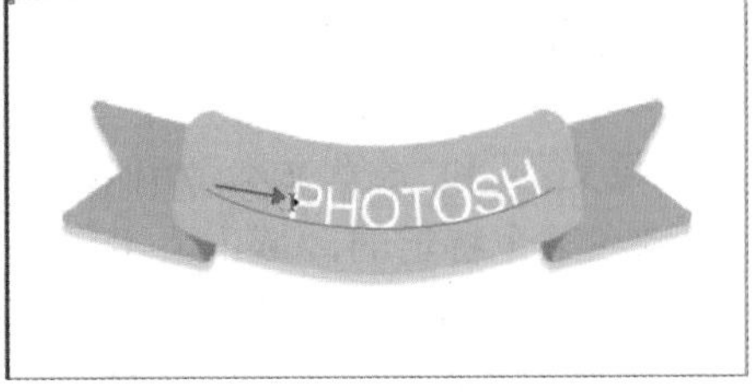

图 6－28

将鼠标箭头移动到文字的最右侧，鼠标箭头会变成如图 6－29 所示的样式，按住鼠标左键不放沿着路径拖动，就可以完成对文字显示终点的设置，如图 6－30 所示。

图 6－29

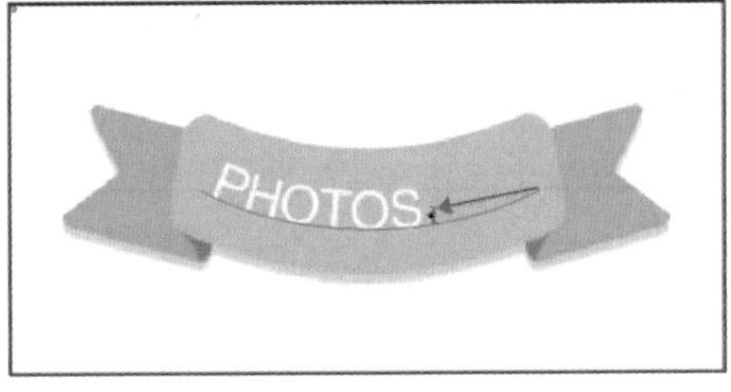

图 6－30

4 翻转路径文字

路径显示后，选择工具箱中的“直接选择工具”或“路径选择工具”，将鼠标箭头移动到文字上，当鼠标箭头变为设置文字起点或终点的样式时，按住鼠标左键不放，向路径的另一侧进行拖动，此处的文字在路径的上方，所以要向下拖动，即可将文字翻转，如图 6－31 所示。

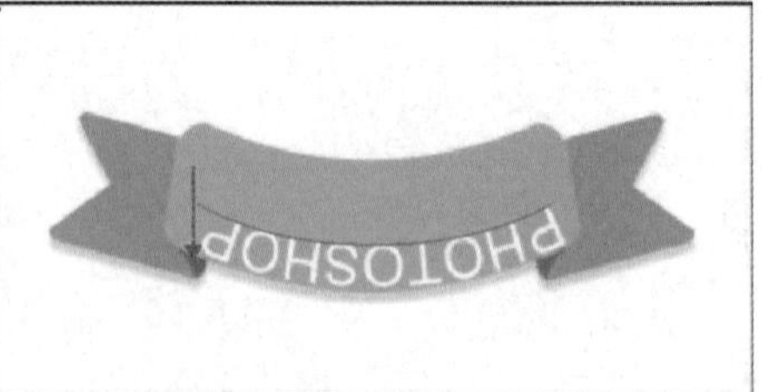

图 6－31

6.1.5 区域文本

“区域文本”和“段落文本”相似，都是将文字限制在某个特定的区域内。不同的是，“段落文本”只能将文字限制在一个矩形文本框中，而“区域文本”可以将文字限制在任何形状的区域中。

使用“钢笔工具”创建一个任意形状的闭合路径，选择工具箱中的“横排文字工具”，在工具选项栏设置文字的字体、大小及颜色等属性，将鼠标箭头移动到路径内，当鼠标箭头变成如图 6－32 所示的样式后，输入文字，可以看到输入的文字只在路径内排列，如图 6－33 所示。结束文字输入后，效果如图 6－34 所示。

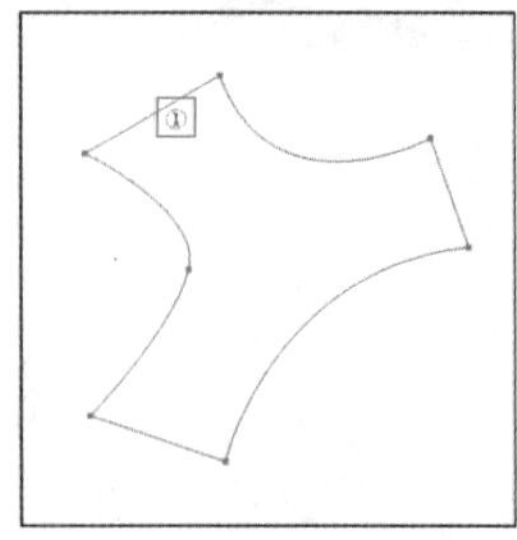

图 6－32

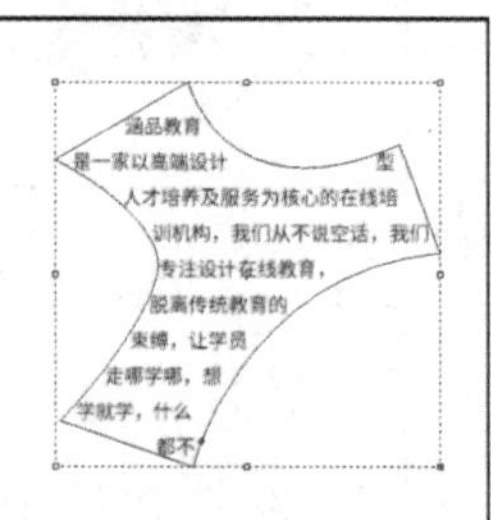

图 6－33

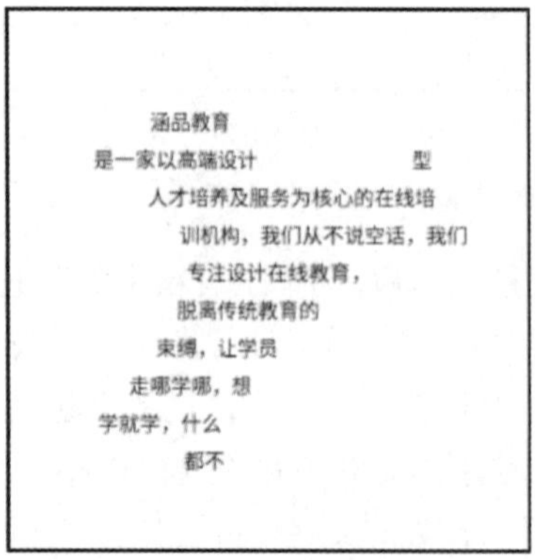

涵品教育
是一家以高端设计 型
人才培养及服务为核心的在线培
训机构，我们从不说空话，我们
专注设计在线教育，
脱离传统教育的
束缚，让学员
走哪学哪，想
学就学，什么
都不

图 6－34

6.1.6 变形文字

“变形文字”是指对创建的文字进行变形操作后得到的效果。Photoshop 提供的“创建文字变形”功能，可以对文字进行多种方式的变形。

选中要进行变形的文字图层，单击菜单栏“文字 > 文字变形”命令，或选择工具箱中的“文字工具”，单击工具选项栏中的“创建文字变形”按钮，打开“变形文字”对话框，如图 6－35 所示。默认“样式”为“无”，在“样式”下拉列表中可以选择多种文字变形方式，如图 6－36 所示。

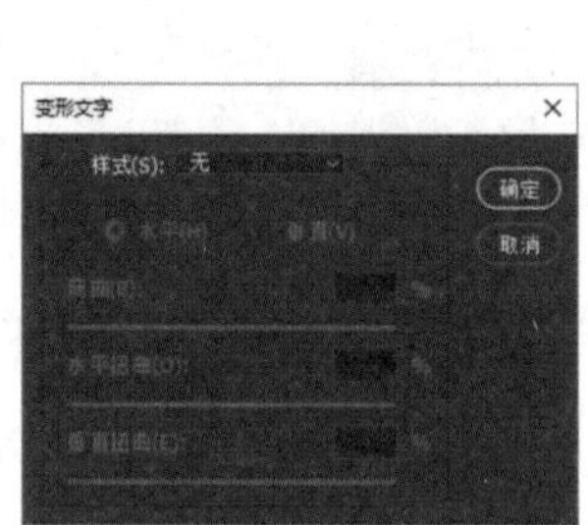

图 6－35

无
无
扇形
下弧
上弧
拱形
凸起
贝壳
花冠
旗帜
波浪
鱼形
增加
鱼眼
膨胀
挤压
扭转

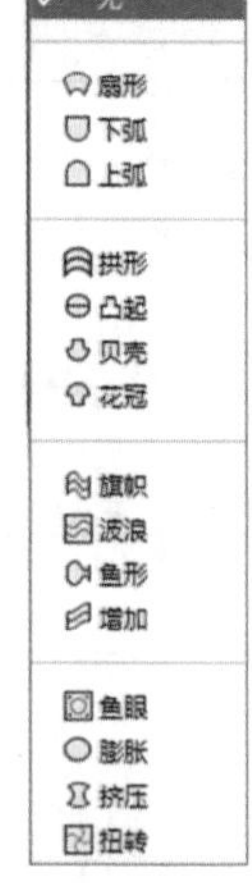

图 6－36

选择除“无”以外的其他样式，“样式”下方的参数变为可用状态。例如，选择“扇形”样式，如图 6－37 所示。

变形文字
样式(S): 扇形
确定
取消
水平(H)
垂直(V)
弯曲(B): +50 %
水平扭曲(O): 0 %
垂直扭曲(E): 0 %

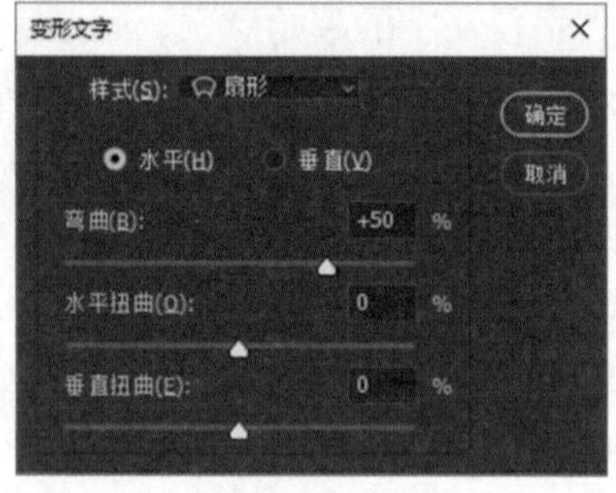

图 6－37

● 样式：在右侧的下拉列表中，Photoshop

提供了 15 种预设文字变形样式，可以根据需要进行选择使用。

●水平/垂直：用来设置文字应用的扭曲方向。选择“水平”选项时，文字的扭曲方向为水平，如图 6－38 所示；选择“垂直”选项时，文字的扭曲方向为垂直，如图 6－39 所示。

图 6－38

图 6－39

●弯曲：用来设置文字的弯曲程度。选择“水平”选项时，正值为向上弯曲，数值越大弯曲程度越大，负值为向下弯曲，数值越小弯曲程度越大，如图 6－40 所示；选择“垂直”选项时，正值为向左弯曲，数值越大弯曲程度越大，负值为向右弯曲，数值越小弯曲程度越大，如图 6－41 所示。

图 6－40

图 6－41

●水平扭曲：用来设置文字水平方向透视扭曲变形的程度。以选择“水平”选项为例，效果如图 6－42 所示。

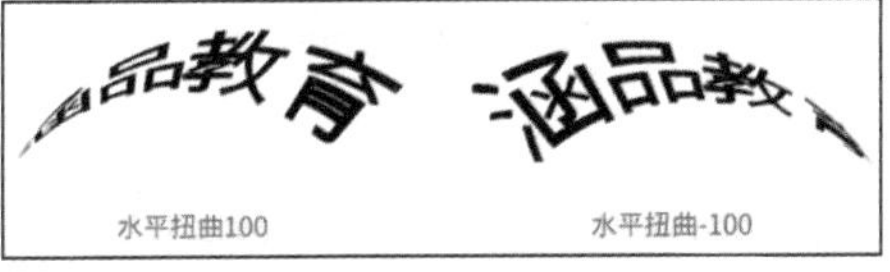

图 6－42

●垂直扭曲：用来设置文字垂直方向透视扭曲变形的程度。以选择“水平”选项为例，效果如图 6－43 所示。

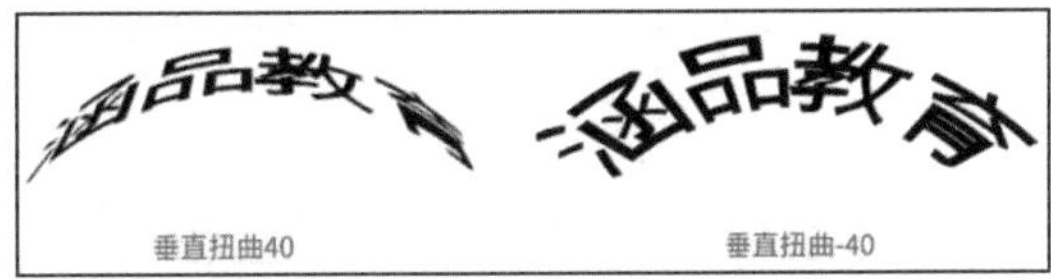

图 6－43

6.1.7　文字蒙版工具

素材文件　第 6 章\6.1\文字蒙版工具.jpg

使用“直排文字蒙版工具”和“横排文字蒙版工具”创建出的并非实体的文字，而是文字选区。“文字蒙版工具”和“横排/直排文字工具”的使用方法基本相同，设置字体、字体大小及字体颜色等属性的方法也是一样的。文字选区在设计过程中十分常见，可以使用文字选区对图像的局部进行编辑等操作。

在 Photoshop 中打开素材文件夹“第 6 章\6.1\文字蒙版工具.jpg”文件，如图 6－44所示。选择工具箱中的“横排文字蒙版工具”，在工具选项栏中设置适合的字体和字体大小，然后单击图像，整个图像就会被半透明的红色蒙版所覆盖，如图 6－45 所示。输入文字后，文字部分显示出图像的原始内容，如图 6－46 所示。结束文字输入后，文字会以文字选区的方式出现，如图 6－47所示。

图 6－44

图 6－45

图 6－46

图 6－47

在使用“文字蒙版工具”输入文字时，将鼠标箭头移动到文字以外的蒙版区域，鼠标箭头会变成如图 6－48 所示的样式，此时按住鼠标左键不放进行拖动，可移动文字蒙版的位置，如图 6－49 所示。

图 6－48

图 6－49

文字选区和普通选区一样，可以使用选区工具调整其大小或旋转角度，也可以在其中进行填充颜色或图案。使用“文字工具”创建出普通实体文字后，按住键盘上的 Ctrl 键不放，单击“图层”面板中该文字图层的缩略图，载入的选区也是文字选区。

6.2 文字工具属性面板

对文字进行编辑时，除了可以使用工具选项栏快速设置一些常用属性外，还可以使用“字符”面板和“段落”面板进行文字具体属性的设置。

6.2.1 “字符”面板

“字符”面板提供了比文字工具选项栏更多的调整选项。在“文字工具”选项栏中，只提供了一些常用的属性设置，更多的文字编辑方式放在“字符”面板中。

选择工具箱中的“文字工具”，在其工具选项栏中单击“切换字符和段落面板”，或单击菜单栏“窗口 > 字符”命令，打开“字符”面板，如图 6－50 所示。

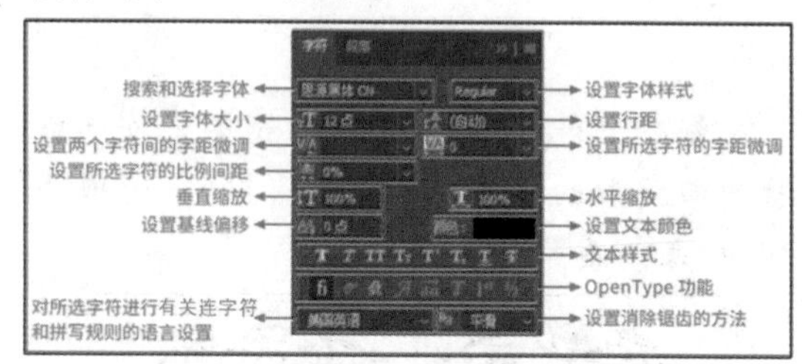

图 6－50

●搜索和选择字体：单击右侧的下拉按

钮,可以选择使用已安装在本机上的字体;在下拉按钮左侧的文本框中可以输入所需要的字体名称进行查找使用。

●设置字体样式:单击右侧的下拉按钮,可以选择当前选中字体的字体样式;或者在下拉按钮左侧的文本框中输入字体样式关键词进行查找选择。并非所有的字体都有多种字体样式可供选择,下拉列表随所选字体的不同而变化。

●设置字体大小:用来设置文字的大小。可以直接输入数值,也可以单击右侧下拉按钮去选择预设的字体大小,或者将鼠标箭头移动到"设置字体大小"图标处,按住鼠标左键不放,左右拖动设置字体大小。

●设置行距:用来设置选中文字之间的行距。可以直接输入数值,也可以单击右侧下拉按钮去选择预设的行距,或者将鼠标箭头移动到"设置行距"图标处,按住鼠标左键不放,左右拖动设置行距。还可以使用鼠标拖动选中要设置行距的文字,或者双击文字图层缩略图全选该图层所有的文字后,按住键盘上的 Alt 键不放,通过按键盘上的上下方向键调整行距。不同行距的效果如图 6－51所示。

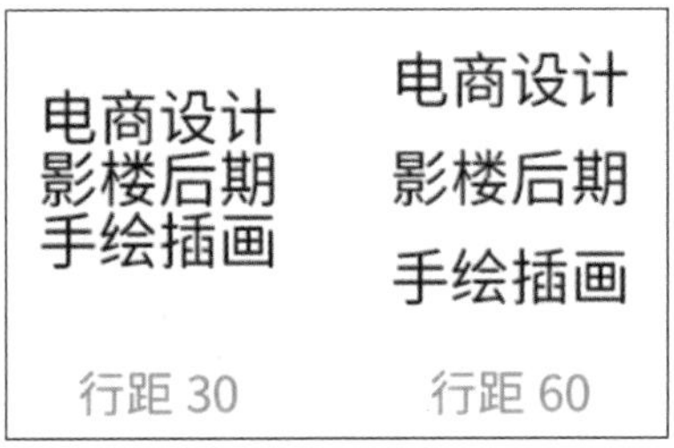

图 6－51

●设置两个字符间的字距微调:用于设置两个文字间的字距。在设置时,需要先将光标插入到需要设置字距的两个文字中间,如图 6－52 所示,然后可以直接输入数值,也可以单击右侧下拉按钮去选择预设的字距,或者将鼠标箭头移动到图标上,按住鼠标左键不放,左右拖动设置字距。不同字距的效果如图 6－53 所示。

图 6－52

图 6－53

●设置所选字符的字距微调:用于设置选中文字之间的字距。数值为正值时,字距会扩大;数值为负值时,字距会缩小。可以直接输入数值,也可以单击右侧下拉按钮去选择预设的字距,或者将鼠标箭头移动到图标处,按住鼠标左键不放,左右拖动设置字距。还可以使用鼠标拖动选中要设置字距的文字,或者双击文字图层缩略图全选该图层所有的文字后,按住键盘上的 Alt 键不放,通过按键盘上的左右方向键调整字距。不同字距的效果如图 6－54 所示。

图 6－54

●设置所选字符的比例间距:"比例间距"是按指定的百分比来减少文字周围的空间,但文字本身没发生变化,只是文字之间的间距被增大或减小了。设置的范围为 0%～100%,设置的数值越大,文字间的间距越小。不同比例间距的效果如图 6－55 所示。

图 6－55

●垂直缩放：用来设置文字的垂直缩放比例，可以调整文字的高度。效果如图6－56所示。

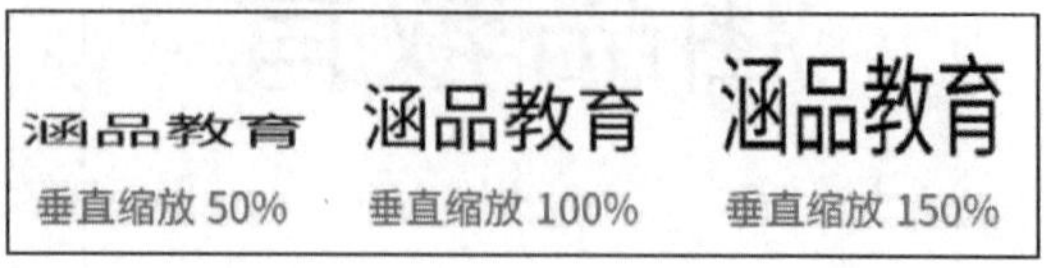

涵品教育 涵品教育 涵品教育

垂直缩放 50% 垂直缩放 100% 垂直缩放 150%

图 6－56

●水平缩放：用来设置文字的水平缩放比例，可以调整文字的宽度。效果如图6－57所示。

涵品教育 涵品教育 涵品教育

水平缩放 50% 水平缩放 100% 水平缩放 150%

图 6－57

●设置基线偏移：用来设置文字和其基线的位置关系。以文字基线为基准，正值会使文字上移，负值会使文字下移。不同基线偏移值的效果图 6－58 所示。

涵品教育 涵品教育 涵品教育

基线偏移 20 基线偏移 0 基线偏移 -20

图 6－58

●设置文本颜色：用来设置文字的颜色。单击右侧的颜色块可以在弹出的“拾色器”对话框选择用来设置文本的颜色。

●文本样式：用来设置文字的特殊效果。从左到右依次是“仿粗体”“仿斜体”“全部大写字母”“小型大写字母”“上标”“下标”“下划线”和“删除线”，其中“全部大写字母”和“小型大写字母”只针对英文。

●OpenType 功能：用来设置文字的特殊效果。从左到右依次是“标准连字”“上下文替代字”“自由连字”“花饰字”“文体替代字”“标题替代字”“序数字”和“分数字”。

●对所选字符进行有关连字符和拼写规则的语言设置：用于设置文字连字符和拼写规则的语言类型。主要对英文起作用。

●设置消除锯齿的方法：输入文字后，可以在该下拉列表中选择一种为文字消除锯齿的方法。选择“无”，Photoshop 不消除文字的锯齿，会出现文字边缘不平滑的现象。其他选项都可以消除文字的锯齿，可以根据需要进行选择使用。

6.2.2 “段落”面板

“段落”面板用于设置文字段落的编排方式。通过“段落”面板，可以设置文本的对齐方式及缩进量等属性。

选择工具箱中的“文字工具”，在其工具选项栏单击“切换字符和段落面板”，或单击菜单栏“窗口 > 段落”命令，打开“段落”面板，如图 6－59 所示。

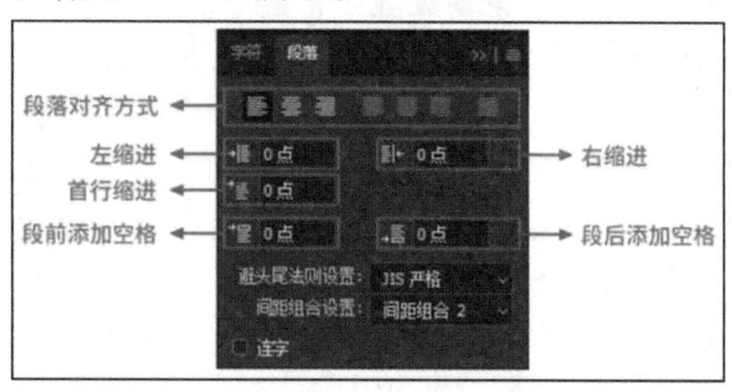

图 6－59

●段落对齐方式：Photoshop 提供了 7 种段落对齐的方式，“左对齐文本”使段落文字左对齐，但段落右侧参差不齐，如图 6－60 所示；“居中对齐文本”使段落文字居中对齐，段落两端参差不齐，如图 6－61 所示；“右对齐文本”使段落文字右对齐，但段落左侧参差不齐，如图 6－62 所示；“最后一行左对齐”使最后一行文字左对齐，其他行的段落文字强制两端对齐，如图 6－63 所示；“最后一行居中对齐”使最后一行文字居中对齐，其他行的段落文字强制两端对齐，如图 6－64 所示；“最后一行右对齐”使最后一行文字右对齐，其他行的段落文字强制两端对齐，如图 6－65 所示；“全部对齐”在文字间添加额外的间距，使段落文字两端强制对齐，如图6－66所示。

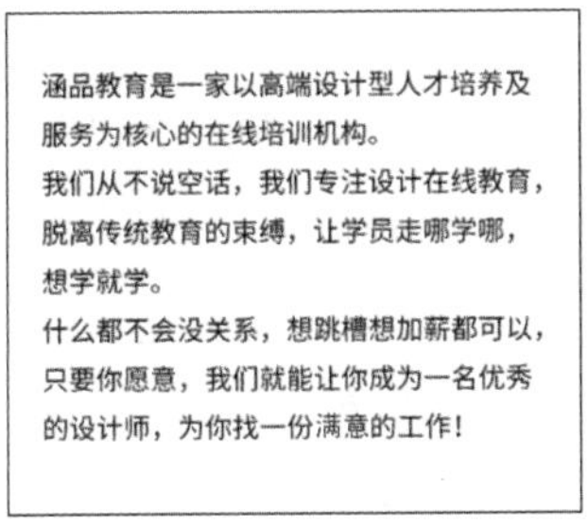

涵品教育是一家以高端设计型人才培养及
服务为核心的在线培训机构。
我们从不说空话，我们专注设计在线教育，
脱离传统教育的束缚，让学员走哪学哪，
想学就学。
什么都不会没关系，想跳槽想加薪都可以，
只要你愿意，我们就能让你成为一名优秀
的设计师，为你找一份满意的工作！

图 6－60

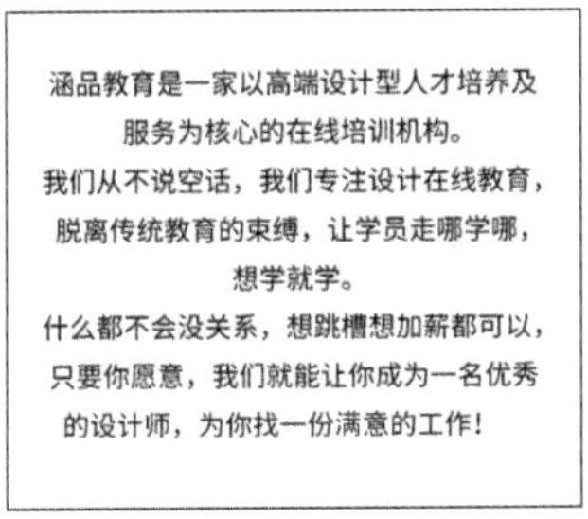

涵品教育是一家以高端设计型人才培养及
服务为核心的在线培训机构。
我们从不说空话，我们专注设计在线教育，
脱离传统教育的束缚，让学员走哪学哪，
想学就学。
什么都不会没关系，想跳槽想加薪都可以，
只要你愿意，我们就能让你成为一名优秀
的设计师，为你找一份满意的工作！

图 6－61

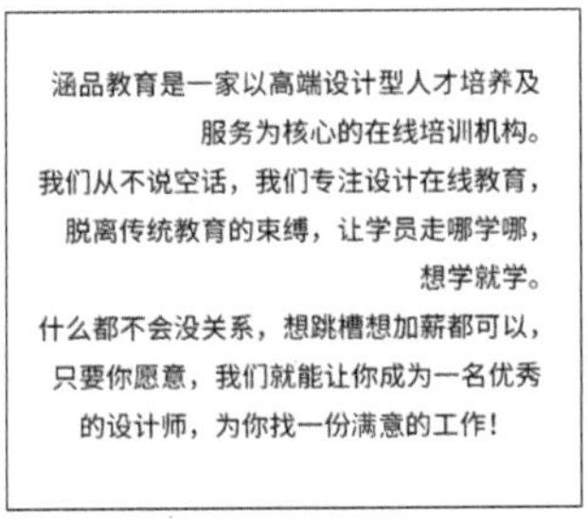

涵品教育是一家以高端设计型人才培养及
服务为核心的在线培训机构。
我们从不说空话，我们专注设计在线教育，
脱离传统教育的束缚，让学员走哪学哪，
想学就学。
什么都不会没关系，想跳槽想加薪都可以，
只要你愿意，我们就能让你成为一名优秀
的设计师，为你找一份满意的工作！

图 6－62

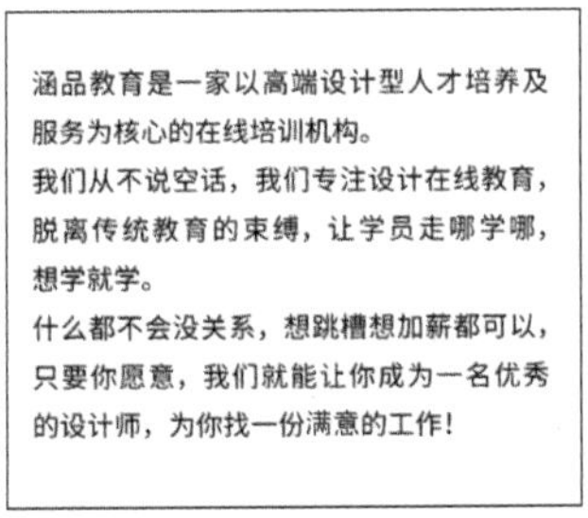

涵品教育是一家以高端设计型人才培养及
服务为核心的在线培训机构。
我们从不说空话，我们专注设计在线教育，
脱离传统教育的束缚，让学员走哪学哪，
想学就学。
什么都不会没关系，想跳槽想加薪都可以，
只要你愿意，我们就能让你成为一名优秀
的设计师，为你找一份满意的工作！

图 6－63

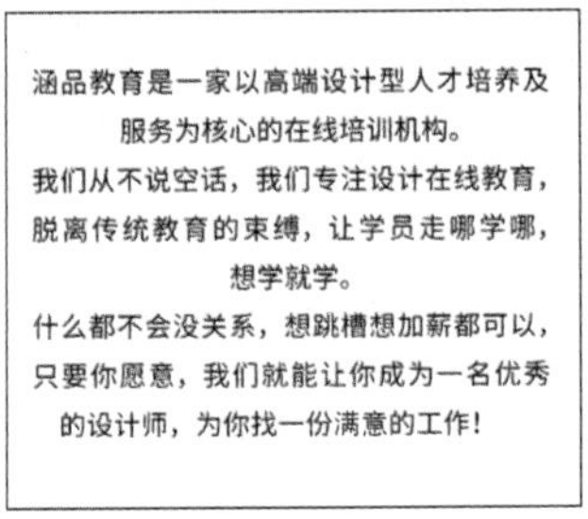

涵品教育是一家以高端设计型人才培养及
服务为核心的在线培训机构。
我们从不说空话，我们专注设计在线教育，
脱离传统教育的束缚，让学员走哪学哪，
想学就学。
什么都不会没关系，想跳槽想加薪都可以，
只要你愿意，我们就能让你成为一名优秀
的设计师，为你找一份满意的工作！

图 6－64

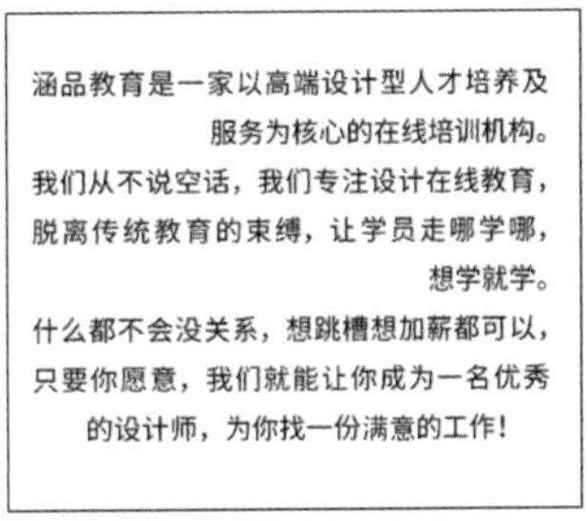

涵品教育是一家以高端设计型人才培养及
服务为核心的在线培训机构。
我们从不说空话，我们专注设计在线教育，
脱离传统教育的束缚，让学员走哪学哪，
想学就学。
什么都不会没关系，想跳槽想加薪都可以，
只要你愿意，我们就能让你成为一名优秀
的设计师，为你找一份满意的工作！

图 6－65

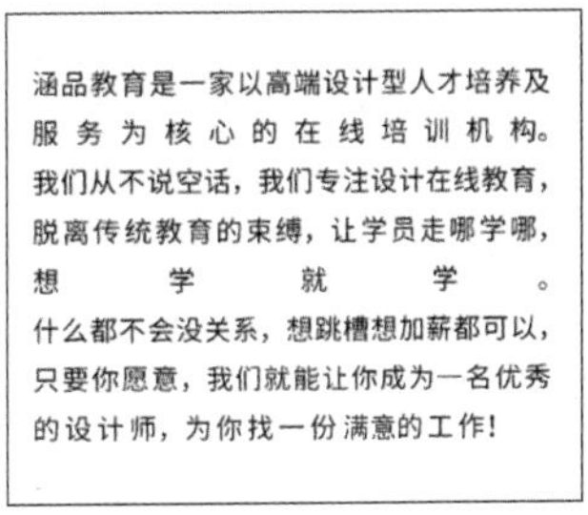

涵品教育是一家以高端设计型人才培养及
服 务 为 核 心 的 在 线 培 训 机 构。
我们从不说空话，我们专注设计在线教育，
脱离传统教育的束缚，让学员走哪学哪，
想 学 就 学 。
什么都不会没关系，想跳槽想加薪都可以，
只要你愿意，我们就能让你成为一名优秀
的设计师，为你找一份满意的工作！

图 6－66

●左缩进：用来设置段落文字距离左（上）边界的起始位置。横排文字向右缩进，竖排文字向下缩进。例如，横排文字设置“左缩进”为 40，效果如图 6－67 所示。

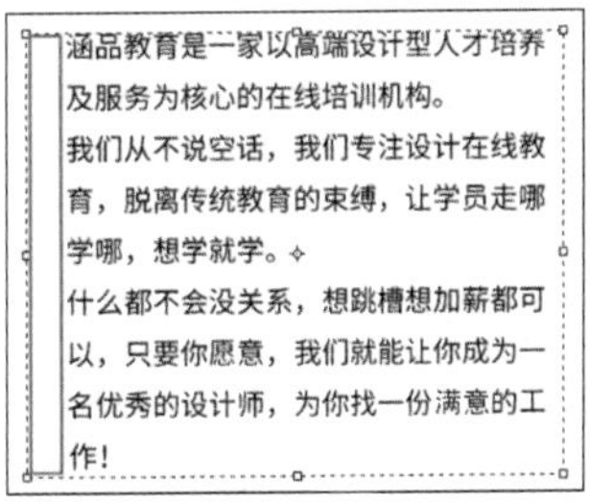

涵品教育是一家以高端设计型人才培养
及服务为核心的在线培训机构。
我们从不说空话，我们专注设计在线教
育，脱离传统教育的束缚，让学员走哪
学哪，想学就学。
什么都不会没关系，想跳槽想加薪都可
以，只要你愿意，我们就能让你成为一
名优秀的设计师，为你找一份满意的工
作！

图 6－67

●右缩进：用来设置段落文字距离右（下）边界的起始位置。横排文字向左缩进，竖排文字向上缩进。例如，横排文字设置“右缩进”为 50，效果如图 6－68 所示。

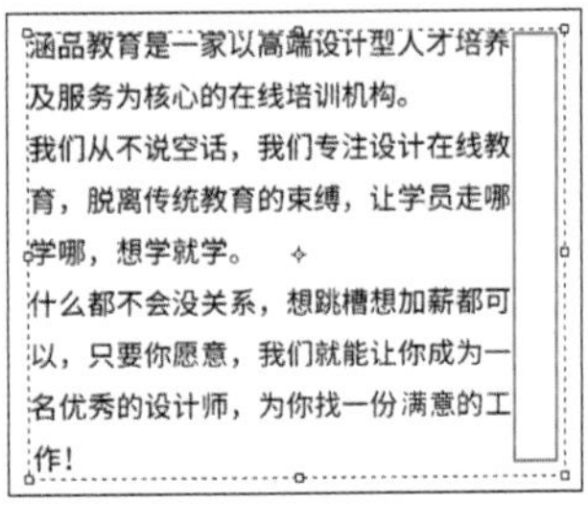

涵品教育是一家以高端设计型人才培养
及服务为核心的在线培训机构。
我们从不说空话，我们专注设计在线教
育，脱离传统教育的束缚，让学员走哪
学哪，想学就学。
什么都不会没关系，想跳槽想加薪都可
以，只要你愿意，我们就能让你成为一
名优秀的设计师，为你找一份满意的工
作！

图 6－68

●首行缩进：用来设置段落文字中每个段落第一行的缩进量。横排文字向右缩进，竖排文字向下缩进。例如，横排文字设置“首行缩进”为40，效果如图6－69所示。

涵品教育是一家以高端设计型人才培养及服务为核心的在线培训机构。
我们从不说空话，我们专注设计在线教育，脱离传统教育的束缚，让学员走哪学哪，想学就学。
什么都不会没关系，想跳槽想加薪都可以，只要你愿意，我们就能让你成为一名优秀的设计师，为你找一份满意的工作！

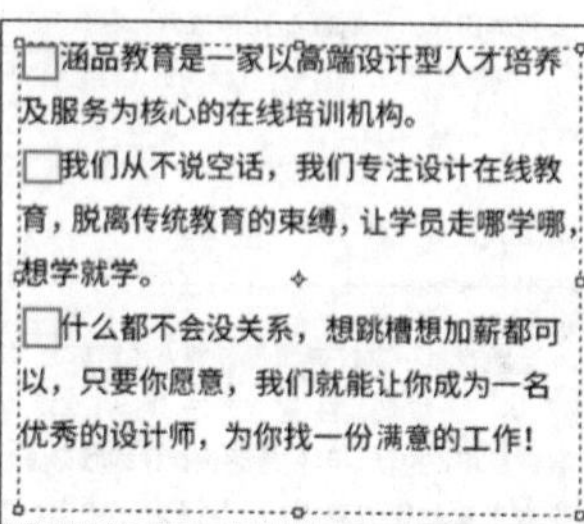

图6－69

●段前添加空格：用来设置光标所在段落与前一个段落之间的距离。效果如图6－70所示。

涵品教育是一家以高端设计型人才培养及服务为核心的在线培训机构。
我们从不说空话，我们专注设计在线教育，脱离传统教育的束缚，让学员走哪学哪，想学就学。
什么都不会没关系，想跳槽想加薪都可以，只要你愿意，我们就能让你成为一名优秀的设计师，为你找一份满意的工作！

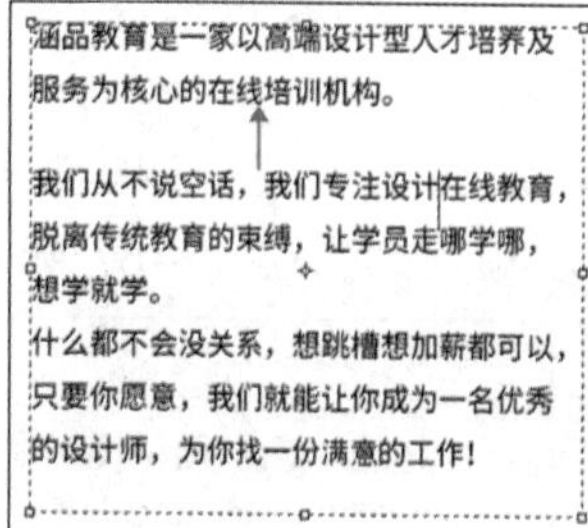

图6－70

●段后添加空格：用来设置光标所在段落与后一个段落之间的距离。效果如图6－71所示。

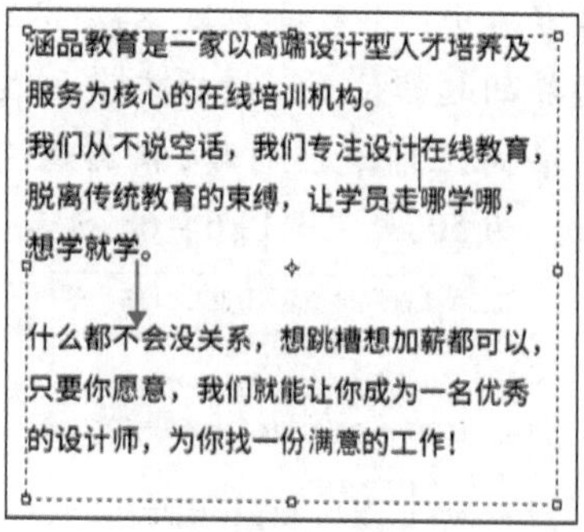

涵品教育是一家以高端设计型人才培养及服务为核心的在线培训机构。
我们从不说空话，我们专注设计在线教育，脱离传统教育的束缚，让学员走哪学哪，想学就学。
什么都不会没关系，想跳槽想加薪都可以，只要你愿意，我们就能让你成为一名优秀的设计师，为你找一份满意的工作！

图6－71

●避头尾法则设置：在我们平时的书写习惯中，标点符号通常不会放在每行文字的第一个位置。Photoshop通过“避头尾法则设置”来设定不允许出现在行首或行尾的字符。“避头尾法则设置”只对段落文本或区域文本起作用。通常情况下，默认为“无”，即允许每行文字的第一个位置为标点符号，如图6－72所示；选择“JIS严格”或“JIS宽松”可防止在每行的第一个位置出现标点符号，如图6－73所示。

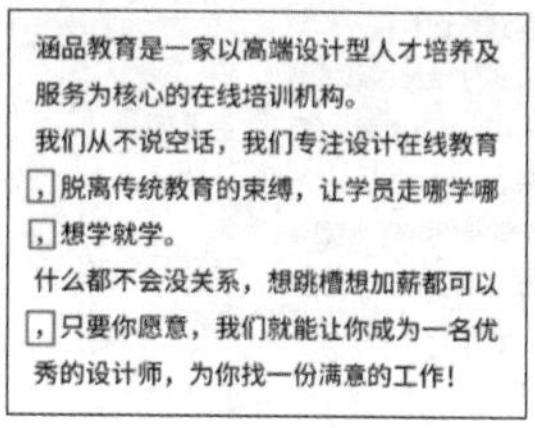

涵品教育是一家以高端设计型人才培养及服务为核心的在线培训机构。
我们从不说空话，我们专注设计在线教育，脱离传统教育的束缚，让学员走哪学哪，想学就学。
什么都不会没关系，想跳槽想加薪都可以，只要你愿意，我们就能让你成为一名优秀的设计师，为你找一份满意的工作！

图6－72

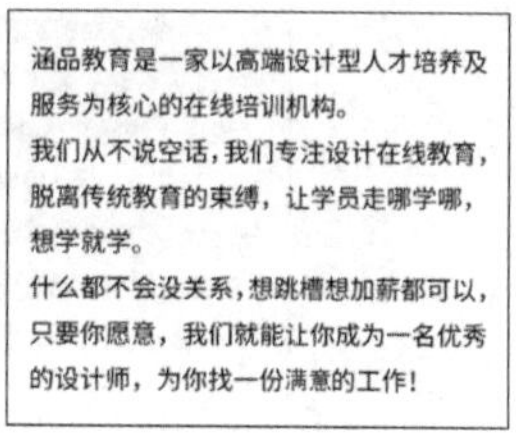

涵品教育是一家以高端设计型人才培养及服务为核心的在线培训机构。
我们从不说空话，我们专注设计在线教育，脱离传统教育的束缚，让学员走哪学哪，想学就学。
什么都不会没关系，想跳槽想加薪都可以，只要你愿意，我们就能让你成为一名优秀的设计师，为你找一份满意的工作！

图6－73

●间距组合设置：用来为日语字符、罗马字符、标点、特殊字符、行开头、行结尾和数字的间距指定文本编排方式。选择“间距组合1”，可以对标点使用半角间距；选择“间距组合2”，可以对每行中除最后一个字符以外的大多数字符使用全角间距；选择“间距组合3”，可以对每行的大多数字符和最后一个字符使用全角间距；选择“间距组合4”，可以对所有字符使用全角间距。

●连字：勾选复选框后，在输入英文单词时，如果段落文本框的宽度不够，英文单词将自动换行，并在单词之间用连字符连接起来，如图6－74所示。

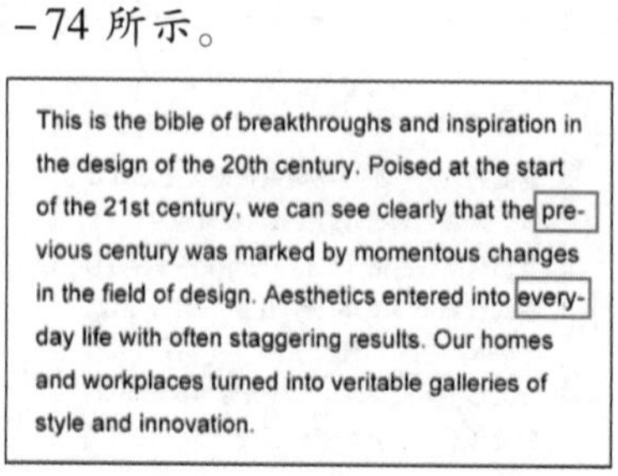

This is the bible of breakthroughs and inspiration in the design of the 20th century. Poised at the start of the 21st century, we can see clearly that the pre-vious century was marked by momentous changes in the field of design. Aesthetics entered into every-day life with often staggering results. Our homes and workplaces turned into veritable galleries of style and innovation.

图6－74

综合案例　电商店铺首页轮播图的文字排版制作

素材文件　第 6 章\6.2\综合案例背景.jpg

电商平台的店铺首页轮播图一般位于导航的下方，占有较大的位置，是顾客进入店铺首页后看到的最醒目的区域。所谓轮播图，即多张海报图片循环进行播放。海报的制作会有一个主题，将海报主题描述提炼成简洁的文字，并将主题内容放在第一视觉中心，会比较高效且直接地让消费者一眼就能知道所表达的内容。

本案例提供了背景图片，只需要将主题文字按照主次层级放到背景图中即可。

主题文字：2020，夏日新风尚，New Trends In Summer，全场巨惠低至 5 折，部分商品买 3 免 1，活动时间：6.21 ~6.26。

步骤 01 在 Photoshop 中新建一个空白文档，宽度 1920 像素，高度 600 像素，分辨率 72 像素/英寸。将素材文件夹"第 6 章\6.2\综合案例背景.jpg"文件置入到当前文档中，如图6 –75所示。

图 6 – 75

步骤 02 背景图片中间为我们预留出了放置文字的位置，所以文字内容就放在中间的白色矩形框中。由于背景整体色调为蓝色，为了整体的色调统一，我们将文字的颜色也设置为蓝色，这里使用的字体色号为#16749c。先将所有的文字分析一下，其中"全场巨惠低至 5 折"和"部分商品买 3 免 1"为活动的内容，所以将这两句放在一起，其他文字内容各自分图层放置，如图 6 – 76 所示。此处使用的字体是"思源宋体"。

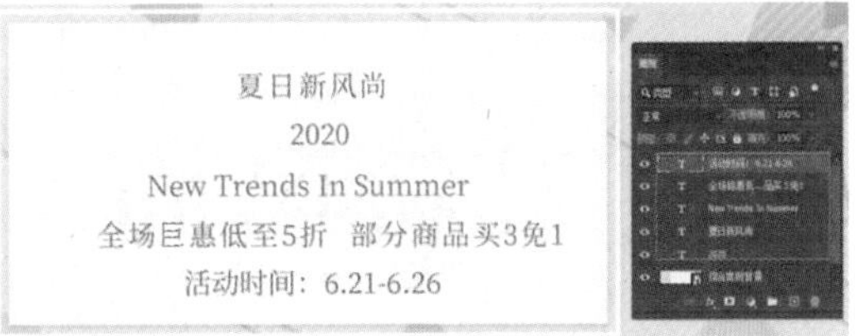

图 6 – 76

步骤 03 分析文字的主次层级关系，"夏日新风尚""2020"和"New Trends In Summer"为第一层级，其中可以将"夏日新风尚"作为最大的标题文字，用"2020"和"New Trends In Summer"来进行辅助修饰。第二层级是活动的内容，即打折的力度。之后的第三层级为活动时间。分析完毕后，可以大概调整一下字体的大小和位置，如图 6 – 77 所示。这里将"夏日新风尚"进行了加粗，使其看起来更有"标题"的感觉。

图 6 – 77

步骤 04 将"New Trends In Summer"执行"文字变形"命令，"样式"选择"扇形"，选择"水平"选项，"弯曲"设置为 50，使其在标题上呈现半圆的感觉，将"2020"包裹进去，更具装饰性，如图 6 – 78 所示。但此时会发现"2020"显得有些单薄，可以在其两边加上小横线装饰，并调整字间距，这里在"2020"和小横线之间各加了一个空格。小横线使用键盘上的减号" – "即可。如图 6 – 79 所示。

图 6 – 78

图 6－79

步骤 05 “夏日新风尚”看起来高度比较合适，但是整体太宽，将其“水平缩放”设置为80%，如图 6－80 所示，调整合适位置，如图 6－81 所示。

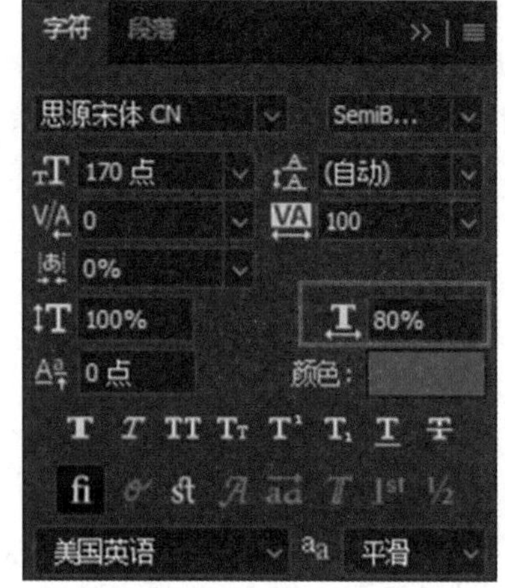

图 6－80

图 6－81

步骤 06 此时，作为装饰的英文和“2020”看起来有些单薄，这里先将英文的字体换成英文字体“Arial”，如图 6－82 所示。再将“2020”的字体换成“思源黑体”，字体样式改为“Medium”，如图 6－83 所示。调整一下位置，标题部分就调整完成了，效果如图 6－84 所示。

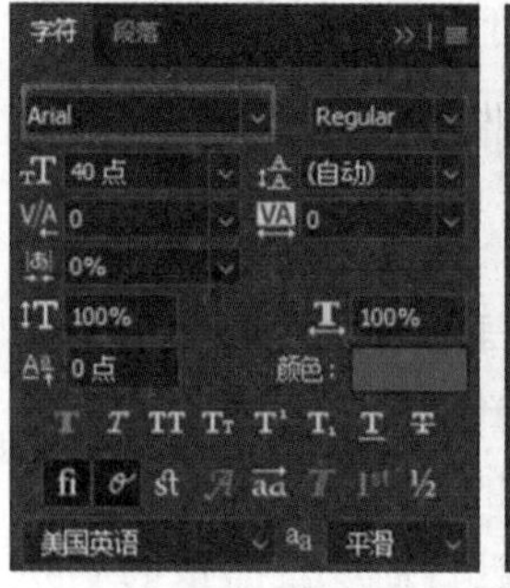

图 6－82

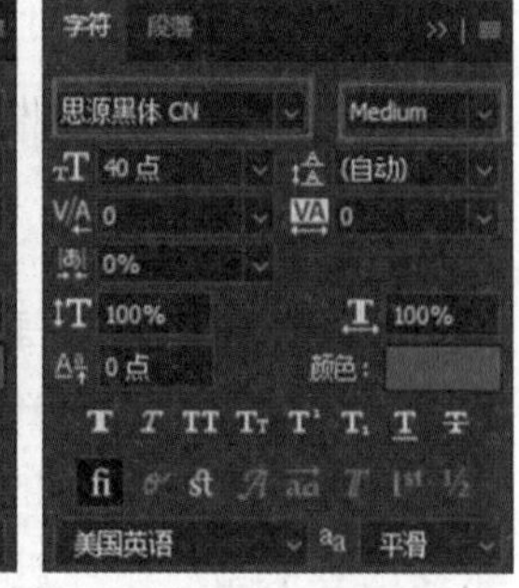

图 6－83

图 6－84

步骤 07 下面开始调整活动内容部分，因为两句活动内容是并列关系，可以用斜杠“/”将两句话隔开。为了看起来更有空间感，可以在两句话和斜杠之间增加一些字间距，此处添加了一个空格，如图 6－85 所示。

图 6－85

步骤 08 活动内容部分，为了吸引消费者，我们需要加重折扣内容部分的显示，因此需要突出“5 折”字样。此处将“5 折”两个字改为了红色，并且将“字体样式”变成了“Bold”加粗，如图 6－86 所示，其中红色的值为#a53e31。效果如图 6－87 所示。

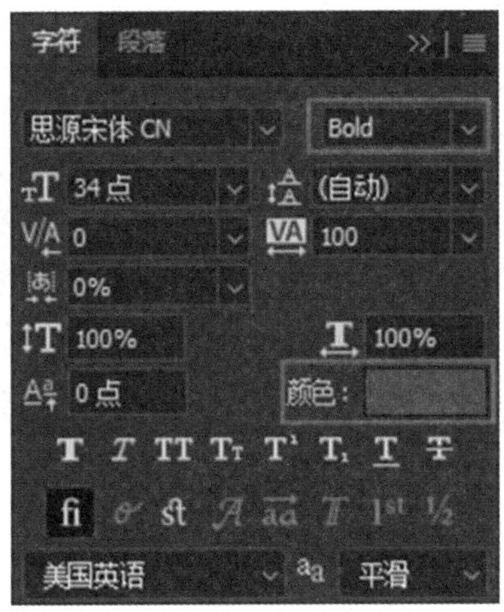

图 6－86

图 6－87

步骤 09 活动时间部分作为最低层级，虽然在字体大小上已有体现，但为了让层级更加清晰，可以将活动时间部分的“字体样式”改为“Light”，如图 6－88 所示，将文字笔画变得更细一些。效果如图 6－89 所示。

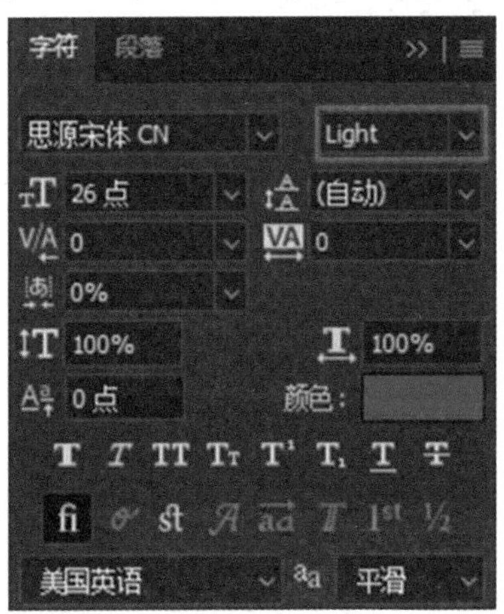

图 6－88

图 6－89

步骤 10 适当调整各个文字图层之间的上下间距，选中所有文字图层执行“水平居中对齐”命令，然后将所有文字图层放在一个图层组中，最后选中文字图层组和背景图层执行“水平居中对齐”命令和“垂直居中对齐”命令，使其在画面中间，最终效果如图 6－90所示。

图 6－90

在实际工作中，并非所有字体都可以随便商用，大部分字体都需要到字体公司购买，获授权才可以进行商用，否则属于侵权行为。在网络中搜索“免费商用字体”获取关于字体的使用权限问题。一些大的电商平台，如淘宝、京东等，都会购买一些字体授权以供平台自由使用，具体平台可以使用的字体，都可以在网络中搜索到。

在素材文件夹“第 6 章\6.2\思源宋体”和“思源黑体”两个文件夹，这两个文件夹中包含本次案例中使用到的字体文件。如果只想安装其中一个字体，可以双击将字体文件打开，单击左上角的“安装”按钮，如图 6－91 所示，即可将该字体安装到电脑中；如果想安装多个字体，可以选中所有需要安装的字体，单击鼠标右键，在弹出的快捷菜单中选择"安装"命令，如图 6－92 所示，即可将字体全部安装到电脑里。

图 6－91

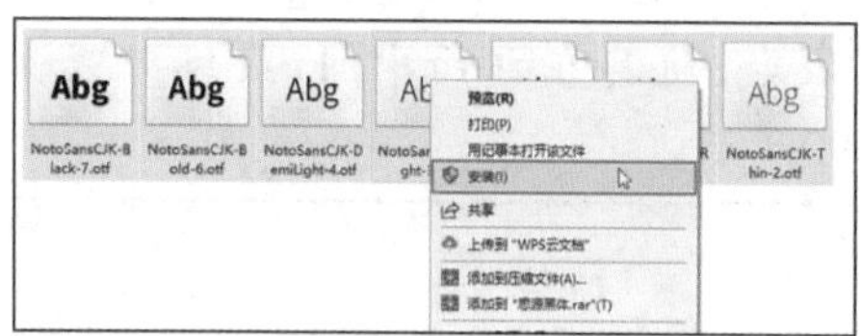

图 6－92

6.3 文字的编辑

文字是一类特殊的对象，既有文本属性，又有图像属性。Photoshop 除了可以编辑文字内容及设置文字属性外，还可以将文字转换为位图、形状或路径，对其外形做进一步的调整与修改。

6.3.1 文字图层转为普通图层

在之前介绍"栅格化智能对象"时，"智能对象"被执行"栅格化"命令后，智能对象图层就会被转换为普通像素图层，其图像内容可以被随意编辑修改。文字比较特殊，无法直接对其进行形状或像素上的更改，如果想要进行这些操作，可以使用"栅格化文字"命令，将文字图层转换为普通像素图层。

在"图层"面板选中文字图层，右键单击文字图层，在弹出的快捷菜单中选择"栅格化文字"命令，如图 6－93 所示，可将文字图层转换为普通像素图层，如图 6－94 所示。

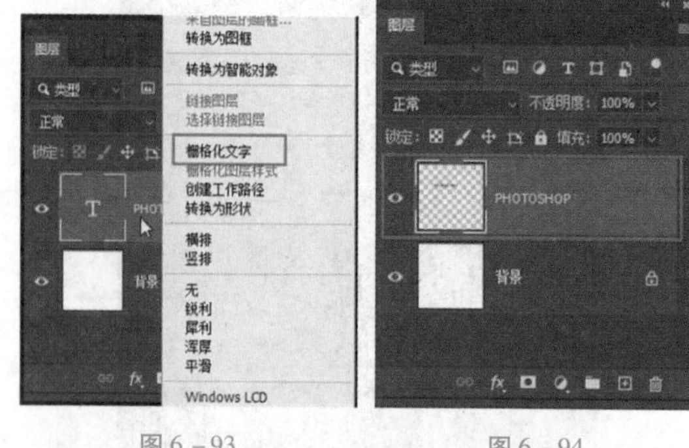

图 6－93　　图 6－94

6.3.2 文字转为形状

使用"转换为形状"命令，可以将文字图层转换为矢量的形状图层，转换为形状图层后，可以使用钢笔或选择工具对文字的外形进行编辑。转换为形状的过程中，文字是不会变模糊的，因此在制作艺术变形文字时，通常将文字图层转换为形状图层。关于"形状"会在第 7 章进行详细介绍。

在"图层"面板选中文字图层，右键单击文字图层，在弹出的快捷菜单中选择"转换为形状"命令，如图 6－95 所示，将文字图层转换为形状图层，如图 6－96 所示。

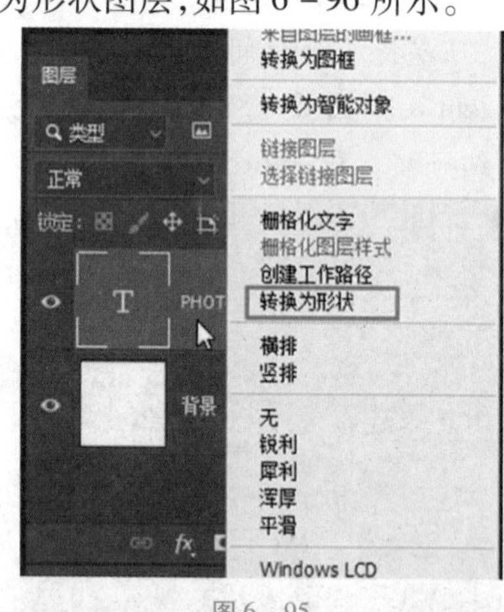

图 6－95

图 6－96

6.3.3　文字转为路径

使用“创建工作路径”命令，可以将文字的轮廓转换为路径。

在“图层”面板选中文字图层，右键单击文字图层，在弹出的快捷菜单中选择“创建工作路径”命令，如图 6－97 所示，文字的路径便得到显示。将文字图层隐藏后，可对路径进行查看编辑操作，如图 6－98 所示。

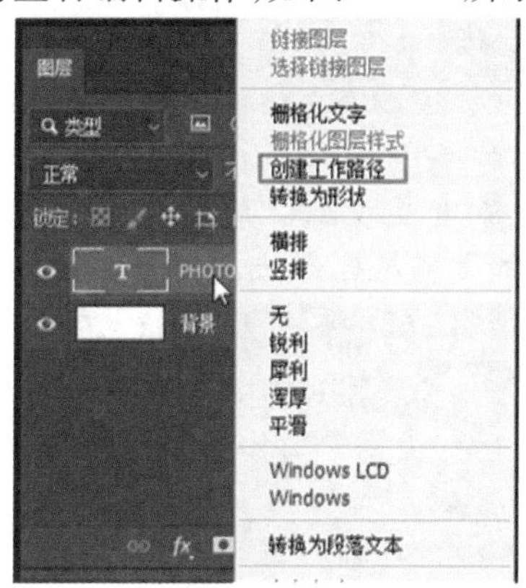

图 6－97

图 6－98

6.3.4　拼写检查

“拼写检查”用来检查当前文本中的英文单词是否存在拼写上的错误，对中文无效。

先选中要被检查的文字图层，单击菜单栏“编辑 > 拼写检查”命令，若当前文字图层没有拼写错误，会弹出如图 6－99 所示的对话框；反之，就会弹出“拼写检查”对话框，如图 6－100 所示。

图 6－99

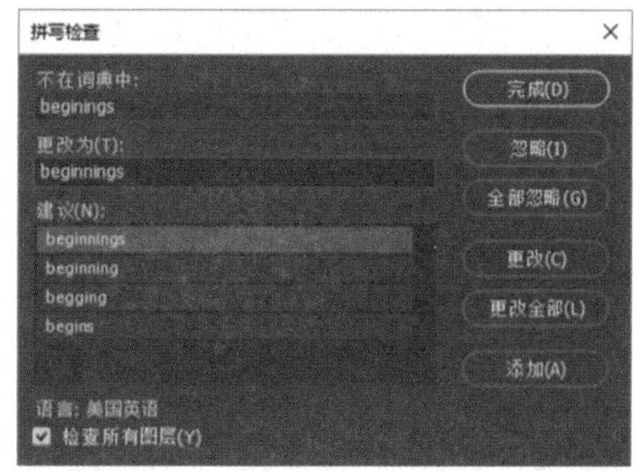

图 6－100

●不在字典中：此处为当前文字图层中存在拼写错误的单词。

●更改为：此处为用来替换错误单词的正确单词。可以在“建议”中选择需要替换的单词，也可以直接输入正确单词。

●建议：此处为建议修改的正确单词选项。

●语言：可在“字符”面板进行更改。

●检查所有图层：勾选复选框后，会自动检查当前文档所有文字图层中的单词；如不勾选，只检查当前选中的文字图层中的单词。

●完成：单击该按钮会结束检查并关闭该对话框。

●忽略：单击该按钮，会忽略当前的检查结果。

●全部忽略：单击该按钮，会忽略所有的检查结果。

●更改：单击该按钮，可使用正确的单词替换当前的错误单词。

●更改全部：单击该按钮，会使用正确的单词替换文字图层中所有的错误单词。

●添加：用于将检测到的单词添加到字典中。如果被查找到的单词拼写是正确的，单击该按钮可以将该单词添加到 Photoshop 字典中，以后再查找到该单词，Photoshop 会自动将其视为正确的拼写格式。

6.3.5　查找和替换文本

在使用 Photoshop 处理文字时，如果文字内容很多，且包含了大量的同类拼写错误，可使用“查找和替换文本”命令对文字进行替换。只有文字图层中的文字可以执行“查找和替换文本”命令。

单击菜单栏“编辑 > 查找和替换文本”命令，弹出“查找和替换文本”对话框，如图 6－101所示。

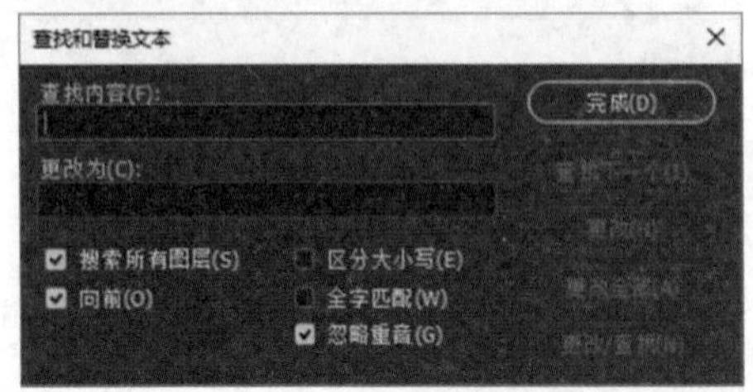

图 6－101

在“查找内容”中输入要被替换的文字，在“更改为”中输入用来替换的文字，单击“更改”按钮，替换查找到的文字内容。

Photoshop 中的“查找和替换文本”功能与 Word 的“查找与替换”功能使用方法相同。

综合案例　制作花式文字

素材文件　第 6 章\6.3\ SetoFont－1. ttf

步骤 01　打开素材文件夹“第 6 章\6.3”，将文件夹中的字体安装到电脑上。安装完成后，打开 Photoshop 创建一个空白文档，背景颜色填充为#da7d7d 颜色，文字颜色为#f4fac2，使用刚刚安装的字体写下“猫咪”两个字，如图 6－102所示。该字体名为“濑户字体”，最早是针对日文设计的字体，所以该字体在字体下拉列表最下方的日韩字体分类里。

图 6－102

步骤 02　对该文字图层执行“栅格化文字”命令，使用钢笔工具在“猫”字左下角的弯钩处绘制一个猫尾巴形状的路径，绘制完成后如果不满意可以继续使用“直接选择工具”对锚点和手柄进行调整，如图 6－103 所示。按键盘上的快捷键 Ctrl＋Enter 将路径转换为选区，并填充和文字一样的颜色，填充完成后如果有连接不流畅的地方，可以使用“橡皮擦工具”和“画笔工具”配合对其进行调整，调整完成后如图 6－104 所示。

图 6－103

图 6－104

步骤 03　重复步骤 2 的操作，在“咪”字合适位置加上猫尾巴形状，如图 6－105 所示。

图 6－105

步骤 04　使用“橡皮擦工具”将如图 6－106 所示的位置擦除掉，并将笔画的末尾擦出圆头，或使用“画笔工具”画出圆头。

图 6－106

步骤 05　继续重复步骤 2 的操作，将“猫咪”两个字的笔画连接起来，如图 6－107 所示。

图 6－107

步骤 06　将“猫”字右半边草字头的两竖擦除，只剩下一条横线，并将横线框选住稍微向下移动，如图 6－108 所示。

图 6－108

步骤 07 使用“钢笔工具”在横线上绘制出猫耳朵的形状，如图 6－109 所示。按键盘上的快捷键 Ctrl＋Enter 转换为选区，填充上和文字相同的颜色，如图 6－110 所示。

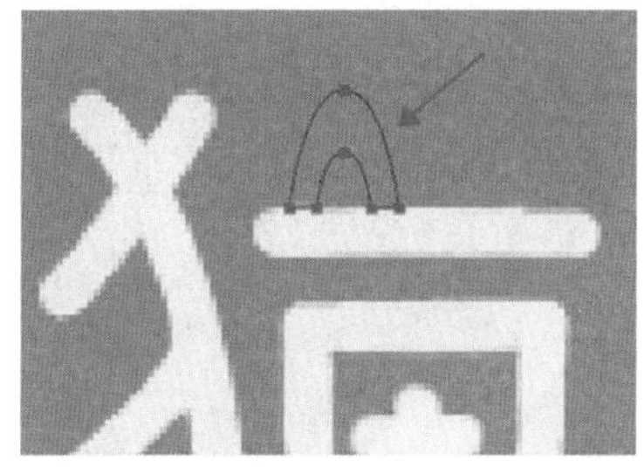

图 6－109

图 6－110

步骤 08 不取消选区，使用“选框工具”将选区移动到右边的位置，填充与文字相同的颜色，如图 6－111 所示。

图 6－111

步骤 09 使用“橡皮擦工具”和“画笔工具”对文字做最后的调整，最终的效果如图 6－112 所示。

图 6－112

6.4 结课作业

为自己制作一张自我介绍海报图。

1. 尺寸要求：竖版，宽 640 像素，高 1136 像素；方形，宽高均为 640 像素；横版，宽 1860 像素，高 640 像素。在以上 3 个尺寸中任选一种。分辨率设置为 72 像素/英寸。

2. 为自己拍摄一张照片，并使用“抠图工具”将照片中的人像抠出来。

3. 从网络下载合适的背景图，或根据现有知识自己制作一张背景图。

4. 准备好相关的文字信息，如自己的姓名、性格、特长、兴趣爱好等，挑选出其中的几项提炼出简介的文字。

5. 按照要求的尺寸，将背景图片和人物图片置入图像文档，输入准备好的文字，对画面进行编辑排版。

CHAPTER 7

Photoshop在矢量绘图中的应用

本章导读

7.1 关于矢量绘图

绘图是 Photoshop 的一项重要功能，除了使用画笔工具进行绘图外，矢量绘图也是一种常用的方式。Photoshop 的矢量工具包括“钢笔工具”和“形状工具”，钢笔工具主要用于绘制不规则的图形，形状工具则是通过选取内置的图形样式绘制较为规则的图形。使用画笔工具绘制出的是“像素”，即位图；而使用矢量工具绘制出的是路径和填色，也就是质量不受画面尺寸影响的矢量图。矢量绘图的内容多以图形出现，造型随意不受限制，图形边缘清晰锐利，可供选择的色彩范围广，放大或缩小图形时不会变模糊，但颜色的使用相对比较单一。

7.1.1 矢量图和位图

“矢量图”和“位图”是计算机图形中的两大概念，这两种图形都被广泛应用到出版、印刷、互联网等各个方面。它们各自存在优缺点，且两者各自的优势是无法相互替代的，所以，矢量和位图在应用中一直是平分秋色。

1 矢量图

素材文件　第 7 章\7.1\矢量图.jpg

矢量图，也被称为面向对象的图像或绘图图像，在数学上定义为一系列由线连接的点。矢量文件中的图形元素被称为对象。每个对象都是一个实体，具有颜色、形状、轮廓、大小和屏幕位置等属性。在 Photoshop 中，矢量图就是由路径包裹着颜色构成的图形，可以通过调整路径上的锚点和手柄改变矢量图的外形。

矢量图根据几何特性来绘制图形，矢量可以是一个点或一条线，矢量图只能靠软件生成，文件占用内在空间较小。因为这种类型的图像文件包含独立的分离图像，可以自由无限制地重新组合。其特点是放大后图像不会失真，与分辨率无关，适用于图形设计、文字设计和一些标志设计、版式设计等。例如，图 7－1 所示是一张矢量图插画，放大数倍后，矢量图的细节依然十分清晰平滑，如图 7－2所示。

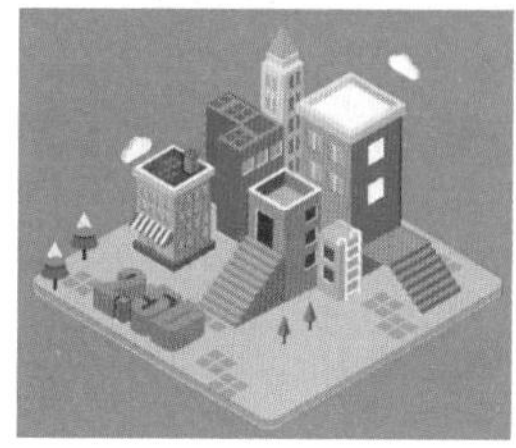

图 7－1

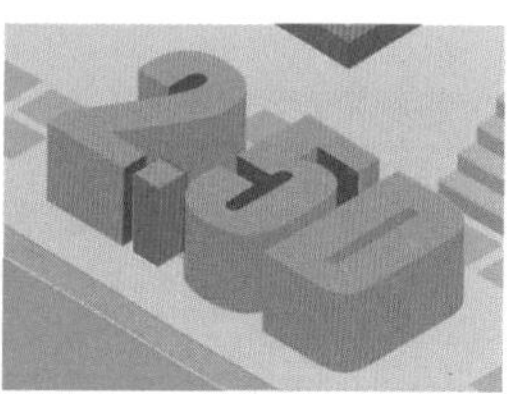

图 7－2

2 位图

素材文件　第 7 章\7.1\位图.jpg

位图，也称为点阵图或栅格图，构成位图的最小单位是像素，位图是通过像素阵列的排列来实现其显示效果的。每个像素都有自己的颜色信息，在对位图进行编辑操作时，可操作的对象是每个像素，通过改变图像的色相、饱和度、明度，从而改变显示效果。

当放大位图时，可以看见用来构成整个图像的无数单个方块。扩大位图尺寸的效果是增大单个像素，从而使线条和形状显得参差不齐。当远距离观看或将位图缩小时，位图的颜色和形状是连续的。用数码相机拍摄的照片、扫描仪扫描的图片以及计算机截屏图片等都属于位图。位图的优点是可以表现色彩的变化和颜色的细微过渡，产生逼真的效果；缺点是在保存时需要记录每一个像素的位置和颜色值，会占用较大的存储空间。例如，图 7－3 所示是一张位图，扩大数倍后，会发现图像出现了细节不清晰的失真现象，如图 7－4 所示。

图 7－3

图 7－4

7.1.2 路径面板

在 3.1.2 节中,我们介绍了路径、锚点和手柄的概念及使用方法。本章的矢量绘图主要是通过调整路径上的锚点和手柄来更改其外形,具体的操作方法和 3.1.2 节相同,此处就不再赘述。本节主要介绍“路径”面板。

“路径”面板主要用来存储和管理路径,在“路径”面板中显示了存储的所有路径、工作路径和矢量蒙版的名称及缩略图。单击菜单栏“窗口 > 路径”命令,打开“路径”面板,在 Photoshop“基本功能”的工作区中,“路径”面板默认在对话框的右下角。“路径”面板如图 7－5 所示。

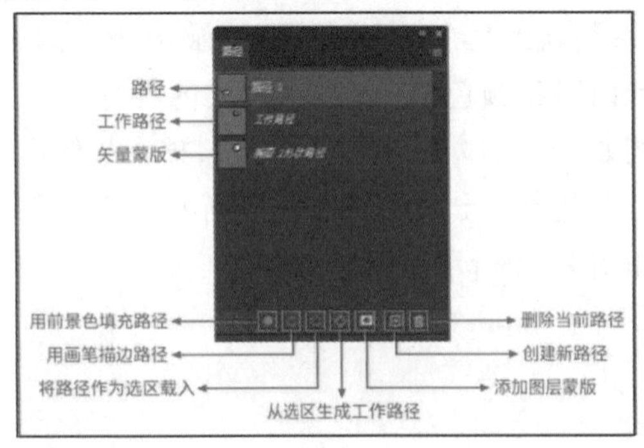

图 7－5

●路径:单击“创建新路径”按钮可新建路径,双击路径名可更改名称。

●工作路径:在没有单击“创建新路径”按钮的情况下直接在画布中绘制路径,创建出的路径就是工作路径。

●矢量蒙版:使用任意矢量工具,并将工具选项栏的“工具模式”设置为“形状”绘制图形,在“路径”面板中就会自动生成一个矢量蒙版。

●用前景色填充路径:单击该按钮,可以使用前景色填充路径区域。

●用画笔描边路径:单击该按钮,可以用设置好的“画笔工具”和前景色沿着路径边缘进行描边。

●将路径作为选区载入:单击该按钮,可以将当前路径转换为选区。

●从选区生成路径:单击该按钮,可以将当前选区转换为工作路径。

●添加图层蒙版:单击该按钮,可以使用当前选区为图层添加图层蒙版。

●创建新路径:单击该按钮,可以创建一个新路径。将已有的路径拖动到该按钮处,可以复制路径。

●删除当前路径:单击该按钮,或者将要删除的路径拖动到该按钮处,即可将当前的路径删除,也可以选中路径后按键盘上的 Delete 键删除。

●储存工作路径:直接绘制的路径是“工作路径”,是一种临时路径,一旦创建了新路径,原有的路径就会被新路径所替代。如果不想工作路径被替代,可以双击其缩略图,在弹出的“存储路径”对话框将其保存起来。

7.1.3 矢量绘图的模式

使用“钢笔工具”或“形状工具”进行绘图前,需要先在工具选项栏中选择绘图模式,即工具模式，如图 7-6 所示。

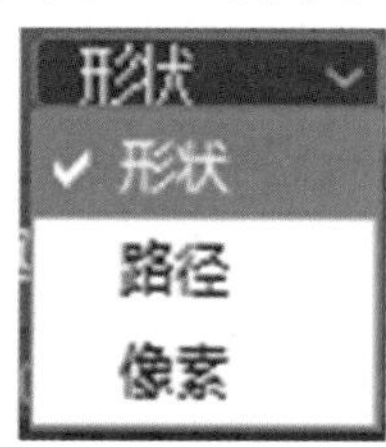

图 7-6

●形状：带有路径，可以设置填充和描边，绘制时自动创建“形状图层”，绘制出的是矢量图，钢笔工具和形状工具都可以使用此模式。矢量绘图时通常使用“形状”模式，在该模式下可以快捷方便地设置其填充与描边属性。

●路径：只能绘制路径，绘制出的是矢量路径，没有实体，打印输出不可见，可以在转为选区后进行颜色填充。钢笔工具和形状工具都可以使用此模式。在第 3 章介绍抠图时，其中就包含路径抠图的方法。

●像素：操作时需要先选中图层，绘制出的是位图且绘制出的只有填充颜色，没有路径。形状工具可以使用此模式，钢笔工具不可用。

7.2 绘制规则矢量图

Photoshop 提供了多种形状工具用来绘制规则矢量图，包括“矩形工具”“圆角矩形工具”“椭圆工具”“多边形工具”“直线工具”和“自定形状工具”。使用形状工具可以快速绘制出所需的不同形状图形，且同时会自动在“图层”面板新建一个形状图层。除了可以在各自的工具选项栏设置具体的属性参数外，“矩形工具”“圆角矩形工具”和“椭圆工具”还可以利用“属性”面板来进行参数设置。

7.2.1 矩形工具

选择工具箱中的“矩形工具”，如图 7-7 所示，可在画布中绘制出标准的矩形或正方形。“矩形工具”和“矩形选框工具”的使用方法类似，按住鼠标左键在画布中拖动可以绘制出矩形，按住键盘上的 Shift 键拖动鼠标可以绘制出正方形，按住键盘上的 Alt 键拖动鼠标可以以鼠标单击点为中心绘制矩形，按住键盘上的 Shift + Alt 键拖动鼠标可以以鼠标单击点为中心绘制正方形。

图 7-7

需要注意的是，当绘制完一个矩形或其他形状之后，还需要按住键盘上的 Shift 键再拖动出一个形状时，要先在画布上单击鼠标左键，再按键盘上的 Shift 键，这样才能让两个形状分别在两个形状图层中；如果先按键盘上的 Shift 键，会导致两个图形在同一个形状图层中。

“矩形工具”工具选项栏如图 7-8 所示。

图 7-8

●填充：用来设置形状的填充颜色，可以填充无颜色（不填充颜色）、纯色、渐变或图案。

●描边：用来设置形状的描边颜色、描边宽度和描边类型。

描边颜色和填充颜色一样，可以设置无颜色、纯色、渐变或图案。

描边宽度用来设置描边的粗细，可以直接输入数值进行设置，也可以单击下拉按钮拖动滑块进行设置。

描边类型如图 7-9 所示，可以设置描边的样式、对齐方式、端点样式和角点样式。单击“更多选项”按钮，弹出“描边”对话框，如图 7 – 10 所示。

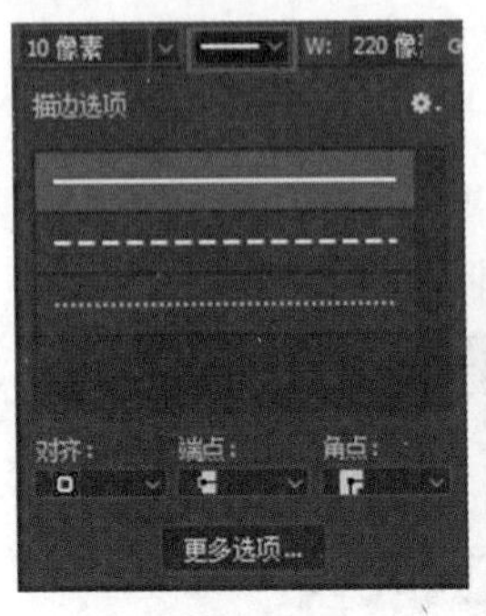

图 7 – 9

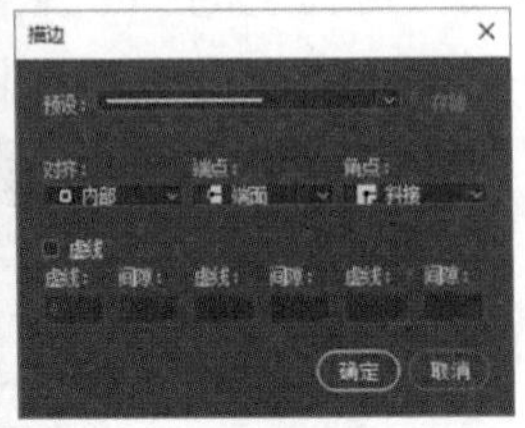

图 7 – 10

●描边选项/预设：可以选择描边的样式，Photoshop 提供了直线、虚线和点线 3 种描边预设样式。

●对齐：包含“内部”“居中”和“外部”3 个选项。选择“内部”选项时，描边会在形状边缘的内部显示，如图 7 – 11 所示；选择“居中”选项时，描边会在形状边缘中间显示，如图 7 – 12 所示；选择“外部”选项时，描边会在形状边缘的外部显示，如图 7 – 13 所示。

图 7 – 11

图 7 – 12

图 7 – 13

●端点：包含“端面”“圆形”和“方形”3 个选项，只有不闭合的路径才能看出效果。例如，选择工具箱中的“钢笔工具”，并将其工具选项栏的“工具模式”选为“形状”，在画布上绘制一个不闭合路径的形状，选择“端面”选项，效果如图 7 – 14 所示；选择“圆形”选项，效果如图 7 – 15 所示；选择“方形”选项，效果如图7 – 16所示。

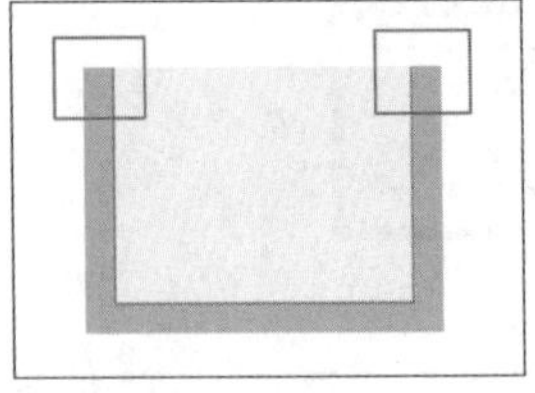
图 7 – 14

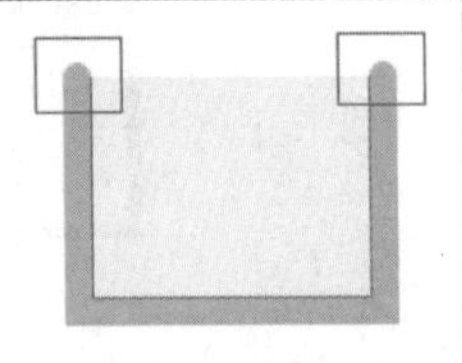
图 7 – 15

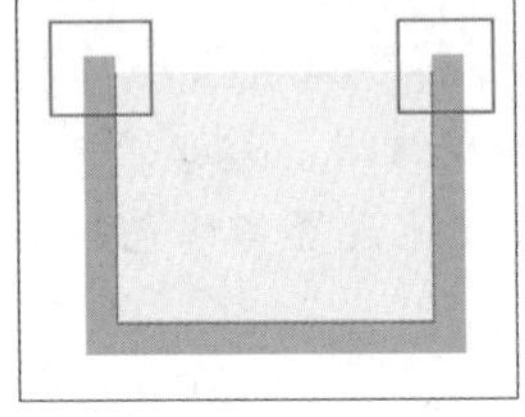
图 7 – 16

图 7 – 17

●角点：包含“斜接”“圆形”和“斜面”3 个选项，只有在“对齐”为“居中”或“外部”时才能看出效果。选择“斜接”选项，效果如图 7 – 17 所示；选择“圆形”选项，效果如图 7 – 18所示；选择“斜面”选项，效果如图 7 – 19 所示。

图 7 – 18

图 7 – 19

●虚线：勾选复选框后，无论选择什么样式的描边，都会变成虚线描边，且可以使用“虚线”和“间隙”来控制虚线的长度和虚线之间的距离。如果只填写第一组“虚线”和“间隙”的数值，虚线会按照填写的数值平均分布，如图 7 – 20 所示，虚线是 2 像素长，虚线之间的间距是 1 像素长；如果只填写前两组“虚线”和“间隙”的数值，且各自不同，虚线和虚线之间的间距长度会循环重复第一组和第二组数值，如图 7 – 21 所示；如果填写全部数值，且数值各不相同，虚线和虚线之间的间距长度会循环重复这 3 组数值，如图 7 – 22 所示。不填写任何数值或只填写“虚线”和“间隙”其中的一个数值，显示为直线描边。

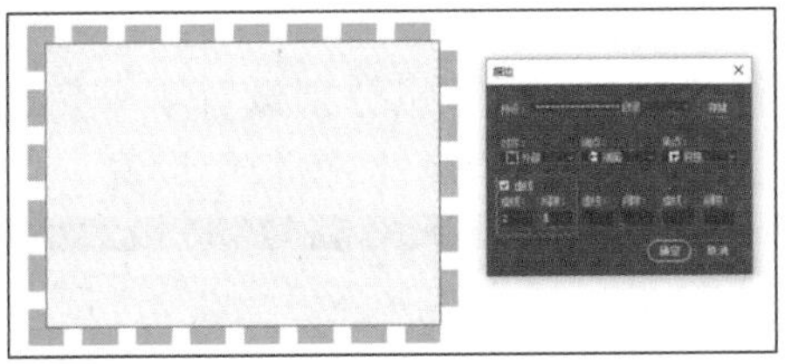
图 7 – 20

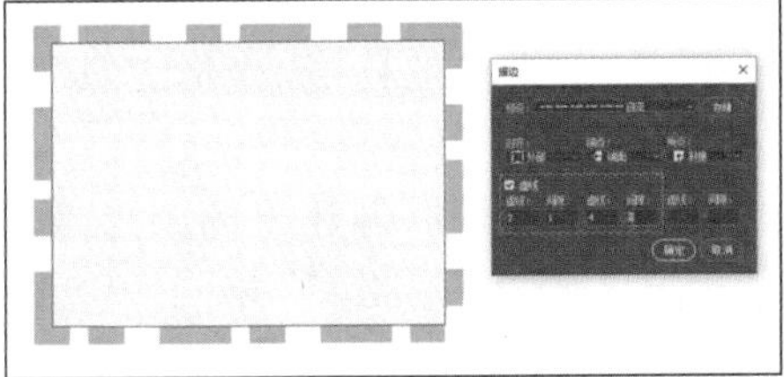
图 7 – 21

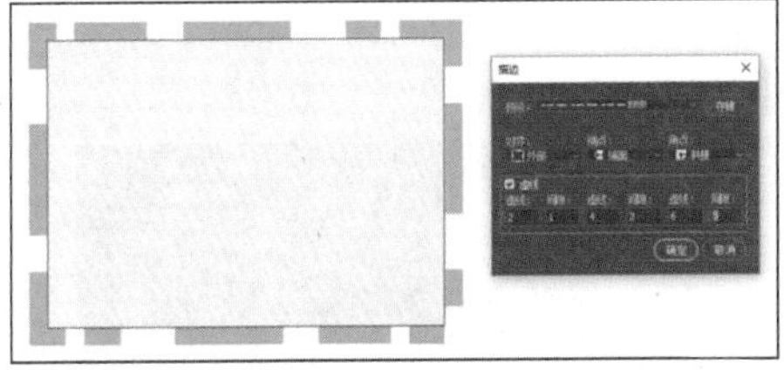
图 7 – 22

●设置其他形状和路径选项：单击该按钮，会弹出如图 7 – 23 所示的快捷菜单。

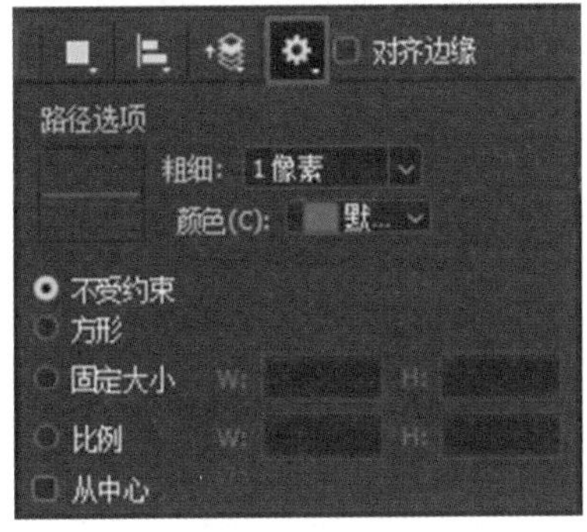

图 7 – 23

●路径选项：可以设置路径的粗细和颜色。

●不受约束：单击该按钮，可以绘制出任意大小的矩形。

●方形：单击该按钮，可以绘制出任意大小的正方形。

●固定大小：单击该按钮，可以输入宽度（W）和高度（H），然后在画布上单击即可创建出固定大小的矩形。

●比例：单击该按钮，可以输入宽度（W）和高度（H）比例，此后创建的矩形始终会保持该比例。

●从中心：勾选复选框后，无论以何种方式创建矩形，都以鼠标单击点为矩形的中心。

●对齐边缘：勾选复选框后，可以使矩形边缘和像素边缘相重合，防止图形边缘出现锯齿。

使用“矩形工具”绘制一个矩形，会弹出“属性”面板，在“属性”面板中可以看到该矩形的属性参数。如果不小心关闭了“属性”面板，单击菜单栏“窗口 > 属性”可打开属性面板。“属性”面板中大部分属性参数和工具选项栏相同，只是多了圆角的设置，如图 7 – 24所示。将圆角的数值设置为大于 0 的数值时，当前的矩形会变成圆角矩形。

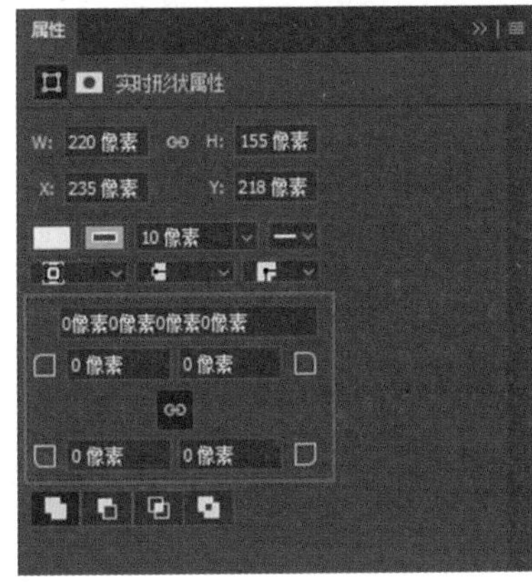

图 7 – 24

当中间的小锁链按钮为按下状态时，更改任何一个圆角数值，其他数值都会随之改变，效果如图 7 – 25 所示；当中间的小锁链按钮为未按下状态时，可以随意更改 4 个角的圆角数值，使它们各不相同，如图 7 – 26 所示。

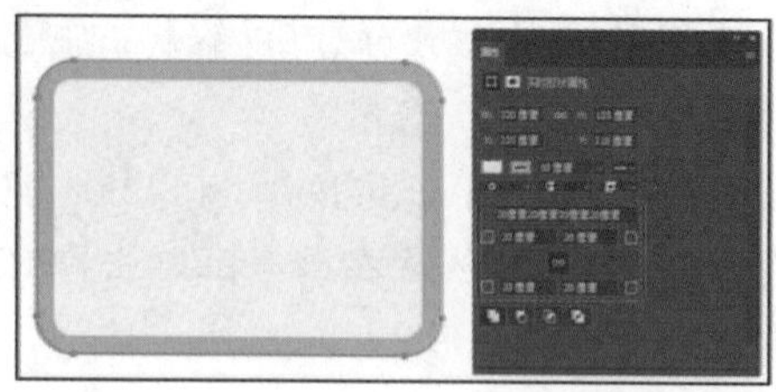

图 7－25

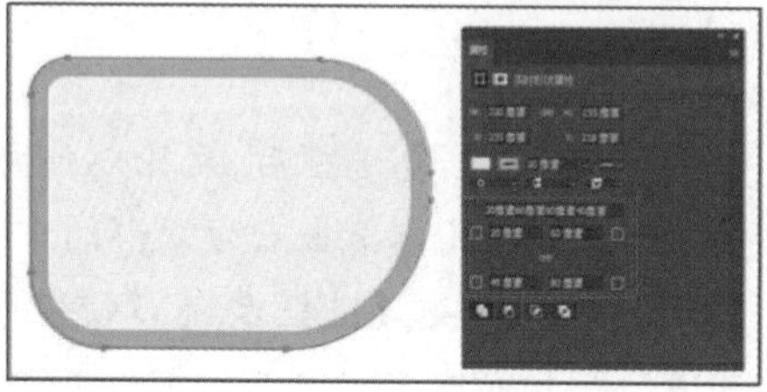

图 7－26

选择工具箱中的“矩形工具”，设置好填充颜色和描边之后，可以在画布上按住鼠标左键拖动出矩形，也可以在画布上单击鼠标左键，会弹出如图 7－27 所示的对话框，在该对话框中设置矩形的宽度和高度，单击“确定”按钮，即可在画布中绘制出精确尺寸的矩形。

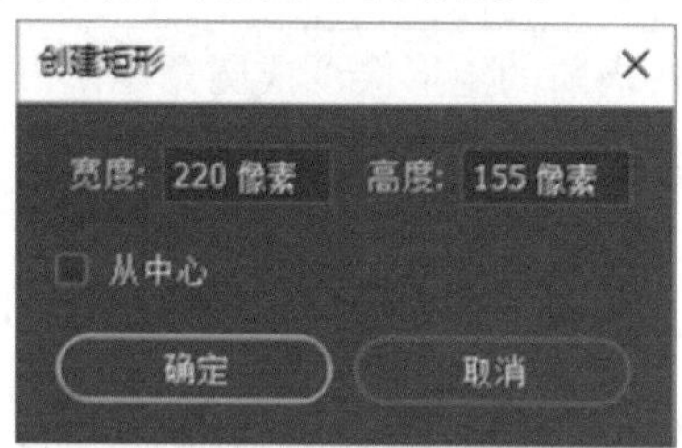

图 7－27

7.2.2 圆角矩形工具

“圆角矩形工具”在工具箱“矩形工具”的子工具组中，如图 7－28 所示。

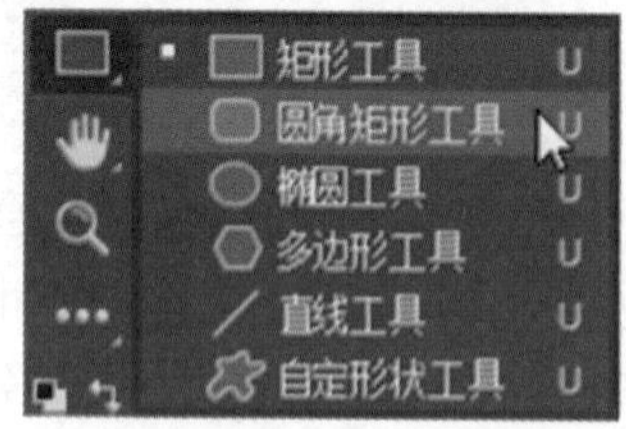

图 7－28

“圆角矩形工具”可以创建具有圆角效果的矩形，其使用方法和“矩形工具”相同，其“属性”面板的参数设置也相同。不同之处在于，“圆角矩形工具”工具选项栏中多了“半径”，即设置圆角的数值，如图 7－29 所示。数值越大，圆角越大；若数值为 0，则没有圆角，绘制出的是矩形。“半径”的数值会同时控制 4 个角，若想分别设置 4 个角的圆角大小，则需要在“属性”面板中设置。

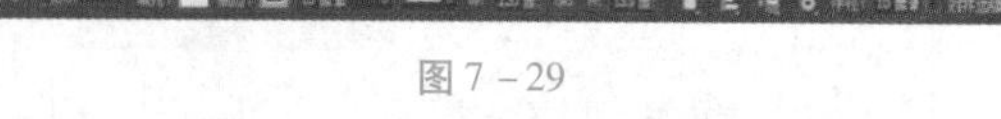

图 7－29

7.2.3 椭圆工具

“椭圆工具”在工具箱“矩形工具”的子工具组中。

“椭圆工具”可以创建出椭圆形或正圆形，使用方法和“矩形工具”相同，其工具选项栏也和“矩形工具”相同。由于创建出的是圆形，无法调整圆角，因此在“属性”面板中没有调整圆角的选项。其他参数与“矩形工具”完全相同，如图 7－30 所示。

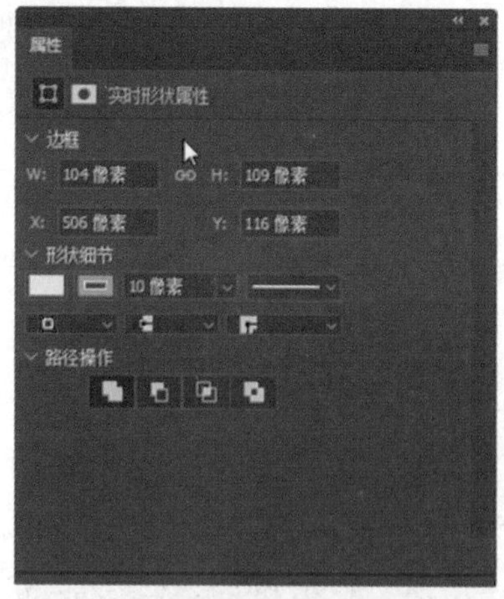

图 7－30

7.2.4 多边形工具

“多边形工具”在工具箱“矩形工具”的子工具组中。

“多边形工具”可以绘制出多边形和星形。可以在工具选项栏设置好相关参数后，拖动鼠标在画布中绘制形状，也可以直接在画布上单击鼠标左键设置相关参数。

“多边形工具”的工具选项栏如图 7－31 所示。与“矩形工具”相比，多出了“边”参数，在其右侧的文本框中输入数值，可创建出相应边数的形状，该数值最小为 3。例如，输入数值为 5，即可在画布中拖动出五边形，如图 7－32 所示。

图 7－31

单击“设置其他形状和路径选项”按钮，弹出如图 7－33 所示的快捷菜单。

图 7－32

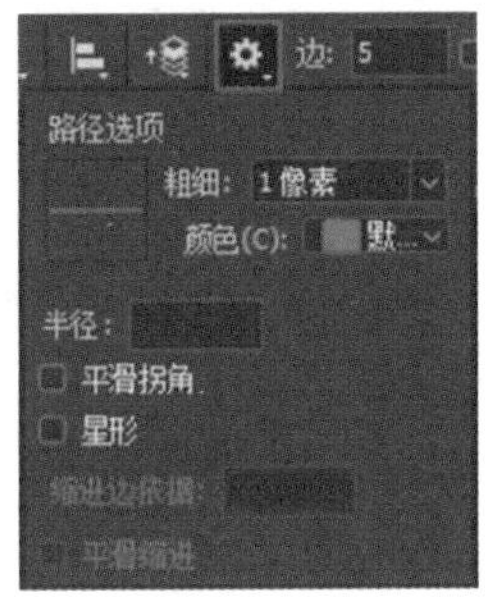

图 7－33

● 半径：用于设置多边形或星形的半径长度，设置好半径后，在画布中可拖动出相应半径的多边形或星形。

● 平滑拐角：勾选复选框后，可以创建具有平滑拐角效果的多边形或星形，对比效果如图 7－34 所示。

图 7－34

● 星形：勾选复选框后，可以创建星形，此时“边”的数值是指星形“角”的数量。“缩进边依据”用来设置星形边缘向中心缩进的百分比，数值越大，星形的角越尖锐，如图 7－35 所示。

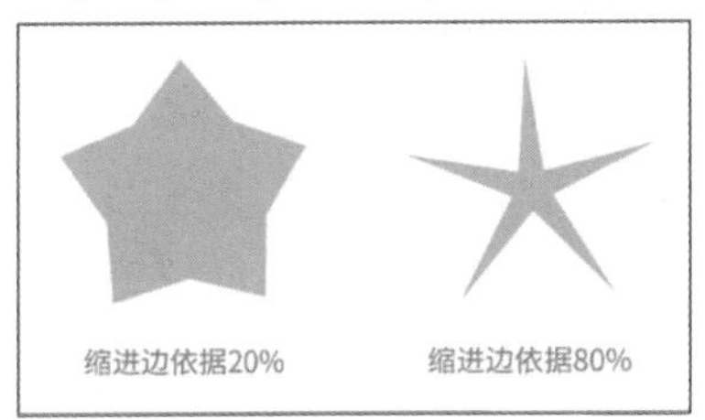

图 7－35

● 平滑缩进：勾选复选框后，可以使星形的每条边向中心平滑缩进，对比效果如图 7－36 所示。

图 7－36

选择工具箱中的“多边形工具”，单击画布，会弹出如图 7－37 所示的对话框，将其中的属性参数都设置完成后单击“确定”按钮，画布上就会出现相应的形状。

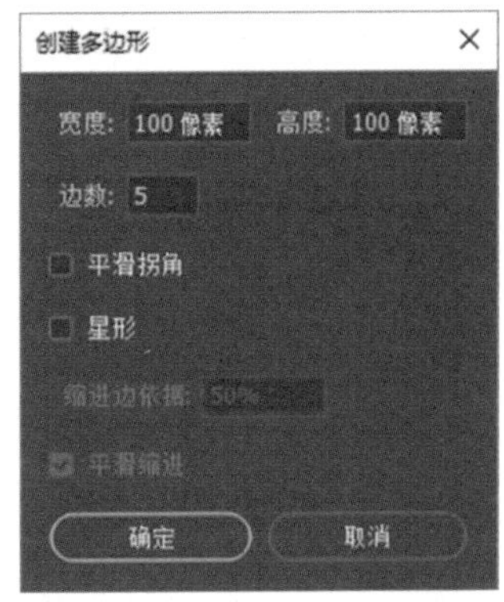

图 7－37

7.2.5　直线工具

“直线工具”在工具箱“矩形工具”的子工具组中。

“直线工具”可以绘制出粗细不同的直线或带有箭头的直线，在画布上按住鼠标左键进行拖动可绘制出直线或箭头线。其工具选项栏如图 7－38 所示，和“矩形工具”基本相同，其中“粗细”用来设置直线或箭头线的宽度。

图 7－38

单击“设置其他形状和路径选项”按钮，弹出如图 7－39 所示的快捷菜单。

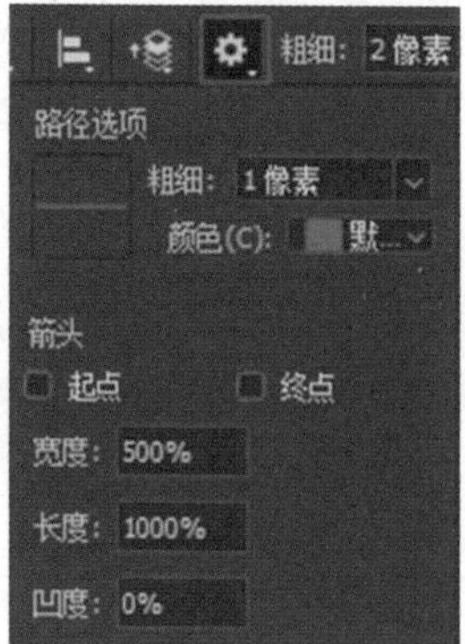

图 7－39

●起点/终点:均未勾选时,绘制出的是直线;如果勾选"起点"复选框,会在直线的起点添加箭头;如果勾选"终点"复选框,会在直线的终点添加箭头;如果全部勾选,会在直线两端都添加箭头。效果如图 7－40 所示。

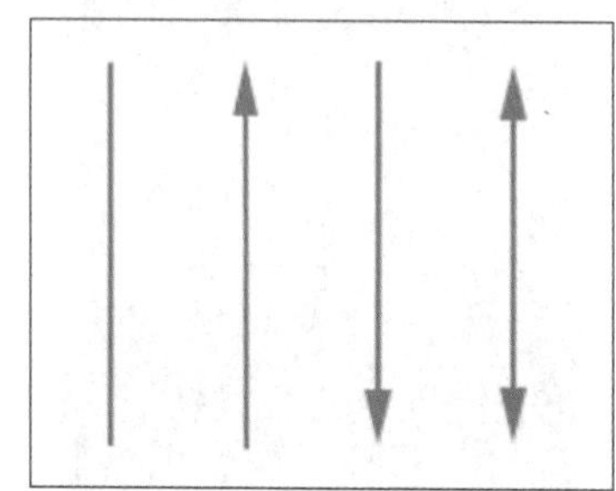
图 7－40

●宽度:用来设置箭头宽度和直线宽度的百分比,范围是 10% ~1000%。不同的宽度效果如图 7－41 所示。

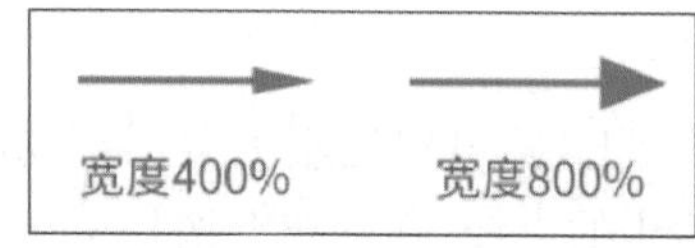

图 7－41

●长度:用来设置箭头长度和直线宽度的百分比,范围是 10% ~5000%。不同长度的效果如图 7－42 所示。

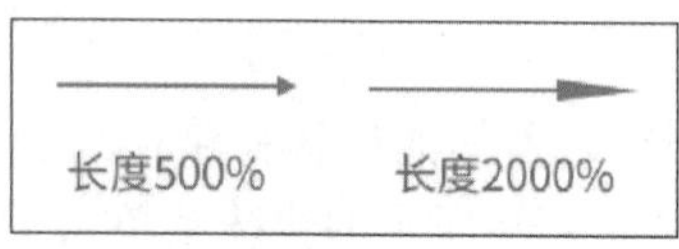

图 7－42

●凹度:用来设置箭头的凹陷程度,范围是－50% ~50%。凹度为 0% 时,箭头尾部平齐;凹度大于 0% 时,箭头尾部向内凹陷;凹度小于 0% 时,箭头尾部向外凸出。效果如图 7－43 所示。

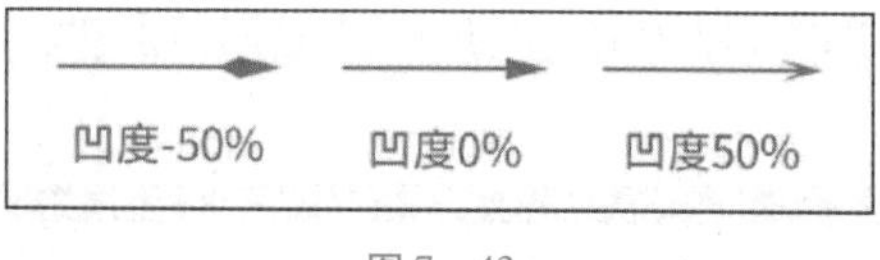

图 7－43

小贴士

使用"直线工具"绘制直线或箭头线时,按住键盘上的 Shift 键不放,在画布上按住鼠标左键进行拖动,可绘制出水平线、垂直线或以 45°角为增量的直线或箭头线。

7.2.6 自定形状工具

"自定形状工具"在工具箱"矩形工具"的子工具组中。

Photoshop 提供了很多预设形状,使用"自定形状工具"可绘制出这些预设形状,单击其工具选项栏的"形状"下拉列表,如图 7－44所示。在弹出的快捷菜单中可以选择预设形状,如图 7－45 所示,选中后可在画布上进行绘制。

图 7－44

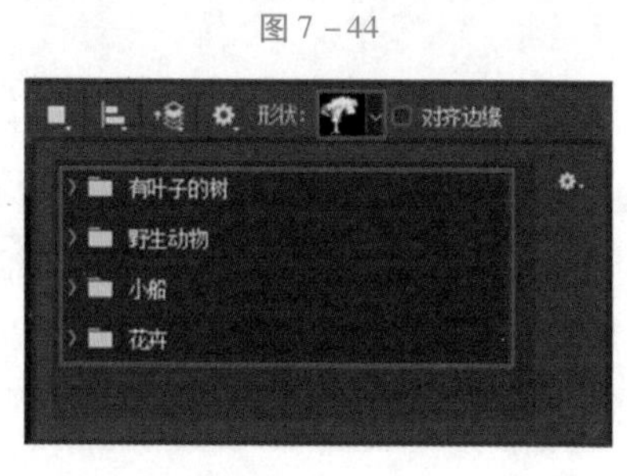

图 7－45

Photoshop CC 2020 版本将预设形状进行了分组,展开分组即可看到组中的预设形状缩略图。但是这里的预设形状并不是 Photoshop 中所有的预设形状,单击菜单栏"窗口

>形状”命令，打开“形状”面板，单击右上角的菜单按钮，在弹出的快捷菜单中选择“旧版形状及其他”命令，如图7－46所示，即可显示出 Photoshop 的所有预设形状。如果想对预设形状进行删除或重新编组，也要在此面板中进行操作。

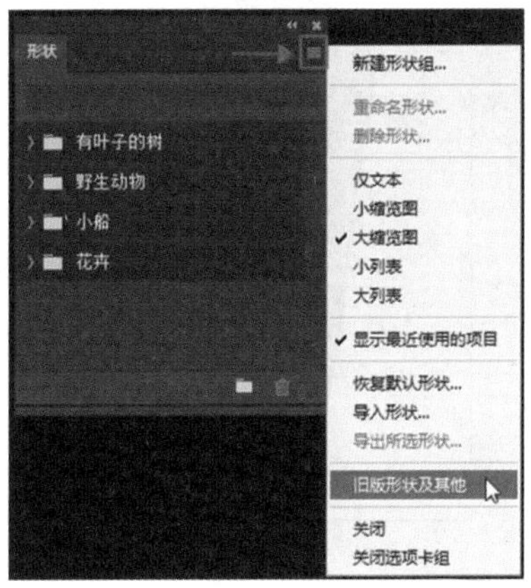

图 7－46

在绘制自定形状时，按住键盘上的 Shift 键不放，可等比绘制该形状，否则会导致绘制出的形状变形。例如，选择“旧版形状及其他”下“所有旧版默认形状”的“自然”中的“三叶草”，按住键盘上的 Shift 键绘制出的形状和不按键盘上的 Shift 键随意绘制出的形状如图 7－47 所示。

图 7－47

7.3 绘制不规则矢量图

在第 3 章节中介绍了如何使用“钢笔工具”绘制路径以及如何使用“直接选择工具”编辑路径。本节将介绍不规则矢量图的绘制，通过使用“钢笔工具”配合“直接选择工具”来完成。此外，使用“形状工具”配合“直接选择工具”及“钢笔工具”，也可以绘制出具有一定规则的矢量图。

下面，我们使用本章学习的“形状工具”配合“钢笔工具”和“直接选择工具”来绘制一个简单的胡萝卜。

步骤 01 在 Photoshop 中新建一个空白文档，选择工具箱中的“钢笔工具”，工具选项栏的“工具模式”选择“形状”，“填充”选择橘黄色，色号为#ed7413，“描边”选择黑色，2 像素，直线，如图 7－48 所示。

图 7－48

步骤 02 使用“钢笔工具”绘制出胡萝卜的身体，方法与第 3 章创建路径相同，只是这里绘制出来的是带有填充和描边的路径。绘制完成后如果对形状不满意，可以使用“直接选择工具”对其外形进行调整，将该图层重新命名，效果如图 7－49 所示。

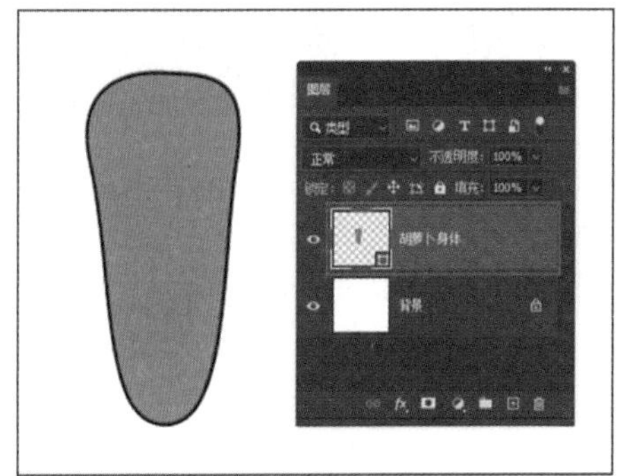

图 7－49

步骤 03 使用“椭圆工具”绘制出一个椭圆形，将填充色改为绿色，色号为#81ce5f，如图 7－50所示。使用“转换点工具”将椭圆的上下两个锚点转换为直角锚点，如图 7－51 所示。使用“直接选择工具”选中椭圆中间的两个锚点，按键盘上的“↑”方向键，使其稍微向上移动，让叶子看起来比较自然。

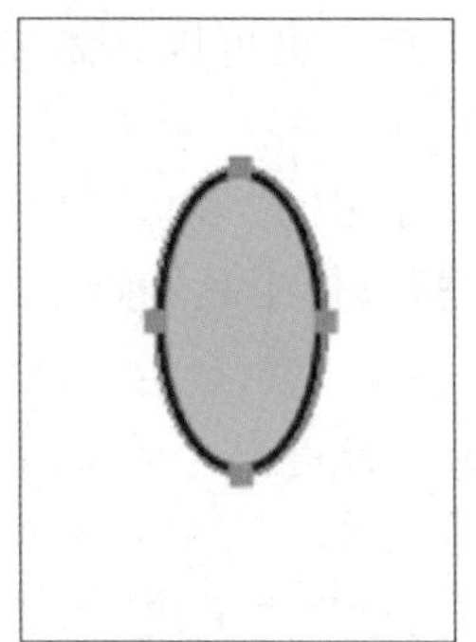

图 7－50

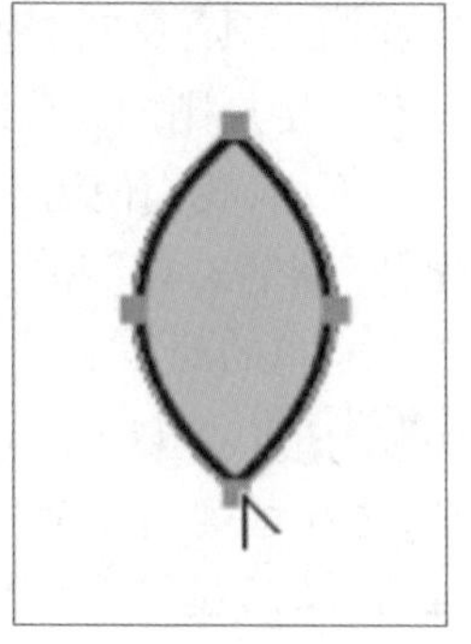

图 7－51

步骤 04 调整叶子大小并旋转角度，放到合适位置，并将该图层重新命名为“叶子”，如图 7－52 所示。

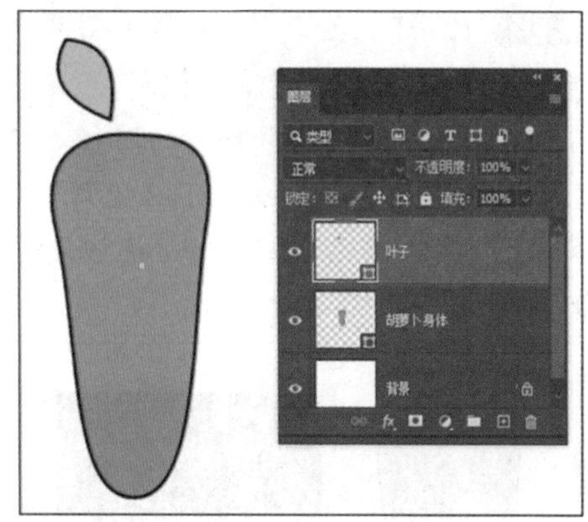

图 7－52

步骤 05 将叶子图层复制一层，水平翻转并调整大小和角度，再微调一下两片叶子的位置，效果如图 7－53 所示。

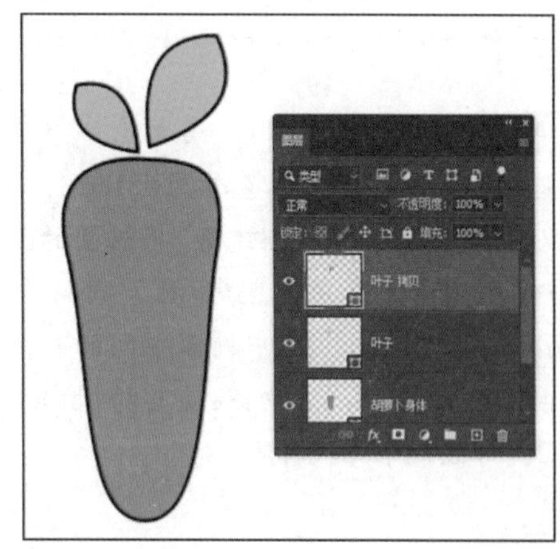

图 7－53

步骤 06 使用“钢笔工具”在胡萝卜的身体上勾画几条黑色描边，宽度为 1 像素，无填充颜色的线条，最终的效果如图 7－54 所示。

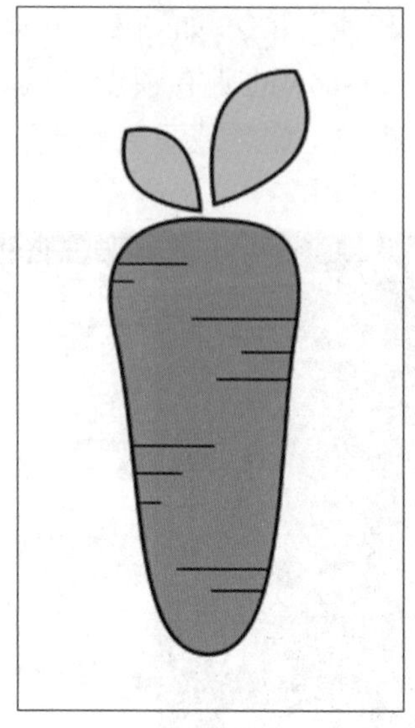

图 7－54

如果想要改变形状的填充颜色，可以在工具选项栏或“属性”面板中修改，也可以双击“图层”面板中该形状图层的图层缩略图，在弹出的“拾色器”对话框中选择要改变的颜色。

7.4 布尔运算

选择工具箱中的“形状工具”或“钢笔工具”，在工具选项栏中单击“路径操作”按钮，其下拉列表中有“新建图层”“合并形状”“减去顶层形状”“与形状区域相交”、“排除重叠形状”和“合并形状组件”这几个选项，如图 7－55 所示，这就是“布尔运算”的几个运算法则。需要注意的是，要进行布尔运算的两个形状，需要在同一个形状图层中，不同形状图层中的形状是不能执行布尔运算命令的。因此，在进行布尔运算之前，需要将要进行运算的形状合并到同一个形状图层中（快捷键为 Ctrl＋E）。在同一个形状图层中，需要使用“路径选择工具”对图层中的某个形状进行选中及其他操作。

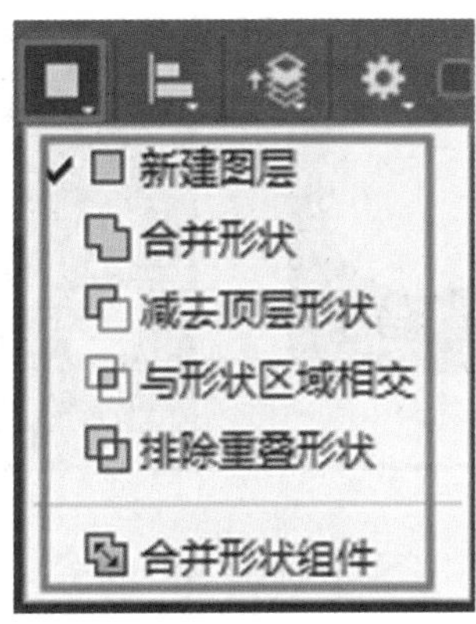

图 7 – 55

●新建图层：每绘制一个新的形状时都会新建一个形状图层，因为每个形状都在一个单独的形状图层里，所以每个形状都可以有不同的颜色，如图 7 – 56 所示。

图 7 – 56

●合并形状：就是将两个形状合并在一起，效果如图 7 – 57 所示。

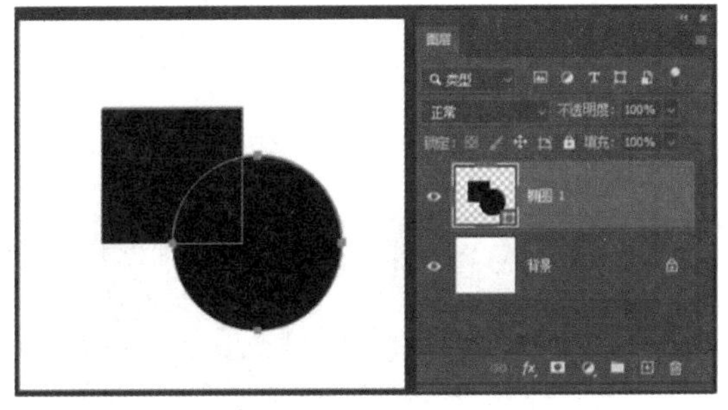

图 7 – 57

●减去顶层形状：使用“路径选择工具”选中形状图层中排列在上方的形状，选择“减去顶层形状”选项，效果如图 7 – 58 所示；如果选中的是排列在下方的形状，选择“减去顶层形状”选项后，效果如图 7 – 59 所示。可以看到，当选中某个形状后，如果该形状所在的形状图层中，其下方没有其他的形状，选择“减去顶层形状”选项，默认“底层形状”是整个画布。如果想要调整形状的层叠位置，需要先使用“路径选择工具”选中形状，然后在工具选项栏的“路径排列方式”的下拉列表选项中去调整其位置。

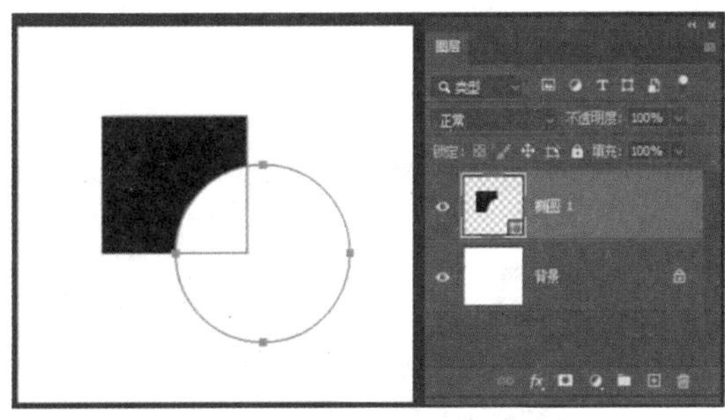

图 7 – 58

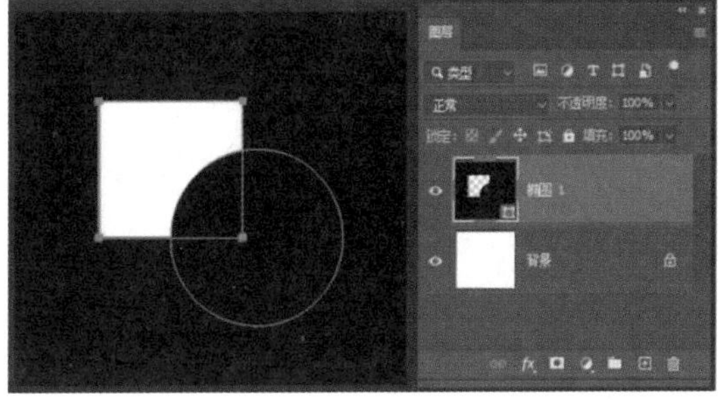

图 7 – 59

●与形状区域相交：用于显示两个形状相交的部分，类似于数学集合中的“交集”，效果如图 7 – 60 所示。需要注意的是，要先选中位于上方的形状，然后再选择“与形状区域相交”选项，才能得到想要的效果；如果选中的是位于下方的形状，将不起作用。因为 Photoshop 是将被选中的形状与其下方的形状做布尔运算的。

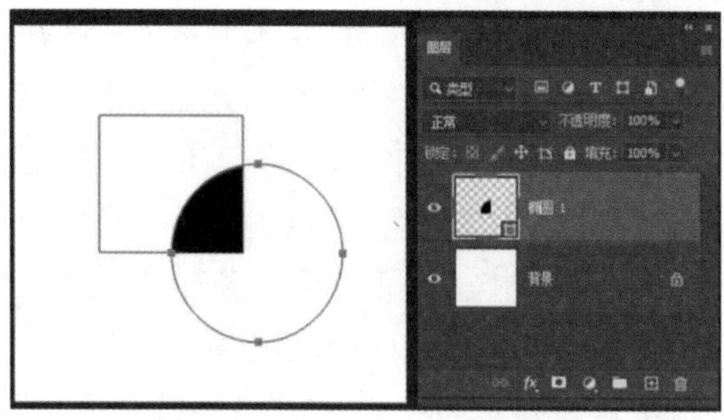

图 7－60

●排除重叠形状：用于显示两个形状除相交区域以外的部分。效果如图 7－61 所示。

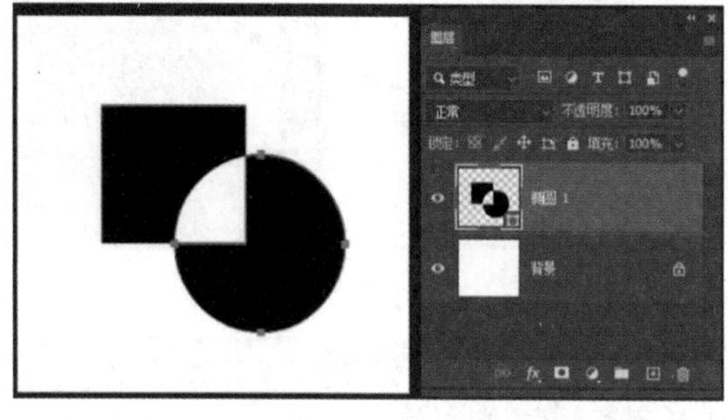

图 7－61

●合并形状组件：在进行完布尔运算后，想要把多个形状合并成一个形状，这时可以选择“合并形状组件”选项。单击“合并形状组件”选项后，会出现如图 7－62 所示的对话框，单击“确定”按钮，即可得到如图 7－63 所示的效果。

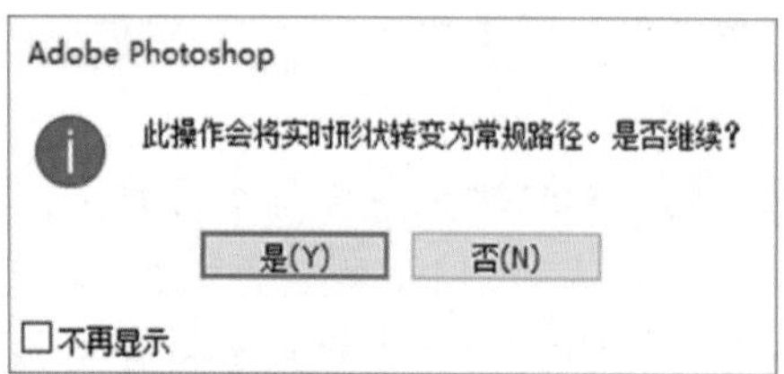

图 7－62

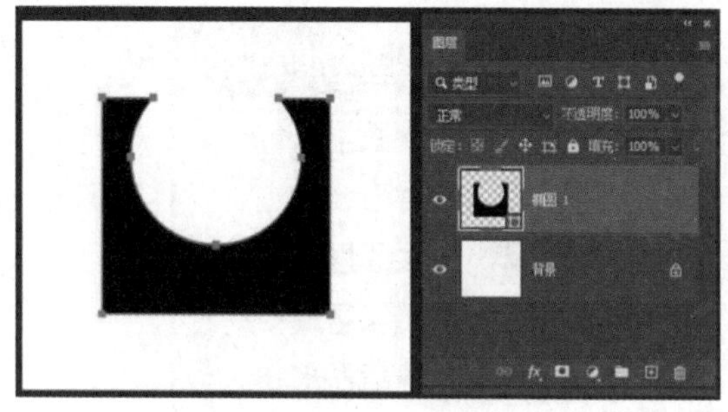

图 7－63

执行“合并形状组件”命令前，可以用“路径选择工具”对形状的位置、大小或旋转角度进行调整。执行“合并形状组件”命令后，两个形状将合并成一个形状。如果还想调整形状的外形，就只能通过“直接选择工具”对锚点和手柄进行调整。

综合案例 制作 WiFi 图标

步骤 01 在 Photoshop 中新建一个空白文档，分辨率为 72 像素/英寸，宽度和高度都设置为 1024 像素。选择工具箱中的“椭圆工具”，在画布上单击鼠标左键，在弹出的对话框中将宽度和高度设置为 800 像素，如图 7－64 所示，单击“确定”按钮，画布上会出现一个圆形。选择工具箱中的“移动工具”，在“图层”面板中选中刚刚创建的椭圆图层和背景图层，单击工具选项栏的“水平居中对齐”和“垂直居中对齐”命令，使圆形处在画布的正中间，如图 7－65 所示。

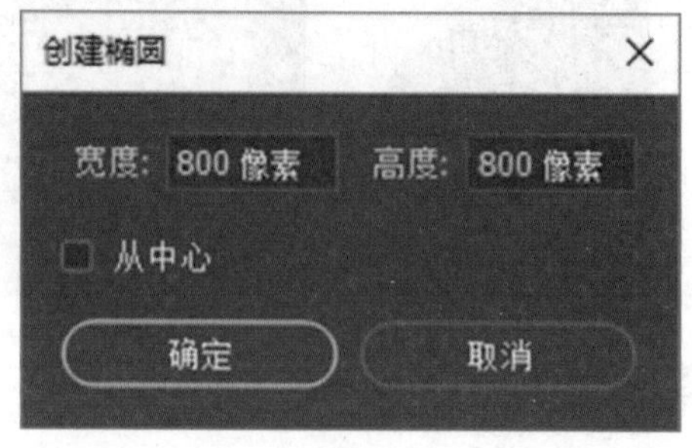

图 7－64

图7-65

步骤02 按照步骤1的操作再创建一个宽度和高度均为700像素的圆形，选中两个椭圆图层，按键盘上的快捷键Ctrl+E将其合并为一个图层，使用“路径选择工具”选中上边较小的圆形，单击工具选项栏的“路径操作”按钮，选择“减去顶层形状”选项，创建出第1个圆环，效果如图7-66所示。

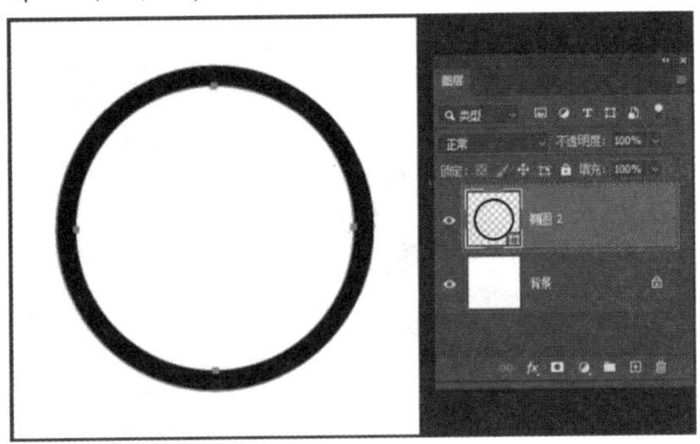

图7-66

步骤03 按照步骤1和步骤2的操作，分别创建宽高为600像素和500像素的圆形，并将它们合并为一个图层，使用“减去顶层形状”命令创建出第2个圆环，如图7-67所示。

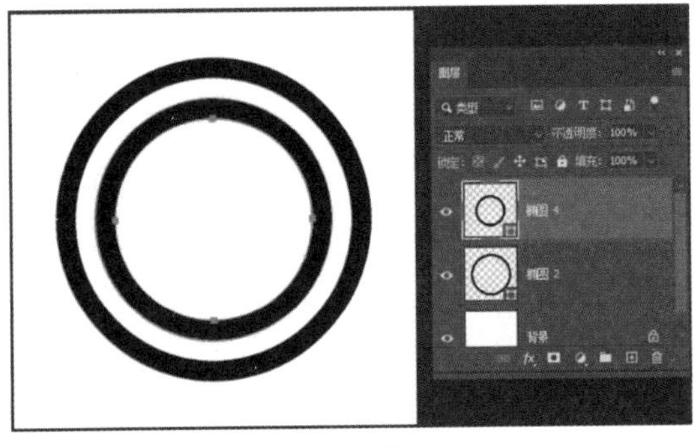

图7-67

步骤04 继续重复步骤1和步骤2的操作，分别创建宽高为400像素和300像素的圆形，创建出第3个圆环，如图7-68所示。

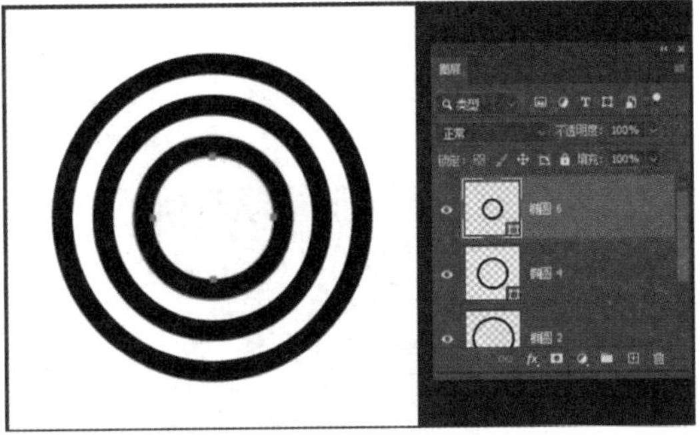

图7-68

步骤05 再创建一个宽度和高度为200像素的圆形，放在画布正中间，如图7-69所示。

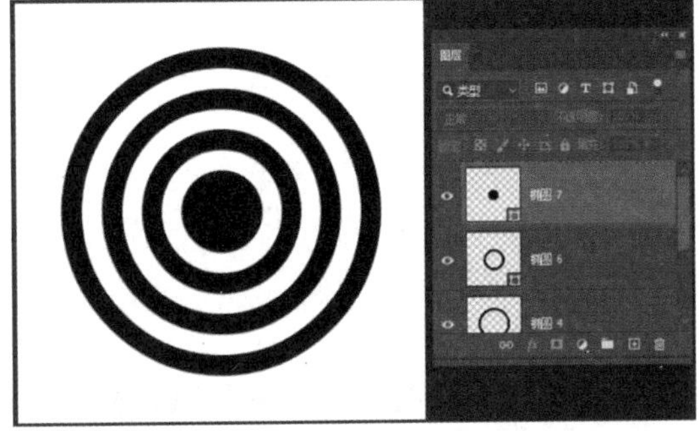

图7-69

步骤06 按键盘上的快捷键Ctrl+R打开标尺，分别拖动出横竖两条参考线确定画布的中心点，如图7-70所示。当参考线拖动到画布的中间时会自动吸附，发现参考线出现自动吸附的现象时，松开鼠标左键。

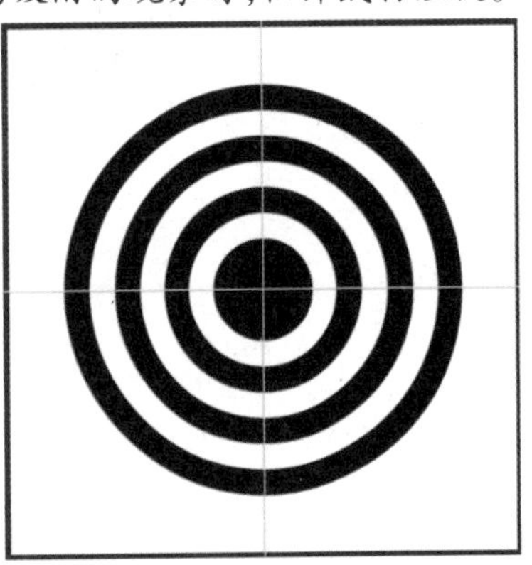

图7-70

步骤07 选择工具箱中的“矩形工具”，按键盘上的 Shift 键绘制出一个正方形，按键盘上的快捷键 Ctrl + T，再按住键盘上的 Shift 键向左或向右旋转 3 下，移动该正方形，使其下方的角和参考线的交叉点重合，为了方便观察，可以将正方形设置成其他颜色，如图 7 – 71所示。

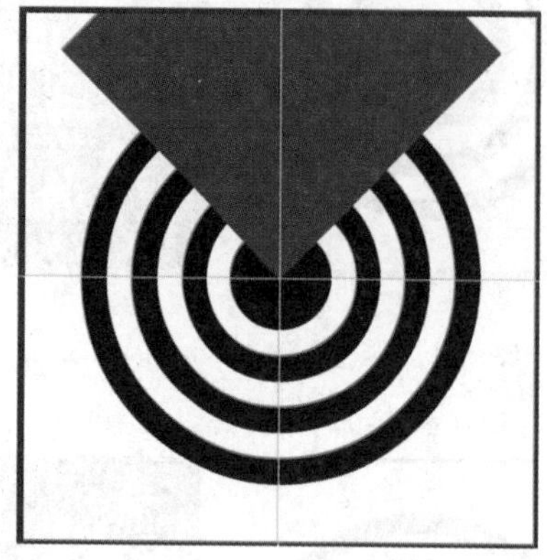

图 7 – 71

步骤 08 为方便观察，单击菜单栏“视图 > 清除参考线”命令，清除画布上的参考线，然后将除背景图层外的所有图层合并，如图 7 – 72 所示。

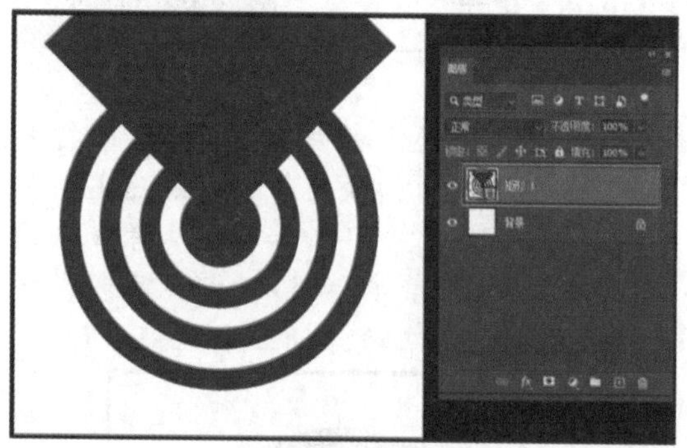

图 7 – 72

步骤 09 用“路径选择工具”选中正方形，单击工具选项栏的“路径操作”按钮，选择“与图形区域相交”选项，效果如图 7 – 73 所示。再次单击工具选项栏的“路径操作”按钮，选择“合并形状组件”选项，即可得到 Wi-Fi 图标，效果如图 7 – 74 所示。

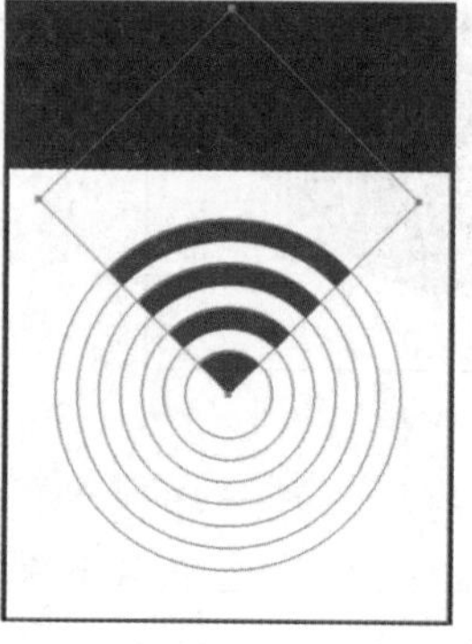

图 7 – 73

图 7 – 74

步骤 10 使用“移动工具”配合自由变换，调整画布中 Wi-Fi 图标的位置和大小，也可以根据需要更改其颜色，最终的效果如图 7 – 75所示。

图 7 – 75

7.5 结课作业

在网络上挑选任意 5 个图标，使用本章所学的知识进行临摹。

CHAPTER 8

Photoshop的滤镜

本章导读

8.1 关于滤镜的使用

滤镜也被称为增效工具，有简单易用、功能强大、内容丰富和样式繁多的特点，用来实现图像的各种特殊效果。Photoshop 提供的滤镜种类非常多，不同类型的滤镜可以制作的效果也大不相同。在掌握了各个滤镜的特点后，可以将多种滤镜组合使用，制作出更多神奇的效果。

Photoshop 的滤镜集中在菜单栏的“滤镜”菜单中，单击菜单栏的“滤镜”按钮，在其下拉列表中可以看到很多种滤镜类型，如图 8－1 所示。

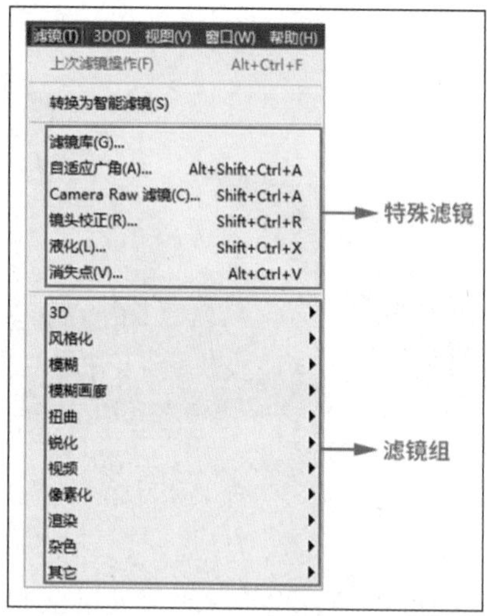

图 8－1

●特殊滤镜：这几种滤镜功能比较强大，且使用较为频繁，可调整的参数较多，有些像单独的修图软件。

●滤镜组：“滤镜组”的每个菜单列表下都包含多个滤镜效果，这些滤镜大多使用起来十分简单，只需要调整简单参数就可以得到有趣的效果。

8.1.1 滤镜库

素材文件　第 8 章\8.1\滤镜库.jpg

“滤镜库”中集合了很多种滤镜，其中的滤镜效果风格迥异，但使用方法十分类似。在“滤镜库”中，可以对一张图片应用一个或多个滤镜，或对一张图片多次应用同一个滤镜，还可以使用其他滤镜替换原有的滤镜。

步骤 01 在 Photoshop 中打开素材文件夹“第 8 章\8.1\滤镜库.jpg”文件，如图 8－2 所示。

图 8－2

步骤 02 单击菜单栏“滤镜 > 滤镜库”命令，打开“滤镜库”对话框。在滤镜列表中选择“艺术效果”滤镜组，单击鼠标左键，在展开的列表中选择“绘画涂抹”滤镜，如图 8－3 所示。

图 8－3

●预览区：用来预览当前使用的滤镜效果。

●滤镜缩放：用来放大或缩小预览图的显示比例，按键盘上的快捷键 Ctrl + + 放大预览图，Ctrl + - 缩小预览图；或者将鼠标箭头移动到预览区，按住键盘上的 Alt 键不放，滚动鼠标滚轮来放大或缩小预览图。

●滤镜组：单击中间滤镜组列表中的任意滤镜组，可展开该滤镜组列表中的滤镜，单击滤镜将其效果应用到图像上。单击右侧下拉按钮，其下拉列表中会显示所有滤镜组中的滤镜，选择任意滤镜选项，可将其效果应用到图像上。

●参数设置面板：用来设置滤镜的相关参数，每个滤镜的参数都各不相同。

●滤镜图层：单击任意滤镜，该滤镜就会出现在右下角的滤镜列表中。

●新建效果图层：单击该按钮，可以创建一个滤镜图层，一个滤镜图层只能使用一种滤镜。

●删除效果图层：单击该按钮，可以删除掉选中的滤镜图层。

如果只想添加一种滤镜，只需单击相应的滤镜并按需求调整其参数。例如展开"扭曲"滤镜组并选择"玻璃"滤镜，可为当前图像应用"玻璃"滤镜效果，如图 8－4 所示。

图 8－4

如果想要添加多种滤镜效果，可以单击右下角的"新建效果图层"按钮，然后再选择合适的滤镜，按照需求调整相应的参数，即可看到如图 8－5 所示的效果。单击"滤镜图层"前的"小眼睛"图标，可显示或隐藏该滤镜效果。

图 8－5

8.1.2　液化

素材文件　第 8 章\8.1\液化.jpg

"液化"滤镜可用于推、拉、旋转、反射、折叠和膨胀图像的任意区域，常用于对人物外形的调整。从 Photoshop CC 2015 版本开始，"液化"滤镜引入了高级人脸识别功能，可自动识别眼睛、鼻子、嘴唇和其他面部特征，可轻松对其进行调整。"人脸识别液化"能够有效地修饰肖像照片、制作漫画，并进行更多操作。

在 Photoshop 中打开素材文件夹"第 8 章\8.1\液化.jpg"文件，单击菜单栏"滤镜 > 液化"命令，打开"液化"对话框，如图 8－6 所示。

图 8－6

●向前变形工具：在拖动时向前推像素。

●重建工具：将已进行液化处理的区域恢复原始效果。

●平滑工具：可以让被液化区域的边缘变得平滑。

●顺时针旋转工具：单击或拖动可以顺时针旋转像素，按住键盘上的 Alt 键可以逆时针旋转像素。

●褶皱工具：可以使像素向画笔区域的中心移动，使图像产生向内收缩的效果。

●膨胀工具：可以使涂抹区域产生向外膨胀的效果。

●左推工具：按住鼠标左键向上拖动，像素会向左移动；按住鼠标左键向下拖动，像素会向右移动；按住鼠标左键水平向左拖动，像素会向下移动；按住鼠标左键水平向右拖动，像素会向上移动。

●冻结蒙版工具：可以冻结涂抹区域，保护该区域不受其他操作影响。

●解冻蒙版工具：涂抹冻结区域，可以解除冻结。

由于 Photoshop 引入了高级人脸识别功能，所以对人像脸部的调整变得十分简单。将“人脸识别液化”下的“眼睛”“鼻子”“嘴唇”和“脸部形状”参数组全部打开，可以看到十分详细的人脸调整参数，如图 8－7 所示，按需求对相应的参数进行调整。

需要注意的是，在调整眼睛相关的参数时，最好按下中间的“小锁链”按钮，保证双眼可以同时进行调整。

图 8－7

如果想要调整人物的身形，可以选择左侧的“向前变形工具”选项，在右侧的“画笔工具选项”下设置画笔的大小、密度、压力和速率参数。参数设置完毕后，将鼠标箭头移动到人物的腰部，按住鼠标左键向左拖动，即可调整出人物的腰部线条，如图8－8所示。

图 8－8

在处理细节时，例如想要放大人物的眼睛，为了避免影响其他区域，可以使用“冻结蒙版工具”在不想被影响的区域进行涂抹，如图 8－9 所示。然后再使用“膨胀工具”调整适合的参数，在人物的眼珠上单击，使其变大，如图 8－10 所示。

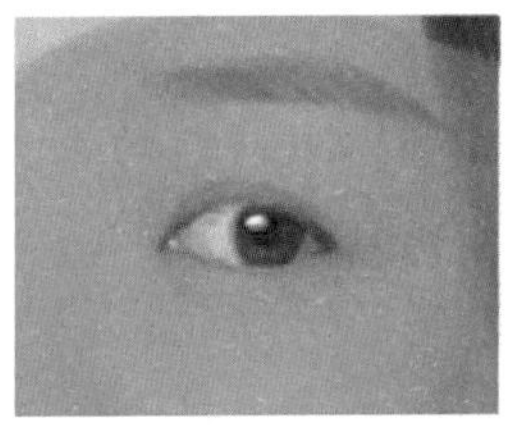

图 8－9

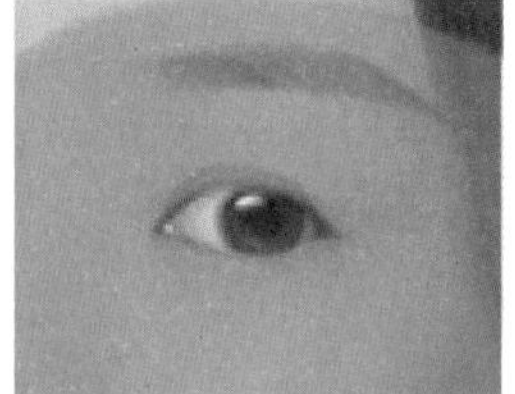

图 8－10

8.1.3　镜头校正

素材文件　第 8 章\8.1\镜头校正.jpg

“镜头校正”滤镜用于修复常见的镜头缺陷，如扭曲、歪斜、四角失光等现象。

在 Photoshop 中打开素材文件夹“第 8 章\8.1\镜头校正.jpg”文件，单击菜单栏“滤镜 > 镜头校正”命令，打开“镜头校正”对话框，如图 8－11 所示。

图 8－11

●镜头校正工具：对话框左上角的 5 个按钮是“镜头校正工具”。第 1 个是“移去扭曲工具”按钮，用于校正拍摄时产生的桶形失真或枕形失真；第 2 个是“拉直工具”按钮，用于校正倾斜的图像；第 3 个是“移动网格工具”按钮，用来移动网格，以便与图像对齐；第 4 个是“抓手工具”按钮，用来移动画面；第 5 个是“缩放工具”按钮，用来缩放对话框的显示比例。

●预览：勾选复选框后，显示调整后的图像；如不勾选，显示原始图像。

●颜色：用来设置网格的颜色。

●显示网格：勾选复选框后，会在预览图上显示网格。

●大小：用来设置网格中单个格子的大小。

单击“自定”按钮，打开“自定”面板，如图 8－12 所示。

图 8－12

●移去扭曲：和“移去扭曲工具”的作用相同，可以校正图像的失真现象。

●色差：通过对具体数值的设置，校正由于镜头对不同平面颜色的光进行对焦产生的色边。

●晕影：用于校正由于相机镜头缺陷或镜头遮光处理不正确而导致的边缘较暗现象。

●变换：通过对具体数值的设置，校正由于拍摄时相机倾斜而导致的透视问题。

例如在打开的“镜头校正”图像中有失真和四角较暗的现象，在“自定”面板中，调整“移去扭曲”的数值，效果如图 8－13 所示。然后再调整“晕影”相关参数，即可修复四角较暗的问题，效果如图 8－14 所示。

图 8－13

图 8－14

8.1.4 自适应广角

素材文件	第 8 章\8.1\自适应广角.jpg

“自适应广角”滤镜用来对广角、超广角或鱼眼效果进行校正。

在 Photoshop 中打开素材文件夹“第 8 章\8.1\自适应广角.jpg”文件，单击菜单栏“滤镜 > 自适应广角”命令，打开“自适应广角”对话框，如图 8－15 所示。

图 8－15

●自适应广角工具：对话框左上角的 5 个按钮是“自适应广角工具”。第 1 个是“约束工具”按钮，单击图像或拖动端点可以添加或编辑约束，按住键盘上的 Alt 键可以删除约束；第 2 个是“多边形约束工具”按钮，单击图像或拖动端点可以添加或编辑约束，单击起点可以结束约束，按住键盘上的 Alt 键可以删除约束；第 3 个是“移动工具”按钮，可以在画布中移动图像；第 4 个是“抓手工具”按钮，用来移动画面；第 5 个是“缩放工具”按钮，可以放大或缩小预览图的显示比例。

●校正：可以对图像进行校正，下拉列表中有“鱼眼”“透视”“自动”和“完整球面”4 个选项。其中“自动”必须要配置“镜头型号”和“相机型号”才能使用，“完整球面”只能在图像长宽比为 1∶2时才能使用。

●缩放：用来设置画面的比例。

●焦距：用来设置画面的焦距。

●裁剪因子：用来指定画面的裁剪因子。

例如在打开的“自适应广角”图片中，后边的黄色建筑线条有些扭曲，“校正”选择“透视”选项，使用“多边形约束工具”将该建筑框起来，即可将该建筑的线条校正为直线，如图 8－16 所示。

图 8 – 16

8.1.5　消失点

素材文件　第 8 章\8.1\消失点.jpg

“消失点”可以简化在包含透视平面(如建筑物的侧面、墙壁、地面或任何矩形对象)的图像中进行的透视校正编辑的过程。换句话说使用“消失点”可以在图像中指定平面,然后应用的绘画、仿制、拷贝或粘贴以及变换等编辑操作都将按指定平面的透视关系,缩放到指定的平面中,在修饰、添加或移去图像中的内容时,效果更加逼真。

在 Photoshop 中打开素材文件夹“第 8 章\8.1\消失点.jpg”文件,单击菜单栏“滤镜 > 消失点”命令,打开“消失点”对话框,如图 8 – 17所示。

图 8 – 17

对话框左侧的按钮从上至下依次是:

●编辑平面工具:用来选择、编辑、移动平面和调整平面大小。

●创建平面工具:用来定义平面的 4 个角节点、调整平面的大小和形状并拖出新的平面。如果创建出的平面透视关系有问题,会显示为红色边框,调整其 4 个角节点的位置,直到该平面显示为蓝色网格状态。如果节点的位置不正确,可以按键盘上的 Backspace 键删除节点。

●选框工具:可以在绘制好的平面上创建选区,将鼠标箭头移动到选区内,按住键盘上的 Alt 键不放拖动选区,即可复制选区中的图像内容。

●图章工具:使用该工具时,在绘制好的平面内按住键盘上的 Alt 键不放并单击鼠标左键可以设置取样点,然后在其他区域按住鼠标左键拖动,进行仿制操作。

●画笔工具:可以在绘制好的平面上绘制选定的颜色。

●变换工具:通过移动外框手柄来缩放、旋转和移动选区。它的行为类似于在矩形选区上使用“自由变换”命令。

●吸管工具:用来在图像上拾取颜色。

●测量工具:用来在绘制好的平面中测量距离和角度。

●抓手工具:用来移动画面。

●缩放工具:用来放大或缩小画面的显示比例。

使用“创建平面工具”选项,将画面中间 3 个带窗口的墙面框出来,如图 8 – 18 所示。

图 8 – 18

使用“选框工具”选项框选右边白色的

小窗及其投影，如图 8－19 所示。

图 8－19

将鼠标箭头移动到选框内，按住键盘上的 Alt 键不放，将其拖动到左边的墙面上，如图 8－20 所示。可以看到，被复制出的白色小窗与当前的平面透视相符合。再次复制一个白色小窗到最左侧，单击“确定”按钮完成操作，效果如图 8－21 所示。

图 8－20

图 8－21

综合案例　为美女做“美容手术”

素材文件　第 8 章\8.1\综合案例.jpg

步骤 01 在 Photoshop 中打开素材文件夹“第 8 章\8.1\综合案例.jpg”文件。

步骤 02 单击菜单栏“滤镜 > 液化”命令，打开“液化”对话框，先调整“人脸识别液化”面板下的参数，将人物脸部进行调整，各参数数值如图 8－22 所示。

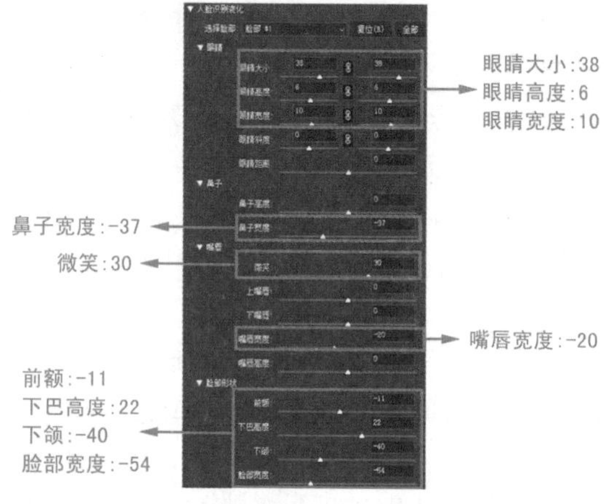

图 8－22

步骤 03 使用“向前变形工具”选项，向右拖动将人物的腰线调整出来，如图 8－23 所示。

图 8－23

步骤 04 调整下边的手臂粗细，先使用“冻结蒙版工具”选项涂抹不需要调整的部分，然后再使用“向前变形工具”选项调整手臂的边缘位置，如图 8－24 所示。

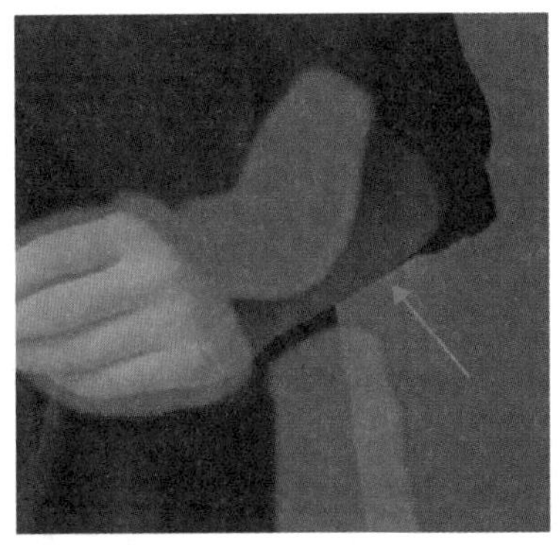

图 8－24

步骤 05 单击“确定”按钮，看到最终的效果如图 8－25 所示。

图 8－25

8.2 风格化滤镜

“风格化”滤镜组可以通过置换像素、查找并增加像素的对比度，产生绘图和印象派风格的效果。单击菜单栏“滤镜 > 风格化”命令，可以看到“风格化”下拉列表中包含多种滤镜，如图 8－26 所示。

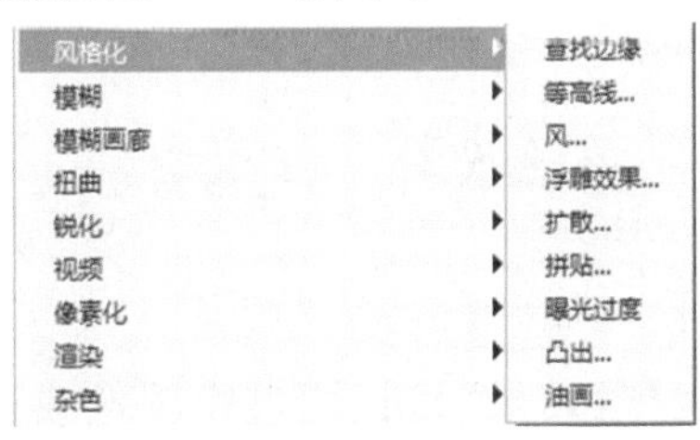

图 8－26

8.2.1 查找边缘

素材文件　第 8 章\8.2\查找边缘.jpg

“查找边缘”滤镜可以自动搜索图像像素对比变化强烈的边界，将高反差区变亮，低反差区变暗，其他区域介于两者之间，硬边变为线头，柔边变粗，并在查找到的图像边缘勾勒出清晰的轮廓线。

在 Photoshop 中打开素材文件夹“第 8 章\8.2\查找边缘.jpg”文件，如图 8－27 所示。单击菜单栏“滤镜 > 风格化 > 查找边缘”命令，无需设置任何参数，滤镜效果如图 8－28 所示。

图 8－27

图 8－28

8.2.2 等高线

素材文件　第 8 章\8.2\等高线.jpg

“等高线”滤镜可以自动识别图像亮部区和暗部区的边界，在每个颜色通道中勾勒出主要亮部区域，使图像得到与等高线图中的线条类似的效果。

在 Photoshop 中打开素材文件夹“第 8 章\8.2\等高线.jpg”文件。单击菜单栏“滤镜 > 风格化 > 等高线”命令，打开“等高线”对话框，如图 8－29 所示。

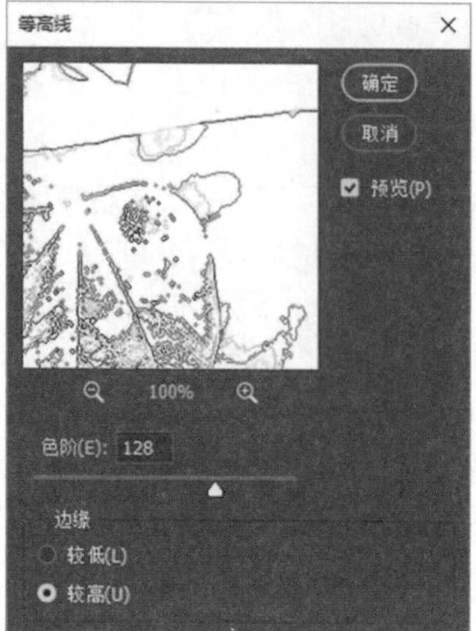

图 8－29

●色阶：用来设置区分图像边缘亮度的级别。图 8－30 所示为色阶 80 的滤镜效果，图 8－31 所示为色阶 160 的滤镜效果。

图 8－30

图 8－31

●边缘：用来设置处理图像边缘的位置及边界产生的方法。选择“较低”选项，可以在基准亮度等级以下的轮廓上生成等高线；选择“较高”选项，可以在基准亮度等级以上生成等高线。

8.2.3 风

素材文件 第 8 章\8.2\风.jpg

“风”滤镜可以通过移动像素位置，产生一些细小的水平线来模拟风吹的效果。

在 Photoshop 中打开素材文件夹“第 8 章\8.2\风.jpg”文件。单击菜单栏“滤镜 > 风格化 > 风”命令，打开“风”对话框，如图 8－32 所示。

●方法：包含“风”“大风”“飓风”3 个等级。图 8－33 所示为“风”的滤镜效果，图 8－34 所示为“大风”的滤镜效果，图 8－35 所示为“飓风”的滤镜效果。

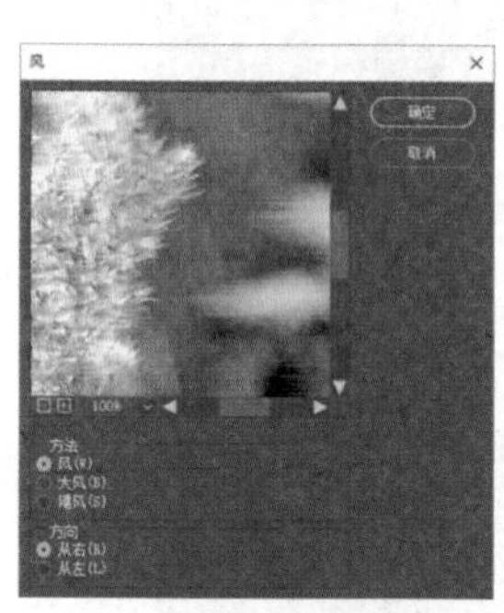

图 8－32

图 8－33

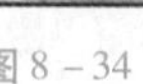

图 8－34

图 8－35

●方向：用来设置风源的方向，包含“从右”和“从左”两种方向。

8.2.4 浮雕效果

素材文件 第 8 章\8.2\浮雕效果.jpg

“浮雕效果”滤镜通过将图像或选区的

填充色转换为灰色，并用原填充色描画边缘，从而使选区显得凸起或压低。

在 Photoshop 中打开素材文件夹“第 8 章\8.2\浮雕效果.jpg”文件。单击菜单栏“滤镜 > 风格化 > 浮雕效果”命令，打开“浮雕效果”对话框，如图 8－36 所示。

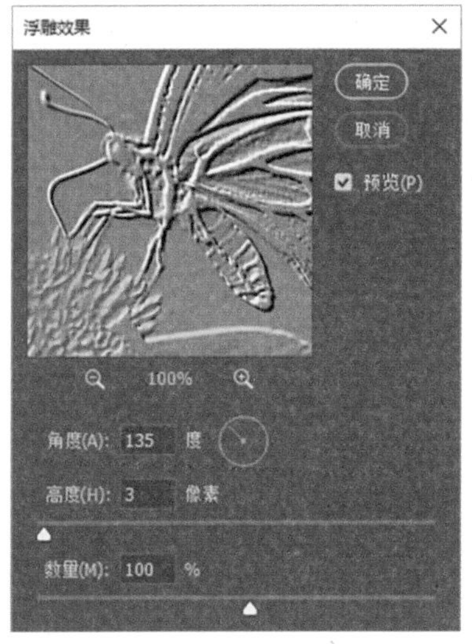

图 8－36

●角度：用于设置浮雕效果的光线方向，光线方向会影响浮雕的凸起位置。图 8－37 所示为角度 120°的效果，图 8－38 所示为角度－90°的效果。

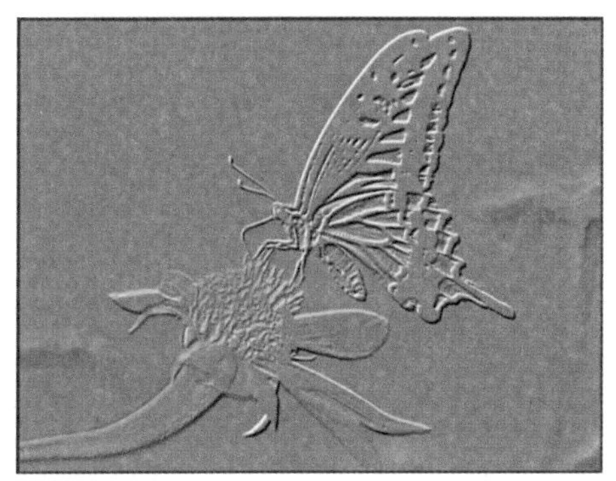

图 8－37

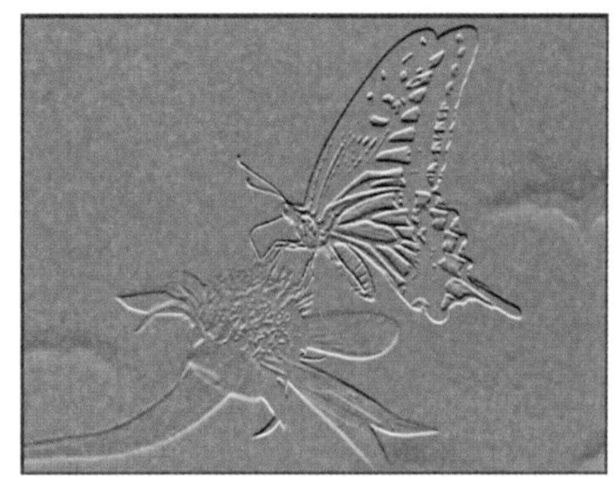

图 8－38

●高度：用于设置浮雕效果的凸起高度。图 8－39 所示为高度 5 的效果，图 8－40 所示为高度 10 的效果。

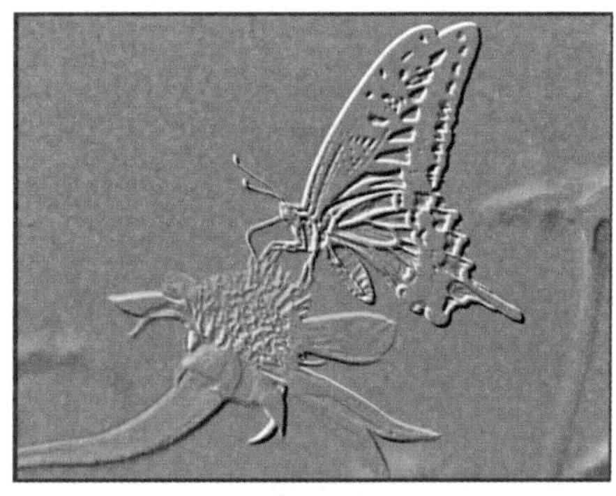

图 8－39

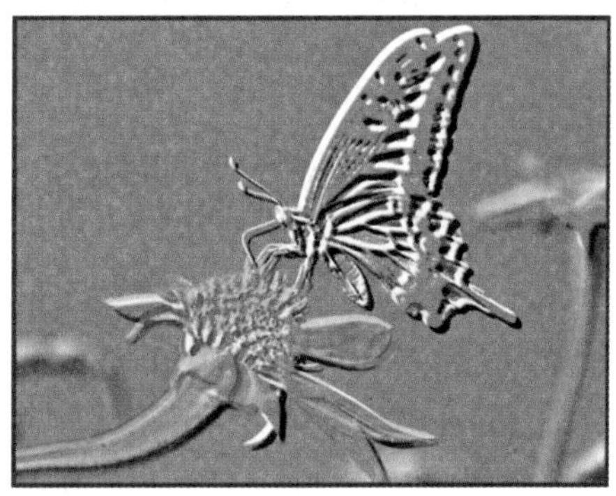

图 8－40

●数量：用于设置浮雕效果的作用范围。数值越高，边界越清晰。如果数值小于 40%，图像会变灰。

8.2.5 扩散

素材文件 第 8 章\8.2\扩散.jpg

“扩散”滤镜可以将图像中相邻像素按规定的方式移动以虚化焦点，形成一种透过磨砂玻璃观察图像的效果。

在 Photoshop 中打开素材文件夹“第 8 章\8.2\扩散.jpg”文件。单击菜单栏“滤镜 > 风格化 > 扩散”命令，打开“扩散”对话框，如图 8－41 所示。

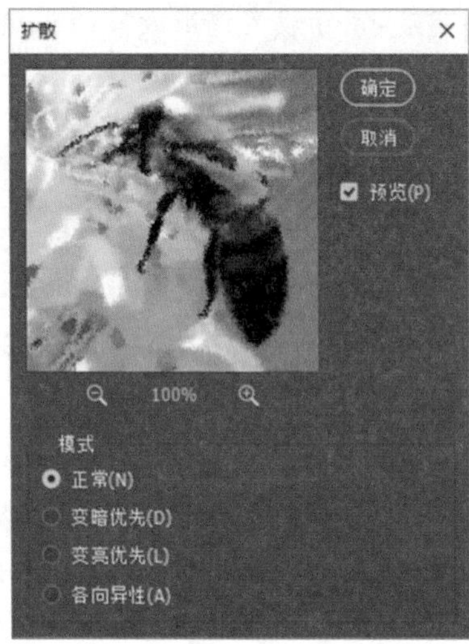

图 8－41

●正常：忽略颜色值，使像素随机移动，效果如图 8－42 所示。

●变暗优先：用较暗的像素替换亮的像素，效果如图 8－43 所示。

图 8－42

图 8－43

●变亮优先：用较亮的像素替换暗的像素，效果如图 8－44 所示。

●各向异性：在颜色变化最小的方向上搅乱像素，效果如图 8－45 所示。

图 8－44

图 8－45

8.2.6 拼贴

素材文件 第 8 章\8.2\拼贴.jpg

“拼贴”滤镜可以将图像分解为一系列块状，使其偏离原来的位置，产生不规则的瓷拼凑效果。

在 Photoshop 中打开素材文件夹“第 8 章\8.2\拼贴.jpg”文件。单击菜单栏“滤镜 > 风格化 > 拼贴”命令，打开“拼贴”对话框，如图 8－46 所示。

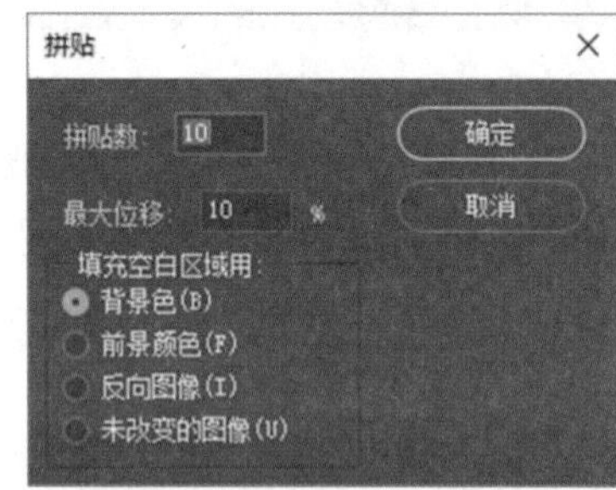

图 8－46

●拼贴数：用来设置在图像每行和每列中要显示的拼贴数。图 8－47 所示为拼贴数 20 的效果。

图 8－47

●最大位移：用来设置拼贴偏离原始位置的最大距离。图 8－48 为最大位移 60% 的效果。

图 8－48

●填充空白区域用：用来设置填充空白区域的方法，包括“背景色”“前景颜色”“反向图像”和“未改变的图像”4 种方法。

8.2.7　曝光过度

素材文件　第 8 章\8.2\曝光过度.jpg

“曝光过度”滤镜可以通过混合负片和正片图像，模拟传统摄影术在暗房显影过程中将摄影照片短暂曝光的效果。

在 Photoshop 中打开素材文件夹“第 8 章\8.2\曝光过度.jpg”文件，如图 8－49 所示。单击菜单栏“滤镜 > 风格化 > 曝光过度”命令，无需设置任何参数，滤镜效果如图 8－50 所示。

图 8－49

图 8－50

8.2.8　凸出

素材文件　第 8 章\8.2\凸出.jpg

“凸出”滤镜可以使图像生成具有凸出感的块状或锥状的立体，从而产生特殊的 3D 效果。

在 Photoshop 中打开素材文件夹“第 8 章\8.2\凸出.jpg”文件。单击菜单栏“滤镜 > 风格化 > 凸出”命令，打开“凸出”对话框，如图 8－51 所示。

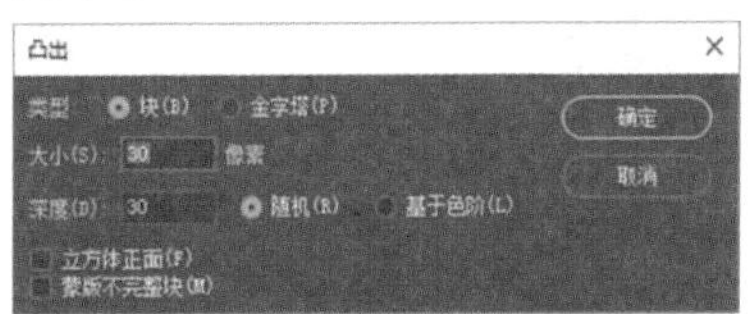

图 8－51

●类型：用来设置三维方块的形状，包含“块”和“金字塔”两种。选择“块”选项，效果如图 8－52 所示；选择“金字塔”选项，效果如图 8－53 所示。

图 8－52

图 8－53

●大小：用来设置立方体或金字塔底面的大小。

●深度：用来设置凸出对象的深度。

●随机：为每个立方块或金字塔设置随机的任意深度。

●基于色阶：使每个对象的深度与其亮度相对应，亮度越高，图像越凸出。

●立方体正面：勾选复选框后，会失去图像的整体轮廓，生成的立方体只显示单一颜色，如图 8－54 所示。该选项在“类型”选择“金字塔”时不可用。

图 8－54

●蒙版不完整块：勾选复选框后，图像四周不足以显示完整块的部分不会凸出。

8.2.9 油画

素材文件	第 8 章\8.2\油画.jpg

“油画”滤镜可以将图像快速转换为油画效果。

在 Photoshop 中打开素材文件夹“第 8 章\8.2\油画.jpg”文件。单击菜单栏“滤镜＞风格化＞油画”命令，打开“油画”对话框，如图 8－55 所示。

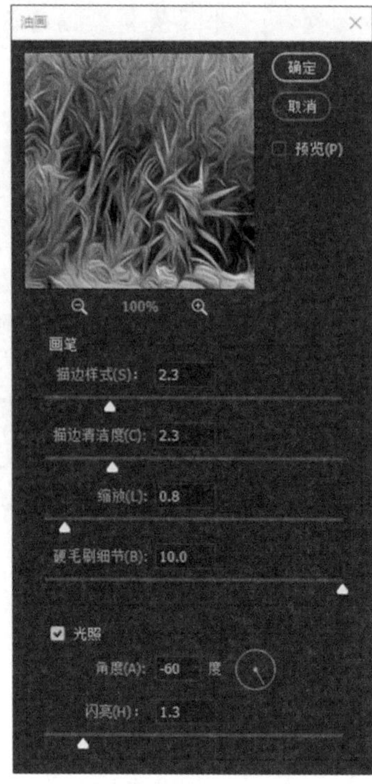

图 8－55

●预览：勾选复选框后，可以实时从画面上看到变化的效果。

●描边样式：可以调整画笔的笔触样式。数值越小，笔触越细密。图 8－56 所示为描边样式 3 的效果。

图 8－56

●描边清洁度：可以调整笔触的柔化程度，减少杂点。图 8－57 所示为描边清洁度 10 的效果。

图 8 –57

●缩放：用来设置笔触的缩放程度。图 8 –58 所示为缩放 6 的效果。

图 8 –58

●硬毛刷细节：用来设置硬毛刷的细节程度，数值越大，硬毛刷纹理越清晰。图 8 –59 所示为硬毛刷细节 10 的效果。

图 8 –59

●光照：勾选复选框后，可以在画面中呈现出画笔肌理受光照效果产生的明暗感，效果如图 8 –60 所示；若不勾选，则效果如图8 –61 所示。

图 8 –60

图 8 –61

●角度：勾选“光照”复选框后，可以设置光线的照射方向。

●闪亮：勾选“光照”复选框后，可以设置反射光线的强度。图 8 –62 所示为闪亮 6 的效果。

图 8 –62

8.3 模糊滤镜

“模糊”滤镜组可以柔化选区或整个图像，通过平衡图像中已定义的线条和遮蔽区域清晰边缘旁边的像素，使变化显得柔和。单击菜单栏“滤镜 > 模糊”命令，可以看到“模糊”下拉列表中包含多种滤镜，如图 8 –63 所示。

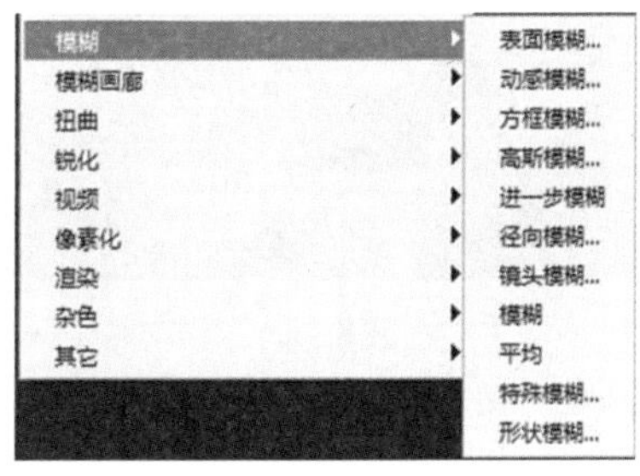

图 8 –63

8.3.1 表面模糊

素材文件 第 8 章\8.3\表面模糊. jpg

“表面模糊”滤镜可以在保留边缘的同时模糊图像,用于创建特殊效果并消除杂色或粒度。

在 Photoshop 中打开素材文件夹“第 8 章\8.3\表面模糊. jpg”文件。单击菜单栏“滤镜 > 模糊 > 表面模糊”命令,打开“表面模糊”对话框,如图 8 – 64 所示。

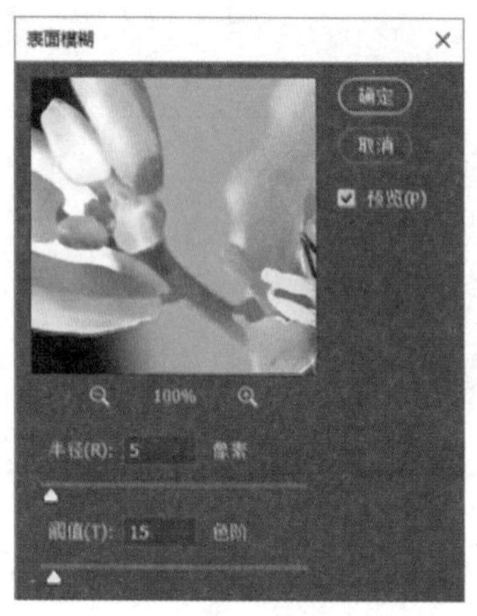

图 8 – 64

●半径:用来指定模糊取样区域的大小。图 8 – 65 所示为半径 100 的效果。

图 8 – 65

●阈值:用于控制相邻像素色调值与中心像素色调值的差,色调值差小于阈值的像素被排除在模糊之外。图 8 – 66 所示为阈值 150 的效果。

图 8 – 66

8.3.2 动感模糊

素材文件 第 8 章\8.3\动感模糊. jpg

“动感模糊”滤镜可以沿指定方向(–90° ~ +90°)以指定强度(1 ~ 999)进行模糊,产生的效果类似于在固定的曝光时间给一个移动的对象拍照。

在 Photoshop 中打开素材文件夹“第 8 章\8.3\动感模糊. jpg”文件。单击菜单栏“滤镜 > 模糊 > 动感模糊”命令,打开“动感模糊”对话框,如图 8 – 67 所示。

图 8 – 67

●角度:用来设置模糊的方向。图8 – 68 所示为角度 90°的效果。

图 8－68

●距离：用来设置像素模糊的程度。图 8－69 所示为距离 30 的效果。

图 8－69

8.3.3　方框模糊

素材文件　第 8 章\8.3\方框模糊.jpg

“方框模糊”滤镜可以基于相邻像素的平均颜色值来模糊图像。

在 Photoshop 中打开素材文件夹“第 8 章\8.3\方框模糊.jpg”文件。单击菜单栏“滤镜 > 模糊 > 方框模糊”命令，打开“方框模糊”对话框，如图 8－70 所示。

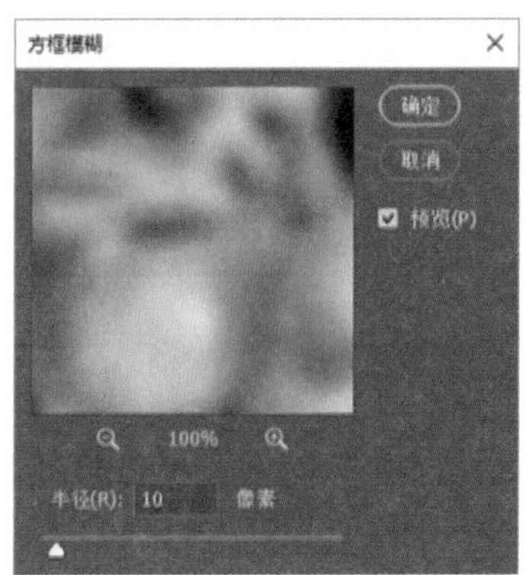

图 8－70

●半径：可以调整用于计算给定像素的平均值的区域大小，半径越大，产生的模糊效果越好。图 8－71 所示为半径 40 的效果。

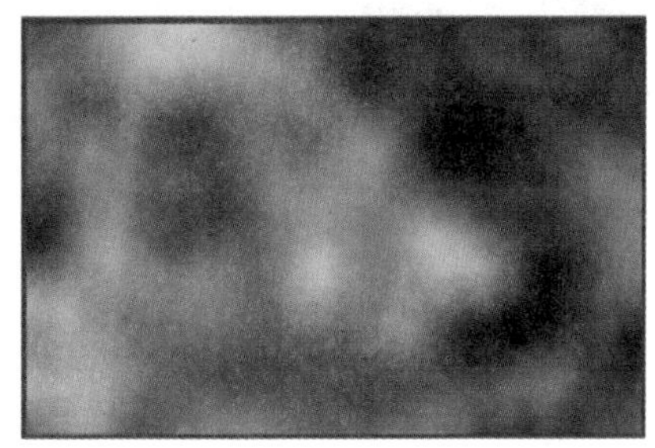

图 8－71

8.3.4　高斯模糊

素材文件　第 8 章\8.3\高斯模糊.jpg

“高斯模糊”滤镜是最常用的模糊滤镜，可以给图像添加低频细节并产生一种朦胧效果。

在 Photoshop 中打开素材文件夹“第 8 章\8.3\高斯模糊.jpg”文件。单击菜单栏“滤镜 > 模糊 > 高斯模糊”命令，打开“高斯模糊”对话框，如图 8－72 所示。

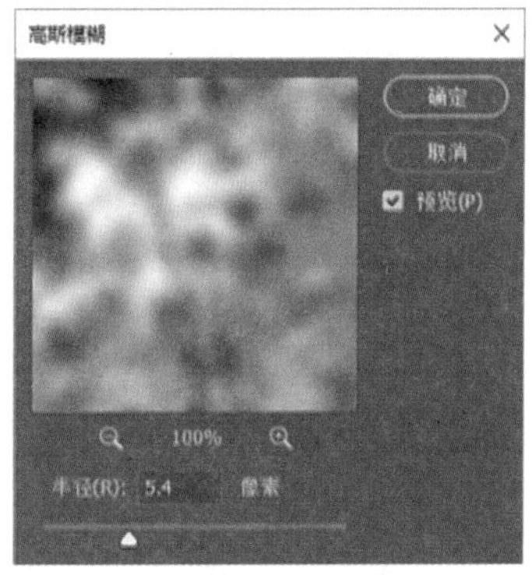

图 8－72

●半径：用于设置模糊的程度。数值越大，模糊的效果越强烈。图 8－73 所示为半径 4 的效果，图 8－74 所示为半径 14 的效果。

图 8－73

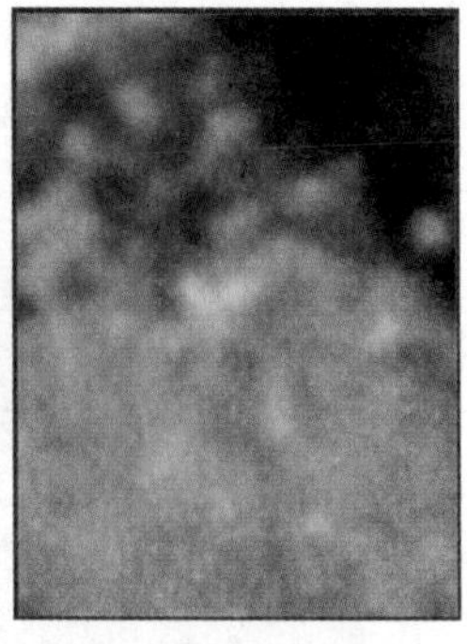

图 8－74

8.3.5 进一步模糊

素材文件 第 8 章\8.3\进一步模糊.jpg

“进一步模糊”滤镜可以对图像中边缘过于清晰、对比度过于强烈的部分进行模糊处理。

在 Photoshop 中打开素材文件夹“第 8 章\8.3\进一步模糊.jpg”文件，如图 8－75 所示。单击菜单栏“滤镜 > 模糊 > 进一步模糊”命令，无需设置任何参数，滤镜效果如图 8－76所示。

图 8－75

图 8－76

8.3.6 径向模糊

素材文件 第 8 章\8.3\径向模糊.jpg

“径向模糊”滤镜可以模拟缩放或旋转的相机所产生的模糊，是一种柔化的模糊。

在 Photoshop 中打开素材文件夹“第 8 章\8.3\径向模糊.jpg”文件。单击菜单栏“滤镜 > 模糊 > 径向模糊”命令，打开“径向模糊”对话框，如图 8－77 所示。

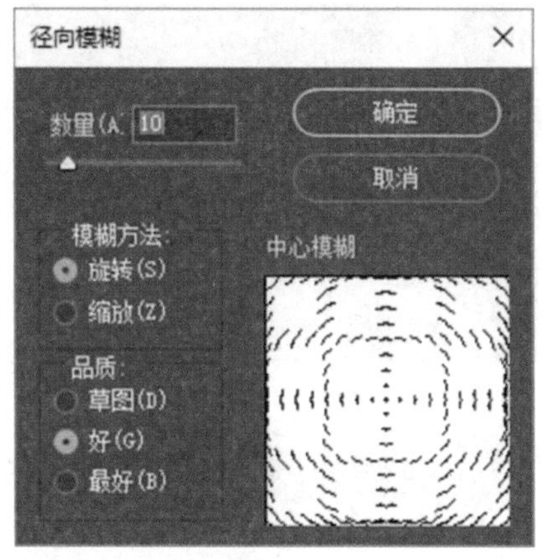

图 8－77

●数量：用来设置模糊的强度，数值越高，模糊效果越明显。图 8－78 所示为数量 40 的效果。

图 8－78

●模糊方法：选择“旋转”选项，图像会沿同心圆环线产生旋转模糊效果，如图 8－79 所示；选择“缩放”选项，图像会从中心向外产生反射模糊效果，如图 8－80 所示。

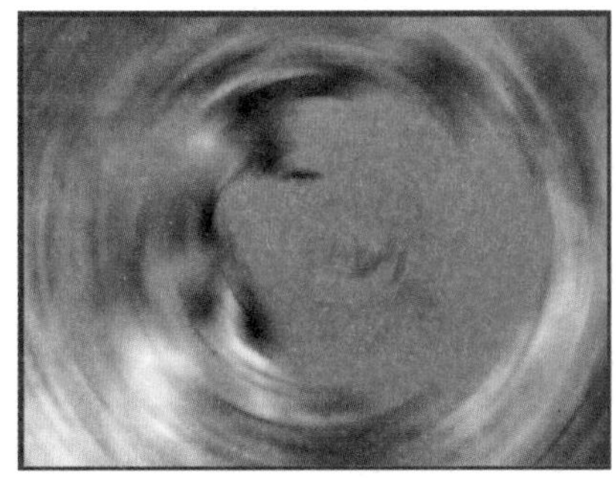

图 8－79

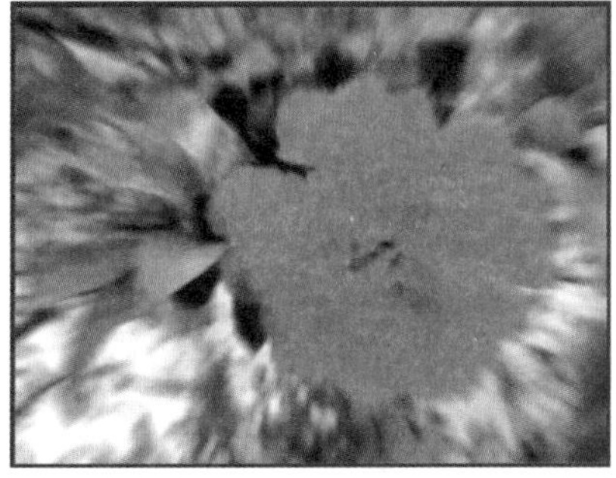

图 8－80

●中心模糊：将鼠标箭头移动到设置框中，按住鼠标左键进行拖动，可以设置模糊的中心点。中心点位置不同，模糊的中心位置也不同。默认模糊中心在画面中间，向右拖动模糊中心，效果如图 8－81 所示。

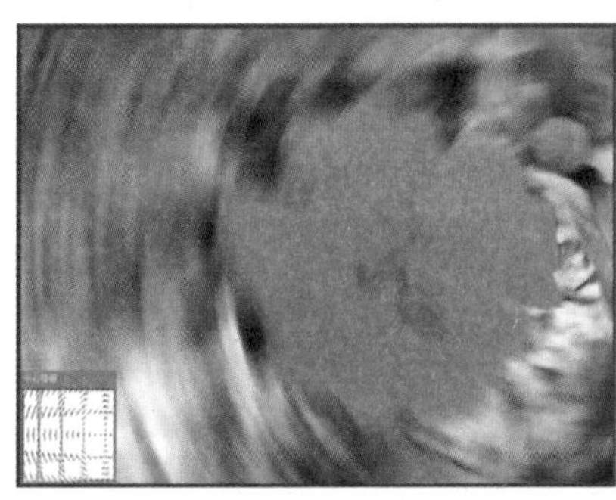

图 8－81

●品质：用来设置模糊效果的质量。“草图”选项的处理速度较快，但会产生颗粒效果；“好”和“最好”选项的处理速度较慢，但生成的效果比较平滑。

8.3.7　镜头模糊

素材文件　第 8 章\8.3\镜头模糊.jpg

“镜头模糊”滤镜可以向图像中添加模糊以产生更窄的景深效果，以便使图像中的一些对象在焦点内，而使另一些区域变模糊。如果图像中存在 Alpha 通道或图层蒙版，则可以为图像中的特定对象创建景深效果。

在 Photoshop 中打开素材文件夹“第 8 章\8.3\镜头模糊.jpg”文件。打开“通道”面板，单击右下角的“创建新通道”按钮，创建出“Alpha 1”通道。单击所有通道前的“小眼睛”图标，选中“Alpha 1”通道，在工具箱中选择“渐变工具”选项，然后选择“渐变工具”选项栏里的“径向渐变”选项，在画布中以花为中心拖动渐变，通道中白色的部分为要被模糊的区域，如图 8－82 所示，这样就可以为花朵创建景深效果。

图 8－82

在“通道”面板中单击“RGB”通道，然后再单击菜单栏“滤镜 > 模糊 > 镜头模糊”命令，打开“镜头模糊”对话框，在“源”的下拉列表中选择“Alpha 1”通道，画面上只有花朵是清晰的，其他区域都是模糊的，如图8－83所示。此时只需要调整其他参数即可得到想要的效果。

图 8－83

●预览:勾选复选框后,可以实时看到画面的变化。选择“更快”选项,可以提高预览速度;选择“更加准确”选项,可以查看模糊的最终效果,但生成预览的时间会比较长。

●深度映射:在“源”下拉列表中可以选择使用图像中存在的图层蒙版或 Alpha 通道创建景深效果,通道或蒙版中白色的区域会被模糊;“模糊焦距”用来设置位于焦点内的像素的深度;“反相”用来反转 Alpha 通道或图层蒙版。

●光圈:用来设置模糊的显示方式。“形状”下拉列表中可以选择光圈的形状;“半径”用来设置模糊的数量;“叶片弯度”用来设置光圈边缘的平滑程度;“旋转”用来设置光圈的旋转角度。

●镜面高光:用来设置镜面高光的范围。“亮度”用来设置高光的亮度;“阈值”用来选择要加亮的像素。

●杂色:“数量”用来设置在图像中添加或减少杂色;“分布”用来设置杂色的分布方式;如果勾选“单色”复选框,添加的杂色为单一颜色。

8.3.8 模糊

素材文件 第 8 章\8.3\模糊.jpg

“模糊”滤镜的效果比较轻柔,主要用于在图像中有显著颜色变化的地方消除杂色。“模糊”滤镜和“进一步模糊”滤镜都属于轻微模糊滤镜,但“模糊”滤镜比“进一步模糊”滤镜的效果要弱一些。

在 Photoshop 中打开素材文件夹“第 8 章\8.3\模糊.jpg”文件,如图 8-84 所示。单击菜单栏“滤镜 > 模糊 > 模糊”命令,无需设置任何参数,滤镜效果如图 8-85 所示。

图 8-84

图 8-85

8.3.9 平均

素材文件 第 8 章\8.3\平均.jpg

“平均”滤镜可以找出图像或选区的平均颜色,然后用该颜色填充图像或选区以创建平滑的外观。

在 Photoshop 中打开素材文件夹“第 8 章\8.3\平均.jpg”文件,并在图像上绘制一个选区,如图 8-86 所示。单击菜单栏“滤镜 > 模糊 > 平均”命令,无需设置任何参数,选区内被填充了平均色,效果如图8-87所示。

图 8-86

图 8-87

8.3.10 特殊模糊

素材文件 第 8 章\8.3\特殊模糊.jpg

“特殊模糊”滤镜可以通过指定半径、阈值和模糊品质,精确模糊图像。

在 Photoshop 中打开素材文件夹“第 8 章\8.3\特殊模糊.jpg”文件。单击菜单栏“滤镜 > 模糊 > 特殊模糊”命令，打开“特殊模糊”对话框，如图 8－88 所示。

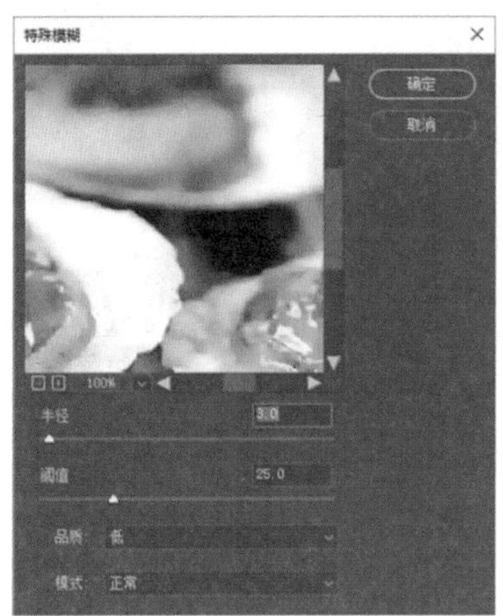

图 8－88

●半径：用来设置要模糊的范围。

●阈值：用来设置像素具有多大差异后才会受到影响。图 8－89 所示为阈值 10 的效果，图 8－90 所示为阈值 80 的效果。

图 8－89

图 8－90

●品质：用来设置模糊效果的质量，包含“低”“中”和“高”3 个选项。

●模式：选择“正常”选项，不会在图像中添加任何特殊效果，如图 8－91 所示；选择“仅限边缘”选项，会以黑色显示图像，以白色描绘图像边缘亮度值变化强烈的区域，如图 8－92 所示；选择“叠加边缘”选项，会以白色描绘图像边缘亮度值变化强烈的区域，如图 8－93 所示。

图 8－91

图 8－92

图 8－93

8.3.11　形状模糊

素材文件　第 8 章\8.3\形状模糊.jpg

“形状模糊”滤镜可以使用指定的形状来创建模糊。

在 Photoshop 中打开素材文件夹“第 8 章\8.3\形状模糊.jpg”文件。单击菜单栏“滤镜 > 模糊 > 形状模糊”命令，打开“形状模糊”对话框，如图 8－94 所示。

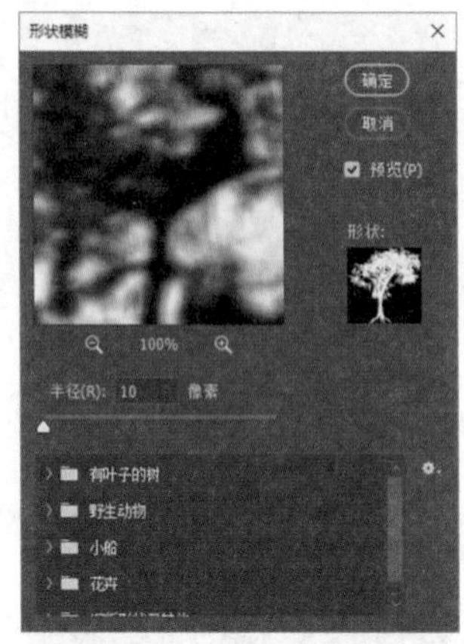

图 8－94

●半径：用来调整形状的大小。半径越大，模糊效果越强。图 8－95 所示为半径 20 的效果，图 8－96 所示为半径 80 的效果。

图 8－95

图 8－96

●形状列表：在形状列表中选择一个形状，可以使用该形状来模糊图像，不同形状的模糊效果也都不一样。

综合案例 使用“高斯模糊”快速模糊背景

素材文件	第 8 章\8.3\综合案例.jpg

步骤 01 在 Photoshop 中打开素材文件夹“第 8 章\8.3\综合案例.jpg”文件。

步骤 02 将背景图层复制一层，在左侧工具箱中选择“快速选择工具”，将主体物框选出来，如图 8－97 所示。

图 8－97

步骤 03 按键盘上的快捷键 Ctrl + Shift + I 反选，将主体以外的图像区域框选住，单击菜单栏“滤镜 > 模糊 > 高斯模糊”命令，在打开的“高斯模糊”对话框中设置合适的半径，如图 8－98 所示，单击“确定”按钮，最终的效果如图 8－99 所示。

图 8－98

图 8－99

8.4 模糊画廊

“模糊画廊”滤镜组中的滤镜也是对图像进行模糊处理的，但这些滤镜主要用于为数码照片制作特殊的模糊效果，如模拟景深效果、旋转模糊、移轴摄影、微距摄影等。单击菜单栏“滤镜 > 模糊画廊”命令，可以看到“模糊画廊”下拉列表中包含多种滤镜，如图 8－100 所示。

图 8－100

8.4.1　场景模糊

素材文件　第 8 章\8.4\场景模糊. jpg

“场景模糊”滤镜可以在图像中添加多个控制点，并对每个控制点设置不同的模糊数值，这样就可以使画面中不同的区域产生不同的模糊效果。

在 Photoshop 中打开素材文件夹“第 8 章\8.4\场景模糊. jpg”文件。单击菜单栏“滤镜 > 模糊画廊 > 场景模糊”命令，打开“场景模糊”对话框，如图 8－101 所示。

图 8－101

默认情况下，画面中央位置会出现一个控制点。这个控制点用来控制模糊的位置，可以使用右侧“场景模糊”中的“模糊”滑块来调整模糊程度，也可以按住鼠标左键左右拖动来调整模糊程度。

在画面中不同区域单击鼠标左键可以添加控制点，并对每个控制点设置不同的模糊量，从而使画面中不同的位置产生不同的模糊效果。将鼠标箭头移动到控制点上进行拖动，可以移动控制点的位置；按键盘上的 Delete 键可删除当前选中的控制点。

●模糊：用于调整控制点所在区域图像的模糊程度，数值越大，模糊程度越高。

●光源散景：用于控制光照亮度。数值越大，高光部分亮度越高。

●散景颜色：用来控制散景区域颜色的程度。

●光照范围：使用色阶来控制散景的范围。

如图 8－102 所示，在图像中任意创建几个控制点，并设置不同的模糊值，单击“确定”按钮后，可得到图 8－103 所示的效果。

图 8－102

图 8－103

8.4.2　光圈模糊

素材文件　第 8 章\8.4\光圈模糊. jpg

“光圈模糊”滤镜可将一个或多个模糊焦点添加到图像中，可以根据不同的需求，对焦点的大小和形状以及图像其他部分的模糊数量、清晰区域和模糊区域之间的过渡效果进行相应的设置。

在 Photoshop 中打开素材文件夹“第 8 章\

8.4\光圈模糊.jpg”文件。单击菜单栏“滤镜 >模糊画廊 >光圈模糊”命令，打开“光圈模糊”对话框，如图 8－104 所示。

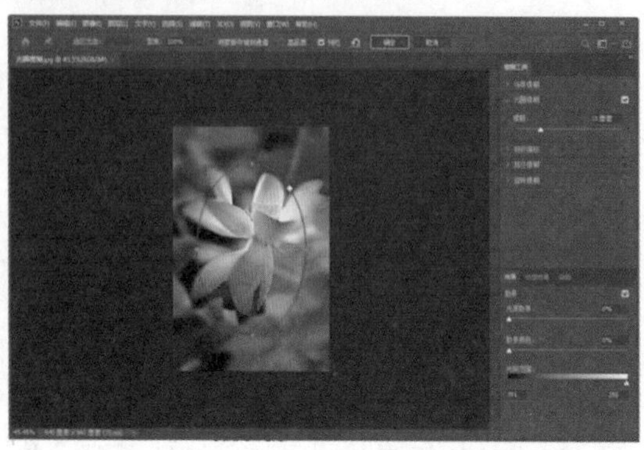

图 8－104

默认情况下，画面中央会有一个带有控制框的控制点，控制框以外的部分为模糊区域，在对话框右侧可以设置“模糊”值来调整模糊的程度。

拖动控制框右上角的小正方形，可以改变控制框的形状，如图 8－105 所示。拖动控制框内侧的圆点可以调整模糊过渡的效果，如图 8－106 所示。拖动控制框上的圆点可以旋转控制框，如图 8－107 所示。拖动中心的控制点可以移动控制框，如图 8－108 所示。将鼠标箭头移动到控制框边缘线上拖动，可以放大或缩小控制框，如图 8－109 所示。

图 8－105

图 8－106

图 8－107

图 8－108

图 8－109

图 8－110

设置完成后，单击“确定”按钮，效果如图 8－110 所示。

8.4.3 移轴模糊

素材文件	第 8 章\8.4\移轴模糊.jpg

“移轴模糊”滤镜可以在图像中创建焦点带，获得带状模糊效果，模拟“移轴摄影”的效果。“移轴摄影”是一种特殊的摄影类型，可以让拍摄出的照片看上去像是微缩模型一样。

在 Photoshop 中打开素材文件夹“第 8 章\8.4\移轴模糊.jpg”文件。单击菜单栏“滤镜 >模糊画廊 >移轴模糊”命令，打开“移轴模糊”对话框，如图 8－111 所示。

图 8 – 111

默认情况下，画面中央会出现一个焦点带，焦点带的中间是控制点，控制点两侧各有一条实线和一条虚线，实线和虚线之间为模糊过渡区，焦点带以外的部分为模糊区域。

将鼠标箭头移动到控制点上，按住鼠标左键进行拖动，可以移动焦点带，如图8 – 112所示。将鼠标箭头移动到实线上，按住鼠标左键进行拖动，可以调整模糊起始点的位置，如图 8 – 113 所示。将鼠标箭头移动到实线中间的圆点上，按住鼠标左键进行拖动，可以旋转焦点带的角度，如图 8 – 114 所示。将鼠标箭头移动到虚线上，按住鼠标左键进行拖动，可以调整焦点带的范围，如图8 – 115所示。

图 8 – 112

图 8 – 113

图 8 – 114

图 8 – 115

在对话框右侧可以设置“模糊”“扭曲度”和“对称扭曲”。

●扭曲度：用于控制扭曲的形状。数值为负时，模糊区域会产生旋转扭曲，如图 8 – 116 所示；数值为正时，模糊区域会产生放射状扭曲，如图 8 – 117 所示。

图 8 – 116

图 8 – 117

●对称扭曲：一般情况下，“扭曲度”只会对一个方向的模糊区域起作用，勾选“对称扭曲”复选框后，会同时对两个方向启用扭曲。

设置完成后，单击“确定”按钮，效果如图 8－118 所示。

图 8－118

8.4.4 路径模糊

素材文件　第 8 章\8.4\路径模糊.jpg

“路径模糊”滤镜可以沿着一定的方向进行画面模糊。使用该滤镜可以在画面中创建任何角度的直线或弧线的控制杆，使像素沿着控制杆的走向进行模糊。“路径模糊”可以用于制作有动感的模糊效果，并且能够制作多角度、多层次的模糊效果。

在 Photoshop 中打开素材文件夹“第 8 章\8.4\路径模糊.jpg”文件。单击菜单栏“滤镜 > 模糊画廊 > 路径模糊”命令，打开“路径模糊”对话框，如图 8－119 所示。

图 8－119

默认情况下，画面中央有一个箭头形的控制杆，可以看到整体画面出现了一种横向的带有运动感的模糊。

拖动控制杆可以改变控制杆的形状，并影响模糊的效果，如图 8－120 所示。在控制杆上单击可以添加控制点，并调整控制杆箭头的形状，如图 8－121 所示。在画面中按住鼠标左键拖动可以添加控制杆，如图 8－122 所示。

图 8－120

图 8－121

图 8－122

在对话框右侧，可以通过调整“速度”来调整模糊的强度，调整“锥度”来调整模糊边缘的渐隐强度，如图 8－123 所示。勾选“编辑模糊形状”复选框，控制杆上会显示红色的控制线，拖动红色控制线上的控制点也可以改变模糊效果，如图 8－124 所示。

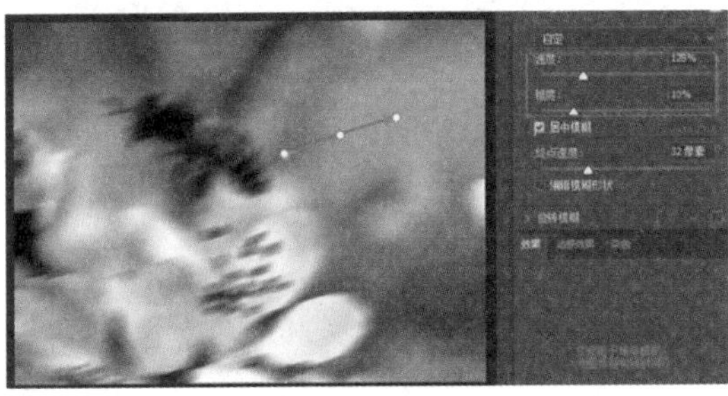

图 8－123

图 8－124

设置完成后，单击“确定”按钮，效果如图 8－125 所示。

图 8－125

8.4.5　旋转模糊

素材文件　第 8 章\8.4\旋转模糊.jpg

“旋转模糊”滤镜可以一次性在画面中添加多个模糊点，还可以随意控制每个模糊点的模糊范围、形状与强度。该滤镜可以模拟拍照时旋转相机所产生的模糊效果以及旋转的物体产生的模糊效果。

在 Photoshop 中打开素材文件夹“第 8 章\8.4\旋转模糊.jpg”文件。单击菜单栏“滤镜 > 模糊画廊 > 旋转模糊”命令，打开“旋转模糊”对话框，如图 8－126 所示。

图 8－126

默认情况下，画面中央有一个带有控制框的控制点，控制框内的部分为模糊区域。该控制框的操作方法和“光圈模糊”控制框的操作方法基本一致，只是“旋转模糊”控制框右上角的小正方形是用来调整控制框大小的。在对话框右侧的“模糊角度”可以调整模糊的强度。

将鼠标箭头移动到控制点上，按住鼠标左键将其拖动到车轮的位置，并调整大小至刚好覆盖住车轮，将“模糊角度”设置为 70°，如图 8－127 所示。在另一个车轮处单击鼠标左键创建控制点，并将其控制框调整大小覆盖住车轮，将“模糊角度”也设置为 70°，如图 8－128 所示。

图 8－127

图 8－128

设置完成后，单击“确定”按钮，即可做出车轮旋转的效果，如图 8－129 所示。

图 8－129

8.5 扭曲滤镜

“扭曲”滤镜组可以使图像变形，产生各种样式的扭曲变形效果。单击菜单栏“滤镜 > 扭曲”命令，可以看到“扭曲”下拉列表中包含多种滤镜，如图 8－130 所示。

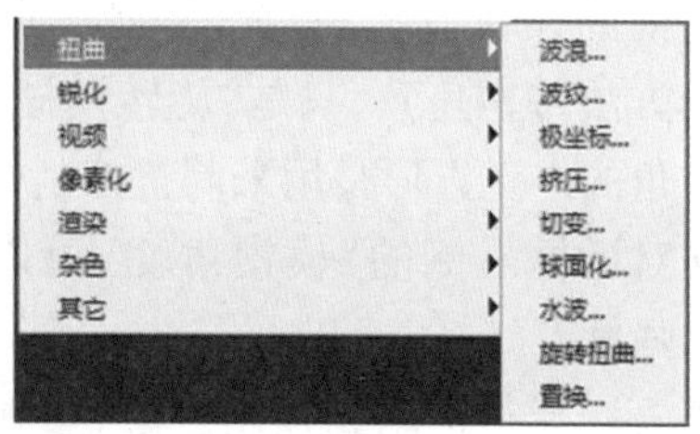

图 8－130

8.5.1 波浪

素材文件 第 8 章\8.5\波浪.jpg

“波浪”滤镜可以通过移动像素位置，在图像上创建出类似波浪起伏的效果。

在 Photoshop 中打开素材文件夹“第 8 章\8.5\波浪.jpg”文件。单击菜单栏“滤镜 > 扭曲 > 波浪”命令，打开“波浪”对话框，如图 8－131 所示。

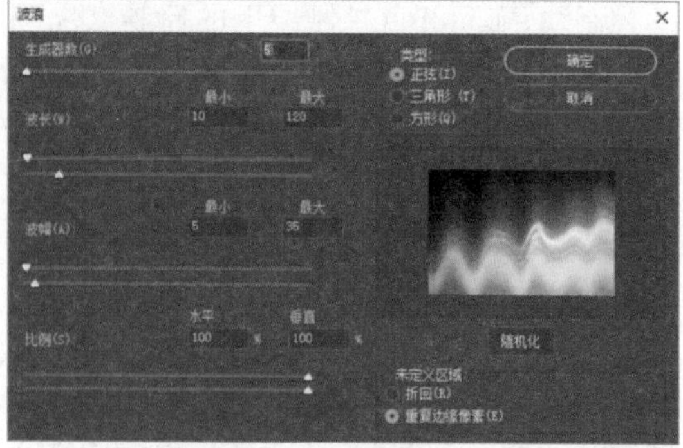

图 8－131

●生成器数：用来设置波浪效果的强度。

●波长：用来设置相邻两个波峰之间的水平距离。包含“最大”和“最小”两个参数，其中“最小”的数值不能超过“最大”的数值。

●波幅：用来设置最大和最小的波幅。

●比例：用来控制波浪在水平方向和垂直方向的波动幅度。

●类型：用来设置波浪的形状，包括“正弦”“三角形”和“方形”3 个选项。“正弦”效果如图 8－132 所示，“三角形”效果如图 8－133所示，“方形”效果如图 8－134 所示。

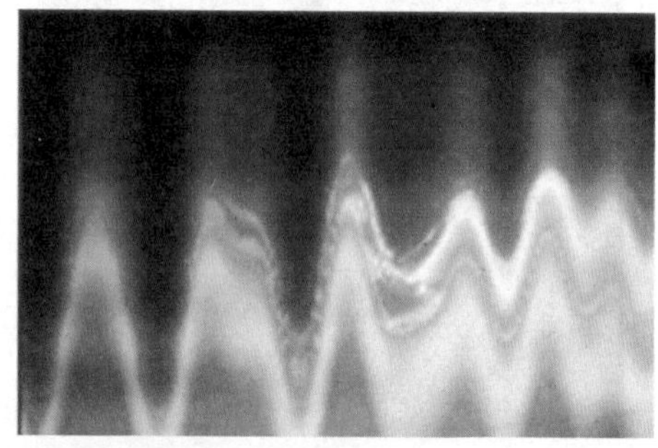

图 8－132

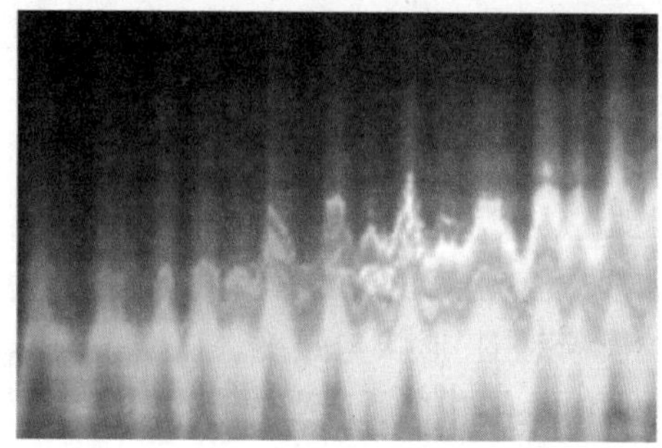

图 8－133

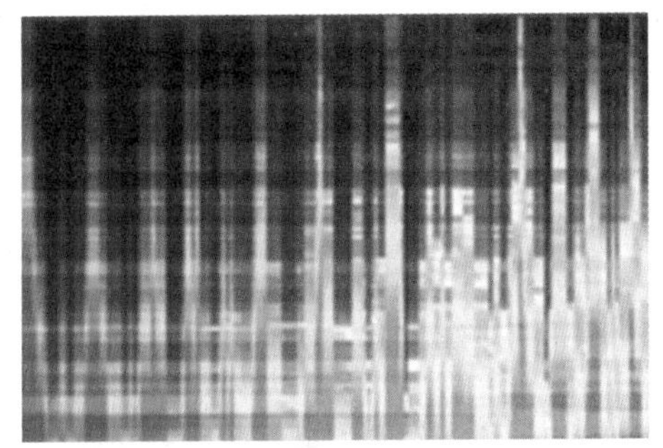

图 8－134

●随机化：单击该按钮，可以随机改变波浪的效果。

●未定义区域：用来设置空白区域的填充方式。选择“折回”选项，可以在空白区域填入溢出的内容；选择“重复边缘像素”选项，可以填入扭曲边缘像素的颜色。

8.5.2　波纹

素材文件　第 8 章\8.5\波纹.jpg

“波纹”滤镜可以使图像产生类似于水面波纹的效果。

在 Photoshop 中打开素材文件夹“第 8 章\8.5\波纹.jpg”文件。单击菜单栏“滤镜 > 扭曲 > 波纹”命令，打开“波纹”对话框，如图 8－135 所示。

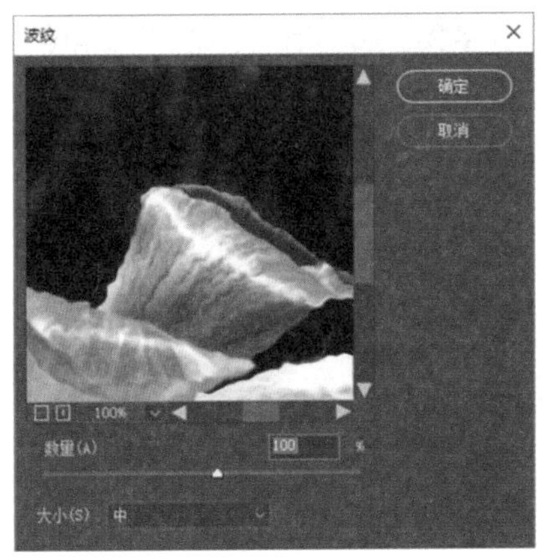

图 8－135

●数量：用来设置产生波纹的数量。图 8－136 所示为数量 300 的效果。

●大小：可以选择产生波纹的大小，包含“小”“中”和“大”3 个选项。选择“小”选项的效果如图 8－137 所示，选择“中”选项的效果如图 8－138 所示，选择“大”选项的效果如图 8－139 所示。

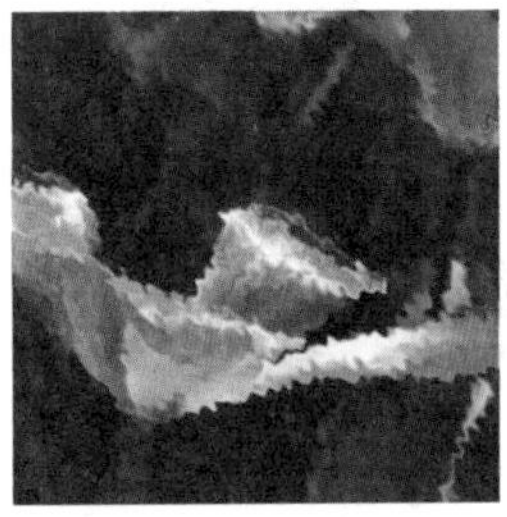

图 8－136

图 8－137

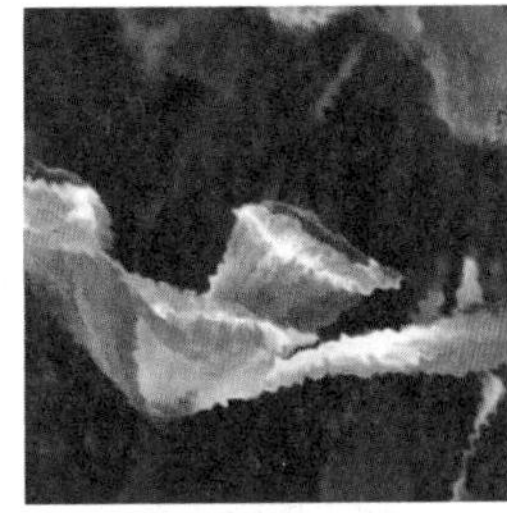

图 8－138

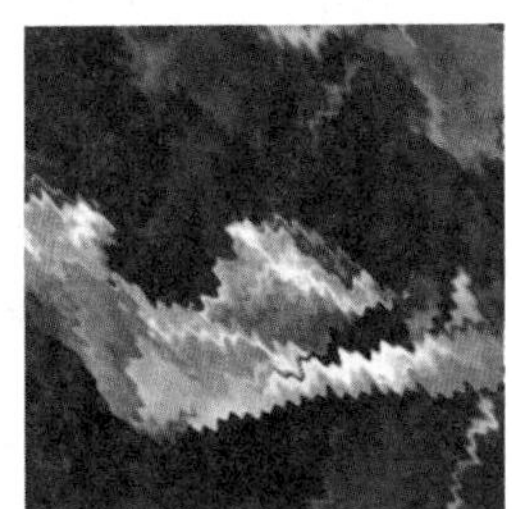

图 8－139

8.5.3　极坐标

素材文件　第 8 章\8.5\极坐标.jpg

“极坐标”滤镜可以将图像从平面坐标转换到极坐标，或从极坐标转换到平面坐标。“极坐标”滤镜经常用来制作“鱼眼镜头”特效。

在 Photoshop 中打开素材文件夹“第 8 章\8.5\极坐标.jpg”文件。单击菜单栏“滤镜 > 扭曲 > 极坐标”命令，打开“极坐标”对话框，如图 8－140 所示。

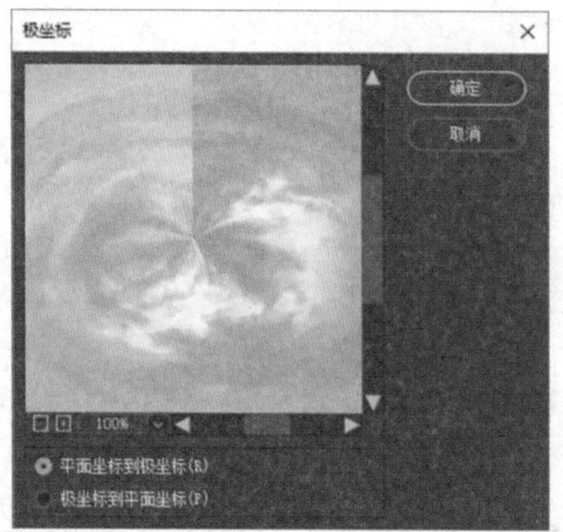

图 8－140

选择“平面坐标到极坐标”选项，效果如图 8－141 所示；选择“极坐标到平面坐标”选项，效果如图 8－142 所示。

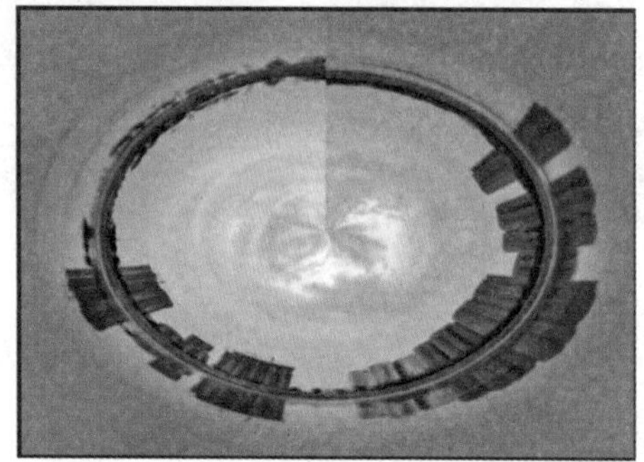

图 8－141

图 8－142

8.5.4　挤压

素材文件	第 8 章\8.5\挤压.jpg

“挤压”滤镜可以将图像向内或向外进行挤压变形。

在 Photoshop 中打开素材文件夹“第 8 章\8.5\挤压.jpg”文件。单击菜单栏“滤镜 > 扭曲 > 挤压”命令，打开“挤压”对话框，如图 8－143 所示。

图 8－143

●数量：用来控制挤压图像的程度。数值为负时，图像会向外挤压，如图 8－144 所示；数值为正时，图像会向内挤压，如图 8－145 所示。

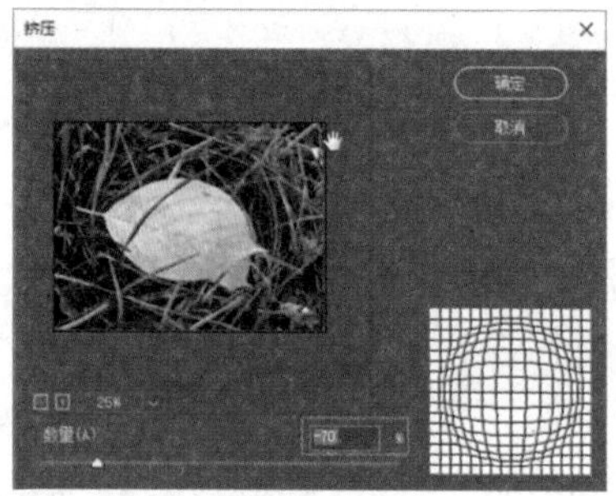

图 8－144

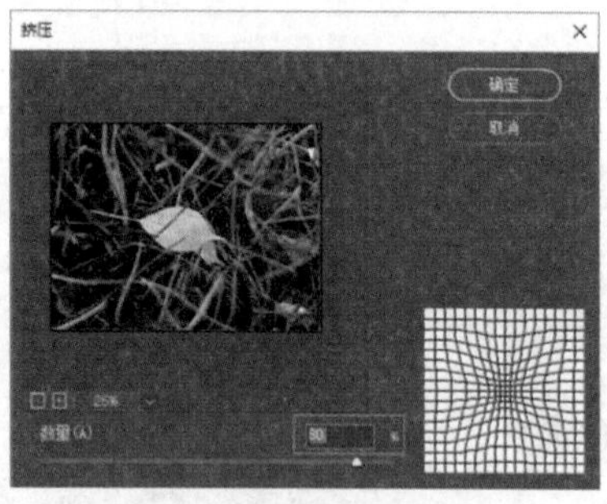

图 8－145

8.5.5　切变

素材文件	第 8 章\8.5\切变.jpg

“切变”滤镜可以让图像沿着设定好的曲线进行扭曲，图像一侧被移出画面的部分会在另一侧出现。

在 Photoshop 中打开素材文件夹“第 8 章\

8.5\切变.jpg”文件。单击菜单栏“滤镜 > 扭曲 > 切变”命令，打开“切变”对话框，如图 8 – 146 所示。

●曲线调整框：单击鼠标左键在曲线上添加控制点，通过拖动控制点控制曲线的弧度，进而控制图像的变形效果，如图 8 – 147 所示。

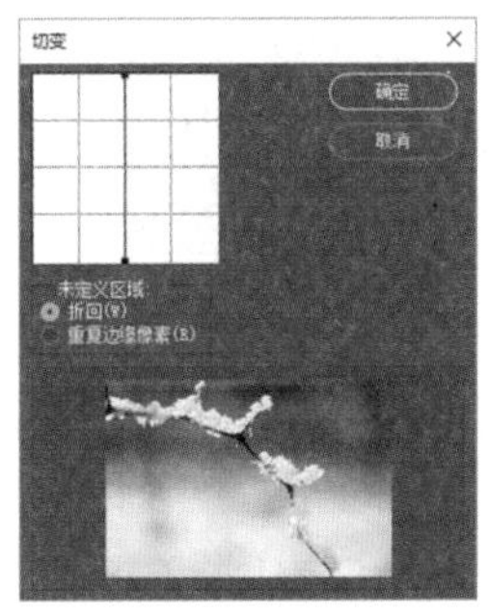

图 8 – 146

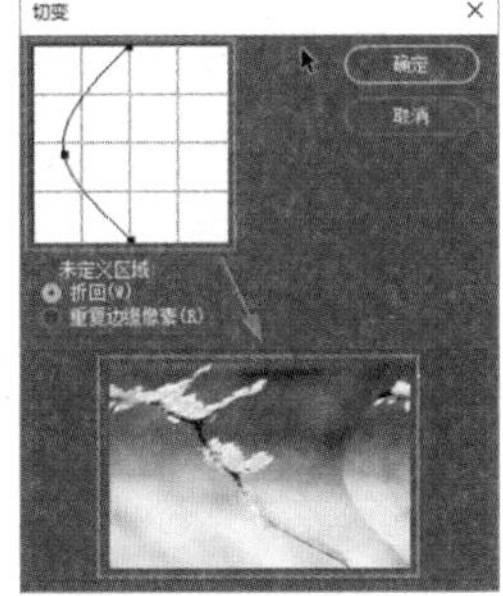

图 8 – 147

●未定义区域：用来设置空白区域的填充方式。选择“折回”选项，可以在空白区域填入溢出的内容，如图 8 – 148 所示；选择“重复边缘像素”选项，可以填入扭曲边缘像素的颜色，如图 8 – 149 所示。

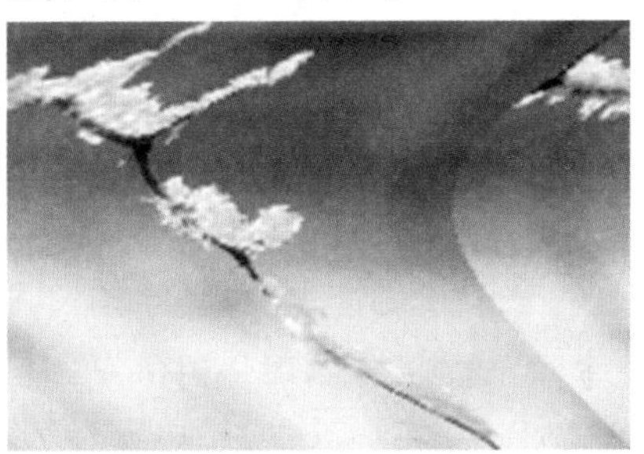

图 8 – 148

图 8 – 149

8.5.6 球面化

素材文件 第 8 章\8.5\球面化.jpg

“球面化”滤镜可以让图像产生包裹在球面上向外凸起或向内凹陷的效果。

在 Photoshop 中打开素材文件夹“第 8 章\8.5\球面化.jpg”文件。单击菜单栏“滤镜 > 扭曲 > 球面化”命令，打开“球面化”对话框，如图 8 – 150 所示。

图 8 – 150

●数量：用来设置球面化的程度。数值为正时，图像会向外凸起，如图 8 – 151 所示；数值为负时，图像会向内凹陷，如图 8 – 152 所示。

图 8 – 151

图 8－152

●模式：用来设置图像的挤压方式，包含“正常”“水平优先”和“垂直优先”3 个选项。

8.5.7 水波

素材文件 第 8 章\8.5\水波.jpg

“水波”滤镜可以模拟水池中的涟漪效果。

在 Photoshop 中打开素材文件夹“第 8 章\8.5\水波.jpg”文件。单击菜单栏“滤镜 > 扭曲 > 水波”命令，打开“水波”对话框，如图 8－153 所示。

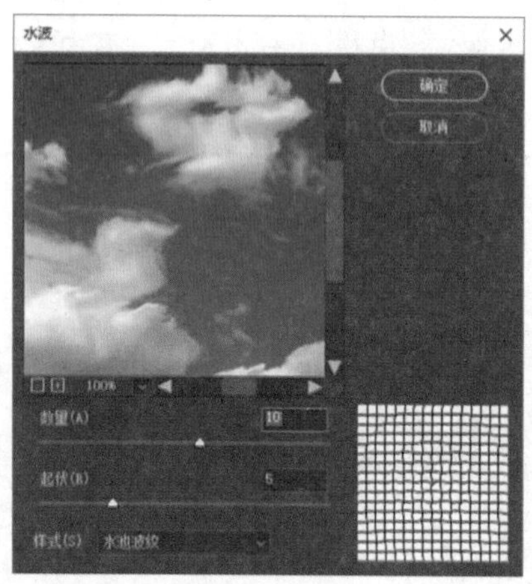

图 8－153

●数量：用来设置水波的状态。数值为负时，会产生下凹的水波，如图 8－154 所示；数值为正时，会产生上凸的水波，如图8－155所示。

图 8－154

图 8－155

●起伏：用来设置水波的数量。数值越大，水波的环数越多，如图 8－156 所示为起伏 10 的效果。

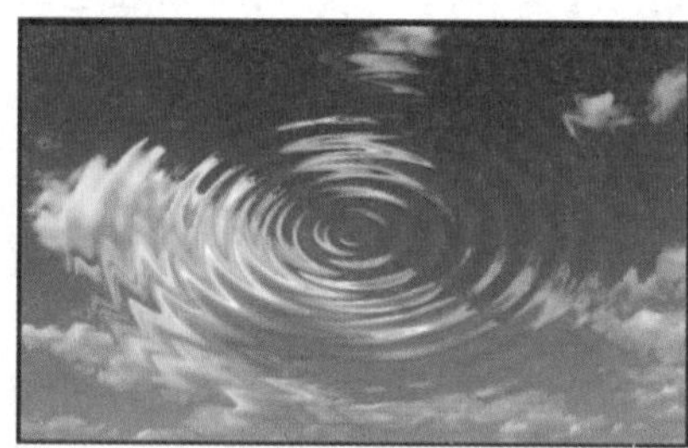

图 8－156

●样式：用来设置水波的样式。选择“围绕中心”选项，可以围绕图像或选区的中心产生水波，如图 8－157 所示；选择“从中心向外”选项，水波将从中心向外扩散，如图 8－158所示；选择“水池波纹”选项，可以产生同心圆形状的水波，如图 8－159 所示。

图 8－157

图 8－158

图 8－159

8.5.8　旋转扭曲

素材文件	第 8 章\8.5\旋转扭曲.jpg

“旋转扭曲”滤镜可以使图像以画面中心为圆点，进行顺时针或逆时针的旋转。

在 Photoshop 中打开素材文件夹“第 8 章\8.5\旋转扭曲.jpg”文件。单击菜单栏“滤镜 > 扭曲 > 旋转扭曲”命令，打开“旋转扭曲”对话框，如图 8－160 所示。

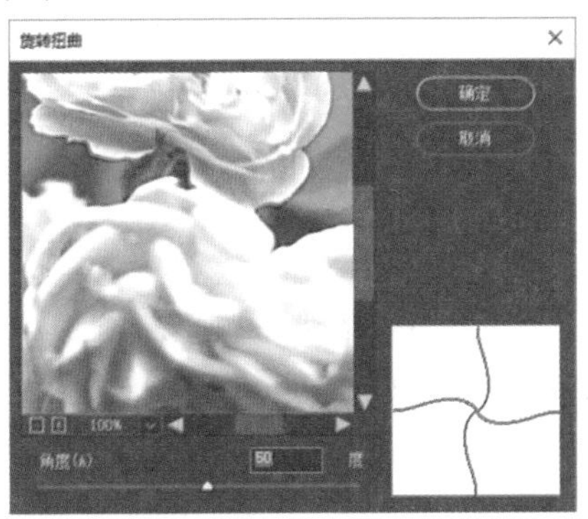

图 8－160

●角度：数值为正，图像沿顺时针方向旋转扭曲，如图 8－161 所示；数值为负，图像沿逆时针方向旋转扭曲，如图 8－162 所示。

图 8－161

图 8－162

8.5.9　置换

素材文件	第 8 章\8.5\置换.jpg、枫叶.psd

“置换”滤镜可以根据一张图片的亮度值将现有图像的像素重新排列并产生位移。该滤镜需要两个图像文件才能完成，一个是进行置换变形的图片，一个是决定如何置换变形的 PSD 文件。

在 Photoshop 中打开素材文件夹“第 8 章\8.5\置换.jpg”文件。单击菜单栏“滤镜 > 扭曲 > 置换”命令，打开“置换”对话框，如图 8－163 所示。单击“确定”按钮，在弹出的“选取一个置换图”对话框中选择“枫叶.psd”文件，如图 8－164 所示。单击“打开”按钮，此时画面效果如图 8－165 所示。

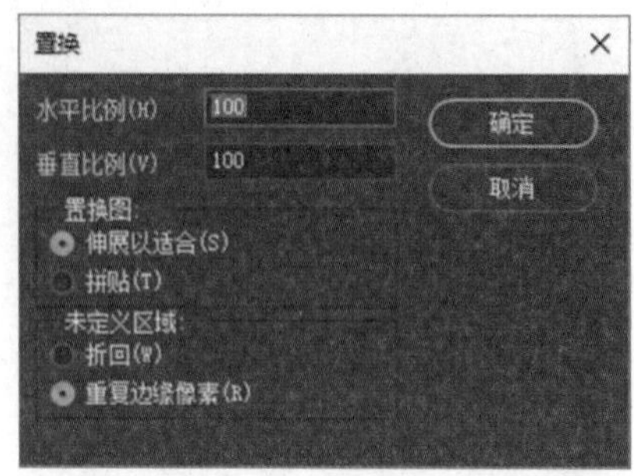

图 8 - 163

图 8 - 164

●水平比例/垂直比例:用来设置水平方向或垂直方向移动的距离,数值越大效果越明显。

●置换图:用来设置置换图像的方式,包含“伸展以适合”和“拼贴”2 个选项。选择“伸展以适合”选项的效果如图 8 - 165 所示,选择“拼贴”选项的效果如图 8 - 166 所示。

图 8 - 165

图 8 - 166

●未定义区域:用来设置空白区域的填充方式。选择“折回”选项,可以在空白区域填入溢出的内容;选择“重复边缘像素”选项,可以填入扭曲边缘像素的颜色。

8.6 锐化滤镜

“锐化”滤镜组可以通过增强相邻像素之间的对比度来让图像看起来更清晰。单击菜单栏“滤镜 > 锐化”命令,可以看到“锐化”下拉列表中包含多种滤镜,如图 8 - 167 所示。

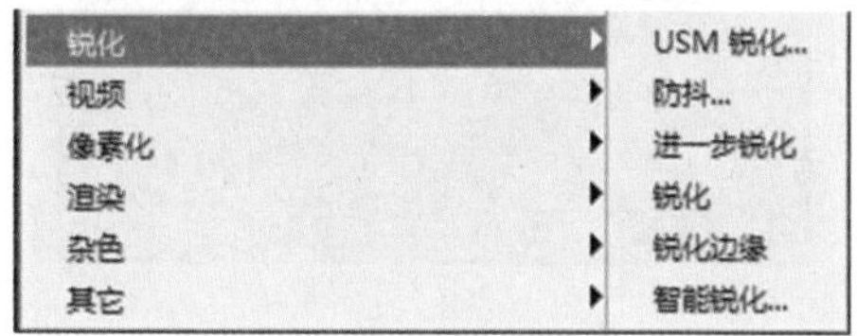

图 8 - 167

对图像进行过模糊操作后,图像的原始细节会彻底丢失,不可能再通过锐化来让图像变清晰。所以一张特别模糊的图像,也是没办法通过锐化使其变清晰的,因为图像本身的细节已经损失,锐化只能在一定程度上增强画面的对比度,无法增加图像的细节。

8.6.1 USM 锐化

素材文件 第 8 章\8.6\ USM 锐化.jpg

“USM 锐化”滤镜可以查找图像中颜色差异明显的区域,在不增加过多噪点的前提下将其锐化,比较适合用来锐化毛发。

在 Photoshop 中打开素材文件夹“第 8 章\8.6\USM 锐化.jpg”文件。单击菜单栏“滤镜 > 锐化 > USM 锐化”命令,打开“USM 锐化”对话框,如图 8 - 168 所示。

图 8 – 168

●数量：用来设置锐化效果的精细程度。图 8 – 169 所示为数量 50% 的效果，图 8 – 170 所示为数量 150% 的效果。

图 8 – 169

图 8 – 170

●半径：用来设置图像锐化半径范围的大小。

●阈值：只有相邻像素之间的差值达到设置的“阈值”数值才会被锐化。数值越高，被锐化的像素就越少。

8.6.2　防抖

素材文件　第 8 章\8.6\防抖. jpg

“防抖”滤镜可以减少因拍摄时相机抖动而产生的模糊。

在 Photoshop 中打开素材文件夹“第 8 章\8.6\防抖. jpg”文件。单击菜单栏“滤镜 > 锐化 > 防抖”命令，打开“防抖”对话框，如图 8 – 171所示。

图 8 – 171

●模糊评估工具：对话框左上角第 1 个按钮，在图像缩览图上单击可以定位右侧面板“细节”的显示内容。

●模糊方向工具：对话框左上角第 2 个按钮，用于在图像缩览图上手动绘制图像的模糊方向和长度。

●伪像抑制：勾选复选框后，可以减少图像中明显的杂色伪像。

●模糊描摹边界：用来指定模糊描摹边界的大小。数值越大，锐化度越高。

●源杂色：用来设置图像中的杂色量，包含“自动”“低”“中”和“高”4 个选项，可根据需要进行选择使用。

●平滑：用来平滑锐化导致的杂色。

8.6.3　进一步锐化

素材文件　第 8 章\8.6\进一步锐化. jpg

“进一步锐化”滤镜可以通过增加像素之间的对比度使图像变得清晰，但效果比较弱，只适合轻微模糊的图片。

在 Photoshop 中打开素材文件夹“第 8 章\8.6\进一步锐化. jpg”文件，如图 8 – 172 所示。单击菜单栏“滤镜 > 锐化 > 进一步锐化”命令，无需设置任何参数，效果如图 8－173 所示。

图 8－172

图 8－173

8.6.4 锐化

素材文件 第 8 章\8.6\锐化.jpg

“锐化”滤镜和“进一步锐化”滤镜效果一样，也是通过增加像素之间的对比度使图像变得清晰，但锐化效果没有“进一步锐化”的效果明显。应用 1 次“进一步锐化”滤镜等于应用了 3 次“锐化”滤镜。

在 Photoshop 中打开素材文件夹“第 8 章\8.6\锐化.jpg”文件，如图 8－174 所示。单击菜单栏“滤镜 > 锐化 > 锐化”命令，无需设置任何参数，效果如图 8－175 所示。

图 8－174

图 8－175

8.6.5 锐化边缘

素材文件 第 8 章\8.6\锐化边缘.jpg

“锐化边缘”滤镜只锐化图像的边缘，同时保留整体的平滑度，适合锐化色彩清晰、边界分明、颜色区分强烈的图像。

在 Photoshop 中打开素材文件夹“第 8 章\8.6\锐化边缘.jpg”图像，如图 8－176 所示。单击菜单栏“滤镜 > 锐化 > 锐化边缘”命令，无需设置任何参数，效果如图 8－177 所示。

图 8－176

图 8－177

8.6.6　智能锐化

素材文件　第 8 章\8.6\智能锐化.jpg

“智能锐化”滤镜具有独特的锐化选项，可以设置锐化算法，或控制在阴影和高光区域的锐化量。

在 Photoshop 中打开素材文件夹“第 8 章\8.6\智能锐化.jpg”文件。单击菜单栏“滤镜 > 锐化 > 智能锐化”命令，打开“智能锐化”对话框，单击对话框右侧下方的“阴影/高光”按钮，可以展开“阴影”和“高光”的参数设置面板，如图 8－178 所示。

图 8－178

●数量：用来设置锐化的精细程度。数值越高，图像边缘的对比度越强。图 8－179 所示为数量 200% 的效果，图 8－180 所示为数量 400% 的效果。

图 8－179

图 8－180

●半径：用来设置受锐化影响的图像边缘像素的数量。数值越大，锐化的效果越明显。图 8－181 所示为半径 2 的效果，图 8－182 所示为半径 10 的效果。

图 8－181

图 8－182

●减少杂色：用来消除锐化产生的杂色。

●移去：用来选择锐化图像的算法。选择“高斯模糊”选项，可以使用“USM 锐化”滤镜的方法锐化图像；选择“镜头模糊”选项，可以查找图像中的边缘和细节，并对细节进行精细化锐化，以减少锐化的光晕；选择“动感模糊”选项，可以通过设置右侧的“角度”来减少由于相机或对象移动而产生的模糊效果。

●渐隐量：用来设置阴影或高光的锐化程度。

●色调宽度：用来设置阴影或高光的色调修改范围。

●半径：用来控制每个像素周围区域的大小，从而确定像素是在阴影中还是高光中。

8.7 视频滤镜

“视频”滤镜组中的滤镜用来解决视频图像在交换时，因系统差异产生的颜色差异问题。使用该滤镜组中的滤镜，可以处理从隔行扫描方式的设备中提取的图像。单击菜单栏“滤镜 > 视频”命令，可以看到“视频”下拉列表中包含的滤镜，如图 8 – 183 所示。

图 8 – 183

8.7.1 NTSC 颜色

“NTSC 颜色”滤镜将色域限制在电视机重现可接受的范围内，以防止过饱和颜色渗到电视扫描行中。此滤镜对基于视频的因特网系统上的 Web 图像处理很有帮助。需要注意的是此滤镜不能应用于灰度、CMYK 和 Lab 模式的图像。

8.7.2 逐行

“逐行”滤镜可以消除图像中的奇数或偶数交错行，使在视频上捕捉的运动图像变得平滑。需要注意的是此滤镜不能应用于 CMYK 模式的图像。

单击菜单栏“滤镜 > 视频 > 逐行”命令，打开“逐行”对话框，如图 8 – 184 所示。

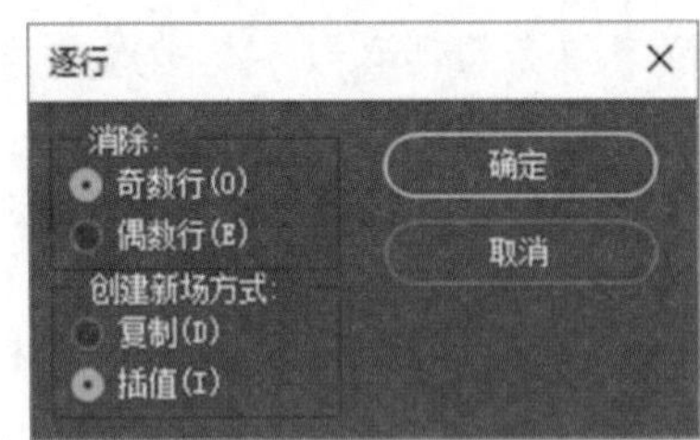

图 8 – 184

●消除：用来设置要消除的交错行区域。选择“奇数行”选项，可删除奇数交错行；选择“偶数行”选项，可删除偶数交错行。

●创建新场方式：用来设置在消除之后用何种方式来填充空白区域。选择“复制”选项，可以复制被删除部分周围的像素来填充空白区域；选择“插值”选项，可以利用被删除部分周围的像素，通过插值的方法进行填充。

8.8 像素化滤镜

“像素化”滤镜组可以将图像分块或平面化，然后重新组合，创建出各种特殊效果。单击菜单栏“滤镜 > 像素化”命令，可以看到“像素化”下拉列表中包含多种滤镜，如图 8 – 185所示。

图 8 – 185

8.8.1 彩块化

素材文件 第 8 章\8.8\彩块化.jpg

“彩块化”滤镜可以在保持图像原有轮廓的前提下，将纯色或相近色的像素结成相近颜色的像素块，产生手绘的效果。由于该滤镜在图像上产生的效果不是很明显，可以进行反复操作，多次使用该滤镜加强画面效果。

在 Photoshop 中打开素材文件夹“第 8 章\8.8\彩块化.jpg”文件，如图 8 – 186 所示。单击菜单栏“滤镜 > 像素化 > 彩块化”命令，无需设置任何参数，效果如图 8 – 187 所示。

图 8 – 186

图 8 – 187

8.8.2　彩色半调

素材文件　第 8 章\8.8\彩色半调.jpg

“彩色半调”滤镜可以模拟在图像的每个通道上使用放大的半调网屏效果，为图像添加网点状效果。

在 Photoshop 中打开素材文件夹“第 8 章\8.8\彩色半调.jpg”文件。单击菜单栏“滤镜 > 像素化 > 彩色半调”命令，打开“彩色半调”对话框，如图 8 – 188 所示。

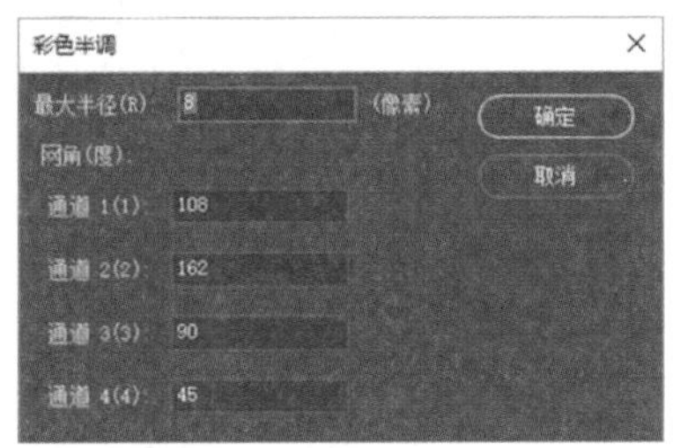

图 8 – 188

●最大半径：用来设置生成的最大网点的半径。如图 8 – 189 所示为最大半径 10 的效果。

图 8 – 189

●网角（度）：用来设置图像各个原色通道的网点角度。

8.8.3　点状化

素材文件　第 8 章\8.8\点状化.jpg

“点状化”滤镜可以从图像中提取颜色相近的像素，变成一个个颜色点，并使用背景色作为颜色点之间的画布区域，将图像以彩色斑点的形式重新呈现出来。

在 Photoshop 中打开素材文件夹“第 8 章\8.8\点状化.jpg”文件。单击菜单栏“滤镜 > 像素化 > 点状化”命令，打开“点状化”对话框，如图 8 – 190 所示。

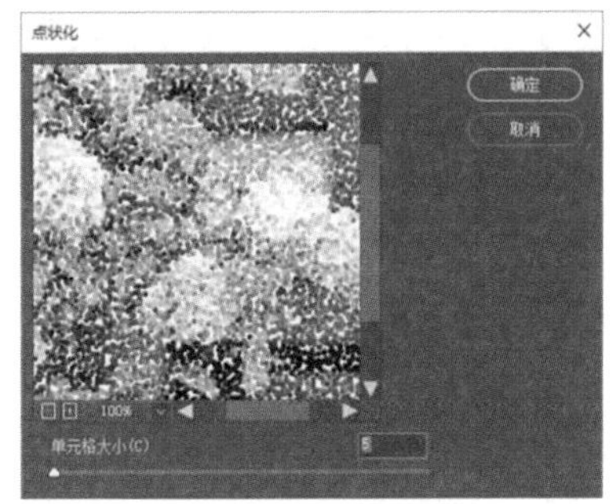

图 8 – 190

●单元格大小：用来设置每个色块的大小。图 8 – 191 所示为单元格大小 4 的效果。

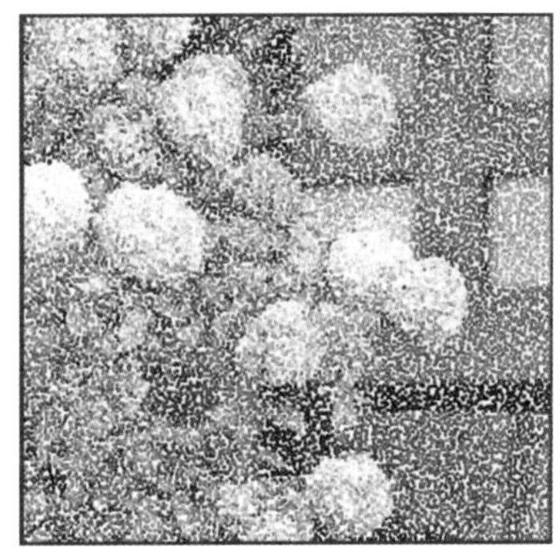

图 8 – 191

8.8.4　晶格化

素材文件　第 8 章\8.8\晶格化.jpg

“晶格化”滤镜可以使图像中颜色相近的像素集中到多边形色块中，产生类似结晶的颗粒效果。

在 Photoshop 中打开素材文件夹“第 8 章\8.8\晶格化.jpg”文件。单击菜单栏“滤镜 > 像素化 > 晶格化”命令，打开“晶格化”对话框，如图 8 – 192 所示。

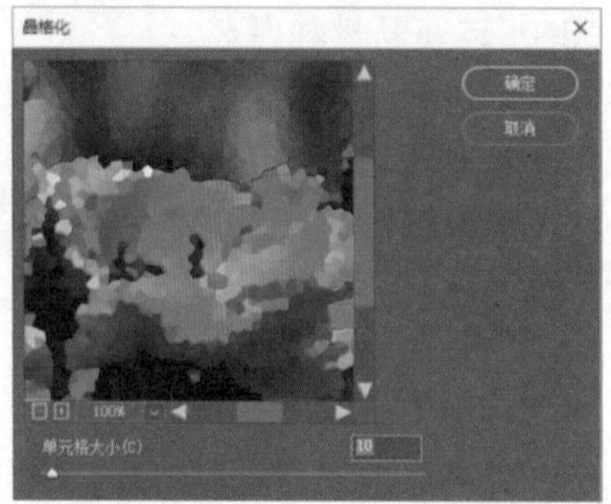

图 8－192

●单元格大小:用来设置每个多边形色块的大小。图 8－193 所示为单元格大小 10 的效果。

图 8－193

8.8.5 马赛克

素材文件	第 8 章\8.8\马赛克.jpg

"马赛克"滤镜可以将具有相似色彩的像素合并成规则的方块,使图像丧失原貌,只保留轮廓,从而创建马赛克瓷砖的效果。

在 Photoshop 中打开素材文件夹"第 8 章\8.8\马赛克.jpg"文件。单击菜单栏"滤镜 > 像素化 > 马赛克"命令,打开"马赛克"对话框,如图 8－194 所示。

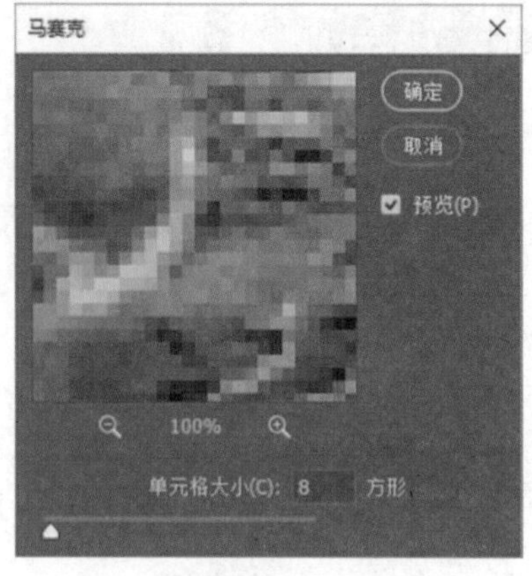

图 8－194

●单元格大小:用来设置每个方块的大小。图 8－195 所示为单元格大小 10 的效果。

图 8－195

8.8.6 碎片

素材文件	第 8 章\8.8\碎片.jpg

"碎片"滤镜可以将图像中的像素复制 4 次,然后将复制的像素平均分布,并使其相互偏移。

在 Photoshop 中打开素材文件夹"第 8 章\8.8\碎片.jpg"文件,如图 8－196 所示。单击菜单栏"滤镜 > 像素化 > 碎片"命令,无需设置任何参数,效果如图 8－197 所示。

图 8－196

图 8－197

8.8.7　铜版雕刻

素材文件　第 8 章\8.8\铜版雕刻.jpg

“铜版雕刻”滤镜可以将图像用不规则的点、线条或笔画的样式转换为黑白区域的随机图案或彩色图像中完全饱和颜色的随机图案，使图像产生年代久远的金属板效果。

在 Photoshop 中打开素材文件夹“第 8 章\8.8\铜版雕刻.jpg”文件。单击菜单栏“滤镜 > 像素化 > 铜版雕刻”命令，打开“铜版雕刻”对话框，如图 8－198 所示。

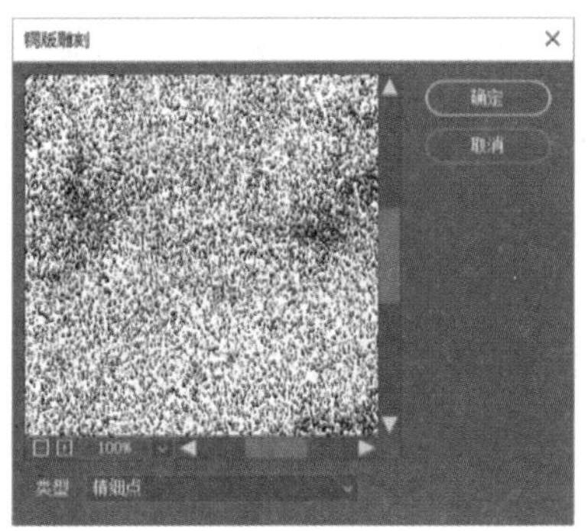

图 8－198

●类型：用来选择铜版雕刻的类型，包含“精细点”“中等点”“粒状点”“粗网点”“短直线”“中长直线”“长直线”“短描边”“中长描边”和“长描边”10 种类型。

8.9　渲染滤镜

“渲染”滤镜组可以通过改变图像的光感效果来产生图像。单击菜单栏“滤镜 > 渲染”命令，可以看到“渲染”下拉列表中包含多种滤镜，如图 8－199 所示。

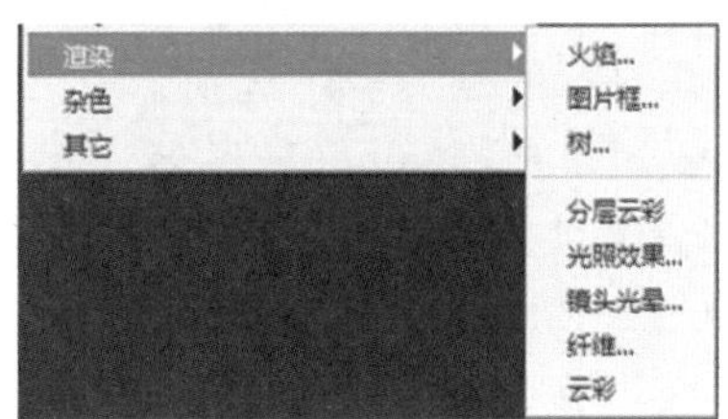

图 8－199

8.9.1　火焰

“火焰”滤镜可以轻松打造出沿路径排列的火焰。

在 Photoshop 中新建一个空白文档，将背景图层填充为黑色，然后新建一个图层，在“钢笔工具”的工具选项栏的“工具模式”中选择“路径”选项，在画布上随意绘制一条路径，如图 8－200 所示。单击菜单栏“滤镜 > 渲染 > 火焰”命令，打开“火焰”对话框，如图 8－201 所示。

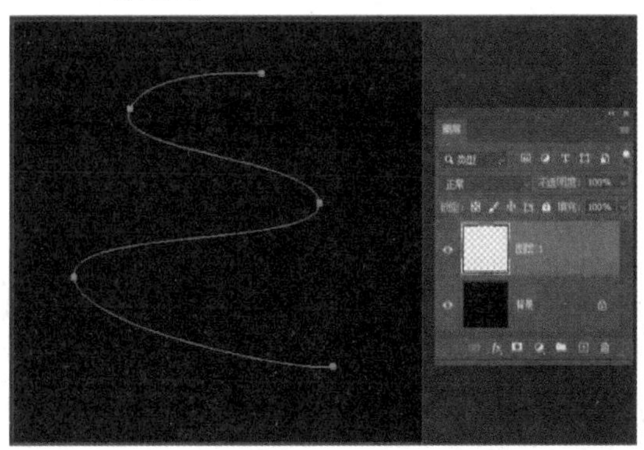

图 8－200

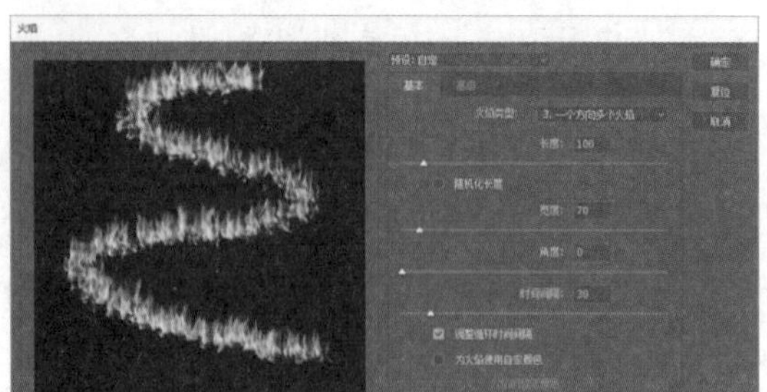

图 8－201

默认显示的是“基本”选项卡中的参数。

●火焰类型：Photoshop 提供了 6 种火焰类型，包含“沿路径一个火焰”“沿路径多个火焰”“一个方向多个火焰”“指向多个火焰路径”“多角度多个火焰”“烛光”。

●长度：用于设置火焰的长度，其数值越大，火焰越长。图 8－202 所示为长度 160 的效果。勾选下方“随机化长度”复选框，效果如图 8－203 所示。

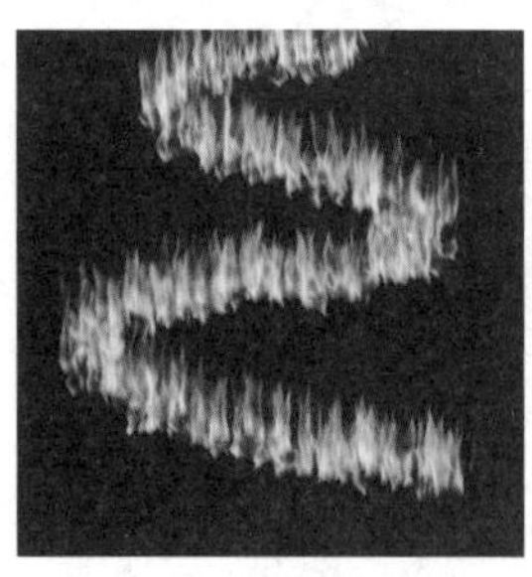

图 8－202

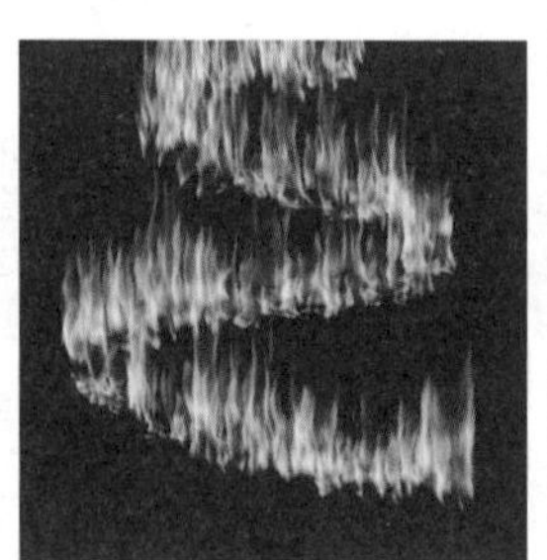

图 8－203

●宽度：用于设置火焰的宽度，其数值越大，火焰越宽。图 8－204 所示为宽度 100 的效果。

●角度：用于控制火焰的旋转角度。图 8－205 所示为角度 90°的效果。

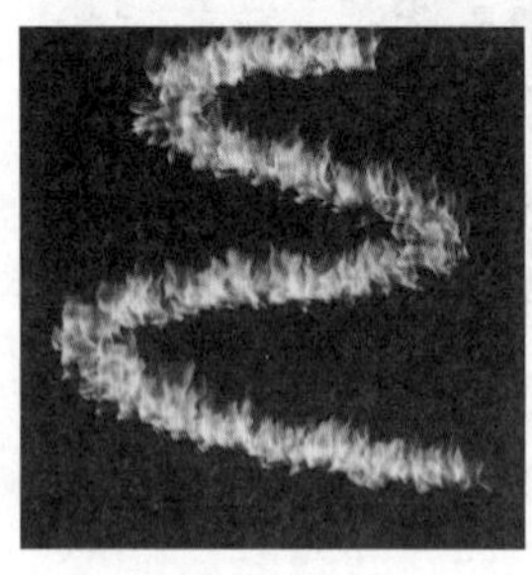

图 8－204

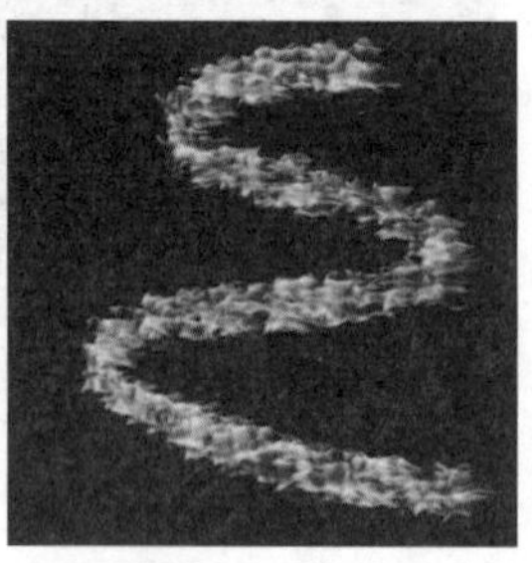

图 8－205

●时间间隔：用于设置火焰之间的距离，其数值越大，火焰之间的距离越大。图 8－206 所示为时间间隔 60 的效果。

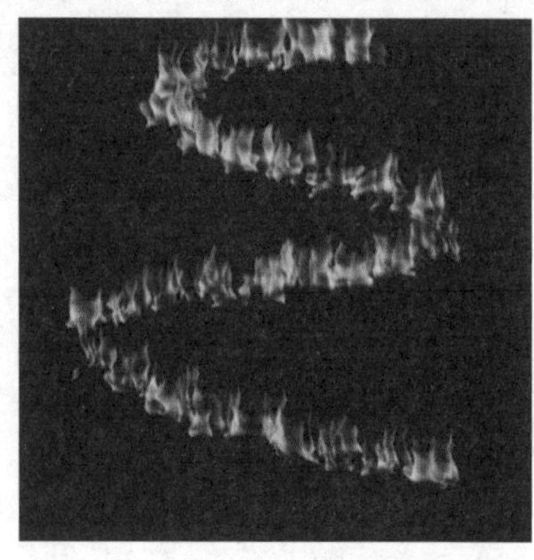

图 8－206

●为火焰使用自定颜色：勾选复选框后，单击下方“火焰的自定颜色”颜色块为火焰设置其他颜色。如图 8－207 和图 8－208 所示为不同颜色的火焰。

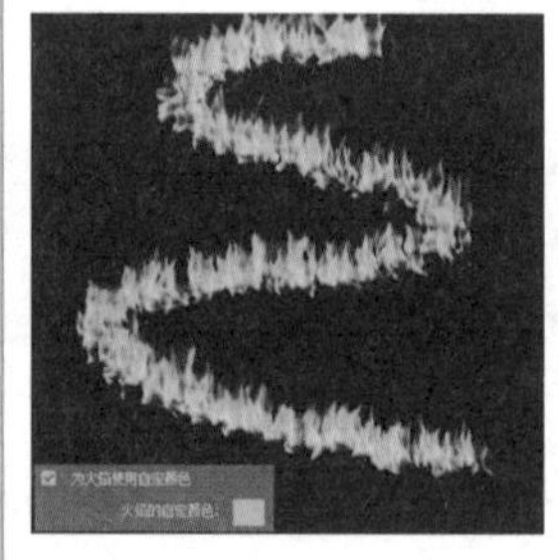

图 8－207

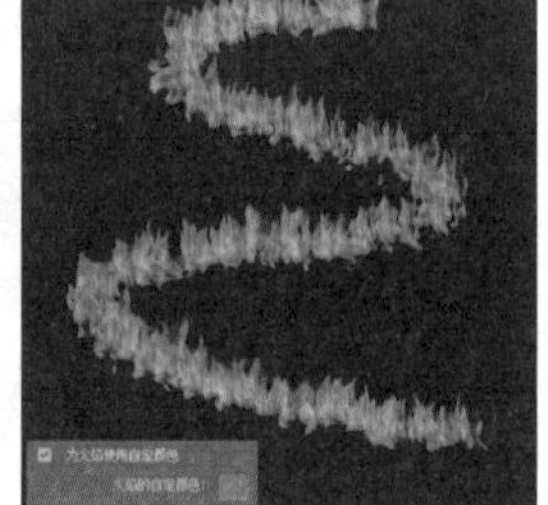

图 8－208

在“火焰”对话框中单击“高级”选项卡，如图 8－209 所示，可以调整相关的参数。

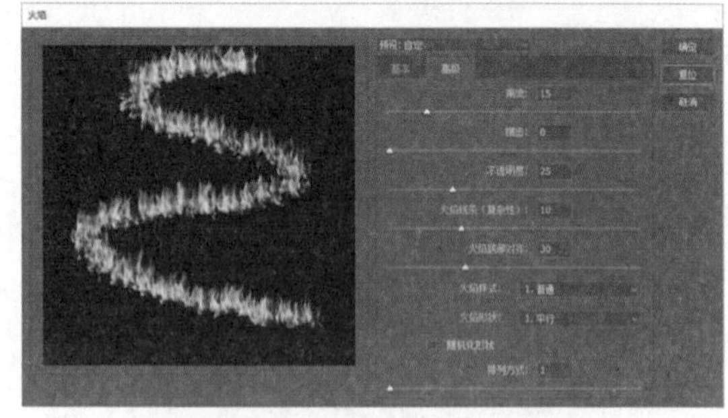

图 8－209

●湍流：用于设置火焰左右摇摆的动态效果，其数值越大，波动越强。图 8－210 所示为湍流 30 的效果。

●锯齿：用于设置火焰的锯齿，其数值越大，火焰边缘越尖锐。图 8－211 所示为锯齿 20 的效果。

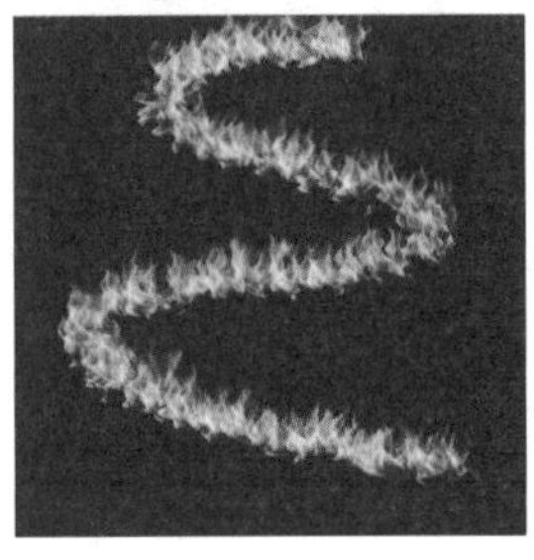

图 8－210

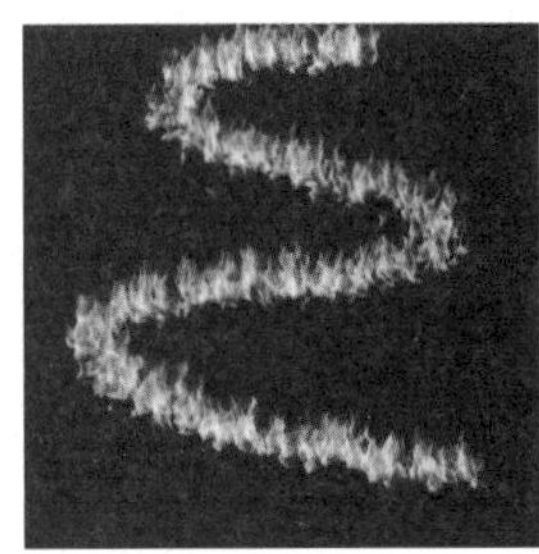

图 8－211

●不透明度：用于设置火焰的透明效果，其数值越小，火焰越透明。图 8－212 所示为不透明度 10 的效果。

●火焰线条（复杂性）：用于设置构成火焰效果的火焰复杂程度，其数值越大，火焰越多，效果越复杂。图 8－213 所示为火焰线条（复杂性）30 的效果。

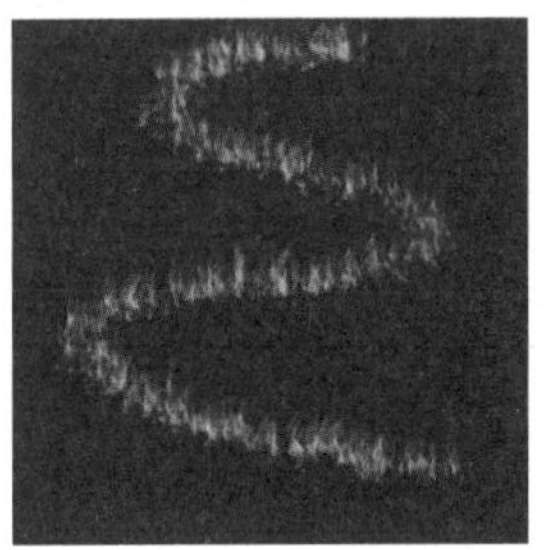

图 8－212

图 8－213

●火焰底部对齐：用于设置构成每一簇火焰的火焰底部是否对齐。其数值越小，对齐程度越高；其数值越大，火焰底部越分散。图 8－214 所示为火焰底部对齐 40 的效果。

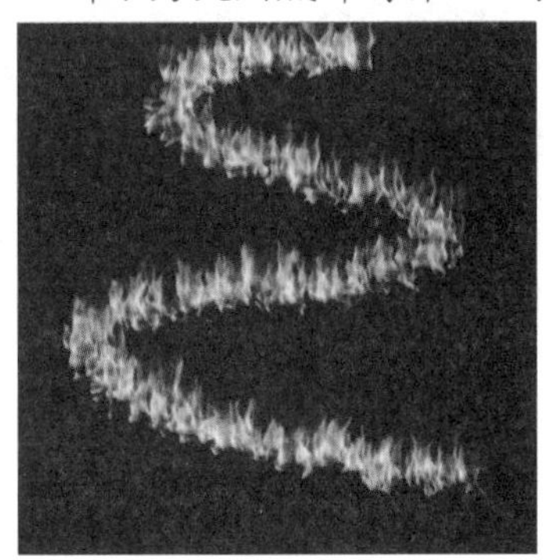

图 8－214

●火焰样式：可以选择火焰的样式，包含“普通”“猛烈”“扁平”3 种样式。选择不同的火焰样式，在预览图像上会呈现不同的效果。

●火焰形状：用来设置火焰的形状，包含“平行”“集中”“散开”“椭圆”“定向”5 种形状。选择不同的火焰形状，在预览图像上会呈现不同的效果。

8.9.2　图片框

素材文件　第 8 章\8.9\图片框.jpg

“图片框”滤镜可以在图像边缘处添加各种风格的花纹相框。

在 Photoshop 中打开素材文件夹“第 8 章\8.9\图片框.jpg”文件。新建空白图层，单击菜单栏“滤镜 > 渲染 > 图片框”命令，打开“图案”对话框，如图 8－215 所示。

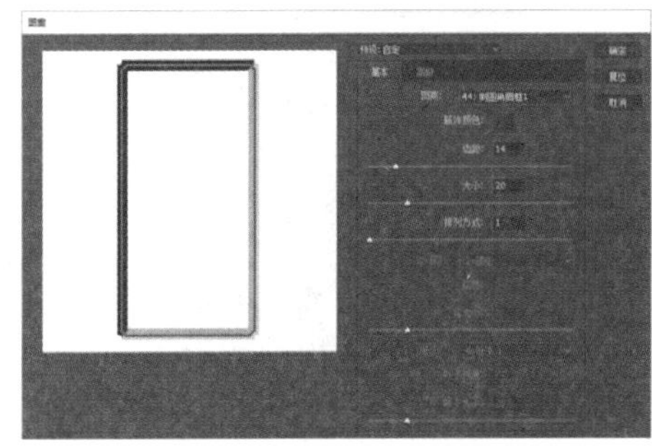

图 8－215

在“基本”选项卡下，Photoshop 提供了 47 个图案样式。从“图案”下拉列表中选择“大波浪”图案样式，并对图案的颜色及细节参数进行设置，如图 8－216 所示。单击“高级”选项卡，还可以设置图片框的其他参数，如图 8－217 所示。

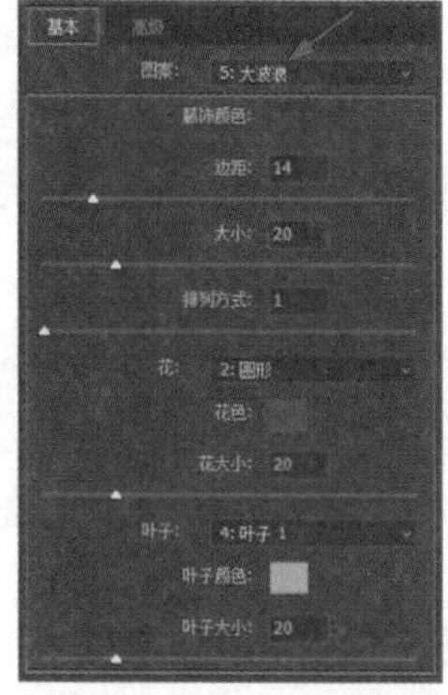

图 8 –216

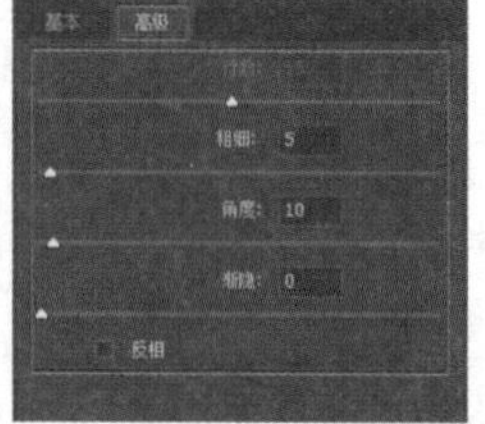

图 8 –217

设置完成后，单击“确定”按钮，效果如图 8 –218 所示。

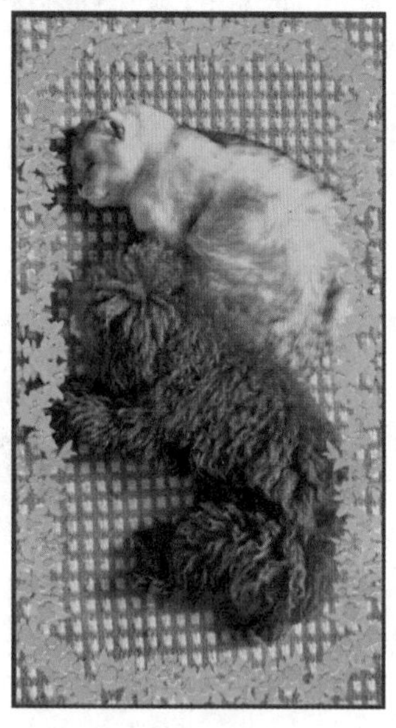

图 8 –218

8.9.3 树

“树”滤镜可以轻松创建出多种类型的树。

在 Photoshop 中新建一个空白文档，新建空白图层，在“钢笔工具”的工具选项栏的“工具模式”中选择“路径”选项，在画布上随意绘制一条路径，如图 8 –219 所示。单击菜单栏“滤镜 > 渲染 > 树”命令，打开“树”对话框，如图 8 –220 所示。

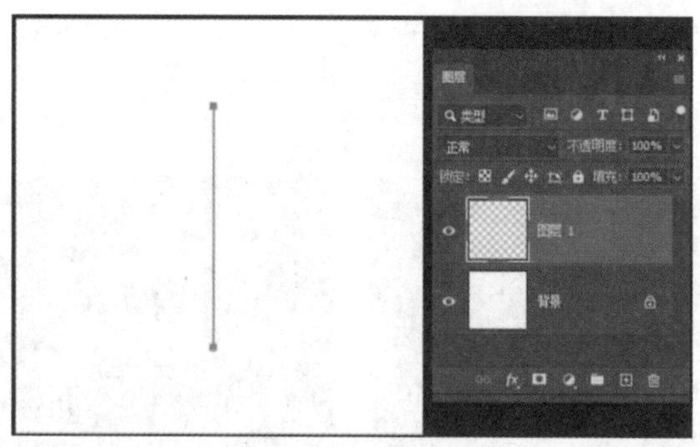

图 8 –219

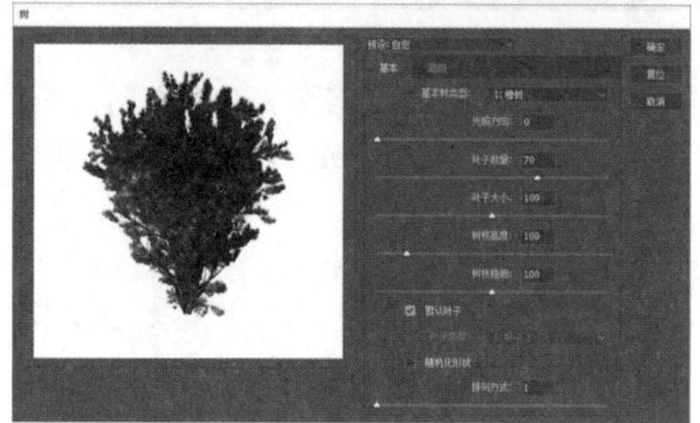

图 8 –220

在“基本”选项卡下，Photoshop 提供了 34 种树的类型，从“基本树类型”下拉列表中选择“橡树”树类型，并对树的细节参数进行设置，如图 8 –221 所示，参数设置效果非常直观，只需要调整数值并观察效果即可。单击“高级”选项卡，还可以设置树的其他参数，如图 8 –222 所示。

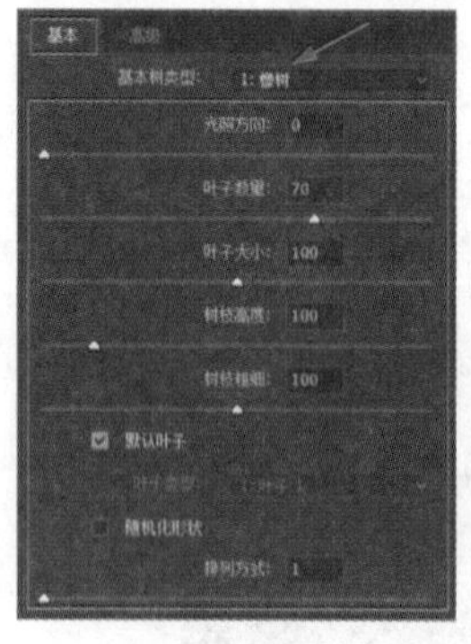

图 8 –221

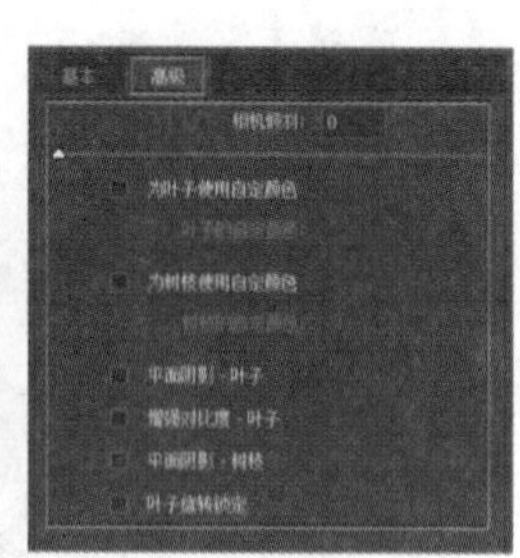

图 8 –222

设置完成后，单击“确定”按钮，效果如图 8 –223 所示。

图 8 - 223

8.9.4 分层云彩

素材文件	第 8 章\8.9\分层云彩.jpg

“分层云彩”滤镜可以将前景色、背景色和原有图像像素以“差值”模式混合，生成特殊效果。

在 Photoshop 中打开素材文件夹“第 8 章\8.9\分层云彩.jpg”文件，如图 8 - 224 所示。单击菜单栏“滤镜 > 渲染 > 分层云彩”命令，无需设置任何参数，效果如图 8 - 225 所示。

图 8 - 224

图 8 - 225

8.9.5 光照效果

素材文件	第 8 章\8.9\光照效果.jpg

“光照效果”滤镜可以通过改变图像的光源方向、光照强度等，在图像上产生多种光照效果，还可以使用灰度文件的凹凸纹理图产生类似 3D 的效果。

在 Photoshop 中打开素材文件夹“第 8 章\8.9\光照效果.jpg”文件。单击菜单栏“滤镜 > 渲染 > 光照效果”命令，打开“光照效果”对话框，如图 8 - 226 所示。

图 8 - 226

默认情况下，在画面中央会有一个“聚光灯”光源控制框。按住鼠标左键拖动控制点，可以改变光源的位置或形状，配合对话框右侧的“属性”面板，可以对光源的颜色、强度等参数进行调整。

●光照效果：下拉列表中有“点光”“聚光灯”和“无限光”3 个选项，默认为“聚光灯”选项。

●颜色：用来控制灯光的颜色。

●强度：用来控制灯光的强弱。

●聚光：用来控制灯光的光照范围，该参数只应用于“聚光灯”选项。

●着色：可以选择整体光照的颜色。

●曝光度：用来控制光照的曝光度。其数值为正，可以增加光照；数值为负，可以减少光照。

●光泽：用来设置灯光的反射强度。

●金属质感：用来设置反射的光线是光源的颜色还是图像本身的颜色。其数值越高，反射光的颜色越接近图像本身的颜色；数值越低，反射光的颜色越接近光源颜色。

●环境：可以使光照和图像其他的光照相结合。

●纹理：可以在下拉列表中选择为图像应用纹理的通道。

●高度："纹理"选择除"无"以外的选项时，可以设置该参数，高度可以控制应用纹理之后凸起的高度。

设置完成后，单击"确定"按钮，效果如图 8－227 所示。

图 8－227

8.9.6 镜头光晕

素材文件 第 8 章\8.9\镜头光晕.jpg

"镜头光晕"滤镜可以模拟亮光照射到相机镜头上产生的折射，使画面出现眩光的效果。

在 Photoshop 中打开素材文件夹"第 8 章\8.9\镜头光晕.jpg"文件。单击菜单栏"滤镜 > 渲染 > 镜头光晕"命令，打开"镜头光晕"对话框，如图 8－228 所示。

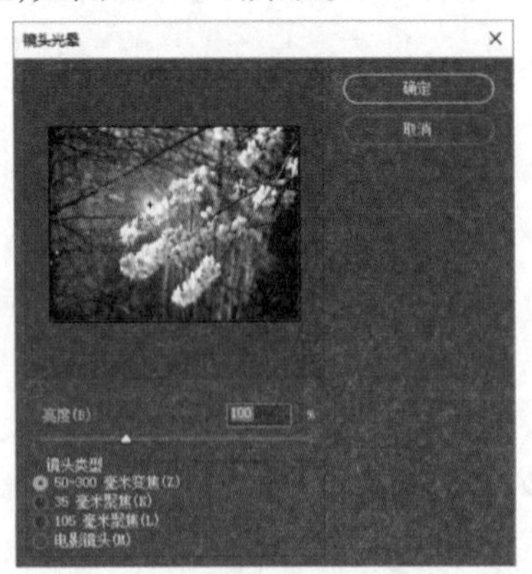

图 8－228

在图像缩览图中拖动十字图标可以移动光源的位置，如图 8－229 所示。

图 8－229

●亮度：用来设置镜头光晕的亮度，取值范围为 10% ~ 300%。图 8－230 所示为亮度 180% 的效果。

图 8－230

●镜头类型：用来选择镜头光晕的类型。包含"50－300 毫米变焦""35 毫米聚焦""105 毫米聚焦""电影镜头"。选择不同的镜头类型，在预览图像上会呈现不同的效果。

8.9.7 纤维

"纤维"滤镜可以使用前景色和背景色创建类似编织的纤维效果。

在 Photoshop 中新建一个空白文档，设置任意前景色和背景色，例如使用默认的前景色黑色和背景色白色，单击菜单栏"滤镜 > 渲染 > 纤维"命令，打开"纤维"对话框，如图 8－231 所示。

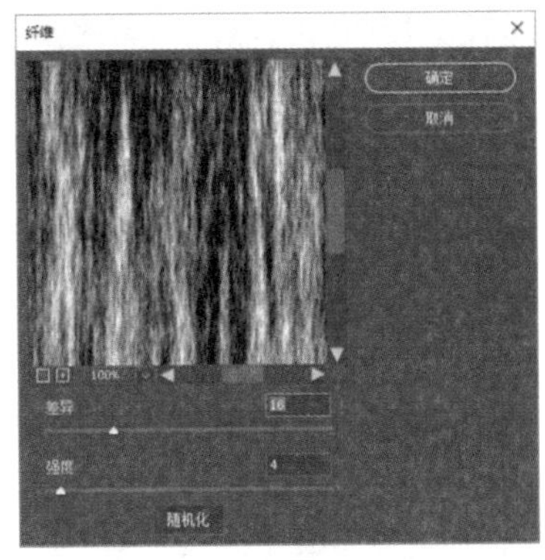

图 8－231

●差异：用来设置纤维颜色的变化方式。较低的数值可以生成较长的颜色条纹，较高的数值可以生成较短且颜色分布变化更大的纤维。图 8－232 所示为差异 40 的效果。

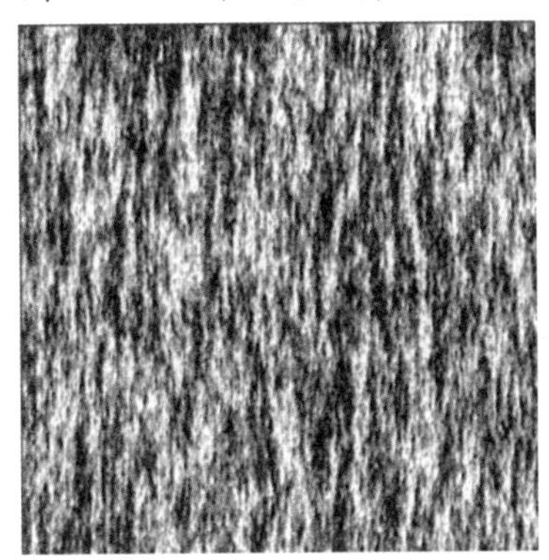
图 8－232

●强度：用来设置纤维外观的明显程度，数值越高外观越明显。图 8－233 所示为强度 30 的效果。

●随机化：单击该按钮可以随机生成新的纤维效果。图 8－234 所示为随机产生的纤维效果。

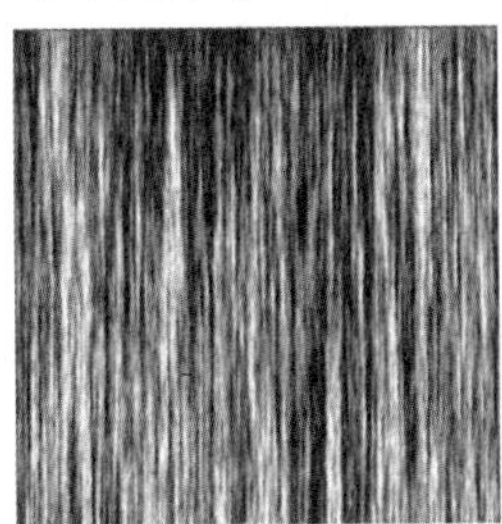
图 8－233

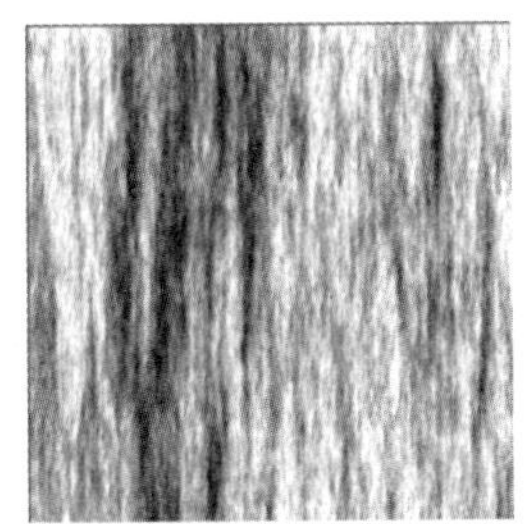
图 8－234

8.9.8　云彩

“云彩”滤镜可以使用前景色和背景色随机生成云彩图案。

在 Photoshop 中新建一个空白文档，设置任意前景色和背景色，例如使用默认的前景色黑色和背景色白色，单击菜单栏“滤镜 > 渲染 > 云彩”命令，无需设置任何参数，效果如图 8－235 所示。

图 8－235

8.10　杂色滤镜

“杂色”滤镜组可以添加或去除图像中的杂色及带有随机分布色阶的像素，有助于将选择的像素混合到周围的像素中去。单击菜单栏“滤镜 > 杂色”命令，可以看到“杂色”下拉列表中包含多种滤镜，如图 8－236 所示。

图 8－236

8.10.1　减少杂色

素材文件	第 8 章\8.10\减少杂色.jpg

“减少杂色”滤镜可以通过融合颜色相似的像素，在保留边缘的同时减少杂色。该滤镜可以对整个图像进行统一的参数设置，

也可以针对单个通道进行减少杂色的参数设置。

在 Photoshop 中打开素材文件夹“第 8 章\8.10\减少杂色.jpg”文件。单击菜单栏“滤镜 > 杂色 > 减少杂色”命令，打开“减少杂色”对话框，如图 8－237 所示。

图 8－237

默认显示为“基本”选项的参数设置。

●强度：用来设置应用于所有图像通道的亮度杂色的减少量。

●保留细节：用来控制保留图像的边缘和细节。当数值为 100% 时，可以保留图像的大部分边缘和细节，会将亮度杂色减少到最低。

●减少杂色：可以减少随机的颜色像素杂色，其数值越大，减少的颜色像素杂色越多。

●锐化细节：用来设置在去除杂色时锐化图像的程度。

●移去 JPEG 不自然感：勾选复选框后，可以移除因 JPEG 压缩而产生的不自然色块。

切换到“高级”选项卡下，其中“整体”和“基本”选项的参数设置完全相同，“每通道”参数可以单独针对各个通道来进行减少杂色的设置，包含“红”“绿”和“蓝”3 种通道，如图8－238所示。

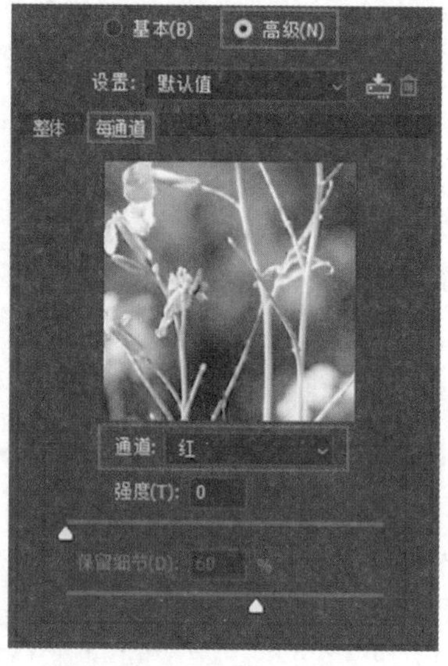

图 8－238

8.10.2 蒙尘与划痕

素材文件 第 8 章\8.10\蒙尘与划痕.jpg

“蒙尘与划痕”滤镜可以通过亮度的过渡差值，找到与图像反差较大的区域，将其局部模糊融入到周围的像素中，可以有效地去除图像中的杂点和划痕，但会降低图像的清晰度。

在 Photoshop 中打开素材文件夹“第 8 章\8.10\蒙尘与划痕.jpg”文件。单击菜单栏“滤镜 > 杂色 > 蒙尘与划痕”命令，打开“蒙尘与划痕”对话框，如图8－239所示。

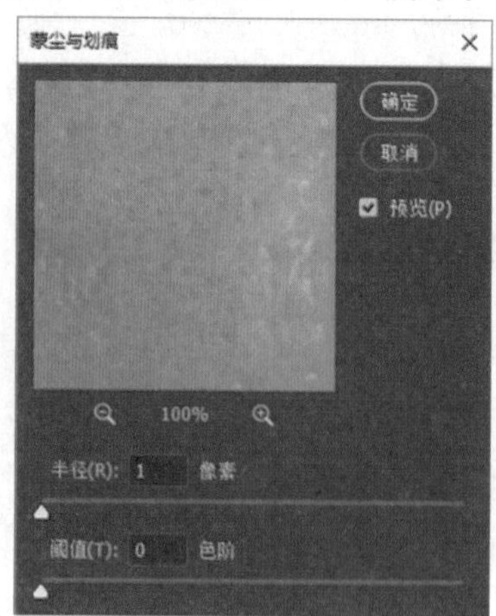

图 8－239

●半径：用来设置柔化图像边缘的范围，其数值越大模糊度越高。图 8－240 所示为半径 20 的效果。

●阈值：用来设置像素的差异有多大才会被定义为杂点。其数值越高，消除杂点的效果越差。图 8－241 所示为阈值 10 的效果。

图 8－240

图 8－241

8.10.3　去斑

素材文件　第 8 章\8.10\去斑.jpg

“去斑”滤镜可以在不影响图像轮廓的情况下，模糊图像中颜色变化较大的区域，减少杂点，并保留图像的细节。

在 Photoshop 中打开素材文件夹“第 8 章\8.10\去斑.jpg”文件，如图 8－242 所示。单击菜单栏“滤镜 > 杂色 > 去斑”命令，无需设置任何参数，效果如图 8－243 所示。

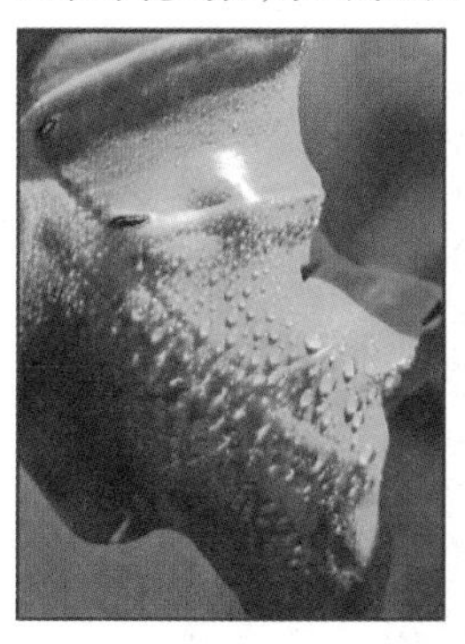

图 8－242

图 8－243

8.10.4　添加杂色

素材文件　第 8 章\8.10\添加杂色.jpg

“添加杂色”滤镜可以在图像上添加随机单色或彩色的像素点，模拟在高速胶片上拍照的效果。

在 Photoshop 中打开素材文件夹“第 8 章\8.10\添加杂色.jpg”文件。单击菜单栏“滤镜 > 杂色 > 添加杂色”命令，打开“添加杂色”对话框，如图 8－244 所示。

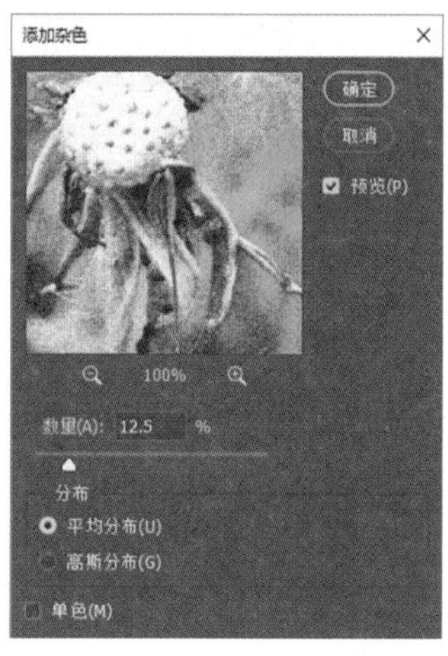

图 8－244

●数量：用来设置添加到图像中杂点的数量。图 8－245 所示为数量 60% 的效果。

图 8－245

●分布：选择“平均分布”选项，可以随机向图像中添加效果柔和的杂点；选择“高斯分布”选项，可以随机向图像中添加斑点状的杂点。

●单色：勾选复选框后，杂点只会影响图像原有像素的亮度，不会改变像素的颜色，效果如图 8－246 所示。

图 8-246

8.10.5 中间值

素材文件 第 8 章\8.10\中间值.jpg

“中间值”滤镜可以使用斑点与周围像素的中间色作为两者之间的像素颜色，来减少图像的杂色。

在 Photoshop 中打开素材文件夹“第 8 章\8.10\中间值.jpg”文件。单击菜单栏“滤镜>杂色>中间值”命令，打开“中间值”对话框，如图 8-247 所示。

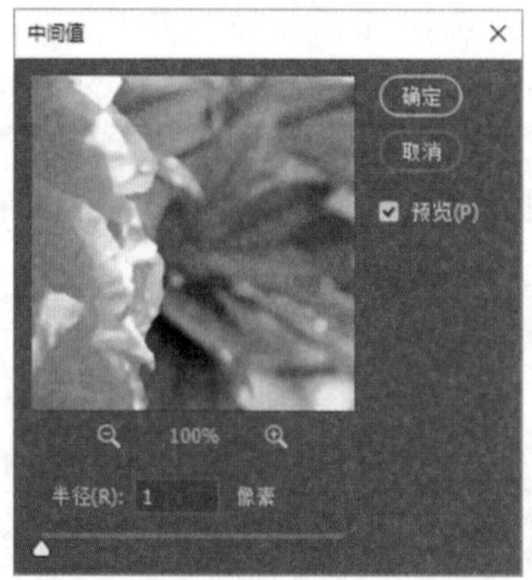

图 8-247

●半径：用来设置像素选区的半径范围。半径范围越大，效果越明显，图 8-248 所示为半径 30 的效果。

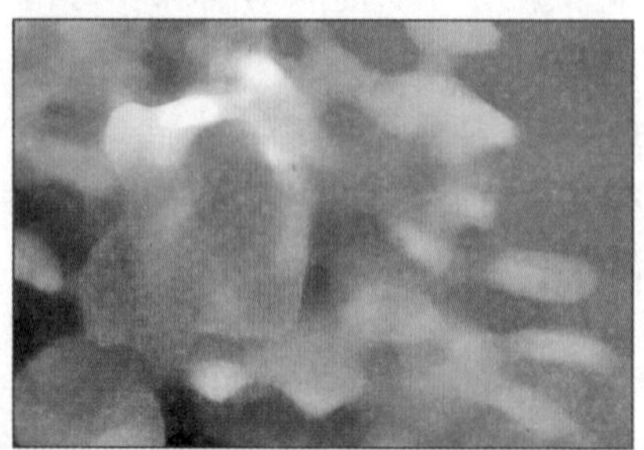

图 8-248

综合案例 制作大雪效果

素材文件 第 8 章\8.10\综合案例.jpg

步骤 01 在 Photoshop 中打开素材文件夹“第 8 章\8.10\综合案例.jpg”文件。新建图层，填充为黑色，如图 8-249 所示。

步骤 02 单击菜单栏“滤镜>杂色>添加杂色”命令，打开“添加杂色”对话框，将“数量”设置为 30%，选择“高斯分布”选项，勾选“单色”复选框，如图 8-250 所示，单击“确定”按钮。

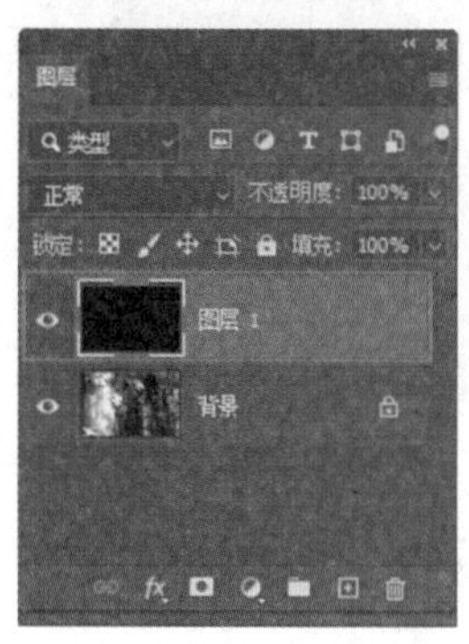

图 8-249

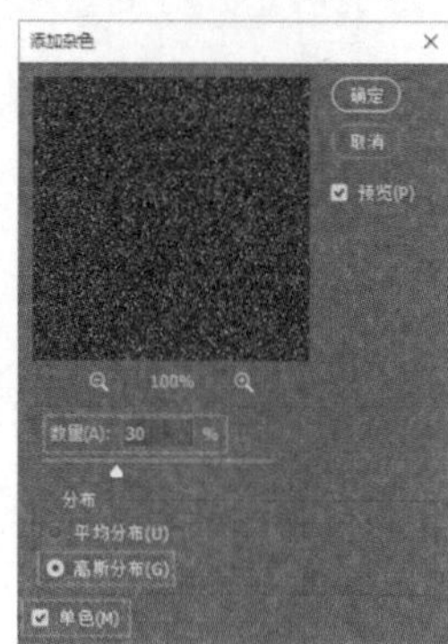

图 8-250

步骤 03 单击菜单栏“滤镜>模糊>动感模糊”命令，打开“动感模糊”对话框，将“角度”设置为 60°，“距离”设置为 20 像素，如图 8-251 所示，单击“确定”按钮。

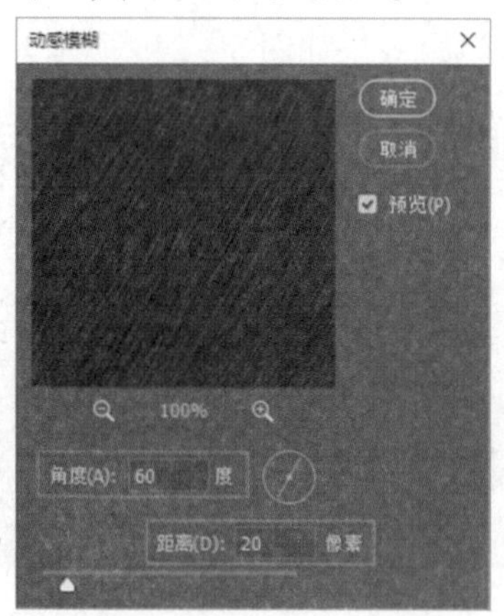

图 8-251

步骤 04 单击菜单栏“图像>调整>色阶”或按键盘上的快捷键 Ctrl+L，打开“色阶”对话框，具体参数设置和画面效果（下雪）如图 8-252 所示，单击“确定”按钮。

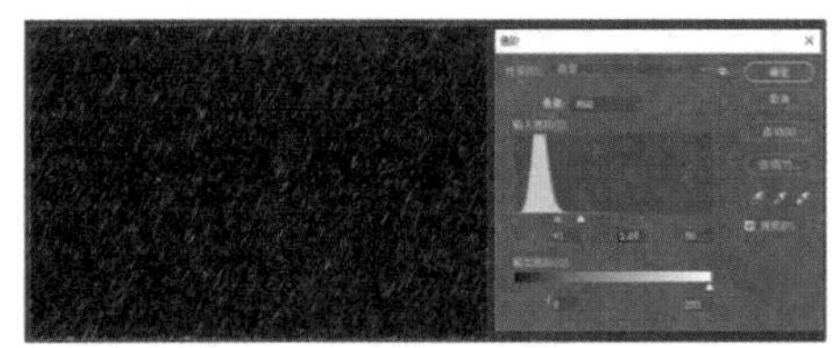

图 8 – 252

步骤 05 将当前图层的图层混合模式改为“滤色”模式，如图 8 – 253 所示。有关图层混合模式的知识会在第 10 章进行详细讲解。画面效果如图 8 – 254 所示。

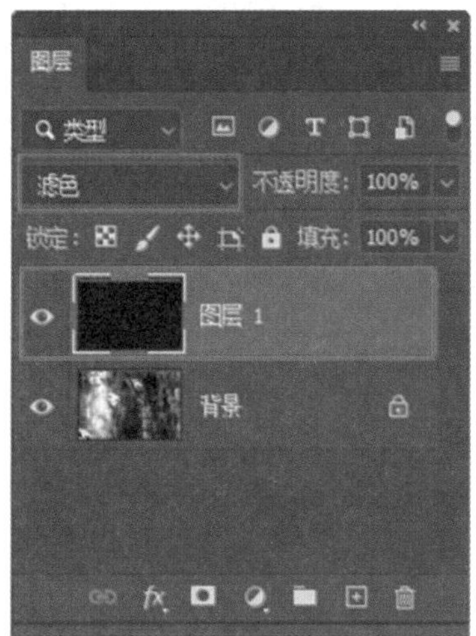

图 8 – 253

图 8 – 254

步骤 06 此时画面边缘看起来有些不自然，选中“图层 1”图层，按键盘上的快捷键 Ctrl + T，再按住键盘上的 Alt + Shift 键放大该图层，将不自然的部分放到画面外，最终的效果如图 8 – 255 所示。

图 8 – 255

8.11 其他滤镜

“其他滤镜”组可以自定义滤镜效果、使用滤镜修改蒙版以及在图像中使选区发生位移和快速调整颜色。单击菜单栏“滤镜 > 其它”命令，可以看到“其它”下拉列表中包含多种滤镜，如图 8 – 256 所示。

图 8 – 256

8.11.1　HSB / HSL

素材文件　第 8 章\8.11\HSB.jpg

“HSB/HSL”滤镜可以实现 RGB 到 HSB 的相互转换，也可以实现从 RGB 到 HSL 的相互转换。H 指的是 Hue，表示色相；S 指的是 Saturation，表示饱和度。B 和 L 都表示亮度，但又有所不同。B 是 Brightness，指光的亮度；L 是 Lightness，指颜色中添加白色的量。

在 Photoshop 中打开素材文件夹“第 8 章\8.11\HSB.jpg”文件。单击菜单栏“滤镜 > 其它 > HSB/HSL”命令，打开“HSB/HSL 参数”对话框，如图 8 – 257 所示。

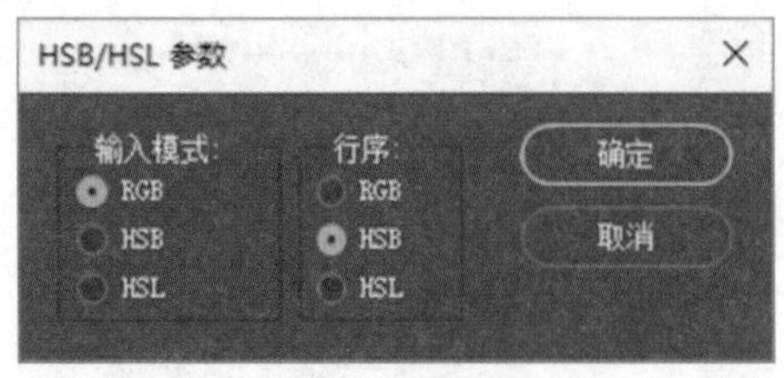

图 8-257

在“HSB/HSL 参数”对话框中选择“RGB”输入模式和“HSB”行序,单击“确定”按钮,效果如图 8-258 所示。

图 8-258

8.11.2 高反差保留

素材文件 第 8 章\8.11\高反差保留.jpg

“高反差保留”滤镜可以只保留颜色变化最强烈的地方,按指定半径保留边缘细节,并删除掉颜色变化平缓的部分。

在 Photoshop 中打开素材文件夹“第 8 章\8.11\高反差保留.jpg”文件。单击菜单栏“滤镜 > 其它 > 高反差保留”命令,打开“高反差保留”对话框,如图 8-259 所示。

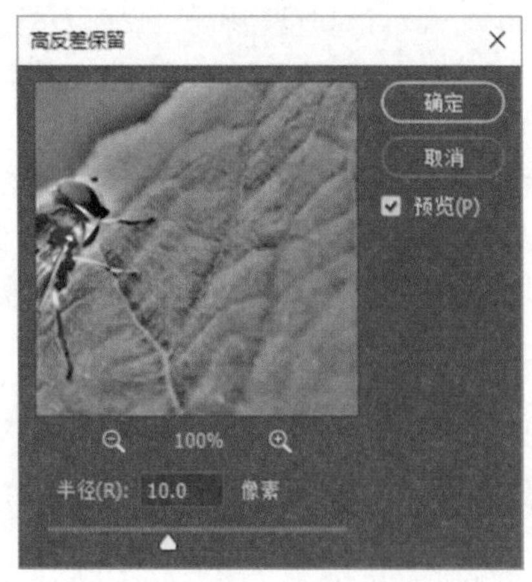

图 8-259

●半径:用来设置滤镜分析处理图像像素的范围。其数值越大,保留的原始像素越多。图 8-260 所示为半径 15 的效果。

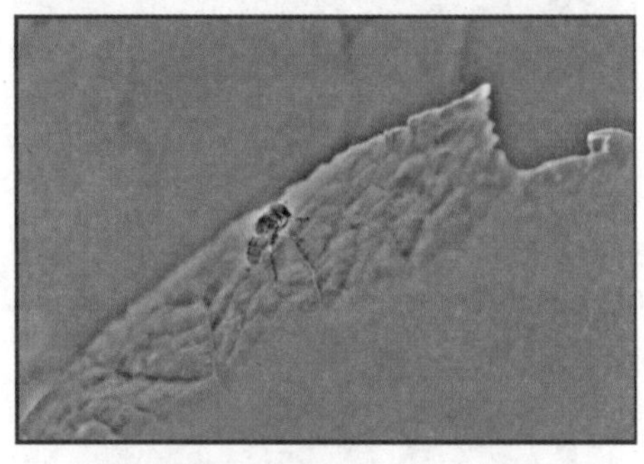

图 8-260

8.11.3 位移

素材文件 第 8 章\8.11\位移.jpg

“位移”滤镜可以在水平或垂直方向偏移图像,常用来制作无缝拼接的图案。

在 Photoshop 中打开素材文件夹“第 8 章\8.11\位移.jpg”文件。单击菜单栏“滤镜 > 其它 > 位移”命令,打开“位移”对话框,如图 8-261 所示。

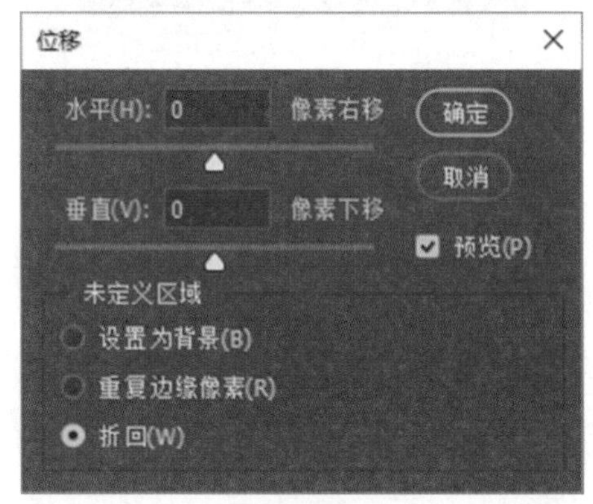

图 8-261

●水平:用来设置图像在水平方向上的偏移距离。其数值为正,图像向右偏移,左侧出现空缺;数值为负,图像向左偏移,右侧出现空缺。

●垂直:用来设置图像在垂直方向上的偏移距离。其数值为正,图像向下偏移,上方出现空缺;数值为负,图像向上偏移,下方出现空缺。

●未定义区域：用来选择图像发生位移后填充空白区域的方式。选择“设置为背景”选项，可以使用背景色填充空白区域；选择“重复边缘像素”选项，可以使用扭曲边缘的像素颜色填充空白区域；选择“折回”选项，可以使用溢出图像外的图像内容填充空白区域。

“未定义区域”选择“折回”选项，任意设置“水平”和“垂直”的数值，可以做出无缝拼接的效果，如图 8－262 所示。

图 8－262

8.11.4　自定

素材文件　第 8 章\8.11\自定.jpg

“自定”滤镜提供自定义滤镜效果，Photoshop 可以根据预定义的“卷积”数学运算来更改图像中每个像素的亮度值。

在 Photoshop 中打开素材文件夹“第 8 章\8.11\自定.jpg”文件，单击菜单栏“滤镜 > 其它 > 自定”命令，打开“自定”对话框，如图 8－263 所示。

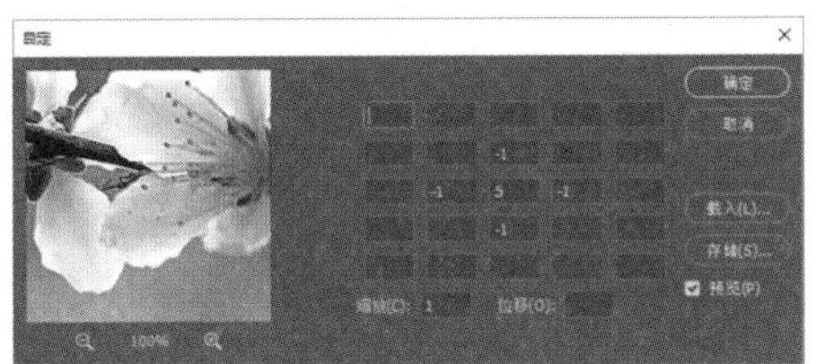

图 8－263

8.11.5　最大值

素材文件　第 8 章\8.11\最大值.jpg

“最大值”滤镜可以在指定的半径范围内，用周围像素的最高亮度值替换当前像素的亮度值。该滤镜具有阻塞功能，可以扩展白色区域，阻塞黑色区域。

在 Photoshop 中打开素材文件夹“第 8 章\8.11\最大值.jpg”文件。单击菜单栏“滤镜 > 其它 > 最大值”命令，打开“最大值”对话框，如图 8－264 所示。

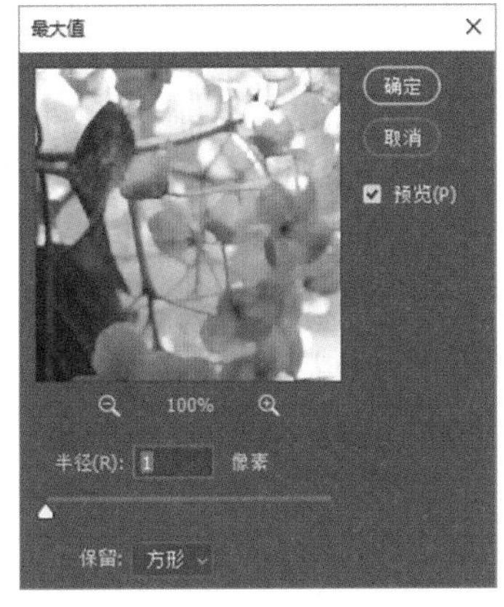

图 8－264

●半径：用来设置用周围像素最高亮度来替换当前像素亮度值的范围。

●保留：用来设置最后保留的形状，包含方形和圆度两种形状。

“保留”选择“方形”选项，半径 15 的效果如图 8－265 所示；“保留”选择“圆度”选项，半径 7 的效果如图 8－266 所示。

图 8－265

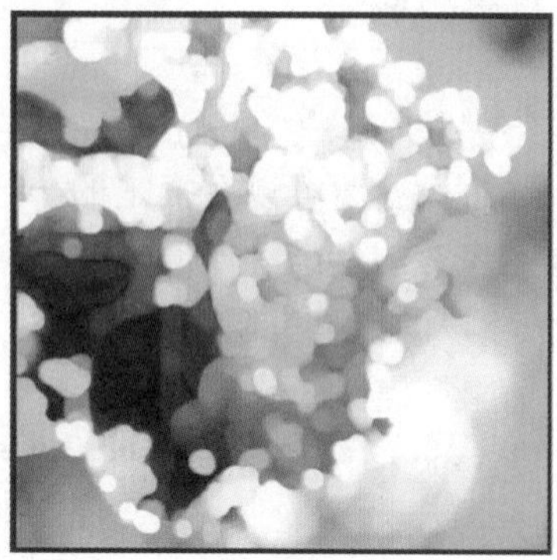

图 8－266

8.11.6 最小值

素材文件 第 8 章\8.11\最小值.jpg

“最小值”滤镜可以在指定的半径范围内，用周围像素的最低亮度值替换当前像素的亮度值。该滤镜具有伸展功能，可以扩展黑色区域，收缩白色区域。

在 Photoshop 中打开素材文件夹“第 8 章\8.11\最小值.jpg”文件。单击菜单栏“滤镜＞其它＞最小值”命令，打开“最小值”对话框，如图 8－267 所示。

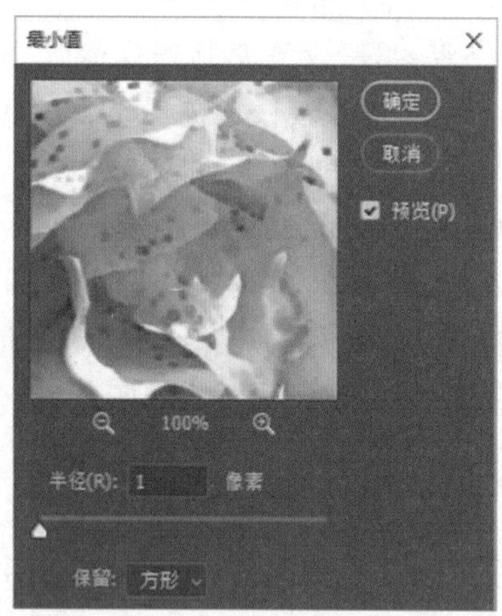

图 8－267

●半径：用来设置滤镜扩展黑色区域，收缩白色区域的范围。

●保留：用来设置最后保留的形状，包含方形和圆度两种形状。

“保留”选择“方形”选项，半径 15 的效果如图 8－268 所示；“保留”选择“圆度”选项，半径 7 的效果如图 8－269 所示。

图 8－268

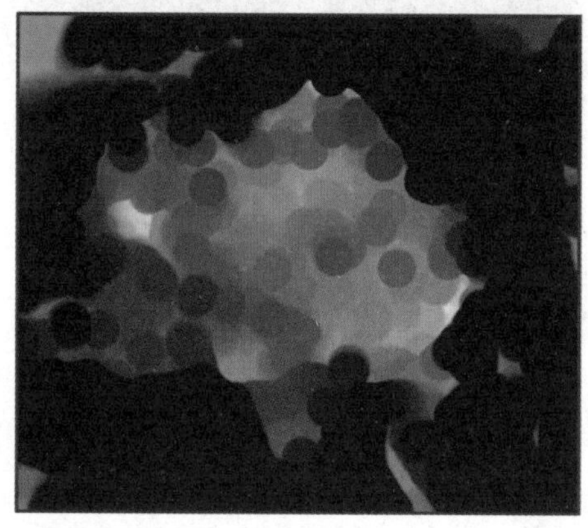

图 8－269

8.12 结课作业

为自己或他人的照片进行后期美化操作。

1. 使用修复瑕疵的工具修复人物皮肤上的瑕疵。

2. 使用液化工具为人像美容瘦身。

3. 为照片调色营造氛围。

CHAPTER 9

Photoshop的蒙版与合成

本章导读

9.1 关于蒙版

蒙版原本是摄影术语，是指用于控制照片不同区域曝光的传统暗房技术。在 Photoshop 中，蒙版是合成图像的必备工具。使用蒙版可以遮盖部分图像内容，使其免受其他操作的影响。被蒙版遮盖的图像内容并不是被删除掉，而是被隐藏起来，这是一种非常方便的非破坏性的编辑方式。蒙版不仅可以避免因使用橡皮擦或剪切、删除等操作造成的不可逆影响，还可以配合滤镜做出一些特殊的效果。

9.1.1 蒙版简介

蒙版用于保护被遮盖的区域，使该区域不受任何操作的影响。蒙版是以 8 度灰通道存放的，可以使用所有绘画和编辑工具对其进行调整。在 Photoshop 中，蒙版主要用于对图像的修饰与合成。“合成”是指将原本在不同画面中的图像内容，通过各种方式进行组合拼接，最后使它们出现在同一个画面中，并形成一个新的图像。在第 3 章中，我们介绍了如何将图像上的主体物抠出来并换一个背景，这就是简单的合成。

在合成的过程中，经常需要将图像的某些内容隐藏，只显示出特定的内容。之前学习的方法是直接擦掉或删除多余的部分，被删除的像素无法复原，是一种破坏性操作。使用蒙版可以轻松地隐藏或恢复图像内容，图像上的像素可以随时复原，所有的操作都是可逆的。对蒙版和图像进行预览时，蒙版以半透明的红色遮盖在图像上，被红色遮盖的区域是未被选中的部分，其余的区域是被选中的部分。对图像所做的任何更改不会对蒙版区域产生任何影响。

Photoshop 提供了 4 种蒙版，分别是剪贴蒙版、图层蒙版、矢量蒙版和快速蒙版。

●剪贴蒙版：通过让处于下方图层的形状来限制上方图层的显示区域，也就是用下一个图层的形状去裁剪上一个图层的图像，达到一种遮盖的效果。

●图层蒙版：通过蒙版中的灰度信息来控制图像的显示区域，蒙版中白色为显示区域，黑色为隐藏区域，灰色为半透明区域。

●矢量蒙版：通过路径和矢量形状控制图像的显示区域，路径以内的部分为显示区域，路径以外的部分为隐藏区域。

●快速蒙版：通过绘图工具快速编辑选区。

9.1.2 蒙版的属性面板

蒙版“属性”面板用于调整当前选中的图层蒙版或矢量蒙版中的不透明度和羽化范围。单击“图层”面板下方的“添加蒙版”按钮，然后单击菜单栏“窗口 > 属性”命令或双击蒙版，可以打开蒙版“属性”面板，如图 9－1 所示。

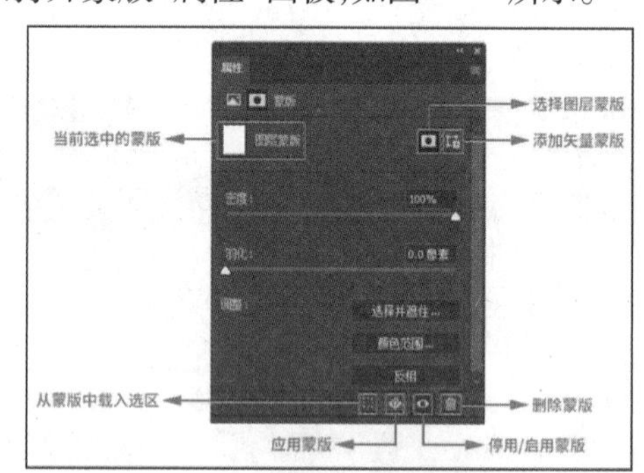

图 9－1

●当前选中的蒙版：显示“图层”面板中选中的蒙版类型。

●选择图层蒙版：因当前蒙版为图层蒙版，所以该按钮为选中状态，表示当前蒙版是图层蒙版。如果当前蒙版为矢量蒙版，单击该按钮，可以为当前图层添加图层蒙版。

●添加矢量蒙版：单击该按钮，可以为当前图层添加矢量蒙版。

●密度：用来调整蒙版的不透明度。

●羽化：用来柔化蒙版的边缘。

●选择并遮住：单击该按钮，会打开“选

择并遮住”面板，使用方法和第3章3.3节中的“选择并遮住”相同。该功能只有在图层蒙版模式下才能使用。

●颜色范围：单击该按钮，会弹出“色彩范围”对话框，使用方法和第3章3.2.4节中的“色彩范围”相同。该功能在矢量蒙版模式下不可用。

●反相：单击该按钮，可以反转蒙版的遮盖区域。该功能在矢量蒙版模式下不可用。

●从蒙版中载入选区：单击该按钮，可以载入蒙版中包含的选区。

●应用蒙版：单击该按钮，或者在“图层”蒙版中右键单击蒙版缩略图，在弹出的快捷菜单中选择“应用图层蒙版”命令，可以将蒙版应用到图像中，删除被蒙版覆盖的区域。

●停用/启用蒙版：可以通过单击该按钮，或者按住键盘上的 Shift 键不放并单击蒙版缩略图，还可以在“图层”蒙版右键单击蒙版缩略图，在弹出的快捷菜单中选择“停用/启用图层蒙版”命令，停用或启用蒙版。当蒙版处于停用状态时，蒙版缩略图上会出现一个红色的叉号。

●删除蒙版：单击该按钮，或者在“图层”蒙版右键单击蒙版缩略图，在弹出的快捷菜单中选择“删除图层蒙版”命令，删除当前选中的蒙版。

9.2 剪贴蒙版

“剪贴蒙版”需要至少2个图层才可以使用，可以在不破坏图层的情况下，通过处于下层的图层形状来限制上层图层的内容。

9.2.1 关于剪贴蒙版

“剪贴蒙版”可以使用下层图层的形状来遮盖其上方的图层，遮盖效果由下层图层的图像范围决定，下层图层的非透明区域会在剪贴蒙版中显示其上方图层的内容，剪贴图层中的所有其他内容会被遮盖掉。

在剪贴蒙版组中，下层图层为基底图层，上方图层为内容图层，内容图层是缩进的，且其缩略图前会显示向下的箭头，如图9-2所示。基底图层有且仅有一个，内容图层可以有多个，但图层必须连续。基底图层可以是图层组，内容图层不能为图层组。

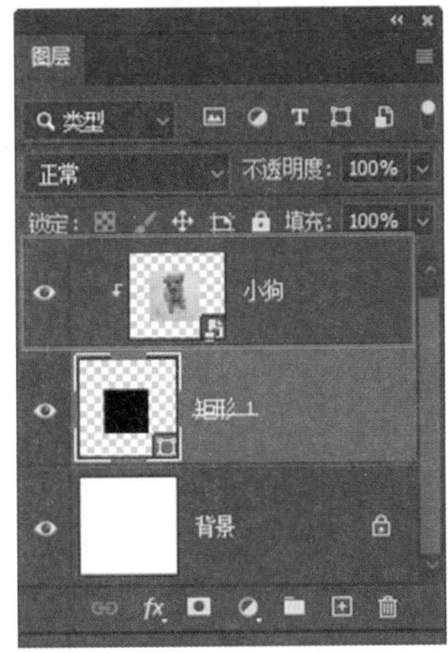

图9-2

9.2.2 创建剪贴蒙版

素材文件　第9章\9.2\剪贴蒙版.jpg、鹰.jpg

要创建剪贴蒙版，至少需要2个图层。基底图层可以是普通像素图层、形状图层、智能图层或文字图层，这里使用文字图层做基底图层。

步骤01 在 Photoshop 中新建一个空白文档，使用“文字工具”在画布中输入任意文字，作为基底图层，如图9-3所示。

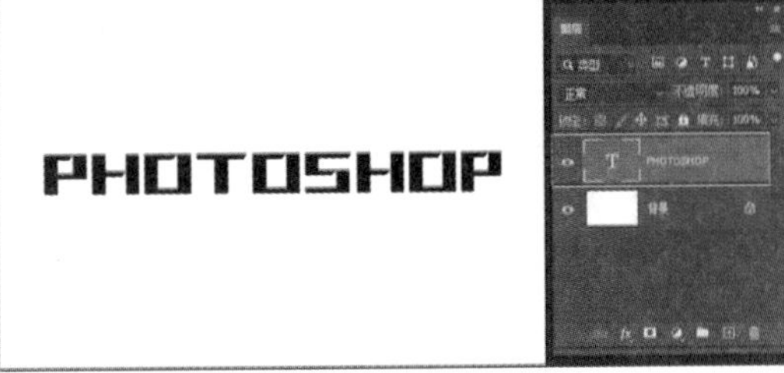

图9-3

步骤 02 将素材文件夹“第 9 章\9.2\剪贴蒙版.jpg”文件置入到文档中，作为内容图层，调整合适大小并覆盖住全部文字，如图 9-4 所示。

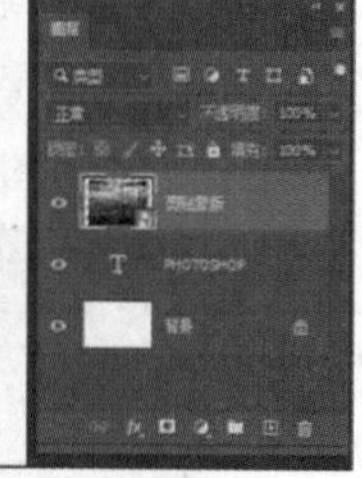

图 9-4

步骤 03 右键单击内容图层，在弹出的快捷菜单中选择“创建剪贴蒙版”命令，如图 9-5 所示；或者将鼠标箭头移动到内容图层和基底图层中间，按住键盘上的 Alt 键不放，当鼠标箭头变成如图 9-6 所示的样式时，单击鼠标左键；还可以在选中内容图层后，按键盘上的快捷键 Ctrl + Alt + G 创建剪贴蒙版。

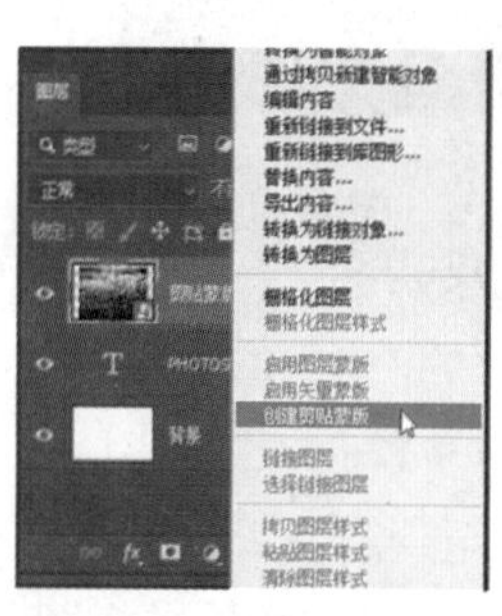

图 9-5

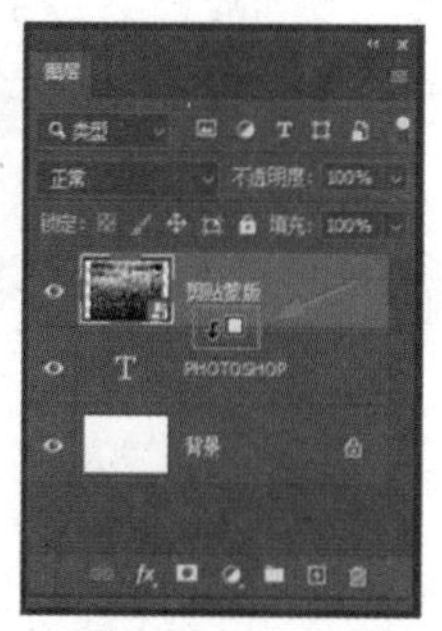

图 9-6

步骤 04 完成效果如图 9-7 所示，若对当前效果不满意，可以单独选中内容图层或基底图层进行调整，如图 9-8 所示。

图 9-7

图 9-8

步骤 05 将素材文件夹“第 9 章\9.2\鹰.jpg”文件置入文档，作为第 2 个内容图层，再次执行创建剪贴蒙版命令，效果如图9-9 所示。

图 9-9

9.2.3 释放剪贴蒙版

若当前只有一层内容图层，右键单击该内容图层，在弹出快捷菜单中选择“释放剪贴蒙版”命令，如图 9-10 所示；或者将鼠标箭头移动到内容图层和基底图层之间，按住键盘上的 Alt 键，在鼠标箭头变成如图 9-11 所示的样式时，单击鼠标左键；还可以选中内容图层后，按键盘上的快捷键 Ctrl + Alt + G 释放剪贴蒙版。

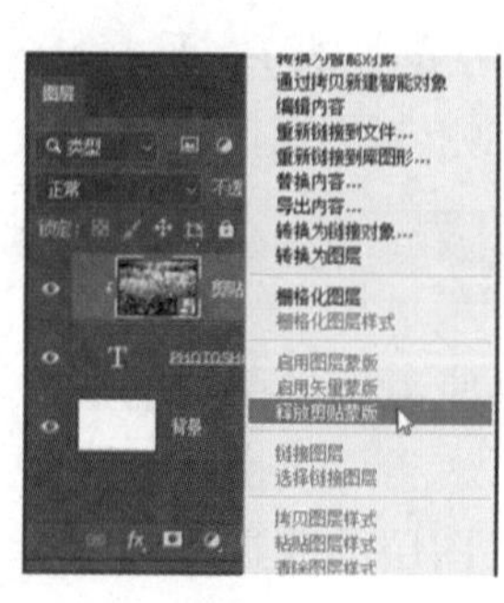

图 9-10

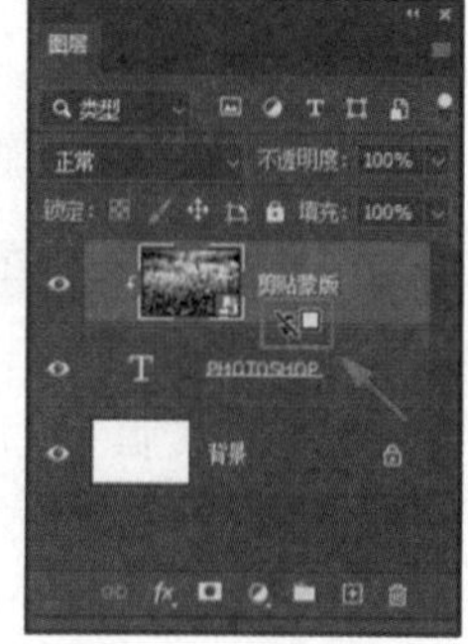

图 9-11

如果有多个内容图层，选中其中一层执行“释放剪贴蒙版”操作，那么当前选中的内容图层和它上方的所有内容图层都会从剪贴蒙版中释放出来。

综合案例　替换照片中的部分图片内容

素材文件	第 9 章\9.2\综合案例.jpg、综合案例－内容图层.jpg

步骤 01　在 Photoshop 中打开素材文件夹“第 9 章\9.2\综合案例.jpg”文件，如图 9－12所示。

图 9－12

步骤 02　若要替换相框内的内容，则需要创建一个基底图层。使用矩形工具，不要描边，任意设置填充颜色，将相框内的部分覆盖住，如图 9－13 所示。

图 9－13

步骤 03　将素材文件夹“第 9 章\9.2\综合案例－内容图层.jpg”文件置入当前文档，调整适合大小并覆盖住矩形图层，如图9－14所示。

图 9－14

步骤 04　使用 9.2.2 节中介绍的方法将内容图层创建剪贴蒙版，调整内容图层的位置和大小，最终的效果如图 9－15 所示。

图 9－15

9.3　图层蒙版

“图层蒙版”是设计制图中常用的图像编辑合成工具之一，是一种非破坏性的图像编辑工具，通过控制蒙版的黑白关系即可控制图像的显示与隐藏。“图层蒙版”包括多种类型，如普通图层蒙版、调整图层蒙版和滤镜蒙版等。

9.3.1　关于图层蒙版

“图层蒙版”是与分辨率相关的位图图

像,可以使用绘画或选择工具对其进行编辑。在“图层蒙版”中,黑色区域表示图像为隐藏,白色区域表示图像为显示,灰色部分表示图像为半透明。图层和图层组均可添加图层蒙版。

9.3.2 创建图层蒙版

素材文件 第 9 章\9.3\图层蒙版. jpg

当画面上没有选区时创建图层蒙版,画面中的内容将不会被隐藏;当画面中包含选区,那么创建出的图层蒙版只显示选区内的部分。

创建“图层蒙版”有以下 2 种方式。

1 直接创建图层蒙版

在 Photoshop 中打开素材文件夹“第 9 章\9.3\图层蒙版. jpg”文件,选中要添加图层蒙版的图层,单击“图层”面板下方的“添加蒙版”按钮,如图 9－16 所示。该图层的图层缩略图右侧会出现图层蒙版缩略图,如图 9－17所示。

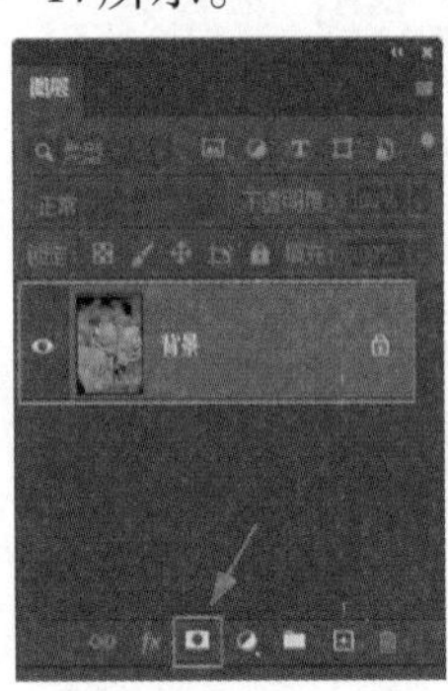

图 9－16

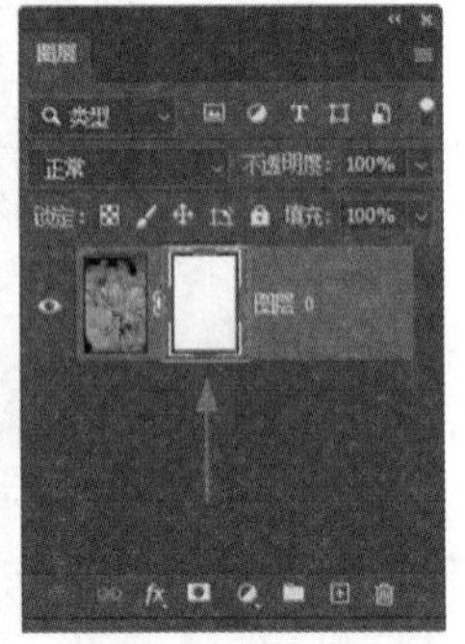

图 9－17

单击图层蒙版缩略图后,可使用绘图工具(如“画笔工具”“渐变工具”“油漆桶工具”等)在图层蒙版中进行编辑。图层蒙版中只能使用灰度颜色(黑、白、灰)进行绘制。默认图层蒙版为白色,因此该图像没有被隐藏,如图 9－18 所示;将前景色设置为黑色,使用“画笔工具”在图层蒙版中进行绘制,图层蒙版中将隐藏被绘制了黑色的部分,如图 9－19 所示;将前景色设置为灰色,使用“画笔工具”在图层蒙版中进行绘制,被绘制了灰色的部分将以半透明的方式显示,如图 9－20所示。

图 9－18

图 9－19

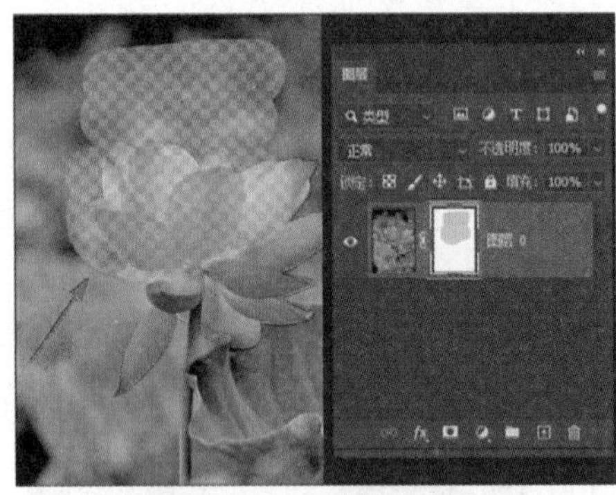

图 9－20

单击“图层蒙版”,使用“渐变工具”进行从黑到白的渐变填充,效果如图 9－21 所示。使用“油漆桶工具”,将工具选项栏的“填充类型”设置为“图案”,选择任意图案,对画面进行填充,图案内容将转变为灰度,效果如图 9－22 所示。

图 9－21

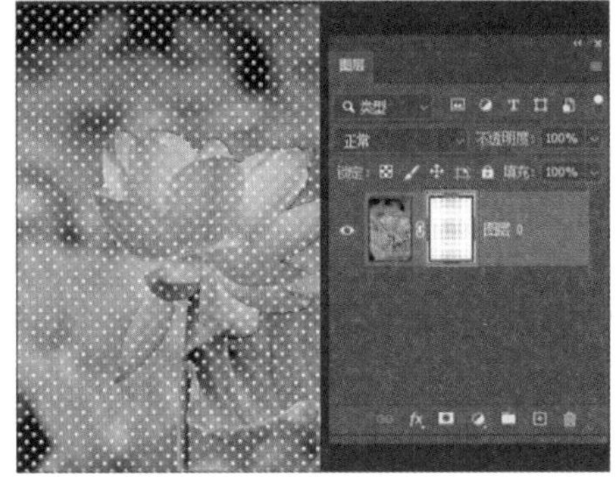

图 9－22

2 基于选区创建图层蒙版

选中一个图层，使用创建选区工具在画面中创建选区，如图 9－23 所示。在“图层”面板下方单击“添加蒙版”按钮，此时画面上显示选区以内的部分，选区以外的部分会被隐藏，如图 9－24 所示。

图 9－23

图 9－24

9.3.3　编辑图层蒙版

对于已有的图层蒙版，可以暂时停用蒙版、删除蒙版、取消蒙版与图层之间的链接关系以及对蒙版进行复制或转移。这些操作同样适用于“矢量蒙版”。

1 停用/启用图层蒙版

素材文件	第 9 章\9.3\编辑图层蒙版.jpg

右键单击图层蒙版缩略图，在弹出的快捷菜单中选择“停用图层蒙版”命令，如图9－25 所示。或者按住键盘上的 Shift 键不放，单击图层蒙版缩略图，停用图层蒙版，隐藏图层蒙版的效果，显示该图层所有图像内容。被停用的图层蒙版缩略图上会显示一个红色的叉号，如图 9－26 所示。若要重新启用图层蒙版，右键单击图层蒙版缩略图，在弹出的快捷菜单中选择“启用图层蒙版”命令，如图 9－27 所示。或者按住键盘上的 Shift 键不放，单击图层蒙版缩略图，重新启用图层蒙版。

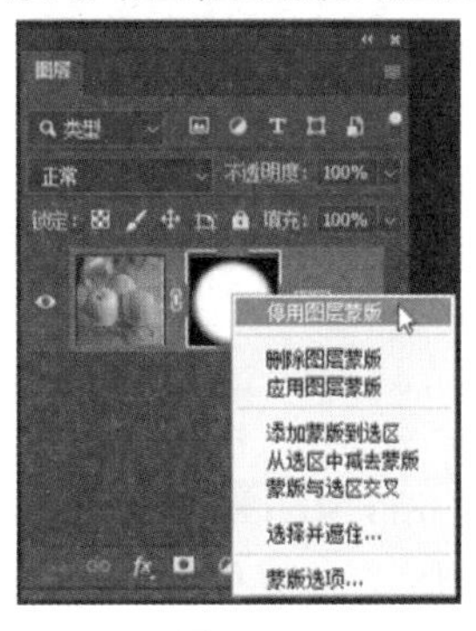

图 9－25

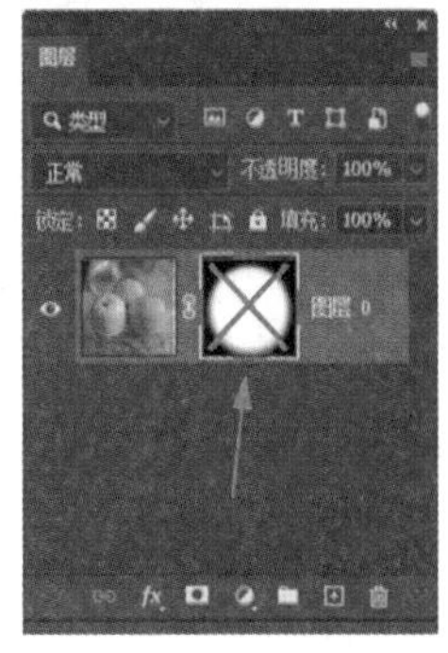

图 9－26

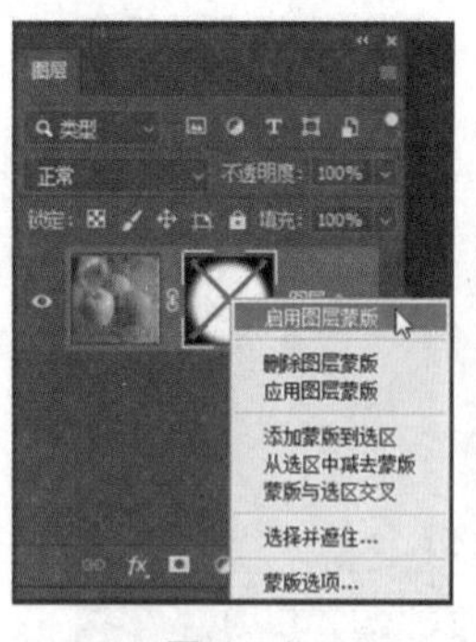

图 9－27

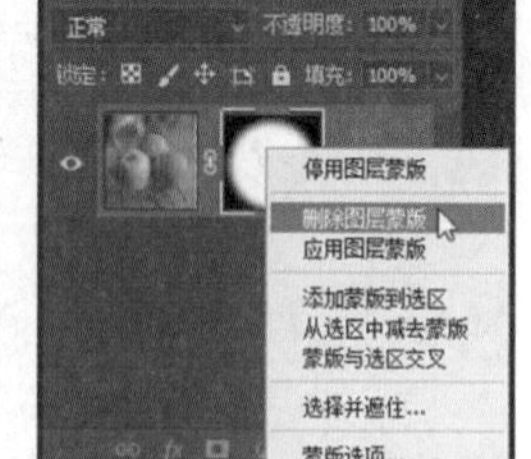

图 9－28

2 删除图层蒙版

右键单击图层蒙版缩略图，在弹出的快捷菜单中选择“删除图层蒙版”命令，如图 9－28所示，删除该图层蒙版。

3 链接图层蒙版

默认情况下，图层缩略图和图层蒙版缩略图之间存在一个“小锁链”图标，此时移动或变换原图层，图层蒙版也会发生变化。如果想在变换原图层或图层蒙版时互不影响，可以单击“小锁链”图标，如图 9－29 所示，取消图层与图层蒙版间的链接关系。此时可任意编辑图层内容或图层蒙版，如图9－30所示。若想恢复链接，在之前取消链接的位置单击即可。

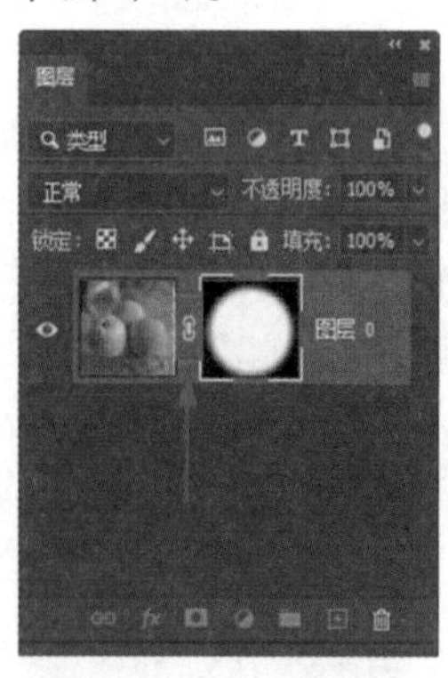

图 9－29

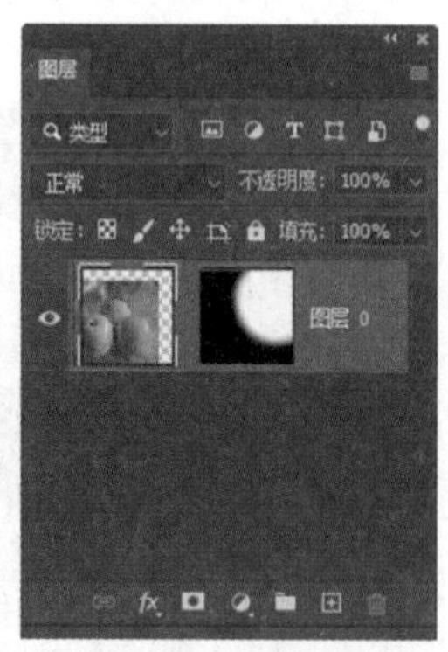

图 9－30

4 应用图层蒙版

“应用图层蒙版”可将蒙版效果应用于原图层，并删除图层蒙版。右键单击图层蒙版缩略图，在弹出的快捷菜单中选择“应用图层蒙版”命令，如图 9－31 所示，即可将图层蒙版的效果应用于原图层，效果如图9－32所示。

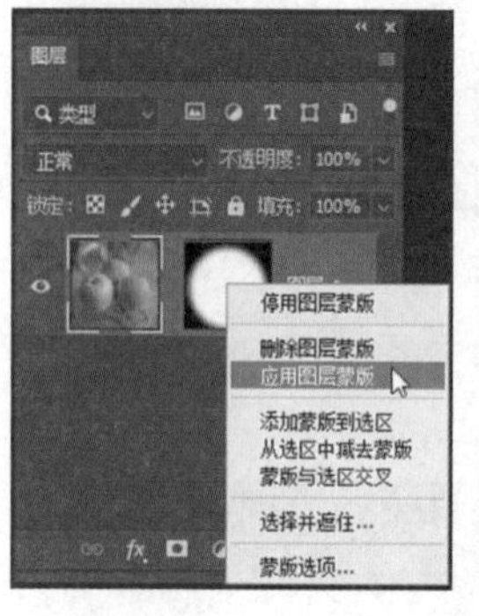

图 9－31

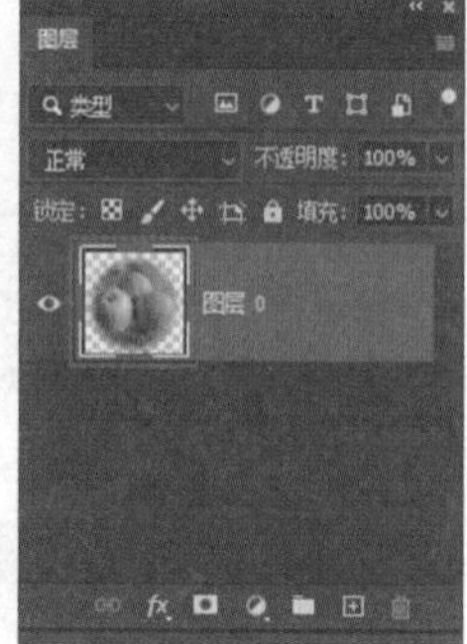

图 9－32

5 移动图层蒙版

“图层蒙版”可以在图层之间移动。鼠标左键按住需要移动的图层蒙版，将其拖动到其他图层上，如图 9－33 所示。松开鼠标左键，即可将图层蒙版移动到其他图层上，如图9－34所示。

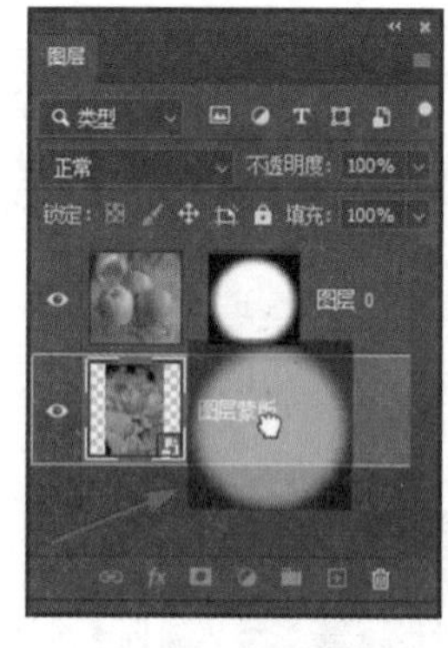

图 9－33

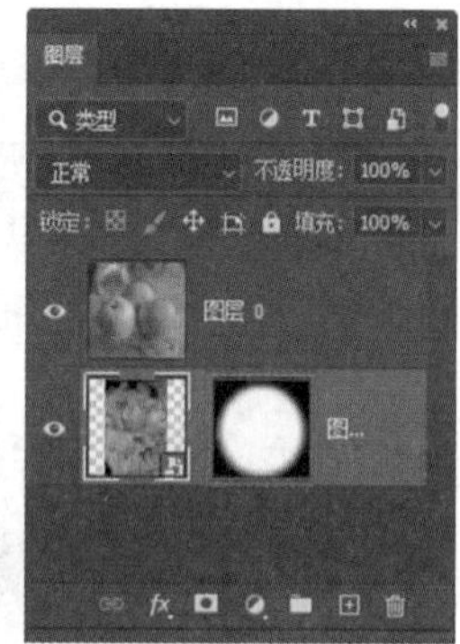

图 9－34

6 复制图层蒙版

“图层蒙版”除了可以在图层之间移动外，还可以在图层间进行复制。按住键盘上的 Alt 键不放，鼠标左键按住需要移动的图层蒙版，将其拖动到其他图层上，如图 9－35 所示。松开鼠标左键，即将图层蒙版复制到了其他图层上，如图 9－36 所示。

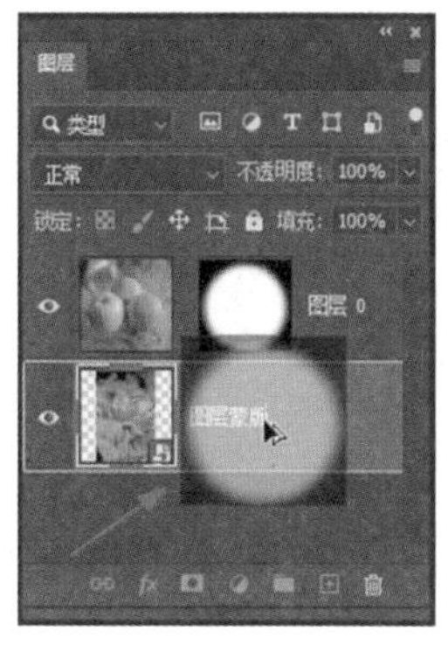

图 9－35

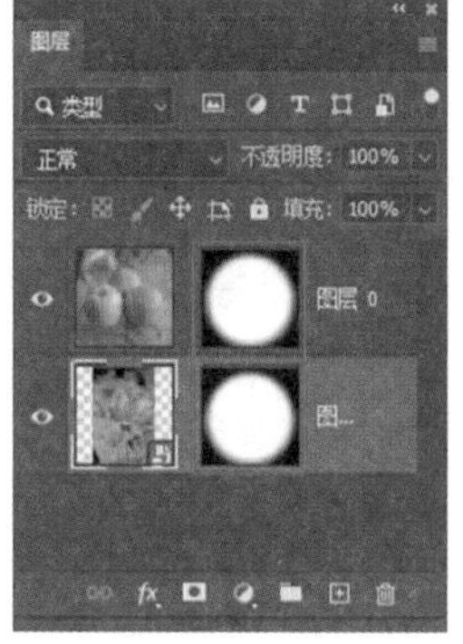

图 9－36

7 替换图层蒙版

当把一个图层蒙版移动到另外一个带有图层蒙版的图层上时(如图 9－37 所示),在弹出的"Adobe Photoshop"框中单击"是"按钮(如图 9－38 所示),替换该图层的图层蒙版,如图 9－39 所示。

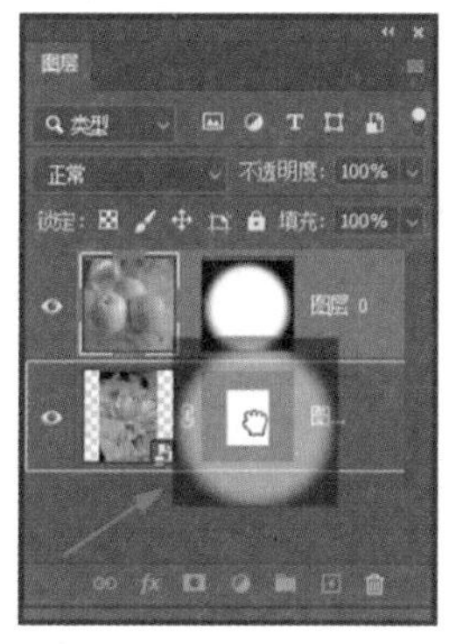

图 9－37

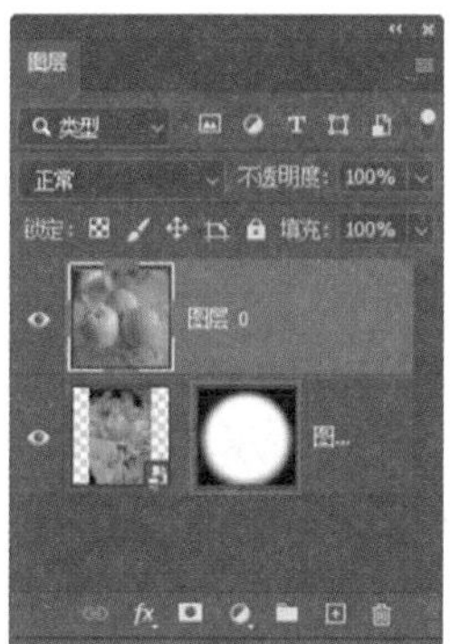

图 9－39

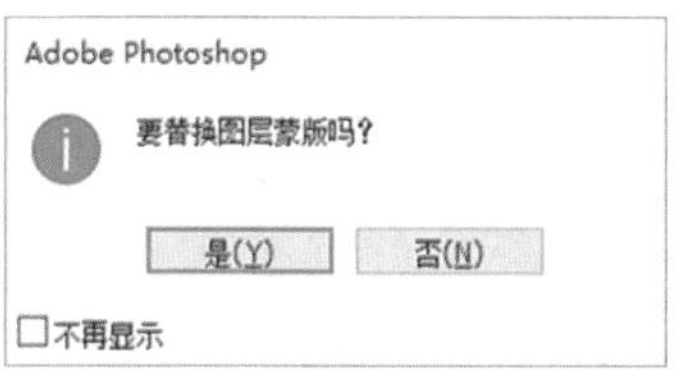

Adobe Photoshop

要替换图层蒙版吗?

是(Y)　否(N)

☐不再显示

图 9－38

8 进入图层蒙版

按住键盘上的 Alt 键,单击图层蒙版缩略图进入图层蒙版,图层蒙版中的内容将显示在画布上,可以对其进行编辑修改操作,如图 9－40 所示。若想让画布上恢复显示原图层内容,按住键盘上的 Alt 键,单击图层蒙版缩略图,退出图层蒙版,让画布上显示原图层内容,如图 9－41 所示。

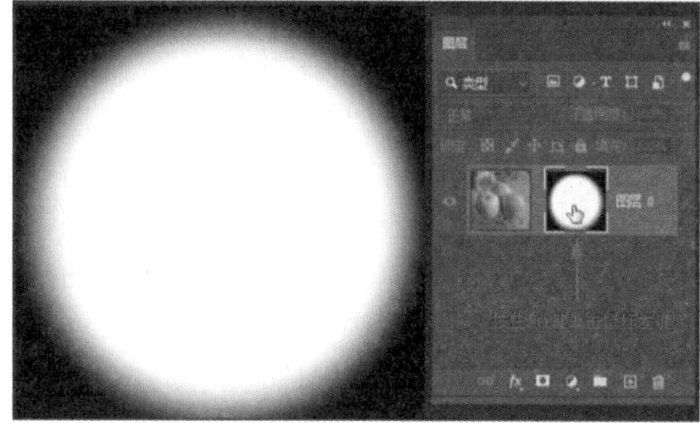

图 9－40

图 9－41

9 载入图层蒙版选区

图层蒙版可以转换为选区。将鼠标箭头移动到图层蒙版缩略图上,按住键盘上的 Ctrl 键不放,单击鼠标左键,载入图层蒙版选区,图层蒙版中白色的部分在选区内,黑色的部分在选区外,灰色的部分为羽化的选区,如图 9－42 所示。

图 9－42

9.3.4 调整图层蒙版

单击“图层”面板下方的“创建新的填充或调整图层”按钮,可以创建填充或调整图层,每个填充或调整图层都自带一个图层蒙版,如图 9-43 所示。直接调整参数,会对全图产生影响。例如当调整曲线时,整张图都会发生变化,如图 9-44 所示。如果在曲线调整图层的图层蒙版中进行涂抹,那么就只会对本图层的图层蒙版中白色的部分产生影响,如图 9-45 所示。

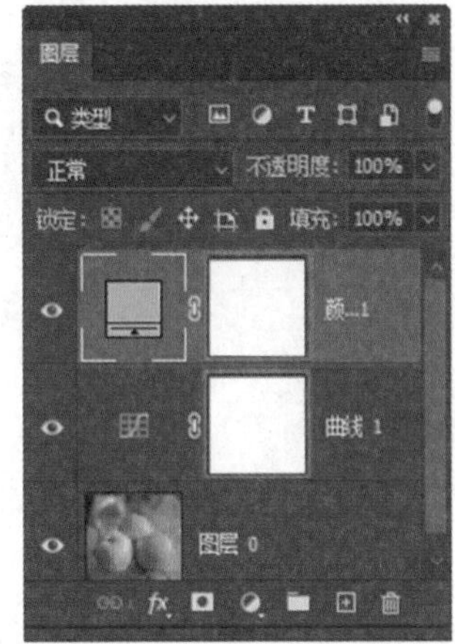

图 9-43

图 9-44

图 9-45

如果不更改调整图层的图层蒙版内容,即图层蒙版为全白状态时,对调整图层执行“剪贴蒙版”命令,可让该调整图层只针对其下方的基底图层起作用,而不影响其他图层的内容。

9.3.5 滤镜蒙版

素材文件 第 9 章\9.3\滤镜蒙版.jpg

将智能滤镜应用于智能对象时,在“图层”面板中,该智能对象图层下方的智能滤镜行上会显示一个白色的蒙版缩略图。默认情况下,蒙版显示完整的滤镜效果,若在应用智能滤镜前建立了选区,智能滤镜只作用于选区内的图像内容。

在 Photoshop 中单击菜单栏“文件 > 打开为智能对象”命令,打开素材文件夹“第 9 章\9.3\滤镜蒙版.jpg”文件。

单击菜单栏“滤镜 > 滤镜库”命令,在打开的“滤镜库”对话框中设置各项参数,如图 9-46所示,单击“确定”按钮。

图 9-46

单击智能滤镜的图层蒙版，使用“渐变工具”，选择“黑白”渐变，在画面中进行填充，最终的效果如图 9－47 所示。

图 9－47

综合案例 让照片阴天变晴天

素材文件	第 9 章\9.3\综合案例.jpg、综合案例－晴天.jpg

步骤 01 在 Photoshop 中打开素材文件夹“第 9 章\9.3\综合案例.jpg”文件。

步骤 02 将素材文件夹“第 9 章\9.3\综合案例－晴天.jpg”文件置入到当前文档中，并将其栅格化，将该图层的不透明度设置为 60%，此时能看到背景图层中的山峰轮廓。调整图层大小，使本图层的天空部分可以覆盖住背景图层的山峰，如图 9－48 所示。

图 9－48

步骤 03 选中“综合案例－晴天”图层，单击“图层”面板下方的“添加图层蒙版”按钮，为该图层添加图层蒙版，如图 9－49 所示。

图 9－49

步骤 04 单击图层蒙版缩略图，将前景色设置为黑色，使用“画笔工具”，调整合适的笔尖大小，将当前图层沿着背景图层山峰的轮廓向下涂抹，直到将背景图层除天空外的所有图像内容都完整清晰地显示出来，如图 9－50 所示。

图 9－50

步骤 05 将当前图层的不透明度调整回 100%，最终的效果如图 9－51 所示。

图 9－51

9.4 矢量蒙版

“矢量蒙版”与“图层蒙版”相似，“矢量蒙版”也需要依附于一个图层或图层组，不同的是“矢量蒙版”通过路径形状来控制图像的显示区域，路径范围以内的图像内容为显示区域，路径范围以外的图像内容为隐藏区域。

“矢量蒙版”是一款矢量工具，与分辨率无关，可以使用钢笔工具或形状工具在蒙版上绘制路径，来显示隐藏图像。通过控制锚点和手柄可以随时修改蒙版的路径，从而制作出精确的蒙版区域。在“矢量蒙版”中，白色部分为显示区域，灰色部分为隐藏部分，黑色的边框线为路径线。

9.4.1 创建矢量蒙版

1 创建新的矢量蒙版

素材文件 第9章\9.4\矢量蒙版.jpg

若当前图层未添加任何蒙版，按住键盘上的 Ctrl 键不放，单击“图层”面板下方的“添加图层蒙版”按钮，为当前图层创建矢量蒙版，如图 9－52 所示。若当前图层已添加了图层蒙版，再次单击“图层”面板下方的“添加图层蒙版”按钮，为当前图层创建矢量蒙版，其中左边的蒙版缩略图为图层蒙版，右边的蒙版缩略图为矢量蒙版，如图9－53所示。

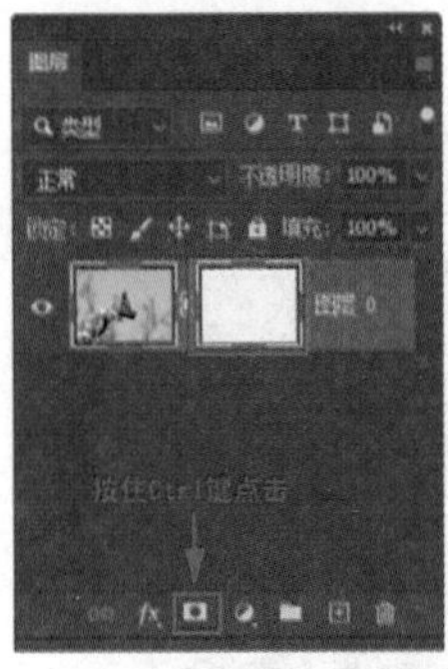

图 9－52

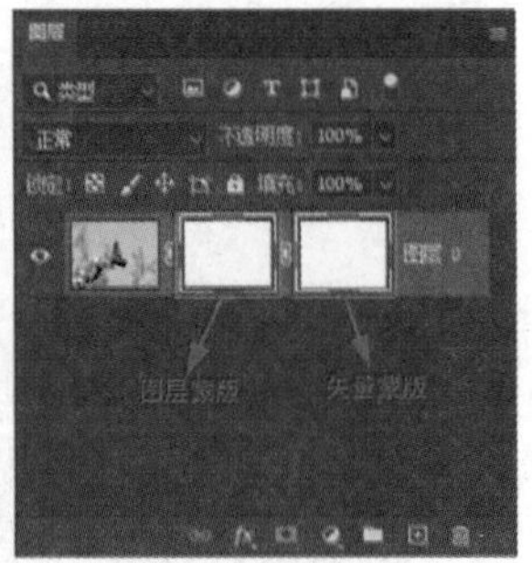

图 9－53

使用“钢笔工具”或“形状工具”，在工具选项栏的“工具模式”中选择“路径”选项，单击矢量蒙版缩略图，在矢量蒙版中绘制路径，如图 9－54 所示。

图 9－54

编辑矢量蒙版的方法和 9.3.3 节中编辑图层蒙版的方法是一样的，不同的是，矢量蒙版可以通过对路径、锚点和手柄进行调整，来改变矢量蒙版的位置或外形。

2 基于当前路径创建矢量蒙版

若当前画面中存在路径，如图 9－55 所示，按住键盘上的 Ctrl 键不放，单击“图层”面板下方的“添加图层蒙版”按钮，可基于当前路径创建矢量蒙版，路径以内的部分为显示区域，其余为隐藏区域，如图 9－56 所示。

图 9－55

图 9－56

9.4.2　栅格化矢量蒙版

对于矢量蒙版而言，“栅格化”就是将矢量蒙版转换为图层蒙版的操作，类似于将矢量对象图层或智能对象图层栅格化为普通像素图层的过程。右键单击矢量蒙版缩览图，在弹出的快捷菜单中选择“栅格化矢量蒙版”命令，如图 9－57 所示。将矢量蒙版转换为图层蒙版，如图 9－58 所示。

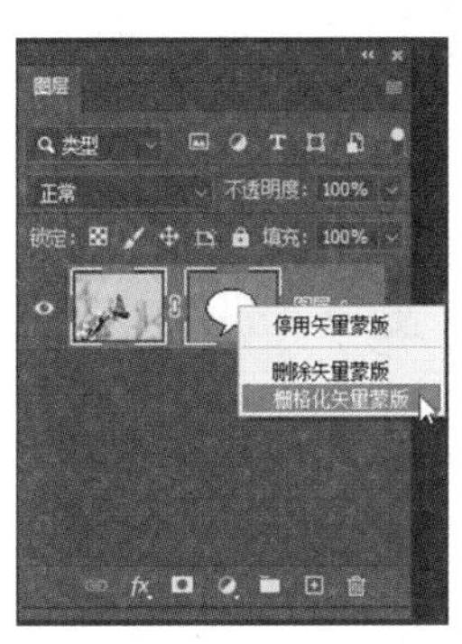

图 9－57

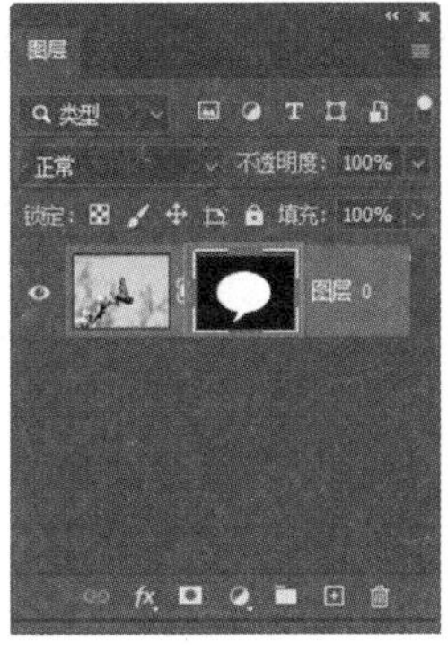

图 9－58

9.5　快速蒙版

素材文件　第 9 章\9.5\快速蒙版.jpg

“快速蒙版”也被称为“临时蒙版”，它并不是一个选区，当退出快速蒙版时，没有被半透明红色覆盖的区域会变成一个选区。

在 Photoshop 中打开素材文件夹“第 9 章\9.5\快速蒙版.jpg”文件，单击工具箱底部的“以快速蒙版模式编辑”按钮，如图 9－59 所示，或者按键盘上的 Q 键，让当前图层进入快速蒙版模式。“图层”面板的图层和“以快速蒙版模式编辑”按钮如图 9－60 所示。

图 9－59

图 9－60

在快速蒙版模式下，可以使用“画笔工具”“橡皮擦工具”“渐变工具”“油漆桶工具”等工具在当前画面中进行绘制。当前模式下只能使用黑、白、灰 3 种颜色，使用黑色绘制的部分会被半透明红色覆盖，使用白色画笔或橡皮擦可以擦除掉半透明红色的区域，如图 9－61 所示。

图 9－61

按键盘上的 Q 键或单击“以标准模式编辑”按钮，如图 9－62 所示，得到未被半透明红色覆盖区域的选区，如图 9－63 所示。

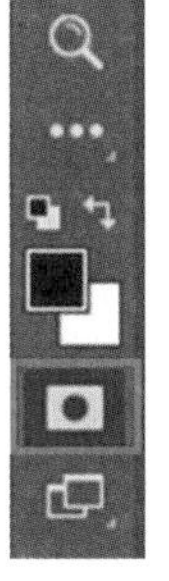

图 9－62

图 9－63

在快速蒙版模式下，不但可以使用绘图工具对蒙版进行编辑，还可以使用部分滤镜和调色命令对快速蒙版中的内容进行调整。例如，在快速蒙版模式下，单击菜单栏的“滤镜>滤镜库”命令,选择“素描”文件夹中的“绘图笔”滤镜,如图9-64所示,单击“确定”按钮,效果如图9-65所示。

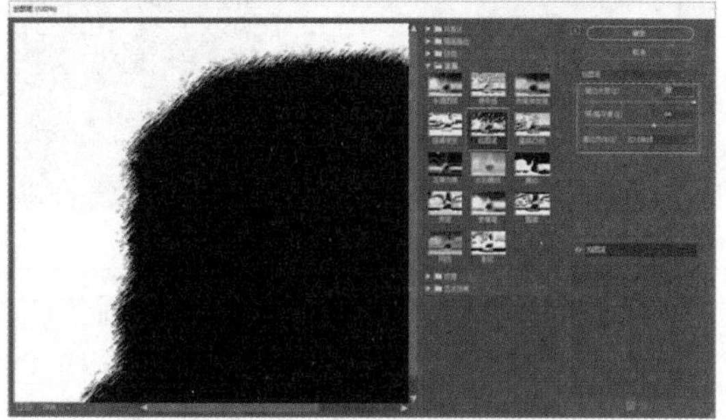

图9-64

图9-65

按键盘上的Q键退出快速蒙版模式,得到如图9-66所示的选区。为了方便观察,将选区内填充白色,可以看到如图9-67所示的效果。

图9-66

图9-67

9.6 结课作业

为自己喜爱的影视作品设计一幅电影海报。

1. 海报尺寸为竖版A4纸大小。

2. 海报画面中要包含影视作品的名称和影视作品中的主要角色。

3. 海报画面风格要与影视作品的风格相匹配。

4. 相关素材可去网络上进行搜索下载。

CHAPTER 10

Photoshop的图层高级知识

本章导读

10.1 图层的混合效果

Photoshop 提供了图层的透明度功能和多种图层混合模式,可以在不影响图像内容的情况下,将多个图层的像素通过各种形式巧妙地融合在一起,制作出多种多样的画面效果。

10.1.1 图层的透明度和填充

素材文件 第 10 章\10.1\透明度和填充.psd

在“图层”面板中,有“不透明度”和“填充”2 个控制图层透明度的参数。

● 不透明度:用来控制整个图层或图层组的透明属性,包括图层或图层组中的形状、像素、图层样式、智能滤镜等。

● 填充:只能用来控制图层中的形状和像素的透明属性,对图层样式等附加的图层效果没有任何影响。

步骤 01 在 Photoshop 中打开素材文件夹“第 10 章\10.1\透明度和填充.psd”文件,如图 10 - 1 所示。此时“图层”面板上的“不透明度”和“填充”参数值都是 100%。

图 10 - 1

步骤 02 选中“文字”图层,将“图层”面板上的“不透明度”参数值设置为 60%,不更改“填充”参数值,设置效果如图 10 - 2 所示,“文字”图层中所有的像素都降低了透明度。

图 10 - 2

步骤 03 继续选中“文字”图层,将“图层”面板上的“不透明度”参数值设置为 100%,然后将“填充”参数值设置为 0%,设置效果如图 10 - 3 所示。除了给图层添加了“描边”图层样式外,“文字”图层的本身像素完全透明了。

图 10 - 3

小贴士

按下键盘上的数字可以快速修改图层的“不透明度”参数值。例如,按下键盘上的数字 8,“不透明度”参数值会变成 80%;连续按下键盘的数字 1 和 5,“不透明度”参数值会变成 15%。

背景图层或被锁定透明性像素的图层是不能被更改透明度的,只有将背景图层转换为普通图层或解锁图层的透明像素,才能更改其不透明度。

10.1.2 图层的混合模式

图层的“混合模式”是指使用各种不同的混合方式将一个图层的像素与其下方的图层像素叠加起来,制作出各种不同的画面效果,且不会损坏原始图像的任何内容。

“混合模式”不仅存在于“图层”的面板中,在使用绘图工具、修饰工具、颜色填充等情况下也会使用到“混合模式”,可以通过更改“混合模式”来调整绘制对象和下方图像像素的混合方式。

图层的“混合模式”主要用于多种图像的融合,使画面同时具有多个图像中的特质,改变画面色调及制作特效等。使用图层的“混合模式”会减少图像的细节,提高或降低图像的对比度，制作出单色的图像效果等。“混合模式”下拉列表中包含 6 组混合模式，如图 10－4 所示。

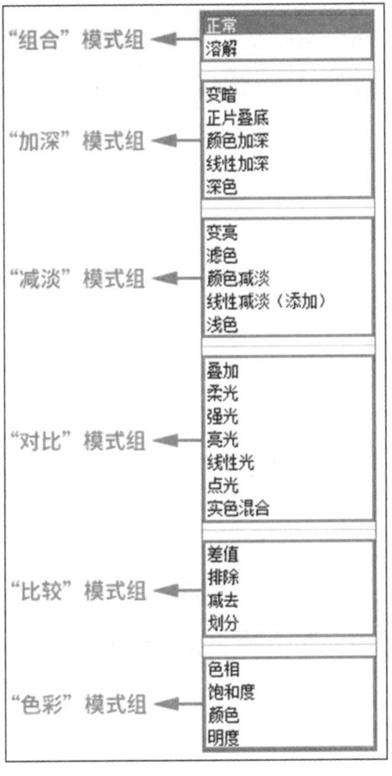

图 10－4

1 “组合”模式组

“组合”模式组中包含“正常”和“溶解”2 种混合模式。在该模式组中，需要配合“不透明度”或“填充”参数值才能起作用。

●正常：默认情况下，新建的图层或置入的图层模式均为“正常”模式。在该模式下，“不透明度”和“填充”参数值为 100% 时，上方图层的图像将完全遮住下方图层的图像。若降低“不透明度”或“填充”参数值，可以隐约显露出下方图层的图像。

如图 10－5 所示，新建一个图层，填充为纯色（这里填充为白色），将纯色图层的“不透明度”参数值设置为 60%，如图 10－6 所示。

图 10－5

图 10－6

●溶解：该模式可以使透明区域的像素离散，产生颗粒感。该模式需要和“不透明度”或“填充”参数值配合使用，这两个参数值越低，像素的离散效果越明显；如果这两个参数值设置为 100%，则不会起任何作用。图 10－7 所示为“不透明度”参数值为 70% 的效果。

图 10－7

当文档中包含图层组时，图层组的默认混合模式为“穿透”，表示图层组没有自己的混合属性。当为图层组选择其他混合模式时，会将图层组里的所有图层视为一个单独的图层，利用所选的混合模式与图像的其他部分混合。

2 "加深"模式组

素材文件 第10章\10.1\加深模式组.psd

"加深"模式组中包含"变暗""正片叠底""颜色加深""线性加深"和"深色"5种混合模式。在该模式组中,可以使当前图层的白色像素被下层较暗的像素替代,使图像产生变暗的效果。

在Photoshop中打开素材文件夹"第10章\10.1\加深模式组.psd"文件,背景图层图像和图层1图像如图10-8所示。

背景图层图像

图层1图像

图10-8

●变暗:该模式可以比较每个通道中的颜色信息,并选择基色或混合色中较暗的颜色作为结果色,同时替换比混合色亮的像素,而比混合色暗的像素会保持不变。在打开的"加深模式组.psd"文件中,选中"图层1"图层图像,将"混合模式"设置为"变暗",效果如图10-9所示。

图10-9

●正片叠底:该模式可以让任何颜色与黑色混合产生黑色,任何颜色与白色混合保持不变。在打开的"加深模式组.psd"文件中,选中"图层1"图层图像,将"混合模式"设置为"正片叠底",效果如图10-10所示。

图10-10

●颜色加深:该模式可以通过增加上下层图像之间的对比度来使像素变暗,与白色混合后不产生变化。在打开的"加深模式组.psd"文件中,选中"图层1"图层图像,将"混合模式"设置为"颜色加深",效果如图10-11所示。

图10-11

●线性加深:该模式可以通过减小亮度来使像素变暗,与白色混合不产生变化。在打开的"加深模式组.psd"文件中,选中"图层1"图层图像,将"混合模式"设置为"线性加深",效果如图10-12所示。

图10-12

●深色:该模式可以通过比较两个图像的所有通道的数值总和,显示数值较小的颜色。在打开的"加深模式组.psd"文件中,选中"图层1"图层图像,将"混合模式"设置为"深色",效果如图10-13所示。

图 10－13

3 “减淡”模式组

素材文件　第 10 章\10.1\减淡模式组.psd

“减淡”模式组中包含“变亮”“滤色”“颜色减淡”“线性减淡（添加）”和“浅色”5 种混合模式。在该模式组中，可以让图像中的黑色像素被较亮的像素替换，任何比黑色亮的像素都可能提亮下层图像，使图像变亮。

在 Photoshop 中打开素材文件夹“第 10 章\10.1\减淡模式组.psd”文件，背景图层图像和图层 1 图像如图 10－14 所示。

背景图层图像　　图层1图像

图 10－14

●变亮：该模式可以比较每个通道中的颜色信息，并选择基色或混合色中较亮的颜色作为结果色，同时替换比混合色暗的像素，而比混合色亮的像素保持不变。在打开的“减淡模式组.psd”文件中，选中“图层 1”图像，将“混合模式”设置为“变亮”，效果如图 10－15 所示。

图 10－15

●滤色：该模式可以让图像的像素与黑色混合时颜色保持不变，与白色混合时产生白色。在打开的“减淡模式组.psd”文件中，选中“图层 1”图层图像，将“混合模式”设置为“滤色”，效果如图 10－16 所示。

图 10－16

●颜色减淡：该模式可以通过减小上下层图像之间的对比度来提亮底层图像的像素。在打开的“减淡模式组.psd”文件中，选中“图层 1”图层图像，将“混合模式”设置为“颜色减淡”，效果如图 10－17 所示。

图 10－17

●线性减淡（添加）：该模式与“线性加深”模式产生的效果相反，可以通过提高亮度来减淡颜色。在打开的“减淡模式组.psd”文件中，选中“图层 1”图层图像，将“混合模式”设置为“线性减淡（添加）”，效果如图 10－18 所示。

图 10－18

●浅色：该模式可以通过比较两个图像的所有通道的数值总和，显示数值较大的颜色。在打开的“减淡模式组.psd”文件中，选中“图层1”图层图像，将“混合模式”设置为“浅色”，效果如图10－19所示。

图10－19

4 “对比”模式组

素材文件　第10章\10.1\对比模式组.psd

“对比”模式组中包含“叠加”“柔光”“强光”“亮光”“线性光”“点光”和“实色混合”7种混合模式。在该模式组中，可以使图像中50%的灰色像素完全消失，任何亮度值高于50%的灰色像素都可能提亮下层的图像，亮度值低于50%的灰色像素可能使下层图像变暗。

在Photoshop中打开素材文件夹“第10章\10.1\对比模式组.psd”文件，背景图层图像和图层1图像如图10－20所示。

背景图层图像　　图层1图像

图10－20

●叠加：该模式可以对颜色进行过滤并提亮上层图像，具体取决于底层颜色，同时保留底层图像的明暗对比。在打开的“对比模式组.psd”文件中，选中“图层1”图层图像，将“混合模式”设置为“叠加”，效果如图10－21所示。

图10－21

●柔光：该模式可以使颜色变暗或变亮，具体取决于当前图像的颜色。如果上层图像比50%灰色亮，则图像变亮；如果上层图像比50%灰色暗，则图像变暗。在打开的“对比模式组.psd”文件中，选中“图层1”图层图像，将“混合模式”设置为“柔光”，效果如图10－22所示。

图10－22

●强光：该模式可以对颜色进行过滤，具体取决于当前图像的颜色。如果上层图像比50%灰色亮，则图像变亮；如果上层图像比50%灰色暗，则图像变暗。在打开的“对比模式组.psd”文件中，选中“图层1”图层图像，将“混合模式”设置为“强光”，效果如图10－23所示。

图10－23

●亮光：该模式可以通过增加或减小对比度来加深或减淡颜色，具体取决于当前图像的颜色。如果上层图像比50%灰色亮，则图像变亮；如果上层图像比50%灰色暗，则图像变暗。在打开的“对比模式组. psd”文件中，选中“图层 1”图层图像，将“混合模式”设置为“亮光”，效果如图 10－24 所示。

图 10－24

●线性光：该模式可以通过减小或增加亮度来加深或减淡颜色，具体取决于当前图像的颜色。如果上层图像比 50% 灰色亮，则图像变亮；如果上层图像比 50% 灰色暗，则图像变暗。在打开的“对比模式组. psd”文件中，选中“图层 1”图层图像，将“混合模式”设置为“线性光”，效果如图 10－25 所示。

图 10－25

●点光：该模式可以根据上层图像的颜色来替换颜色，具体取决于当前图像的颜色。如果上层图像比 50% 灰色亮，则图像变亮；如果上层图像比 50% 灰色暗，则图像变暗。在打开的“对比模式组. psd”文件中，选中“图层 1”图层图像，将“混合模式”设置为“点光”，效果如图 10－26 所示。

图 10－26

●实色混合：该模式可以将上层图像的 RGB 通道值添加到底层图像的 RGB 通道值。如果上层图像比 50% 灰色亮，则使底层图像变亮；如果上层图像比 50% 灰色暗，则使底层图像变暗。在打开的“对比模式组. psd”文件中，选中“图层 1”图层图像，将“混合模式”设置为“实色混合”，效果如图 10－27 所示。

图 10－27

5 “比较”模式组

素材文件　第 10 章\10.1\比较模式组. psd

“比较”模式组中包含“差值”“排除”“减去”和“划分”4 种混合模式。在该模式组中，可以比较当前图像与下层图像，将相同的区域显示为黑色，不同的区域显示为灰色或彩色。如果当前图层中包含白色，白色区域会使下层图像反相，黑色不会对下层图像产生影响。

在 Photoshop 中打开素材文件夹“第 10 章\10.1\比较模式组. psd”文件，背景图层图像和图层 1 图像如图 10－28 所示。

图 10－28

●差值：该模式可以令上层图像与白色混合反转底层图像的颜色，如果与黑色混合则不产生变化。在打开的“比较模式组. psd”文件中，选中“图层 1”图层图像，将“混合模式”设置为“差值”，效果如图 10－29 所示。

图 10－29

●排除：该模式可以创建一种与“差值”相似，但对比度更低的混合效果。在打开的“比较模式组.psd”文件中，选中“图层 1”图层图像，将“混合模式”设置为“排除”，效果如图 10－30 所示。

图 10－30

●减去：该模式可以从目标通道中相应的像素上减去源通道中的像素值。在打开的“比较模式组.psd”文件中，选中“图层 1”图层图像，将“混合模式”设置为“减去”，效果如图 10－31 所示。

图 10－31

●划分：该模式可以比较每个通道中的颜色信息，然后从底层图像中划分上层图像。在打开的“比较模式组.psd”文件中，选中“图层 1”图层图像，将“混合模式”设置为“划分”，效果如图 10－32 所示。

图 10－32

6 “色彩”模式组

素材文件　第 10 章\10.1\色彩模式组.psd

“色彩”模式组中包含“色相”“饱和度”“颜色”和“明度”4 种混合模式。在该模式组中，可以将色彩分为色相、饱和度和亮度 3 种成分，然后将其中的一种或两种应用在混合后的图像中。

在 Photoshop 中打开素材文件夹“第 10 章\10.1\色彩模式组.psd”文件，背景图层图像和图层 1 图像如图 10－33 所示。

图 10－33

●色相：该模式可以用底层图像的亮度、饱和度以及上层的色相来创建结果色。在打开的“色彩模式组.psd”文件中，选中“图层 1”图层图像，将“混合模式”设置为“色相”，效果如图 10－34 所示。

图 10－34

●饱和度：该模式可以用底层图像的亮度、色相以及上层图像的饱和度来创建结果色，在饱和度为 0 的灰色区域应用该模式不会发生任何变化。在打开的“色彩模式组.psd”文件中，选中“图层 1”图层图像，将“混合模式”设置为“饱和度”，效果如图 10－35 所示。

图 10－35

●颜色：该模式可以用底层图像的亮度以及上层图像的色相、饱和度来创建结果色，这样可以保留图像中的灰阶，对于给单色图像上色或彩色图像着色非常有用。在打开的“色彩模式组.psd”文件中，选中“图层 1”图层图像，将“混合模式”设置为“颜色”，效果如图 10－36 所示。

图 10－36

●明度：该模式可以用底层的色相、饱和度以及上层图像的亮度来创建结果色。在打开的“色彩模式组.psd”文件中，选中“图层 1”图层图像，将“混合模式”设置为“明度”，效果如图 10－37 所示。

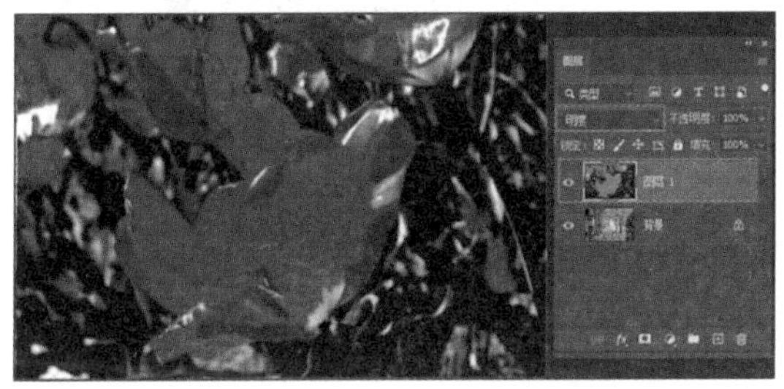

图 10－37

综合案例　使用混合模式制作“运动”

素材文件　第 10 章\10.1\综合案例.jpg

步骤 01 在 Photoshop 中打开素材文件夹“第 10 章\10.1\综合案例.jpg”文件。

步骤 02 新建图层 1，填充为白色。在“自定形状工具”选项栏里的“形状”下拉列表中选择“旧版形状及其他＞2019 形状＞人物＞形状 284”，如图 10－38 所示。前景色设置为黑色，按住键盘上的 Shift 键在画布上绘制出选中的形状，如图 10－39 所示。

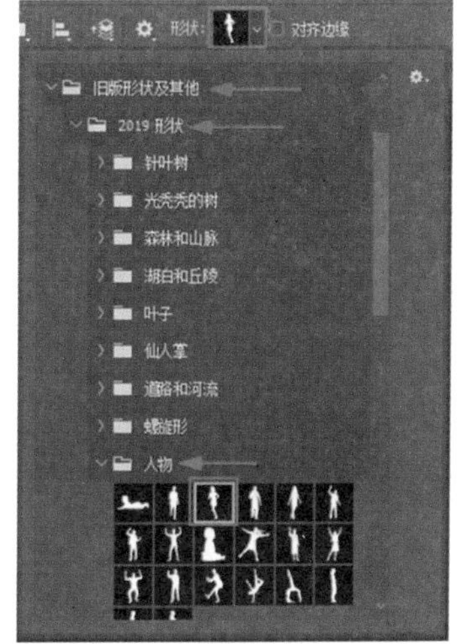

图 10－38

图 10－39

步骤 03 打开素材文件夹中“站酷酷黑体”字体并安装，然后使用“文字”工具写出“SPORTS”字母，设置字体为“站酷酷黑”且为斜体，如图 10－40 所示，图层效果如图 10－41 所示。

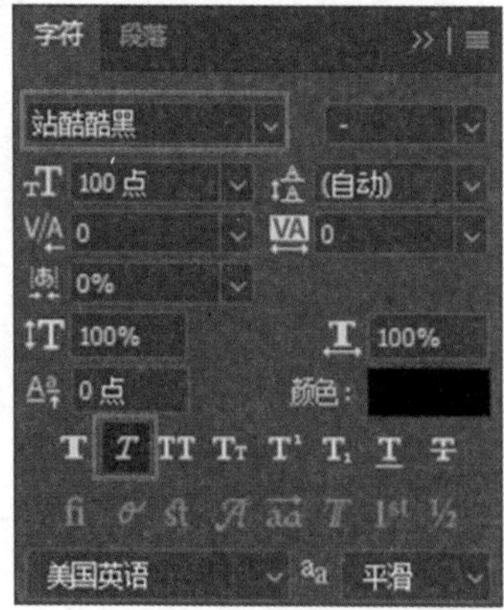

图 10－40

图 10－41

步骤 04 将"背景"图层以外的其他图层全部选中，按键盘上的快捷键 Ctrl + G 将这些图层放到同一个图层组中（自动命名为"组1"），将该图层组的图层模式设置为"滤色"，效果如图 10－42 所示。

图 10－42

步骤 05 打开"组 1"图层，将填充白色的"图层 1"的"不透明度"参数值设置为 60%，最终的效果如图 10－43 所示。

图 10－43

10.2 图层样式

"图层样式"是一种应用于图层或图层组上的特殊效果，如阴影、发光、斜面和浮雕等，这些样式可以单独使用，也可以多种样式共同使用。使用"图层样式"不仅可以丰富画面效果，更是强化画面主体的常用方式。

10.2.1 图层样式的使用方法

1 添加图层样式

为图层或图层组添加图层样式可以使用 3 种方式。

●选中图层或图层组，单击菜单栏"图层 > 图层样式"命令，打开"图层样式"对话框。

●选中图层或图层组，单击"图层"面板下方的"添加图层样式"按钮，如图 10－44 所示。在弹出的快捷菜单中选择任意选项，打开"图层样式"对话框。

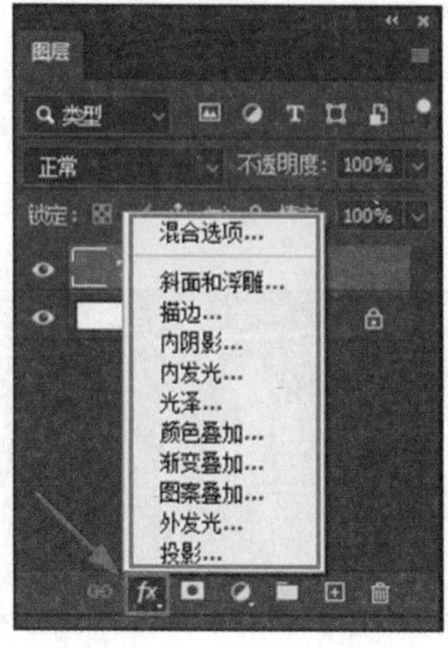

图 10－44

●双击图层或图层组名称右侧的空白区域，打开“图层样式”对话框。

可以添加图层样式的图层类型有很多，背景图层不能添加图层样式。如果想为背景图层添加图层样式，需要先将背景图层转换为普通图层。

2 “图层样式”对话框

Photoshop 提供了“斜面和浮雕”“描边”“内阴影”“内发光”“光泽”“颜色叠加”“渐变叠加”“图案叠加”“外发光”和“投影”10 种图层样式，如图 10－45 所示。

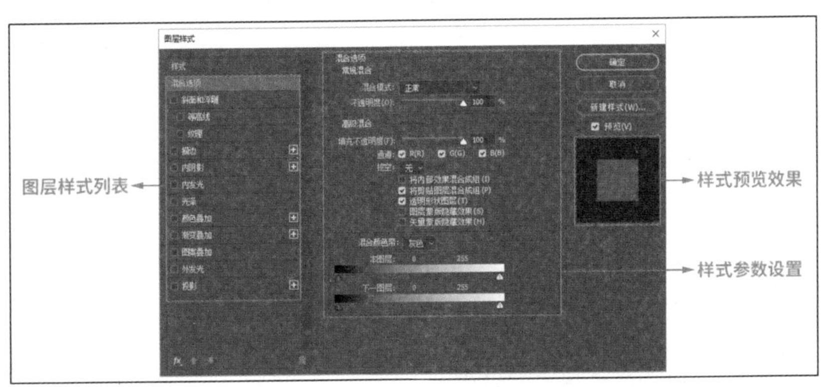

图 10－45

在样式列表中，若勾选“样式名称”左侧的复选框，则表示在图层或图层组中添加了该样式。单击勾选“样式名称”左侧的复选框，可以选中该样式，同时右侧切换到该样式的参数设置面板，样式预览也会显示该样式的效果。例如，选中“斜面与浮雕”样式，如图 10－46 所示。

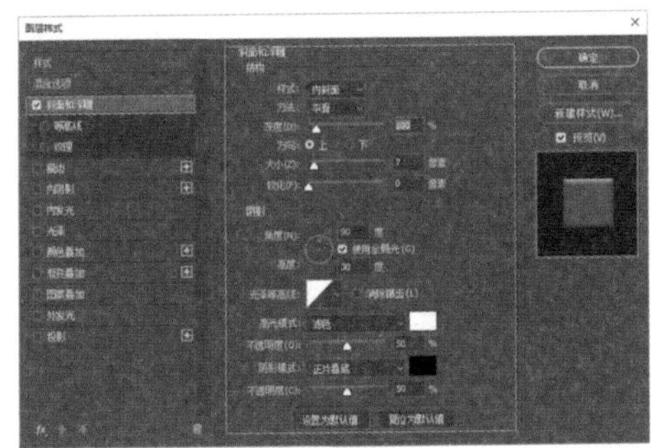

图 10－46

有些图层样式右侧有“加号”图标，表示该样式可以被多次添加。例如，单击“描边”样式右侧的“加号”图标，在图层样式列表中会出现另一个“描边”样式，如图 10－47 所示。在打开的“描边”样式参数设置面板中，可以设置不同的描边大小和颜色。

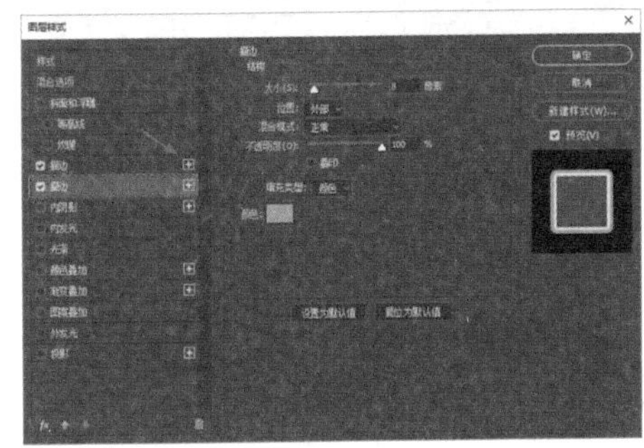

图 10－47

需要注意的是，下边的“描边”样式会被上边的“描边”样式覆盖。如果需要添加双重“描边”样式，下边的“描边”样式“大小”需要比上边的“描边”样式“大小”要大，否则下边的“描边”样式会被隐藏。如图 10－48 所示是上边的“描边”样式颜色为黄色，大小为 4，下边的“描边”样式颜色为粉色，大小为 8 的效果。

涵品教育

图 10－48

添加了图层样式的图层或图层组右侧会出现“fx”图标，单击最右侧的按钮可以折叠或展开所添加的图层样式，如图 10－49 所示。

3 编辑图层样式

为图层或图层组添加了图层样式后，“图层”面板中会出现已添加的图层样式列表。如果对已添加的图层样式不满意，可以双击该样式名称，对添加的图层样式进行修改。如图 10－50所示，双击“描边”样式，打开“描边”样式的“图层样式”对话框进行参数修改。

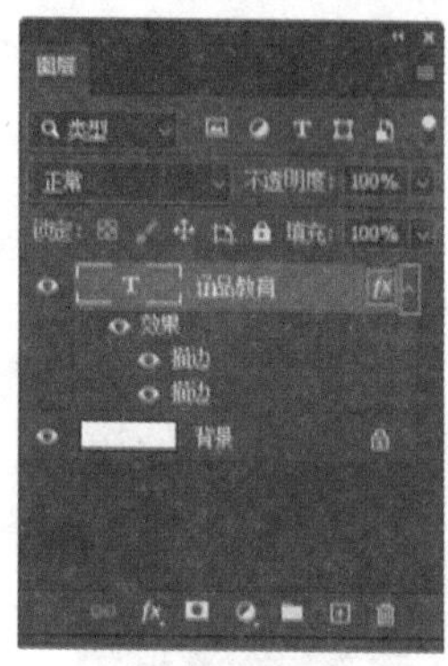

图 10－49

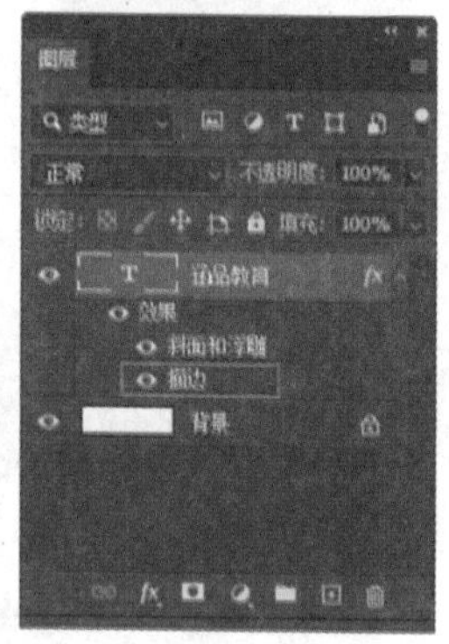

图 10－50

4 隐藏/显示图层样式效果

隐藏或显示图层样式效果与隐藏或显示图层的方法类似。在“图层”面板的图层样式列表中，每个图层样式左侧都有一个“小眼睛”图标。如图 10－50 所示，单击“效果”样式左侧的“小眼睛”图标，可以隐藏该图层的所有图层样式；单击“描边”样式左侧的“小眼睛”图标，隐藏对应的图层样式效果。相反，如果想要显示该图层样式效果，单击该图层样式左侧的“小眼睛”图标即可。

5 拷贝图层样式

在制作好一个图层样式后，如果其他图层或图层组也需要使用相同的样式，可以使用“拷贝图层样式”功能快速给予该图层相同的样式。

如果想要拷贝所有的图层样式，有 2 种操作方法。

第 1 种方法：

可以在“图层名称”上单击鼠标右键，在弹出的快捷菜单中选择“拷贝图层样式”命令，如图 10－51 所示。

也可以在添加的图层样式上单击鼠标右键，在弹出的快捷菜单中选择“拷贝图层样式”命令，如图 10－52 所示。

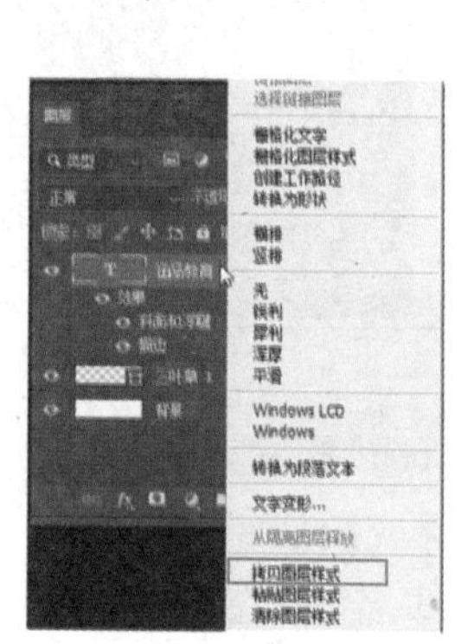

图 10－51

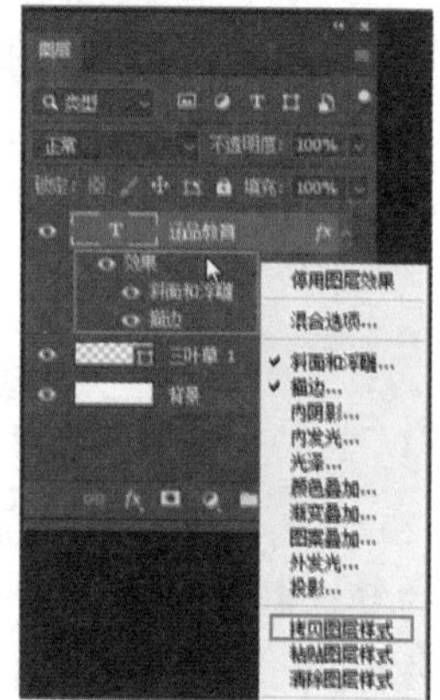

图 10－52

完成了图层样式的拷贝之后，可以在目标图层上单击鼠标右键，在弹出的快捷菜单中选择“粘贴图层样式”命令，如图 10－53 所示。

第 2 种方法：

将鼠标箭头移动到图层样式的“效果”行上，按住键盘上的 Alt 键不放，同时按住鼠标左键将其拖动到目标图层上，如图 10－54 所示。

以上 2 种方法都可让目标图层出现同样的样式，如图 10－55 所示。

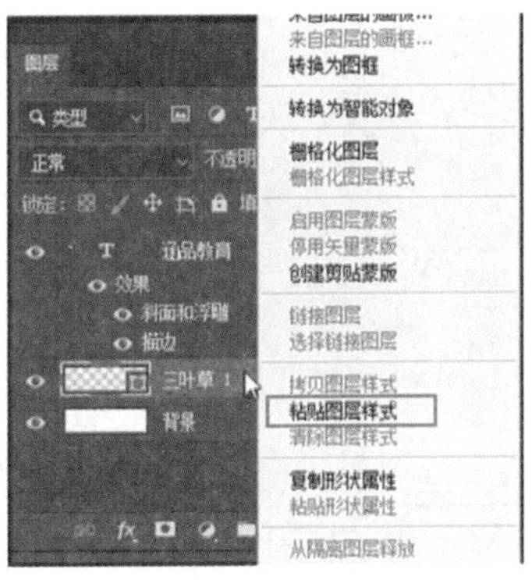

图 10－53

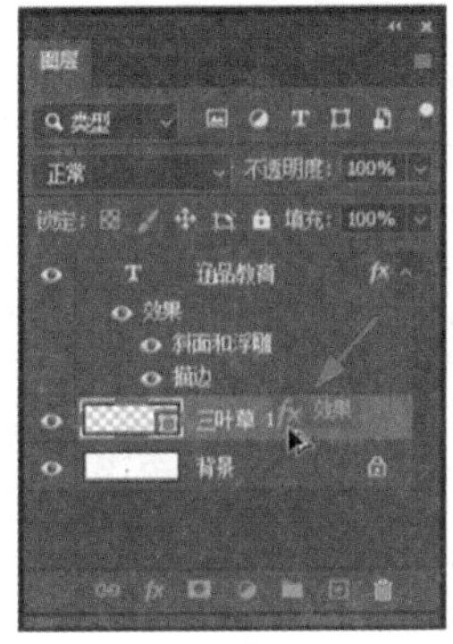

图 10－54

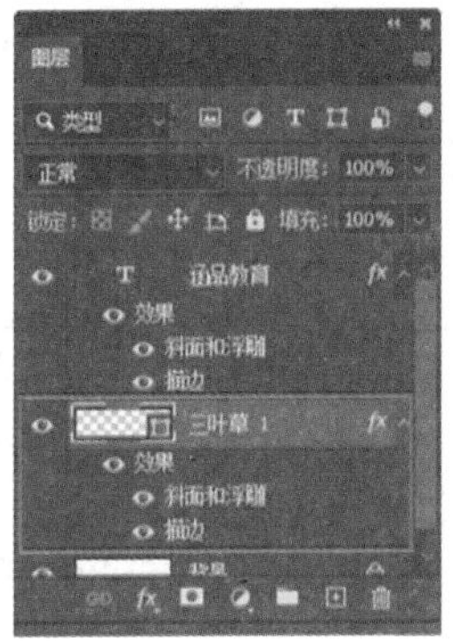

图 10－55

如果只想要拷贝单独的图层样式，例如只拷贝“斜面和浮雕”图层样式，可以将鼠标箭头移动到“斜面和浮雕”行上，按住键盘上的 Alt 键不放并同时按住鼠标左键将其拖动到目标图层上，如图 10－56 所示。拖动完毕松开鼠标左键，目标图层也会出现同样的样式，如图 10－57 所示。

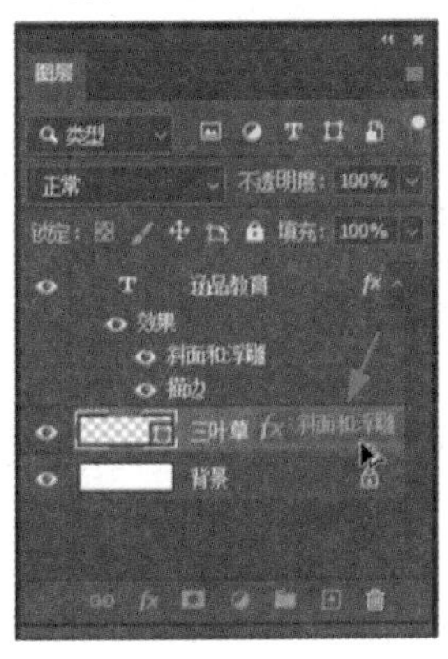

图 10－56

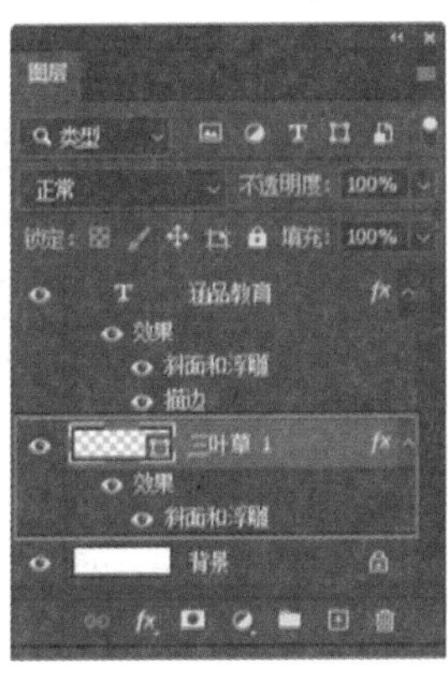

图 10－57

6 去除图层样式

如果想要去除图层或图层组的所有图层样式，可以将鼠标箭头移动到图层上或者图层样式上，单击鼠标右键，在弹出的快捷菜单中选择“清除图层样式”命令，如图 10－58 所示，即可将图层的所有图层样式去除掉。

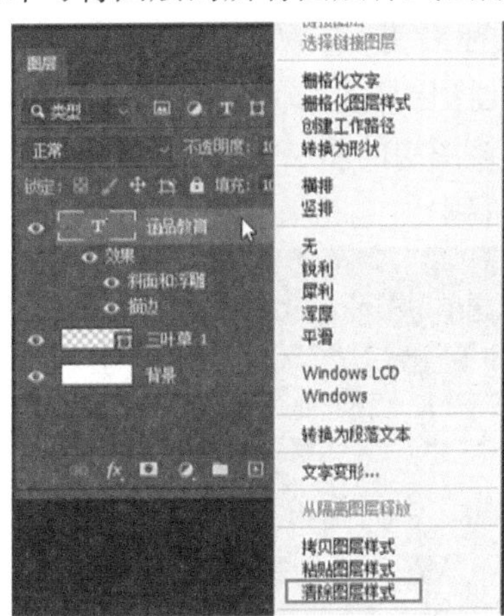

图 10－58

如果只想要去除某个单独的图层样式，例如只想要删除“描边”图层样式，可以将鼠标箭头移动到“描边”样式行上，按住鼠标左键将其拖动到“图层”面板下方的“删除图层”按钮上，如图 10－59 所示，即可将“描边”图层样式删除掉。

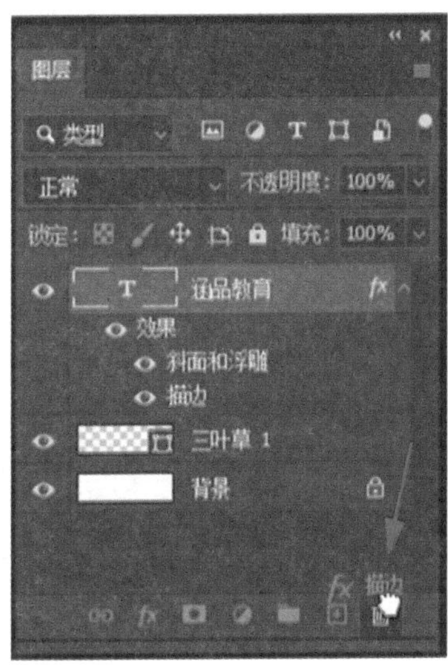

图 10－59

7 栅格化图层样式

“栅格化图层样式”和栅格化智能对象、栅格化文字、栅格化矢量图层相同，可以将该图层的图层样式变为普通图层的一部分，使图层样式部分可以像普通图层中的其他部分一样进行编辑修改。在“涵品教育”图层上单击鼠标右键，在弹出的快捷菜单中选择“栅格化图层样式”命令，如图 10－60 所示，即可将该图层的图层样式合并到图层本身的图像内容中。

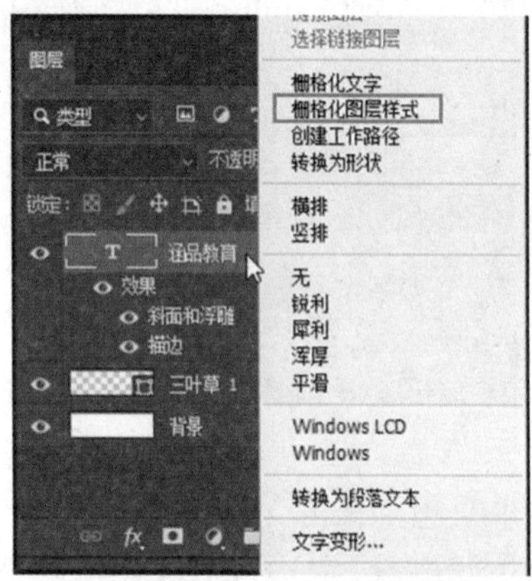

图 10－60

10.2.2 斜面和浮雕

“斜面和浮雕”样式可以为图层添加高光和阴影，使图像产生立体的浮雕效果。

在 Photoshop 中新建一个空白文档，在“自定形状工具”选项栏的“形状”下拉列表中选择“旧版形状及其他 > 2019 形状 > 叶子”下的“三叶草”，在画布上进行绘制，如图 10－61 所示。打开“图层样式”对话框，勾选“斜面和浮雕”样式，同时右侧切换到该样式的参数设置面板，如图 10－62 所示。

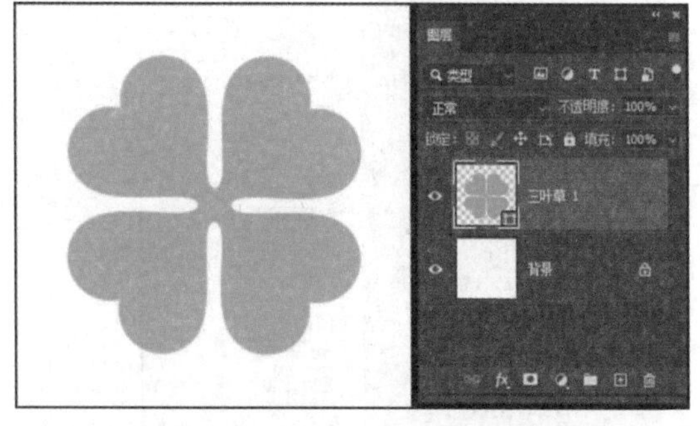

图 10－61

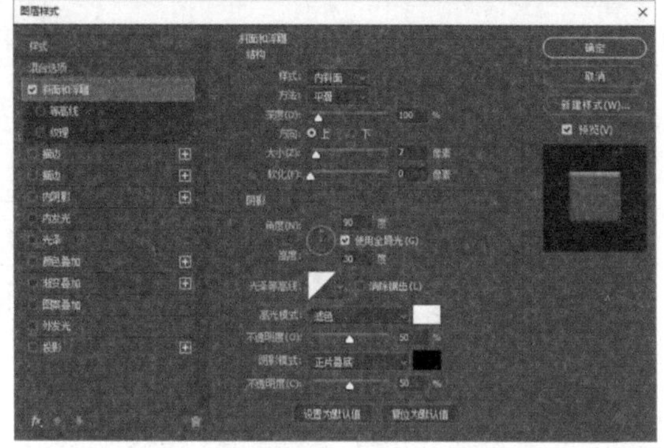

图 10－62

●样式：在下拉列表中可以选择“斜面和浮雕”的样式，包含“外斜面”“内斜面”“浮雕效果”“枕状浮雕”和“描边浮雕”5 种样式。“外斜面”可以在图像的外侧边缘创建斜面；“内斜面”可以在图像的内侧边缘创建斜面；“浮雕效果”可以使图像相对于下层图层产生浮雕效果；“枕状浮雕”可以模拟图像的边缘嵌入到下层图层中产生的效果；“描边浮雕”可以将浮雕应用于图像“描边”的边界，如果没有“描边”样式，则不会产生效果。选择具体的样式后单击“确定”按钮，切换到文档窗口预览效果。

●方法：在下拉列表中可以选择创建浮雕的方法，包含“平滑”“雕刻清晰”和“雕刻柔和”3 种方法。“平滑”可以得到比较柔和的边缘；“雕刻清晰”可以得到最精确的浮雕边缘；“雕刻柔和”可以得到中等水平的浮雕效果。选择具体的方法后单击“确定”按钮，切换到文档窗口预览效果。

●深度：用来设置浮雕斜面的应用深度。深度的数值越大，浮雕的立体感就越强。图 10－63 所示为深度 500% 的效果。

图 10－63

●方向：用来设置高光与阴影的位置，和光源的角度有关。选择“上”选项，高光位于上面，如图 10－64 所示；选择“下”选项，高光位于下面，如图 10－65 所示。

图 10－64　　图 10－65

●大小：用来设置斜面和浮雕中阴影面积的大小。图 10－66 所示为大小 20 的效果。

图 10－66　　图 10－67

●软化：用来设置斜面和浮雕的平滑程度。软化的数值越大，效果就越柔和。图 10－67 所示为软化 5 的效果。

●角度/高度：“角度”用来设置光源的照射角度；“高度”用来设置光源的高度。可以在“角度/高度”相应的文本框内输入数值，也可以拖动“圆形”图标内的指针进行操作。

●使用全局光：勾选“使用全局光”左侧复选框后，所有浮雕样式的光照角度都会保持一致。

●光泽等高线：选择不同的光泽等高线，可以为斜面和浮雕的表面添加不同的光泽感。勾选“消除锯齿”左侧复选框可以消除由于设置了“光泽等高线”而产生的锯齿。

●高光模式：用来设置高光的混合模式、颜色和不透明度。

●阴影模式：用来设置阴影的混合模式、颜色和不透明度。

●等高线：勾选“等高线”左侧复选框后，可以在浮雕中创建凹凸起伏的效果。选中“等高线”按钮，同时右侧切换到“等高线”参数设置面板，如图 10－68 所示。设置等高线的“样式”和“范围”，效果如图 10－69 所示。

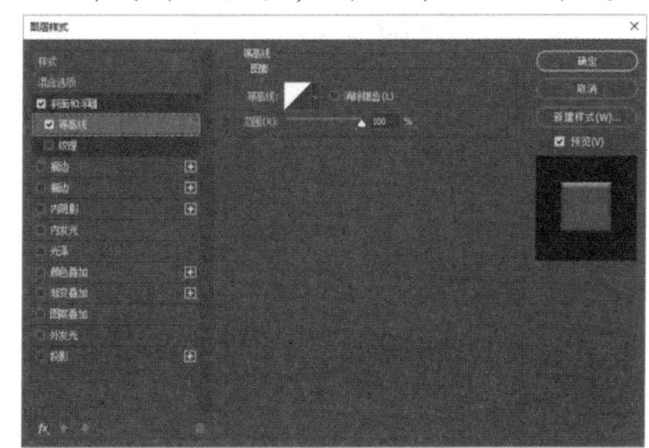

图 10－68

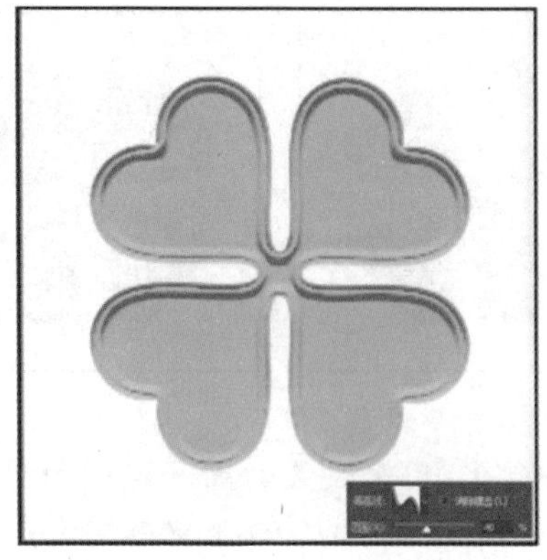
图 10－69

●纹理：勾选“纹理”左侧复选框后，可以在浮雕中创建纹理。选中“纹理”按钮，同时右侧切换到“纹理”参数设置面板，如图 10－70 所示。设置纹理的“图案”“缩放”和“深度”，效果如图 10－71 所示。

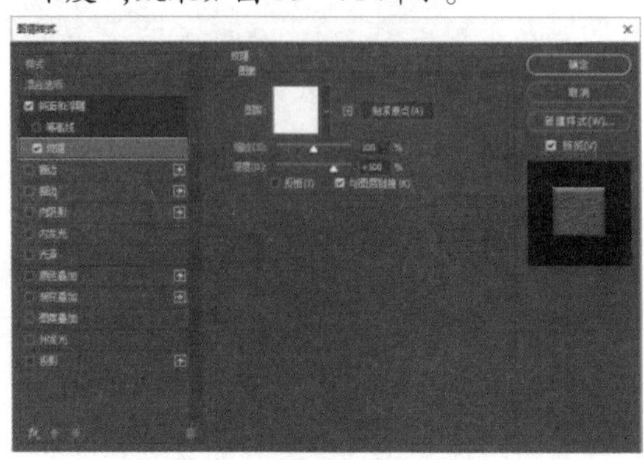
图 10－70

图 10－71

10.2.3 描边

“描边”可以为图像边缘绘制不同样式的轮廓，如颜色、渐变或图案等。

打开“图层样式”对话框，勾选“描边”样式左侧复选框，同时右侧切换到“描边”参数设置面板，如图 10－72 所示。

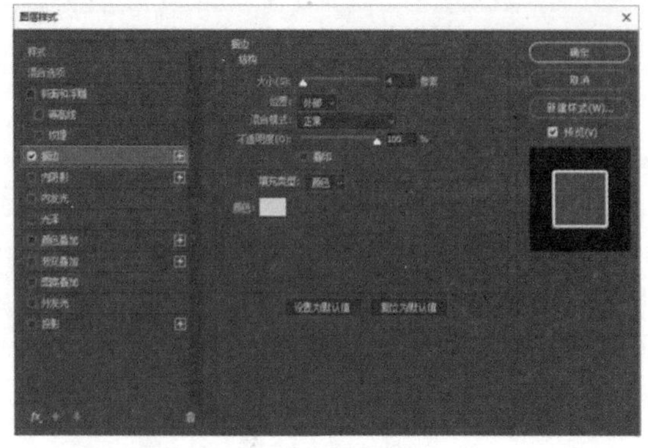
图 10－72

●大小：用来设置描边的粗细。数值越大，描边就越粗。

●位置：用来设置描边与图像边缘的相对位置，下拉列表中包含“内部”“外部”和“居中”3 个选项。内部表示描边位于图像边缘以内，外部表示描边位于图像边缘以外，居中表示描边一半位于图像边缘以外，一半位于图像边缘以内。

●混合模式：用来设置描边的混合模式。

●不透明度：用来设置描边的不透明度。

●叠印：勾选“叠印”左侧复选框后，描边的“混合模式”和“不透明度”会应用于原图层内容表面。

●填充类型：用来设置描边的内容，下拉列表中包含“颜色”“渐变”“图案”3 种类型。

●颜色：当“填充类型”为“颜色”时，可以设置描边的颜色。

10.2.4 内阴影

“内阴影”可以在紧靠图像边缘的内部添加阴影，使图像产生凹陷的效果。

打开“图层样式”对话框，勾选“内阴影”样式左侧的复选框，同时右侧切换到“内阴影”参数设置面板，如图 10－73 所示。

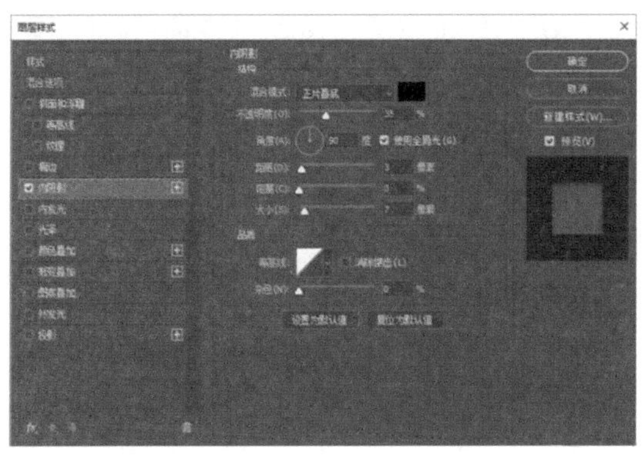

图 10－73

●混合模式：用来设置内阴影与下面图层的混合方式，默认为“正片叠底”混合模式。单击“混合模式”右侧的颜色块可以选择内阴影的颜色。

●不透明度：用来设置内阴影的不透明度。不透明度的数值越低，投影就越淡。

●角度：用来设置内阴影应用于图层的光照角度，指针方向为光源方向，相反方向为投影方向。图 10－74 所示为角度 90°的效果。

●使用全局光：勾选“使用全局光”左侧的复选框后，所有内阴影的光照角度会保持一致。

●距离：用来设置投影偏移图像的距离。图 10－75 所示为距离 10 的效果。

图 10－74

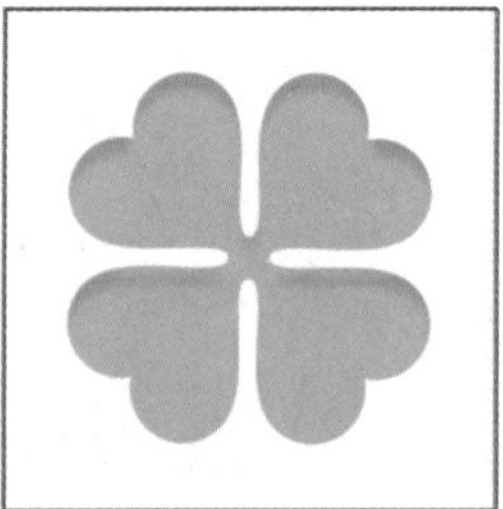

图 10－75

●阻塞：用来在进行模糊处理前收缩内阴影的杂边边界。图 10－76 所示为阻塞 100 的效果。

●大小：用来设置投影的模糊范围。大小的数值越大，模糊就越广，反之就越清晰。图 10－77 所示为大小 10 的效果。

图 10－76

图 10－77

●等高线：可以通过调整曲线的形状来控制投影的形状。

●杂色：用来在内阴影中添加杂色的颗粒感效果。杂色的数值越大，颗粒感就越强。图 10－78 所示为杂色 50 的效果。

图 10－78

10.2.5 内发光

“内发光”可以沿图像边缘的内部创建发光效果。

打开“图层样式”对话框，勾选“内发光”样式左侧的复选框，同时右侧切换到“内发光”参数设置面板，如图 10－79 所示。

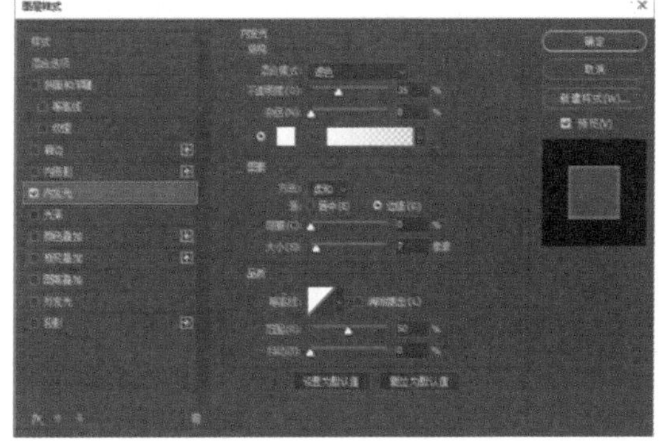

图 10－79

●混合模式：用来设置发光效果与下面

图层的混合模式,默认为"滤色"混合模式。

●不透明度:用来设置发光效果的不透明度。

●杂色:用来在发光效果中添加随机的杂色,使光晕呈现颗粒感。图 10－80 所示为杂色 50% 的效果。

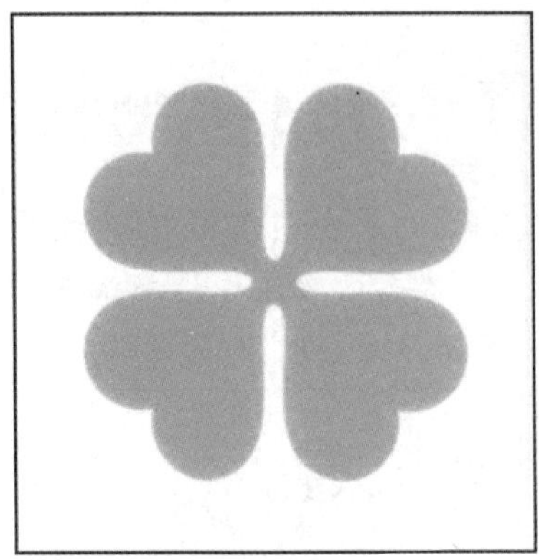

图 10－80

利用"杂色"下的颜色块和颜色条来设置发光的颜色。单击颜色块,可以在弹出的"拾色器"中选择发光颜色;单击颜色条,可以在弹出的"渐变编辑器"中设置发光渐变色。

●方法:用来设置内发光的准确程度,包含"柔和"和"精确"2 种方法。设置为"柔和"方法可以得到模糊的发光效果;设置为"精确"方法可以得到精确的边缘。

●源:用来控制发光光源的位置,包含"居中"和"边缘"2 种源。选择"居中"按钮效果如图 10－81 所示,选择"边缘"按钮效果如图 10－82 所示。

图 10－81

图 10－82

●阻塞:用来设置在进行模糊处理前收缩内阴影的杂边边界。

●大小:用来设置发光范围的大小。

●等高线:可以通过调整曲线的形状来控制内发光的形状。

●范围:用来控制发光中作为等高线目标的部分或范围。

●抖动:用来控制渐变的颜色和不透明度的应用。

10.2.6 光泽

"光泽"可以为图像添加光滑且具有光泽的内部阴影,模拟出金属表面的光泽效果。

打开"图层样式"对话框,勾选"光泽"样式左侧的复选框,同时右侧切换到"光泽"参数设置面板,如图 10－83 所示。在"内发光"参数设置面板中,可以通过选择不同的"等高线"来改变光泽的样式。图 10－84 所示和图 10－85 所示为选择不同等高线的效果。

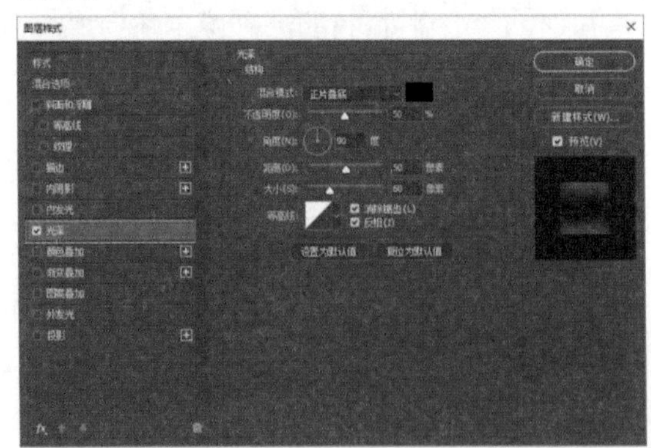

图 10－83

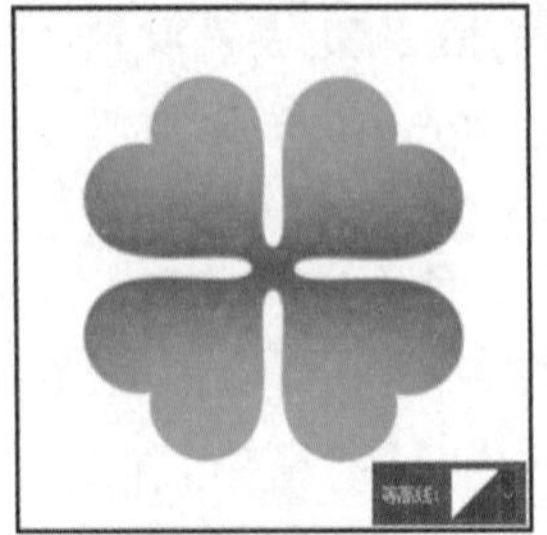

图 10－84

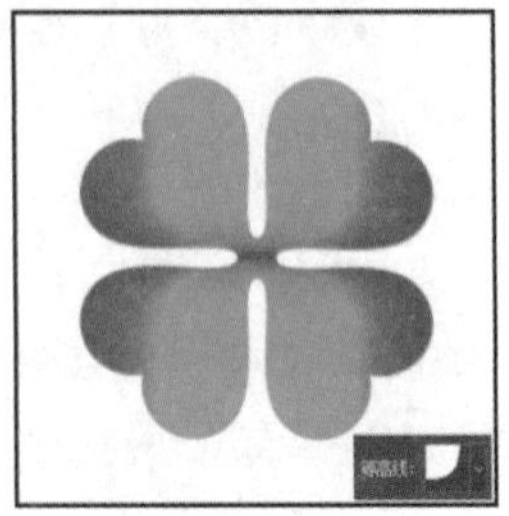

图 10－85

10.2.7 颜色叠加

“颜色叠加”可以在图像上叠加指定的颜色。

打开“图层样式”对话框，勾选“颜色叠加”样式左侧的复选框，同时右侧切换到“颜色叠加”参数设置面板，如图 10 – 86 所示。

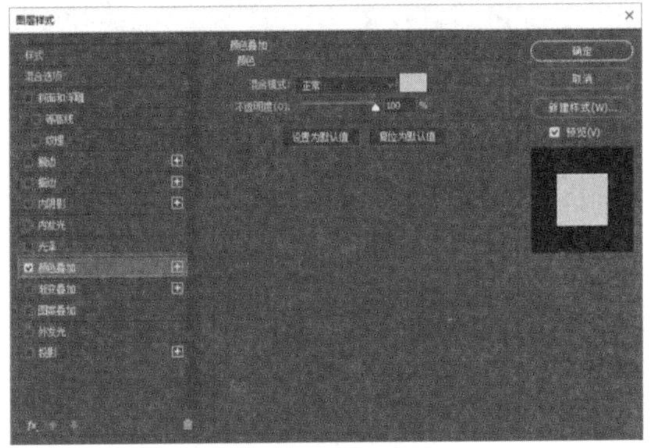

图 10 – 86

单击“混合模式”右侧的颜色块，可以在弹出的“拾色器”对话框中设置颜色，还可以通过混合模式和不透明度等选项，来控制叠加的效果。图 10 – 87 所示为颜色叠加的效果。

图 10 – 87

10.2.8 渐变叠加

“渐变叠加”可以在图像上填充指定的渐变颜色。

打开“图层样式”对话框，勾选“渐变叠加”样式左侧的复选框，同时右侧切换到“渐变叠加”参数设置面板，如图 10 – 88 所示。

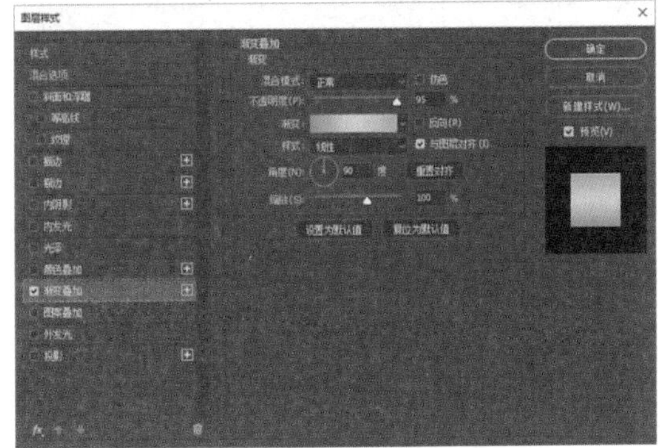

图 10 – 88

“渐变叠加”和“颜色叠加”图层样式的功能相同，使用方法基本一样，图 10 – 89 所示为渐变叠加的效果。

图 10 – 89

10.2.9 图案叠加

“图案叠加”可以在图像上叠加自定义图案。

打开“图层样式”对话框，勾选“图案叠加”样式左侧的复选框，同时右侧切换到“图案叠加”参数设置面板，如图 10 – 90 所示。

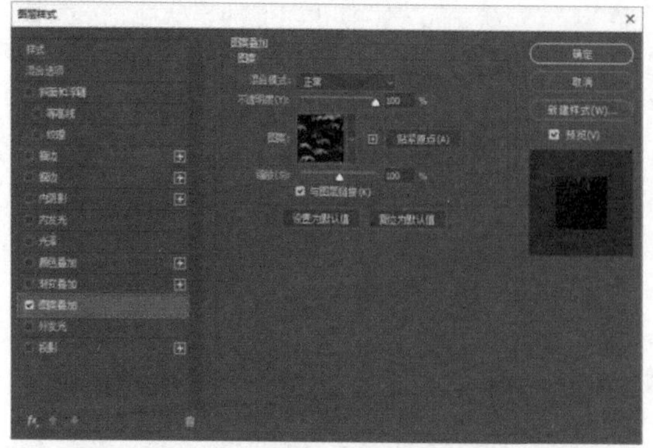

图 10－90

该图层样式和用“填充”命令填充图案的功能相同，使用方法基本一样；不同的是“图案叠加”可以使用“缩放”来设置图案在图像上显示的大小。图 10－91 所示为缩放 10% 的效果。

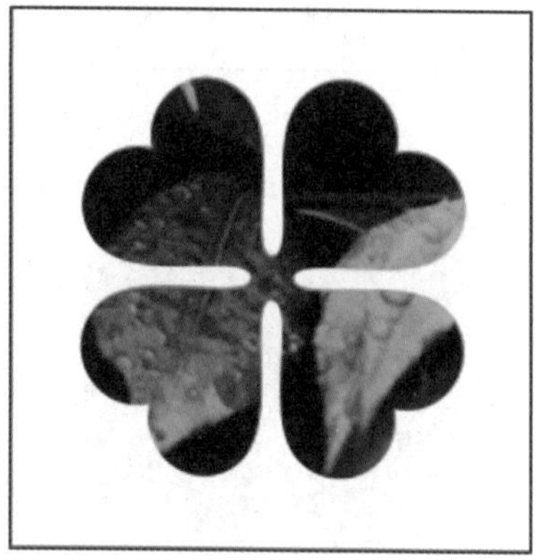

图 10－91

10.2.10 外发光

“外发光”和“内发光”图层样式相同，都可以模拟发光效果，参数设置也基本相同。“外发光”可以沿图像的边缘向外创建发光效果，可以用来制作自发光效果。

打开“图层样式”对话框，勾选“外发光”样式左侧的复选框，同时右侧切换到“外发光”参数设置面板，如图 10－92 所示。图 10－93所示为设置发光颜色为黄色的效果。

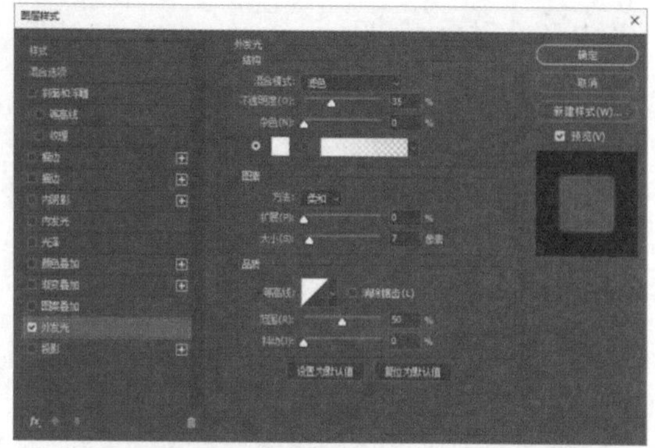

图 10－92

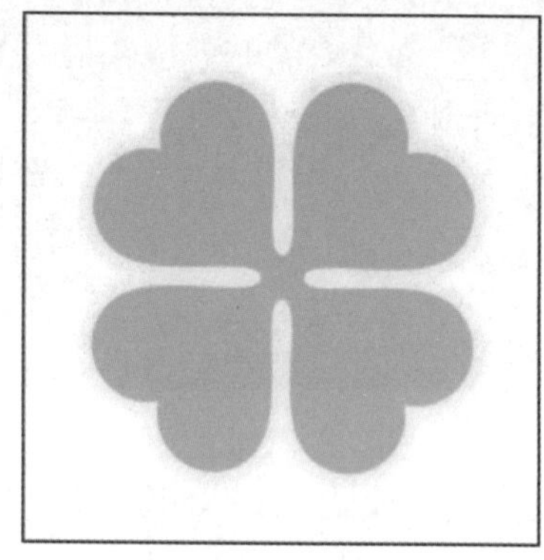

图 10－93

10.2.11 投影

“投影”可以为图像模拟投影效果，可以增强层次感和立体感。

打开“图层样式”对话框，勾选“投影”样式左侧的复选框，同时右侧切换到“投影”参数设置面板，如图 10－94 所示。

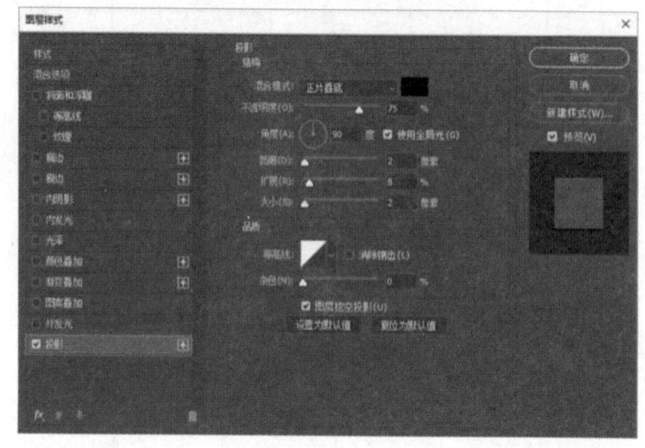

图 10－94

●混合模式：用于设置投影颜色和原图的混合模式，默认为“正片叠底”。单击右侧的颜色块打开“拾色器”对话框可以选择投影颜色。

●不透明度：用来调整投影的不透明度。不透明度的数值越低，投影就越淡。

●角度：用来设置投影应用图像时的光照角度，可以在文本框内输入数值或者拖动圆形内的指针进行设置。指针指向的方向是光源的方向，相反的方向是投影的方向。图 10－95 所示为角度 90°的效果。

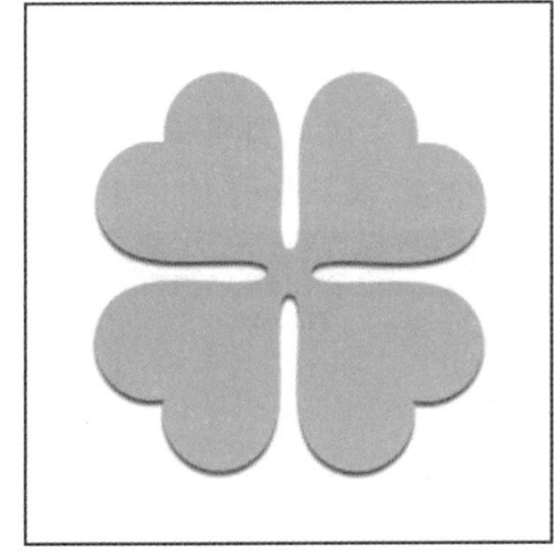

图 10－95

●使用全局光：勾选“使用全局光”左侧的复选框后，可以让所有投影的光照角度一致。

●距离：用来设置投影偏移图像的距离。距离的数值越大，投影就越远。可以直接将鼠标箭头放在画布中的投影上，拖动投影调整距离和角度。图 10－96 所示为距离 10 的效果。

●扩展：用来设置投影的扩展范围，该值会受到“大小”数值的影响。如果“大小”的数值设置为 0，无论如何调整“扩展”数值，生成的投影都会和原图像大小一样。在“大小”数值为 2 时，扩展数值为 10 的效果如图 10－97 所示。

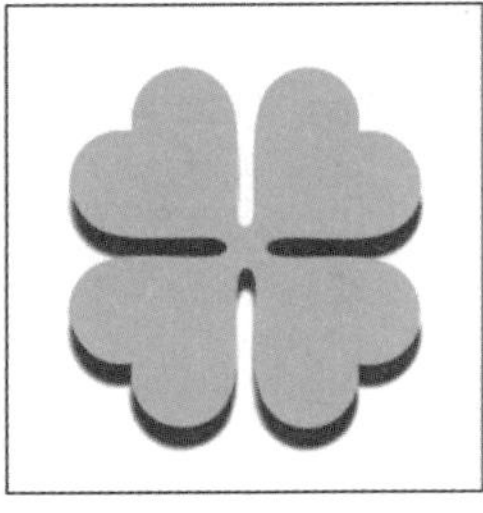

图 10－96

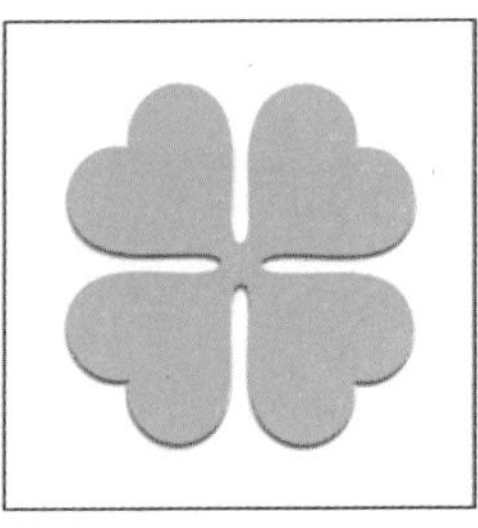

图 10－97

●大小：用来设置投影的模糊范围。大小的数值越大，模糊的范围就越广；大小的数值越小，投影就越清晰。图 10－98 所示为大小数值为 10 的效果。

●等高线：使用“等高线”可以控制投影的形状。

●消除锯齿：勾选“消除锯齿”左侧的复选框后，可以混合等高线边缘的像素，使投影更加平滑。

●杂色：在右侧文本框中输入数值或拖动滑块，可以在投影中添加杂色。杂色的数值变大，投影会变成点状。图 10－99 所示为杂色 100% 的效果。

图 10－98

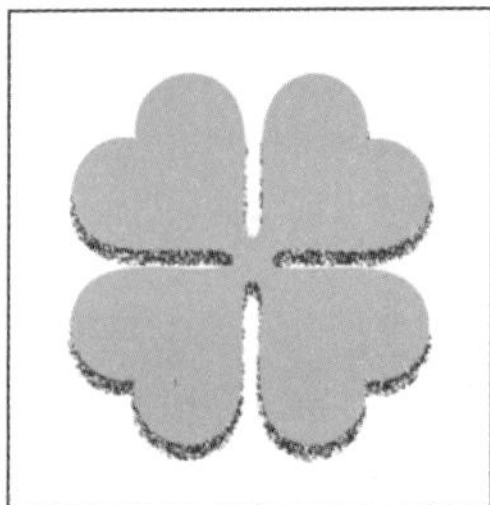

图 10－99

●图层挖空投影：在当前图层的填充低于 100% 时，可以控制半透明图层中投影的可见性。将当前图层的填充设置为 60%，勾选“图层挖空投影”左侧的复选框后的效果如图 10－100 所示，不勾选的效果如图 10－101 所示。

图 10－100

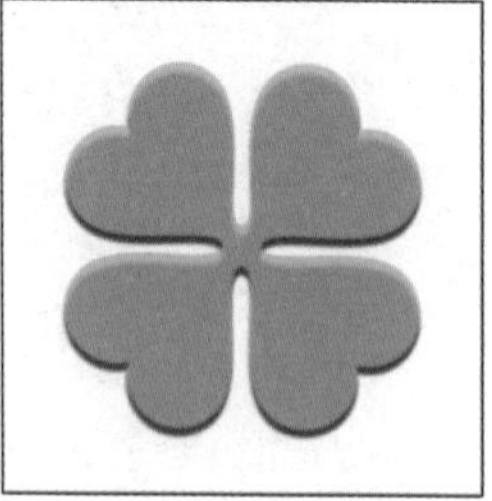

图 10－101

综合案例 制作透明吊牌

素材文件	第 10 章\10.2\综合案例.jpg

步骤 01 在 Photoshop 中打开素材文件夹"第 10 章\10.2\综合案例.jpg"文件。使用"矩形工具"绘制一个宽 700 像素，高 1000 像素，圆角为 45 像素，填充色为白色的矩形 1 图层，并将该图层和画布垂直居中对齐，如图 10－102 所示。

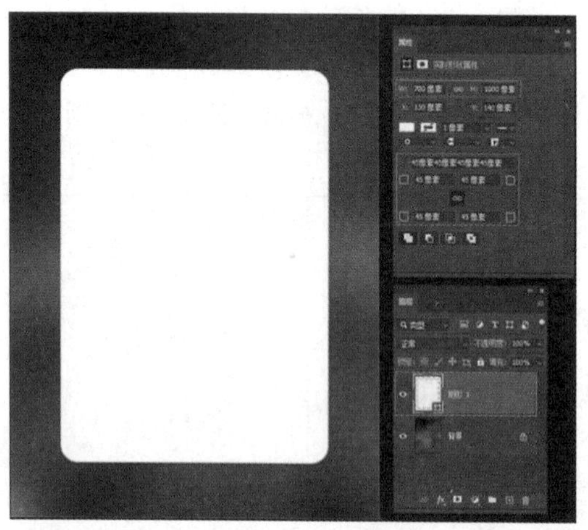

图 10－102

步骤 02 使用"圆角矩形工具"在画布中绘制一个宽 200 像素，高 40 像素，圆角 20 像素的圆角矩形 1 图层。为了方便观察，将其颜色设置为灰色，并让该圆角矩形和矩形左右居中对齐，如图 10－103 所示。

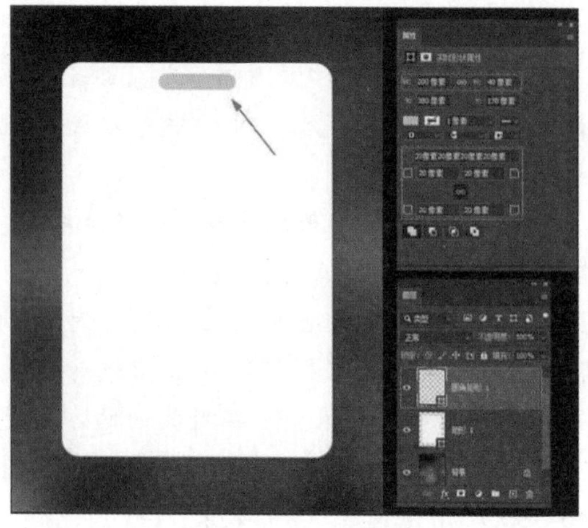

图 10－103

步骤 03 将新建的两个图层合并，用"路径选择工具"选中上边的圆角矩形，执行"减去顶层形状"命令，效果如图 10－104 所示。

图 10－104

步骤 04 使用"圆角矩形工具"在画布中绘制一个宽 600 像素，高 800 像素，圆角 30 像素，填充为白色的圆角矩形 2 图层，并将其和之前绘制的圆角矩形左右居中对齐，具体的参数和位置如图 10－105 所示。

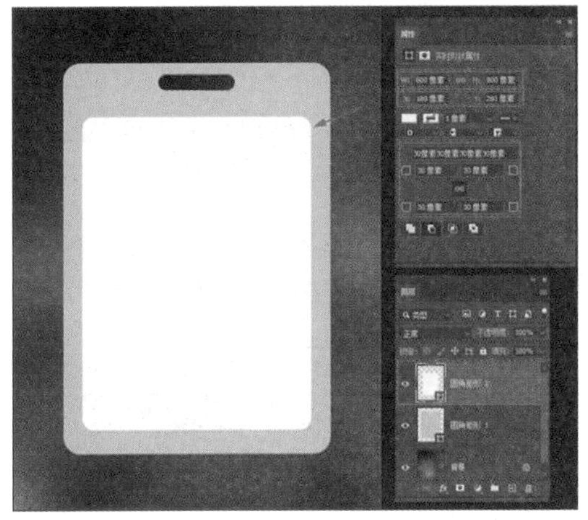

图 10－105

步骤 05 将两个"圆角矩形"图层合并，使用"路径选择工具"选中上方的圆角矩形，执行"减去顶层形状"命令，效果如图 10－106 所示。

图 10－106

步骤 06 在"图层"面板选中该圆角矩形图层，双击其图层名称右边的空白处，打开"图层样式"对话框，勾选"斜面与浮雕"样式左侧的复选框并打开参数设置面板，所有的参数设置如图 10－107 所示。

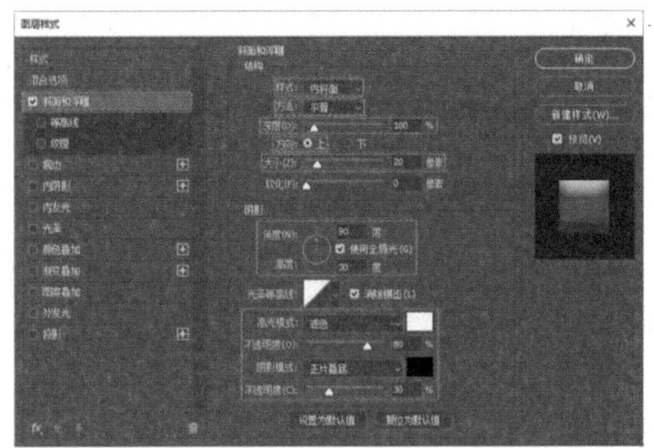

图 10－107

步骤 07 勾选"描边"样式左侧的复选框并打开参数设置面板，所有的参数设置如图 10－108 所示。

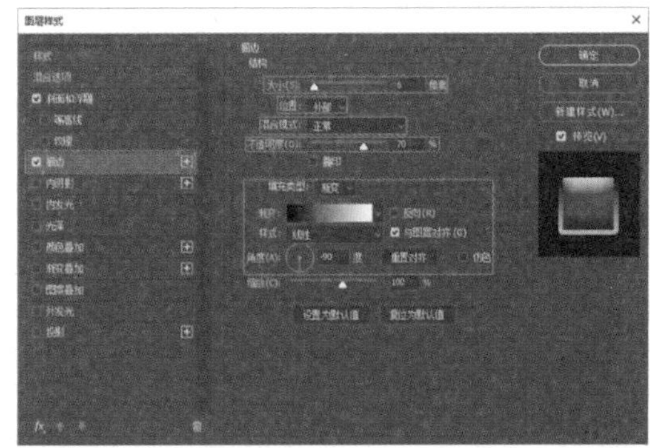

图 10－108

步骤 08 勾选"内阴影"样式左侧的复选框并打开参数设置面板，所有的参数设置如图 10－109 所示。

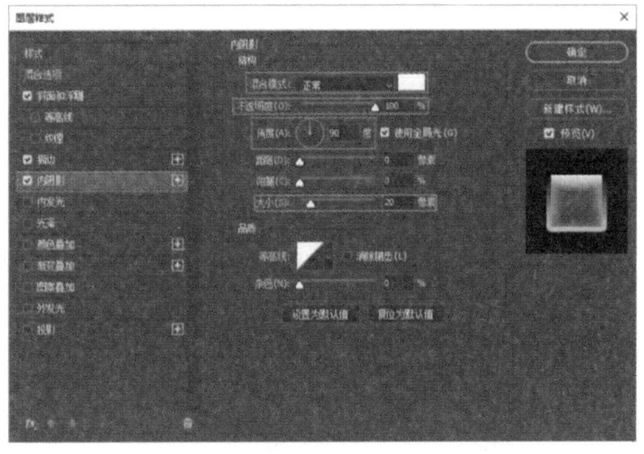

图 10－109

步骤 09 勾选"颜色叠加"样式左侧的复选框并打开参数设置面板，所有的参数设置如图 10－110 所示。

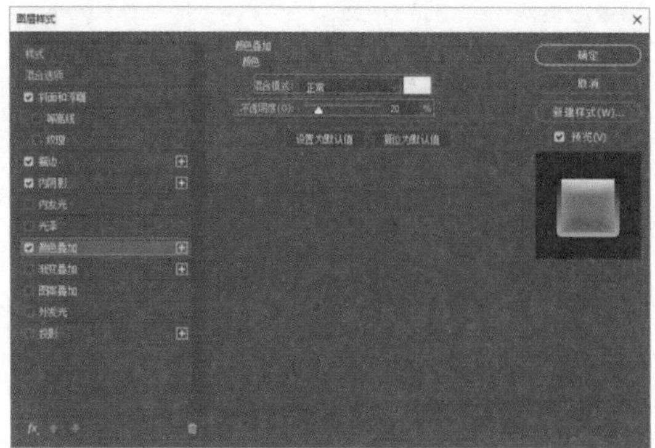

图 10－110

步骤 10 勾选“投影”样式左侧的复选框并打开参数设置面板，所有的参数设置如图 10－111 所示。

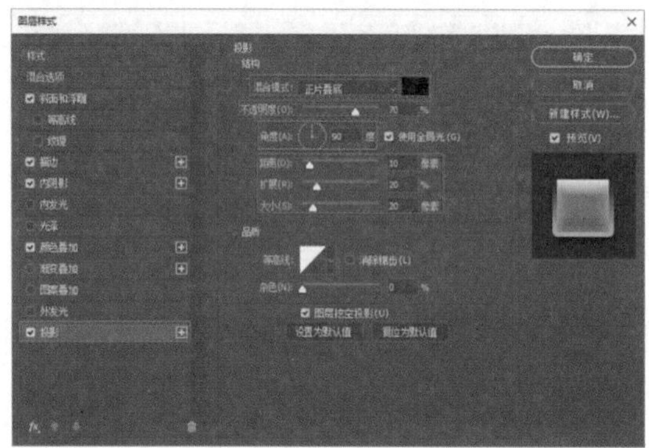

图 10－111

步骤 11 设置完成后，单击“确定”按钮，此时画面如图 10－112 所示。将该图层的“填充”设置为 0，效果如图 10－113 所示。将该图层重命名为“透明吊牌”。

图 10－112

图 10－113

步骤 12 使用“圆角矩形工具”在画布中绘制一个宽 580 像素，高 780 像素，圆角 20 像素，填充为白色的圆角矩形 3 图层，将其放在透明吊牌的中间，并将其图层位置调整到“透明吊牌”图层下方，最终的效果如图 10－114所示。

图 10－114

10.3 结课作业

为自己设计一款胸牌。

1. 可以使用 10.2 节中“综合案例”的最终效果继续在里边添加文字或图像等内容。

2. 可以去网络上搜索胸牌相关样式，结合本章所学内容，临摹或参考网络上搜索到的胸牌样式，使用 Photoshop 进行设计制作。

CHAPTER 11

Photoshop的自动处理

本章导读

11.1 认识动作

“动作”是 Photoshop 中一个非常方便的功能，它可以将编辑图像的多个步骤制作成一个动作，使用时只需要执行这一动作就可以一次性完成所有对图像的操作，可以快速为不同的图片进行相同的操作，有效地提高工作效率。

11.1.1 关于动作面板

Photoshop 可以储存多个动作或动作组，这些动作都会被记录在“动作”面板中。使用“动作”面板可以对动作进行记录、播放、编辑和删除操作，还可以存储、载入或替换动作文件。单击菜单栏“窗口 > 动作”命令，或者按键盘上的快捷键 Alt + F9，打开“动作”面板，如图 11－1 所示。

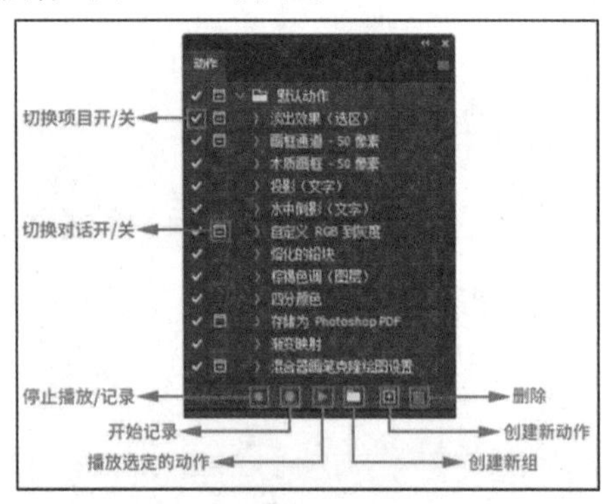

图 11－1

●切换项目开/关：如果动作组、动作或命令前显示该图标，表示该动作组、动作或记录命令可以执行。如果该图标显示为红色，表示该动作组中的部分动作或记录命令不能被执行；如果动作组、动作或记录命令前不显示该图标，表示动作组中所有的命令都不能被执行。

●切换对话开/关：如果记录命令前显示该图标，表示动作执行到该命令时会暂停，并打开相应命令的对话框，此时可以修改记录命令的参数，单击“确定”按钮后才会继续执行后面的动作。

●停止播放/记录：单击该按钮，可以停止播放动作或记录操作。

●开始记录：单击该按钮，可以开始录制动作。若该按钮为红色则表示处于记录状态。

●播放选定的动作：选中一个动作后，单击该按钮，可以播放该动作。

●创建新组：单击该按钮，可以创建一个新的动作组，用来保存新建的动作。

●创建新动作：单击该按钮，可以创建一个新的动作。

●删除：选中动作组、动作或记录命令后单击该按钮，可将其删除。

11.1.2 应用预设动作

素材文件 第 11 章\11.1\应用预设动作.jpg

在“动作”面板中有一组默认的动作预设，应用这些动作预设，可以快速制作出一些图像效果。

步骤 01 在 Photoshop 中打开素材文件夹“第 11 章\11.1\应用预设动作.jpg”文件。

步骤 02 单击菜单栏“窗口 > 动作”命令，打开“动作”面板。在“动作”面板中选中“渐变映射”动作，单击“播放选定的动作”按钮，如图 11－2 所示，开始播放动作，图像最终的效果如图 11－3 所示。

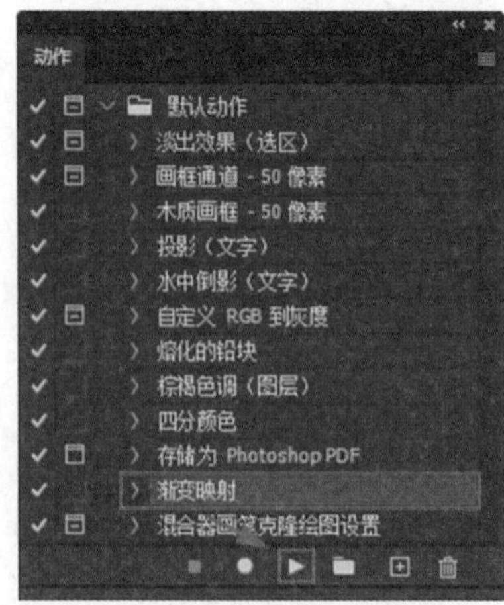

图 11－2

图 11 -3

11.1.3 创建动作

素材文件 第 11 章\11.1\创建动作.jpg

在 Photoshop 中能够被记录的内容很多,包括选区工具、移动工具、裁剪工具、绘图工具、形状工具等执行的操作以及在“颜色”“图层”“色板”“样式”“路径”“通道”“历史记录”和“动作”面板中执行的操作。

“动作”面板可以创建和播放动作。在记录动作前,要先创建一个动作组,否则录制的动作会保存在当前选中的动作组中。

步骤 01 在 Photoshop 中打开素材文件夹“第 11 章\11.1\创建动作.jpg”文件。

步骤 02 单击菜单栏“窗口 > 动作”命令,打开“动作”面板。单击“创建新组”按钮,如图 11 -4 所示。

步骤 03 在弹出的对话框中对新动作组进行命名(默认名为“组 1”),单击“确定”按钮,如图 11 -5 所示。在“动作”面板中新建一个动作组 1,如图 11 -6 所示。

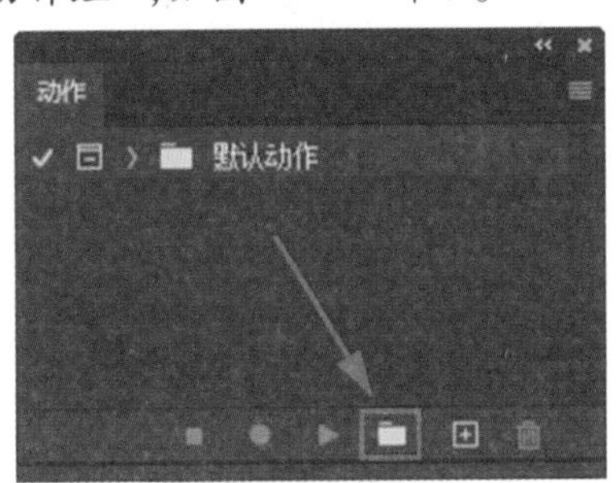

图 11 -4

图 11 -5

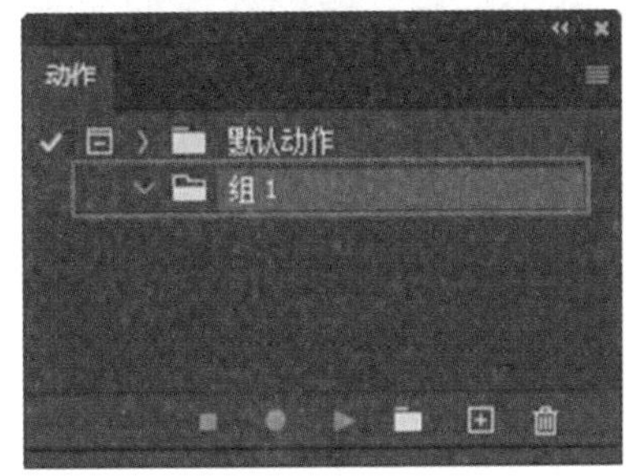

图 11 -6

步骤 04 选中新建的动作组 1,单击“创建新动作”按钮,如图 11 -7 所示。在弹出的对话框中输入新动作的名称“调整亮度”,如图 11 -8 所示。

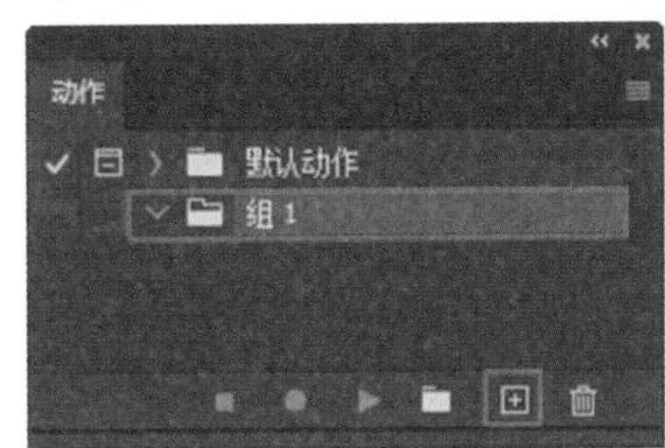

图 11 -7

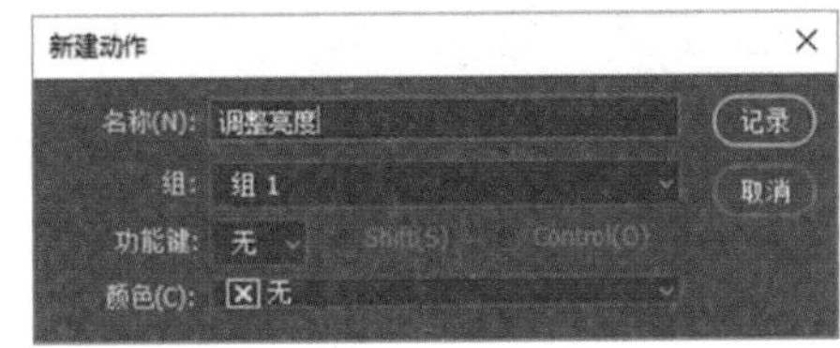

图 11 -8

步骤 05 单击“记录”按钮,此时“开始记录”按钮显示为红色,表示处于记录状态,如图 11 -9 所示。

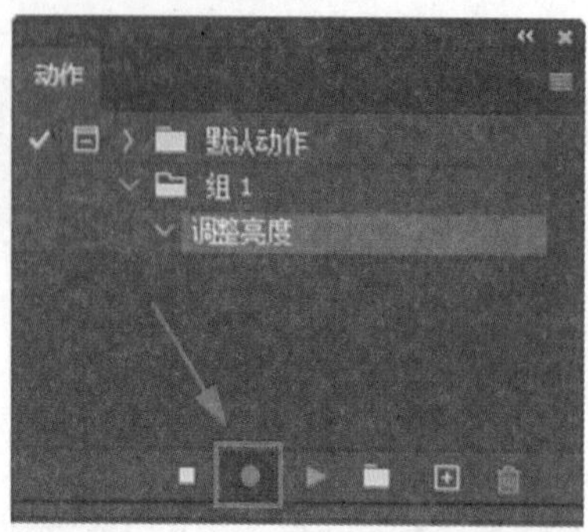

图 11 – 9

步骤 06 单击菜单栏“图像 > 调整 > 阴影/高光”命令，在弹出的对话框中设置如图 11 – 10所示的参数，单击“确定”按钮，图像显示的效果如图 11 – 11 所示。

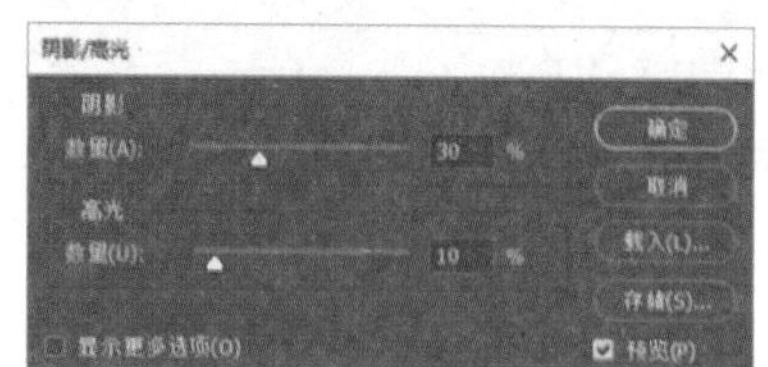

图 11 – 10

图 11 – 11

步骤 07 单击菜单栏“图像 > 调整 > 曝光度”命令，在弹出的对话框中设置如图 11 – 12 所示的参数，单击“确定”按钮，图像显示的效果如图 11 – 13 所示。

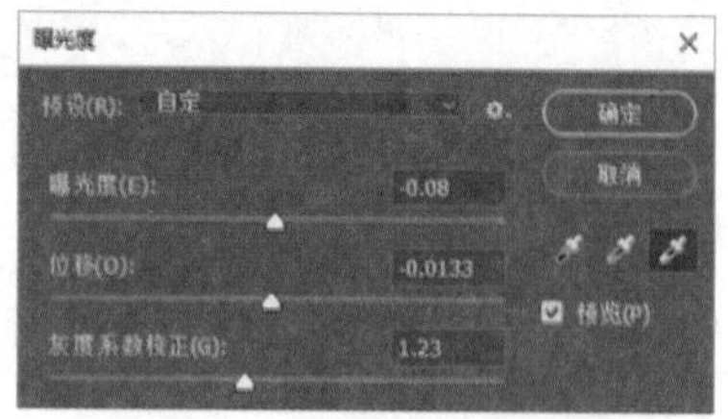

图 11 – 12

图 11 – 13

步骤 08 单击菜单栏“滤镜 > 滤镜库”命令，在弹出的对话框中“艺术效果”的下拉列表中选择“海报边缘”，参数设置如图 11 – 14 所示。单击“确定”按钮后，图像显示的效果如图 11 – 15 所示。

图 11 – 14

图 11 – 15

步骤 09 单击“动作”面板的“停止播放/记录”按钮，完成动作的录制。“动作”面板如图 11 – 16 所示。

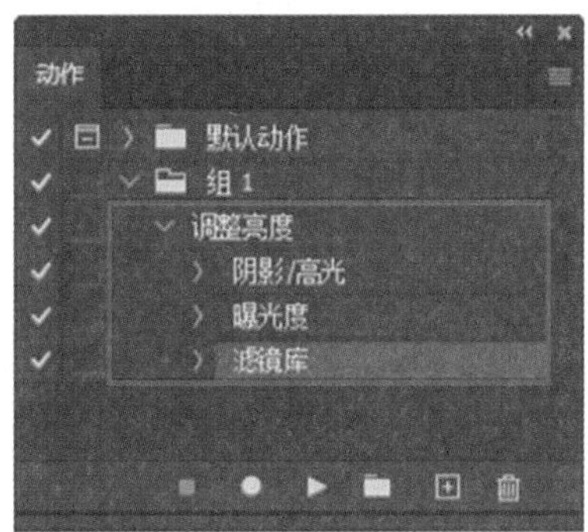

图 11－16

11.1.4 存储与载入动作

1 存储动作

记录完动作之后，为了使用方便，可以将其保存起来。在“动作”面板中选中要保存的动作组，单击“动作”面板中的“存储动作”命令，如图 11－17 所示。在弹出的对话框中设置文件名和保存位置，单击“保存”按钮，保存后的文件扩展名为.atn。

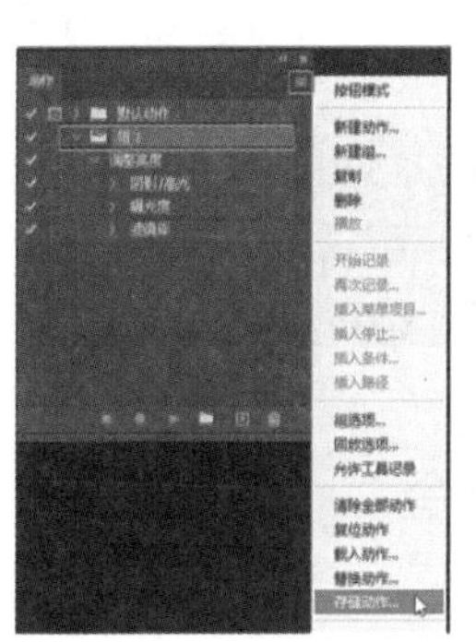

图 11－17

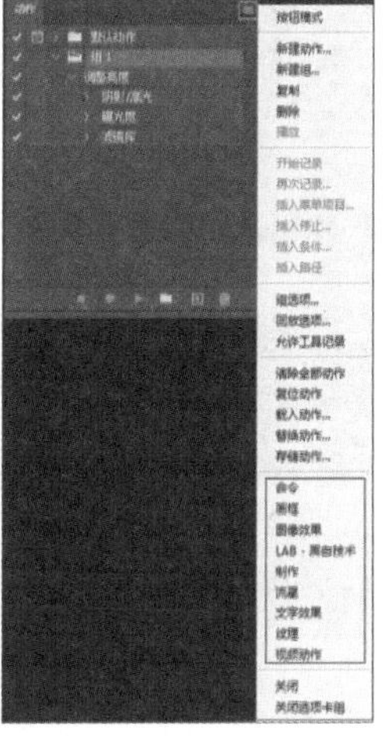

图 11－18

2 载入动作

在“动作”面板中除了应用预设动作外，Photoshop 还提供了 9 类动作列表，如图 11－18 所示，可以载入这些动作来使用。还可以用“存储动作”的方式将录制好的动作存储为独立的文件，在不同的电脑里使用相同的动作进行图像处理。单击“载入动作”命令，载入存储在电脑中的动作。

例如单击“文字效果”命令，可以载入“文字效果”动作组。使用文字工具在画布上输入“涵品教育”文字，如图 11－19 所示。单击选中“木质镶板(文字)”动作，再单击“播放选定的动作”按钮，如图 11－20 所示，图像效果如图 11－21 所示。

涵品教育

图 11－19

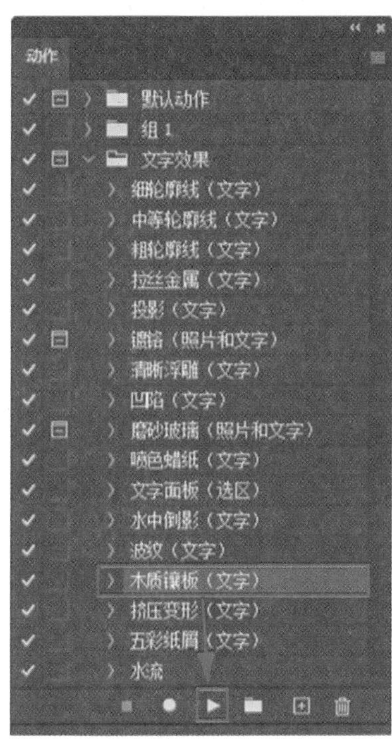

图 11－20

涵品教育

图 11－21

11.2 编辑动作

Photoshop 提供了自带的动作，这些动作都是固定的操作。Photoshop 允许用户通过对已有的动作进行再次编辑更改，来满足不同的操作需求。

11.2.1 插入菜单项目

素材文件 第 11 章\11.2\插入菜单项目.jpg

“插入菜单项目”是指在动作中插入菜单中的命令，将许多不能记录的命令插入到动作中。

步骤 01 在 Photoshop 中打开素材文件夹“第 11 章\11.2\插入菜单项目.jpg”文件。

步骤 02 打开“动作”面板中的“图像效果”，在“仿旧照片”动作组下拉列表中选择“建立快照”动作，执行“插入菜单项目”命令，如图 11－22 所示。

图 11－22

步骤 03 弹出“插入菜单项目”对话框，如图 11－23 所示。不要关闭该对话框，单击菜单栏“视图 > 100%”命令，“插入菜单项目”对话框中的“菜单项”为“视图：100%”，如图 11－24 所示。

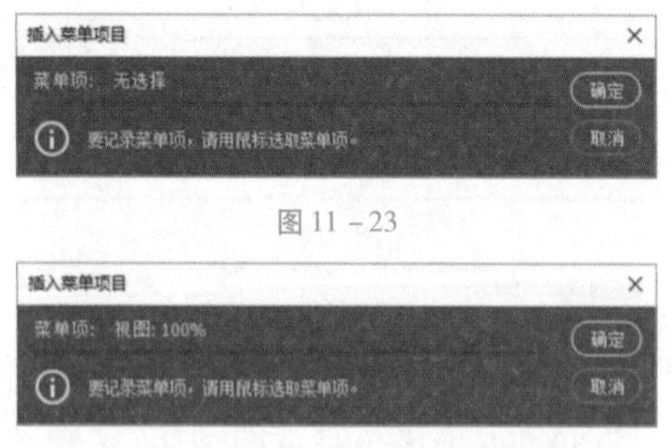

图 11－23

图 11－24

步骤 04 单击“确定”按钮，将“选择 100% 菜单项目”插入到动作面板中，如图 11－25 所示。

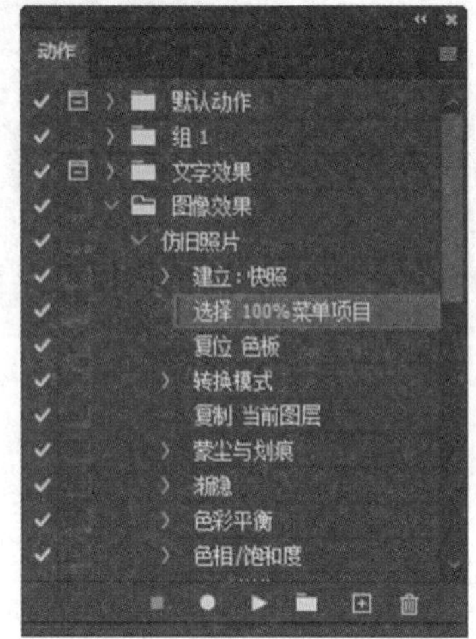

图 11－25

步骤 05 选中“仿旧照片”动作，单击“播放选定的动作”按钮，图像效果如图 11－26 所示。

图 11－26

11.2.2 插入停止命令

素材文件 第 11 章\11.2\插入停止命令.jpg

“插入停止”命令可以让动作在播放时停止在某一步，此时可以手动执行无法被记录的动作，如画笔工具、加深工具、减淡工具、锐化工具、模糊工具等。手动完成动作后，单击“动作”面板中的“播放选定的动作”按钮，就可以继续播放后面的动作命令。

步骤 01 在 Photoshop 中打开素材文件夹

“第 11 章\11.2\插入停止命令.jpg”文件。

步骤 02 在“动作”面板中，在“自定义 RGB 到灰度”动作组的下拉列表中选择“建立快照”动作，执行“插入停止”命令，如图 11－27 所示。会弹出“记录停止”对话框，在“信息”文本框中输入“调整通道混合器”提示信息，并勾选“允许继续”复选框，如图 11－28 所示。单击“确定”按钮，将“停止”动作插入到“动作”面板中，如图 11－29 所示。

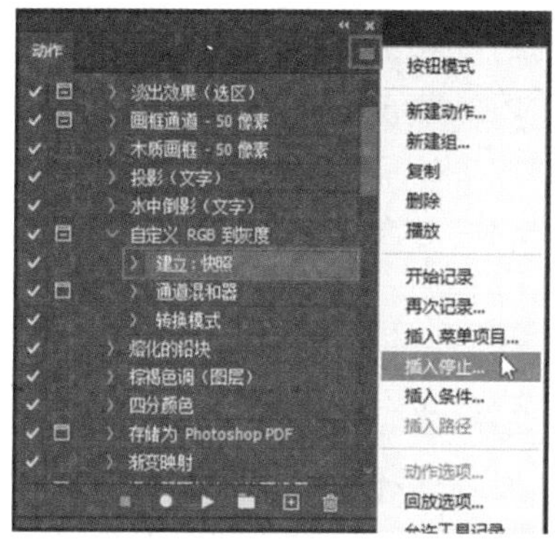

图 11－27

图 11－28

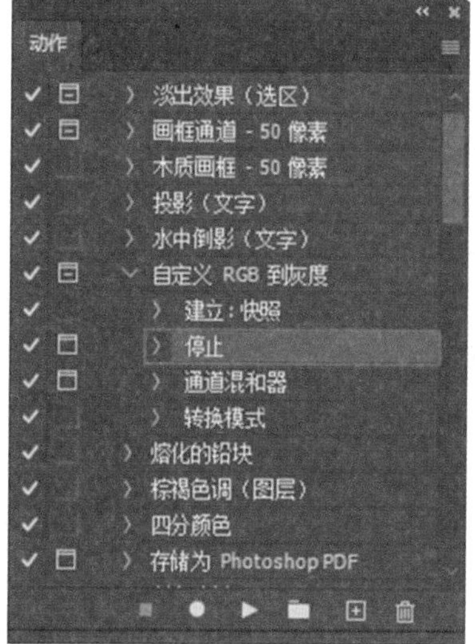

图 11－29

步骤 03 选中“自定义 RGB 到灰度”动作，单击“动作”面板中的“播放选定的动作”按钮，当执行到“建立快照”动作时，会弹出信息提示框，如图 11－30 所示。

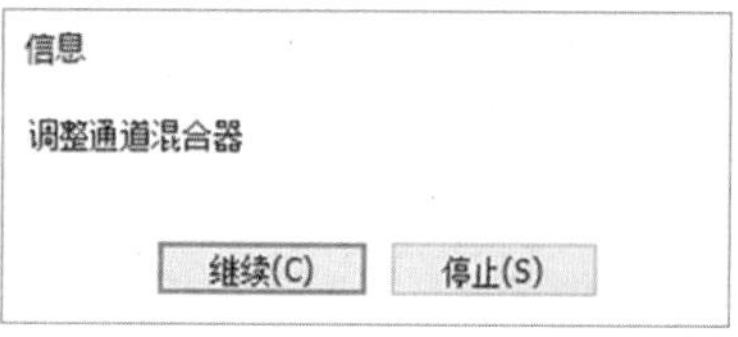

图 11－30

步骤 04 单击“继续”按钮，弹出“通道混合器”对话框，参数设置如图 11－31 所示。单击“确定”按钮，继续执行后面的动作，图像效果如图 11－32 所示。

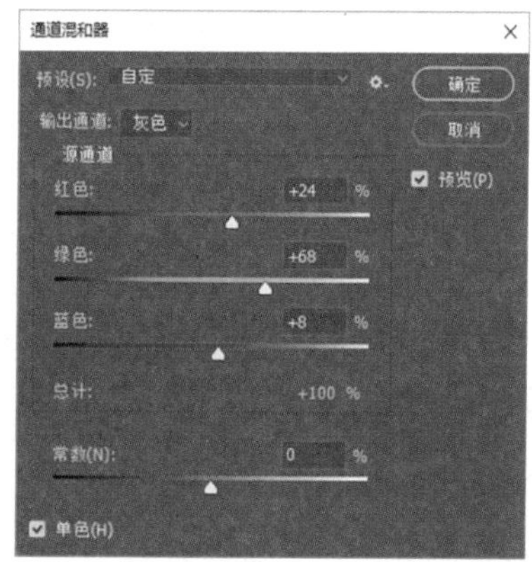

图 11－31

图 11－32

11.2.3 插入路径

素材文件	第 11 章\11.2\插入路径.jpg

在记录动作的过程中，绘制的路径形状是不能被记录的，使用“插入路径”命令，可以使路径作为动作的一部分包含在动作中。

步骤 01 在 Photoshop 中打开素材文件夹"第 11 章\11.2\插入路径.jpg"文件，并在图像中绘制需要的路径，如图 11－33 所示。

图 11－33

步骤 02 在"动作"面板中的"细雨"动作组的下拉列表中选择"复制当前图层"动作，执行"插入路径"命令，如图 11－34 所示。在所选动作下方会出现"设置工作路径"动作，如图 11－35 所示。

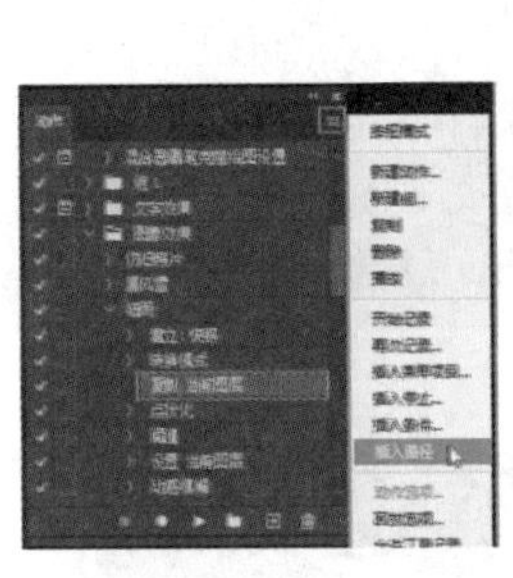

图 11－34

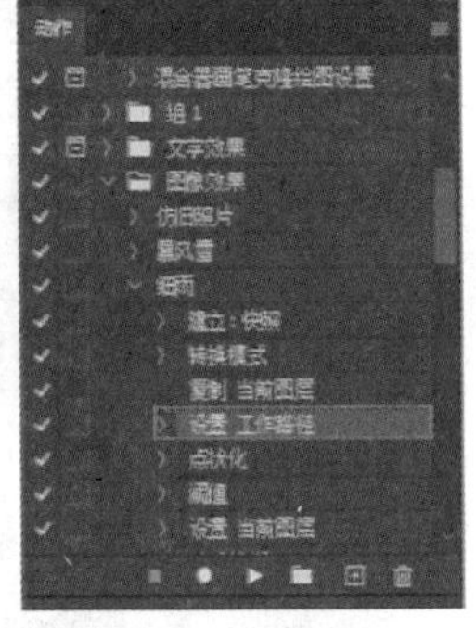

图 11－35

11.3 自动批处理图像

在实际工作中，会遇到需要将多张照片调整成同一个尺寸或同一种风格的情况，如果一张一张地去进行调整，会十分耗费时间和精力，使用"批处理"命令，就可以简单轻松快速地处理大量图片。

11.3.1 关于批处理

"批处理"命令是指将指定的动作应用于所选的目标文件，以达到批量化处理图片的目的。单击菜单栏"文件 > 自动 > 批处理"命令，打开"批处理"对话框，如图 11－36 所示。

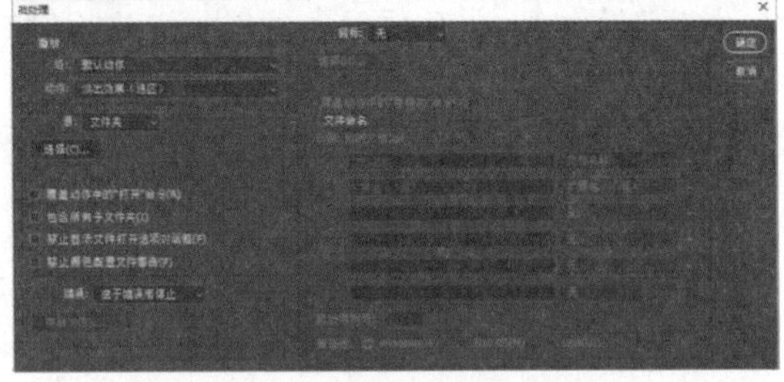

图 11－36

●组：可在下拉列表中选择动作组，该下拉列表中会显示"动作"面板中的所有动作组。

●动作：可在下拉列表中选择要使用的动作。

●源：用来设置要处理的文件。

●选择：当"源"选择"文件夹"时，单击该按钮，可以选择要处理的文件夹。

●覆盖动作中的"打开"命令：勾选复选框后，会弹出如图 11－37 所示的对话框，单击"确定"按钮后，在进行批处理时，会自动忽略动作中记录的"打开"命令，但动作中必须包含"打开"命令，否则不会打开任何文件。

图 11－37

●包含所有子文件夹：勾选复选框后，批处理会应用到指定文件夹及其包含的所有子文件夹。

●禁止显示文件打开选项对话框：勾选复选框后，在进行批处理时会隐藏文件"打开"选项对话框。

●禁止颜色配置文件警告：勾选复选框后，在进行批处理时不会显示颜色信息。

●错误：可在下拉列表中选择出现错误时的处理方法。

●存储为：当在"错误"下拉列表中选择

"将错误记录到文件"时，可以单击该按钮，会弹出"存储"对话框来指定保存的文件名和位置。

●目标：可在下拉列表中选择指定文件存储的方式。

●选择：当在"目标"下拉列表中选择"文件夹"时，可以单击该按钮选择包含最终文件的文件夹。

●覆盖动作中的"存储为"命令：勾选复选框后，会弹出如图 11－38 所示对话框，单击"确定"按钮后，在进行批处理时会忽略动作中记录的"存储"命令，但动作中必须包含"存储"命令，否则不会存储任何文件。

图 11－38

●文件命名：当在"目标"下拉列表中选择"文件夹"时，可以在该选项组中设置文件名各部分的顺序和格式，每个文件必须至少有一个唯一字段防止文件互相覆盖。

●起始序列号：可以为所有序列号指定起始序列号，第一个文件的连续字母总是从字母 A 开始。

●兼容性：用于使文件名与 Windows、Mac OS 和 UNIX 操作系统相兼容。

11.3.2　批处理图像

素材文件　第 11 章\11.3\批处理文件夹

使用批处理图像操作，可以快速对大量图片执行相同的操作，用来提高工作效率，减少重复的操作。在进行批处理前，需要先将要处理的图片保存在同一个文件夹中。本小节将要处理的图片保存在了素材文件夹"第 11 章\11.3\批处理"文件夹中，如图 11－39 所示。

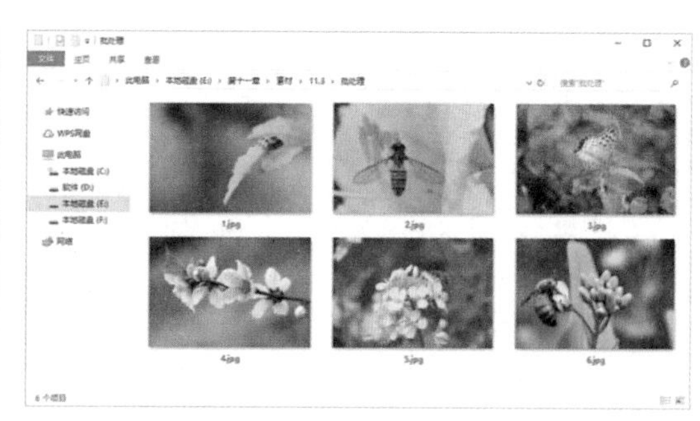

图 11－39

步骤 01　打开 Photoshop，单击菜单栏"窗口 > 动作"命令，打开"动作"面板，将"图像效果"动作组载入到"动作"面板中，如图 11－40 所示。

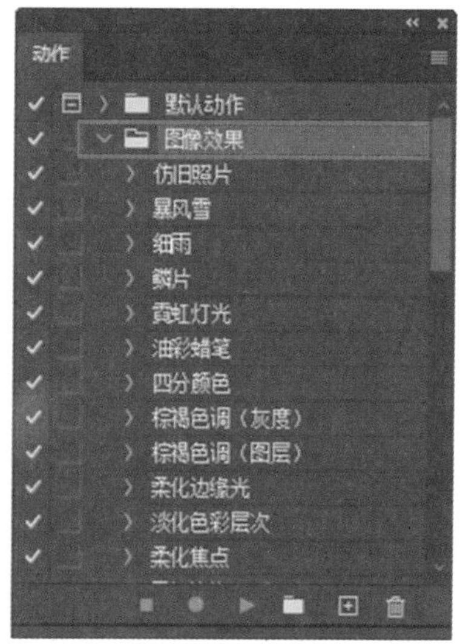

图 11－40

步骤 02　单击菜单栏"文件 > 自动 > 批处理"命令，在"批处理"对话框中设置相关参数，如图 11－41 所示。

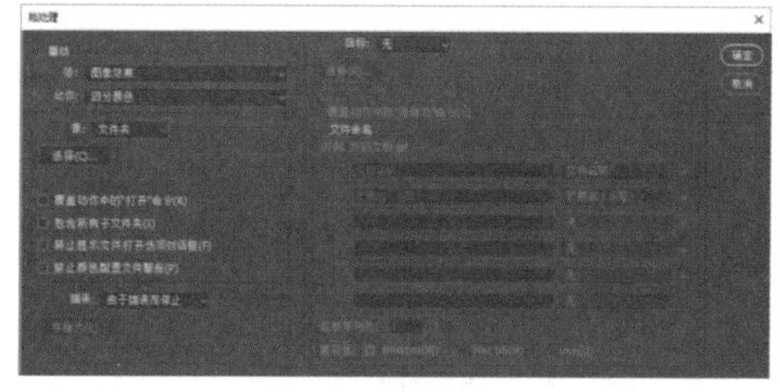

图 11－41

步骤 03　单击"源"下方的"选择"按钮，选

择图片所在文件夹“第 11 章\11.3\批处理”，选中“批处理”文件夹，然后单击“选择文件夹”按钮，如图 11－42 所示。

图 11－42

步骤 04 在“目标”下拉列表中选择“文件夹”，单击其下方的“选择”按钮，选择批处理后的文件储存位置“第 11 章\11.3\批处理完成”，单击“选择文件夹”按钮，如图 11－43 所示。

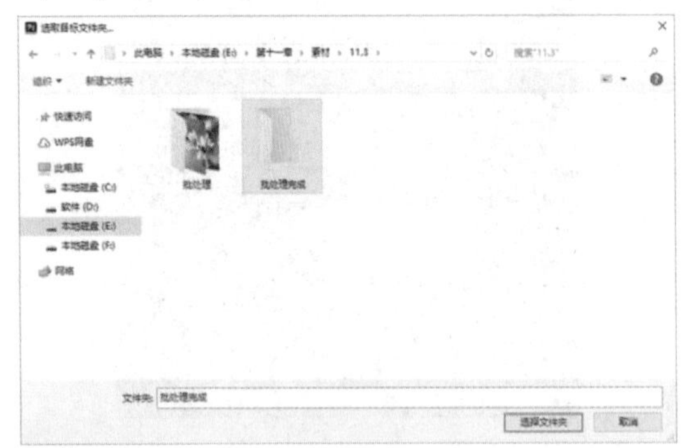

图 11－43

步骤 05 此时“批处理”对话框中的参数设置如图 11－44 所示。单击“确定”按钮，对选中的图像文件执行批处理操作，并将处理好的文件保存在指定的目标文件夹中，最终的效果如图 11－45 所示。

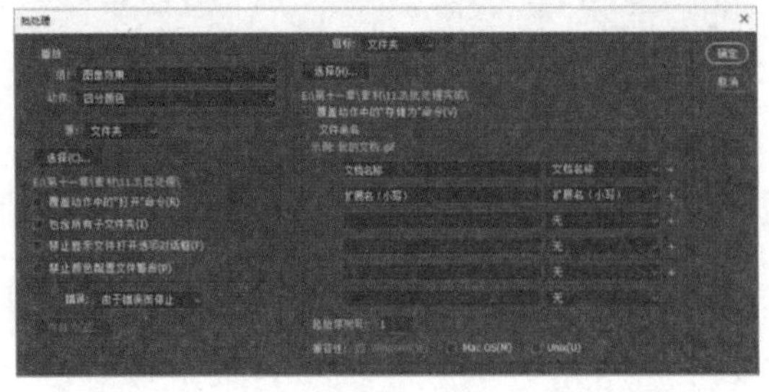

图 11－44

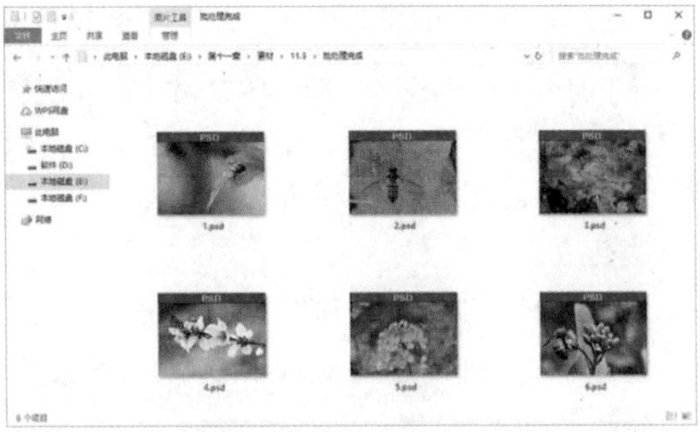

图 11－45

11.3.3 快捷批处理图像

素材文件 第 11 章\11.3\创建快捷批处理文件夹

快捷批处理可以快速完成批处理，简化了批处理的过程。将图像或文件夹拖到快捷批处理图标上，完成批处理操作。

步骤 01 打开 Photoshop，单击菜单栏“文件 > 自动 > 创建快捷批处理”命令，打开“创建快捷批处理”对话框，如图 11－46 所示。

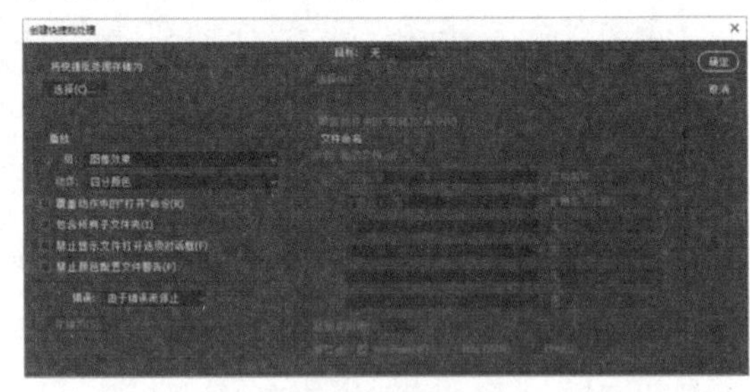

图 11－46

步骤 02 单击“选择”按钮，在弹出的对话框中设置创建快捷批处理的名称并指定保存的位置“第 11 章\11.3\快捷批处理”，如图 11－47 所示，设置完成后单击“保存”按钮。

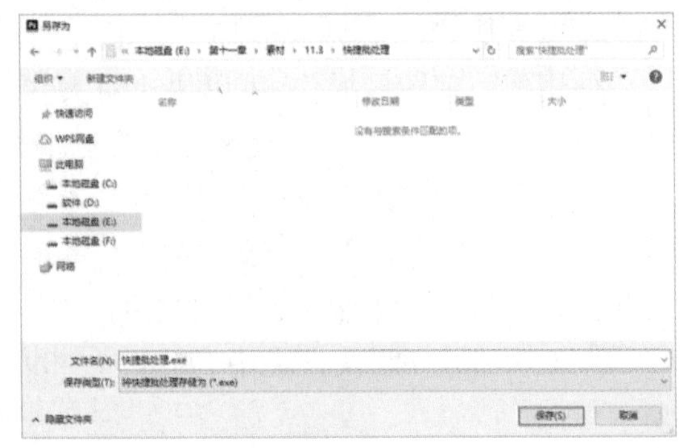

图 11－47

步骤 03 在“组”和“动作”下拉列表中选择要执行的动作，如图 11－48 所示。单击“确定”按钮，在目标文件夹中看到如图 11－49 所示快捷批处理程序。

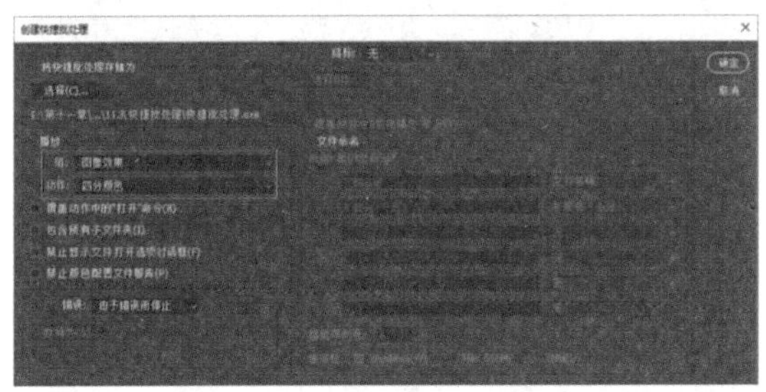

图 11－48

图 11－49

步骤 04 将需要处理的文件或文件夹拖动到“快捷批处理”程序图标上，即可完成对图片的批处理操作。即使没有打开 Photoshop，也可以完成批处理操作。

11.3.4 批量设置图像尺寸

素材文件	第 11 章\11.3\批量设置图像尺寸文件夹

使用“图像处理器”可以快速修改指定图片的格式、大小等选项，大大提高了工作效率。在进行批量修改前，需要先将要修改的图片保存在同一个文件夹中。

步骤 01 打开 Photoshop，单击菜单栏“文件 > 脚本 > 图像处理器”命令，打开“图像处理器”对话框，如图 11－50 所示。

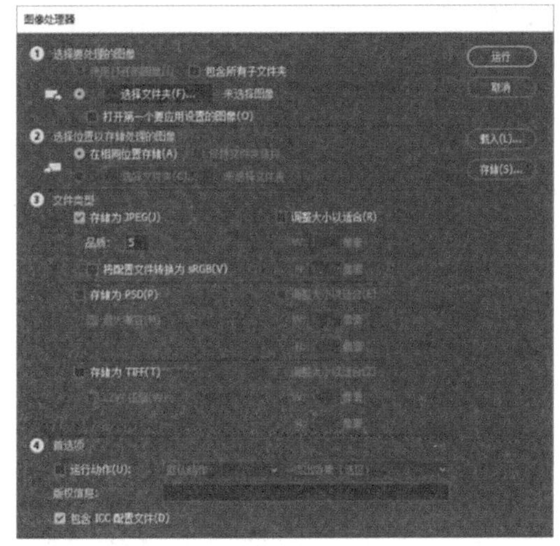

图 11－50

步骤 02 选中“1”下方所属的“选择文件夹”单选按钮，单击“选择文件夹”选择要进行修改的图片所在的文件夹“第 11 章\11.3\批量设置图像尺寸”，如图 11－51 所示，选择完成后单击“确定”按钮。

图 11－51

步骤 03 选中“2”下方所属的“选择文件夹”单选按钮，如图 11－52 所示。单击“选择文件夹”选择修改好的图片存储位置，如图 11－53 所示，单击“选择文件夹”按钮。

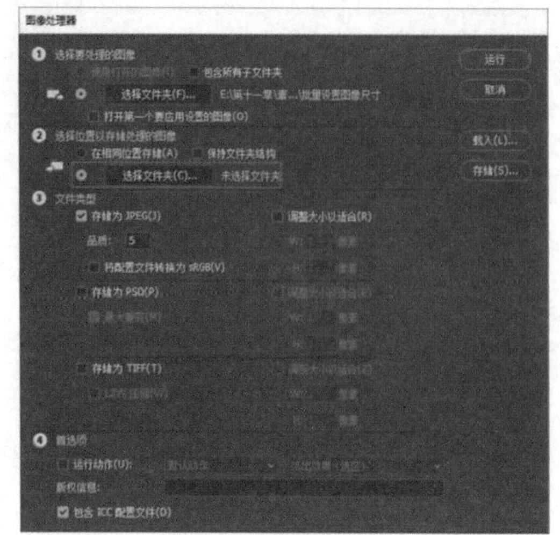

图 11－52

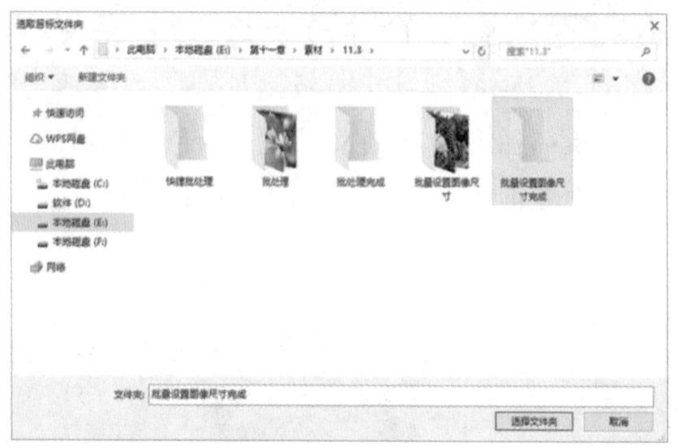

图 11－53

步骤 04 在“3”参数设置中，可以将图片存储为“JPEG”“PSD”和“TIFF”3 种格式。本次操作选择“存储为 JPEG”，将“品质”数值设置为 8，因为需要调整图片的尺寸，勾选“调整大小以适合”复选框，在下方设置相应的大小尺寸，如图 11－54 所示。

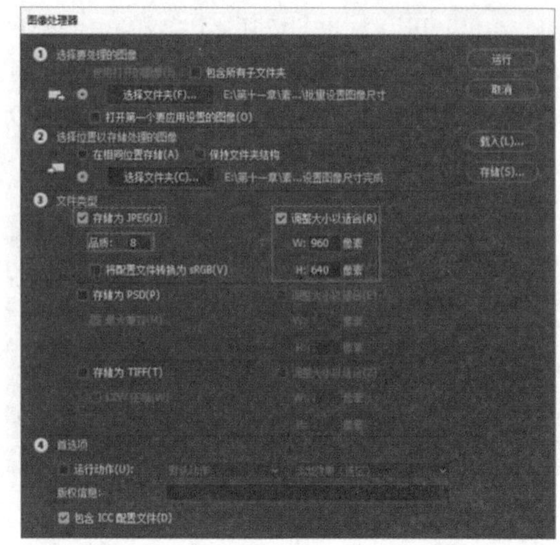

图 11－54

步骤 05 单击“运行”按钮，即可将选中的图片修改大小格式并存储到指定的文件夹中。

如果原图小于设置的图像尺寸，那么该尺寸不会更改。所以“图像处理器”是按等比例缩放对图像进行调整，不是进行裁剪或不等比例缩放。

11.4 结课作业

将自己拍摄的多张照片统一尺寸和格式，并批处理为“仿旧照片”的风格。

CHAPTER 12

Photoshop的视频与动画

本章导读

12.1 认识“时间轴”面板

与静态图像文件不同，动态的视频文件不但具有画面属性，还有音频和时间属性，仅靠“图层”面板，显然无法完成这些操作。Photoshop 可以通过“时间轴”面板进行动画和视频的制作，“时间轴”包含“帧动画”和“视频时间轴”两种模式，分别用于制作动态图像和简单的视频处理。

单击菜单栏“窗口 > 时间轴”命令，打开“时间轴”面板，单击“创建模式”右侧的下拉按钮，在弹出的下拉列表中可以选择“创建视频时间轴”或“创建帧动画”，如图 12－1 所示。

图 12－1

12.2 编辑视频

12.2.1 “视频时间轴”模式

单击“时间轴”面板上的“创建视频时间轴”按钮，如图 12－2 所示，进入“视频时间轴”模式，如图 12－3 所示。

图 12－2

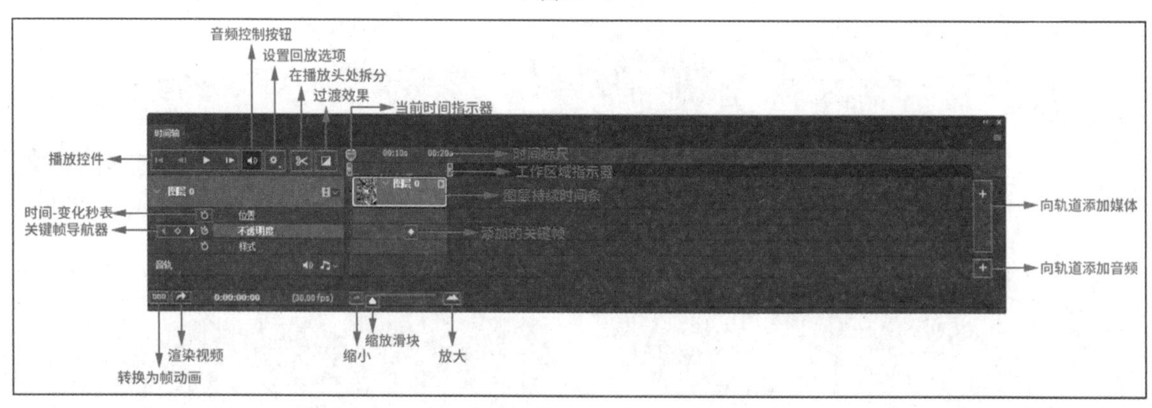

图 12－3

●播放控件：第 1 个为“转到第一帧”按钮，第 2 个为“转到上一帧”按钮，第 3 个为“播放”按钮，第 4 个为“转到下一帧”按钮，用于控制视频的播放。

●时间－变化秒表：单击该按钮，可以启用或停用图层属性的关键帧设置。

●关键帧导航器：左右两侧的按钮用于将当前时间指示器移动到上一个或下一个关键帧的位置，单击中间的按钮可以添加或删除当前时间的关键帧。

●音频控制按钮：用于关闭或启用音频。

●设置回放选项：可以调整分辨率及设置是否循环播放。

●在播放头处拆分：单击该按钮，可以在时间指示器的当前位置拆分视频或音频。

●过渡效果：单击该按钮，可以在下拉列表中为视频指定过渡效果，创建专业的淡化和交叉淡化效果，且可以设置过渡的持续时间。

●当前时间指示器：拖动当前时间指示器可以浏览帧或更改当前时间或帧。

●时间标尺：根据当前文档的持续时间和帧速率，水平测量持续时间或帧计数。

●工作区域指示器：拖动位于顶部轨道任一端的标签，可以标记要预览或导出的动画或视频的特定部分。

●图层持续时间条：用来指定图层在视频或动画中的时间位置。

●向轨道添加媒体/音频：单击该按钮，在弹出的对话框中进行相应的设置，将视频或音频添加到轨道中。

●转换为帧动画：单击该按钮，可以将“视频时间轴”模式转换为“帧动画”模式。

12.2.2　打开视频文件

素材文件　第 12 章\12.2\视频.mp4

1 直接打开视频文件

在 Photoshop 中，可以直接打开视频或音频文件，如 MOV、FLV、AVI、MP3、WMA 等格式的文件。

步骤 01 打开 Photoshop，单击菜单栏“文件 > 打开”命令，在弹出的“打开”对话框中找到素材文件夹“第 12 章\12.2\视频.mp4”文件。如果素材文件夹里不显示“视频”文件，将文件类型设置为“所有格式”即可看到该文件，如图 12－4 所示。

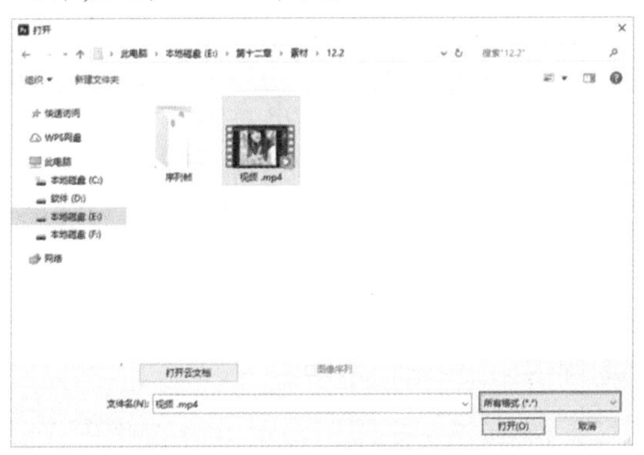

图 12－4

步骤 02 选中“视频”文件后单击“打开”按钮，在“图层”面板看到该视频图层，如图 12－5 所示。

图 12－5

2 向文档中添加视频文件

步骤 01 打开 Photoshop，单击“文件 > 新建”按钮，会弹出“新建文档”对话框，在右侧参数面板中设置宽为 1920 像素，高为 1080 像素，分辨率为 72 像素/英寸，颜色模式为 RGB 颜色，其他为默认，新建一个空白文档。

步骤 02 在当前打开的空白文档中添加视频文件，可以单击菜单栏“图层 > 视频图层 > 从文件新建视频图层”命令，在弹出的对话框中找到并选中“视频.mp4”文件，单击“打开”按钮，文档中会出现该视频图层，如图 12－6 所示。

图 12－6

3 将视频导入为视频帧

步骤 01 打开 Photoshop，单击菜单栏“文件 >导入 >视频帧到图层”命令，在弹出的对话框中找到并选中“视频.mp4”文件，单击“打开”按钮。

步骤 02 会弹出“将视频导入图层”对话框，若选择“从开始到结束”单选按钮则可以导入所有视频帧；若选择“仅限所选范围”单选按钮，然后按住键盘上的 Shift 键不放，同时拖动时间滑块，可设置导入的帧范围导入部分视频帧，如图 12 – 7 所示。图 12 – 8 所示为导入部分视频帧，在时间轴面板中可以看到多个视频帧。

图 12 – 7

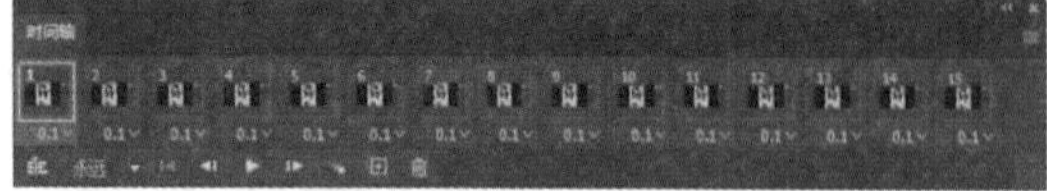

图 12 – 8

12.2.3 导入序列帧图像

素材文件 第 12 章\12.2\序列帧文件夹

连续的序列帧图像是视频文件的另外一种形式，在 Photoshop 中可以导入序列帧图像。

步骤 01 打开 Photoshop，单击菜单栏“文件 >打开”命令，在弹出的“打开”对话框中找到素材文件夹“第 12 章\12.2\序列帧”，选择“碰碰球 1 ~ 碰碰球 29”当中任意一张图片，并勾选“图像序列”复选框，如图 12 – 9 所示。

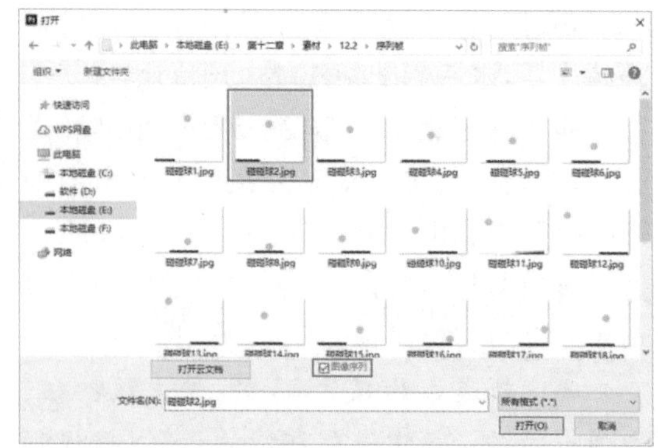

图 12 – 9

步骤 02 单击“打开”按钮，在弹出的“帧速率”对话框中设置动画的“帧速率”，如设置“帧速率”为 24，如图 12 – 10 所示，单击“确定”按钮，在 Photoshop 中打开序列帧。

图 12 – 10

小贴士

如果想要以序列帧的方式在 Photoshop 中打开，所有的图片必须按顺序命名，且尺寸相同，保存在同一个文件夹里。

12.2.4 制作视频动画

素材文件 第 12 章\12.2\视频动画.jpg

步骤 01 在 Photoshop 中打开素材文件夹“第 12 章\12.2\视频动画.jpg”文件。打开“动作”面板，在“图像效果”下拉列表中选择“仿旧照片”动作，并单击“播放选定的动作”按钮，如图 12 – 11 所示，图像效果如图 12 – 12 所示。

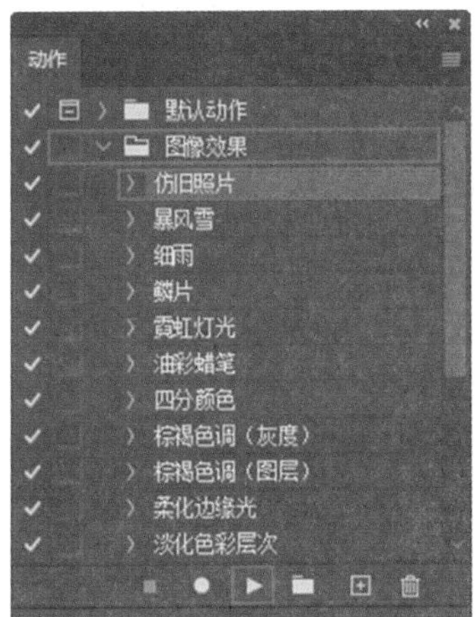

图 12－11

图 12－12

步骤 02 单击图层面板的“添加图层蒙版”按钮给“背景 拷贝”图层添加图层蒙版，并填充为黑色，单击图层和图层蒙版之间的小锁链，如图 12－13 所示。

图 12－13

步骤 03 选中图层蒙版，按住键盘上的 Shift 键不放，在画布上按住鼠标左键向左拖动，直到画面全部显示“背景 拷贝”图层的图像，“图层蒙版”填充色变为白色，如图 12－14 所示。

图 12－14

步骤 04 单击菜单栏“窗口 > 时间轴”命令，在“时间轴”面板中选择“创建视频时间轴”。单击“背景 拷贝”前的“〈”按钮展开，在下拉列表中单击“图层蒙版位置”前的“时间－变化秒表”按钮，在当前位置设置一个关键帧，如图 12－15 所示。

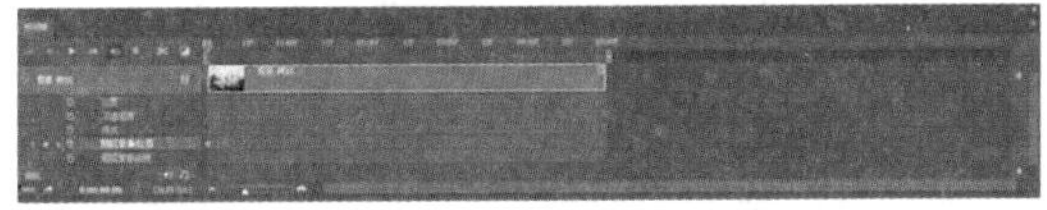

图 12－15

步骤 05 将当前时间指示器拖动到“03:00f”的位置，如图 12－16 所示。选中图层面板的“图层蒙版”图层，将鼠标箭头移动到画布的左侧，按住键盘上的 Shift 键不放，按住鼠标左键向右拖动，直到画面全部显示“背景”图层的图像，“图层蒙版”填充色变为黑色，如图 12－17 所示。此时“时间轴”面板上会出现一个关键帧，如图 12－18 所示。

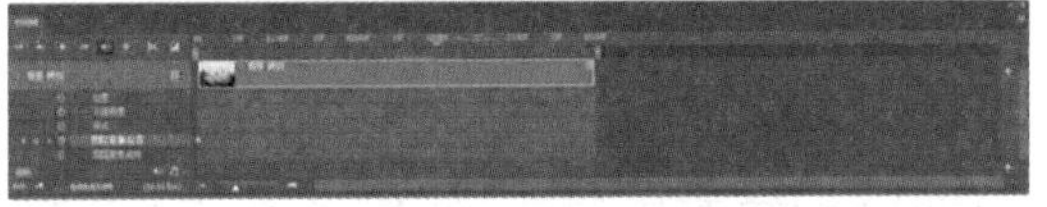

图 12－16

图 12－17

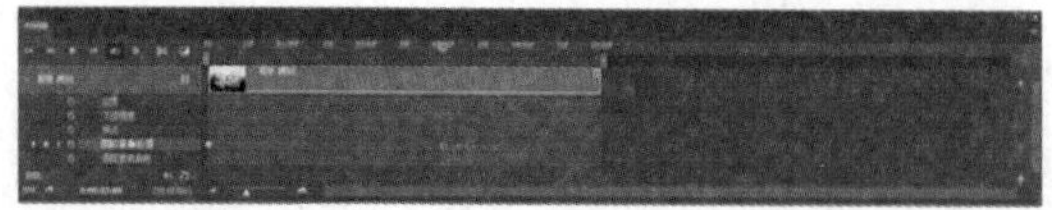

图 12－18

步骤 06 单击“设置回放选项”按钮，勾选“循环播放”复选框，如图 12－19 所示。单击“播放”按钮，可看到最终设置的效果。

图 12－19

12.2.5 保存及渲染视频

1 保存视频文件

如果没有将最终的效果渲染成视频，最好将其保存为 PSD 文件，保存文件的方法在第 1 章讲解过，这里就不再赘述。

2 渲染视频

完成视频的制作后，单击菜单栏“文件 > 导出 > 渲染视频”命令，打开“渲染视频”对话框，如图 12－20 所示。

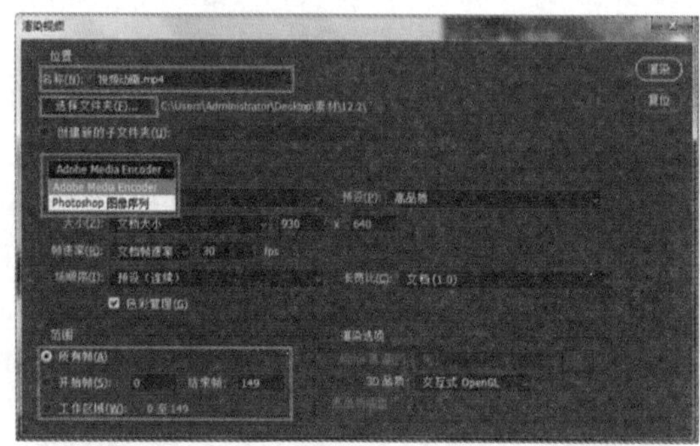

图 12－20

●名称：可以在文本框中设置保存视频的名称。

●选择文件夹：用来设置保存视频的存储位置。

●文件选项：在下拉列表中选择“Adobe Media Encoder”，可以将文件输出为动态影片；如果选择“Photoshop 图像序列”，会将文件输出为序列帧。

●范围：可以选择要渲染的帧范围。

●渲染选项：用来设置 Alpha 通道的渲染方式。

在“渲染视频”面板完成参数设置后，单击“渲染”按钮，可在存储的位置找到视频文件。

综合案例 制作傍晚到黑夜的动画视频效果

素材文件	第 12 章\12.2\综合案例.psd

步骤 01 在 Photoshop 中打开素材文件夹“第 12 章\12.2\综合案例.psd”文件，如图 12－21 所示。从图像中可以看出，当前为傍晚的状态，需要先把房子里透出的灯光和汽车的车灯全部“关掉”，即将它们的不透明度调整为 0，如图 12－22 所示，其中汽车的车灯分别在“上方蓝车”和“下方黄车”的图层组中。

图 12－21

图 12－22

步骤 02 单击菜单栏“窗口 > 时间轴”命令，打开“时间轴”面板，单击“创建视频时间轴”按钮，如图 12－23 所示。在“时间轴”面板中可以看到，每个图层及图层组都有单独的图层持续时间条，如图 12－24 所示。

图 12－23

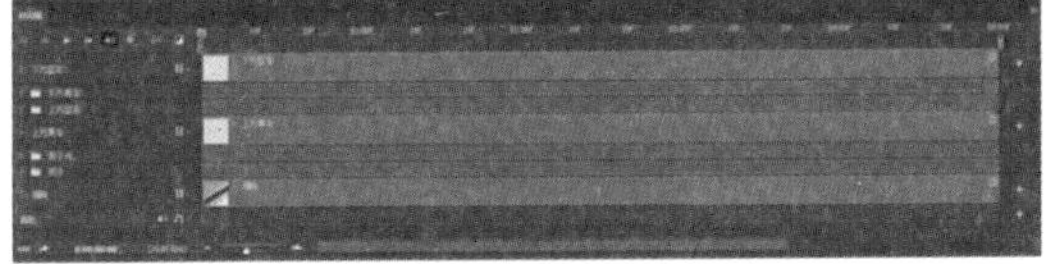

图 12－24

步骤 03 接下来分别制作汽车在公路上行驶的动画。首先，选中“下方蓝车”图层，将其向左下角方向移动，移动到画布外。在“时间轴”面板上单击“下方蓝车”前的“〉”按钮，展开列表后发现没有“位置”属性，如图 12－25 所示。因为当前图层为智能对象图层，将其栅格化后就会出现“位置”属性，如图 12－26 所示。

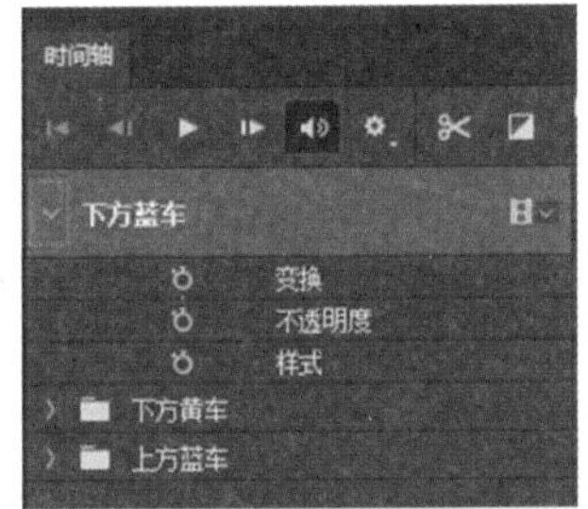

图 12－25

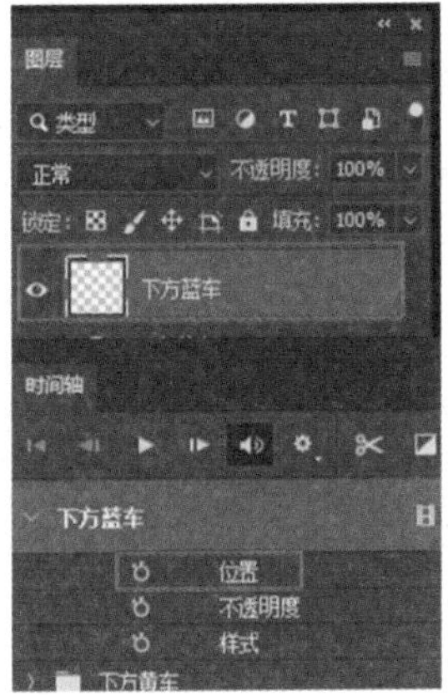

图 12－26

步骤 04 单击“位置”前的“时间－变化秒表”按钮，在当前时间指示器处设置一个关键帧，如图 12－27 所示。将时间指示器移动到“03:00f”的位置，再设置一个关键帧，如图 12－28 所示。然后在“图层”面板选中“下方蓝车”图层，用鼠标将其拖动到右上方，如图 12－29 所示。

图 12－27

图 12－28

图 12－29

步骤 05 “下方蓝车”动画制作完毕后接着做“下方黄车”的动画。因为“下方黄车”涉及到车灯，所以之前做了图层组。但在时间轴中，图层组只有“不透明度”属性，所以做位置变化时，依然要为每个图层设置关键帧。首先将“下方黄车”图层栅格化，将时间指示器拖动到起点，在“图层”面板中选中“下方黄车”图层组，将其向画布左下角方向移动，移动到画布外。

注意，移动的位置要比蓝车更偏左下角点，因为黄车是在蓝车后边行驶的。

步骤 06 移动完毕后，在“时间轴”面板中为“下方黄车”图层和“车灯”下的两个图层设置关键帧。当为“车灯”图层组下的图层设置关键帧时，会出现如图 12－30 所示的对话框，因为这两个图层都有图层蒙版，所以在移动的时候除了移动图层，还需要移动图层蒙版。但这样容易出现问题，为了简化制作流程，可以先将这两个图层栅格化，然后应用图层蒙版，再执行位置移动的操作，如图 12－31 所示。将时间指示器拖动到“04:00f”的位置，再为它们各自设置一个关键帧，如图 12－32 所示。

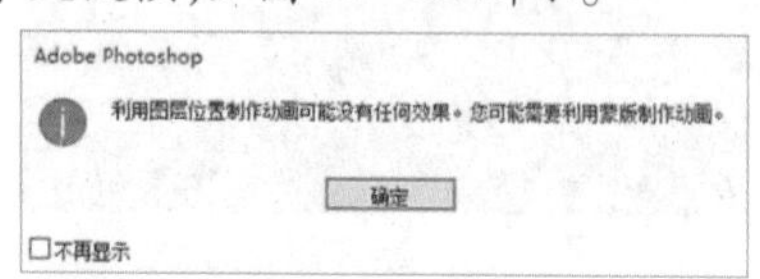

图 12－30

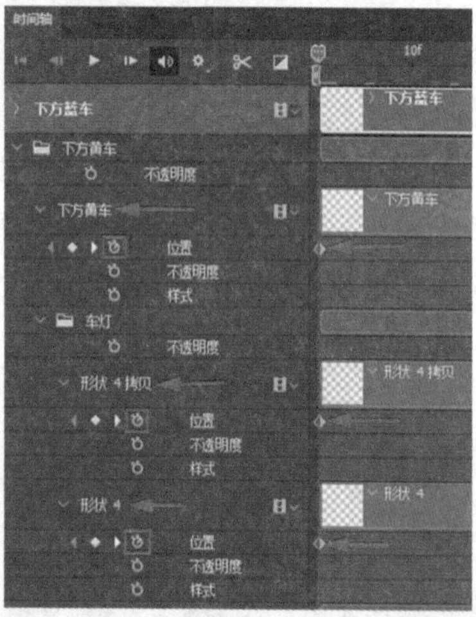

图 12－31

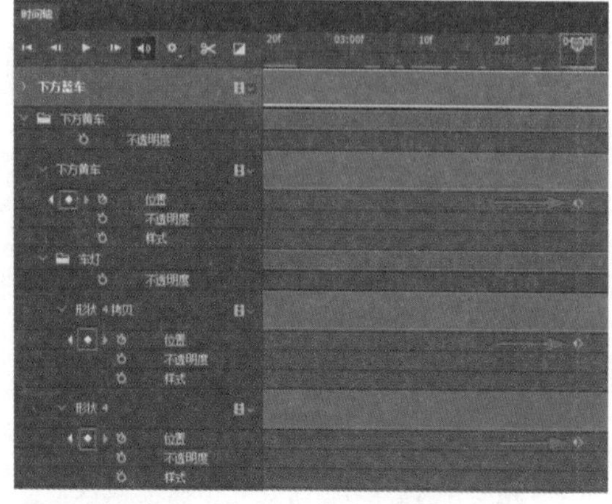

图 12－32

步骤 07 在“图层”面板中选中“下方黄车”图层组，将其向画布右上角方向移动，移动到画布外，如图 12－33 所示。使用同样的方法将上方的车也做位置移动的动画，“上方黄车”在 3 秒的时候彻底移出画布，“上方蓝车”在 4 秒的时候彻底移出画布。

图 12－33

步骤 08 完成汽车移动行驶动画的制作后，来设置傍晚到黑夜的动画，且在进入黑夜时，房子里要开灯，汽车也要开车灯。目前在图像中设计的只有后边的汽车会开车灯，那么在制作傍晚到黑夜动画时需要前边的汽车车头不在画布之内。通过观察，当时间指示器在“02:20f”时，前边的汽车车头已经不在画布之内，所以在 02:20f 时进入黑夜。先让整个场景变化成黑夜模式，将时间指示器拖动到“02:15f”的位置，给“傍晚”图层的不透明度设置一个关键帧，如图 12－34 所示。然后将时间指示器拖动到“02:20f”的位置，再给“傍晚”图层的不透明度设置一个关键帧，然后将“图层”面板中“傍晚”图层的不透明度设置为 0，如图 12－35 所示。

图 12－34

图 12－35

步骤 09 完成傍晚到黑夜的动画制作后，来设置房子的灯光。由于灯光图层都在图层组中，而图层组可以设置不透明度，所以直接设置“房子光”图层组的不透明度。将时间指示器拖动到“02:15f”的位置，为“房子光”图层组的不透明度设置一个关键帧，如图 12－36 所示。然后将时间指示器拖动到“02:20f”的位置，为“房子光”图层组的不透明度设置一个关键帧，然后将“图层”面板中“房子光”图层组的不透明度设置为 100%，如图 12－37 所示。

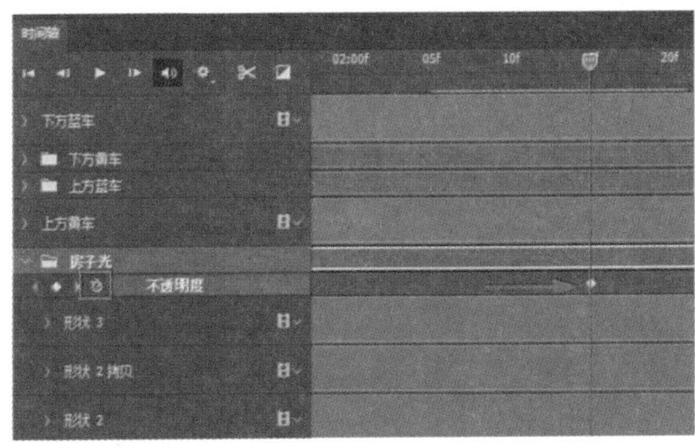

图 12－36

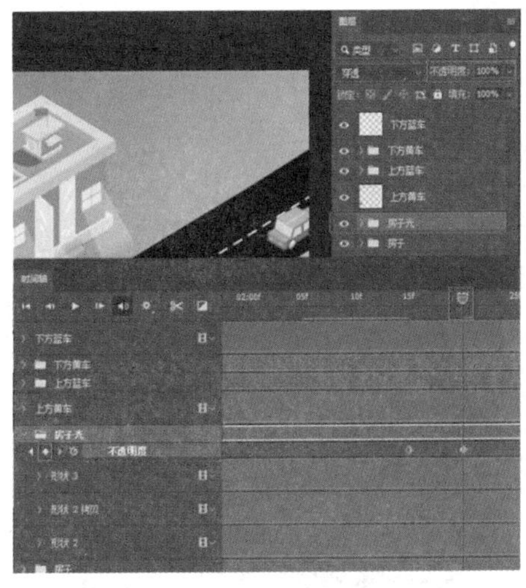

图 12－37

步骤 10 最后设置汽车的灯光。首先将时间指示器拖动到“02:15f”的位置，找到“下方黄车”图层组下的“车灯”图层组，为“车灯”图层组设置一个不透明度的关键帧，如图 12－38 所示。将时间指示器拖动到“02:20f”的位置，再为“车灯”图层组设置一个不透明度的关键帧，然后将“图层”面板中对应图层组的不透明度设置为 100%，如图 12－39 所示。然后用同样的方法设置上方蓝车的车灯，本视频动画最终制作完成。

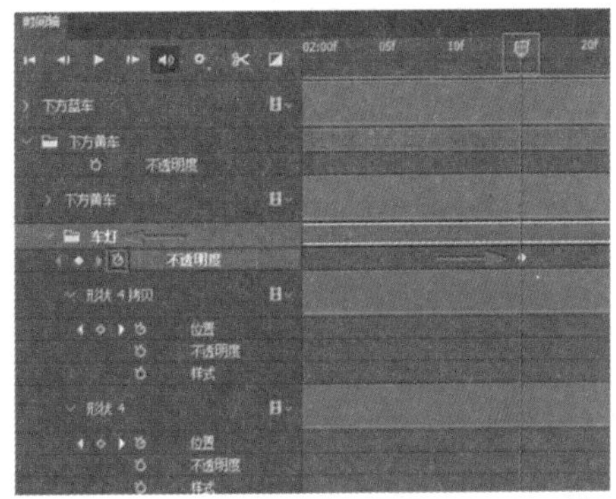

图 12－38

图 12－39

12.3 制作帧动画

12.3.1 “帧动画时间轴”模式

“帧动画”是通过快速播放多张图像形成动态效果，即在每一帧上逐帧绘制不同的图像，使其连续播放形成动画。

单击菜单栏“窗口 > 时间轴”命令，打开“时间轴”面板，在创建模式下拉列表单击“创建帧动画”按钮，进入“帧动画时间轴”模式，如图 12－40 所示。

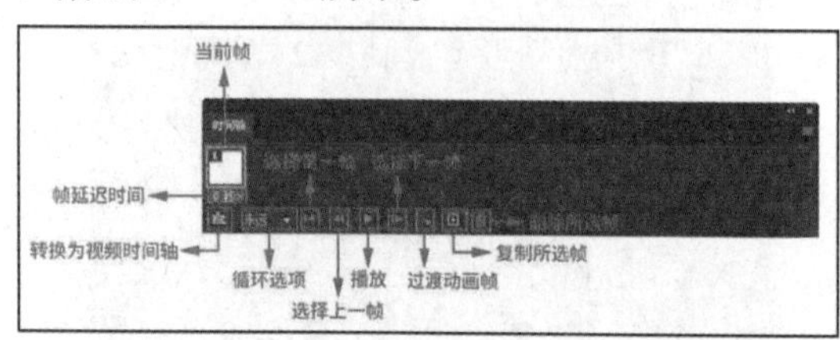

图 12－40

●当前帧：当前选中的帧。

●帧延迟时间：设置帧在播放过程中的持续时间。

●转换为视频时间轴：单击该按钮可以将时间轴转换为“视频时间轴”模式。

●循环选项：用来设置动画以 GIF 动画输出后的播放次数。

●选择第一帧：单击该按钮，可以选择序列中的第一帧作为当前帧。

●选择上一帧：单击该按钮，可以选择当前帧的前一帧。

●播放：单击该按钮，可以播放当前动画，再次单击可以停止播放。

●选择下一帧：单击该按钮，可以选择当前帧的后一帧。

●过渡动画帧：可以在两个帧之间添加一系列帧，通过插值的方法使新帧之间的图层属性均匀。单击该按钮，需要在弹出的对话框中设置一系列的参数。

●复制所选帧：单击该按钮，可以添加帧。

●删除所选帧：单击该按钮，可以删除指定的帧。

12.3.2 制作帧动画

制作帧动画需要一帧一帧地将里边的图像内容绘制出来，现在制作一个小球落地又弹起的简单动画。

步骤 01 在 Photoshop 中新建一个宽高都为 800 像素，分辨率 72 像素/英寸的空白文档，使用椭圆工具在画布中绘制一个正圆，颜色自定，这里使用的是蓝色，如图 12－41 所示。

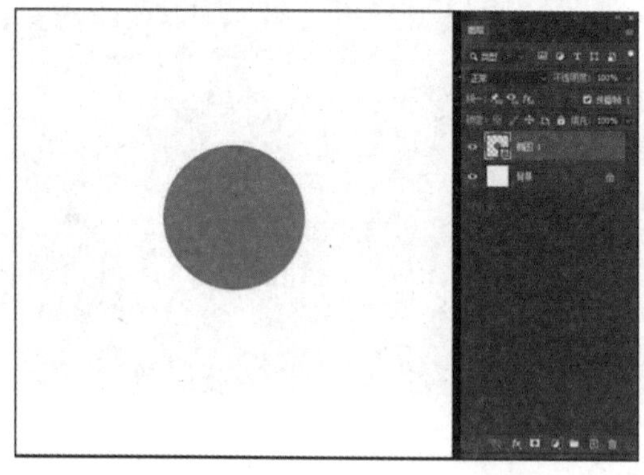

图 12－41

步骤 02 首先制作小球落地的动画。先将该椭圆小球向上移动，直到移出画布外，然后按键盘上的快捷键 Ctrl + J 复制图层，再按住键盘上的 Shift 键不放，用鼠标将椭圆向下拖动，如图 12－42 所示。

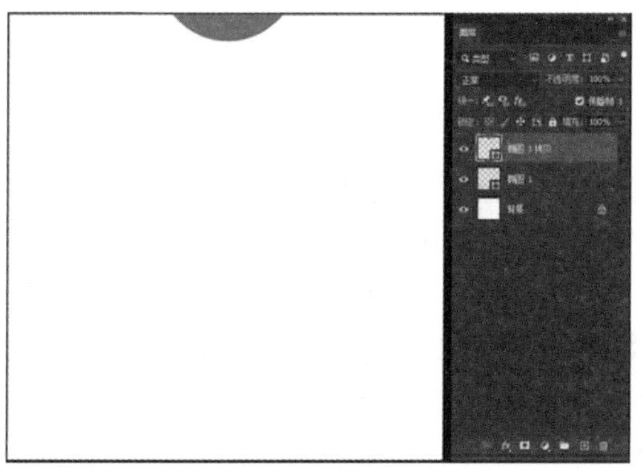

图 12－42

步骤 03 按键盘上的快捷键 Ctrl＋J 再复制一层图层，按住键盘上的 Shift 键不放，用鼠标将椭圆向下拖动，直到将椭圆复制移动到画布的最底部，如图 12－43 所示。

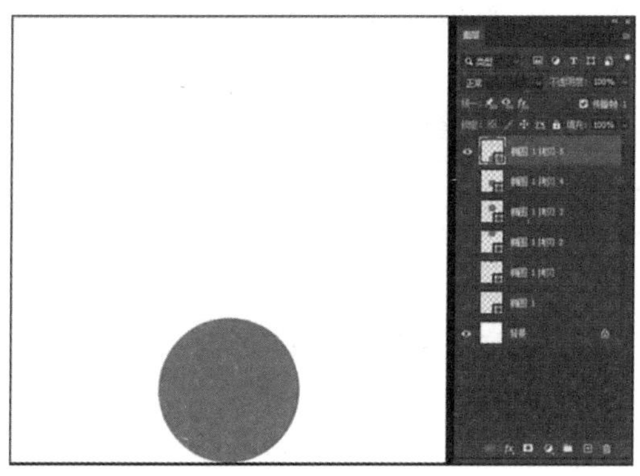

图 12－43

步骤 04 为了让小球看起来有弹性，按键盘上的快捷键 Ctrl＋J 再复制一层图层，不要急着向上移动，按键盘上的快捷键 Ctrl＋T 进入自由变换模式，用鼠标将椭圆移动到下方，用鼠标将小球压扁，如图 12－44 所示。

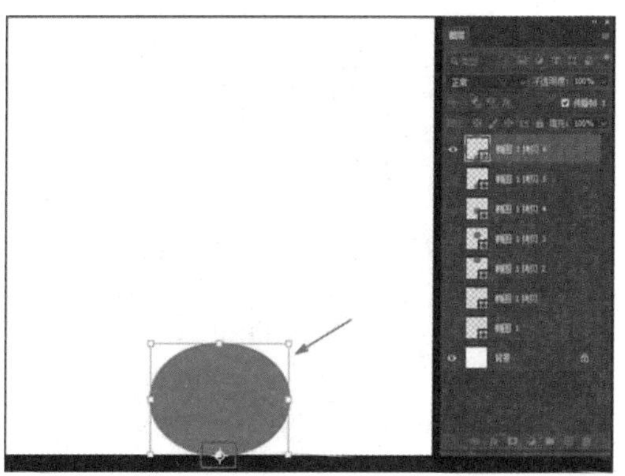

图 12－44

步骤 05 按键盘上的快捷键 Ctrl＋J 再复制一层图层，用鼠标将椭圆向上移动，并按键盘上的快捷键 Ctrl＋T 进入自由变换模式，用鼠标将椭圆拉长，如图 12－45 所示。

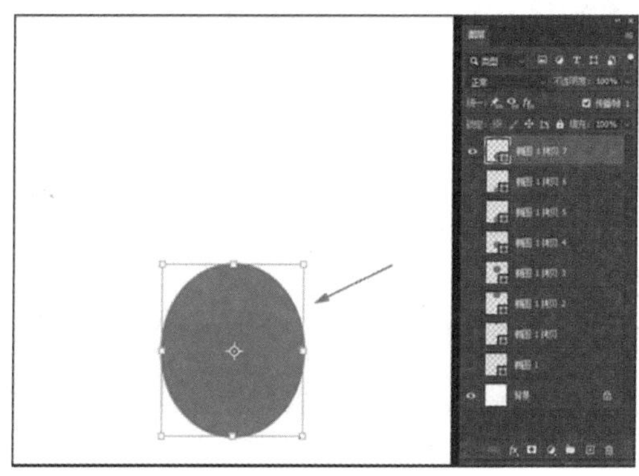

图 12－45

步骤 06 继续复制并移动椭圆，并逐渐将其恢复为正圆形，直到移出画布外。单击菜单栏“窗口 > 时间轴”命令，打开“时间轴”面板，选择“创建帧动画”模式进入“帧动画时间轴”面板。在“图层”面板中，除“背景”图层外，只显示最下方的“椭圆 1”图层，如图 12－46 所示，时间轴状态如图 12－47 所示。

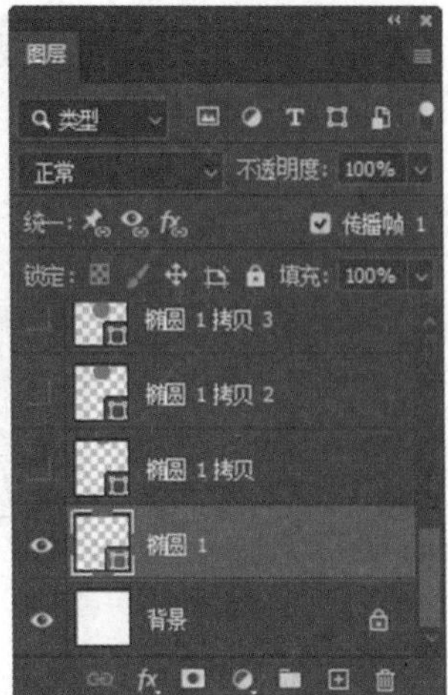

图 12－46

图 12－47

步骤 07 单击“复制所选帧”按钮，如图 12－48 所示。然后将“图层”面板中的“椭圆 1”图层隐藏，显示“椭圆 1 拷贝”图层，如图 12－49 所示。

图 12－48

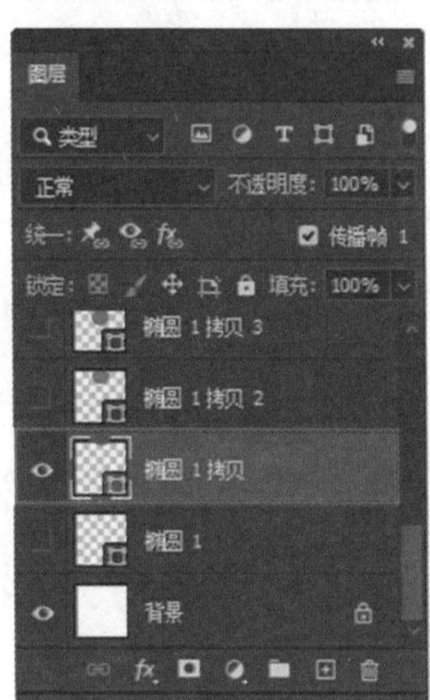

图 12－49

步骤 08 按照同样的方法复制帧，依次显示图层，最终“时间轴”面板的效果如图 12－50 所示。选中所有帧，即先选中第一帧，再按住键盘上的 Shift 键选中最后一帧。单击任意帧的“帧延迟时间”按钮，在弹出的列表中选择“0.1 秒”，如图 12－51 所示，即可将所有帧的时间都设置为 0.1 秒。单独选中椭圆在最下方被压扁的帧，将其设置为 0.2 秒，如图 12－52 所示。单击“播放”按钮可看到最终的动画效果。

图 12－50

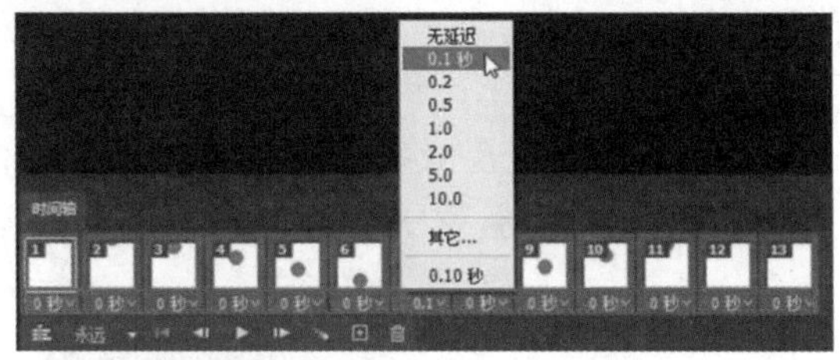

图 12－51

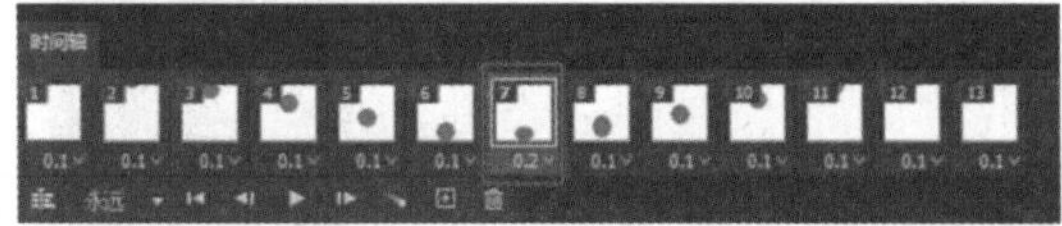

图 12－52

12.3.3 保存及导出帧动画

1 保存帧动画

如果没有将最终的效果导出为 GIF 动画，最好将其保存为 PSD 文件。保存文件的方法在第 1 章就已经讲解过，这里不再赘述。

2 导出帧动画

完成动画的制作后，单击菜单栏“文件 > 导出 > 存储为 Web 所用格式（旧版）”命令，将导出的格式设置为 GIF，“动画”循环选项设置为“永远”，具体的参数设置如图 12－53 所示。设置完成后，单击“存储”按钮，在弹出的如图 12－54 所示的对话框中设置文件名及存储位置，单击“保存”按钮，将帧动画保存为 GIF 格式的图片文件。

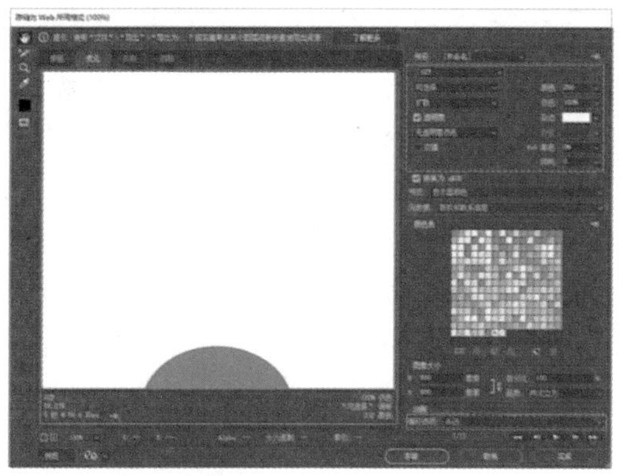

图 12－53

图 12－54

综合案例　制作帧动画表情包

素材文件　第 12 章\12.3\综合案例.psd

步骤 01　在 Photoshop 中打开素材文件夹“第 12 章\12.3\综合案例.psd”文件，如图 12－55 所示。在图层面板中可以看到有一个图层组，图层组中有“肚子”和“手”两个图层。要做的动作是手戳到肚子后，肚子乱颤，然后手缩回后继续戳肚子的动画效果。由于图像内容不止一个图层，所以要将每一帧的内容都放在一个图层组中。

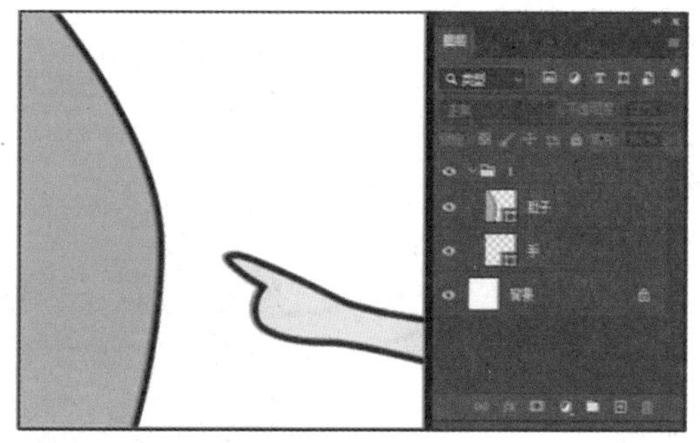

图 12－55

步骤 02　接下来开始做每一帧的内容。复制图层组 1，并将复制出的图层组重命名为 2，将里边的手向肚子的方向移动，如图 12－56 所示。再复制一次并更改图层组名称为 3，将手指的边缘线和肚子的边缘线重合，并使用文字工具写上“戳”字，如图 12－57 所示，字体为站酷快乐体。

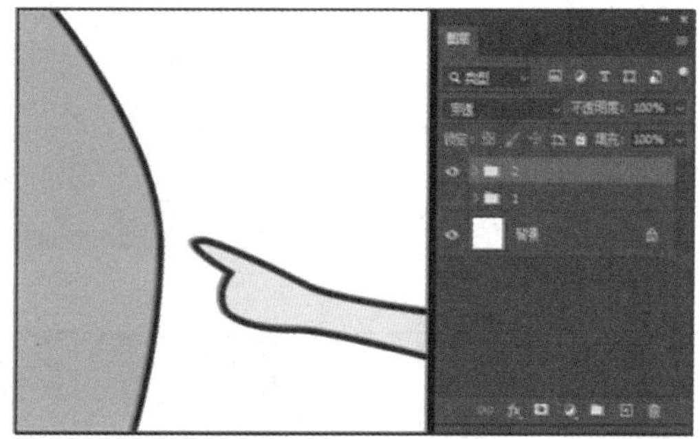

图 12－56

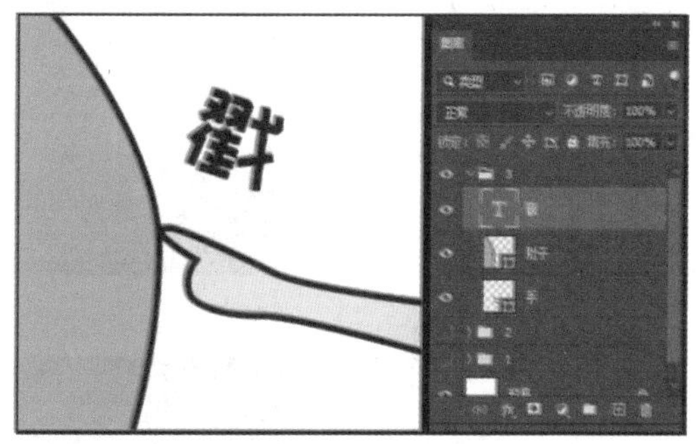

图 12－57

步骤 03　继续复制并更改图层组名称为 4，让手继续向肚子里戳，同时使用钢笔工具和直接选择工具让肚子外形发生轻微变化，如图 12－58 所示。

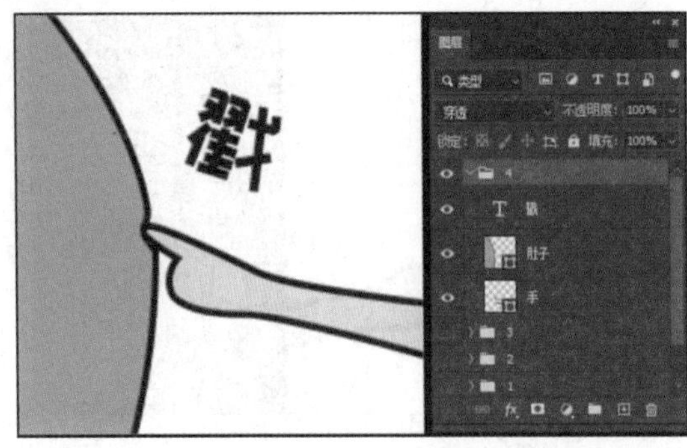

图 12－58

步骤 04　继续复制并更改图层组名称为 5、6、7，让肚子的外形发生剧烈变化，这里绘制了 3 个变化状态，如图 12－59、12－60、12－61 所示。

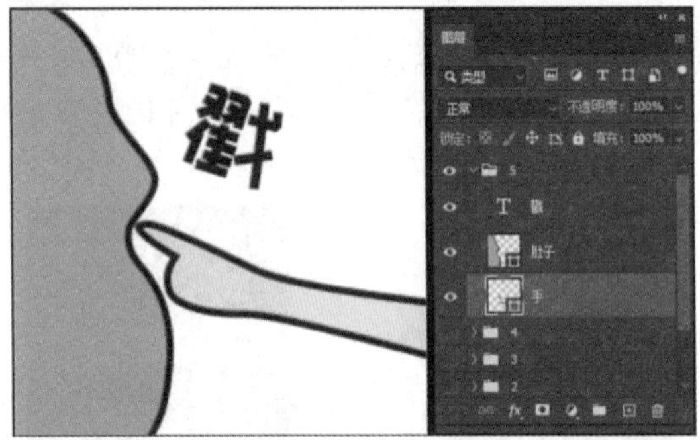

图 12－59

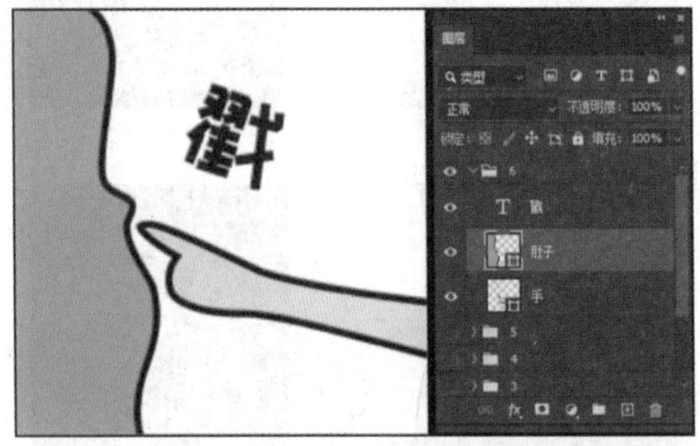

图 12－60

图 12－61

步骤 05　复制名称为 2 的图层组并重命名为 8 且移至图层最上方，使肚子向外鼓，并让手的边缘和肚子的边缘相重合，再将“戳”字复制进图层组 8，稍微缩小并旋转，向左上方移动，如图 12－62 所示。最后复制图层组 1 并重命名为 9 且移至图层最上方，如图 12－63 所示，所有帧到此绘制完毕。

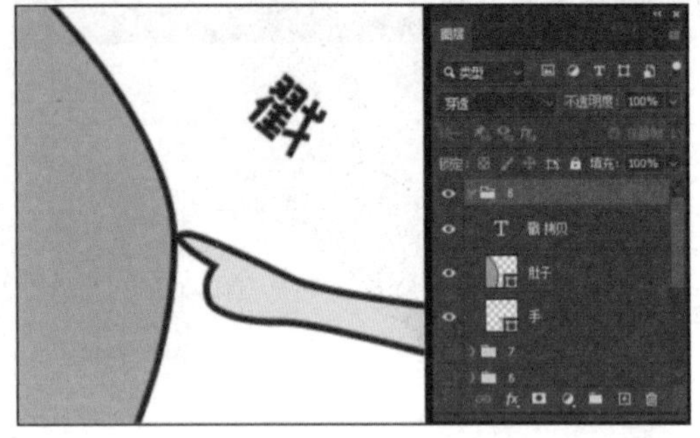

图 12－62

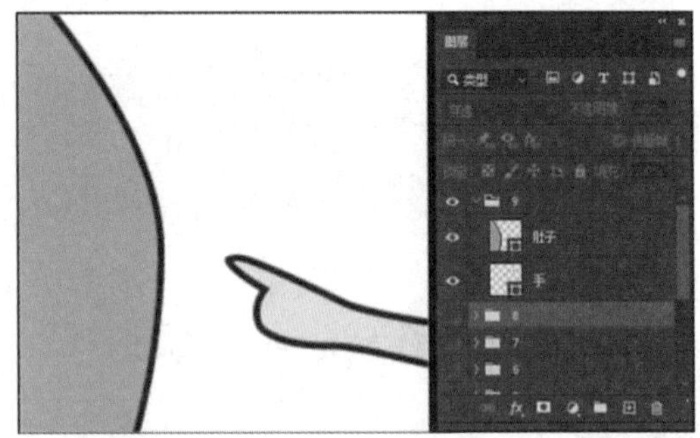

图 12－63

步骤 06　单击菜单栏“窗口 > 时间轴”命令，打开“时间轴”面板，创建帧动画时间轴，将每个图层组的内容按顺序依次添加到时间轴中，并将所有帧的持续时间都更改为 0.1 秒，如图 12－64 所示。

图 12－64

步骤 07　单击菜单栏“文件 > 导出 > 存储为 Web 所用格式(旧版)”命令，将导出的格式设置为 GIF，“动画”循环选项设置为“永远”，如图 12－65 所示。单击“存储”按钮，在弹出的对话框中设置文件名及存储位置，将制作的动画表情包保存在电脑中。

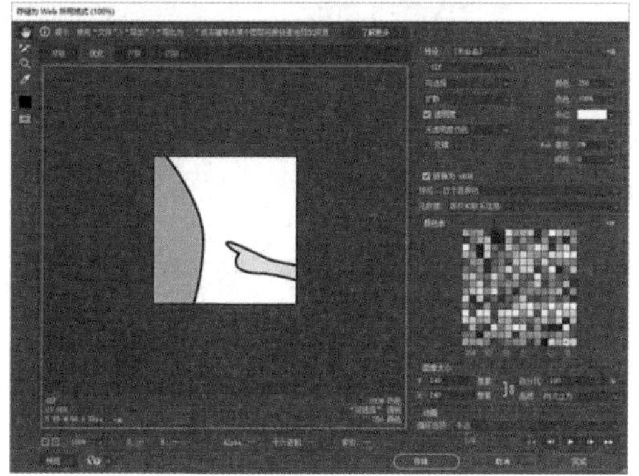

图 12－65

12.4 结课作业

为自己喜欢的动漫人物制作动画表情包。

1. 尺寸要求：宽度和高度均为 240 像素，分辨率 72 像素/英寸，颜色模式为 RGB 颜色。

2. 可以从网络上搜索下载相关人物形象的图片。

3. 找到人物图片后，可以使用形状工具和钢笔工具对其进行绘制，使用自己绘制出的人物形象进行下一步操作，也可以使用“液化”对人物形象进行变形。

4. 最终将动画表情包保存为 GIF 格式。

CHAPTER 13

Photoshop的3D功能

本章导读

13.1 认识 3D 功能

13.1.1 3D 功能简介

众所周知，Photoshop 是一款主要用于图像处理及平面设计的软件，但随着软件的不断更新，Photoshop 也具有 3D 制图的功能。虽然功能上不如 C4D、MAYA、3DMAX 等专业的 3D 软件，但可以制作一些立体字或作为装饰的立体元素，像卡通形象等复杂的造型无法使用 Photoshop 的 3D 功能实现。

制作 3D 对象的思路和绘制平面图形的思路不一样，3D 对象需要先创建出模型，再为模型赋予材质，也就是 3D 模型表面的质感、图案、纹理等，然后为其设置适合的光源，让模型出现光影感，再对 3D 场景进行渲染，最终才能将 3D 对象完美地呈现出来。

13.1.2 向文档添加 3D 图层

素材文件　第 13 章\13.1\向文档添加 3D 图层.dae

在 Photoshop 中可以打开一些常见的 3D 文件，包括 3DS、DAE、FL3、KMZ、U3D 和 OBJ 格式的文件。

步骤 01 在 Photoshop 中新建一个空白文档，宽高均为 800 像素，分辨率为 72 像素/英寸。单击菜单栏“3D > 从文件新建 3D 图层”命令，在弹出的对话框中找到素材文件夹“第 13 章\13.1\向文档添加 3D 图层.dae”文件。若未出现该文件，将文件类型设置为“所有格式”，选中“向文档添加 3D 图层”后单击“打开”按钮，会弹出如图 13－1 所示的对话框，可以在该对话框中设置 3D 场景的大小。

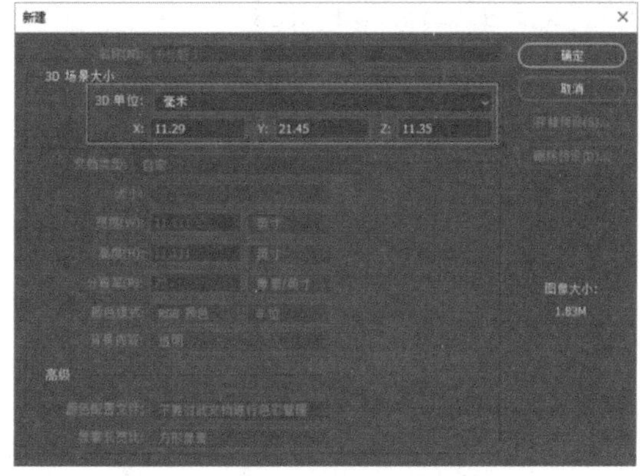

图 13－1

步骤 02 参数设置完成后，单击“确定”按钮，会弹出如图 13－2 所示的对话框，单击“是”按钮，可将 3D 模型在当前文档中打开。在文档中打开或创建 3D 对象后，Photoshop 工作界面会自动切换为 3D 工作区，也可以单击菜单栏“窗口 > 工作区 > 3D”命令，将工作区切换为 3D 工作区。

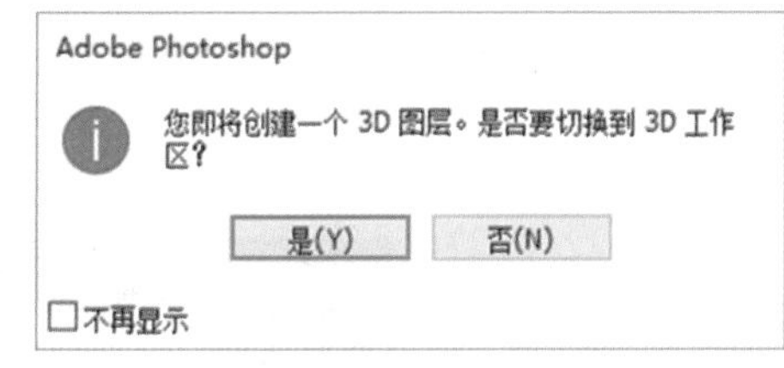

图 13－2

步骤 03 单击“图层”按钮切换到“图层”面板，然后选中 3D 图层后，“属性”面板中会显示与之相关联的组件，如图 13－3 所示。

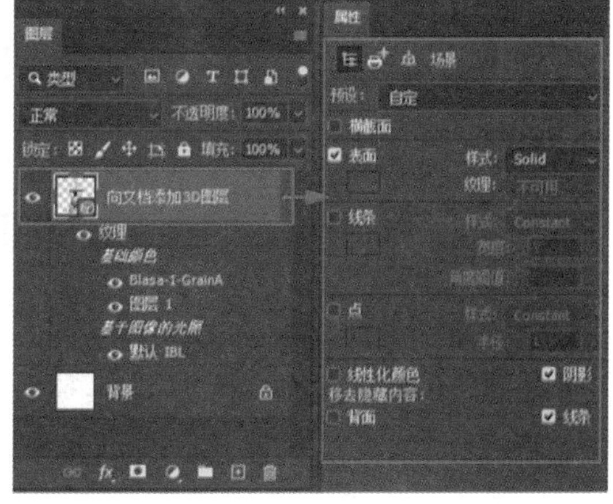

图 13－3

13.1.3　3D 模式和视图

使用“移动工具”可以完成对 3D 对象和 3D 相机的旋转、滚动、移动、平移、滑动和缩放的操作。单击工具箱的“移动工具”按钮，选中“图层”面板中 3D 的图层，在工具选项栏的“对齐分布”功能右侧可以看到“3D 模式”的 5 个按钮处于可用状态，如图 13－4 所示。

图 13－4

在画面中单击 3D 模型，这 5 个按钮会对 3D 模型进行操作，从左到右依次为“旋转 3D 对象”“滚动 3D 对象”“拖动 3D 对象”“滑动 3D 对象”和“缩放 3D 对象”；如果单击画面中除 3D 模型以外的任意位置，这 5 个按钮会对 3D 相机进行操作，按钮名称会变为“环绕移动 3D 相机”“滚动 3D 相机”“平移 3D 相机”“滑动 3D 相机”和“变焦 3D 相机”。

●旋转 3D 对象/环绕移动 3D 相机：单击该按钮，可以对 3D 模型或视图进行旋转操作。按住键盘上的 Shift 键并拖动鼠标，可以沿水平或垂直方向旋转 3D 对象。

●滚动 3D 对象/滚动 3D 相机：单击该按钮，可以对 3D 模型或视图沿 Z 轴旋转。

●拖动 3D 对象/平移 3D 相机：单击该按钮，可以对 3D 模型或视图进行平移拖动操作。

●滑动 3D 对象/滑动 3D 相机：单击该按钮，可以对 3D 模型或视图拉近或移到远处。

●缩放 3D 对象/变焦 3D 相机：单击该按钮，可以等比例放大缩小 3D 模型，或放大缩小当前视图。

1 显示/隐藏 3D 辅助对象

创建 3D 图层后，Photoshop 的文档窗口如图 13－5 所示。

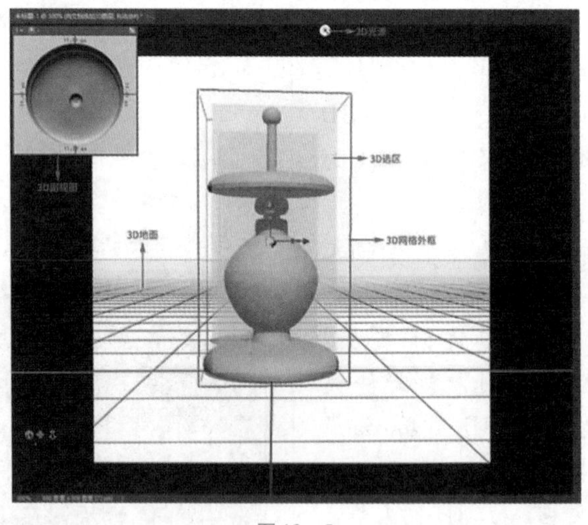

图 13－5

●3D 副视图：在副视图中可以显示与文档对话框中不同角度的视图，方便观察和绘制。

●3D 光源：可以在 3D 文件中模拟灯光的效果，用来实现逼真的深度和阴影。

●3D 选区：选中 3D 模型的某个面时，会显示淡黄色的半透明效果，表示该面已经被选中。

●3D 网络外框：选中 3D 模型时，模型四周会出现边框，同时显示 3D 控制轴，帮助识别当前项目。

●3D 地面：显示为相对于 3D 模型的地面位置的网格。

通过单击菜单栏“视图 > 显示”命令，在弹出的下拉列表中可以选择显示或隐藏 3D 辅助对象，如图 13－6 所示。前边有对勾表示显示，没有对勾表示隐藏。

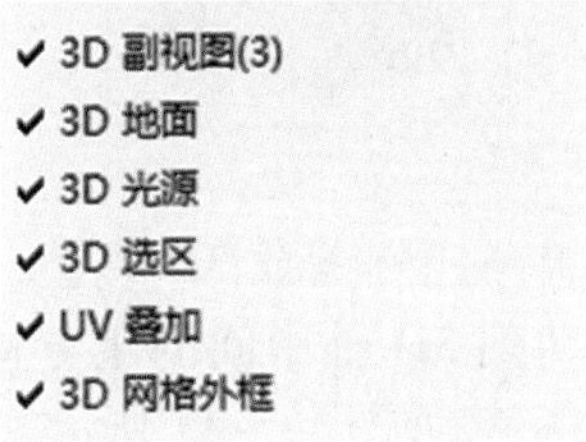

✔ 3D 副视图(3)
✔ 3D 地面
✔ 3D 光源
✔ 3D 选区
✔ UV 叠加
✔ 3D 网格外框

图 13－6

2 3D 轴

使用“移动工具”选中 3D 模型后，3D 模型中央会出现 3D 轴，如图 13－7 所示。使用 3D 轴可以控制 3D 模型在 X 轴、Y 轴和 Z 轴的位置，或让 3D 模型围绕 X 轴、Y 轴或 Z 轴旋转，还可以让 3D 模型沿 X 轴、Y 轴或 Z 轴缩放，或等比例缩放。绿色箭头表示 Y 轴，红色箭头表示 X 轴，蓝色箭头表示 Z 轴。

图 13－7

移动 3D 模型

将鼠标箭头放在 X 轴、Y 轴或 Z 轴的箭头上，按住鼠标左键进行拖动，可以让 3D 模型沿该轴移动。此处以 Y 轴为例，将鼠标箭头移动到 Y 轴的箭头上，箭头变成了黄色，如图 13－8 所示。按住鼠标左键向上拖动，可以将 3D 模型向上移动，如图 13－9 所示；按住鼠标左键向下拖动，可以将 3D 模型向下移动，如图 13－10 所示。X 轴和 Z 轴可以按照同样的方法操作。

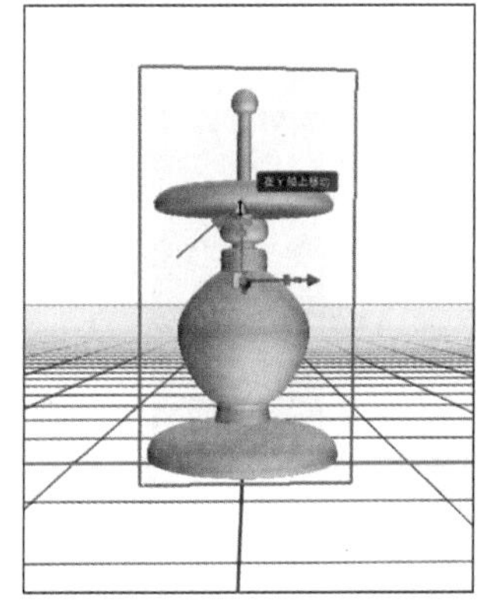

图 13－8

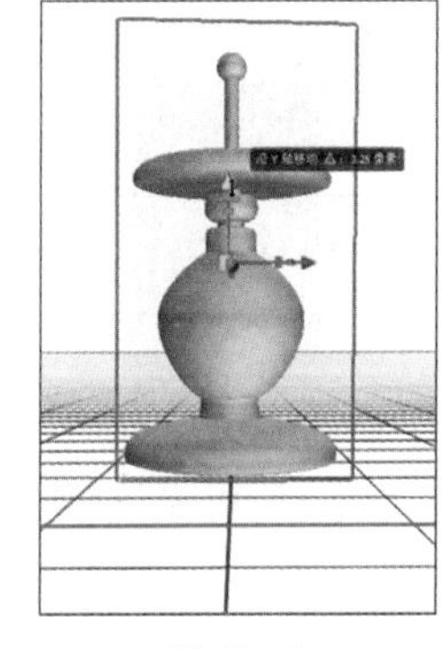

图 13－9

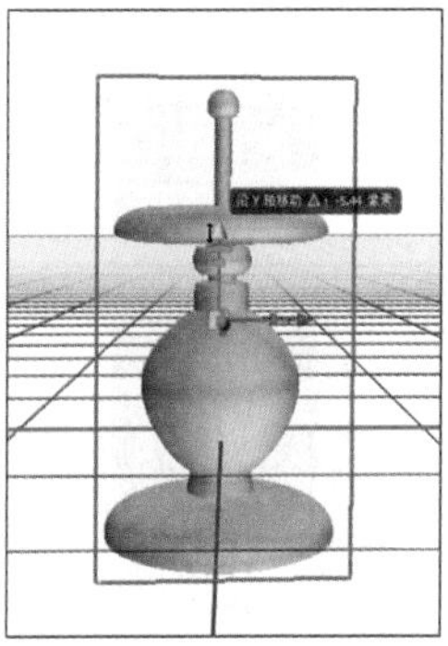

图 13－10

旋转 3D 模型

将鼠标箭头放在 X 轴、Y 轴或 Z 轴箭头下的弧线上，会出现黄色的圆环，按住鼠标左键沿圆环的方向进行拖动，可以让 3D 模型旋转。但需要注意的是，Y 轴上的弧线是“沿 Z 轴旋转”，如图 13－11 所示；X 轴上的弧线是“沿 Y 轴旋转”，如图 13－12 所示；Z 轴上的弧线是“沿 X 轴旋转”，如图 13－13 所示。将鼠标箭头移动到要旋转的弧线上，沿黄色圆环的方向拖动鼠标，可旋转 3D 模型。

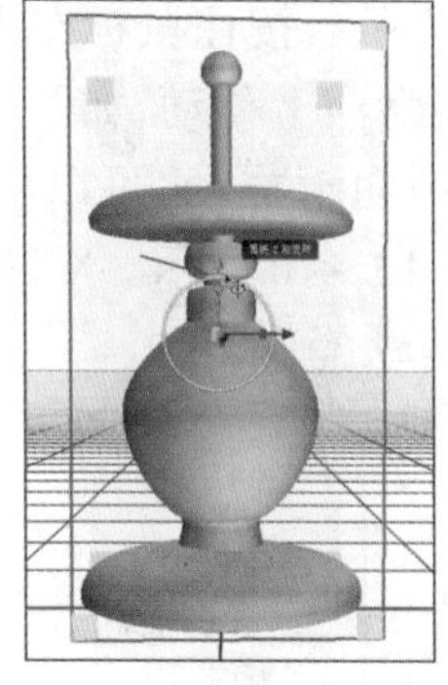

图 13－11

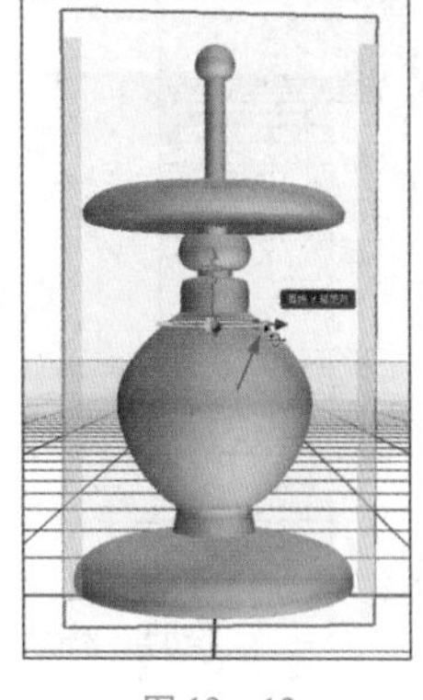

图 13－12

图 13－13

缩放 3D 模型

将鼠标箭头放在 X 轴、Y 轴或 Z 轴弧线下的矩形上，按住鼠标左键进行拖动，可沿该轴进行缩放。以 Y 轴为例，将鼠标箭头移动到 Y 轴弧线下的矩形上，矩形变成了黄色，如图 13－14 所示。按住鼠标左键向下拖动，可以压扁 3D 模型，如图 13－15 所示；按住鼠标左键向上拖动，可以拉长 3D 模型，如图 13－16 所示。X 轴和 Z 轴可以按照同样的方法操作。

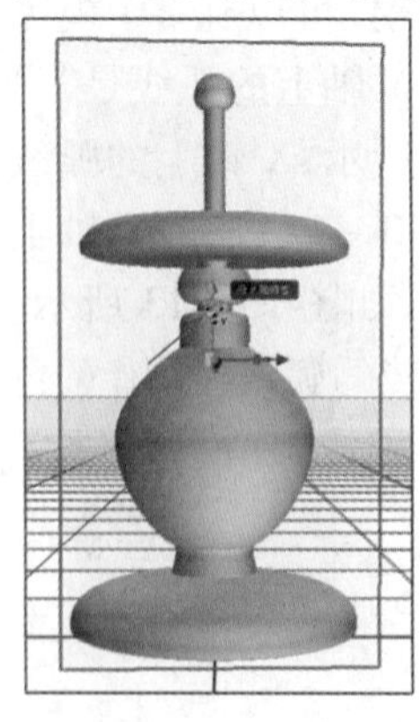

图 13－14

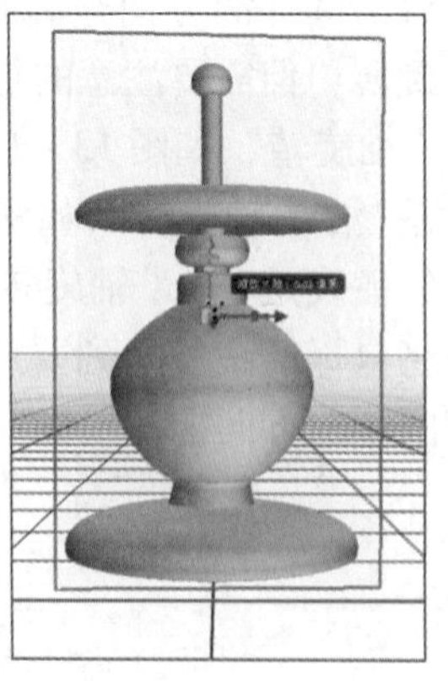

图 13－15

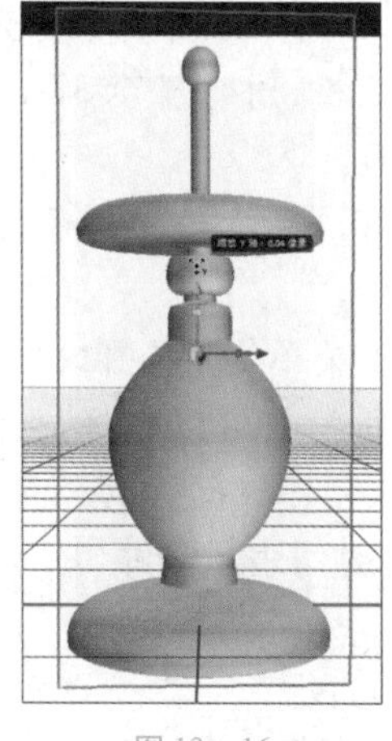

图 13－16

如果想等比例缩放 3D 模型，可以将鼠标箭头移动到 3D 轴中间的正方体上，正方体会变成黄色，如图 13－17 所示。然后按住鼠标左键进行拖动，向左上方、上方、右上方或右方拖动，可以放大 3D 模型，如图 13－18 所示；向左方、左下方、下方或右下方拖动，可以缩小 3D 模型，如图 13－19 所示。

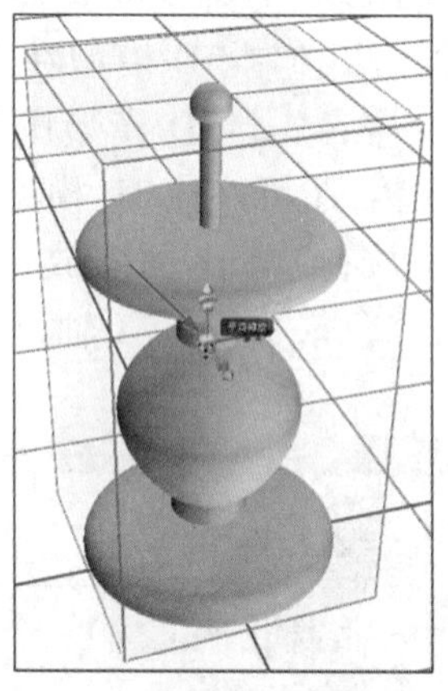

图 13－17

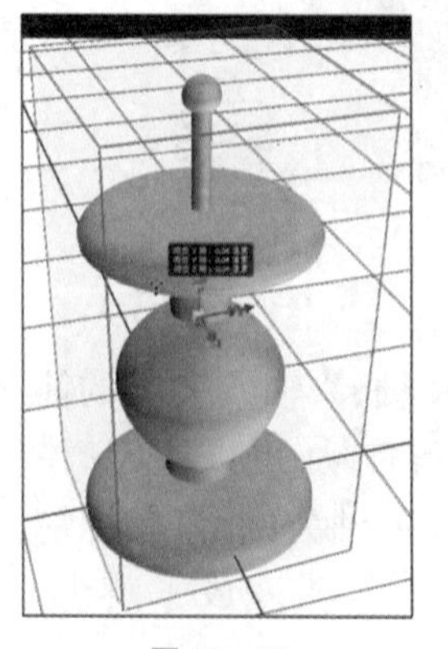

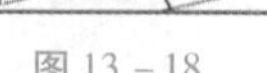

图 13－18

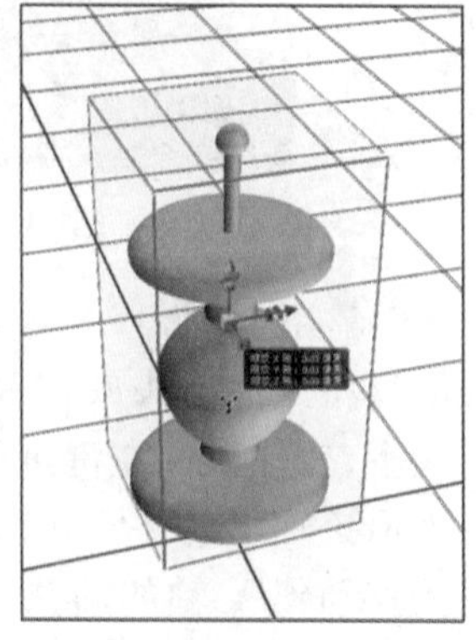

图 13－19

3D 轴副视图

选中 3D 模型时，文档窗口左下角会出现 3D 轴的副视图，如图 13－20 所示。在该视图上按住鼠标左键进行拖动，可以快速调整文档窗口中的 3D 视图。在 3D 轴副视图上单击鼠标右键，会弹出如图 13－21 所示的快捷菜单，选择任意一个视图，Photoshop 会以动画的方式展示转换视图的过程，并最终停止在选中的视图模式。例如选择“默认视图”，最终的视图效果如图 13－22 所示。

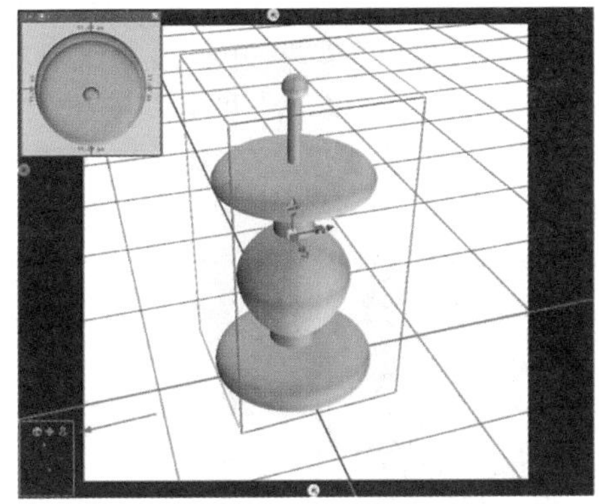

图 13－20

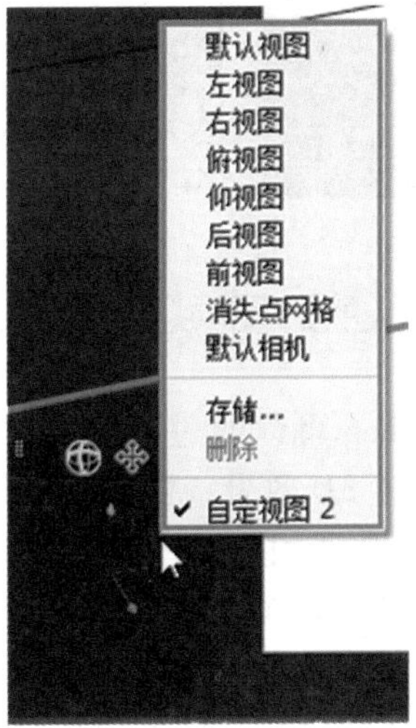

图 13－21

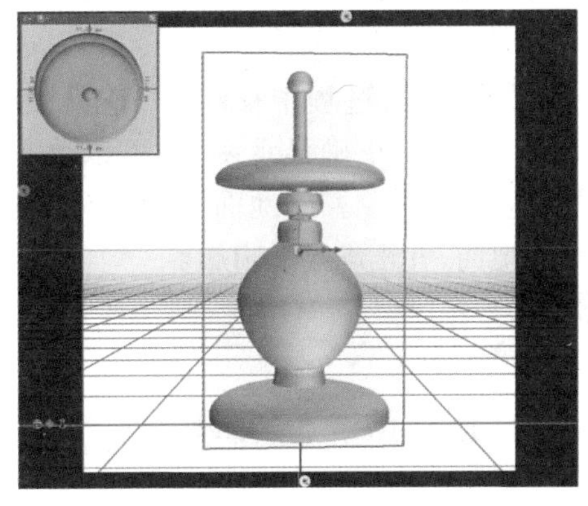

图 13－22

3D 副视图

在 3D 副视图中，可以设置显示 3D 模型的不同视图，用来更好地观察 3D 模型的操作过程和效果。3D 副视图如图 13－23 所示。

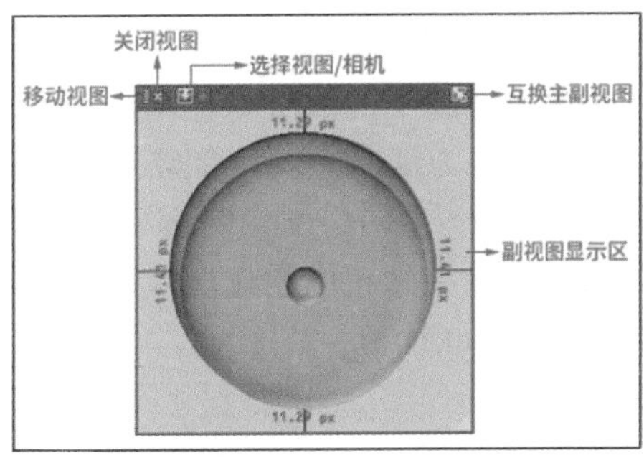

图 13－23

●移动视图：在该位置或“副视图显示区”上方的灰条上按住鼠标左键进行拖动，可以在文档窗口范围内移动 3D 副视图。

●关闭视图：单击该按钮，可关闭 3D 副视图。单击菜单栏“视图 > 显示 > 3D 副视图”命令，可以再次打开 3D 副视图。

●选择视图/相机：单击该按钮，可以在下拉列表中选择 3D 副视图中显示的视图模式。

●互换主副视图：单击该按钮，会交换主视图和副视图的视图模式。

●副视图显示区：显示 3D 副视图显示的视图模式。

将3D模型移到地面

如果在操作过程中移动了3D模型,或者3D模型没有正确显示阴影,可以单击菜单栏"3D > 将对象移到地面"命令,让3D模型紧贴地面,并正确显示阴影。

13.2 创建3D对象

13.2.1 创建预设3D对象

素材文件 第13章\13.2\风景.jpg

1 从菜单命令创建预设3D对象

Photoshop提供了多种常见的3D模型预设,单击菜单栏"3D > 从图层新建网格 > 网格预设"命令,可以选择如图13－24所示的菜单来创建相应的3D模型。

如果当前选中的图层为透明图层,创建出的3D模型为淡灰色。例如新建图层,单击菜单栏"3D > 从图层新建网格 > 网格预设 > 汽水"命令,在画布中创建出淡灰色的"汽水"3D模型,如图13－25所示。

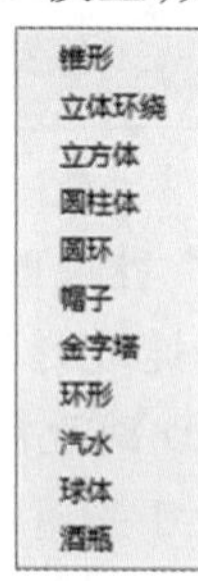

图13－24

图13－25

如果当前选中的图层中有内容,则会将该图层上的内容作为3D模型上的部分材质。例如在Photoshop中打开素材文件夹"第13章\13.2\风景.jpg"文件。单击菜单栏"3D > 从图层新建网格 > 网格预设 > 汽水"命令,创建出的"汽水"3D模型如图13－26所示。

图13－26

2 从3D面板创建预设3D对象

在Photoshop中新建一个空白文档,单击"窗口 > 3D"命令,在打开的"3D"面板单击"从预设创建网格"按钮,并在其下拉列表中选择"汽水"命令,单击"创建"按钮,如图13－27所示,即可创建出"汽水"3D模型,如图13－28所示。

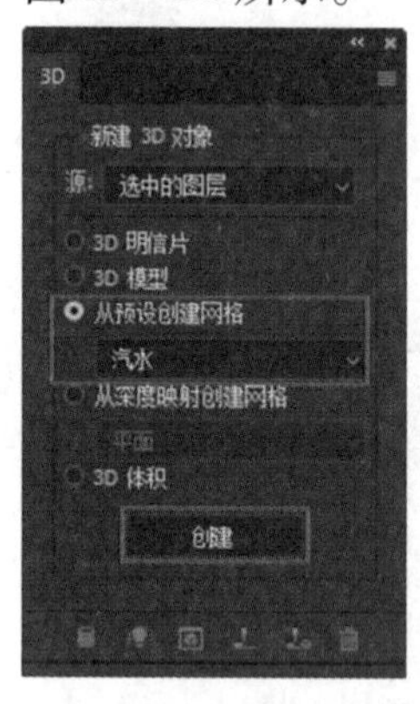

图13－27

图13－28

13.2.2 从所选图层创建3D对象

Photoshop可以通过为图层内容增加厚度,使之产生3D效果。要转换为3D对象的图层可以是普通图层、智能对象图层、形状图层、文字图层和填充图层。本小节使用文字图层来做示范。

在Photoshop中新建一个空白文档,使用"文字工具"在画布中输入"涵品教育"文字,如图13－29所示。

涵品教育

图13－29

在“图层”面板中选中该文字图层，单击菜单栏“3D > 从所选图层新建 3D 模型”命令，或者打开“3D”面板，在“源”的下拉列表中选择“选中的图层”命令，单击“3D 模型”按钮，单击“创建”按钮，如图 13 – 30 所示，即可创建文字 3D 模型，如图 13 – 31 所示。

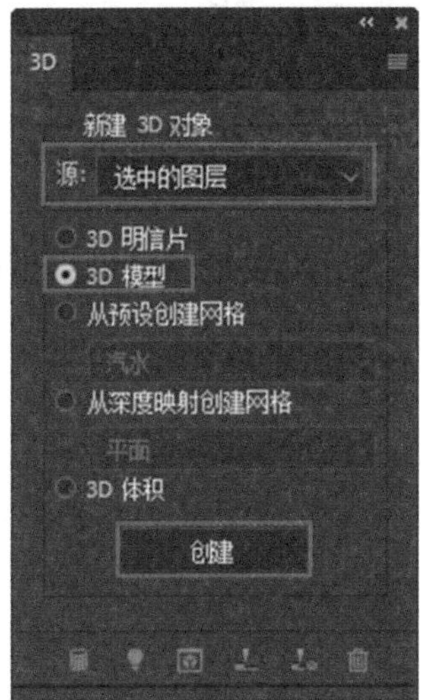

图 13 – 30

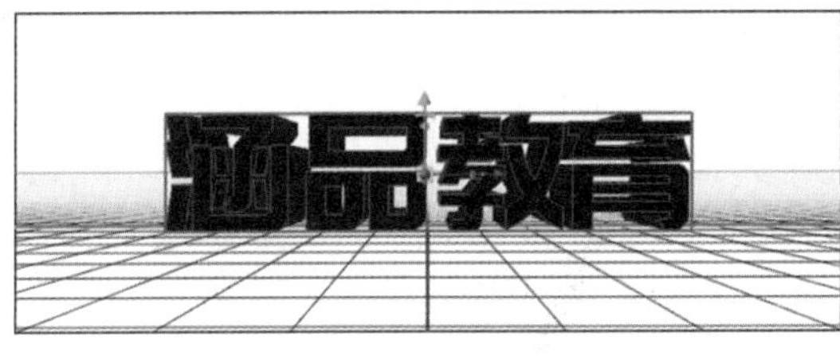

图 13 – 31

13.2.3　从所选路径创建 3D 对象

素材文件　第 13 章\13.2\从所选路径创建 3D 对象.jpg

Photoshop 可以利用闭合路径创建 3D 对象。要注意的是，开放路径是不能创建 3D 对象的。

步骤 01　在 Photoshop 中打开素材文件夹“第 13 章\13.2\从所选路径创建 3D 对象.jpg”文件，使用“快速选择工具”选中主体并在选区内单击鼠标右键，在弹出的快捷菜单中选择“建立工作路径”命令，在弹出的“建立工作路径”对话框中设置容差为 2.0，单击“确定”按钮，创建出的工作路径如图 13 – 32 所示。

步骤 02　单击菜单栏“3D > 从所选路径新建 3D 模型”命令，或在“3D”面板的“源”下拉列表中选择“工作路径”命令，下方单击“3D 模型”按钮，单击“创建”按钮，如图 13 – 33所示，将路径创建为 3D 模型。

图 13 – 32

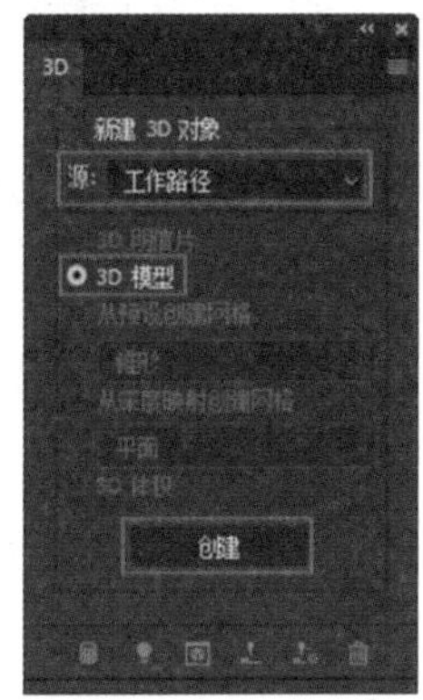

图 13 – 33

由于在创建 3D 对象时，“图层”面板选中的是“背景”图层，即图层上是有内容的，所以图层上的内容会作为“材质”出现在创建的 3D 模型上，如图 13 – 34 所示。如果新建一层图层，并在“图层”面板将其选中，然后执行创建 3D 对象命令，那么创建出的 3D 模型是灰色的，没有任何材质，如图 13 – 35 所示。

图 13 – 34

图 13 – 35

13.2.4　从当前选区创建 3D 对象

素材文件　第 13 章\13.2\从当前选区创建 3D 对象.jpg

Photoshop 可以将选区中的内容创建为 3D 对象，但选区所在的图层必须要有内容，不能为空白图层。

步骤 01 在 Photoshop 中打开素材文件夹“第 13 章\13.2\从当前选区创建 3D 对象.jpg”文件，使用“快速选择工具”选中主体，如图 13－36 所示。

图 13－36

步骤 02 单击菜单栏“3D > 从当前选区新建 3D 模型”命令，或在“3D”面板的“源”下拉列表中选择“当前选区”命令，下方单击“3D 模型”按钮，单击“创建”按钮，如图 13－37 所示，将选区内的内容创建为 3D 模型，如图 13－38 所示。

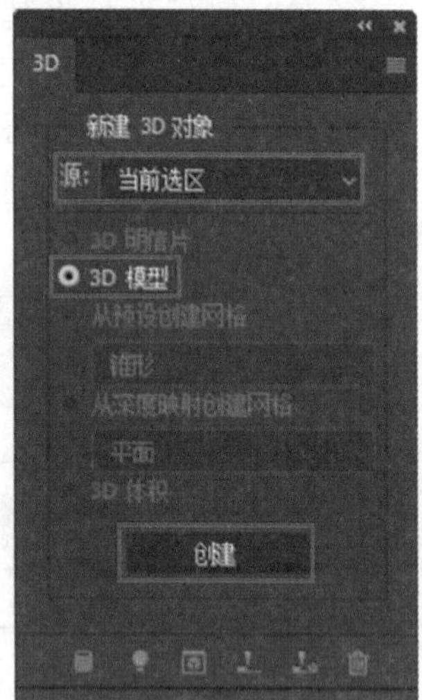

图 13－37

图 13－38

13.2.5 使用画笔工具绘制线条创建 3D 对象

在 Photoshop 中新建一个空白文档，新建图层，在工具箱选择“画笔工具”，在工具选项栏将笔尖设置为“硬边圆”，然后在画布中进行绘制。需要注意的是，只需要绘制一半。例如要绘制一个罐子，只需要将其左半边或右半边绘制出来，线条不够圆滑也没有关系，只要绘制出大概的样子，如图 13－39 所示。单击菜单栏“3D > 从所选图层新建 3D 模型”命令，或者打开“3D”面板在“源”的下拉列表中选择“选中的图层”命令，下方单击“3D 模型”按钮，单击“创建”按钮，即可将该线条创建为 3D 模型，如图 13－40 所示。

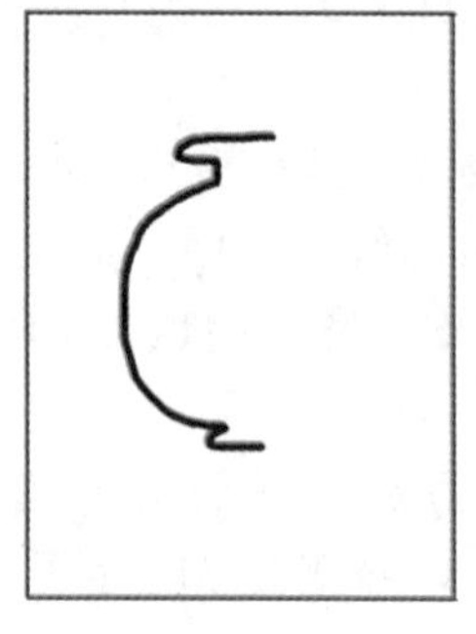

图 13－39

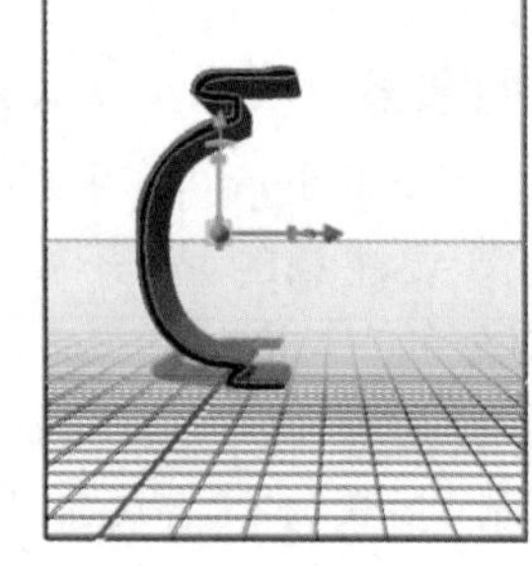

图 13－40

但此时的 3D 模型并不是罐子。单击菜单栏“窗口 > 属性”命令，在打开的“属性”面板中的“形状预设”下拉列表中选择如图 13－41 所示的圆柱形样式，选中后的画面效果如

图 13－42 所示，已经变成了一个完整的罐子。

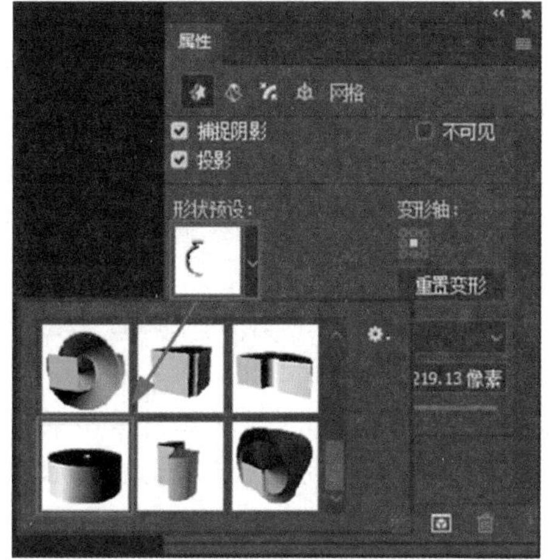

图 13－41

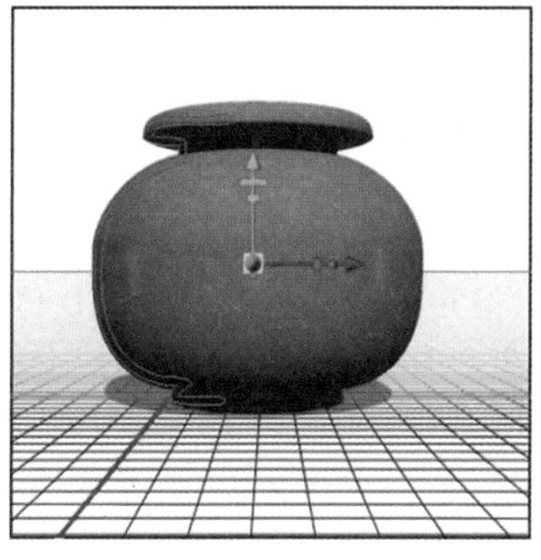

图 13－42

如果对罐子的外形不满意，或者想要增加一些细节，可以单击“属性”面板上的“编辑源”按钮，如图 13－43 所示。Photoshop 会新打开文档窗口，画布上只有绘制的线条，如图 13－44 所示。

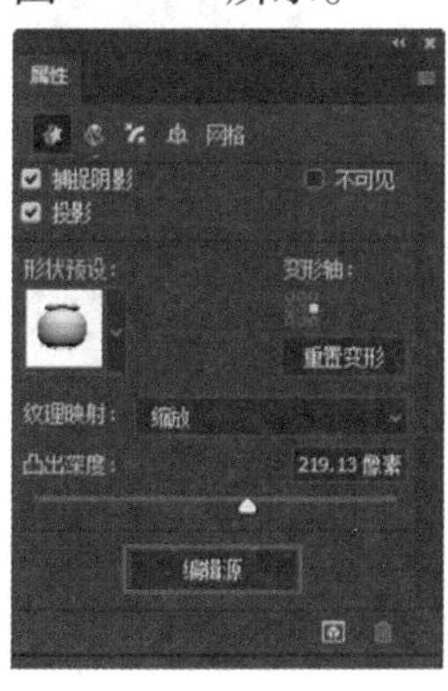

图 13－43

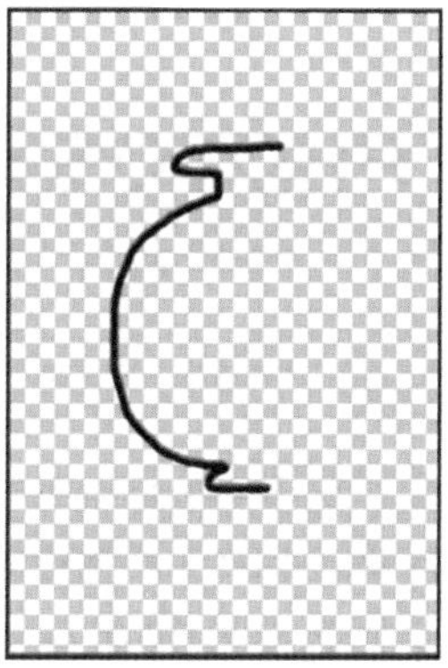

图 13－44

为了方便观察，单击菜单栏“窗口 > 排列 > 全部垂直拼贴”命令，文档窗口的效果如图 13－45 所示，可以同时观察 2 个文档。

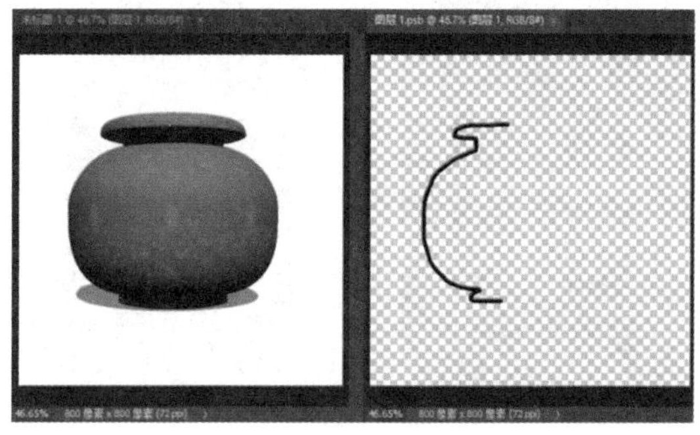

图 13－45

在“图层 1”文档中使用“橡皮擦工具”和“画笔工具”修改线条的外形，修改完成后按键盘上的快捷键 Ctrl + S 保存，可以看到 3D 模型也随之发生了变化，如图 13－46 所示。注意，修改完成后一定要保存，不保存的话 3D 模型是不会发生任何变化的。

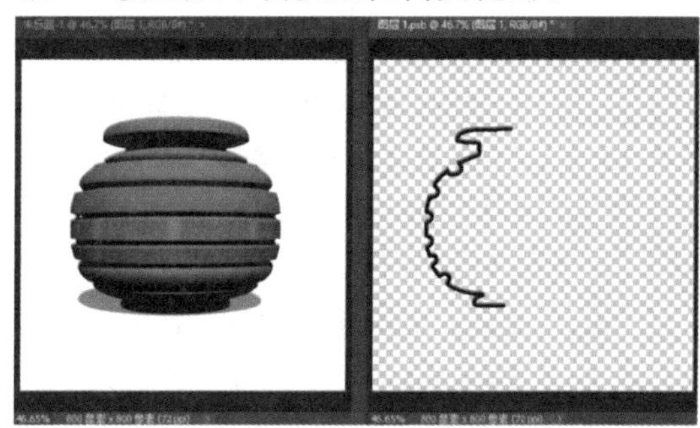

图 13－46

13.2.6　创建 3D 明信片

素材文件　第 13 章\13.2\创建 3D 明信片.jpg

普通的 2D 平面图像并不具备空间感，通过创建 3D 明信片，可以对 2D 平面图像执行旋转、滚动等操作，使其具有立体效果。

步骤 01　在 Photoshop 中打开素材文件夹“第 13 章\13.2\创建 3D 明信片.jpg”文件。

步骤 02　单击菜单栏“3D > 从图层新建网格 > 明信片”命令，或者单击“3D”面板中的“明信片”按钮，如图 13－47 所示，再单击“创建”按钮对该图片进行各种操作，使其具有空间感，效果如图 13－48 所示。

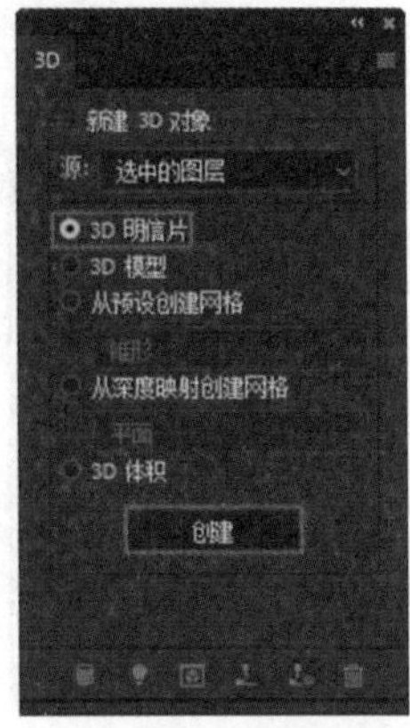

图 13－47

图 13－48

13.2.7 创建深度映射

素材文件 第 13 章\13.2\创建深度映射.jpg

通过创建“深度映射”命令可以将灰度图像转换为深度映射，从而使明度值转换为深度不同的表面，较亮的值会生成表面凸起的区域，较暗的值会生成表面凹下的区域。

步骤 01 在 Photoshop 中打开素材文件夹“第 13 章\13.2\创建深度映射.jpg”文件。

步骤 02 单击菜单栏“3D＞从图层新建网格＞深度映射到＞平面”命令，或者单击“3D”面板中的“从深度映射创建网络”按钮，在其下方的下拉列表中选择“平面”命令，单击“创建”按钮，如图 13－49 所示。创建出如图 13－50 所示的 3D 效果。

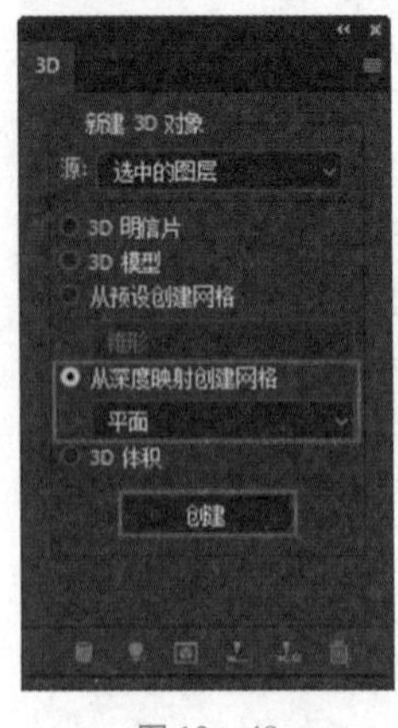

图 13－49

图 13－50

通过创建深度映射可以创建 6 种类型的 3D 模型，分别是平面、双面平面、纯色凸出、双面纯色凸出、圆柱体和球体。

●平面：可以将深度映射数据应用于平面的表面。

●双面平面：可以创建两个沿中心轴对称的平面，并将深度映射数据应用于两个平面的表面。

●纯色凸出：可以让图像中的纯色应用深度映射数据向前方凸出。

●双面纯色凸出：可以让图像中的纯色应用深度映射数据向前后两个方向凸出。

●圆柱体：可以从垂直轴中心向外应用深度映射数据。

●球体：可以从中心点向外呈放射状应用深度映射数据。

13.2.8 创建 3D 体积

创建“3D 体积”功能得到的 3D 效果非常特殊，但并不常用。想要创建 3D 体积，至少需要 2 个图层，通常这 2 个图层上的内容是一样的。本小节以文字图层为例，普通图层、智能对象图层、形状图层或填充图层都可以创建 3D 体积，但必须有 2 个或 2 个以上的图层，且不能为空白图层。

步骤 01 在 Photoshop 中创建一个空白文档，使用“文字工具”在画布中输入“PHOTOSHOP”文字，并将该图层复制一层，如图 13－51 所示。

PHOTOSHOP

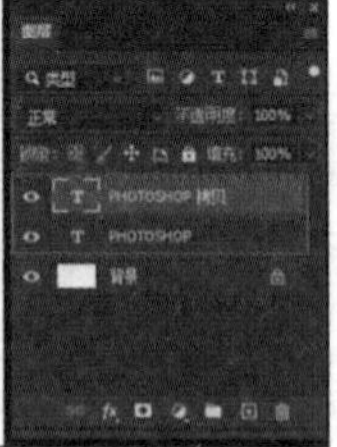

图 13－51

步骤 02 将两个文字图层全部选中，单击菜单栏“3D＞从图层新建网格＞体积”命令，或者单击“3D”面板中的“3D 体积”按钮，再单击“创建”按钮，如图 13－52 所示。

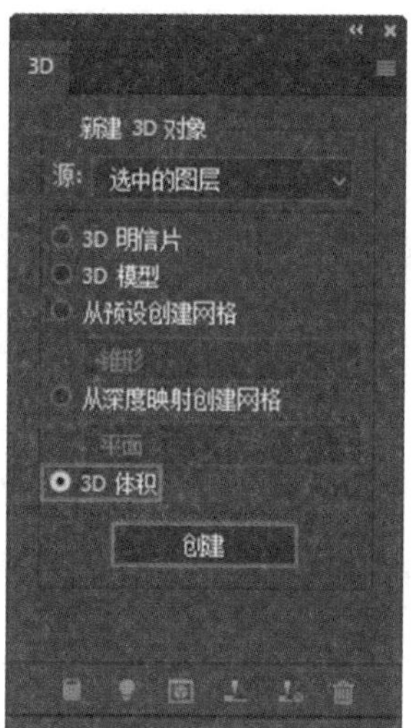

图 13－52

步骤 03 在弹出的“转换为体积”对话框中，将所有的参数数值设置为 2，单击“确定”按钮即可创建出“3D 体积”效果，如图 13－53 所示。在画布中对 3D 模型进行旋转，看到如图 13－54 所示的效果。

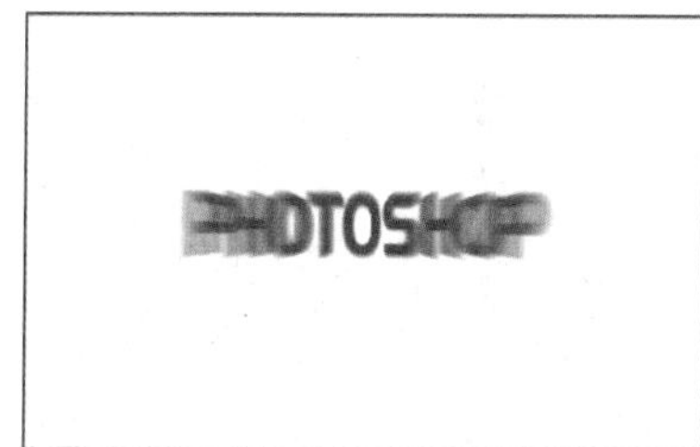

图 13－53

图 13－54

13.3 3D 面板和属性面板

13.3.1 认识 3D 面板和属性面板

在前面小节中简单讲解了如何使用“3D”面板创建 3D 对象及使用“属性”面板更改 3D 模型的形状，本小节将详细讲解这两个面板的使用方法。

在 Photoshop 中新建一个空白文档，使用“3D”面板创建一个预设 3D 对象“立方体”，如图 13－55 所示。创建完成后稍微调整视角，画面中的立方体如图 13－56 所示。

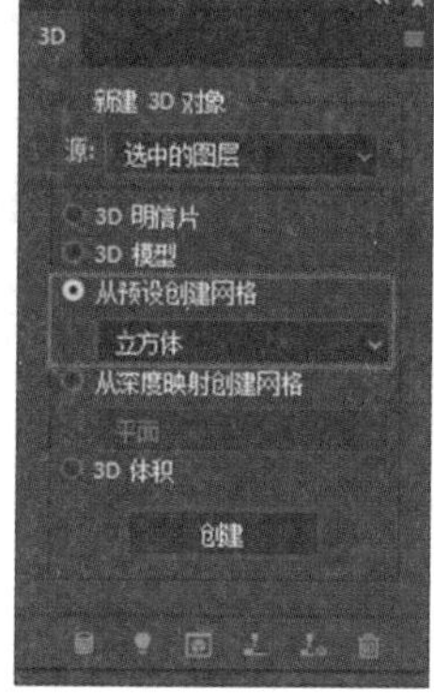

图 13－55

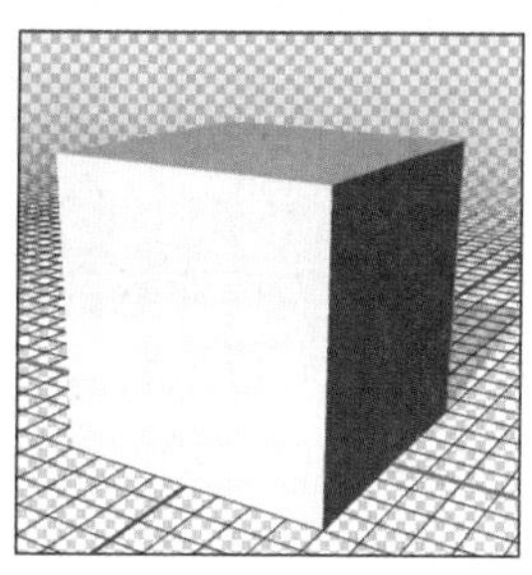

图 13－56

此时的“3D”面板也发生了变化，在“3D”面板的上方可以切换“整个场景”“网格”“材质”和“光源”组件，类似于“图层”面板中的图层类型过滤，默认为“整个场景”选项，如图 13－57 所示。选中“3D”面板中的任意内容，“属性”面板会显示该内容的所有参数。例如在默认“3D”面板选中“当前视图”选项，在“属性”面板可以设置当前视图使用的 3D 相机及相关参数，如图 13－58 所示。

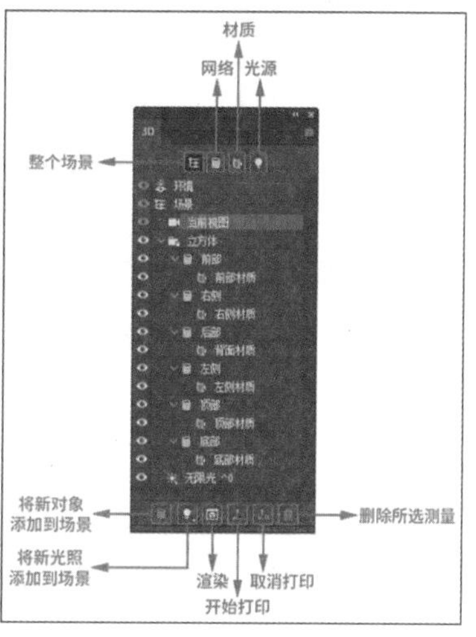

图 13－57

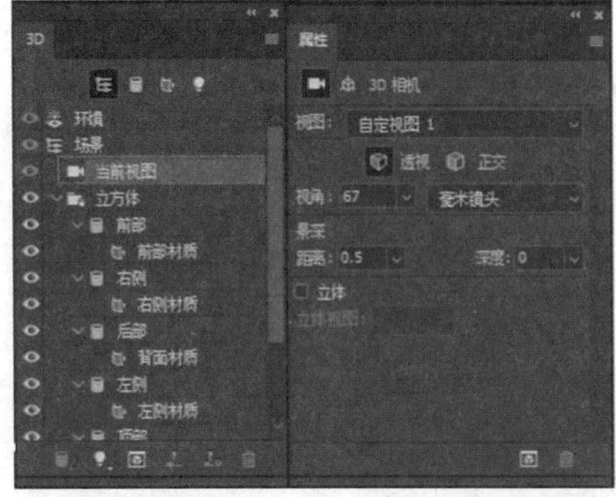

图 13－58

但是需要注意的是，因为创建的是预设3D对象，所以当选中“立方体”，也就是3D模型本身时，“属性”面板能设置其坐标参数，也就是在画面中的位置，如图13－59所示。

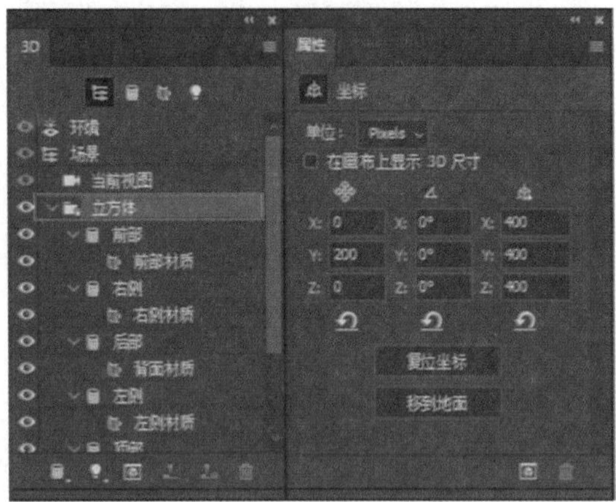

图 13－59

如果创建的是非预设3D对象，例如使用“自定形状工具”绘制一个“皇冠”，并将其转换为3D对象。在“3D”面板中选中“皇冠”，其“属性”面板能设置的参数与预设3D对象不一样，如图13－60所示。

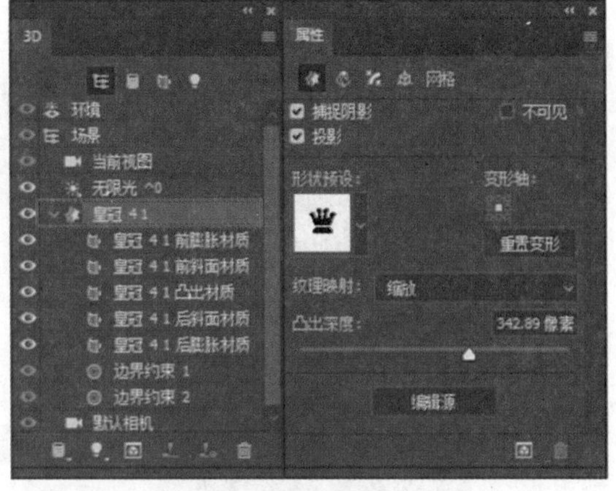

图 13－60

13.3.2 设置3D相机

在默认“3D”面板选中“当前视图”选项，“属性”面板如图13－61所示。

●视图：可以在下拉列表中选择任意视图来更改3D对象的观察角度。

●透视：单击该按钮，画面中会使用视角显示视图，显示汇聚成消失点的平行线。

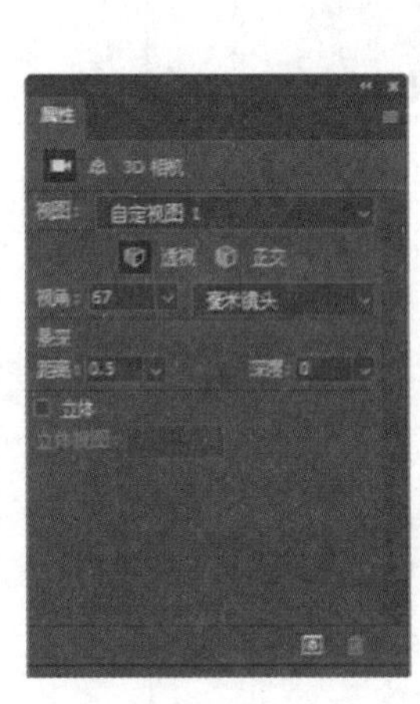

图 13－61

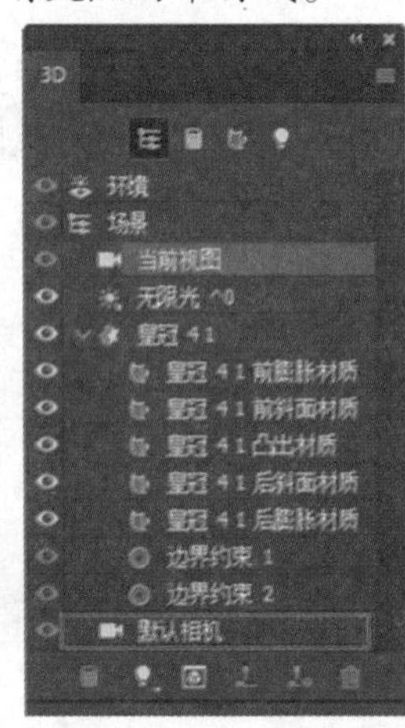

图 13－62

●正交：单击该按钮，画面中会使用缩放显示视图，保持平行线不相交。

●视角：用来设置当前相机镜头的大小，并且可以选择镜头的类型。

●景深：用来设置景深效果。“距离”决定了聚焦位置到相机的距离，“深度”决定了图像其他部分内容的模糊程度。

●立体：勾选复选框后可以启用“立体视图”。

如果创建的为非预设 3D 对象，单击“3D”面板中的“默认相机”选项，如图 13－62 所示，将画面恢复为默认视图。

13.3.3　设置 3D 环境

在“3D”面板中选择“环境”选项，其“属性”面板如图 13－63 所示。

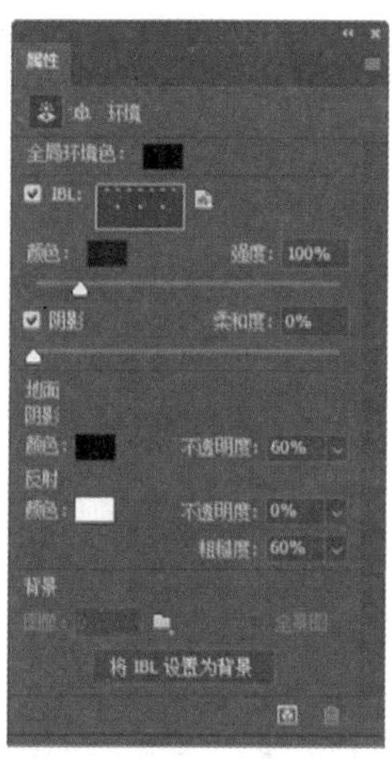

图 13－63

●全局环境色：用来设置在反射表面上可见的全局环境光的颜色。

●IBL：勾选复选框后，可以为场景启用基于图像的光照，可以设置其纹理、颜色及强度。

●阴影：勾选复选框后，可以设置地面光照的阴影及其柔和度。

●地面阴影：用来设置地面阴影的颜色和不透明度。

●反射：用来设置地面阴影反射的颜色、不透明度和粗糙度。

●背景：可以选择图像，将所选图像设置为背景或全景图。

●将 IBL 设置为背景：单击该按钮，可以将背景图像设置为基于图像的光照图。

13.3.4　编辑 3D 模型

在前面小节中提到过，如果创建的是预设 3D 对象，只能在“属性”面板调整其坐标位置，预设的 3D 模型是不能被编辑的，只有非预设 3D 对象才可以编辑其 3D 模型，本小节以形状为例。

在 Photoshop 中创建一个空白文档，使用“自定形状工具”在画布中绘制出一个心形，从当前图层创建 3D 模型，如图 13－64 所示。选中“3D”面板上的“红心形卡 1”选项，如图 13－65 所示，此时“属性”面板如图 13－66 所示。

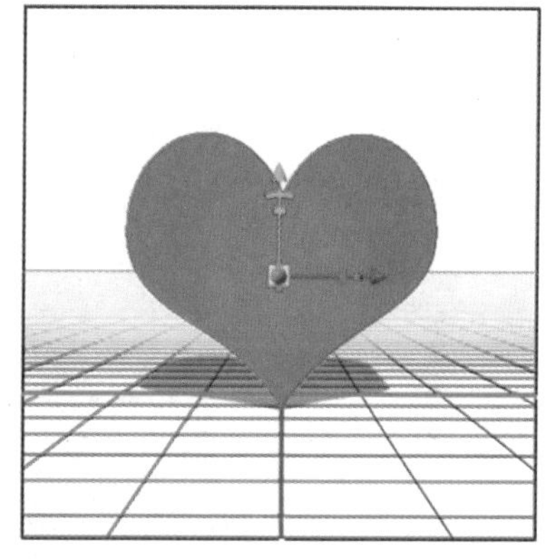

图 13－64

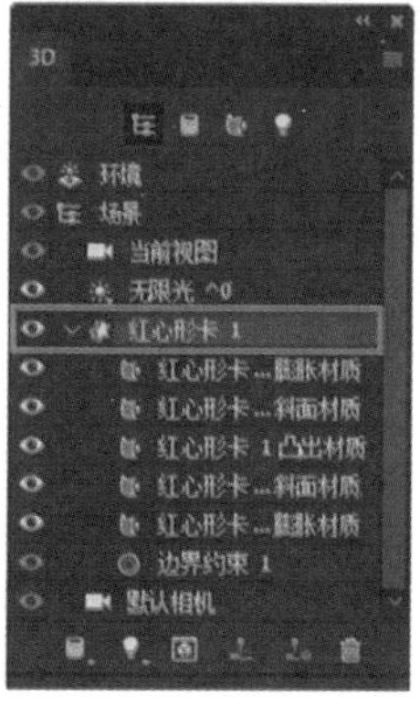

图 13－65

图 13－66

●捕捉阴影：勾选复选框后，会显示 3D 网格上的阴影效果，若不勾选，则不显示阴影。

●不可见：勾选复选框后，会使场景中的 3D 模型不可见。

●投影：勾选复选框后，显示 3D 网格上的投影；若不勾选，则不显示投影，同时也不显示阴影。

●形状预设：在下拉列表中提供了 18 种形状预设选项，可以实现不同的 3D 模型凸出效果，可以根据实际需求进行选择使用。

●变形轴：可以设置 3D 模型的变形轴，单击下方的“重置变形”按钮，可以恢复到最初的变形轴。

●纹理映射：可以在下拉列表中选择“缩放”“平铺”或“填充”3 个选项，为 3D 模型设置不同的纹理映射类型。“缩放”会根据 3D 模型凸出的大小自动缩放纹理映射的大小；“平铺”会使用纹理映射固有的尺寸以平铺的方式显示；“填充”会以原有的纹理映射的尺寸显示。

●凸出深度：可以设置 3D 模型凸出的深度，正负值决定了凸出的方向。例如凸出深度 80 像素，如图 13－67 所示；凸出深度 －50像素，如图 13－68 所示。

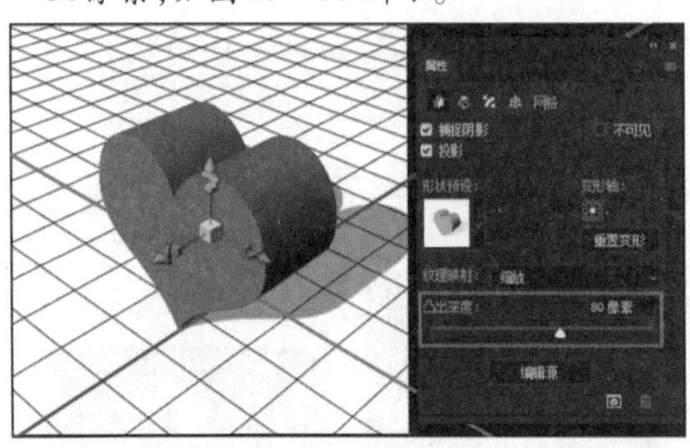

图 13－67

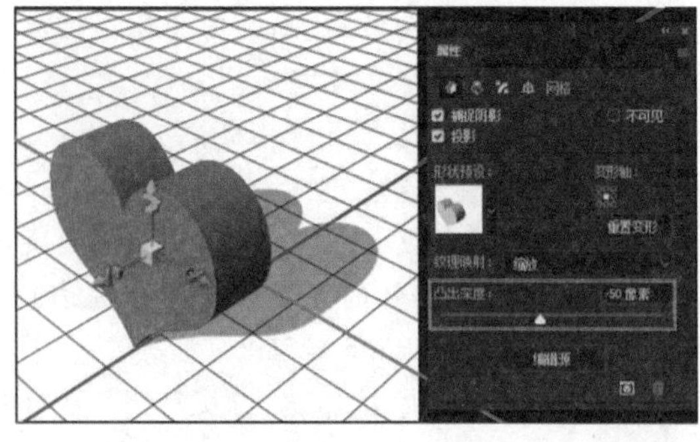

图 13－68

●编辑源：单击该按钮，可以单独编辑 3D 模型的原始对象，将原始对象编辑完成后，按键盘上的快捷键 Ctrl＋S 保存，3D 模型会随之发生变化。

13.3.5 变形 3D 模型

选中“属性”面板中的“变形”按钮对 3D 模型进行变形操作，如图 13－69 所示。

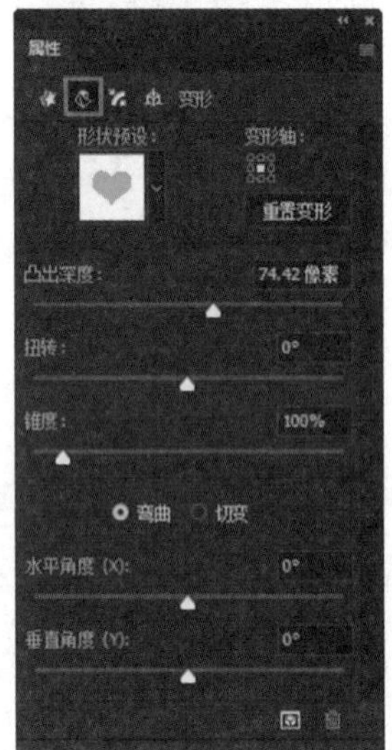

图 13－69

●扭转：可以让凸出的 3D 模型沿 Z 轴旋转。扭转 200°的效果如图 13－70 所示。

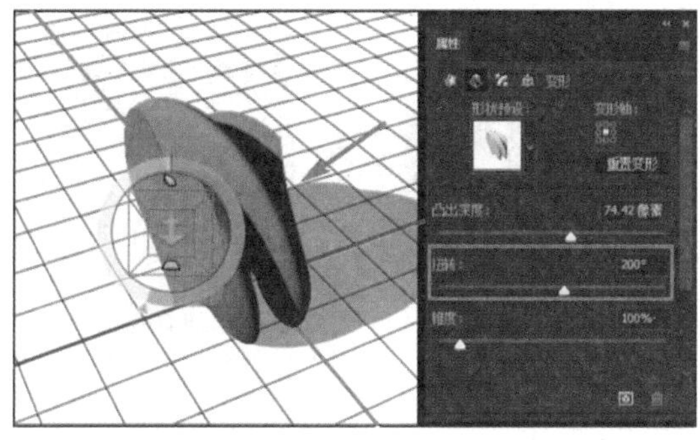

图 13－70

●锥度：可以将凸出的 3D 模型沿 Z 轴锥化。锥度 150% 的效果如图 13－71 所示。

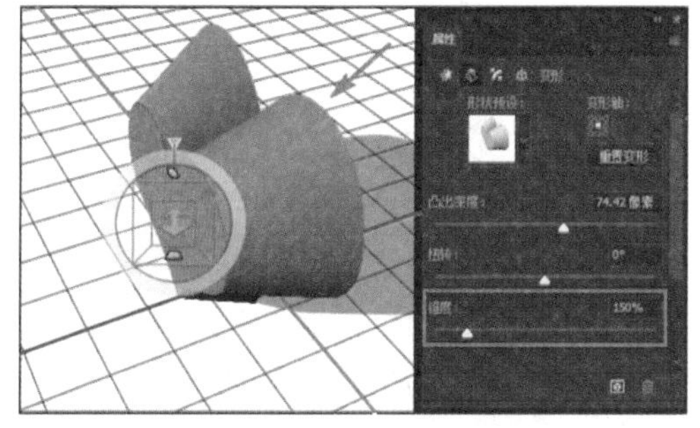

图 13－71

●弯曲：可以设置 3D 模型变形方式为“弯曲”。

●切变：可以设置 3D 模型变形方式为“切变”。

●水平角度：如果单击“弯曲”按钮，若数值为正，3D 模型的凸出部分向右弯曲；若数值为负，3D 模型的凸出部分向左弯曲，如图 13－72 所示。如果单击“切变”按钮，若数值为正，3D 模型的凸出部分向右切；若数值为负，3D 模型的凸出部分向左切，如图 13－73 所示。

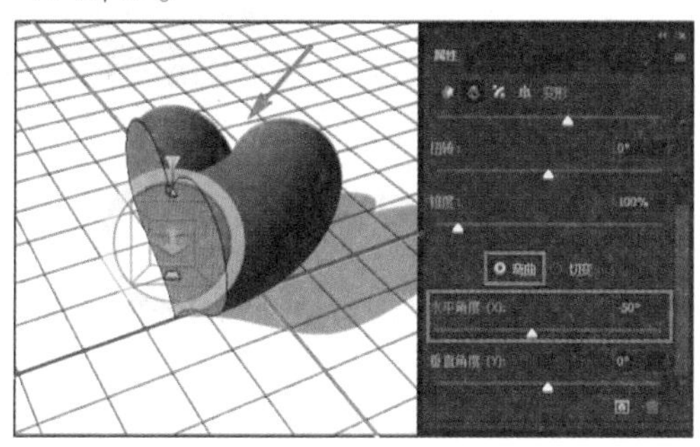

图 13－72

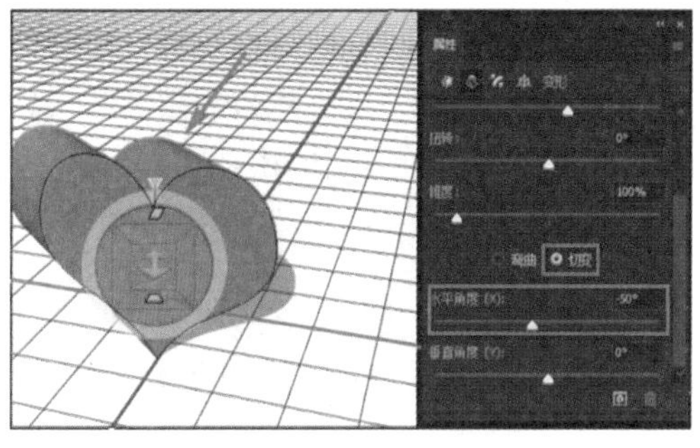

图 13－73

●垂直角度：如果单击“弯曲”按钮，若数值为正，3D 模型的凸出部分向上弯曲；若数值为负，3D 模型的凸出部分向下弯曲，如图 13－74 所示。如果单击“切变”按钮，若数值为正，3D 模型的凸出部分向上切；若数值为负，3D 模型的凸出部分向下切，如图 13－75 所示。

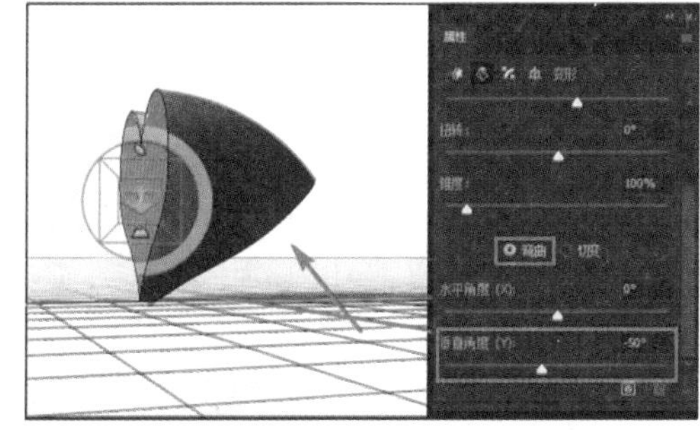

图 13－74

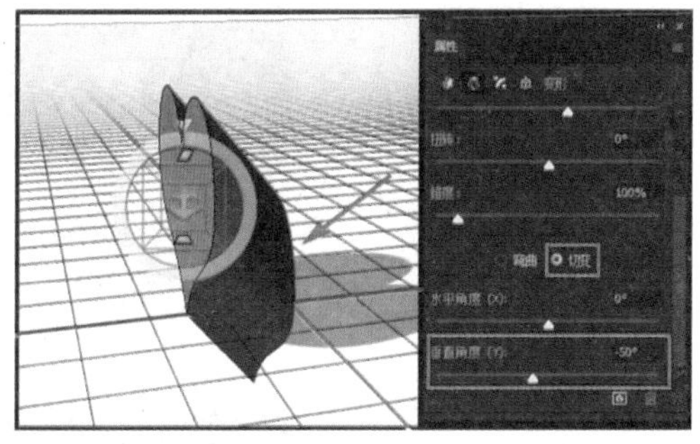

图 13－75

13.3.6　编辑 3D 模型盖子

“盖子”是指 3D 模型的前部或背部的部分。单击“属性”面板中的“盖子”按钮，如图 13－76 所示。

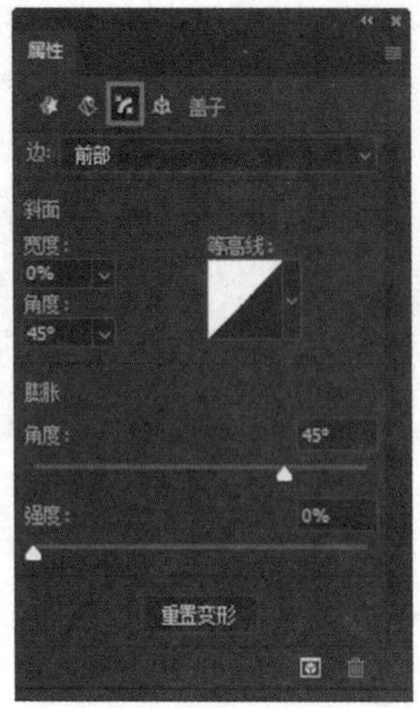

图 13－76

●边:选择要进行倾斜或膨胀操作的面,可以选择“前部”“背部”或“前部和背部”3个选项。

●斜面:可以设置宽度和角度,并可以选择不同的等高线,实现不同的斜面效果。宽度用来设置斜面的宽度,宽度 20% 的效果如图 13－77 所示;角度用来设置斜面的凸出程度,正值为向外凸出,如图 13－78 所示;负值为向内凹陷,如图 13－79 所示。

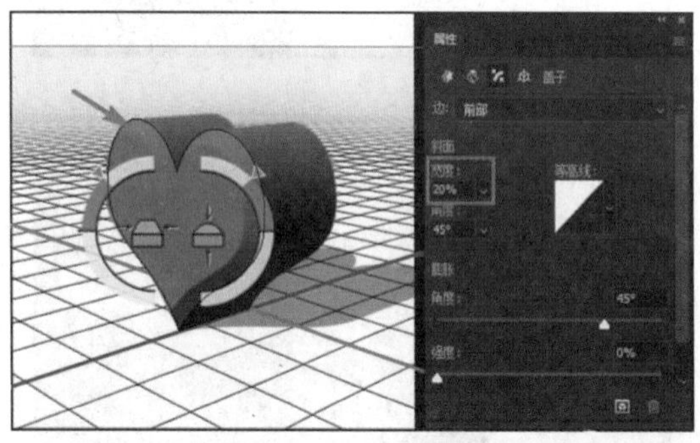

图 13－77

图 13－78

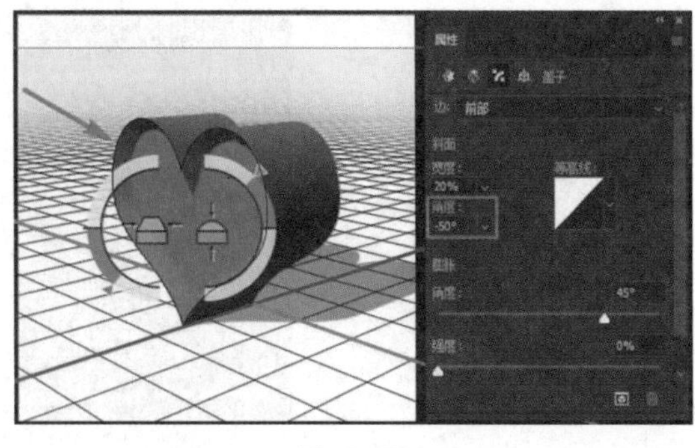

图 13－79

●膨胀:可以设置膨胀的角度和强度,角度需要配合强度才能看出效果。角度的数值为正,向外凸出,角度的数值为负,向内凹陷,而强度控制凸出或凹陷的程度。例如角度 30°强度 30% 的效果如图 13－80 所示,角度－20°强度 40% 的效果如图 13－81 所示。

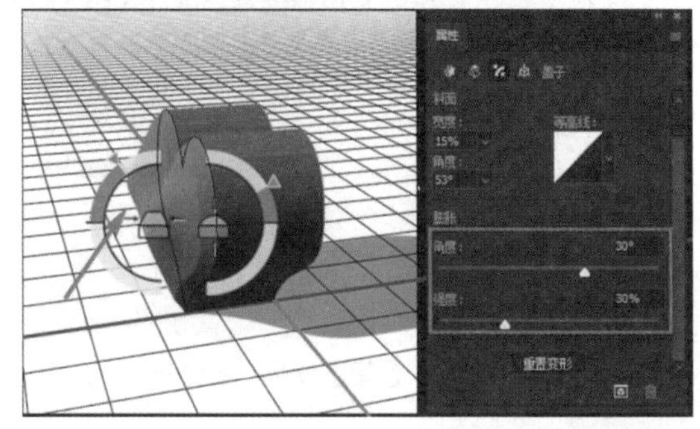

图 13－80

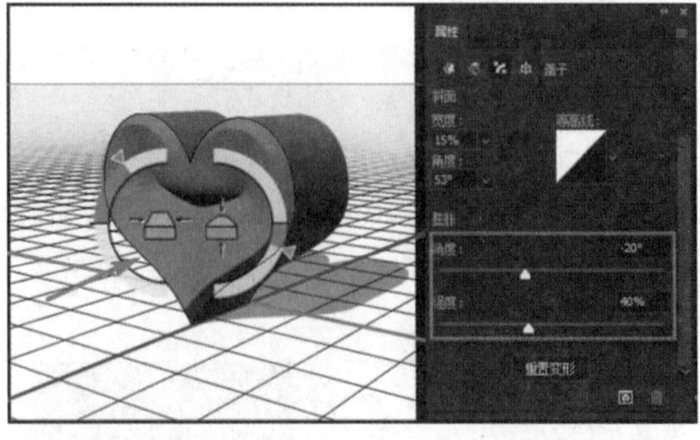

图 13－81

13.3.7 设置 3D 材质

“材质”是指 3D 模型外观的属性,如颜色、纹理、透明度、反光感等。在 Photoshop 中,可以对 3D 模型的材质进行细致的调整,除了基本的外观颜色,还可以赋予 3D 模型凹凸、反射、透明等属性，模拟真实的物体材质。

1 使用预设材质

在 Photoshop 中新建一个空白文档，并创建一个预设的“帽子”3D 模型，选中“3D”面板中任意包含“材质”字样的内容，或在画面中双击 3D 模型的任意面，在“属性”面板单击右侧的“预设材质”，可在其下拉列表中选择使用 Photoshop 提供的预设材质，如图 13－82 所示。编辑下方的各个参数，可以对材质效果进行微调。

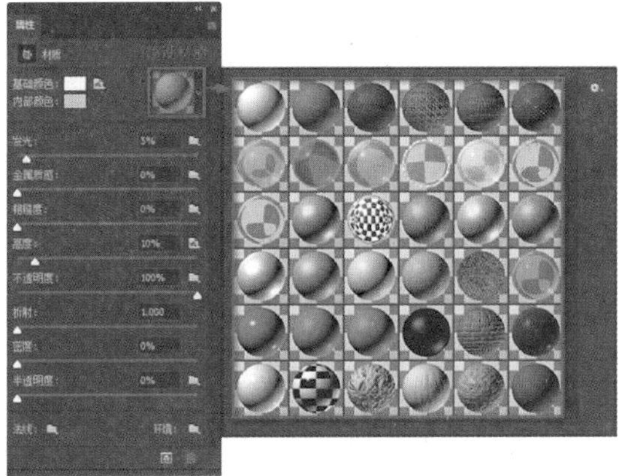

图 13－82

●基础颜色：单击右侧的颜色块可以在弹出的“拾色器”对话框中修改 3D 模型所选面的颜色，单击颜色块右侧的按钮可以编辑纹理。在有纹理的情况下，修改颜色是无效的，将鼠标箭头移动到色块右侧的按钮上，单击并选择“移去纹理”按钮，即可显示修改的颜色。

●内部颜色：单击右侧的颜色块可以修改内部颜色。

●发光：用来设置不依赖于光照即可显示的颜色，即创建从内部照亮 3D 模型的颜色。

●金属质感：用来设置材质的金属质感度。若将材质设置为“金属－黄金”，此时金属质感为 0，默认效果如图 13－83 所示。将金属质感调整为 40%，效果如图 13－84 所示。

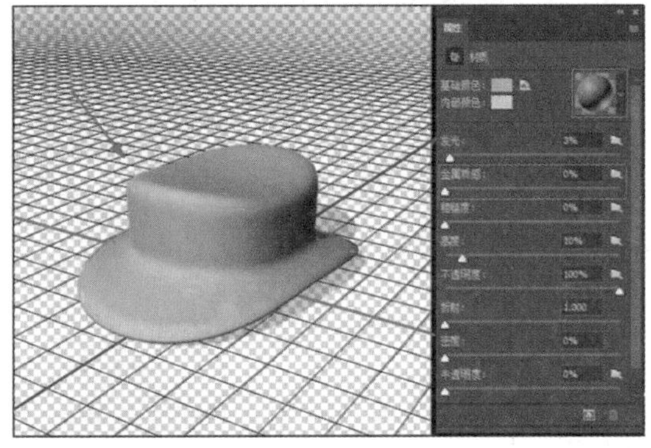

图 13－83

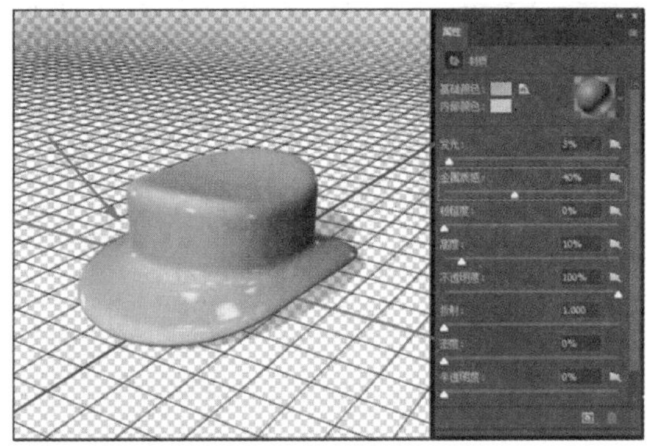

图 13－84

●粗糙度：用来设置材质表面的粗糙程度。

●高度：用来设置材质的高度。

●不透明度：用来设置材质的不透明度。

●折射：若将数值调高可以增强 3D 场景、环境映射和材质表面上其他对象的折射效果。

●密度：用来设置材质的密度。

●半透明度：用来设置材质的半透明度。与“不透明度”的区别是：“不透明度”默认为 100，即完全显示。当“不透明度”为 0 时，3D 模型为完全透明状态，如图 13－85 所示；而“半透明度”默认为 0，即完全显示，当“半透明度”为 100% 时，3D 模型并没有完全透明，效果如图 13－86 所示。

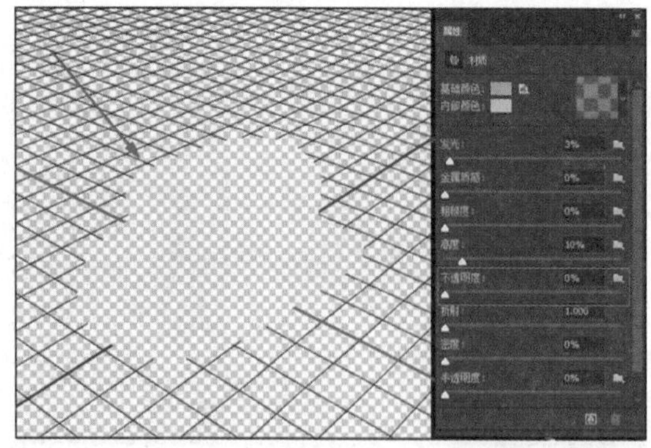

图 13 - 85

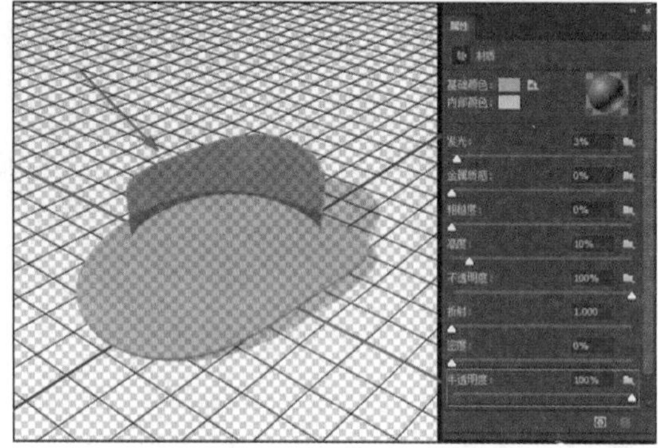

图 13 - 86

●法线：用来设置材质的正常材质映射。

●环境：用来存储 3D 模型周围环境的图像。环境映射会作为球面全景来用，可以在模型的反射区域中看到环境映射的内容。

2 自定义材质

素材文件 第 13 章\13.3\自定义材质.jpg

在 Photoshop 中新建一个空白文档，并创建一个预设的“酒瓶”3D 模型，在“3D”面板中选择“标签材质”选项，如图 13 - 87 所示。然后单击“属性”面板中“基础颜色”右侧的按钮，在下拉列表中选择“替换纹理”命令，如图 13 - 88 所示。在弹出的对话框中找到素材文件夹“第 13 章\13.3\自定义材质.jpg”文件并选中打开，效果如图 13 - 89 所示。

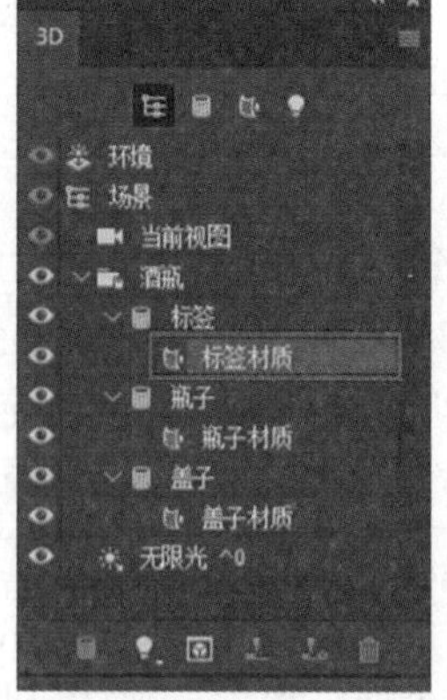

图 13 - 87

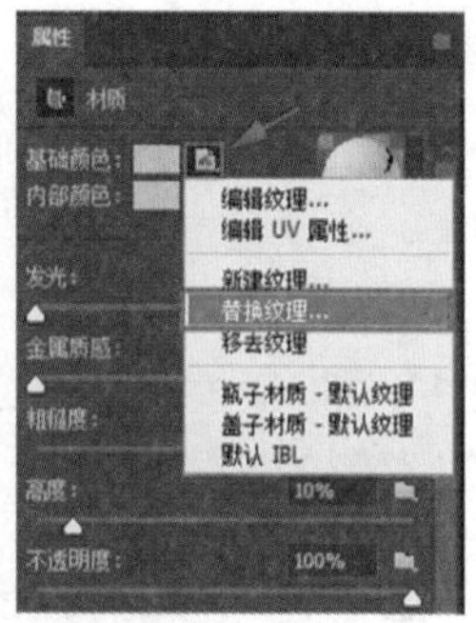

图 13 - 88

图 13 - 89

3 为 3D 模型绘制纹理

Photoshop 中还有一种更加直观的材质设置方法，可直接在 3D 模型上绘制纹理。

直接在 3D 模型上绘制纹理

在 Photoshop 中新建一个空白文档，并创建一个预设的“圆柱体”3D 模型，在“3D”面板中选择“圆柱体材质”选项，如图 13 - 90 所示。在工具箱选择“画笔工具”或其他绘图工具，此时“属性”面板中上方会多出一个“画笔”按钮，单击该按钮后，面板如图 13 - 91所示。

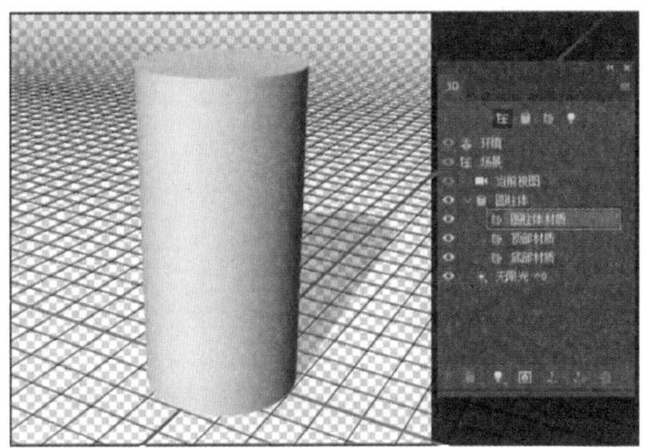

图 13－90

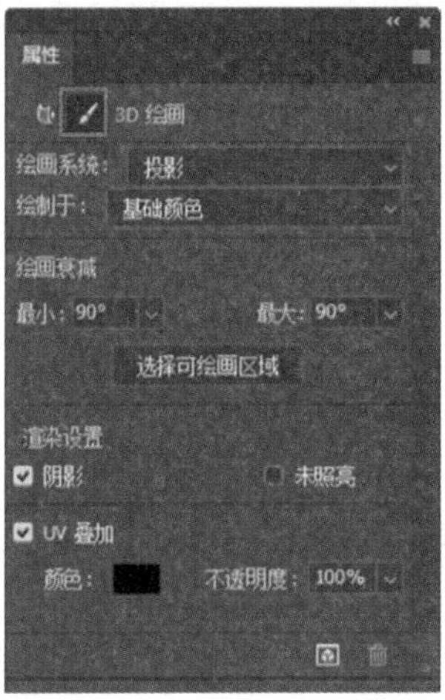

图 13－91

●绘画系统：可以选择将绘画投影到纹理的方式，有“投影”和“纹理”2 个选项。选择“投影”选项，在绘制时会影响到投影，如图 13－92 所示；选择“纹理”选项，只会在所选择的面上进行绘制，不会影响到投影，如图 13－93 所示。

图 13－92

图 13－93

●绘制于：可以选择绘制到 3D 模型的哪一个纹理类型上。默认为“基础颜色”选项，使用“画笔工具”可在 3D 模型上进行绘制。其他选项需要在“材质”中有相应的纹理，且参数不为 0 时才可以进行绘制。

●绘画衰减：可以设置最小和最大角度。“最大”衰减角度在 0°～90°。设置为 0°时，绘画仅应用于正对前方的表面，没有减弱角度；设置为 90°时，绘画可沿弯曲的表面(如球面)延伸至其可见边缘。若设置为 45°时，绘画区域限制在未弯曲到大于 45°的球面区域。“最小”衰减角度设置绘画随着接近最大衰减角度而渐隐的范围。

●选择可绘画区域：可以选择 3D 模型上可以绘画的最佳区域。“可绘画区域”会根据“绘画衰减”的值增大或缩小，较高的绘画衰减设置会增大可绘画的区域，较低的设置会缩小可绘画区域。

●渲染设置：勾选“阴影”复选框，会在画面中显示阴影；不勾选“阴影”复选框，画面中不会显示阴影。勾选“未照亮”复选框，不会显示任何光照效果，且不会显示阴影，使画面内容没有立体效果；不勾选“未照亮”复选框，会显示当前的光照效果，画面内容有立体的效果。

●UV 叠加：勾选复选框后，会在“编辑纹理”或“新建纹理”时显示 UV 映射。

通过绘图映射绘制纹理

在“3D”面板中选中要编辑的面后，单击

“属性”面板的“基础颜色”右侧的按钮，在下拉列表中选择“编辑纹理”命令，如图 13 – 94 所示，会打开如图 13 – 95 所示的文档窗口。

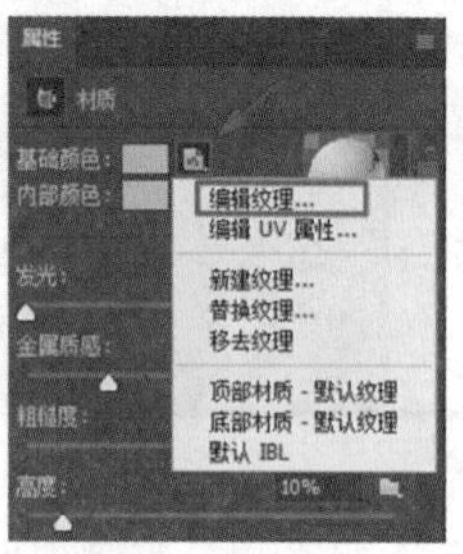

图 13 – 94

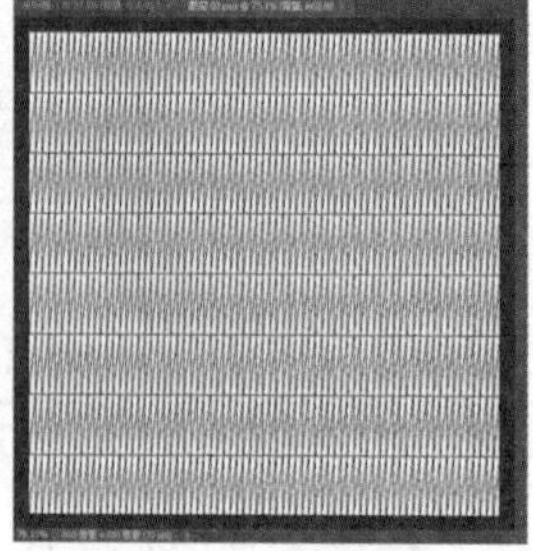
图 13 – 95

单击“窗口 > 排列 > 全部垂直拼贴”命令，文档窗口如图 13 – 96 所示，可以同时观察这两个文档。

图 13 – 96

在工具箱选择“画笔工具”，将鼠标箭头放到右侧的纹理文档中，会发现在左侧的 3D 模型上对应的位置会出现如图 13 – 97 所示的十字指针。在纹理文档绘制的过程中，会在左侧 3D 模型上同时显示绘制的内容，如图 13 – 98 所示。但松开鼠标左键后 3D 模型上就不显示刚刚绘制的内容了，如图 13 – 99所示。在纹理文档中按键盘上的快捷键 Ctrl + S 保存后，绘制内容会映射到左侧的 3D 模型上，如图 13 – 100 所示。

图 13 – 97

图 13 – 98

图 13 – 99

图 13 – 100

在纹理文档画面中的线条是“UV 叠加”，在“属性”面板中默认“UV 叠加”是勾选的状态，如图 13 – 101 所示。如果不勾选该复选框，画面上是一片空白，如图 13 – 102 所示。

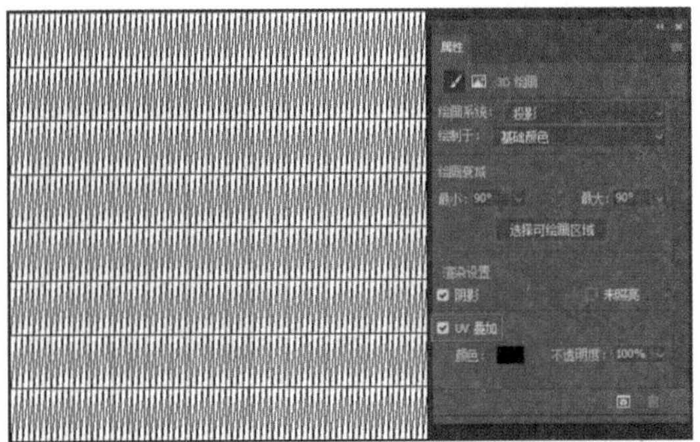

图 13－101

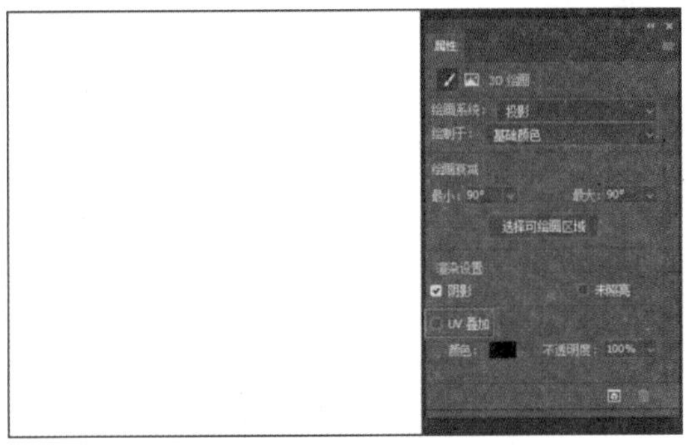

图 13－102

勾选“UV 叠加”复选框后，可以单击“颜色”右侧的颜色块选择线条的颜色，例如选择红色，画面中的线条会显示为红色，如图 13－103 所示。

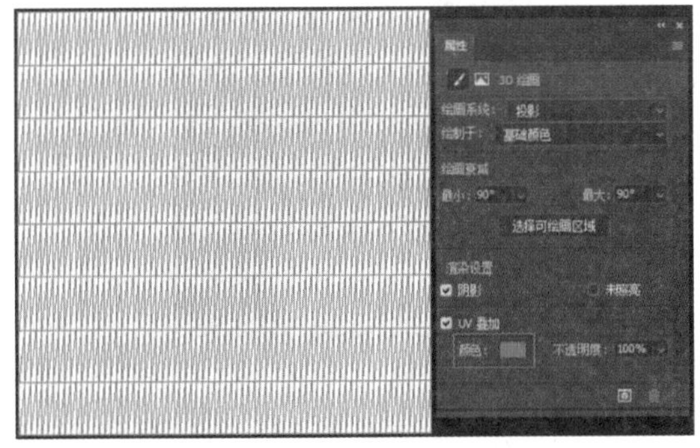

图 13－103

通过“不透明度”可以控制线条的不透明度，例如将“不透明度”调整为 20%，效果如图 13－104 所示；如果将“不透明度”调整为 0，则线条会完全透明，画面会一片空白，如图 13－105 所示。

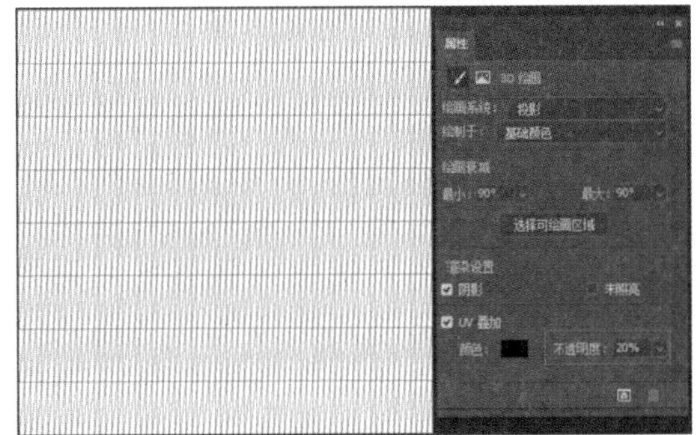

图 13－104

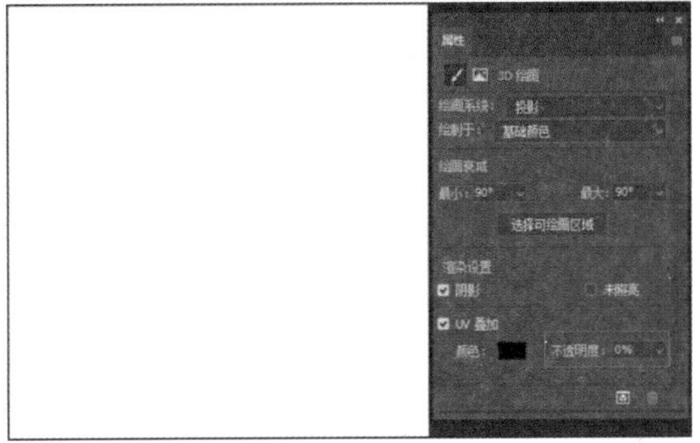

图 13－105

4 3D 材质吸管工具和 3D 材质拖放工具

在 3D 工作区状态下，工具箱会出现“3D 材质吸管工具”和“3D 材质拖放工具”，如图 13－106 所示。

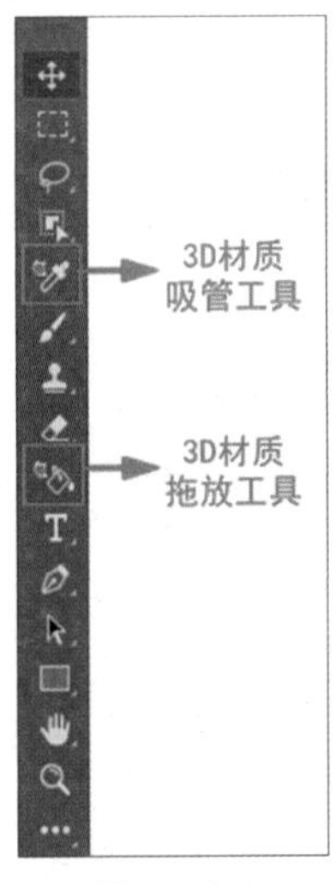

图 13－106

使用“3D 材质吸管工具”可以吸取其他 3D 模型的材质，使用方法和“吸管工具”是一样的，只是“吸管工具”吸取的是颜色，而

"3D 材质吸管工具"吸取的是 3D 模型的材质。

使用"3D 材质拖放工具"可以将选择的材质直接指定给特定的 3D 模型，也可以将 3D 模型的材质载入到材质油漆桶中，供其他 3D 模型使用。

13.3.8　设置 3D 光源

Photoshop 中的 3D 光源，可以使用不同类型，从不同角度照亮 3D 模型，从而使 3D 模型具有更加逼真的深度和阴影效果。

1 创建和删除 3D 光源

在创建了 3D 对象后，会自动出现一个"无限光"选项，使 3D 模型看起来比较明亮，如图 13－107 所示。选中"无限光"选项，单击"3D"面板底部的"删除"按钮，如图 13－108所示，将该光源删除，此时 3D 模型会变暗，如图 13－109 所示。

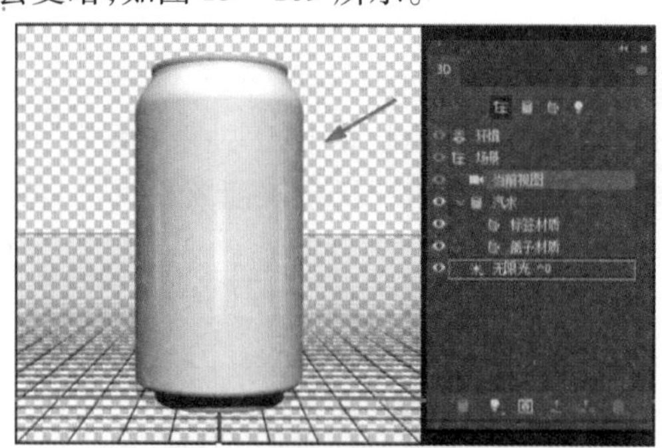

图 13－107

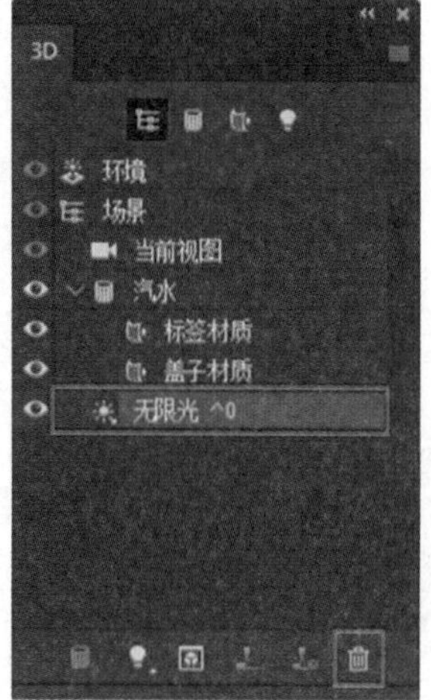

图 13－108

图 13－109

如果想在画面中添加新的光源，可以单击"3D"面板底部的"将新光照添加到场景"按钮，在弹出的下拉列表中选择"新建点光""新建聚光灯"或"新建无限光"命令，如图 13－110 所示，即可在画面中创建相应的光源。

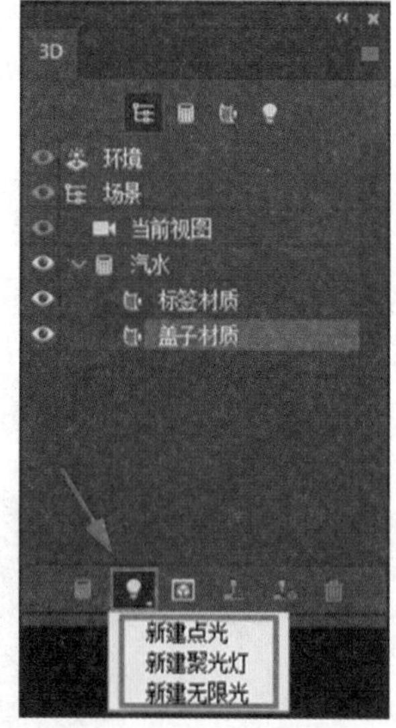

图 13－110

新建点光的效果如图 13－111 所示，新建聚光灯的效果如图 13－112 所示，新建无限光的效果如图 13－113 所示。点光和聚光灯可以通过对其所属的 3D 轴进行操作，实现移动、旋转或缩放。无限光可以通过对其进行拖动实现旋转操作，无限光不能移动或缩放。

图 13－111

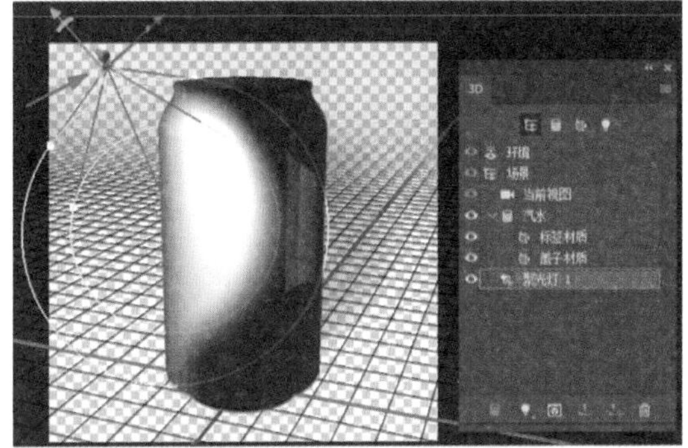

图 13－112

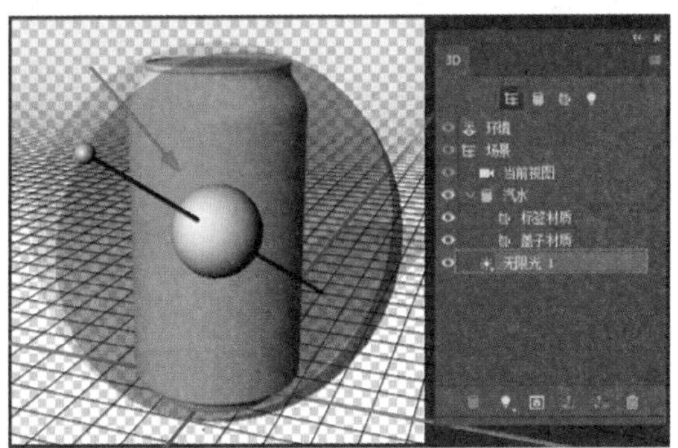

图 13－113

2 设置光源参数

无限光

在“3D”面板选择“无限光”选项，其“属性”面板如图 13－114 所示。

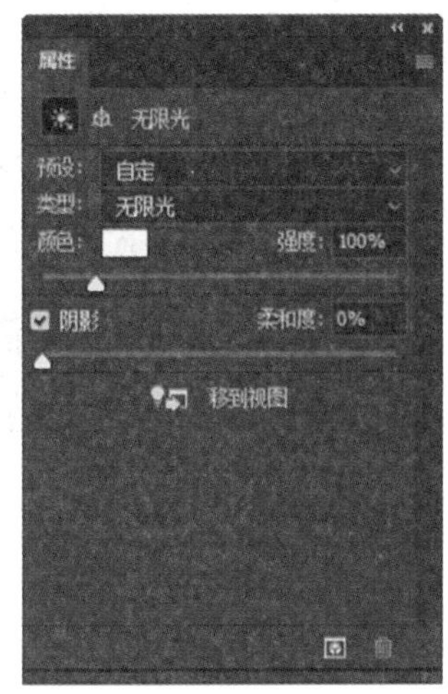

图 13－114

●预设：在下拉列表中包含多种内置预设光照效果，可以按需求进行选择使用。

●类型：可以切换当前光源的类型。

●颜色：单击颜色块按钮，可以选择当前光源的颜色。例如当前的 3D 模型显示为白色，将颜色设置为蓝色后，效果如图 13－115 所示。

图 13－115

●强度：用来设置光照的强度，数值越大，灯光越亮。强度 150% 的效果如图 13－116 所示。

图 13 – 116

●阴影：勾选复选框后，可以让 3D 模型根据光照的方向和强度显示投影，如不勾选，则不显示投影。

●柔和度：用来模糊阴影的边缘，使其产生衰减效果。柔和度 0 的效果如图 13 – 117 所示。

图 13 – 117

●移到视图：单击该按钮，可以将光照移动到当前视图。

点光

在“3D”面板选择“点光”选项，其“属性”面板如图 13 – 118 所示。

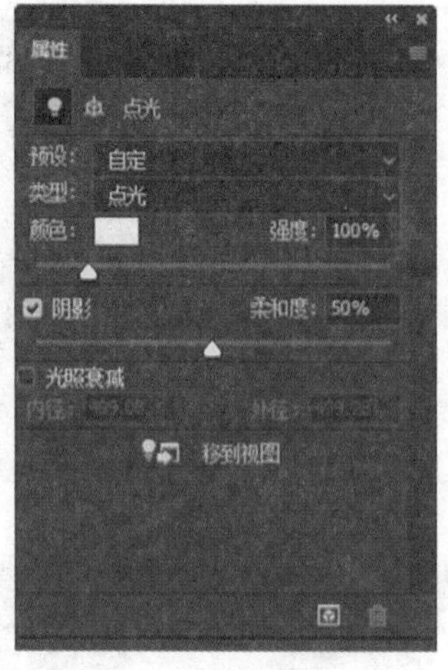

图 13 – 118

●光照衰减：勾选复选框后，可以设置光照衰减区域的内径和外径。图 13 – 119 为未使用“光照衰减”的效果，图 13 – 120 为使用了“光照衰减”的效果。

图 13 – 119

图 13 – 120

聚光灯

在“3D”面板选择“聚光灯”选项，“属性”面板如图 13－121 所示。

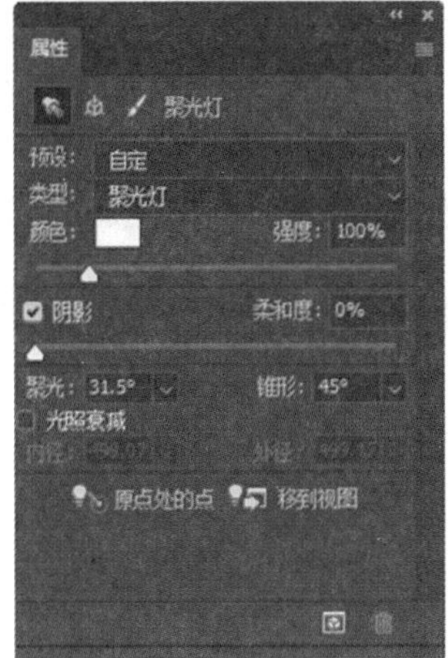

图 13－121

●聚光和锥形：“聚光”用来设置聚光灯的内锥形角度，“锥形”用来设置聚光灯的外锥形角度。如果这两个参数的数值十分接近，光照区域的边缘会看起来比较硬，受光区域和不受光区域分割明显，如图 13－122所示；如果这两个参数的数值差异较大，光照区域的边缘会看起来比较柔和，受光区域和不受光区域过渡较为柔和，如图 13－123 所示。

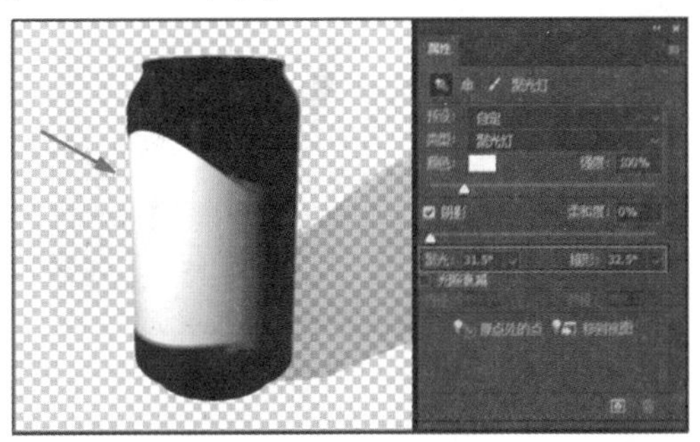

图 13－122

图 13－123

综合案例　制作放在地面上的足球

素材文件　第 13 章\13.3\综合案例.jpg、足球材质.jpg

步骤 01　在 Photoshop 中打开素材文件夹“第 13 章\13.3\综合案例.jpg”文件，新建一个图层，创建一个预设的“球体”3D 模型，如图 13－124 所示。

图 13－124

步骤 02　调整地面网格的位置及角度，使其角度与图片中的地面一致，并将球放置在画面中较清晰的地面上，如图 13－125 所示。

图 13－125

步骤 03　选择“3D”面板中的“球体材质”选项，在“属性”面板中单击“基础颜色”右侧的按钮，在弹出的下拉列表中选择“移去纹理”命令，如图 13－126 所示。然后再单击该按钮,选择“载入纹理”命令,如图 13－127 所示。在弹出的对话框中找到素材文件夹“第 13 章\13.3\足球材质.jpg”文件,选中该图片并单击“打开”按钮,画面效果如图 13－128 所示。

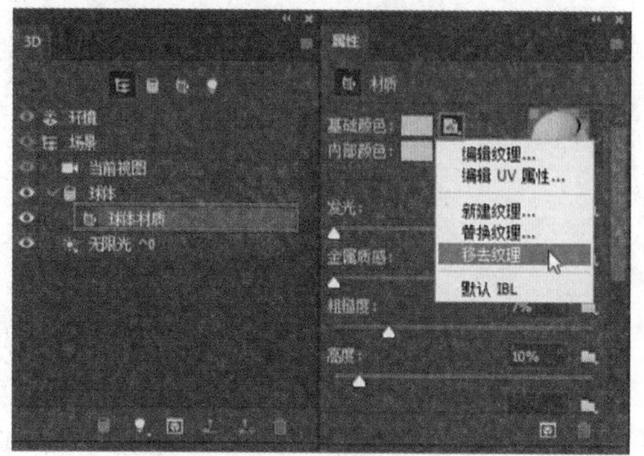

图 13－126

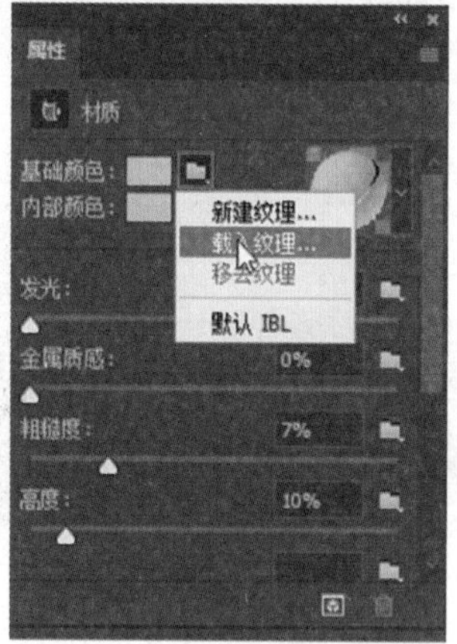

图 13－127

图 13－128

步骤 04 选中“3D”面板中的“无限光”选项,根据画面中的光照来源设置无限光的角度,如图 13－129 所示。

图 13－129

步骤 05 选中“3D”面板中的“无限光”选项,在“属性”面板中勾选上“阴影”复选框,并将“柔和度”调整为 40%,如图 13－130 所示,画面效果如图 13－131 所示。

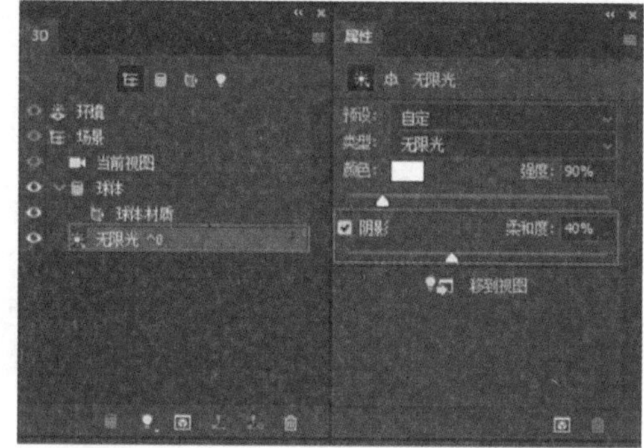

图 13－130

图 13－131

步骤 06 选中“3D”面板中的“环境”选项,单击“属性”面板中“反射”颜色块按钮,在弹出的“拾色器”对话框中选择土地颜色,不透明度设置为 50%,粗糙度设置为 80%,如图 13－132 所示,画面效果如图 13－133 所示。

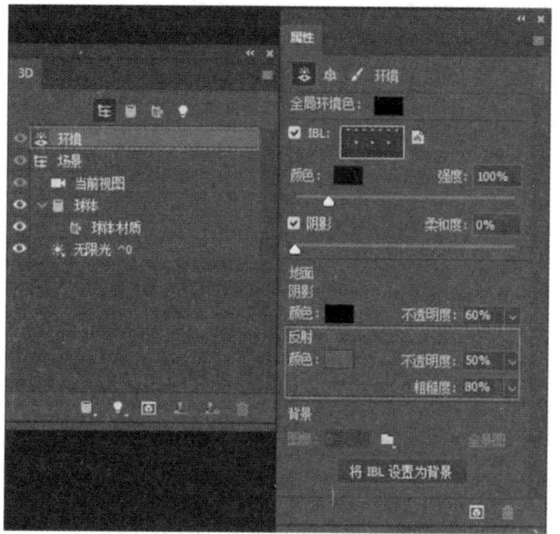

图 13－132

图 13－133

步骤 07 选中“3D”面板中的“环境”选项，单击“属性”面板中“IBL”右侧的按钮，在下拉列表中选择“编辑纹理”命令，如图 13－134 所示。在新打开的文档中，将画面中的白色光点去除掉，整个画面变成纯灰色，按键盘上的快捷键 Ctrl＋S 保存后关闭。画面最终的效果如图 13－135 所示。

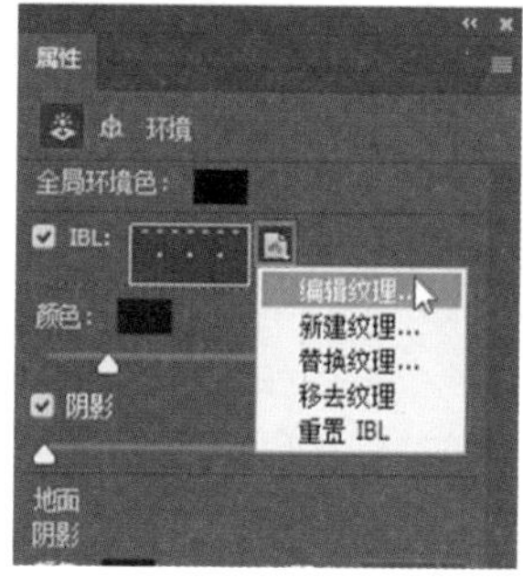

图 13－134

图 13－135

13.4 编辑 3D 对象图层

13.4.1 合并 3D 图层

当一个文档中存在多个 3D 图层时，如果想要合并其中的几个 3D 图层，使它们可以在同一个图层中进行操作，可以在“图层”面板将几个要合并的 3D 图层全部选中，单击菜单栏“3D＞合并 3D 图层”命令；或者直接按键盘上的快捷键 Ctrl＋E 将选中的 3D 图层合并。图层合并后，可以单独处理每个 3D 模型，或者同时在该图层中的所有 3D 模型上使用调整对象和视图的工具。

13.4.2 栅格化 3D 图层

在“图层”面板选中要栅格化的 3D 图层，单击菜单栏“图层＞栅格化＞3D”命令，或者用鼠标右键单击“图层”面板上的 3D 图层，在弹出的快捷菜单中选择“栅格化 3D”命令，即可栅格化 3D 图层。

栅格化的图像会保留 3D 场景的外观，但格式为平面化的 2D 格式，即不能再对其进行 3D 调整。一般在不需要对 3D 图层进行编辑时，才会将其栅格化为普通图层。

13.4.3 将 3D 图层转换为智能图层

在“图层”面板选中要转换为智能图层的 3D 图层，单击菜单栏“图层＞智能对象＞转换为智能对象”命令，或者用鼠标右键单击“图层”面板上的 3D 图层，在弹出的快捷菜单中选择“转换为智能对象”命令，即可将3D图层转换为智能对象图层。

将3D图层转换为智能对象图层后，可以保留包含在3D图层中的3D信息，重新打开智能对象图层即可继续编辑原始3D场景，应用于智能对象图层的变换或调整，都会随之应用于其中的3D内容。

13.4.4 从3D图层生成路径

在“图层”面板选中3D图层，单击菜单栏“3D>从3D图层生成工作路径”命令，即可将当前3D图层中的3D模型轮廓生成工作路径。

13.5 存储、渲染与导出3D对象

13.5.1 存储3D对象

将包含3D对象的文件存储为PSD、PSB、TIFF或PDF格式，即可完整保留3D模型的位置、光源、渲染模式和横截面等属性。

13.5.2 渲染3D对象

在完成了3D对象的创建和编辑后，可对其进行渲染，使画面效果更加细腻丰富。

1 渲染设置

单击“3D”面板中的“场景”选项，可以在“属性”面板设置其渲染样式，如图13-136所示。

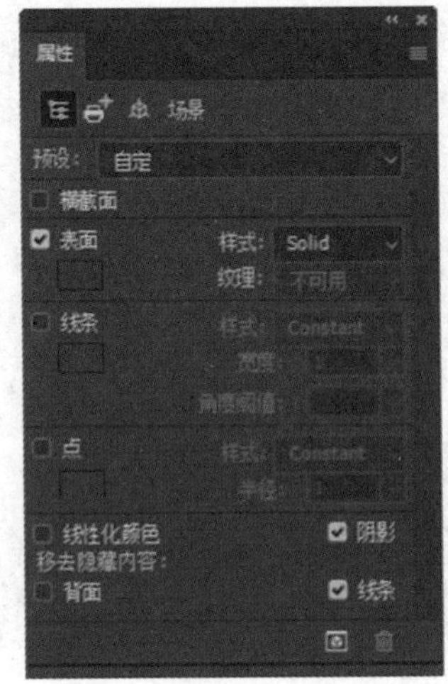

图13-136

●预设：在下拉列表中Photoshop提供了多种渲染预设，可根据需求进行选择使用。

●横截面：勾选复选框后，会启用横截面来选择添加切片的轴，设定切片的位移及倾斜角度。

●表面：勾选复选框后，会启用表面渲染。Photoshop提供了11种表面的样式，可以根据需要进行选择使用。

●线条：勾选复选框后，会启用线条渲染。Photoshop提供了4种线条的样式，可以根据需要进行选择使用，并且可以调整线条的颜色、宽度和角度阈值。

●点：勾选复选框后，会启用点渲染。Photoshop提供了4种点的样式，可以根据需要进行选择使用，并且可以调整点的颜色和半径值。

●线性化颜色：勾选复选框后，会以线性化显示场景中的颜色。

●阴影：勾选复选框后，会在画面中显示投影；如不勾选，画面中不显示投影。

●移去隐藏内容：勾选“背面”复选框，将移去隐藏的背面；勾选“线条”复选框，将移去隐藏的线条。

2 渲染 3D 对象

将 3D 对象编辑完毕后，单击菜单栏“3D > 渲染 3D 图层”命令，或单击“3D”面板或“属性”面板底部的“渲染”按钮，如图 13 - 137 所示，可对画面进行渲染。在画面中不包含选区的情况下，Photoshop 会渲染整个画面。

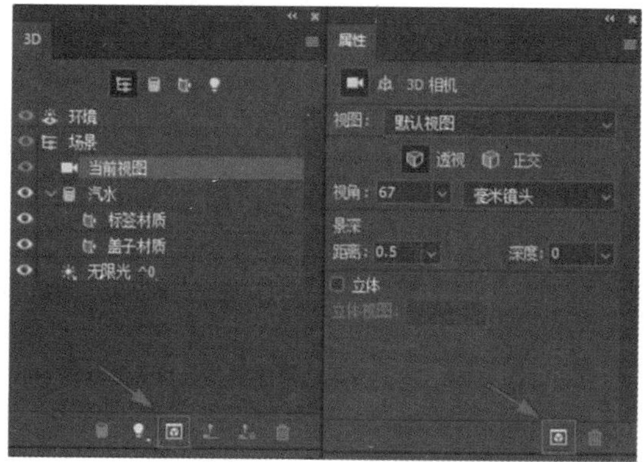

图 13 - 137

如果在渲染的过程中进行了其他的操作，Photoshop 会强制终止渲染操作。单击菜单栏“3D > 恢复渲染”命令，可重新进行渲染。

13.5.3 导出 3D 图层

选中“图层”面板中的 3D 图层，单击菜单栏“3D > 导出 3D 图层”命令，可以在弹出的“导出属性”对话框中设置要导出的 3D 文件格式和纹理格式及其他相关参数，如图 13 - 138所示。设置完成后，将选中的 3D 图层保存为独立的 3D 文件，并可以在专业的 3D 软件中打开编辑。

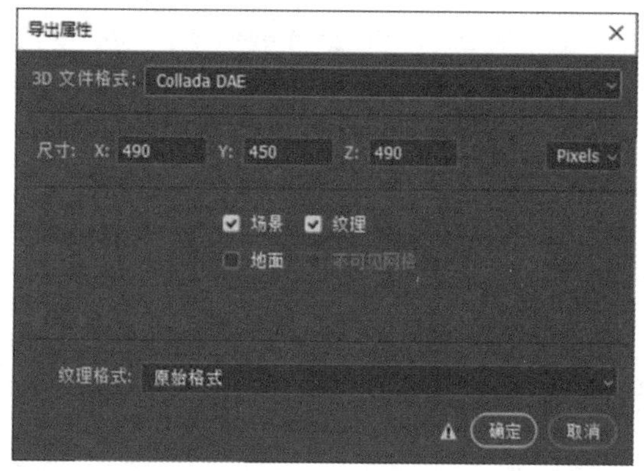

图 13 - 138

13.6 结课作业

酒瓶包装设计。

1. 可以使用预设 3D 模型的“酒瓶”，也可以自己绘制。

2. 使用本章所学的内容为酒瓶的包装部分绘制纹理。

CHAPTER 14

设计灵感开发

本章导读

14.1 关于设计灵感

设计是指设计师有目标有计划地进行技术性的创作与创意活动。设计的任务不只是为生活和商业服务，同时也伴有艺术性的创作。灵感也叫灵感思维，是指文艺、科技活动中瞬间产生的富有创造性的突发思维状态。通常搞创作的学者或科学家常常会用灵感一词来描述自己对某件事情或状态的想法和研究。

爱迪生说“天才是百分之一的灵感，加上百分之九十九的汗水”，但这百分之一的灵感往往是来之不易的。作为一个设计师，或者正在学习设计的学生，灵感就像是灵魂，如果没有灵感，做出的任何设计都像是没有灵魂的空壳。

灵感来源于生活。如果想要将自己的感觉通过作品传达出去，那么，首先要去感知我们生活的这个世界。每个人感知世界的方法都不相同，如旅游、摄影、观看电影等。

灵感是一个人的经历，包括生活体验、学历背景和心路历程等，没有什么东西能够凭空产生，灵感也一样，就像是没有一个化学反应是不需要反应物就能够产生结果的。好的灵感大都来源于伟大的创新和成就，再厉害的设计师也无法单纯地只依靠自己的大脑去获得灵感。

每个设计师都会有灵感缺失的时候，设计师也需要可以不断获得灵感的方式。在没有灵感的时候，切忌坐在座位上一动不动地苦思冥想或者单纯地发愁，要让自己动起来，无论是分析需求发散思维进行头脑风暴，还是去查阅资料，抑或去观看他人的优秀作品进行参考，也可以到户外去观察大自然中神奇的形状或颜色组合，都有可能会得到一些灵感。

14.2 灵感获取方法

14.2.1 头脑风暴

无论是客户或老板给的工作任务，或者是老师布置的设计作业，在正式开始做设计之前，设计师或学设计的学生都会得到一个“主题”，也就是所谓的“需求”。在确定设计主题后，如果没有什么灵感，可以拿出纸笔，或打开电脑上的思维导图软件，根据主题进行分析，发散思维进行头脑风暴，而不是在自己什么想法都没有的时候盲目地去看参考或找素材。

例如要做一个店庆促销广告图，先发散思维去提炼关键词，天马行空地去发散，不要限制自己的思维，把想到的都记录下来，然后将这些关键词以图像的形式画出来，画得不好没有关系，只要自己能看懂就可以。再根据自己的草图在电脑上进行绘制，或去寻找素材，将这些零碎的设计元素随机组合，会得到意想不到的效果。

14.2.2 参考借鉴

灵感是不会突然出现的，有时需要外界的刺激才行。

在确定主题后，如果在经过头脑风暴后依然没有灵感，要先清晰地知道自己大概要做哪个方向或哪种风格的设计，然后去设计网站上寻找相关的设计作品作为参考。寻找参考的过程其实就是灵感汇聚的过程。不断地在既定的信息上做筛选与过滤，在看见别人设计作品的同时，会刺激大脑，让大脑产生想法，找着找着就会慢慢有了想法，看着看着就会逐渐找到灵感。

借鉴是设计师必须学会的技能，任何人的设计都不是独一无二的，都可以在这个世界上找到原型。无论是借鉴他人的作品，还是借鉴大自然，都是在借鉴中寻找灵感。

作为设计新手，在最初开始“借鉴”的时候，大多是为了图省事，往往会不动脑子直接把别人的创意拿来用。而这种最初级的“借鉴”，其实就是所谓的“抄袭”。就像市面上的那些山寨品牌，除了一些文字上的细节，和真正的品牌方的包装外观几乎一模一样。例如“康师傅”和“康帅傅”、“雪碧”和“雷碧”、“奥利奥”和“澳丽澳”等等。

想要不被认定为“抄袭”，就要多动脑子，不要直接把别人的作品拿过来改个细节就当作是自己的作品了。可以通过头脑风暴找到关键词，在现实生活中找到该关键词的原型，使用手机或相机将其拍摄下来，或者去网上搜索相关的图片，然后在电脑软件，如本书所讲的 Photoshop 中对其进行简化、提炼，即使用最简单的方法来做，也不会构成“抄袭”。

下面为大家推荐一些设计网站。在这些网站上，有很多优秀的设计作品，大家可以根据自己的需求进行搜索并参考借鉴。

1 优秀设计作品参考类网站

https://huaban.com/ 花瓣网 创意灵感天堂

https://www.zcool.com.cn/ 站酷 中国设计师最常上的网站

https://www.gtn9.com/ 古田路 9 号 国内案例分享类网站

https://www.designspiration.com/ Designspiration 灵感设计资源库

https://ello.co/ Ello 全球创意工作者的作品发布社区

https://www.awwwards.com/ Awwwards 网页设计展示平台

https://bestwebsite.gallery/ Best website gallery 网页设计大集合

https://www.csswinner.com/ CSS Winner 网站设计资源网站

http://bm.straightline.jp/ Webデザインリンク集 日本的优秀网页赏析网站

https://theinspirationgrid.com/ Inspiration grid 全球艺术品大集合

2 LOGO&ICON 设计作品网站

http://www.instantlogosearch.com/ Instant Logo Search 著名公司的矢量 LOGO 下载

http://www.logobook.com/ Logobook LOGO 参考网站

https://logopond.com/ Logopond 国外优秀 LOGO 作品展示网站

3 配色类网站

https://colorme.io/ ColorMe 简单直接的在线调色网站

https://uigradients.com/ uiGradients 渐变色配色网站

https://colorsupplyyy.com/ Color supply 扁平化 UI 配色方案一键生成网站

https://www.palettable.io/ Palettable 可以根据用户喜好自动选择配色方案的网站

4 字体类网站

https://www.likefont.com/ 识字体网 在线图片字体识别网站

https://www.thetype.com/ The Type 字体资讯类网站

https://fontsinuse.com/ Fonts In Use 字体的商用实例网站

5 设计资讯类网站

http://www.voicer.me/ Viocer 分享生活和设计的美学

https://www.topys.cn/ TOPYS 创意内容平台

https://www.japandesign.ne.jp/ JDN 日本新鲜设计资讯

https://www.artupon.com/ Art UPON 全球艺术家推荐的灵感发现中心

14.2.3 日常积累

除了以上两种获取灵感的方法外，日常的积累也是必不可少的。做设计不能单纯依赖突然出现的灵感，灵感来源于日常的积累和自己的认知层次。

一个人的认知层次和他受过的教育、生活的环境及所见所闻等都密不可分。每个人的大脑对事物的认知都不一样，任何人的行为和思维都与其自身的认知有关。设计也一样，一个人的认知层次决定了他的思维方式，同时也决定了他的设计创意。

平时可以多看些书，来拓宽自己的认知范围。但看书也不要局限于专业书籍，只看专业的书籍很容易固化自己的思维和认知。对于设计师而言，知识的范围越宽越好，灵感有时就来源于专业以外的认知。

除了多看书，还可以多向比自己层次高的人去学习、请教。在设计行业里，前辈的知识和见识都十分丰富，只要虚心求教，就可以快速地解决很多自己无法理解的问题或困惑。最明智的做法就是花钱去报大师的课，花钱就是连接大师的一个机会，一个能够名正言顺得到大师指点的机会。牛顿曾经说过“如果说我比别人看得更远的话，那是因为我站在了巨人的肩膀上”。想要比别人看得更远，就要站在巨人的肩膀上，想要比别人设计得更好，就要得到大师的指点。

无论是看书、看作品还是看课程，都需要做笔记，并将其整理出来。笔记能够把知识记录下来，方便以后随时观看。整理笔记就是提炼精华，把他人的知识转化为自己的知识。看作品不能只是简单地走马观花地看一遍，不仅要看，还要学会对作品进行分析，从作品的创意点、构思、设计理念、排版、设计元素、表现手法、色彩搭配等方面去进行思考。我们要去思考的东西远远不只是眼前的一份设计作品，更多的是背后的设计逻辑与思维。当学会了如何对作品进行分析，就可以完成任何设计项目。学会分析技能比学会再多的软件都要实用。

14.3 常用素材来源

作为一个设计师，除了需要灵感外，源源不断的素材也是必须的。下面为大家推荐一些素材网站，大家可以根据自己的需求在这些素材网站上进行搜索并下载使用。

1 综合素材网站

https://www.58pic.com/ 千图网 免费设计图片素材网站

https://ibaotu.com/ 包图网 原创商用设计图片下载网站

https://588ku.com/ 千库网 免费 png 图片背景下载网站

http://www.nipic.com/index.html 昵图网 原创素材共享平台

http://www.51yuansu.com/ 觅元素 设计元素的免费下载网站

https://www.88tph.com/ 图品汇 免费素材模板图片网

https://stock.tuchong.com/ 图虫创意 正版素材网站

https://www.hituyu.com/ 图鱼网 100% 完美平铺的底纹素材网

http://thepatternlibrary.com/ The Pattern Library 可以随机生成背景底纹的网站

2 ICON 素材网站

https://www.iconfont.cn/ Iconfont 阿里巴巴旗下免费图标库

https://www.iconfinder.com/ ICONFINDER 全面的 icon 下载网站

https://thenounproject.com/ Noun Project 海量 ICON 和图片免费下载

3 图片素材网站

https://699pic.com/ 摄图网 正版高清图片免费下载网站

http://www.huitu.com/ 汇图网 正版商业图库网站

https://www.pexels.com/ Pexels 免费高清图片下载网站

https://unsplash.com/ Unsplash 免费高清图片下载网站

https://visualhunt.com/ Visual Hunt 免费图片下载网站

https://pixabay.com/ Pixabay 免费图片分享社区

https://500px.com.cn/ 500px 全球著名摄影师的作品展示和售卖网站

https://magdeleine.co/ Magdeleine 免费高清灵感图片网站

http://pngimg.com/ PNG images PNG 格式图片下载网站

4 字体类网站

https://www.fontke.com/ Fontke 国内的字体下载网站,字库全面

https://www.hellofont.cn/ 字由 全面的中文字体下载网站

当然,并不是说使用这些网站就一定是搬运素材。学会作品分析技能,合理使用这些网站,对其中的素材或作品进行分析,自己也会慢慢地成长起来。

CHAPTER 15

致新人设计师的信
——设计师市场
经验分享

刚刚进入设计行业或正打算进入设计行业的新人们，对“设计师”这个职业的发展方向或前景应该不是很清楚，我们特意邀请了几位设计师，将他们的从业经验进行了分享。

1 来自汤臣杰逊创始人兼 CEO 刘威的信

各位设计新人大家好，我是刘威，汤臣杰逊的创始人兼 CEO，很感谢涵品教育的邀请。

汤臣杰逊成名于中国南方，是目前中国炙手可热的品牌视觉创作机构，被公认为“不一样的新视觉创作，能决定品牌在用户心中的评价”。汤臣杰逊独特的“新视觉创作结构”，即差异化创作思维和戏剧化设计张力，使品牌一看就与众不同，让目标客群目不转睛。3 年来已助力 23 个品牌占据了类目前 3 名，5 年来服务超过 500 个新锐品牌。

汤臣杰逊之所以与众不同，是因为多年来沉淀了独特而清晰的要求和追求。其中几个关键词语需要重点解析一下，无论新旧伙伴们都需要时刻记在心中。

怎么理解汤臣杰逊的“新视觉”？

经典（旧）视觉时代定义为：空间性视觉。

讲究和顾客的距离空间（甚至高高在上，距离产生美），需要很强的画面质感。讲究想象的空间大，含义深邃；一般的创作模式很容易同质化（很多大牌或者科技产品之间，都很像）。

移动（新）视觉时代定义为：互动性视觉。

因为移动互联改变了视线距离，所以更讲究和顾客的紧密关系，用戏剧化的表达传递方式更生动（趋势是更动态的）；极其讲究情感的互动，画面含义需要更直接但感受更饱满。

以紧抓顾客的新鲜感，不断创新互动场景或情境，来破除同质化，获取竞争先机。

所以新视觉延续了经典视觉的“高质感”和“强冲击”，发展了“戏剧性”和“互动性”。

怎么理解汤臣杰逊的“戏剧化”？

汤臣杰逊的“戏剧化”核心概念是：陌生性（新奇）+ 触动性（动人）= 感官及情感吸引和兴奋。

那么“陌生性（新奇）”怎么理解呢？比较清晰而准确的理解就是“情理之中，意料之外”。情理之中在我们的创作中理解为“符合品类和品牌特征的，并紧密关联差异点的”创作思维起点。意料之外就是“和消费者（及竞争对手）通常所习惯、所想象的品类或品牌表达方式不同”，与众不同，创新制胜。色彩、布局、景深、情节、人物、道具等等都可以成为“陌生性”视觉的元素组成部分。

触动性更好理解，取决于你对消费者心理的了解。从创作意义上讲，触动性是一种“程度标准”。无论是电影、建筑、雕塑、绘画等，和所有视觉作品一样，不仅满足于观众的接受，而是追求能让观众情感动容的程度。也就是看了你的作品，观众不但获取了品牌的差异化信息，而且或因包袱欢乐了，或因故事泪目了，或因画面惊艳了，甚至少女心泛滥了等等，动到心了就忍不住分享了。

事实上“戏剧化演绎差异化”并不是公司稀奇古怪、心血来潮的特殊要求，而是作为一个视觉创作者必须的追求，通向成功的阶梯。公司只是有责任提供一个三观正、氛围好的平台，我们一起真正体验到职业的乐趣和找到自身的价值。

怎么理解“差异化”？

汤臣杰逊所坚持的“戏剧化演绎差异化”中的差异化有两层含义。

第一是我们客户的品牌所具有的差异点。一般由客户提供给我们，而我们负责用戏剧化的方式，将其放大化、形象化、生动化，使其更有独特性和吸引力，这就是将差异点变成差异化的过程。当然，如果我们在消费者和竞争者的研究过程中，发现客户的品牌差异点实在不具备竞争力或有风险，甚至是连创作部门都无法表现的差异点，那么我们策划部和客户部的同事，可以帮助客户重新提炼或调整其品牌的差异点，并向客户建议。

第二是无论客户的差异点有多么普通，我们都要用汤臣杰逊独特的戏剧化方式，将其精彩演绎，这是我们的职责，也是汤臣杰逊的差异价值和追求。

另外，我们公司自身也处于市场竞争之中，全体伙伴也要聚力于戏剧化地演绎我们公司的差异点，用汤臣杰逊本身健康快速发展的案例，感染到我们的客户，这是最有说服力的！

致热爱设计的你们

汤臣杰逊创始人兼 CEO 刘威

2 来自楷意品牌设计顾问创办人兼创作总监郭玉龙的信

各位设计新人大家好，我是郭玉龙，楷意品牌设计顾问创办人兼创作总监，很感谢涵品教育的邀请。

楷意是一家专业的品牌设计顾问公司，长久以来以“洞察研究 + 创意概念 + 整合设计”的专业理念，提供品牌策略与美学整合服务，作品获得国内外众多奖项。除了建立品牌形象外，还以品牌管家自居，持续的品牌设计管理成功协助成长型的国际或本土优秀企业成为其领域中的楷模企业。

我是一名平面设计师，自 2007 年毕业以来一直从事品牌识别设计与传播工作，毕业后次年只身前往上海，在上海工作了 5 年。在这期间，曾在沪上多家知名设计公司任职，其中包含品牌全案、广告传播、影视传媒、互动广告等，积累了多方面的经验与眼界，尤其在茶叶和烘焙行业积累了丰富的行业洞察与思考。之后回到郑州，一心钻研品牌设计咨询，博采众家之长，通过各行业实战积累，确立了相应品牌观念、流程方法以及工具。3 年后成立公司，现为楷意品牌设计顾问创作总监。

在公司方面，我主张以“管理为主，设计为辅，内外部团队结合”为核心的设计理念。设计方法上主张深入洞察，耐心整理，不靠灵感，用逻辑和理性应对变化的情感与感性。

我曾经服务过古北物业、复星物业、优酷、网易、中国银行、秦山核电站、多力葵花油、日东电工、泰凌制药、河南博物院等多家国内外知名企业。作品曾入选 Tokyo TDC Vol. 26 东京字体设计年鉴、金食奖金奖、“嗨品牌”品牌形象类优异奖、第九届澳门设计双年展公开组。2015 年受邀参加台湾 NEW - VISION 亚太杰出海报邀请展、第二届中国设计大展。参加或获得了 APD 亚太设计年鉴、国际设计年鉴、CTA - 亚洲创意对话、Orient Sense 意东方等设计展览与奖项。

楷意品牌设计顾问扮演的角色也是我认为作为一个优秀的设计师应该扮演的角色。

●我们是局外人更是局内人

企业人习惯于从自身角度看待市场，而我们则更多的是从市场的角度反观企业问题，以市场事实为依据，帮助寻找解决方法。

●我们是设计人也是企业人

我们不但用专业知识、系统理念与实操技巧，为企业提供实效的设计顾问服务，还要深入企业即市场一线，成为现场指导者和具体问题的解决者。

●我们是老师也是学生

唯有将我们的专业设计知识和经验与客户的行业特性、企业特性以及产品特性有机融合，才能收到实际效果。

●我们是教练也是球员

我们除了“比赛”前指导和现场指挥之

外,还要经常下场充当“替补队员”,甚至主罚关键的“点球”。

●我们是编导也是演员

我们编导过太多精彩的企业市场之“戏”,我们也担当过太多、太杂的戏中角色,无论怎样的角色,我们都能缔造精彩!

●我们是向导也是同行者

我们既要协助企业(客户)辨明市场方向,确定行动轨迹,还要与客户携手共进,共同跋涉(长期贴身服务),共同排除路上险阻,携手抵达事业目标。

●我们出卖脑力也出卖体力

连续几十小时的头脑激荡和彻夜不眠的苦思冥想,成为我们的“理所应当”。同时,市场深度走访和贴身服务过程中的体力之苦也远非常人想象。

●我们打短工也做长工

视企业的实际需求不同,我们的服务方式也不同,既有单点提升的短活儿,也有长期贴身的长活儿……

致热爱设计的你们

楷意品牌设计顾问创办人兼创作总监郭玉龙

3 来自喜鹊包装实验室创始人兼首席设计师齐树伟的信

各位设计新人大家好,我是齐树伟,喜鹊包装实验室创始人兼首席设计师,很感谢涵品教育的邀请。

喜鹊包装设计实验室拥有众多世界五百强客户及正在崛起的本土客户,是当下炙手可热、极具商业价值的包装设计团队。我们注重包装的完整性,擅长既具有国际化前沿意识,又体现中国文化特色的风格,坚持“做全球都能看懂的中国设计”,是设计界难得一见的国际化本土团队。公司的服务内容包括包装设计、品牌设计和营销策略。

我从 1999 年正式进入设计行业,2003 年进入 4A 公司,于 2005 年创立北京麦禾广告有限公司至今,已成为拥有最多世界 500 强客户的本土设计公司;继而于 2019 年创办喜鹊包装设计实验室,专注高端包装领域。

我是实战派设计师,注重商业效果与绝佳视觉的平衡,曾获得过多项全球大奖(德国国家奖、iF 奖及意大利 A 设计奖等)。但我始终认为设计师除了获奖之外,应该做到“颜”之有物,通过视觉提升为客户带来更多。做设计二十余年,通过不遗余力地为品牌增光添彩,已成功将多位客户从 0 开始服务直到全球行业顶级(中国华信、姚明慈善基金及极限运动等),是众多世界五百强企业信任和一再选择的优秀合作伙伴。

我的设计理念更加注重实效与美学的平衡,并善于将东方文化与西方韵味进行极致交融,设计出的作品强调“大中国的味道”,追求色彩与古典元素融合带来的强烈视觉效果,同时完成面向市场的品牌表现力。

我们曾服务的客户包括 CFA 协会(美国)、施耐德电气(法国)、埃森哲(《财富》世界 500 强企业)、中国华信(《财富》世界 500 强企业)、罗兰贝格(《财富》世界 500 强企业)、恩布拉科(巴西)、巴可(比利时)、鼎石(美国)、飞维美地(美国)、海格电气(德国)、宝马中国、国家电网、国家商务部、姚基金、姚明篮球俱乐部、蒙牛、北京师范大学、香港能源基金会、新浪网、李宁、华谊兄弟、智联招聘等,欢迎大家到我们的官网 www. gagapica. com 去观看我们的设计作品。

致热爱设计的你们

喜鹊包装实验室创始人兼首席设计师齐树伟

4 来自力正设计创始人王凯的信

各位设计新人大家好,我是王凯,力正设计创始人,很感谢涵品教育的邀请。

力正目前还是一个非常年轻的团队,目前公司的业务是以品牌策划和电商视觉设计、包装设计为主。我们一直秉承诚信是我们的原则，利润不是我们追逐的唯一目标，希望与合作企业共同成长。

目前公司业务主要是品牌策划、电商视觉设计和包装设计这 3 块。

我认为一份好的品牌设计作品应该有以下几个特点。

●要有准确的定位：每一个企业都会有自己的特点以及目标受众，所以在给企业进行品牌设计的时候需要站在自身特点和受众群体去考虑，与此同时把设计的内容拓展到其市场定位和目标人群。

●具有创新性：任何一个时代都是非常重视创新的，在品牌设计领域尤其如此。任何一个无法为客户带来创新的品牌设计都很难获得好的市场反应，并且也无法给消费者一种耳目一新的感觉。

●需要充分研究不同层次的消费者需求。

接下来就一些常见的问题并结合我们的经验，为大家进行解惑答疑。

①电商是时下最热门的销售途径，设计师如何用自己的专业赋能商业，为产品带来溢价？

在现今的互联网时代，设计已经不再只是单纯的设计，而是商业背后的巨大推动力。如何更好地体现出产品的核心卖点，如何抓住客户的眼球，如何刺激客户去购买等等，那么解决这些问题就是设计师的任务了。如何让客户感觉这个东西与众不同，从文案到宝贝描述的页面中间有太多的距离。而在这个过程中，如果没有把对设计的深刻理解成功转化并强化，同一个产品设计出来，可能最终的结果是天壤之别。

②作品的风格和灵感的来源如何进行处理？

这个可能是令新手小白头疼的事情。其实每次的设计案例我们也没有刻意使用某个色系，可能拿到的很多产品都比较适合同一个风格，然后日积月累同样的风格就越做越多了。当然我们也比较喜欢低饱和度的马卡龙色，这种色系能够让人们感到甜美和干净，在商业上运用也得到了很好的效果。低饱和度的马卡龙色的灵感很多是来自产品本身的色系。我们在使用颜色时尽量做到与产品色有关联，这样整体视觉效果会好很多。

平时的作品灵感来源更多的还是多看，在看优秀作品的同时收集好的作品，然后建立自己的素材库（我喜欢叫小金库）。

③对于店铺首页、详情页，设计师有什么自己的看法？这类内容要做得出彩需要注意哪些方面？

●了解产品，把玩产品。对于设计师而言，了解产品是非常有必要的。因为只有了解产品的基本作用，与产品产生感情，才能够更加准确地进行设计和规划。

●进行必要的市场调研。知己知彼，才能够百战不殆。要想让你的详情页更容易被用户接受，更符合用户的需求，设计师需要在设计宝贝详情页之前，开展充足的市场调研。

●准备策划设计风格。在整个设计过程中我们大部分时间会用在策划上，真正进行设计实现之前，我们会把所有的内容都策划好。有时如果一个项目是 10 天时间，我们会用 6 天做前期准备，1 天做调整，最后 3 天用技术手段实现。

④面对于 VI、包装、电商平面设计这类面向大众的创作，是否需要迎合顾客审美呢？

这个肯定需要的，因为无论是 VI、包装还是电商平面设计，我们最终服务的是顾客。所以在我门专业的基础上，还是要迎合顾客的审美。

⑤对于电商品牌策划及视觉设计而言，新手和高手的设计主要区别在于哪些地方？

新手和高手的区别在于策划创新和细节

的处理。新手往往挖掘不到更深层次的东西，而高手一般项目经验比较丰富，对每个项目剖析得会更加深刻，能挖掘出新手察觉不到的内容。当然这个也没有高低之分，我认为更重要的还是用心程度。

⑥对于刚刚进入电商设计圈的朋友们有什么建议？最初做设计，迷茫时应该如何解决？

●软件要精通，任何想法都是要靠技术来实现的。

●要看大量的优秀作品，并从中得到启发，学习别人的技巧和创新点以及表现形式。

●心态要好，不能浮躁，静下心来多思考。

⑦日后的发展趋势会是如何？

品牌是商业发展的重要战略。近几年随着网络发展不断颠覆着大众的消费意识与形态，从传统线下转到电商互联网，再到当下火热的直播，这也就直接带来了品牌营销理念的巨大变革。但是不管怎么变化，我们还是要以人为本，在品牌设计的过程中，挖掘消费者习惯是基本，引导消费者习惯才是成功。

致热爱设计的你们

力正设计创始人王凯

5 来自电商插画师马小槐的信

各位设计新人大家好，我是马小槐，是从事电商行业的插画师，主要负责美的生活小家电的一些主页设计和日常的传播等插画的设计，这次很感谢涵品教育的邀请。

随着电子商务行业的发展，插画也在电商行业中普遍应用，每年的“双十一”“618”等重大节点，往往都是插画和 C4D 两开花，将各种精彩的页面呈现在消费者面前。在电商设计行业里，每年的大节点也就变成了设计师互相炫技和交流的日子。

在一家电商公司里，与设计师沟通最多的人便是运营与策划了。有些公司可能策划与设计是放在一起的，需要设计师具有写文案的功力，这样的好处是画面与文案会结合得比较好；还有就是策划与设计分开的，这样的好处是设计师可以专心将时间用在画面的表现上。两种方式各有好处也各有坏处，在这里可以跟大家分享一下我在工作中的一些流程，帮助大家对这个行业进行了解。

当我们在公司即将有一个项目的时候，这时候往往是策划在前面帮你对接、整理、沟通，他们会根据不同的需求和主题，提供给你一个简单的原型线框。这个线框里会有你需要做的尺寸、时间、主题、产品等基本信息，有的还会提供一些策划所想的画面形式等等。总而言之，这个线框会告诉你所有应该要表现的信息，帮助你在脑海里进行简单的构图。当策划提供的线框你不满意时，你可以提出异议，甚至可以提出让对方提供参考图，与策划进行探讨。线框就是一个项目开始前的规则，一旦线框确定，后期基本不能自行改变，除非你想让你的老板来找你的麻烦。

当我们讨论完线框后，就要开始对项目进行制作了，也就是对线框上的内容进行图形的转化或者排版。往往这时候，会有很多人不知道如何进行，不同的阶段也会面临不同的问题。

在我刚刚进入这个行业的时候，也是一腔热血，撸起袖子加油干，就想要大画特画。随着时间的推移，我的心理也逐渐地发生了变化。我认为作为一个插画师，其存在的意义一定不是将创作放在第一位的，放在第一位的应该是用自己的能力去解决问题。

电商行业的节奏往往很快，一个页面的制作周期大概是三天。遇上大的活动节点，这个时间可能会适当地加长。因为周期时间短，所以不会有很多的时间去对画面精雕细琢。这也是电商插画的一个弊端，就是画面的完成度可能没有那么高。当然也会有些页面做得很细致，但那一定是付出了时间或者金钱的。我们这里只说日常，所以这个行业的门槛也没有原画或书籍上的插画那么高。有些设计师，通过短时间的插画训练，就可以画一些看得过去的插画，并且运用到实际的工作中去，比如电商中常常运用的一些平涂的杂点插画等等，这往往是你在电商行业中的第一个用插画解决问题的画法。

随着你在公司的时间变久，你会发现，插画的风格开始不足以解决你所面临的所有问题。因为在公司，无法像个人插画师那样只做自己习惯的一种风格的东西。因为你会被要求做各种风格的插画设计，例如中国风、日系风等等。公司配备的插画师也不多，那么你就需要具备一些对风格的把控能力，比如日系的赛璐璐、美漫的人体比例、粗犷的人物描边等等。在设计过程中考验的是美术基础，所以大家可以适当地去学一些美术基础的东西，对以后的工作或许会有一些帮助，而且不只是对画画，对设计也会有帮助。

时间更长以后，你在工作中可能会遇到一个瓶颈，因为自己设计的东西似乎每天都差不多，感觉工作没有了创新与创意。这个时候，送给大家一句我很喜欢的插画师说的话："用新的方式来描绘老故事。"

老故事才是我们这个行业的日常。作为一个电商行业的插画师，我们要做的不是去炫技，而是去好好表达客户的需求。每一年的主题，似乎都很相似，我们要学习如何去用新的方式来绘制一个似乎相似的画面。

最后，插画最终还是要靠着热爱才能好好地坚持下来，愿大家都可以热爱着插画，坚持着描绘自己多彩的世界。

致热爱设计的你们

电商插画师马小槐

6 来自 ACAA 张永军的信

各位设计新人大家好，我是 ACAA 的张永军，很感谢涵品教育的邀请！

ACAA 深耕数字艺术设计领域二十年，致力于设计相关专业职业技能人才培养，联合数字创意和设计相关领域的国际厂商、龙头企业、专业机构和院校，为院校提供前沿的国际技术资源和设计人才培养方案，制定了与设计师岗位相匹配的数字艺术设计职业技能等级考核标准化体系。

2020 年，ACAA 经批准开始实施"数字孪生城市建模与应用"职业技能等级考核体系的制定和支持工作。与此同时，ACAA 还被遴选为中华人民共和国第一届职业技能大赛建筑信息模型世赛选拔赛和国赛精选项目赛的支持单位。在数字艺术设计相关领域，ACAA 将继续发挥其在行业内的优势作用，为优秀设计师的培养和企业人才的储备搭建起畅通的桥梁。

①您认为好的设计作品是什么样的？

设计的本质是带有目的地完成艺术创作和审美活动。

我仅从商业平面设计的角度出发，分享一下个人的看法。

对好作品的判断，首先是基于"艺术性"即审美角度的判断。作品是否具有艺术表现力？主题表现是否具有张力？色彩搭配是否和谐？诸如此类都会成为好作品的判断依据。好的作品，无论是在主题、色彩、结构、布局、形态、技法、创新等方面都必然会给我们带来艺术之美，带来精神的愉悦或震撼，带来创意之惊喜，进而对作品所呈现的主题表示赞同。

其次是"功效性"，即是否达到了设计的目的。既然设计是有目的的艺术创作和审美活动，那么，一件成功的设计作品必然就会达到用户希望达到的目的。因此，好的设计作品就要准确表达作者或客户想要表达的内涵，并且要符合目标人群的审美习惯和理解能力，引起目标人群的共鸣，被目标人群所信服或接受。

能够把目的性和艺术性有机统一在一起，通过艺术表现来达到目的，这就是好的设计作品。

②对于初入门的设计圈的朋友们有什么建议？

我简单分享一下企业对设计师的考核与评判方法，这样初学者就会知道如何去做了。

企业对设计师的综合评估一般是在 4 个方面。

●第一是“专业知识”，即艺术和设计专业理论水平。一般情况下，受专业教育的程度越高，则专业知识就越扎实。多数企业在招聘时会对应聘者的学历有一定的要求就是出于这方面的考量。当然，获取专业知识也不仅仅是通过在学校学习，初学者也可以通过自学、通过大量读书或大量查阅浏览专业文章等各种方式来强化专业知识。

●第二是“行业知识”，即从业经验。设计师要对客户的设计需求进行正确的分析，要提供可满足客户需求的可行性方案，要了解行业规范，要掌握从设计到输出的全部工艺流程。一般情况下，企业会默认为“从业时间越长则行业知识越丰富”。因此，部分企业在招聘时会对从业背景有要求，比如“一年以上的工作经验”等等。对于没有工作经验的初学者来说，尽可能多地去企业实习、参加社会培训和实训、参加行业比赛，这些都是强化自己行业知识、充实行业履历的最佳途径。

●第三是“数字工具技能”，即软件操作能力。“工欲善其事，必先利其器”，初学者要认真学习软件技能，熟练软件的使用技巧。但是要强调一点，不能把“会软件”与“会设计”混淆，要正确对待软件技能，不要痴迷于软件的技能而忘记“设计”这一核心。调查发现，仅会使用软件工具的求职者，由于其综合能力无法满足企业实际的工作要求，且竞争力较差，入职后薪资普遍较低且离职率高。单纯的软件操作可以通过自学或简单培训等方式来实现，但软件技术在行业领域的实际运用，就要找相对专业的人或机构进行交流和学习了。

●第四是“创意水平”，即创意设计实作能力。一方面，设计者若想更有效地提高创意创新能力，就必须不断地创作和积累作品；另一方面，也只有好的设计作品才能体现设计师的创意水平。企业在招聘设计人员的时候，往往会要求求职者提交作品，也是基于这一原因。

③最初做设计迷茫时您是如何解决的？

作为设计新人，专业知识、软件技能、甚至行业知识都可以通过学习、培训、读书等方式来解决。唯独“创意能力”是所有设计师都会遇到的问题，初做设计者尤为明显。

最初做设计的迷茫，一方面是出于对从事设计工作的不自信，当自信心受打击时会出现迷茫，这需要自我心态的调整；另一方面则是缺乏创意与灵感，创意枯竭又无计可施之时便会迷茫，解决之道就是提升创意能力，找到激发灵感的方法。

创意水平的提升和创意能力的积累，这其实也是一个学习和积累的过程。

初入设计之门，应先学会分析和鉴赏。要多关注设计领域的专业论述，要多参观设计作品展，要大量地鉴赏设计作品（注意，这里提到的是“鉴赏”，即以专业角度去鉴别和欣赏）。特别是那些成熟的、优秀的设计作品，学会从专业的角度去剖析作品的风格和特点是什么？作品主题是如何成功体现的？作品中使用了哪些创意并且是如何实现的？配色方案和结构布局的合理性是什么？作品中还有哪些值得学习的亮点？诸如此类，鉴赏是学习创意和积累成功经验的重要手段。

鉴赏之后再去临摹，要通过大量的临摹来掌握实现这些创意的技巧。了解作者使用了哪些软件？通过软件的什么功能来实现？这些创意和技巧如何在我的创作中被使用到？

经过日积月累、耳濡目染，这些作品和创意在你的脑海不断地积累沉淀、相互作用，必然会产生化学反应，你的灵感就会不断迸发，设计便不会再迷茫了。

创意固然来源于生活，但对创意的高度提炼则必须依靠自身的文化艺术修养。

一景一物、一山一树、一片云、一幅画、一段诗、一首歌、一个词，不同的人会有不同的解读和感悟，也会引发不同的联想，这些联想不是无根之水，而是源于观者所学的知识、观者的生活阅历、观者的文学和艺术修养，甚至于观者当时的身体或精神状态。这些不断生发的感悟和由此产生的联想，就是创意之源。

当灵感枯竭、设计迷茫之时，索性就放下眼前的任务，去读读书、看看电影、听听音乐、与人交谈、喝杯咖啡、睡一觉、愣神、郊游……先让你自己跳脱开，放松下来。

有的时候灵感就是这样，某一个无甚关联的外界因素，会突然调动你一直深藏的意识，然后灵感大门突然打开，那些蛰伏已久的创意犹如井喷一样出现在你的眼前，让你为之拍案，激动不已，设计便不再迷茫。

致热爱设计的你们

ACAA 张永军

7 来自电商设计讲师锦木老师的信

各位设计新人大家好，我是锦木，是一名电商设计讲师，很感谢涵品教育的邀请。

很多小伙伴们都想过转行做设计，而设计行业最容易入门的就是电商美工，所以也导致一个问题，就是一提到美工这个岗位就觉得不高端，设计师就高端。实际上从行业内来看，两者都是在作图，但是大多数“美工”都是在照抄，和机器人差不多。而设计师更多的是自己思考着去做，所以才出现了口碑不同，薪资不同。不过这些都是后话了，而很多小伙伴们想进入设计行业，第一件事儿并不是要成为高端的设计师，而是先把手头的工作搞定。先把日常的需求做好，才能逐渐成长为独当一面的设计师。所以接下来要说的内容就极为适合那些想进入电商设计行业或者刚刚踏入设计岗位的新手美工朋友们，我会从下边 3 个方向来进行讲述。

①电商美工日常工作的图都有哪些？又有什么注意事项？

②工作中如何利用细节提高工作效率？

③美工如何逐渐进阶成长为优秀设计师？

入职美工岗位后，首先你需要知道的是自己的工作需要制作什么图。最为常见的图可能会有以下几种：主图，详情页，直通车图，海报，钻展图，SKU 图等。

首先制作主图，一般需要 5 张。第一张为搜索展现的图，常见尺寸为 800 × 800 像素。因为在 800 ×800 像素以上的尺寸，它会提供一个放大镜功能，也就是你在浏览的时候鼠标移动到它的主图上方时，在你的浏览器上会提供一张放大效果的细节展示图。并且这个尺寸在我们作图时 PS 里边视图的尺寸以及图片的大小，都是比较适中的，所以采用 800 × 800 像素这样一个尺寸，5 张都是如此。

然后制作详情页。淘宝的详情页是 750 像素宽，天猫的详情页是 790 像素宽，高度不限。一般会在 Photoshop 中将整张长图做完，可能会高达两万像素。然后我们再利用 Photoshop 里边的切图功能对它进行切割，导出成一张一张的小尺寸的图片，然后再上传到图片空间，也就是淘宝的后台。当然编辑详情这份工作一般是运营来做，然后我们再去使用它。

直通车图实际上是最常见的广告投放之一，和自然搜索同时展现，只不过它是花钱的。你花钱之后产品可以排名靠前，这一点类似于百度搜索中的百度竞价。当然直通车的尺寸实际上和主图的尺寸是通用的，不同类目会有少许区别。

关于海报的制作是根据需要，海报常常会展现在店铺首页。就尺寸来说，宽度一般会采用 1920 像素宽。高度不限制，但考虑到显示器的因素，一般会在 500 ~ 800 像素之间，主要目的是进行主推产品的展示。

钻展图实际上是另一种广告投放的形式，它的尺寸更加地多变，而且花费的费用会比较高，一般只有大的店铺制作。例如每个月的销量都是上百万，甚至营业额上千万的这种店铺会去使用。钻展图顾名思义，钻石展位图，所以会比较贵。

当我们去选择产品的颜色和尺码的时候，在那个位置上进行展示的图被称为 SKU 图。最常见的 SKU 图是颜色的区分，例如不同颜色的 T 恤，会有不同的图片在一块儿进行展示。SKU 图的尺寸和主图尺寸也是相同的。

其他图片会涉及到关联销售，手机端的图片、店招的图片，还有一些店铺其他的图片。而这些图片会根据实际的需求不同而进行相应的制作。

而电商制作，实际上用最简单一句话概括就是根据尺寸来作图，根据需求来设计。

那么，在工作当中如何利用细节提高工作的效率？除了作图之外，作为美工设计师需要在电脑上对产品的图片进行大量的管理。如果图片存储在电脑上凌乱没有条理，那么工作效率就会大大降低，所以要学会在电脑上对文档如何进行有效的管理。

首先来说如何高效地管理文件夹，文件夹通常分为 4 类。

①原图区。按照时间 + 产品货号或者时间 + 尺寸等进行文件夹的分类。这个最好放在电脑的某一个单独盘里，因为它随着时间的推移，占用的空间会越来越大，所以尽量不要放在电脑桌面上。

②装修区。按时间顺序进行分类。一个文件夹里边再下分 psd 区和导出区。

③产品区。分类方法同原图区一样，并且在每一个产品的文件夹里边再下分 psd 区、导出区、参考区 3 部分。而导出区里面再下分主图区、SKU 区、详情区。这样能方便于去找不同的产品当中的不同文件。

④活动区。店铺除了日常的产品之外，还会有节日的活动，所以就会有活动的页面。活动的内容和促销页面的图片单独存储在一个文件夹里面，方便于后期参考和复盘。

另外再给同学们说一个小技巧，关于电脑上常用工具的归类。通常会把计算器、QQ、微信、PS 等这些软件锁定在计算机下方的菜单栏，方便于启动和调用。

美工在日常工作当中是如何进行提升，让自己从一个美工逐渐成长为一个优秀的设计师的？那么，就以下面 3 个常见问题来展开梳理。

- 拿到产品后不知道如何下手，缺少操作和思路。
- 做出的图不好看，又不知道如何去修改，缺少一定量的设计规范及规则。
- 有参考想借鉴，但动手发现根本做不出来，缺少一些细节和思考以及软件技术不达标。

这 3 个问题实际上是一直伴随着我们设计师的，并不是说我们能够将其中一个完完整整地改掉。那么，只能在工作当中去完善它，不可能达到完美，这也是一个设计师的素养。所以我们会遇到这样 4 个阶段，下面简单阐述一下。

●小白刚入门兴趣浓厚，好听点儿叫初生牛犊不怕虎。而这时候我们做图就会相当随意，想做点儿什么什么样就是什么样，也不管好看难看。

●控制自己。做图时先给自己加上条条框框，按规则来强迫控制自己。在做设计的时候，按照规定要求去设计，例如用什么颜色、用多大的字号、用什么样的字体等都按规定来。

●经验和法则。将不同的规则应用进去，说白了就是活学活用，会将配色、排版、构图等等灵活运用。对我们的设计进行应用，而这里的应用，更多的是适当控制。因为经过强迫控制阶段，会养成对设计进行规范化控制，而不是随意为主，所以说这个时候是一个适当控制。

●随意做。之前经过一定的磨炼，就会形成一定的手法和风格，对于规则的应用已经形成一种潜意识了。这个时候做设计反而更加随意，当然这个随意的基础就有点儿类似于无招胜有招了，它的前提是你已经熟练地运用了。

那么，经过以上几点分析，我们便可以快速进入到美工设计师这个岗位的角色需求，而且能够有个整体的规划和框架，而接下来就需要小伙伴们一步步踏踏实实地去做就可以了。在这里，就说这些吧！也希望各位小伙伴们都能学有所获，学有所成！

致热爱设计的你们

电商设计讲师锦木老师

8 来自电商设计讲师秋风老师的信

各位设计新人大家好，我是秋风，是一名电商设计讲师，很感谢涵品教育的邀请。

作为一名半路出家的电商设计师，从业以来感触最深的是付出总会有回报。与其怨天尤人，不如即刻开始踏踏实实地学习。

学习从来都不晚，只要开始学习，每一天的进步都是真实看得见的。放下浮躁，放下冒进，坚持一段时间，你将会发现一个全新的自己。

关于商务模式这里就不再赘述，网上有很多类似的介绍，相信大家也都了解一二，今天重点说说一名小白从踏进电商世界的大门开始如何一步一步走下去。这碗鸡汤，我先干为敬！

既然已经学习了设计这一行，再往细里说，选择了电商设计这一行，那就说明你的大致方向已经有了。比起那些还在苦苦寻找人生方向的人来说已经向前迈出了一大步，这是非常难能可贵的。这时候有的人可能会有疑问，现在才开始学是不是太晚了，这个行业是不是饱和了，会不会被人工智能取代等等。

大家比较关心的第一个问题，现在开始学是不是太晚了？你要知道，这个社会并不是只有你自己一个人，人的总数肯定比行业多，一个行业有很多人那是再正常不过的事，肯定有前辈有后辈，有先接触的有后接触的。自己作为新人，刚踏入这行，那毫无疑问就是后辈；但是只要你积累一段时间，在你之后加入的人就是你的后辈，社会的进步也就由此而来。所以，不要总跟别人比，自己踏踏实实学点东西，掌握了属于自己的技能，对自己的人生有了一个交代，就足矣。

第二个比较关心的是关于这个行业会不会饱和？其实这个问题需要结合上一个问题来说。电商设计的从业者很多，这是毋庸置疑的，各行各业都是如此。但是任何一个行业都会有做得好的，也有做得一般的，想要做出一番成绩来都不会是轻而易举的事。但是只要自己足够优秀，我相信，绝对会有自己的一席之地。在这个茫茫的从业大军中，会有相当大的一批人有着自己的人生规划，有的从业一段时间之后就会转行，有的会成立自己的工作室，有的自己会开店等。所以并不会出现饱和的现象。如果硬要说饱和，那就是自己被饱和了。

第三个比较关心的问题，是会不会被人工智能取代？现在从业的兼职美工比比皆是，都在从事相关的设计，每天会产出数量相当可观的设计作品。当然，这些作品里有好的，也有不好的。而这些作品中用到的所有的素材，都会被大数据所捕获，然后进行融合分析，从而计算出一些模板来，供各个商家去使用。注意，我这里用了一个词“计算”。没错，借助计算机强大的计算功能去制作设计模板，虽然看起来制作出的模板很优秀，但它是没有灵魂的，是人为设定好程序去运行的。所以设计出来的一些东西是没有温度的，虽然远远比那些不进取的设计师设计的作品要好，但是如果想要真正地达到极高的设计水准，那是不可能的。而且，现在这个功能并没有被普及。如果说自己被取代了，那只能证明自己还不够努力，还没有达到能够设计出有温度的作品的水准。要想不被取代，就要努力让自己变得更加优秀，没有别的捷径可走。人生就像一部西游记，生下来就是来受苦的，要经历各种磨难后才能到达西天取得真经。那么，是否能让自己在取经的途中经历万险从而变得与众不同，全在自己。

其实以上 3 个问题只有一个中心思想，那就是自己要努力。天道酬勤、笨鸟先飞等等一些名言名句不胜枚举。很多人觉得自己不是设计的料，其实进入设计的门槛很低，那就是你要学会动脑。人的大脑是非常神奇的，想象力丰富，只要你有想象力，就有做一个设计师的可能。那为什么很多人没有从事设计呢？因为他们不知道如何将自己的思想表达出来。作家可以通过笔把自己所想的写出来，画家可以通过画笔将自己所想的画出来，我们电商设计师通过什么呢？这要感谢那些设计出如此丰富多样的设计软件的软件工程师们，我们可以通过这些软件来将心中所想表现出来。那么，有的人就会有疑虑了，这么多软件，我到底该用哪一个软件呢？自己一个人瞎想，既浪费时间，又浪费精力，还事倍功半，毫无用处。那么向前文中提到的那些前辈请教，报班学习，绝对是成长最便捷的方式。有了好的指引，再结合自己的努力，你的人生绝对会非常精彩。

致热爱设计的你们
电商设计讲师秋风老师

9 来自字体设计师可乐的信

各位设计新人大家好，我是可乐，是一名字体设计师，很感谢涵品教育的邀请。

相信大家在设计工作中，几乎都会使用到字体。不管是电商设计还是平面设计，字体设计随处可见。而在这个注重版权的时代，字体的使用也是我们设计师所要避免的“雷区”。

相对于字体库字体千篇一律且个性不强的特点，字体设计展现的魅力就愈发独特与诱人。在这里给大家简单分享一下我对字体设计这方面的经验以及需要注意的事情，让大家能够突破字体的桎梏，激发设计字体的灵感。

设计原则

①从需求出发，从字义出发，形义结合

当我们设计一款字体时，一定要从需求出发，毕竟我们的设计是为甲方做的。同一个字体，通过设计可以变化出无数的可能性。

②易于辨识

做字体设计一定要有辨识度，不然做得再好看，辨识度低也是没有用的。

重心与结构

重心与结构就是字体的视觉中心和空间结构的分布。视觉中心会决定字的结构看起来是否稳定;笔画可以看作是正空间,留白可以看作是负空间,正负空间的结构分布会决定笔画的位置和字体的性格。

字体性格

字体是有性格的,不同的场景适合的字体也是不同的。

力量感:兰亭特黑、优设黑体等黑体字的关键词是男性、运动、游戏。

轻盈感:兰亭细黑、宋体等字体的关键词是女性、轻巧、文艺。

童真感:站酷快乐体、幼圆等字体的关键词是儿童、活泼。

其他字体性格还包括庄重感、古典感等。

造字的方法

通过不同的字体类型,我们可以选择不同的造字方法,比如钢笔造字、矩形造字等方法。

这就是给大家分享的一些字体设计的经验。最后嘱咐,不管是从事哪方面的设计,都需要大家平常生活中不断地观察和积累,多看、多听、多练。

致热爱设计的你们

字体设计师可乐

10 来自电商设计讲师雨晨老师的信

各位设计新人大家好,我是雨晨,是一名电商设计讲师,很感谢涵品教育的邀请。

只要有需求,就会有市场的存在。以前我们的市场普遍存在于线下,类似于超市、餐饮店、服装店等,那么产品的摆放和展示是可以直接刺激到消费者的消费购买需求。但是现在互联网改变了市场的范围,视觉感受能够更大地影响线上的交互,所以也就有了精修的存在。

对于精修来讲,无论是人像类的精修还是服装产品类的精修,我们需要的是美观和美化,在不破坏产品本身的同时满足人们的视觉体验,吸引刺激消费的产生。拿人像精修举例,最常出现于化妆类或者护肤品类的产品中,我们要清楚的是精修并不是造假,而是在原图的基础上,对产品也好人像也好,进行光影上的调整和修改。

一张人像精修图的标准,就是在不破坏人物整体结构的前提下进行修改。在前期拍摄的时候可能会因为环境、灯光、天气或者相机的不同造成一些问题和瑕疵,我们要做的就是把人物处理自然,使色彩干净整洁,像彩妆类的就需要把人物的皮肤质感突出,整体皮肤颜色统一。可以去看那些彩妆大牌的广告,类似于香奈儿、雅诗兰黛、迪奥等,我们的第一感觉就是高级。那怎么去塑造高级感呢?其实并不是产品看起来有多么高大上,而是整体片子的氛围感和质感衬托得这个产品的质感也提升了。很多人认为,精修不就是提亮修瘦吗?其实一张好的片子,一张质感好的片子,更多的是光影关系的过渡,明暗关系过渡得柔和了,人物整体的气质形象也会得到提升,最后再根据客户的需求调整出合适的色调。

在电商平台上,人物、产品的精修处理起着至关重要的作用,人们是否会根据你的主图点击进去,会不会因为你的详情页提升转化率,精修都有着很大的影响。现在电商行业发展得十分迅速,对精修的要求也随之越来越高,越来越普遍。所以行动起来吧,打好精修的基础,为电商行业增砖添瓦!

致热爱设计的你们

电商设计讲师雨晨老师

11 来自插画师星辰的信

各位设计新人大家好,我是星辰,是一名插画师,很感谢涵品教育的邀请。

设计师常说"设计来源于生活",而生活中什么又叫作设计呢?我是一名插画师,我就从插画师的角度跟大家说一下设计这个行业。

设计来源于生活,那么在生活中,我们所观察的事物其实都跟设计有关。而今又是互联网的时代,设计更与我们的生活息息相关。我们上网所看到的网页、图片、视频等都是由不同的设计师设计出来的。随着时代的变化,人们的眼界越来越开阔,更加追求视觉的美感和冲击力,所以整个大行业对设计师的要求也越来越高,多技能的设计师也越来越吃香。在设计行业中占有一大板块的平面设计,在 10 年前平面设计师可能只需要懂一点 PS 便可以找一份很好的工作。而现在平面设计师们不仅要精通 PS,还要学会 AI、C4D 等各大设计软件,才可能在设计行业中立足,而手绘这一项技能在近几年尤为吃香。

我从小就学习美术专业,长大后在学完 UI 设计后,就开始进阶学习手绘板绘图了,于是我就成为了一名插画师。插画师这个行业比较自由,会有很多的外包项目可以接。例如在创作出好的作品后,将它们放到花瓣网、站酷网,并留下自己的联系方式,只要是好的作品就会有商家找你做外包。除了这些,很多企业也需要招聘插画师。最常见的包装设计就很流行用手绘的形式去表达自己的卖点,从而提高销量。还有,现在很多的 APP 闪屏页也开始流行用一幅插画去做广告。只要多留心就会发现,插画在生活中已经随处可见,而插画能最直接地给人们美感与视觉上的冲击。插画师这一行业也越来越被市场所需求,薪资待遇更是十分可观。

所以,大家在设计这一行业中想要更好地发展,一定要多方向去考虑,多一些技能才能多一份收获哦,加油!

致热爱设计的你们

插画师星辰

12 来自影楼后期设计师雪莹老师的信

各位设计新人大家好,我是雪莹,是一名影楼后期设计师,很感谢涵品教育的邀请。

作为一名后期设计师,也是一名后期培训老师,在这个岗位上已经工作 8 年了。最初开始上学的时候学习的是计算机信息管理专业,主要学习计算机内部的一些程序算法和硬件上的原理,对软件的应用或者艺术类的东西一窍不通。毕业之后回到家乡做了一名高中计算机老师,这在大部分人的眼里已经算是一份稳定且体面的工作。但是,真的是不做一行不知一行的辛苦,在做高中老师的日子里,真实地感受到了教师这个行业的压力。由于当时年纪比较小,抗压能力也相对较弱,所以在坚持了几个月之后毅然决然地选择了离开。

后来我又回到了上学的城市。在外地求学的几年里,让我养成了一种坚强的性格,这种性格使我克服了学习和生活中的一些困难。后来一次偶然的机会进入到了婚纱摄影行业,在工作过程中对修图产生了浓厚的兴趣。每天工作之余练习修片,当然个人学习的效率是非常慢的,这个时候认识了我的引路老师(当时的技术总监),帮助我、引导我如何学习,如何理解和分析照片,如何提高自己的艺术审美,从此就走上了一条设计精修的道路。

通过这么多年的积累,从一个小小的修图师,到后来成为修图技术总监,再到后来成立自己的工作室并成为了一名培训老师,这其中的经历和老师对我的引导以及自己的坚持是分不开的。我也希望每一个已经进入或者打算进入这个行业的同仁们都能够找到一个能够引导自己的老师,并且坚持下去。

作为一名设计师分享一下我对精修和设计的认识。

精修是在设计中必不可少的一个点。世界上没有一样东西是绝对完美的,但是我们又对美或者说“完美”有着不懈的追求,所以要不断地修饰对象自身存在的瑕疵、拍摄过程中出现的问题、光影的瑕疵等等。在解决瑕疵的同时让图片有更高的提升空间，在解决基本问题的基础上，还可以更深层次地提升图片精神上及内在的追求，也就是从外在基础提升到图片情绪的表达。有了这些表达之后，结合设计思路才能完成一个完美的图片设计，才能达到设计的需求及美感的要求。

设计不只是技术上的修饰排列那么简单。就一个好的作品而言，技术决定下限，审美决定上限。技法的运用需要日久积累，而美感的培养则需要广泛摄取、厚积薄发。做设计就要有一种“眼高手低”的感觉，眼界审美永远高于手中的技术，眼界带动技术，带动自己学习的欲望。

那我们应该怎样学习才会更好呢？

①不要过度迷信网络上的技巧。在看到一个内容时，要想办法自己去实现和解决，或者去请教老师和前辈给你一个思路，这样摸索出来的方法才能让自己真正理解。

②学习要与时俱进。除了反复练习，熟悉自己的工作以外，要更多地关注这个圈子里其他的一些大咖，或者身边的老师，主动去学习别人的新知识、新思想，并且要懂得归类寻找切入点，慢慢形成自己的东西。

③学习要全面。现在的设计行业大都是复合型人才，只对单一的领域熟悉，在工作或者职业发展上是有局限性的。可以在做到主业务精通的基础上，多去了解周边的一些知识，比如在做平面工作的同时，学习精修的知识，学习手绘插画原画的制作，这样的知识架构才够完整，才能向更高远的方向上发展。

④完善自身的审美体系。不断补充“什么是美的”的概念，从技术、心理、市场、文化、创新上不断摸索，提高自身的审美高度。

总之，设计的道路很宽广，只要我们进入了这个大门，持之以恒，善于学习，终会赢得美丽的人生。

致热爱设计的你们

影楼后期设计师雪莹